Miriam Meckel | Beat F. Schmid (Hrsg.)

Unternehmenskommunikation

Miriam Meckel | Beat F. Schmid (Hrsg.)

Unternehmens-
kommunikation

Kommunikationsmanagement
aus Sicht der Unternehmensführung

2., überarbeitete und erweiterte Auflage

GABLER

Bibliografische Information Der Deutschen Nationalbibliothek
Die Deutsche Nationalbibliothek verzeichnet diese Publikation in der
Deutschen Nationalbibliografie; detaillierte bibliografische Daten sind im Internet über
<http://dnb.d-nb.de> abrufbar.

Prof. Dr. Miriam Meckel ist Geschäftsführende Direktorin des Instituts für Medien- und Kommunikationsmanagement (MCM) an der Universität St. Gallen.

Prof. Dr. sc. math. Beat F. Schmid ist Gründungsdirektor des Instituts für Medien- und Kommunikationsmanagement (MCM) an der Universität St. Gallen.

1. Auflage 2006
Nachdruck 2007
2. Auflage 2008

Alle Rechte vorbehalten
© Gabler | GWV Fachverlage GmbH, Wiesbaden 2008

Lektorat: Barbara Roscher | Jutta Hinrichsen

Gabler ist Teil der Fachverlagsgruppe Springer Science+Business Media.
www.gabler.de

Umschlaggestaltung: Ulrike Weigel, www.CorporateDesignGroup.de

ISBN 978-3-8349-0973-2

Vorwort

Die gezielte und professionelle Kommunikation mit den Anspruchsgruppen ist heute unverzichtbar Bestandteil der strategischen Führung eines Unternehmens. Die Pflege der Kommunikationsbeziehungen des Unternehmens trägt unmittelbar zu seiner Unterstützung durch relevante Kooperationspartner bei und beeinflusst so den Geschäftserfolg und Wert sowie die strategischen Handlungsoptionen der Organisation.

Nur diejenigen, die bereit und fähig sind, angemessen zu kommunizieren, werden in der Lage sein, das eigene Unternehmen in einer fortschreitend-globalisierenden und sich ständig verändernden Welt zu führen. Kommunikationen wird immer mehr zu einer strategischen Aufgabe für Organisationen, da sie einen direkten Einfluss auf das Ansehen der Organisationen innerhalb der Gesellschaft, bei den Anspruchsgruppen und in der Öffentlichkeit hat. In einem globalisierten Wirtschaftssystem, in dem intangible Assets immer stärker zur Wertschöpfung der Unternehmen beitragen, avanciert Kommunikation auch zu einem zentralen Treiber der unternehmerischen Wertschöpfung.

Aus Fachverbandsstudien, die unser Institut jährlich erstellt, wird deutlich: Kommunikation ist nicht nur eine wichtige strategische Aufgabe im Unternehmen, sie verschafft den Kommunikationsprofis auch Freude und Zufriedenheit. Die Mehrheit der Kommunikationsmanager in Europa ist mit ihrem Beruf sehr zufrieden und würde ihn wieder wählen. Dieses bestätigt aus der Sicht der beruflichen Bildung an Hochschulen, dass die Studentinnen und Studenten für ein Arbeitsfeld ausgebildet werden, das vielfältige Möglichkeiten sowie ein hohes Mass an Professionalisierung und persönlicher Entwicklung bietet.

Dennoch müssen sich Theorie wie Praxis immer wieder bewusst werden, dass Kommunikation in manchen Unternehmen noch immer aktiv in den Fokus gerückt werden muss, den sie braucht und verdient. Neben dem Bewusstsein über die Bedeutung von Kommunikation ist selbstverständlich auch das Wissen über die Einsatzgebiete, die Handlungsmöglichkeiten sowie die professionellen Abläufe essentiell. Das vorliegende Buch hat zum Ziel, Studierenden und an Unternehmenskommunikation interessierten Personen ein Grundlagenwissen zu Modellen, Instrumenten, Methoden der Unternehmenskommunikation zu vermitteln.

Ich bedanke mich in diesem Kontext nochmals ausdrücklich bei den namhaften Autoren, die durch Ihre Expertise dieses Buch erst möglich gemacht haben und für die Neuauflage ihre Beiträge auf den aktuellen Stand der Forschung gebracht haben. Ein

Dank gebührt auch Bettina Maisch, die am **=mcm***institute* das Projektmanagement für die Zusammenstellung der einzelnen Autorenbeiträge übernommen hat.

Wir freuen uns, wenn wir Ihnen mit der vorliegenden Publikation einen Beitrag zu einer qualitativ hochwertigen sowie umfassenden Lehre der Unternehmens-kommunikation an Hochschulen leisten können. Auch in dieser Neuauflage möchten wir Sie als kritischen Leser ermuntern, uns Ihre Anregungen zuzusenden.

St. Gallen, im Juli 2008

Prof. Dr. Miriam Meckel

Geschäftsführende Direktorin
Institut für Medien und Kommunikationsmanagement
University St. Gallen

Vorwort zur ersten Auflage

Systematisches Kommunikationsmanagement wird zunehmend als integraler Bestandteil unternehmerischer Wertschöpfung erkannt. Die zielgerichtete Kommunikation mit den Stakeholdern einer Organisation ist nicht nur unabdingbar, um spezifische Situationen zu meistern, wie Kommunikationskrisen zu vermeiden, Unternehmenszusammenschlüsse nicht an „weichen Faktoren" scheitern zu lassen, oder um Handlungsspielräume zu sichern. Strategische Unternehmenskommunikation schafft selbst Werte; Kommunikationsergebnisse wie Image und Reputation sind für die Unternehmung einkommenswirksam und haben daher Kapitalcharakter. In diesem Verständnis als Management intangiblen Kapitals ist das Management von Kommunikation Aufgabe der Unternehmensleitung.

Dieses Buch versteht sich als Einführung in die Unternehmenskommunikation aus Sicht der Unternehmensführung. Es soll wichtige interdisziplinäre Erkenntnisse zum Themengebiet zusammenführen und einen Begriffsrahmen zur Rolle der Kommunikation in der unternehmerischen Wertschöpfung anbieten.

Der erste Teil des Buches definiert wichtige Begriffe des Themengebietes vor dem Hintergrund des St. Galler Managementverständnisses und fügt diese in einen einheitlichen Rahmen. Diese konzeptionelle Übersicht soll den Einstieg in das interdisziplinäre und begrifflich uneinheitliche Feld der Organisationskommunikation erleichtern.

Im zweiten Teil des Buches erhält der Leser durch eine Reihe führender Autoren konzeptionelles und methodisches State-of-the-Art-Wissen zur Organisation und Umsetzung von Unternehmenskommunikation. Vertreter unterschiedlicher Forschungsansätze und -ansichten erläutern wichtige Teilbereiche, Aufgaben und Leitkonzepte des Kommunikationsmanagements und weisen den Weg zu weiterführender Literatur.

Dieser Teil des Buches gliedert die Funktion Kommunikationsmanagement zunächst nach den von ihr betreuten Stakeholdergruppen und verwendet hierfür die in Unternehmenspraxis und Forschung eingeführten Bezeichnungen Öffentlichkeitsarbeit, Interne Kommunikation, Investor Relations und Lobbying. Als nächstes folgen wichtige Querschnittsaufgaben des Kommunikationsmanagements: Medienarbeit, Issues Management, Krisenkommunikation, Change Communication und das Kommunikationscontrolling. Das Buch schliesst mit zwei zentralen Leitkonzepten der Unternehmenskommunikation: Zum einen wird die Bedeutung und das Gestaltungsvorgehen einer Integrierten Unternehmenkommunikation aufgezeigt. Zum anderen wird der enge Zusammenhang zwischen Unternehmenskommunikation und Corporate Governance beleuchtet und die notwendige Verschränkung der Kommunikations- und Handlungsgrundsätze einer Unternehmung erläutert.

In dieser Form ist das Buch Grundlagenlektüre für Veranstaltungen zum Thema Kommunikationsmanagement an der Universität St. Gallen (HSG). Es richtet sich neben Studierende gleichermassen an Unternehmenspraktiker, die eine einheitliche und wissenschaftlich fundierte Einführung in das Kommunikationsmanagement aus Sicht der Unternehmensleitung suchen.

Herzlichen Dank an alle Autoren der Beiträge für ihre Mitwirkung und die reibungslose Zusammenarbeit: Prof. Dr. Dr. Ann-Kristin Achleitner, Prof. Dr. Günter Bentele, Prof. Dr. Manfred Bruhn, Dr. Sabine Einwiller, Christian Fieseler, lic. oec. (HSG), Dipl.-Kfm. Thorsten Groth, Dr. Diana Ingenhoff, Prof. Franz Klöfer, Dr. Peter Köppl, Prof. Dr. Claudia Mast, Prof. Dr. Miriam Meckel, Ulrich Nies, Prof. Dr. Peter Nobel, Dr. Victor Porák, Prof. Dr. Ulrike Röttger, Prof. Dr. Armin Töpfer, Dr. Markus Will und Dr. Ansgar Zerfass haben durch ihre Bereitschaft Beiträge beizusteuern dieses Buch erst möglich gemacht.

Danke an Frau Jutta Hinrichsen und Frau Barbara Roscher vom Gabler Verlag für die umsichtige Realisierung des HSG Lehrbuches Unternehmenskommunikation und die überaus angenehme Zusammenarbeit. Wir bedanken uns bei Claudia Schuler, B.A. (HSG), für das sorgfältige Lektorat und die Erstellung der Abbildungen sowie bei Dipl.-Kfm. Torsten Brodt, Susanne Pladeck, M.A., und Marc-Frédéric Schäfer, lic. oec. (HSG), für die kritische Durchsicht des Manuskripts. Herzlichen Dank darüber hinaus an alle Mitarbeiter des MCM-Institutes für die vielfältige Hilfestellung. Vielen Dank ebenfalls an Stephan Ziegenhorn, MBA (HSG), von Roland Berger Strategy Consultants für die Recherche von Marktdaten und die freundliche Unterstützung des Projektes. Danke an die Heinz Nixdorf Stiftung und die Bertelsmann Stiftung, die durch ihr kontinuierliches Engagement für das Institut für Medien- und Kommunikationsmanagement, =mcminstitute, eine ganze Reihe von Forschungsarbeiten zum Thema Unternehmenskommunikation an der Universität St. Gallen (HSG) ermöglicht haben.

Im Hinblick auf eine Weiterentwicklung des Buches nehmen wir sehr gerne Überlegungen und Anregungen der Leser dieses Buches auf und sind daher dankbar für Ihre Rückmeldungen.

Es würde uns freuen, wenn dieses Buch dazu beiträgt, die Grundlagen der Unternehmenskommunikation in der allgemeinen Managementausbildung zu vermitteln und Kommunikation als Managementfunktion weiter zu etablieren.

St. Gallen, im Dezember 2005

Prof. Dr. Beat F. Schmid   Boris Lyczek, M.A.

beat.schmid@unisg.ch   boris.lyczek@unisg.ch

Inhaltsverzeichnis

Autorenverzeichnis

Prof. Dr. Dr. Ann Kristin Achleitner ist wissenschaftliche Co-Direktorin des Center for Entrepreneurial and Financial Studies (CEFS) und Inhaberin des KfW-Stiftungslehrstuhls für Entrepreneurial Finance an der Technischen Universität München.
Kontakt: ann-kristin.achleitner@wi.tum.de

Prof. Dr. Alexander Bassen ist Inhaber des Lehrstuhls für Allgemeine Betriebswirtschaftslehre, insbesondere Kapitalmärkte und Unternehmensführung und der Universität Hamburg.
Kontakt: alexander.bassen@wiso.uni-hamburg.de

Prof. Dr. Günter Bentele ist Lehrstuhlinhaber Öffentlichkeitsarbeit/PR am Institut für Kommunikations- und Medienwissenschaft der Universität Leipzig.
Kontakt: bentele@uni-leipzig.de

Prof. Dr. Manfred Bruhn ist Inhaber des Lehrstuhls für Marketing und Unternehmensführung, Wirtschaftswissenschaftliches Zentrum (WWZ), Universität Basel, und Honorarprofessor an der Technischen Universität München (TUM).
Kontakt: manfred.bruhn@unibas.ch

Prof. Dr. Sabine Einwiller ist Dozentin für Unternehmenskommunikation an der Fachhochschule Nordwestschweiz und Privatdozentin an der Universität St. Gallen (HSG). Zuvor war sie Leiterin des Center for Corporate Communication am =mcminstitute.
Kontakt: sabine.einwiller@fhnw.ch

Dr. oec. HSG Christian Fieseler, ist Habilitand und Projektleiter am Institut für Medien- und Kommunikationsmanagement, =mcminstitute, der Universität St. Gallen (HSG).
Kontakt: christian.fieseler@unisg.ch

Dr. Diana Ingenhoff ist assoziierte Professorin für Medien- und Kommunikationsmanagement im Fachbereich Medien- und Kommunikationswissenschaft an der Universität Fribourg (CH). Zuvor war sie Leiterin des Center for Corporate Communication am =mcminstitute der Universität St. Gallen (HSG).
Kontakt: diana.ingenhoff@unifr.ch

Prof. Franz Klöfer war Mitbegründer der Fachhochschule Rheinland Pfalz, lehrte dort Betriebswirtschaftslehre, insbesondere Personalführung, und ist heute Vorstand des Arbeitskreises für innerbetriebliche Kommunikation (AIK e.V.) in Mainz.
Kontakt: fkloefer@aol.com

Dr. Peter Köppl, M.A., geschäftsführender Gesellschafter der Kovar & Köppl Public Affairs Consulting GmbH. Mitglied der Fachjury des „Politikaward" und des Redaktionsbeirates von „politik & kommunikation", Mitbegründer des "Austrian Lobbying & Public Affairs Council" und Vorstandsmitglied des „European Center for Public Affairs" und Autor zahlreicher Publikationen im Bereich Public Affairs.
Kontakt: peter.koeppl@publicaffairs.cc

Dr. Boris Lyczek, M.A., arbeitet als freiberuflicher Dozent und Berater für Marketing- und Kommunikationsmanagement in Frankfurt am Main.
Kontakt: boris.lyczek@gmail.com

Prof. Dr. Claudia Mast hat den Lehrstuhl für Kommunikationswissenschaft und Journalistik der Universität Hohenheim (Stuttgart) inne und ist PR-Studienleiterin der Bayerischen Akademie für Werbung und Marketing (BAW) München.
Kontakt: sekrkowi@uni-hohenheim.de

Prof. Dr. phil. Miriam Meckel ist Direktorin des Instituts für Medien- und Kommunikationsmanagement, =mcminstitute, der Universität St. Gallen (HSG).
Kontakt: miriam.meckel@unisg.ch

Ulrich Nies, M.A., ist Leiter der Einheit Information Coordination in der Zentralabteilung Unternehmenskommunikation der BASF SE sowie Präsident der Deutschen Public Relations Gesellschaft (DPRG).
Kontakt: ulrich.nies@basf.com

Prof. Dr. rer. publ. Peter Nobel ist Extraordinarius für Privat, Handels- und Wirtschaftsrecht und Direktor des Instituts für Europäisches und Internationales Wirtschaftsrecht (EUR) an der Universität St. Gallen, sowie ordentlicher Professor ad personam für schweizerisches und internationales Handels- und Wirtschaftsrecht an der Rechtswissenschaftlichen Fakultät der Universität Zürich.
Kontakt: peter.nobel@unisg.ch

Prof. Dr. Ulrike Röttger, Dipl. Journ., ist Inhaberin der Professur für Public Relations am Institut für Kommunikationswissenschaft der Westfälischen Wilhelms Universität Münster.
Kontakt: ulrike.roettger@uni-muenster.de

Prof. Dr. sc. math. Beat F. Schmid ist Mitgründer und Direktor des Instituts für Medien- und Kommunikationsmanagement, =mcminstitute, der Universität St. Gallen (HSG).
Kontakt: beat.schmid@unisg.ch

Prof. Dr. Armin Töpfer leitet den Lehrstuhl für Marktorientierte Unternehmensführung an der Technischen Universität Dresden sowie die Forschungsgruppe Management + Marketing in Kassel.
Kontakt: atoepfer@rcs.urz.tu-dresden.de

Dr. rer. pol. Markus Will ist Gesellschafter und Partner von goodwill communications – management consultants sowie Privatdozent für Kommunikationsmanagement an der Universität St. Gallen (HSG). Er ist Gründer und ehemaliger Leiter des Center for Corporate Communication am =mcminstitute, der Universität St. Gallen (HSG).
Kontakt: markus.will@goodwill.ch

Prof. Dr. Ansgar Zerfaß, Dipl.-Kfm., Dr. rer. pol. habil., ist Universitätsprofessor für Kommunikationsmanagement an der Universität Leipzig sowie Mitglied des Executive Board der European Public Relations Education and Research Association (EUPRERA), Brüssel.
Kontakt: zerfass@uni-leipzig.de

Teil 1

Begriffsrahmen

Beat F. Schmid und Boris Lyczek

Die Rolle der Kommunikation in der Wertschöpfung der Unternehmung

1 Übersicht

Der folgende Beitrag klärt die Bedeutung der Kommunikation für die Wertschöpfung des Unternehmens und erläutert die Managementfunktion der Corporate Communication. Dieser erste Teil des Buches dient als Begriffsrahmen für das Aufgabenfeld Unternehmenskommunikation aus Sicht der Unternehmensführung. Die wichtigsten Begriffe des Themengebietes Unternehmenskommunikation wie Image, Reputation, Stakeholder Capital und Corporate Identity werden eingeführt und in ihrem jeweiligen Zusammenhang verdeutlicht.

Das zweite Kapitel definiert grundlegende Begriffe, die in den folgenden Kapiteln zur Konzeptualisierung des Umfeldes der Unternehmenskommunikation Verwendung finden. Ziel dieser Einführung in unsere Lebenswelten mit Dingen und Institutionen als sozialen Konstruktionen ist es, die bildende Kraft kommunikativen Handelns zu erkennen.

Unternehmenskommunikation ist Teil des Managements des Unternehmens. Unternehmen werden in Anlehnung an das St. Galler Management-Modell als soziotechnische Wertschöpfungssysteme verstanden. Das Gestalten, Lenken und Entwickeln dieser konkreten Institutionen ist Gegenstand des Unternehmensmanagements. Wir beschreiben das Unternehmen in Kapitel 3 als gesellschaftlichen Akteur in seinen Umwelten, den Lebenswelten seiner Stakeholder, in denen es eine Identität herstellen und Akzeptanz schaffen muss.

Die Bedeutung der symbolischen Seite der Dinge und ihrer kommunikativen Vermittlung werden bei den Produkten des Unternehmens besonders deutlich. Im Sinne einer Integrierten Kommunikation müssen sich die Kommunikation auf der Produktebene und auf der Unternehmensebene aufeinander beziehen. Die Produktkommunikation wird primär durch das Marketing verantwortet. Die Aufgaben und Terminologien der Produktkommunikation müssen für eine fruchtbare Zusammenarbeit der Unternehmenskommunikation mit der benachbarten Funktion des Marketings verstanden sein. Aus diesem Grund erläutert Kapitel 4 die Kommunikation auf Produktebene aus Sicht der Unternehmenskommunikation.

Wir definieren in Kapitel 5 die Stakeholder des Unternehmens als diejenigen Gemeinschaften, die in Institutionen wirken, in welche auch das Unternehmen eingebettet ist. Das Verhalten dieser Gemeinschaften ist deshalb für das Unternehmen relevant und hat direkt oder indirekt Einfluss auf sein Einkommen. Das Handeln der Stakeholder wird durch ihre Wahrnehmung des Unternehmens, d.h. durch das Bild, das sie von ihm haben, geprägt. Daher weisen diese Stakeholder Images für das Unternehmen Kapitalcharakter auf.

Vor diesem Hintergrund kann in Kapitel 6 schliesslich das Management dieses symbolischen Kapitals besprochen werden. Unternehmenskommunikation wird als Stakeholder Capital Management erkennbar. Für die Pflege des symbolischen Kapitals der Unternehmung eröffnen sich zwei Steuerungsmöglichkeiten: Zum einen muss die Unternehmenskommunikation die Stakeholderinteressen in das Unternehmenshandeln internalisieren. Zum anderen gilt es, die Kommunikationssituationen im Sinne der Unternehmensziele zu gestalten und sich dabei der richtigen Symbolwelten bewusst zu sein.

Kapitel 7 fasst die wichtigsten Ergebnisse zusammen.

2 Grundlagen

Das Unternehmen, dessen Kommunikation die Unternehmenskommunikation leisten soll, ist in die vielfältigen Lebenswelten[1] der Menschen eingebettet, in Nationen, Kulturen, technisch definierte Umwelten, Arbeits- und Konsumwelten und zahlreiche weitere Ordnungen menschlichen Zusammenlebens. Jede dieser Welten bildet einen Horizont, in dem Menschen die Dinge[2] und unter ihnen das Unternehmen **wahrnehmen**.

---

[1] Der Begriff der **Lebenswelt** ist u.a. in der Philosophie von Edmund Husserl, dem Begründer der Phänomenologie (siehe Husserl, 1976), zentral. Er hat das Denken in der modernen Soziologie grundlegend beeinflusst. Sein Schüler, Alfred Schütz, war für das Werk von Berger und Luckmann wegweisend. Diese Autoren begreifen, in der Nachfolge von Mead, die soziale Welt als symbolische Konstruktion.

Alfred Schütz knüpfte an die „verstehende Soziologie" Max Webers (Vgl. Weber, 1922) an. Schütz suchte dessen Frage nach dem sinngeleiteten Handeln zu begründen, indem er auf die Ergebnisse und Methoden von Husserl zurückgriff. Mit seinem Hauptwerk „Der sinnhafte Aufbau der sozialen Welt" (Schütz, 1974) verband er die Husserl'sche Phänomenologie der Lebenswelt mit einer Soziologie des Alltags – und grenzte sich ab vom Postulat, es gebe nur die Tatsachenwelt, welche mit formaler Logik abbildbar sei, wie dies auch vom so genannten Wiener Kreis, vor allem von R. Carnap, vertreten wurde, auf dessen Publikation („Der logische Aufbau der Welt") Schütz mit seinem eigenen Titel anspielte.

Mead entwickelte in der Zeit des behavioristischen amerikanischen Pragmatismus eine – gegenüber dem Behaviorismus und der Psychoanalyse – eigenständige Theorie, die er Sozialbehaviorismus nannte (Mead, 1973, S. 44). Während im strengen Behaviorismus das Individuum passiv auf die Stimuli der Umwelt reagiert, rückte Mead das aktiv handelnde und vernunftbegabte Subjekt in den Vordergrund. Dessen Geist bestehe darin, signifikante Symbole zu schaffen und zu verwenden. Eine Fähigkeit, welche die sozialen Prozesse steuere. Mead hat kaum publiziert. Seine Vorlesungsnotizen wurden von seinem Studenten Herbert Blumer unter dem Titel „Symbolischer Interaktionismus" weiter entwickelt (Abels & Link, 1991).

[2] „(Philos.) Etwas., was in einer bestimmten Form, Erscheinung, auf bestimmte Art und Weise existiert und als solches Gegenstand der Wahrnehmung, Erkenntnis ist" (Duden).

Menschen **kommunizieren** über die Dinge in ihren Welten und geben ihnen eine Bedeutung, einen Sinn. Sie erschaffen gleichsam kommunizierend ihre Welten. Wir müssen deshalb zunächst auf die **symbolische Bedeutung der Dinge** und den Prozess ihrer Konstruktion eingehen.

Menschen **handeln** in ihren Welten. Ihr Handeln ist durch ihr Können bestimmt – z.B. das Lenken eines Fahrzeugs – nicht weniger aber durch Regeln, die sie leiten und ihr Verhalten strukturieren. Diese das Handeln strukturierenden Instanzen nennt man **Institutionen**. Unternehmen selbst stellen realisierte Institutionen dar und sie sind ihrerseits in Institutionen wie z.B. den Staat eingebettet. Aus diesem Grund wird der Begriff der Institution in allen folgenden Kapiteln benötigt und er soll vorab geklärt werden.

Für die wahrnehmenden und handelnden Akteure strukturieren diese beiden Elemente – die **Symbole** als das Wahrnehmen formende Kräfte und die **Institutionen** als das Handeln lenkende Mächte – ihre Lebenswelten. Die **Kommunikation** ist darin nicht ein hinzukommendes weiteres Element, sondern untrennbar mit diesen verwoben. Symbole geben einem Akteur die Möglichkeit, die Dinge zu benennen und sein Tun in der Symbolwelt, namentlich der Sprache, zu planen und zu begründen. Dies geschieht kommunizierend – mit sich, nach innen, im Denken, um dem Handeln Form und Sinn zu geben. Nach aussen wird im Dialog mit den Anderen durch Erklärung Sinn und Konsens geschaffen. Dies sind die Voraussetzungen für eine gesellschaftliche Akzeptanz. Dabei bestimmen Institutionen, was ein Akteur tun darf und muss. Die Symbole und Institutionen stellen in einem übertragenen Sinn die Verkehrszeichen und -regeln des sozialen Handelns dar und sie dienen seiner Begründung.

Beide gesellschaftlichen Größen, Symbole wie Institutionen, sind nicht statisch, sondern befinden sich in einem Prozess der dauernden Bildung und Umgestaltung. Das Management und die Unternehmenskommunikation sind Faktoren in diesem Prozess, der erhebliche selbstorganisierende Anteile enthält. Deshalb schliesst das Kapitel mit einem notwendigen Blick auf die Entwicklung von Institutionen.

2.1 Erkennen: Symbolische Lebenswelten

Kommunikation ist **symbolische Interaktion** mit anderen Menschen: Wir tauschen Symbole, d.h. jegliche für Bedeutung und Sinn stellvertretende Zeichen, vor allem aber Elemente der Sprache mit dem Ziel aus, Verständigung herzustellen. Die Bedeutung der symbolischen Wirklichkeit ist jedoch breiter zu fassen: Nicht nur Texte und andere Formate von Nachrichten haben Symbolcharakter – die soziale Wirklichkeit insgesamt ist symbolisch. Ein bestimmtes Ding – ein Wolf, ein Atomkraftwerk, ein Kelch, Mann und Frau, Beton oder Tropenholz – weist für verschiedene Gemeinschaften unterschiedliche Bedeutungen auf. Diese Bedeutungen wechseln mit der Zeit und im Raum, allgemeiner: mit den verschiedenen Lebenswelten. Diese Welten erschliessen sich uns erst und nur insofern, als wir die **Symbole** erkennen, die **Namen** der Dinge kennen sowie um die Art und Weise wissen, mit der beide unsere Blicke informieren.

Wir wollen deshalb zuerst auf den symbolischen Aspekt der Dinge und der Lebenswelten eingehen. Im Anschluss daran stellen wir den Bezug zu Wissen und Wahrnehmung der Menschen her, die mit den Dingen in ihren Lebenswelten umgehen. Schliesslich wird die Verbindung zur Kommunikation erläutert. Mit Symbol, Lebenswelt, Wissen und Kommunikation sprechen wir Begriffe an, die für eine Analyse des Unternehmens und der Unternehmensumwelt unbedingt benötigt werden und die für das Thema der Unternehmenskommunikation direkt relevant sind: Die symbolische Seite der Dinge ist es nämlich, die in kommunikativen Prozessen geschaffen und weiterentwickelt wird.

2.1.1   Dinge als soziale Konstrukte

Menschen leben als physische Objekte in einer physischen Welt und gleichzeitig als Gesellschaftswesen in sozialen Kontexten. Wir und die Dinge, mit denen wir agieren, besitzen in diesen sozialen Welten – neben der materiellen Identität, die den Gesetzen der Natur unterworfen ist – eine **Identität**, die eine kulturelle Grösse ist: Sie ist abhängig von der umgebenden Gesellschaft und historisch entstanden. Die kulturelle Identität ist, wie manche Autoren des 20. Jahrhunderts diesen Sachverhalt benennen, **sozial konstruiert**. Die Soziologen Berger und Luckmann haben diesen Begriff geprägt[3]. Sie argumentieren, dass die gesellschaftliche Wirklichkeit eine Konstruktion ist, an der jedes in ihr lebende Individuum teilhat. Die gemeinsame Wirklichkeit entsteht im Kontext der Mitglieder, die in der gleichen Gesellschaft sozialisiert wurden, durch eine jeweils ähnliche Interpretation der Dinge. Das heisst, dass Dinge – wie z.B. Unternehmen - nicht so sind, wie sie für sich sind, sondern so, wie sie eine Gesellschaft für ihre Mitglieder deutet (Abels, 1998, S. 89).

Betrachten wir Dinge wie eine Münze, ein Automobil, eine Tankstelle. Sie sind alle aus Materie geformt. Trotzdem ist ihr Verhalten in unseren Lebenswelten nicht aus den Bewegungsgleichungen der Physik ableitbar. Das System, das durch diese Dinge und

---

[3] Das von Peter L. Berger und Thomas Luckmann 1966 erschienene Buch „The social construction of reality" (1969 auf Deutsch: „Die gesellschaftliche Konstruktion der Wirklichkeit. Eine Theorie der Wissenssoziologie") ist ein Grundlagenwerk der modernen Soziologie. In ihrer Auffassung der Gesellschaft beziehen sie sich auf Durkheim. Die Frage der Internalisierung von Wirklichkeiten klären sie sozialpsychologisch in Anlehnung an die von George Herbert Mead begründete „Symbolic Interactionist School" (Berger & Luckmann 2000, S. 18). Zur konstruktivistischen Sicht der sozialen Welt vgl. weiterhin Searle (1995) sowie Hacking (1999).

ihre lebensweltlichen Beziehungen gebildet wird – zwischen dem Auto und seinem Besitzer bzw. zwischen Treibstoff und Tankstelle, Geld und Treibstoff, dem Auto und dem Prestige seines Besitzers etc. – wurzelt nicht in der Physik, sondern im Reich des Sozialen. Die **soziale Bedeutung der Dinge** steht zwar nicht in Konflikt mit ihrer materiellen Seite, aber sie wird durch diese nicht erfasst. Bedeutung ergibt sich vielmehr aus den **Rollen**, die diese Dinge in unserem Leben spielen.

Dinge können bestimmte Rollen in unserem sozialen Leben nur insoweit spielen, als wir **Wissen** von diesen Rollen haben und den Willen aufbringen, uns entsprechend zu verhalten. Geld beispielsweise kann seine Austausch- und Wertaufbewahrungsfunktionen nur erfüllen, weil die Marktteilnehmer gelernt haben, wie es zu gebrauchen ist und willens sind, es in seiner Funktion anzuerkennen.

In der sozial-konstruktivistischen Sicht liegt die soziale Bedeutung der Dinge daher letztlich **in den Köpfen** (in der Wahrnehmung) der mit ihnen umgehenden Personen. Da diese Bedeutung, d.h. das sie konstituierende Wissen und Verhalten, nicht naturgegeben ist, muss sie in sozialen Prozessen aufgebaut, eben konstruiert werden. Dies geschieht kommunikativ, d.h. in symbolischer Interaktion, im Umgang mit den Dingen und anderen Beteiligten. Wir werden in Kapitel 6 hier anknüpfen, wenn es gilt, die soziale Bedeutung des Unternehmens zu gestalten, zu lenken und zu entwickeln.

Die soziale Konstruktion ist ein kontinuierlicher Vorgang. Entsprechend ist auch ihr Ergebnis, die Bedeutung von Dingen, in beständiger dynamischer Veränderung begriffen. Die Bedeutung der Dinge und ebenso die deutende Gemeinschaft selbst sowie ihre Lebenswelten wandeln sich: Der Pandabär, Seehundbabys und Tropenhölzer sind seit dem Aufkommen der Ökologiebewegung etwas Anderes als zuvor. Auch die Relationen zwischen Dingen und Menschen unterliegen der sozialen Konstruktion. Das wird an alltäglichen Dingen wie unseren Kleidern unmittelbar klar: Was eine Frau vorteilhaft kleidet, wird bei einem Mann als unpassend empfunden und was in der Freizeit in Ordnung ist, schickt sich nicht für die offizielle Feier. (Naumann & Harms, 2000)

Durch Beziehungen untereinander werden die Dinge zu Teilen von Systemen. Das Automobil ist mit seinem Besitzer, mit dessen Geld, mit der Tankstelle, dem Treibstoff und vielen anderen Dingen in ein Netz von Beziehungen eingebunden. Diese Beziehungen sind wieder nicht physikalischer Natur, sondern sie sind das Ergebnis der entsprechenden Interaktion. In Kommunikation und gemeinschaftlicher An- und Verwendung werden die Bedeutung, die Funktion und die Beziehungen der Dinge bestimmt. Die immaterielle, soziale Seite der Dinge verbindet die Dinge zu Netzen, zu **Systemen von Objekten**. Dieses Beziehungsnetzwerk reguliert ihr Zusammenspiel und ihre Bedeutung.

Natürlich existieren die physischen Dinge auch im physikalischen Raum und haben dort eine von unseren sozialen Konstruktionen unabhängige, materielle Identität. Dinge wirken gemäss den physikalischen Gesetzmäßigkeiten auf uns ein. Durst, ein

Beinbruch, Sonnenschein und Hurrikane sind zunächst nicht soziale Konstrukte. Sie sind auch ohne unser Wissen physische Realität und weisen als solches ebenso eine Bedeutung für Tiere auf. Diese nehmen physische Objekte ebenfalls wahr und haben als Resultat ein Bild von den Dingen. Sie verfügen über Wissen, das sie befähigt, zu überleben und das nicht gesellschaftlich vermittelt ist. Ihre Sinne vermitteln ihnen ein sinnliches **Bild** der Dinge und Umstände. Dieses Bild ist eine kognitive Realität, seine Basis sind Erregungszustände der neuronalen Netze. Derartige nicht sozial vermittelte, sinnliche Bilder stellen vorbegriffliches Wissen dar, das auch beim Menschen vorliegt und bei ihm eine affektive Qualität hat: Es löst **Emotionen** aus, erzeugt spontan **Assoziationen**, die ihrerseits wiederum Emotionen hervorrufen. Emotionen wirken bewegend: Sie sind mit der Neigung zu einem bestimmten Verhalten verbunden – zuzugreifen, zurückzuweichen, zu lachen etc. Diese Bilder sind mit unserem möglichen Verhalten verknüpft und damit mit unserem Können, unserem **Handlungswissen** (Know-how) zu einem repräsentierten Objekt. Dieses vorbegriffliche Wissen bestimmt, was das Ding **für mich** bedeutet.

Die sozial konstruierte Bedeutung von Dingen ist dagegen Wissen der Gemeinschaft, d.h. **gemeinsames Wissen**. Dieses geteilte Wissen bestimmt, was die Dinge **für uns** sind. Nur soweit wir diesen Wissenskontext kennen, verstehen wir die Bedeutung von Dingen. Dabei weiss das Objekt nichts, nur der mit ihm umgehende Akteur besitzt Wissen. Das Geldstück bleibt physikalisch dasselbe, wenn es ungültig wird – seine Bedeutung jedoch verändert sich fundamental. Diese Veränderung seiner Bedeutung ist eine Veränderung allein seiner symbolischen Seite. Das Verhalten der Beteiligten im Umgang mit dem Geldstück hat sich verändert, gesteuert durch das neue gemeinschaftliche Wissen. Die Bedeutung des Dinges ist eng mit unseren Handlungen verknüpft, welche ihrerseits durch unser Wissen gelenkt werden. Wir wenden uns im Folgenden zuerst dem Wissen zu.

2.1.2   Wissen und Information

Die Identität der Objekte und Subjekte im **gesellschaftlichen** Raum ist, so halten wir fest, ein soziales und kulturelles Konstrukt, das dem Wandel unterliegen kann und auf gemeinschaftlichem Wissen basiert. Dieses gemeinschaftliche Wissen, das die Bedeutung von Dingen festlegt, wird im Prozess der **Kommunikation** entwickelt. Wird dieses Wissen nicht fortdauernd kommunikativ aktualisiert und somit variiert, stirbt es.

Die Kommunikation verwendet Symbole, die Namen der Dinge und Begriffe für Bedeutungen. Nur wer die aktuelle Bedeutung dieser Symbole kennt, versteht sie und sieht sie in ihrer gemeinschaftlichen Bedeutung. Am Beispiel der Atomenergie wird dieser Umstand deutlich: Nach dem zweiten Weltkrieg rief man das Atomzeitalter aus: Wir befänden uns nun, mit der Zähmung der Kernkräfte, in einem neuen Zeitalter.

Dieses wurde trotz Hiroshima und Nagasaki überwiegend positiv gedeutet, aber nicht von allen. Die Friedensbewegung empfand diese Technologie und das mit Bombentests verbundene Wettrüsten verwerflich. Sie verband sich später mit der Umweltbewegung und setzte in den meisten Industriestaaten eine weitgehende Ächtung der Atomenergie durch. Deren symbolische Bedeutung hatte sich gewandelt.

Auch das individuelle, sinnliche Bild eines Dinges ist eine Form von Wissen: sinnliches Wissen, Erfahrung. Diesen Typ von Wissen haben auch Tiere. Das Haustier kennt seinen Herrn, weiß, wo der Futternapf ist, wie man die Türe öffnet und dass der Ofen heiss ist. Es kann dies aber nicht sprachlich äussern. Das symbolische Wissen verlangt jedoch nach sprachlicher Darstellung. **Sprachen** benötigen Zeichen. **Zeichen** sind physische Objekte. Ihre Wahrnehmung erzeugt jedoch nicht nur das Bild des Zeichens selbst, sondern weckt zugleich die Vorstellung eines Anderen. Der Philosoph Peirce nennt dieses zweite innere Bild Interpretant des Zeichens. Dieser Vorstellung entspricht ein anderes Objekt, das Bedeutung des Zeichens genannt wird. Schon Tiere können die Bedeutung von Zeichen erlernen. Ein bekanntes Beispiel ist Pawlows[4] Hund: Wenn sein Futter immer mit einem Glockenklang serviert wird, entsteht nach einer Lernphase allein durch den Glockenklang in ihm die Vorstellung von Futter: Er wird für ihn zum Zeichen für Futter. Sprachliche Zeichen sind aber mehr als blosse Stimuli, die unsere Aufmerksamkeit auf ein anderes Objekt richten: Sie sind **Symbole**.

> **Zeichen** ist „alles, dessen Erkenntnis die Erkenntnis eines anderen vermittelt, das, woran man etwas erkennt" (Gutberlet, 1909, S. 17).
> **Symbole** sind Zeichen, die der Interpret nicht nur versteht, sondern aktiv hervorbringen kann, um das Objekt zu bezeichnen, das ihre Bedeutung ist.[5]

Weil ihre Nutzer Symbole nicht nur als Zeichen **interpretieren** können, sondern sie auch zur **Benennung** von Objekten und Vorstellungen von diesen, d.h. von Gedanken, verwenden können, wird Kommunikation möglich und damit die Erzeugung gemeinsamer Gedanken. Diese sind der Stoff, aus dem die sozial konstruierte Realität besteht.

Unter einem Symbol verstehen wir somit ein Zeichen, das mittels eines gelernten Schemas hergestellt worden ist und dem eine bestimmte Bedeutung zugeordnet werden kann. Seine schematische Erzeugung erlaubt sowohl seine Wiedererkennbarkeit als auch seine beliebig häufige Reproduktion. Wir haben gelernt, den Laut „a" oder

---

[4] Der russische Physiologe I. P. Pavlov (Pawlow, 1849 – 1936) führte die berühmt gewordenen Experimente mit Hunden durch und zeigte, dass Hunde, denen das Futter in Verbindung mit einem Glockenklang gereicht wird, die Bedeutung des Glockenklangs erlernen, indem sie bei dessen Erklingen auch ohne Futtergabe ihre Speichelsekretion erhöhen, offenbar in Erwartung des Futters.

[5] Diese Unterscheidung zwischen Zeichen und Symbolen ist keineswegs allgemein üblich. Manche Autoren verwenden die Begriffe synonym, andere verwenden andere Definitionen - vgl. etwa Nöth (2000).

den Buchstaben A zu erzeugen und können ihn in seinen verschiedensten Realisationen des A-Schemas erkennen. Die Zuordnung der Bedeutung zum Zeichen kann jedoch letztlich nur im sozialen, interaktiven Handlungskontext erfolgen. Nur interaktiv lernen wir, was das Wort „gelb" bezeichnet oder worin die Bedeutung von „Porsche" liegt. Mit Symbolen ist somit das Wissen um ihre Bedeutung verbunden. Ist dieses Bedeutungswissen vorhanden, assoziieren wir mit den Symbolen bestimmte Vorstellungen und Gedanken, die den Dingen entsprechen, die sie bezeichnen. Das Nennen des Wortes „Porsche" löst im Hörer einen Gedanken vielleicht auch ein Bild aus, das mit dem benannten Objekt verbunden ist.

Betrachten wir als Beispiel die Zeichen, mittels derer wir den Strassenverkehr regeln. Das Rot der Ampel bedeutet, dass ich nicht fahren darf, grün, dass ich fahren soll. Das Einbahnstrassenschild verbietet mir das Befahren in eine Richtung. Wir haben gelernt, diese Verkehrszeichen richtig zu interpretieren. Die Tatsache, dass wir auf diese Zeichen nicht nur richtig reagieren, sondern über sie reden, neue erfinden und einführen, macht sie zu Symbolen und zu sozial konstruierter Realität, die unser Handeln lenkt und deren Bedeutung umgekehrt durch unser Handeln bestimmt wird.

Wir benötigen für unsere Zwecke keine tiefer gehende Analyse dieses Zusammenhangs zwischen Zeichen, Sprache und symbolischer Bedeutung der Dinge. Es reicht, wenn wir uns die **Wirkung der Sprache** vor Augen halten: Sie vermag, wenn wir ihre Begriffe kennen, in unserem Denken Bilder der angesprochenen Dinge samt ihrer sozialen Bedeutung zu erzeugen und Handlungen zu lenken. Das Wort „Eiche" kann ein Bild erzeugen, der Satz „geh zu ihr" eine Handlung auslösen. Sprache erzeugt auf diese Weise die soziale Wirklichkeit als gemeinsames Wissen über die Dinge.

> Während wir unter **Wissen** jene Information verstehen, die in einem Handelnden wirksam ist oder werden kann, definieren wir die als Objekt vorliegende **Information** als syntaktisch strukturierte Zeichenobjekte, d.h. Codes, die Bedeutung tragen.

Abbildung 2-1:   *Dinge, ihre Bilder und Zeichen*

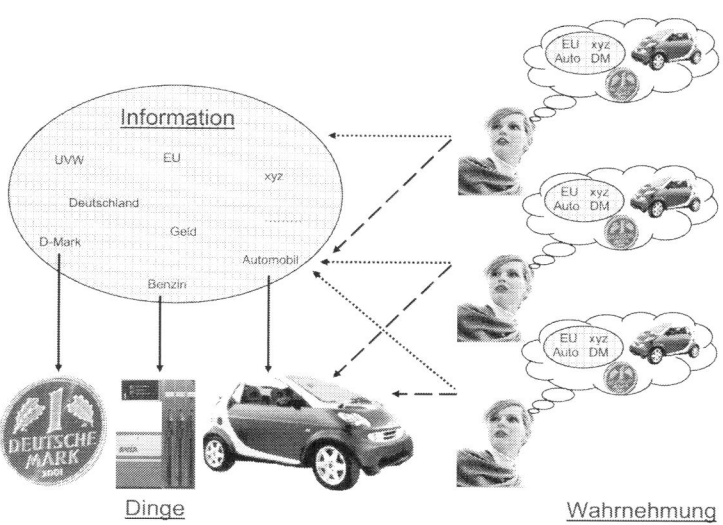

Vor der Neuzeit hat man Information als Tun und Wirkung verstanden, In-formieren (lateinisch *informare,* einformen) als eine Tätigkeit, durch die nicht nur geformte Dinge, sondern auch Wissen entsteht (Capurro, 1978). Diese Wissen vermittelnde Aktivität erfassen wir heute mit dem Begriff der **Kommunikation**. Wissen kann deshalb Ergebnis der Kommunikation von Information sein. Wissen ist aber auch die Quelle von Information: Information stellt symbolisiertes (externalisiertes) Wissen dar. Ihre Internalisierung, d.h. ihre Aufnahme, erzeugt in unserem Denken den symbolischen Teil der Bilder der Dinge: Das sinnliche Bild des Geldstücks wird angereichert zu jenem sozialen Konstrukt, das aus einem Stück Materie Geld macht.

Wegweiser, Stammeszeichen zur Markierung der Identität, aber auch Melodien, Tanzfiguren, die ganze Fülle der durch Konventionen normierten Arten des Verhaltens und Handelns sind ebenfalls Zeichen. Sie folgen ihren eigenen Kompositionsregeln und Grammatiken, wir können sie aber auch sprachlich ausdrücken. Die menschliche Sprache ist ein Zeichensystem, das Bedeutungen mit Worten benennen und mehr oder weniger perfekt wiedergeben kann. Wir können mit diesem Zeichensystem vergangene, geplante und fiktive Handlungen beschreiben und andere über sie informieren.

Abbildung 2-2: *Fixierung von Wissen in Informationsträgern (Medien)*

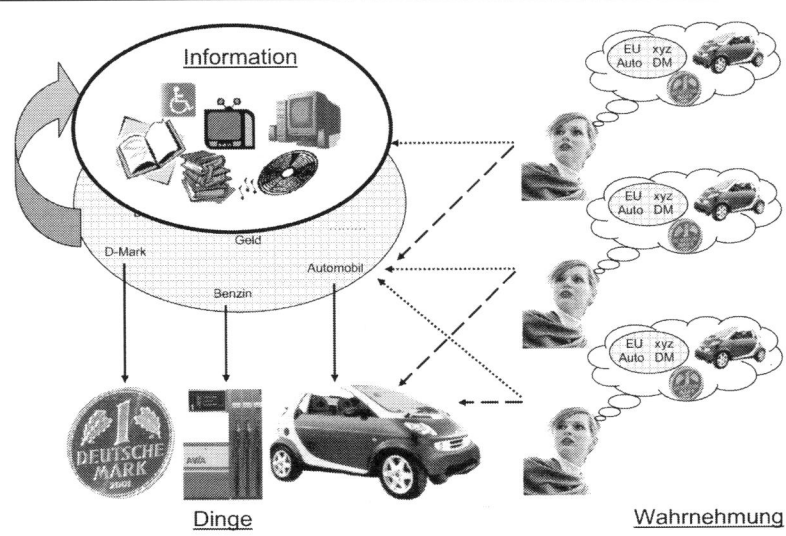

Information kann in **Informationsträgern** fixiert werden, weil sie symbolisch ist – in Zeichen ausgedrückt werden kann. In physische Trägermedien (z.B. Papier) kann Information eingeformt und fixiert werden und auf diese Weise Zeit und Raum überbrücken. Diese Möglichkeit erhöht die Reichweite der Kommunikation. Wir können Aristoteles' Worte noch heute lesen und wir können mit einer Kollegin am anderen Ende der Welt telefonieren. Die Erfindung der **Schrift** hat ein Zeichensystem zur Verfügung gestellt, das beliebige sprachliche Äusserungen in gewissen Aspekten abzubilden gestattet. Die abbildbaren Aspekte erfassen die Worte und Wortfolgen, nicht jedoch Intonation und andere gestische Elemente. Im Laufe der Geschichte sind weitere Techniken zur Fixierung von Information entstanden. Diese Informationsträger bezeichnen wir als **Medien**. Sie dienen dem Transport der Information über Raum und Zeit. Die in ihnen gebundenen Informationsbestände sind im Laufe der Geschichte exponentiell gewachsen und nehmen weiterhin rasant zu.

2.2 Handeln: Akteure und Institutionen

Die Bedeutung der Worte (Semantik) und Dinge wird letztlich durch unseren Umgang mit ihnen, unser Handeln, bestimmt. Wir wollen deshalb den Begriff des Handelns sowie den des Handelnden, des Akteurs[6], klären. Handlungen werden in Gesellschaften durch formelle oder informelle Regelwerke geleitet, so genannten Institutionen. Ihre konkrete Realisation bezeichnet man als Organisation. Unternehmen sind spezielle Formen von Organisationen.

2.2.1 Akteure und Handeln

Durch die Art und Weise, wie wir Dinge behandeln, d.h. durch unsere **Handlungen** mit ihnen, werden die Dinge zu dem, was sie für uns bedeuten. Der amerikanische Pragmatismus[7] und der Philosoph Wittgenstein (1971) haben diese Position mit starken Argumenten vorgetragen. Gemäss Wittgenstein liegt die Bedeutung eines Wortes in seinem Gebrauch, analog einer Schachfigur, die ihre Bedeutung durch die Züge gewinnt, die mit ihr erlaubt sind. Was wir tun dürfen oder müssen, wird durch Gewohnheiten oder Regeln festgelegt. Diese bilden den Kern der Institutionen, denen wir uns im nächsten Abschnitt zuwenden werden.

Ein handelnder Mensch wird auch als **Akteur** oder Agent bezeichnet (*agere*, lateinisch „handeln", bzw. *actor*, der Handelnde). Wir werden den Begriff des Akteurs nicht nur für Menschen, sondern auch für Organisationen als im juristischen Sinne verantwortliche Handlungssubjekte verwenden.

Was ein Akteur in einer bestimmten sozialen Welt tun kann, ist auf zweierlei Weise mit Wissen verbunden. Er muss **Können** („Know-how") entweder selbst besitzen, um darüber zu verfügen, oder er muss es von einem anderen beschaffen, der über dieses Wissen verfügt. Ein Akteur ist also eine Entität, die über Können verfügt, auch Handlungswissen genannt. Er kann sich aber auch der Fähigkeiten anderer Akteure bedienen und Handlungen delegieren. Diese Möglichkeit und die damit zusammenhängenden Probleme sind Grundlage aller wirtschaftlichen Verhältnisse.

---

[6] Statt Akteur wird auch das Wort „Agent" verwendet, in einigen Handlungstheorien ausschliesslich. Da der Begriff „Agent" später in einer speziellen Bedeutung gebraucht wird, verwenden wir hier „Akteur" zur Bezeichnung des handelnden Subjekts.

[7] Nach K.-O. Apel ist Peirce (1839-1914), dem Begründer des Pragmatismus, von dem auch die Begründer einer quasibehavioristischen Sozialwissenschaft bzw. Semiotik, G.H. Mead und Ch. Morris, aufs stärkste beeinflusst sind (Apel, 1967, S. 17). Handeln heisst griechisch „pragmein", deshalb das Adjektiv „pragmatisch" für Denkrichtungen, die diese Sicht betonen.

Das Können oder Wissen, das ein Akteur anwenden muss, um ein bestimmtes Ziel zu erreichen, nannten die Griechen „Techne", die Lateiner „Artes", d.h. Künste. Es steckt im modernen Wort Technik. Der Bestand solchen Wissens, d.h. an Techniken und Technologien, ist seither stetig gewachsen. Akteure in Arbeitsprozessen sind inzwischen Spezialisten, die über ein bestimmtes Portfolio von Techniken verfügen. Unsere **arbeitsteilige Gesellschaft** besteht aus einer enormen Menge von Handlungswissen und einer ausdifferenzierten Topologie von Fähigkeitsprofilen. Mit dem Wachstum dieses Wissens ist die Macht des Menschen über die Dinge und gegenüber seiner Umwelt gewachsen: Wissen als Macht.

Durch das **Zusammenwirken** von Akteuren entstehen die Gesamtleistungen der modernen arbeitsteiligen Gesellschaft. Vor allem in kooperativen Arrangements wurden für den Menschen im Verlaufe der Zivilisationsentwicklung Ziele erreichbar, die für den Einzelnen unvorstellbar sind: Etwa der Bau von Städten, Verkehrssystemen oder globalen Nachrichtensystemen. Akteure müssen dazu zusammenwirken, ein wohl organisiertes Ganzes bilden. Solche Strukturen von zusammenwirkenden Agenten fassen wir unter dem Begriff der **Organisation**. Sie sind „Multi-Agenten-Systeme", in denen sich die Agenten gemäss ihren Rollen verhalten.

In Bezug auf ihre Handlungen verfügen menschliche Akteure zusätzlich über ein Wissen, das es ihnen erlaubt, ihre Handlungen zu begründen und mitzuteilen, was deren Sinn, deren Bedeutung ist. Dieses Wissen ist symbolischer Natur und gehört zum Wesen der Handlung. Handlungen gehören umgekehrt zum Kernbereich der sozialen Welt und erschaffen sie in Verbindung mit Symbolen, die diese Handlungen und Dinge bezeichnen.

Eine **Handlung** ist **zielgerichtetes Verhalten**, das zum einen fähig ist, einen Handlungsplan zu machen, der geeignet ist, ein gewünschtes Ziel zu erreichen, und das zum anderen fähig ist, das gewählte Verhalten zu **begründen**.

Eine Handlung ist somit geplantes und zielgerichtetes Verhalten, das zusätzlich – und das unterscheidet das Handeln von einem tierischen oder anderen zielgerichteten Verhalten – begründungsfähig ist: Wir, die menschlichen Handelnden, können für unser Verhalten Gründe nennen. Das lateinische Wort für Grund heisst *ratio*: Wir handeln **rational**. Wir können über Handlungen reden, sie bewerten, begründen, fordern, verbieten, wünschen und unterlassen.[8] Handlungen müssen dazu symbolisch repräsentiert sein. Sonst können wir über sie nicht auf der so genannten Metaebene reden. Die Existenz der Handlungen in der Symbolwelt der Sprache ermöglicht die Beratung der Handelnden untereinander, aber auch das Besprechen der Handlung mit sich

---

[8] Zum Handlungsbegriff vgl. insbesondere Gil (2003). Der Handlungsbegriff steht im Zentrum des Pragmatismus seit Peirce. Vgl. hierzu Apel (1967), Abels und Link (1991) sowie Mead (1973).

selbst, d.h. das Denken. Es ermöglicht auch ihre Weitergabe in Gestalt der Handlungsbeschreibung, ihr Lehren und Lernen. Die Handlungsbeschreibung ist Voraussetzung und Basis für die **Regulierung** des Handelns durch Regeln und Gesetze einer Gemeinschaft: Du sollst nicht töten, ehebrechen, stehlen; sollst rechts fahren und links überholen etc.

Die spezifisch menschliche Fähigkeit zur Versprachlichung und damit Symbolisierung unseres Tuns, die uns von den Primaten und anderen Tieren unterscheidet, bedeutet allerdings nicht, dass wir die tierischen, vorsymbolischen Mechanismen des Verhaltens vollständig durch symbolbasiertes, bewusstes Handeln ersetzt hätten. Es scheint vielmehr, dass das sprachlich nicht erfasste oder nur schwer auszudrückende Verhalten einen grossen Teil auch unseres Verhaltens ausmacht.[9] Diese vorsymbolische Verhaltensweise von Gruppen und Gesellschaften werden in der Theorie der Institutionen den Gepflogenheiten bzw. **Gebräuchen** zugerechnet. Sie werden unterschieden von jenen institutionellen Elementen, welche durch explizite Gesetze oder **Regeln** bestimmt sind, d.h. durch sprachliche Formulierungen. Damit sprechen wir aber bereits die Systeme von Handlungsregeln an, die Institutionen.

2.2.2   Institutionen

Was der Akteur zu tun weiss, d.h. im technischen Sinne tun kann, ist nicht identisch mit dem, was er tun darf oder tun muss. Das Zusammenspiel der Agenten in einer sozialen Ordnung wird vielmehr durch **Rechte und Pflichten** geregelt, die sich aus der jeweiligen Rolle eines Handelnden ableiten. Die Erwartungen und Ansprüche an eine Rolle ergeben sich aus ihrer Position und Aufgabe innerhalb einer Gemeinschaft sowie durch deren Wertesystem. Die Handlungsautonomie eines Akteurs ist somit nicht nur durch sein Wissen und die ihm zur Verfügung stehenden Ressourcen limitiert. Die Möglichkeiten des Handelns werden vielmehr durch die institutionellen Verhältnisse oder allgemeiner, durch das Medium der Gesellschaft als Ganzes, begrenzt (Touraine, 1996). In der Sprache des Institutionalismus[10] ausgedrückt: Das Handeln der Akteure ist durch soziale **Institutionen** geregelt.

---

[9] Die von Kaspar und Streit als „interne Institutionen" bezeichneten Ordnungen, insbesondere ihr Typ I, dürften zu dieser Kategorie zählen (Kaspar & Streit, 1999).

[10] Der Institutionalismus (als Begründer und wichtigste Vertreter des amerikanischen Institutionalismus gelten Thorstein Veblen, John Roger Commons und Wesley Mitchell) wählt eine historisch-dynamische Betrachtungsweise des Wirtschaftsablaufs und sieht diesen vor allem bestimmt durch die vorherrschenden Institutionen, also durch die Regeln und Normen, die menschliches Handeln leiten. Dieser Zugriff unterscheidet den Institutionalismus von der neoklassischen Theorie, die u.a. von dem Prinzip eines allgemeinen Marktgleichgewichts ausgeht.

Gemeinschaftliche Regeln sind der Kern jeder sozialen Institution. Sie bilden die Grundlage nicht nur für die Richtigkeit und Rechtmässigkeit der Handlungen, sondern auch für das Verständnis ihrer gesellschaftlichen Bedeutung. Arbeit am Samstag beispielsweise ist im jüdischen Kontext nicht dasselbe wie in der islamischen oder christlichen Lebenswelt.

Institutionen definieren „die Spielregeln einer Gesellschaft oder, förmlicher ausgedrückt, die vom Menschen erdachten Beschränkungen menschlicher Interaktion" (North, 1992, S. 5).

Die Ehe, Eigentum, der Rechtsstaat, Firmen mit ihren Organisationsstrukturen sind Institutionen. Jedes Individuum und jedes soziale Gebilde ist in Institutionen und Supra-Institutionen eingebunden. Der Kanton beispielsweise in den Bundesstaat, dieser in die UNO. Institutionen können ihrerseits Subinstitutionen enthalten. Der Kanton etwa Bezirke, Gemeinden, ein Schulwesen. Betrachtet man die soziale Welt aus dem Blickwinkel der in ihr erkennbaren Institutionen, zeigt sie sich somit als ein geschachteltes, fraktales Gebilde.

Die **Funktion der Institutionen** ist es, zu ordnen, zu in-formieren. Institutionen sparen Kosten für das Handeln, indem sie Orientierung und Sicherheit gewähren. Jeder Autofahrer erfährt die Vorteile von Verkehrsregeln, die nicht nur deutlich in Gesetzestexte eingeschrieben, sondern auch zuverlässig in das Verhalten der Verkehrsteilnehmer eingeformt sind. Institutionen reduzieren die Komplexität für den Handelnden und sparen Transaktionskosten[11].

Die handlungsregulierenden Institutionen sind die Medien der gesellschaftlichen Interaktion. Sie definieren mit ihren Regeln, was man mit den Dingen tun kann, darf oder muss, und damit ihre soziale (pragmatische) Bedeutung in den institutionellen Welten der Menschen. Institutionen bestimmen die eingangs angesprochene soziale Komponente des Wesens der Dinge.

Halten wir fest: Unsere soziale Welt ist durch unser spezifisches Handeln konstituiert. Dieses wird durch Regeln geformt, die wir in bestimmten Rollen befolgen. Eine zusammengehörige Summe handlungsleitender Regeln bezeichnen wir als Institution. Handlungen und ihre Objekte sind symbolisch repräsentiert: Sie existieren als Zeichen der Sprache, die unsere Vorstellung (unser Denken über Dinge und ihre Verhältnisse) lenkt und die Kommunikation über die Dinge in der Gemeinschaft ermöglicht. Die

---

[11] Unter Transaktionskosten versteht man jene Kosten, die durch Austauschprozesse zwischen Akteuren bei unvollkommener Information entstehen. Dazu zählen Such-, Abwicklungs-, Verhandlungs-, Entscheidungs-, Kontroll-, und Durchsetzungskosten. Im Sinne des Transaktionskostenansatzes bestimmt die Höhe der Transaktionskosten, ob Austauschprozesse eher auf einem Markt, in einer Hierarchie (Unternehmen) oder in einer Kooperation durchgeführt werden (vgl. Williamson, 1985).

sozial konstruierte Seite der Dinge ist somit eine symbolische, ermöglicht durch die Sprache. Ein Akteur weiss, was ein Ding ist, wenn er – zusätzlich zu seinem sinnlichen Bild und Können - entsprechendes symbolisches Wissen hat.[12] Institutionen werden durch symbolisches Wissen konstituiert, ähnlich wie ein Spiel durch seine Regeln gebildet wird und von Akteuren abhängig ist, die diese Regeln kennen und anwenden. Sind diese Voraussetzungen in einer Gemeinschaft von Akteuren erfüllt, tritt die Institution wirksam in Erscheinung und organisiert ihr Verhalten.

2.2.3   Organisationen

In der Institutionenökonomik werden Organisationen als konkrete Ordnungen (Institutionen) bezeichnet. Organisationen bestehen somit aus Akteuren, die das **Wissen** zu einer Institution besitzen und sich durch diese Institution in ihrem Handeln leiten lassen, d.h. auch den **Willen** haben, ihren Regeln nachzuleben. Die Bildung einer Organisation kann daher auch als Lernvorgang betrachtet werden.[13]

Organisationen können die Gestalt einer festen Hierarchie annehmen, an welche die dienstbringenden Agenten mit Anstellungsverträgen gebunden sind und in deren Rahmen Leistungen bei Bedarf abgerufen werden können. Ein solches Leistungsgeflecht kann aber auch im Rahmen eines Marktes nur virtuell existieren und nur beim Zustandekommen von Markttransaktionen in Gestalt einer „Supply Chain" aktualisiert werden. Andere Formen von Organisationen sind Vereine, Parteien u.ä. Viele organisationale Designs sind eine Kombination aus hierarchischen und marktlichen Elementen. Aufgrund der Fülle existierender Organisationsformen ist es nicht leicht, zu einer umfassenden Definition des Organisationsbegriffes zu kommen. (North, 1992)

Organisationen sind **konkrete Materialisierungen** von **Institutionen**. Sie bestehen aus Akteuren, die wissen, wie sie sich gemäss den **Regeln der Institution** verhalten müssen, und die dies auch tun wollen.

---

12 Zur Unterscheidung in deklaratives („knowing-what", Faktenwissen) und prozedurales Wissen („knowing-how", Prozesswissen) vgl. Anderson (1976).

13 Friedrich August von Hayek legte mit seinem berühmten Aufsatz von 1937 „Economics and Knowledge" den Auftakt seiner Analysen zu sozialen Institutionen vor (Hayek, 1976). Er kann als Begründer der Modernen Institutionenökonomik gesehen werden (vgl. Holl, 2004). Hayek zufolge „müssen wir erklären, durch welchen Vorgang sie (die Individuen, Anm. d. Verf.) zu dem notwendigen Wissen kommen" (Hayek, 1976, S. 65); die ökonomische Theorie müsse zeigen, „wie sich die Individuen unter verschiedenen institutionellen Rahmenbedingungen das notwendige Wissen aneignen; mit anderen Worten: wie die Individuen unter verschiedenen institutionellen Rahmenbedingungen lernen" (nach Holl, 2004, S. 4).

Jeder Organisationsform liegt somit ein institutionelles Design zugrunde, das handlungslenkende Information darstellt. Den in der Organisation agierenden Akteuren muss diese Information insoweit bekannt sein, wie dies zur Erfüllung ihrer Rolle nötig ist. Organisationen sind deshalb eng mit dem Wissen über die Organisationsregeln und die Aufgaben einer Rolle verbunden. Das reicht allerdings nicht aus. Sie können nur funktionieren soweit ihre Mitglieder auch den Willen haben, ihre jeweiligen Funktionen zu erfüllen. Von Hayek definiert den Menschen als ein Regeln befolgendes Wesen, d.h. als ein in Ordnungen bzw. Institutionen lebendes Wesen. Die Regeln der Institution können als Syntax aufgefasst werden, der menschliche Handlungen unterworfen sind. Diese Handlungen, so haben wir oben dargelegt, sind in formalen Organisationen sprachlich repräsentiert. Diese sprachliche Repräsentation ermöglicht sowohl die Instruktion des Funktionsträgers in der Organisation als auch seine Kontrolle. Dabei ist anzumerken, dass der Übergang zu blossen Gewohnheiten des Verhaltens, wie sie auch bei (Haus-)Tieren zu beobachten sind, fliessend ist. Institutionellen Charakter sollte man Gewohnheiten nur zuschreiben, falls sie eine sprachliche Darstellung besitzen.

2.3   Entstehung und Entwicklung von Institutionen

Institutionen und Organisationen verändern sich kontinuierlich. Dies geschieht zum Teil geplant und zum Teil als Nebeneffekt menschlichen Verhaltens. Eine ganze Reihe dabei wirksam werdender Veränderungsfaktoren sind nicht kontrollierbar. In diesem Abschnitt sollen die Eigenschaften und die Gestaltbarkeit der transformierenden Kräfte angesprochen werden. Damit legen wir die begrifflichen Grundlagen für die späteren Ausführungen zum Management des Wandels und zur Mitgestaltung der Unternehmensumwelt.

Bei den sozialen Regelwerken der Institutionen mischen sich autonome Gestaltungskräfte mit unserem Formwillen: Die Entwicklung von Institutionen erfolgt sowohl aus dem Inneren der Institutionen heraus als auch reaktiv, im Zuge einer Adaption an die Veränderung ihrer Umwelt. Im letzteren Fall weist eine Institutionsveränderung Züge des Lernens auf. Die Fähigkeit zur Anpassung von Interaktionsmustern ist schon im Tierreich vorhanden. Es gibt jedoch eine darüber hinausgehende eigenständige Entwicklung der symbolischen Welt – man denke etwa an den Fortschritt der Wissenschaften. Die Unternehmenskommunikation ist mit beiden Evolutionen, jener im vorsymbolischen Bereich und der symbolischen, konfrontiert.

2.3.1 Vorsymbolisches Verhalten und seine Evolution

Das Verhalten der Menschen enthält auch Muster, die nicht symbolisch vermittelt sind, d.h. nicht durch explizite Regeln geformt werden. Solche Gewohnheiten sind häufig unbewusst und finden sich in ähnlicher Form im Tierreich. Diese vorsymbolischen Elemente einer Institution, sind insbesondere aufgrund ihres affektiven Gehalts wichtig: Sie bewirken Zugehörigkeitsgefühle, die eine entscheidende Bedingung für das Funktionieren einer Institution darstellen: Beteiligte müssen das handlungsnotwendige Wissen einer Organisation nicht nur kennen, sondern sich zugleich zugehörig fühlen und dieses Wissen umsetzen wollen.

Es lässt sich schwer abschätzen, wie gross der Anteil solchen vorsymbolischen Verhaltens beim Menschen ist. Er ist aber wohl sehr viel grösser, als wir ihn gerne hätten und deshalb für alle Kommunikation von grosser Wichtigkeit. Dieser Umstand ist im Marketing erkannt und gilt ebenso für die Unternehmenskommunikation.

Bereits im Tierreich werden Verhaltensweisen gelernt, sowohl individuell z.B. vom Jungtier wie auch im Kollektiv. So lässt sich bei Tierpopulationen beobachten, dass neue Verhaltensweisen und Techniken ausprobiert und durch **Nachahmung** von den Mitgliedern der Population adaptiert werden. Die Nachahmung (Imitation) ist ein Mechanismus der Replikation von Verhalten: Bei höheren Tieren lernt das Junge von der Mutter, das Einzeltier von den anderen, welche Verhaltensweisen positive Effekte haben. Das beobachtete günstige Verhalten wird kopiert, d.h. es wird repliziert. Diese Replik wird keine völlig identische Kopie sein, sondern eine Variation des beobachteten Verhaltens. Die Umgebung wird die besten Repliken selektieren, womit der Darwin'sche Mechanismus der Evolution wirksam werden kann. **Evolution** findet bekanntlich statt, wo diese drei Prinzipien zusammenwirken: **Replikation, Variation und Selektion** (Pines, 1988).

Auch der Mensch als sprachbegabtes Tier besitzt diese Fähigkeit der Nachahmung und macht von ihr ausgiebig Gebrauch – vor und in Ergänzung zum symbolbasierten Lernen. Das Kopieren von Auftritten etwa – die Art, wie der Filmheld posiert oder wie ein Popstar die Sonnenbrille trägt – ist allgegenwärtig und unter Umständen für eine Gemeinschaft sogar stilbildend.

Vorsymbolische kommunikative Verhaltensweisen kann man als **Gesten** bezeichnen. Jede Handlung enthält gestische Elemente. Sprachhandlungen sind in ihrem Kern zwar symbolisch (und können deshalb schriftlich fixiert werden), der damit einhergehende Tonfall jedoch, die Art der Intonation und der Rhythmisierung, sind gestischer Natur. Gestische Elemente von Handlungen können nachgeahmt, mehr oder weniger gut umschrieben, aber nicht eigentlich beschrieben werden.

Die Entwicklung solchen vorsymbolischen Verhaltens, nicht nur in der Art des Sprechens, sondern auch in der Art des Gehens, sich Grüssens, Essens, Fahrens, Sich-Kleidens, in jedem Bereich menschlichen Handelns, entwickelt sich oft spontan und rasch. Aus der Entwicklung vorsymbolischen Verhaltens entstanden in den verschiedenen Kulturen und Epochen verschiedenste Verhaltensmuster. Im Prozess der Kulturentwicklung werden Stufen unterschieden, die je nach Autor variierend gegliedert sind. Die vorsymbolisch-gestischen Verhaltensweisen werden dabei meist der untersten Stufe der Kulturentwicklung zugewiesen und z.B. bei Bateson (1999) als „mehr oder weniger separate Kategorie" der **Gewohnheiten** bezeichnet.[14] Eine Gewohnheit entsteht aber auch dann, wenn die zunächst bewusste Nachahmung in eine „tiefere, weniger flexible Bewusstseinsschicht übertragen" wird (Bateson, 1999, S. 337), d.h. unbewusste Routine wird. Dies gibt dem ursprünglich nachahmenden Verhalten den Charakter eines Affektes: Die Art, wie man geht, sich eine Zigarette anzündet, auflacht usw.

2.3.2 Konstruktion und Autopoiesis

Woher kommen die Designs von Rollen und Interaktionsmustern, die Gemeinschaften von Akteuren und ihr Zusammenspiel regulieren? Wie entstehen Institutionen? Verantwortlich sind zwei Mechanismen. Zum einen die **bewusste Planung,** wie sie beim Organisieren von Firmen oder beim Programmieren von Computersystemen angewendet wird. Zum anderen die **evolutionäre Entwicklung,** die Adam Smith mit dem Bild der „invisible hand"[15] oder Richard Dawkins mit dem Bild des „blind watchmaker"[16] beschreibt.

---

14 „Das Phänomen der Gewohnheitsbildung sortiert die Ideen aus, die eine wiederholte Anwendung überleben, und ordnet sie unter eine mehr oder weniger separate Kategorie. Diese bewährten Ideen werden dann für die unmittelbare Anwendung ohne gedankliche Überprüfung verfügbar, während die flexibleren Teile des Geistes für die Verwendung bei neueren Problemen aufgespart werden können. Mit anderen Worten: die Häufigkeit der Verwendung einer gegebenen Idee wird zu einer Determinante ihres Überlebens in der Ökologie von Ideen, die wir als Geist bezeichnen; und darüber hinaus wird das Überleben einer häufig verwendeten Idee noch durch die Tatsache begünstigt, dass Gewohnheitsbildung dazu tendiert, die Idee aus dem Bereich kritischer Überprüfung zu entfernen" (Bateson 1999, S. 643). Vgl. zum Stichwort „Gepflogenheiten" auch Mead (1973) sowie Max Webers Unterscheidung des sozialen Verhaltens nach Sanktionsmechanismen in Sitte, Konvention und Recht (1922).

15 Adam Smith (1723-1790) propagierte in seinem Buch „The Wealth of Nations" erstmals den Vorteil der freien Marktwirtschaft mit seiner berühmten Metapher der „unsichtbaren Hand", welche die verschiedenen interagierenden Eigeninteressen so lenkt, dass ein effizienter Gebrauch nationalökonomischer Ressourcen resultiert (Smith, 2004).

16 Dawkins spielt mit dem Titel seines 1986 erschienenen Werks „The blind watchmaker" auf einen Analogieschluss in William Paleys Publikation „Natural Theology" (1802) an. Paley sah in der Komplexität des Lebens einen Beleg für die Existenz ein allwissenden Schöpfers, ähnlich wie der Fund einer Uhr auf die Existenz eines (menschlichen) Uhrmachers hindeutet. Dawkins dagegen sieht in der Adaptionsfähigkeit von Systemen durch natürliche Selektion einen Beleg für die Entstehung komplexester Designs durch die (blinde) Evolution.

In den letzten Jahrzehnten wurden komplexe Systeme, die aus sehr vielen interagierenden Teilen oder Akteuren bestehen, theoretisch modelliert und eingehend analysiert. Die Synergetik[17] hat gezeigt, dass solche Systeme wesentliche Strukturmerkmale mit physikalischen komplexen Systemen teilen, welche von der Thermodynamik studiert werden. Solche Systeme besitzen die Fähigkeit zur Selbstorganisation oder **Autopoiesis**. Strukturen wie Wirbel im Wasser oder Galaxien im All, Eiskristalle oder Bienenwaben sind Beispiele von sich spontan bildenden Ordnungen. Insbesondere die Systeme der Biologie sind in der Lage auch neue Ordnungen hervorzubringen: Die seit Darwins „The Origin of Species" (1859) immer besser verstandene Dynamik in biologischen Systemen wird auch als nicht-biologischen Systemen inhärente „Darwin-Maschine" erkannt, welche eine Evolution der Strukturen in Gang zu setzen vermag (Plotkin, 1993).[18]

In Darwin'schen Systemen ist das Gesetz ihres Verhaltens in ihnen selbst, in den Genen, verankert. Diese werden durch systemeigene Mechanismen reproduziert, wobei kleine Veränderungen, d.h. Variationen, auftreten. Die so entstehenden Nachkommen zeigen folglich ein leicht verändertes Verhalten. Die Umgebung selektiert aus der Population der Varianten bestimmte Phänotypen, denen sie einen höheren Reproduktionserfolg zubilligt. Aufgrund dieses Mechanismus – Reproduktion, Variation und Selektion – entstehen die neuen Arten. Dieser Prozess ist blind und wesentlich nicht-deterministisch; er ist somit kreativ und autonom.

Ökonomische Systeme funktionieren grundsätzlich nach dem gleichen Prinzip: Produkte, Technologien und institutionelle Designs werden imitiert (reproduziert) und dabei variiert. Die Umwelt der Konsumentenmärkte selektiert die überlegenen Produkte entsprechend vorliegender Bedürfnisse. Die so eingebaute Darwin-Maschine kreiert neue Produktarten, neue Technologien, Institutionen und Organisationen.

Der Biologe Richard Dawkins übertrug diese Mechanismen nicht nur auf ökonomische, sondern auch auf kulturelle Phänomene, bei welchen er das Konzept des Gens durch jenes des **Mems**, einer sich reproduzierenden Idee, ersetzte (1976). Auch der Prozess der Ideen-Reproduktion und -Evolution kann als Darwin-Maschine beschrieben werden: Es lässt sich zeigen, das nicht nur auf biologischer Ebene, sondern auch

---

[17] Vgl. Haken (1986), Mikhailov (1990) sowie die Arbeiten des Santa Fé Institute, New Mexico, zu „Complex Adaptive Systems" insbesondere Pines (1988) und Cowan, Pines und Meltzer (1994).

[18] „Plotkins Darwin Maschine (1993) ist ein herausragender Beitrag zum Gebiet der evolutionären Epistemologie und des universalen Darwinismus". Evolutionäre Epistemologie sieht die Evolution an sich als einen wissensakkumulierenden Prozess an. Der universale Darwinismus geht davon aus, dass die zugrundeliegenden Prozesse der Variation und der Selektion von der Stufe einer (materiellen) biologischen Evolution bis hin zu den (symbolischen) Stufen des individuellen Lernens und der sozialen Kultur beobachtbar sind. (Wynne, 2001, S. 351) Durch fortwährende Anpassung von Organismen an ihre Umwelt entstehen immer hochwertigere Mechanismen der Wissensproduktion. Vgl. hierzu insbesondere Campbell (1974).

auf der Ebene der psychischen und sozialen Wissensgewinnung das Prinzip der versuchsweisen Variation und Selektion herrscht.[19]

Dieser Typ von Autonomie ist in allen komplexen sozio-technischen Systemen wirksam, in den von Friedrich A. von Hayek untersuchten wirtschaftlichen Institutionen ebenso wie etwa im Internet. Autonomie ist in diesem Fall eine Eigenschaft, die diesen Systemen selbst innewohnt und nicht erst durch den nutzenden Menschen erzeugt wird.

Neben diesen sozusagen „von unten" wirksamen, verändernden und kreativen Kräften der autonomen evolutionären Entwicklung von Handlungs- und Institutionsdesigns gibt es aber auch „von oben" wirksame Kräfte, nämlich unser bewusst gestaltendes Tun, das planvolle Handeln des Engineering und das **Management von Systemen**. Die Pläne des Bauern, Handwerkers, Architekten, Ingenieurs und Managers sind rationale Konstruktionen, Wissen, dessen Umsetzung ihrem Objekt eine Gestalt verleiht, die von ihrem Schöpfer stammt, die gewollt und als solche erkennbar ist.

Diese Gestalt definierende Form ist in einem endlichen Text einer Entwurfssprache als Plan ausdrückbar – andernfalls wäre sie nicht mitteilbar, nicht lehr- und lernbar. Dies ist der rationale, von uns kontrollierbare Teil des kulturellen und zivilisatorischen Schöpfungsprozesses. Er erzeugt seine Ordnungen nicht blind, sondern sehend, einer Plan gewordenen Vision folgend.

Die zwei Entwicklungskräfte – die blinde evolutionäre und die rationale planende Kraft – wirken nicht nebeneinander. Sie sind vielmehr innig verbunden: Das rationale Design, der Plan, muss als **Form**, um Realität zu werden, **in** eine geeigneten **Materie implementiert** werden. Diese Materie kann eine physische sein, wie beim Handwerker, oder sie kann, wie im Falle einer Organisation ein System von Menschen, Maschinen und anderen Organisationseinheiten sein. In jedem Fall bringt diese Materie ihre **eigene Gesetzlichkeit** mit sich. Sie muss einerseits fähig sein, die Form aufzunehmen,

---

[19] Es ist möglich, „eine Hierarchie menschlicher Wissensprozesse aufzustellen, die in je eigenen Hypothesen und Theorien erforscht und beschrieben werden, in denen jedoch dasselbe Prinzip tentativer Variation und selektiver Retention steckt: Versuch-und-Irrtums-Lernen (operantes Konditionieren/Skinner), Beobachtungs- bzw. Imitationslernen (sozial-kognitive Lerntheorie/Bandura), Kategorisierung und Sinngebung (Orientierungslernen/Mead; Weick), Kreativität (divergentes Denken/Wertheimer, Simonton), Lernen durch Kommunikation (Scholl, 1992), Lernen durch Führung (Idiosynkrasiekreditmodell/Hollander), Organisatorisches Lernen (Organizational Comps/Aldrich), Wirtschaftliches Lernen (Wettbewerb und Innovation/Hayek; Nelson & Winter), Politisches Lernen (Parteienkonkurrenz/Schumpeter; Downs), Gesellschaftliches Lernen (Makrosoziologie/Lenski; Giesen), Wissenschaftlicher Fortschritt (evolutionäre Erkenntnis/Popper, Campbell), Globales Lernen (Die Überlebensfrage der Menschheit/Club of Rome). Mit diesem differenzierten Ansatz der evolutionären Epistemologie nach Campbell (1974), versehen mit einigen Erweiterungen in Anlehnung an andere evolutionäre Ansätze, ist eine konkrete und detaillierte hypothesengeleitete Beschreibung der Entstehung des Neuen möglich." (Scholl, 1998, Kapitel 3.5)

d.h. mit der Form, die sie realisieren soll, verträglich sein. Sie wird aber darin nicht ohne Rest aufgehen und ihr Eigenleben weiterführen. Der Implementierende hat es deshalb stets mit der Eigengesetzlichkeit dieses Materials zu tun, d.h. mit den Gesetzen der Physik wie etwa der Bauer, dem es trotz der Eigengesetzlichkeit seiner Böden gelingt, viele seiner Produktionspläne umzusetzen. Oder mit jenen der menschlichen Psyche, die mit ihren eigenen Bedürfnissen zu jenen Phänomenen führt, welche in der modernen Institutionenökonomie als Principal-Agent- oder Public-Choice-Theorie thematisiert und studiert werden.[20] Wir kommen im nächsten Kapitel darauf zurück.

Der **Motor der kulturellen Evolution** ist somit die Dialektik zwischen den immer neuen **Formideen** zu Organisationen und Produkten, die der menschliche Geist erfindet und den autopoetischen Reichen der menschlichen **Bedürfnisse** und der **Materien**, die er zu formen versucht. Auf der einen Seite treiben die Kräfte der menschlichen Bedürfnisse – elementare wie Hunger, aber auch kulturelle und das heisst kommunikativ vermittelte wie Markenprodukte oder Silikonimplantate. Auf der anderen Seite sind es die Eigengesetzlichkeiten und das Eigenleben der zu formenden Materien, in und aus denen der menschliche Genius seine Produkte als Bedürfnisbefriedigungen zu formen versucht, die ihn auf oft ungeplante Wege zwingen. Dabei kann dem Zauberlehrling allerhand Verdruss erwachsen und Schlimmeres, wie die industrialisierungskritischen Stimmen oft zu Recht warnen. Ökologie und Globalisierung sind Felder der jüngeren Vergangenheit und Gegenwart, wo unerwünschte Nebeneffekte beklagt werden müssen.

Die Befindlichkeit des modernen Menschen ist durch Entfremdung von den eigentlichen Zwecken vieler Produktionsprozesse gekennzeichnet. „Man blickt nicht mehr durch." Eine Verständigung zwischen Forschungsmitarbeitern im Bereich der Gentechnik etwa und der allgemeinen Bevölkerung ist schwierig. Von Behörden und gesellschaftlichen Institutionen wie Unternehmen wird immer deutlicher verlangt, dass sie Entwicklungen unterschiedlichster Art im Griff haben und im gewünschten Sinne lenken. In dieses Spannungsfeld zwischen Sachlogik und regulierendem Staat ist das Unternehmen eingebettet. Wenn es den Sinn seines Tuns nicht zu vermitteln vermag, kann sein Handlungsspielraum beschränkt werden. Auch hier entscheidet ein kommunikativer Prozess sozialer Bedeutungskonstruktion über die letztlich gültige soziale Wirklichkeit.

---

[20] Die Neue Institutionenökonomik untersucht die Entstehung und Wandlung von formellen (wie Verordnungen, Unternehmen) und informellen (z.B. Werte und Einstellungen) Institutionen und ihre Wirkung auf ökonomische und politische Kooperationen. Wichtige Teilbereiche sind die Principal-Agent-Theorie, die Lösungen (z.B. auch Reputation) für eine Interaktion unter asymmetrischen Informationsbedingungen sucht, sowie die Public-Choice-Theorie (Neue Politische Ökonomie), welche politisches Verhalten unter der Annahme der Eigennutzenmaximierung analysiert. Für eine Übersicht siehe z.B. Richter & Furubotn (2003) sowie grundlegend Coase (1992), Downs (1957) und North (1992).

2.4   Zusammenfassung

Wir haben als Hintergrund der Unternehmenskommunikation unsere lebensweltliche Verfassung folgendermassen charakterisiert: Wir sind als handelnde Wesen in **Institutionen** eingebunden, die uns Rollen zuweisen und regulieren, was wir tun sollen und dürfen, d.h. unser **Handeln** regulieren.

Unser **Wahrnehmen** wird durch eine **symbolische Interpretation der Wirklichkeit** bestimmt: Wir benennen die Dinge und Vorgänge, um sie im gemeinsamen Diskurs als Elemente der gemeinsamen sozialen Welt verfügbar zu haben. Dadurch entsteht ihr symbolischer Charakter und ihre Bedeutung. Diese durch kommunikative Prozesse erzeugten und am Leben gehaltenen sozialen Lebenswelten der Institutionen und Symbole sind miteinander durch das Handeln verbunden. Sie bauen auf der vorrationalen, d.h. biologisch-physikalischen bzw. psychischen Welt auf.

Die Gesellschaft hat sich inzwischen in eine **unüberschaubare Zahl von Institutionen** ausdifferenziert. Wir sind in viele von ihnen in eine Weise eingebunden, die wir nicht mehr durchschauen. Dadurch entstehen **Spannungen**, die letztlich kommunikativ gelöst werden müssen.

Auch das Unternehmen ist eine Institution, die in ein Geflecht von Institutionen eingebunden ist. Die **Unternehmenskommunikation** hat die Aufgabe, die daraus entstehenden Potentiale und Konflikte kommunikativ zu bewältigen und die gesellschaftliche Bedeutung des Unternehmens zu vermitteln. Dieses Kapitel will für diese Aufgaben die Skizze der begrifflichen Grundlagen vermitteln.

3   Das Unternehmen und seine Wertschöpfung

Die Unternehmenskommunikation unterstützt den gesamten auf die Leistungserstellung des Unternehmens ausgerichteten Managementprozess. Sie ist zudem selbst ein Managementprozess zur Schaffung sozialen und symbolischen Kapitals, wie wir sehen werden. Es ist deshalb notwendig, sich inhaltlich und terminologisch zunächst über die generellen Aufgaben des Managements zu verständigen.

Im Sinne des St. Galler Management-Modells sind Unternehmen **offene, soziotechnische, zweckorientierte** und **wirtschaftliche Systeme**, die Funktionen für verschiedene Teilumwelten erbringen. Ein System ist als geordnete Gesamtheit von Elementen zu verstehen und gilt als offen, sofern Beziehungen zu seiner Umwelt vorliegen. Sub-Systeme können sich innerhalb eines Systems durch eine erhöhte Beziehungsintensität bestimmter Elemente untereinander konstituieren. Die begriffliche Gliederung in Elemente, Beziehungen, Sub-Systeme und System wird durch das Super-System ergänzt, das ein System umfasst. Diese hierarchische Ordnung stellt das grundsätzliche Analyseschema der **systemorientierten Managementlehre** dar. (Ulrich & Fluri, 1995, S. 30-32)

Als sozio-technische und zweckorientierte Systeme lösen Unternehmen in einem arbeitsteiligen Prozess bestimmte Aufgaben zugunsten ihrer Anspruchsgruppen, stiften bei diesen Nutzen und schöpfen somit Wert. Im günstigen Fall kreieren Unternehmen Mehrwert nicht nur für die Kunden ihrer Produkte und Dienstleistungen, für ihre Mitarbeiter, für ihre Investoren und ihre Zulieferer, sondern auch für die Gesellschaften und Staaten, innerhalb derer sie tätig sind. Als wirtschaftliche Systeme unterliegen Unternehmen dabei der Prämisse, im Gegenzug für diese Nutzenstiftung hinreichende Erträge zu generieren, um ihre Existenz und damit auch ihre Funktion für die umgebenden Gesellschaften sicherzustellen.

Aus Sicht der Institutionenökonomik sind Unternehmen konkrete Realisationen von Institutionen, d.h. **Organisationen**. Institutionen sind, wie in Kapitel 2 dargestellt, Regelwerke, die neben formalen, explizit formulierten Regeln auch informelle und implizite Verhaltensweisen umfassen. Diese Regeln werden zu Rollen gebündelt, d.h. zu Rechten und Pflichten für Funktionsträger. Die informellen Verhaltensweisen bestimmen das, was auch als Unternehmenskultur bezeichnet wird. Organisationen sind somit im systemtheoretischen Verständnis nichts anderes als Systeme mit einem Akzent allerdings auf die nach den Regeln der Institution handelnden Elemente (zum Begriff der Handlung vgl. Kapitel 2).

Die System- und Institutionensicht verbindend können wir festhalten: Unternehmen als Organisationen sind konkrete Systeme, die ein institutionelles Design realisieren. Institutionen sind die Regelgeflechte, in welche Akteure in ihrem Handeln eingebunden sind. Die innerbetrieblichen Agenten sind auf die institutionellen Regelungen des Unternehmens verpflichtet. Das Unternehmen ist als Akteur in externe Institutionen wie Märkte oder Staaten eingebunden. Es befindet sich zudem in kooperativer oder antagonistischer Auseinandersetzung mit weiteren Institutionen wie Umweltverbänden oder Konsumentenschutzorganisationen.

Abbildung 3-1:   *Unternehmung und Umwelt (Ulrich, 2001, S. 48)*

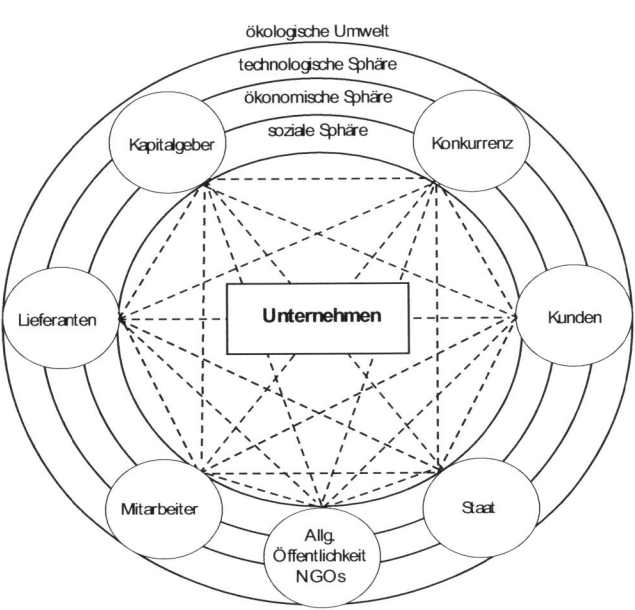

Im Zuge ihrer Wertschöpfung befindet sich die Unternehmung somit in notwendiger Kooperation mit anderen Institutionen, Gruppen und Personen. Ökonomische Wertschöpfung als Bedürfnisbefriedigung von Kunden gelingt vor dem Hintergrund fortschreitender Arbeitsteilung und einsetzender Virtualisierung von Wertschöpfungsketten[21] nur gemeinsam mit anderen. Gleichzeitig steht das Unternehmen im Wettbewerb mit seiner Umwelt um knappe Güter, sowie in Konflikt mit Gruppen und Personen, die gegensätzliche, mit dem Unternehmenszweck unvereinbare Ziele verfolgen.

Um in der evolutionären Selektion von Anbieter- und Nachfragearten auf Wettbewerbsmärkten zu bestehen, muss die Unternehmung folglich Effektivität und Effizienz ihrer Wertschöpfung kontinuierlich überprüfen und weiterentwickeln. Dies betrifft sowohl die organisationale Gestalt der Unternehmung und das instrumentelle unter-

---

[21] Zur Virtualisierung von Organisationen als Forschungsgegenstand einer kybernetisch orientierten Betriebswirtschaftslehre siehe Scholz (2001). Zur Virtualisierung als Entwicklungstendenz aus Managementsicht siehe Müller-Stewens (1997).

nehmerische Handeln als auch die Gestaltung der internen und externen Kommunikationsbeziehungen.

3.1   Der Unternehmenszweck

Aus dem ökonomischen Wettbewerb ergibt sich, dass im Zuge der Unternehmenstätigkeit entweder Effektivitätsvorteile (überlegene Nutzenstiftung) oder Effizienzvorteile (geringerer Mitteleinsatz und niedrigere Kosten zur Erzeugung des gleichen Nutzens) erschlossen werden müssen. Da Produktionsfaktoren knapp sind, ist das Verhältnis von Ertrag und Aufwand der eingesetzten Produktionsfaktoren, d.h. die Produktivität, zentraler Erfolgsmassstab unternehmerischen Handelns. Das gleiche Verhältnis, in finanziellen Grössen bewertet, bringt die Rentabilität zum Ausdruck und als Differenz den Gewinn.

Die **Gewinnorientierung** als wichtigstes **Unternehmensziel** ergibt sich damit direkt und notwendigerweise aus dem ökonomischen Handlungsprinzip und bildet folgerichtig auch das definierende Begriffsmerkmal der privatwirtschaftlichen Unternehmung. Neben die Gewinnorientierung als definierendes Formalziel der Unternehmung treten weitere Sachziele. Dazu können Markt- und Produktziele, Finanzziele, Führungs- und Organisationsziele sowie soziale und ökologische Ziele zählen. (Thommen & Achleitner, 2001, S. 99-111)

Das Rentabilitätsziel ist die notwendige Hauptbedingung des unternehmerischen Handelns. Damit ist die Frage nach dem **Zweck des Unternehmens** jedoch nicht abschliessend beantwortet. Der Begriff Zweck hat im Deutschen zwei Bedeutungen[22]: Im ersten Sinne bezeichnet er das Ziel einer Handlung, das, was mit einer Handlung erreicht werden soll. In einer zweiten Bedeutung steht er für den in einem Vorgang erkennbaren Sinn.

Der **Sinn** unternehmerischen Handelns kann nur ausserhalb der Unternehmung zu finden sein, wenn dieses, wie geschehen, als produktives System der umgebenden Gesellschaft verstanden wird:

„Zunächst ist festzustellen, dass wir den Sinn des Unternehmungsgeschehens nicht erfassen können, wenn wir die Unternehmung isoliert von der Umwelt, als Gebilde für sich betrachten, denn Unternehmungen leben offensichtlich nicht nur vom ständigen Austausch von Gütern, Informationen und Geld mit der Umwelt, sie existieren auch

---

[22] „Zweck [mhd., ahd. zwec = Nagel, zu zwei, urspr. = gegabelter Ast, Gabelung; später Nagel, an dem die Zielscheibe aufgehängt ist, od. Nagel, der in der Mitte der Zielscheibe sitzt; Zielpunkt]" (Duden, 1999).

lediglich aufgrund von Absichten und Bedürfnissen anderer Individuen und Institutionen der menschlichen Gesellschaft." (Ulrich, 2001, S. 13)

Aus gesellschaftlicher Perspektive sind Unternehmen Instanzen eines institutionellen Rahmens, der von der **Gesellschaft** bereitgestellt und getragen wird. Es bedarf eines dauernden Aushandlungsprozesses, wieviel Autonomie ihnen zu gewähren sei und in welchen Bereichen sie welche Berechtigungen haben sollen. Ulrich erinnert mit seiner Aussage an diese gesellschaftliche Tatsache, dass ökonomisches Handeln an sich noch keine Zweckorientierung mit sich bringt, sondern nur die Art und Weise des Handelns erklärt. Die Zweckwahl, die Formulierung des Unternehmenssinns, bleibt somit eine für den Erfolg des organisationalen Handelns notwendige Aufgabe, deren Lösung sich nicht aus dem ökonomischen Prinzip selbst ergibt. In seinem Werk „Recht, Gesetz und Freiheit" betont Friedrich A. von Hayek, dass es ein „Missverständnis" sei, das ökonomische Handeln als einen Versuch darzustellen, „ökonomischen Zielen den Vorrang vor allen anderen zu geben. Letzten Endes gibt es keine ökonomischen Ziele. Die ökonomischen Anstrengungen der Individuen wie auch der Dienste, die die Marktordnung ihnen leistet, bestehen in einer Allokation von Mitteln für die konkurrierenden höchsten Zwecke, die immer nicht-ökonomisch sind." (Hayek, 1981, S. 156)

Der **Sinn** des Unternehmens liegt demnach in der Unterstützung letztlich nicht wirtschaftlicher Ziele der umgebenden Gesellschaft und im Schaffen von Werten für diese, allerdings unter ökonomischen Bedingungen. Dieser Sinn wird nicht allein im Unternehmen festgelegt, sondern ist mit unternehmensexternen Institutionen auszuhandeln.

Diese beiden Aspekte des Unternehmenszwecks, Rentabilität und Sinn, sind eng miteinander verbunden. Eine missbräuchliche Gewinnmaximierung, zu vermeintlichen Gunsten der Shareholder aber gegen gesellschaftliche Interessen, gefährdet längerfristig den Unternehmenswert selbst. Denn ein wie auch immer gearteter Interessen-Monismus des Unternehmens verteuert oder entzieht dem Unternehmen wichtige Akzeptanz und Ressourcen anderer Stakeholder-Gruppen.

Das Unverständnis dieser Koppelung führt zu einer verbreiteten gesellschaftlichen Fehleinschätzung der Rolle von Unternehmensgewinnen und Rentabilität: Eine wertorientierte Unternehmensführung (Shareholder Value) steht nicht naturgemäss im Gegensatz zu Kunden-, Mitarbeiter- oder Interessen der allgemeinen Öffentlichkeit (Coenenberg, 2003, S. 12-14; Coenenberg & Salfeld, 2003, S. 5-6). Im Gegenteil macht eine aufgeklärte wertorientierte Unternehmensstrategie die Einbeziehung anderer Stakeholder-Interessen unabdingbar. Die Notwendigkeit einer Gesamtsicht, die beiden Anliegen gerecht wird, bringt Peter Drucker mit folgenden Aussagen auf den Punkt:

„Selbstverständlich sind der Gewinn und die Rentabilität bedeutsam, und zwar für die Gesellschaft noch mehr als für das individuelle Unternehmen. Doch die Rentabilität ist nicht der Zweck der Unternehmenstätigkeit. (...) Der Gewinn ist nicht die Erklärung,

die Ursache oder der Beweggrund der Vorgehensweise von Unternehmen und deren wirtschaftlichen Entscheidungen, sondern dient lediglich dazu, die Richtigkeit dieser Entscheidungen einzuschätzen. Auch wenn man an die Stelle der Direktoren Erzengel setzen würde, denen jegliches Interesse am Gewinn fehlte, müssten sich diese mit der Rentabilität beschäftigen. (…) In Wahrheit kann ein Unternehmen natürlich nur dann Beiträge zum gesellschaftlichen Wohlergehen leisten, wenn es ausreichende Gewinne erzielt." (Drucker, 2002, S. 35-36)

Für die Führung von Unternehmen folgt aus dieser Einsicht, dass ihre Aufgabe darin liegt, die Bedürfnisse der Gesellschaft in Möglichkeiten für eine rentable Unternehmensführung zu verwandeln. Sie steht dabei im Wettbewerb mit anderen. Erfolgreiche Unternehmen erbringen den von den externen Instanzen angestrebten Nutzen am effektivsten und effizientesten, d.h. sie rentieren am besten. Mit dieser Wendung wird zugleich deutlich, dass die **Wertschöpfung von Unternehmen in einem breiten gesellschaftlichen Sinne** erkannt werden muss. Der Sinn des Unternehmens besteht in einem **Verbund von Wertschöpfungsprozessen** für unterschiedliche Gruppen der Gesellschaft. Das gilt auch dann, wenn das eigene Erkenntnisinteresse primär den Maximierungsbedingungen des Unternehmenswertes gilt. Der Wert, den ein Unternehmen für eine bestimmte Anspruchsgruppe (z.B. Shareholder) aufweist, ist stets verbunden mit dem Nutzen des Unternehmens für alle anderen Anspruchsgruppen.

Vor dem Hintergrund des Unternehmenszwecks, der eine Kombination aus Formalzielen und dem Sinn der Unternehmung darstellt, bleibt somit festzuhalten: Erfolgreiche Unternehmen stiften notwendigerweise Nutzen für verschiedene Teilumwelten. Eine enge Auslegung des Begriffes unternehmerische Wertschöpfung als zu einseitige Nutzenstiftung verkennt die sozialen Bedingungen unternehmerischen Handelns.

Anstelle von Sinn können wir auch von der **Bedeutung** des Unternehmens sprechen, die es für gesellschaftliche Gruppen hat.[23] Die Bedeutung wurzelt zwar in den Bedürfnissen der Anspruchsgruppen, ist aber durch diese nicht schon definiert. Wir haben in Kapitel 2 gesehen, dass Bedeutung vielmehr sozial konstruiert werden muss. In diesem Prozess der Bedeutungs- und Sinnproduktion findet die Unternehmenskommunikation ihre Rolle.

---

[23] Sinn und Bedeutung werden oft synonym verwendet. Während Sinn etymologisch die Richtung des Weges meint, also stärkeren Bezug zum Handelnden hat, ist Bedeutung eher mit Deuten und damit mit der Beobachterposition verbunden.

3.2 Die Unternehmensinteressen

Aus dem Zielsystem der Unternehmung folgen die **Unternehmensinteressen**. Diese variieren naturgemäss deutlich je nach Unternehmen und Situation. Eine hinreichend breite Sicht auf bestimmbare Unternehmensinteressen ist jedoch für jede Unternehmung von grundsätzlicher Bedeutung. Hierzu zählen, neben dem gewinnermöglichenden **Absatz**, die Sicherung bzw. Ausweitung des **Zugangs zu Ressourcen und Märkten**: Liegen relativ zum Wettbewerb schlechtere Zugangsbedingungen zu den Ressourcen Eigen- und Fremdkapital, Arbeitskräfte oder Vorprodukte vor, gefährdet dieser Umstand die Existenz und Entwicklung eines Unternehmens ebenso wie schlechtere Absatzbedingungen.

Hinzu kommt das Interesse an der Sicherung und Ausweitung unternehmerischer **Handlungsspielräume**: Die einem Unternehmen von Seiten der sie umgebenden Gesellschaften eingeräumten Handlungsoptionen z.B. im Arbeits- oder Gesellschaftsrecht bestimmen über seine Entwicklungsbedingungen und -möglichkeiten. Ebenso benachteiligen weitergehende Pflichten gegenüber den Konkurrenten. Schliesslich benötigt das Unternehmen **Schutz und Risikokontrolle** durch staatliche Organe und Institutionen. Das beinhaltet die Rechtssicherheit im Allgemeinen und die Sicherung von Eigentumsrechten im Besonderen z.B. auch im Hinblick auf Immaterialgüterrechte an geistigem Eigentum (Patente, Copyright etc.). Andernfalls fallen benachteiligende Risikoprämien an.

3.3 Die Unternehmensleitung

Unternehmen als soziale Systeme weisen insbesondere durch die Vielzahl an Beziehungen und die Varianz menschlichen Verhaltens eine hohe **Komplexität** auf. Um in einer dynamischen Umwelt Wert zu schöpfen und zu überleben, sind fortwährende Anpassungsvorgänge vonnöten.

> Das **Gestalten, Lenken und Entwickeln** des Unternehmens als Wertschöpfungssystem in einer komplexen Umwelt ist Gegenstand der Unternehmensleitung und nach Hans Ulrich (2001, S. 66) die **Definition von Management**.

Die grundsätzliche Herausforderung des Managements liegt darin, die Vielzahl möglicher Zustände des Unternehmens in Einklang zu bringen mit den Anforderungen einer ebenfalls komplexen Umwelt (Schwaninger, 1994, S. 16-26; Malik, 2002, S. 170). Dies geschieht zum einen über die Anpassung von Unternehmensstrukturen und zum anderen durch Anpassung des Unternehmensverhaltens bei der Problemlösung (Bleicher, 2004, S. 56).

Mit den Tätigkeiten des Gestaltens, des Lenkens und des Entwickelns einer Unternehmung im Sinne ihres Zielsystems und auf ihren Zweck hin ist das Management beauftragt. Es führt diese Aufgabe im formellen Auftrag der Eigentümer, der Shareholder aus. Aber auch die Gemeinschaften der anderen Institutionen, in welche das Unternehmen eingebunden ist, haben Ansprüche an das Unternehmen. Auch ihnen muss das Management Rechnung tragen. Wir fassen diese Aufgaben der Unternehmensführung im Folgenden kurz zusammen, um das Umfeld für die Aufgabe des Kommunikationsmanagements darzustellen. Wir folgen dabei den Begriffen, die in der Ulrich'schen Definition des Managements Verwendung finden und interpretieren sie in Anlehnung an Ulrich und Bleicher in einer für die Unternehmenskommunikation dienlichen Weise.

Management ist durch seine Aufgabe für den Unternehmenseigner **funktional** bestimmt. **Institutionell** verstanden umfasst das Management einer Unternehmung alle Positionen innerhalb ihrer Organisation, deren formale Kompetenzen die Steuerung und Koordinierung hierarchisch nachgeordneter Stellen erlaubt (Ulrich & Fluri, 1995, S. 13-14). Diese Positionen sind mit Personen besetzt, die naturgemäss auch ihre eigenen Interessen verfolgen. Der unternehmerischen Wertschöpfung steht somit das Interesse ihrer privaten Werte gegenüber.

Das **Management** muss aus diesem Grund als eigene Anspruchsgruppe gesehen werden: Es ist Agent seines Prinzipals, des Eigners des Unternehmens. Das daraus resultierende ,**Principal-Agent-Problem'** ist Gegenstand der Forschung.[24] In der Praxis zielt ein beträchtlicher Teil der in den letzten Jahren von Börsen und Wirtschaftsverbänden erlassenen Corporate-Governance-Regeln auf eine verbesserte Formalisierung dieses Verhältnisses.

Der Prinzipal gibt seinem Agenten, dem Management, einen institutionellen Rahmen vor, in dem es seine Aufgaben wahrnehmen kann. Dieser von aussen gegebene Rahmen beinhaltet den Willen der Eigentümer, aber auch formelle und informelle Elemente gesellschaftlicher Institutionen. Diese reichen von Menschenrechten über Arbeits- und Umweltgesetze bis zu informellen, kulturellen Gewohnheiten, die es zu beachten gilt. Das beauftragte Management wird diesen vorgegebenen institutionellen Rahmen in einem Gestaltungsprozess ergänzen, so dass ein für das Unternehmen gültiges institutionelles Gefüge entsteht (Bleicher nennt es die Unternehmensverfassung). Seine Umsetzung resultiert in der **Unternehmung als konkreter Organisation**.

Der Vorgang des **Gestaltens** gibt dem System Unternehmen seine Struktur. Aus einer institutionellen Sicht kann er als legislativer Prozess bezeichnet werden: Er legt die

---

[24] Für eine institutionenökonomische Einführung in die Organisationslehre siehe Picot, Dietl und Franck (2005), für eine managementwissenschaftliche Einordnung der Agency-Theorie siehe Eisenhardt (1989), als grundlegend für die Principal-Agent-Theorie vgl. Coase (1992) sowie Jensen und Meckling (1976).

Spielregeln fest – deshalb die Verfassungsmetapher. Man kann und muss ihn aber auch als Gestaltungsprozess im Sinne eines umfassenden Designbegriffes begreifen. Der Architekt William R. Miller definiert, auch mit Blick auf „Community Design":„Design is the thought process comprising the creation of an entity" (Miller, 1998).

Die Gestaltungsaufgabe einer Unternehmensstruktur geht somit von den Vorgaben des Prinzipals aus. Der Agent, d.h. das Management, wird an diesen Vorgaben gemessen. Die Ansprüche an das Gestaltunsergebnis werden eine **formelle institutionelle** Seite haben, die durch Revisionsgesellschaften und andere Instanzen überprüfbar ist, so dass Verletzungen notfalls mit Sanktionen belegt werden können. Hinzu kommt eine **informelle institutionelle** Seite, die Werte und Einstellungen, welche das Unternehmen vertritt, kennzeichnen soll. Die formellen und informellen Aspekte der Institution Unternehmen leiten das Handeln des Managements.

Das auf die Zukunft gerichtete Idealbild einer Organisation bezeichnet man als **Corporate Vision**. Sie stellt den Ausgangspunkt des Strategieprozesses dar und beschreibt alle angestrebten Unternehmensmerkmale, d.h. sowohl die informellen wie formellen institutionellen Aspekte.

Ein Unternehmen als konkretes produzierendes System, d.h. als **Organisation** zu gestalten, verlangt das Auswählen und Eingliedern geeigneter Komponenten der Unternehmensumwelt in das System Unternehmung. Sie bilden in einem übertragenen Sinne das Material, mit dem die entworfene Form des institutionellen Designs umgesetzt wird. Erst Menschen und andere Organisationen als Rollen übernehmende Agenten machen aus dem institutionellen Konzept eine lebendige Organisation. Die entworfene Form muss entsprechend den Bedürfnissen der beauftragten Menschen und den Zielen der involvierten Organisationen entgegenkommen. Die Entwicklung und Umsetzung des gestalterischen Entwurfs wird deshalb zu einem erheblichen Teil in Kommunikation bestehen: Eigene Einstellungen und fremde Bedürfnisse müssen zunächst kommunikativ erschlossen werden und die Corporate Vision sowie aus ihr abgeleitete Pläne sind an die betroffenen Gruppen zu vermitteln. Es liegt auf der Hand, dass diese gestaltende Aktivität nicht nur die Phase der Gründung einer Institution betrifft, sondern eine kontinuierliche schöpferische Aufgabe während der gesamten Existenz des Unternehmens und seiner Entwicklung bleibt.

Der Gestaltungsprozess beginnt mit der Ableitung erfolgskritischer Merkmale der Unternehmung, die sich aus ihrem Zielsystem und den Bedingungen der Unternehmensumwelt ergeben (**Situationsanalyse**). Aus dieser Summe erfolgskritischer Merkmale wird ein Gestaltungsmodell der Unternehmung konstruiert. Der resultierende Konstruktionsplan der Unternehmung und jede seiner periodischen Überarbeitungen stehen im Spannungsfeld von zwei Ansprüchen: Das Unternehmen soll nach aussen den variierenden Umweltbedingungen genügen, also ausreichend komplex und anpassungsfähig sein. Nach innen soll eine funktionierende Ordnung gewährleistet sein, die stabil ist und die Organisation auf zweckgerichtete Aufgaben reduziert.

Zentrales Ziel der Unternehmensgestaltung ist neben einer guten Adaptionsfähigkeit des Unternehmens die Sicherstellung seiner **Lenkungsfähigkeit.** Lenkungsfähige Organisationen verlangen ein hierarchisches Design, in welchem einer **exekutiven Gewalt** die **Aufgabe der Steuerung** der Organisation, d.h. die Wahl und Kontrolle des Handelns im zeitlichen Verlaufe, zugewiesen ist. Im Unternehmen muss zielgerichtetes Handeln von einer oft hohen Zahl von Akteuren koordiniert stattfinden.

Das **Lenken** der Organisation[25] betrifft die Bestimmung von (Sub-)Zielen sowie das Auslösen und Kontrollieren der zielgerichteten Aktivitäten. Dazu sind Massnahmenpläne und Ressourcenzuweisungen erforderlich. Unabdingbar ist jedoch ebenso die Vermittlung des Sinns vorgegebener Massnahmen und Ziele.

Lenkungsvorgänge dürfen dabei nicht als Befehlsketten und als fortwährende Anleitung von Personengruppen aufgefasst werden.[26] Ebenso ist die vollständige tayloristische[27] Zergliederung von Aufgaben in planbare Teilaktivitäten, die dann unter Heranziehung umfassender Information rational-kalkulierend Umsetzung finden, weder eine treffende Abbildung betrieblicher Realität noch ein erfolgsversprechendes Ideal. Zeitgemässes Management, das sich wissenschaftlicher Erkenntnisse bedient, kann nicht auf die Umsetzung überholter mechanistischer Organisationsmodelle setzen. Vor dem Hintergrund fortgeschrittener fachlicher Spezialisierung und dem zunehmenden Zwang zur Produktion in variablen Netzwerken steht heute die Gestaltung von Lenkungssystemen für relativ autonome Organisationseinheiten im Vordergrund. Diese Lenkungssysteme geben Ergebnisse vor und kontrollieren das Erreichen von Teilzielen. Die konkrete Handlungslenkung einzelner Elemente von höherer Stelle aus ist vielmehr eine Anomalie im Falle des Versagens solcher Lenkungssysteme. Es soll ein möglichst hoher Grad an **Selbstlenkung** und **Autonomie** der Sub-Systeme der Unternehmung erreicht werden (Ulrich, 2001, S. 66-74).

Das Auftragsverhältnis des Prinzipals als Eigentümer gegenüber dem Unternehmensmanagement wiederholt sich daher im Inneren des Unternehmens in unterschiedlichen institutionellen Designs der verschiedenen Managementstile. Es wiederholt sich auch im Verhältnis zu externen Leistungserbringern. Unternehmen sind deshalb rekursiv organisierte, fraktale Gebilde.

Der **Lenkungsprozess von Unternehmen** und ihren Sub-Systemen lässt sich als Regelkreis mit 4 Phasen auffassen, deren institutioneller Rahmen durch Rollenträger

---

[25] Griechisch *„kybernetes"* bedeutet Steuermann. Entsprechend steht der Begriff Kybernetik für (die Lehre von) steuernde(n) Handlungen.

[26] Zum Gegensatz Management als Menschenführung versus Management als Lenkung von Institutionen siehe Malik (2002, S. 49-51).

[27] Zu Begriff und Kritik des Taylorismus siehe beispielsweise Rosenstiel (2000, S. 9).

fortlaufend nach innen ergänzt und verfeinert wird. Bei jedem dieser Lenkungsschritte sind folgende Phasen zu durchlaufen:

1. Der Ist-Zustand des Unternehmens wird periodisch vor dem Hintergrund einer **Umweltanalyse** mit den übergeordneten Soll-Vorstellungen verglichen. Diese werden im Rahmen der Autonomie der jeweiligen Managementstufe angepasst. Daraus werden konkrete **Ziele** für die Akteure abgeleitet.

2. Diese werden im gegebenen Ressourcenumfeld in strategische und operative **Pläne** umgesetzt, d.h. es werden auf unterschiedlichem Abstraktionsgrad Massnahmen bestimmt, die zur Erreichung der Ziele führen sollen.

3. Die Pläne werden dann umgesetzt, d.h. es werden konkrete Massnahmen angeordnet und – durch dieselbe oder eine andere Instanz – ausgeführt.

4. Das Ergebnis wird erfasst und im Sinne eines Soll-Ist-Vergleichs kontrolliert.

Abbildung 3-2: *Der Lenkungsprozess als Regelkreis (ähnlich Schwaninger, 1994, S. 21)*

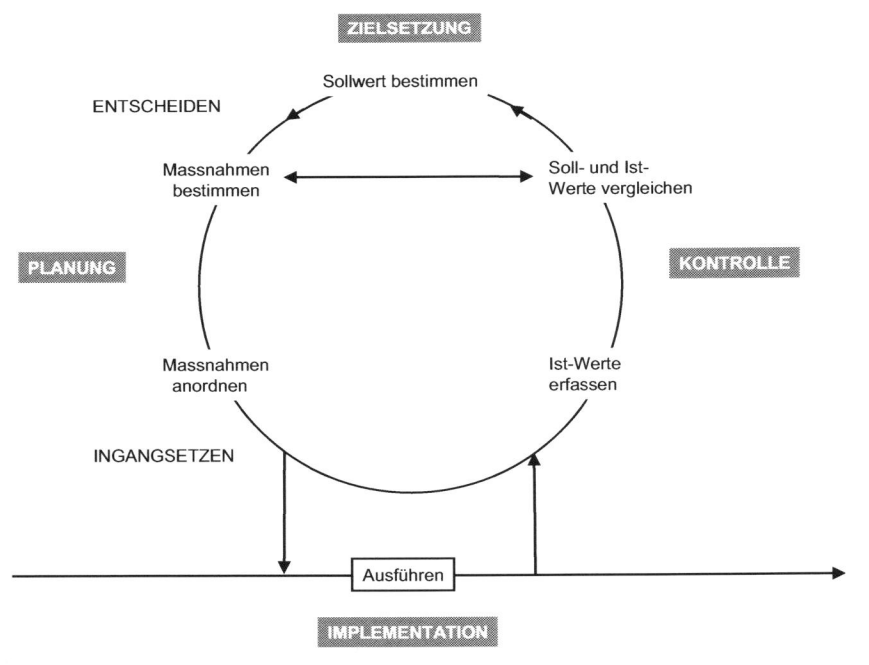

Diese aus der übergeordneten Sicht des gestaltenden Managements exekutive Aufgabe der Lenkung ergänzt, was zuvor entworfen und als Struktur realisiert wurde, um die gesetzten Ziele zu erreichen. Im Rahmen der gewährten Autonomie sind am Beginn des Lenkungszyklus ebenfalls gestaltende Aufgaben zu erfüllen: Die von aussen vorgegebenen Ziele werden im Rahmen der gewährten Handlungsspielräume konkretisiert und in Pläne für die ausführende Lenkungsphase übersetzt. Diese operativen Pläne werden selbst ausgeführt oder delegiert und kontrolliert. Der Umfang der gestaltenden Tätigkeit kann geringfügig bis gross sein. Je nach dem, ob der vorliegende Managementstil detaillierte Anweisungen bevorzugt oder lediglich Ziele definiert und die Mittelvorgaben abstrakt, im Extremfall nur als Kostengrösse, vorliegen. Die legislative Managementaufgabe der Gestaltung bildet die Unternehmensstruktur. Im Zuge der ausführenden Lenkung steht die Anwendung dieser Struktur im Vordergrund. Eine Abgrenzung ist aber nicht exakt, sondern abhängig von der gewählten Betrachtungsebene.

Abbildung 3-3:   *Funktionen des Managements (Bleicher, 2004, S. 60)*

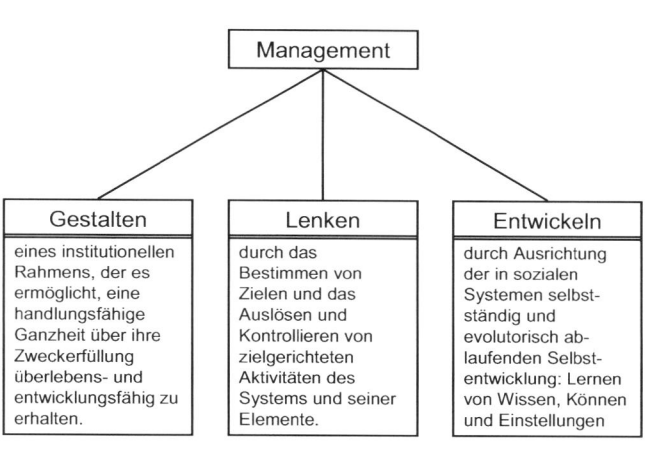

In jeder Organisationseinheit wiederholt sich die Managementaufgabe grundsätzlich in ihrer ganzen Breite. Eine hohe Autonomie der Glieder verlangt, dass Gestalten, Lenken und Entwickeln auf allen Ebene stattfindet, allerdings in unterschiedlich grossen Anteilen. Grundprinzip eines kybernetischen Managementverständnisses ist die **Rekursivität**: Die Lebensfähigkeit einer Organisation wird durch eine auf allen Hierarchiestufen ähnlich wiederkehrende Grundstruktur erhöht – bis hinein in einzelne Arbeitsgruppen. Schwaninger betont diesbezüglich:

„Kybernetisch soll nicht Fremd-, sondern Eigenlenkung im Vordergrund stehen. Jede Führungskraft konzentriert sich darauf, diejenigen Steuerungsgrössen immer besser zu kennen, die für Erfolg und Misserfolg in ihrer Einheit massgeblich sind, und das Geschehen aufgrund entsprechender Indikatoren wirksam zu überwachen. Die Vorgabe, das Aushandeln und die Kontrolle von Zielen sollten sich auf die jeweils benachbarten Rekursionsebenen beschränken". (1994, S. 292-293)

Je grösser die gewählte Autonomie, um so schwächer ist die Handlungsleitung durch formelle Institutionen wie Verträge. Entsprechend gewinnen die informellen Institutionen, die geteilten Werte und Einstellungen, und damit die Sinnvermittlung, für die Lenkungsfähigkeit der Organisation an Bedeutung. Die übergeordnete Corporate Vision muss in konsistenter Weise für verschiedene Organisationseinheiten übersetzt werden, um die Integration der Teile in das Ganze sicherzustellen.

Die kybernetische Managementlehre geht davon aus, dass ein hoher Grad an Selbstlenkung weniger das direkte Resultat exogener Planung als eines endogenen Entwicklungsprozesses ist (Malik, 2002, S. 215-216). Die Entwicklung von Unternehmen und ihren Sub-Systemen wird somit nur teilweise von Gestaltungs- und Lenkungsprozessen „von oben" bestimmt. Diese werden ergänzt durch die eigenständige evolutorische Entwicklung der Einheiten durch Lernen von Wissen, Können und Einstellungen „von unten". Damit diese evolutorische, selbständige Zunahme der Fähigkeiten eines Systems stattfinden kann, müssen strukturelle Voraussetzungen erfüllt sein. Das Gewähren von genügend Autonomie ist wesentlich. Damit verbunden ist die bewusste Inkaufnahme eines sinnvollen Masses an Instabilität und struktureller Offenheit und die Verstärkung von Anpassungsprozessen, um ein Klima des Wandels zu kultivieren. Diese Ermöglichung und Ausrichtung der selbstorganisierenden Adaptionsfähigkeit sozialer Systeme durch die Vorgabe von generellen Zielen und gewünschten Entwicklungspfaden ist Gegenstand der dritten Managementdimension, des **Entwickelns**. (Bleicher, 2004, S. 60-62; Schwaninger, 1994, S.254-258). Sie wird mit formalen Mitteln allein nicht gelingen, sondern nur in einem geeignet strukturierten, kommunikativen Prozess.

Die eingeführten drei Dimensionen des Managements – Gestalten, Lenken, Entwickeln – unterscheiden sich in zeitlicher und inhaltlicher Tragweite. Dem strategischen Management ist der grösste Anteil des Entwickelns zuzuschreiben. Das operative Management übernimmt den überwiegenden Anteil der Lenkung. Idealtypischerweise ist die Aufgabe der Gestaltung über die verschiedenen Hierarchieebenen hinweg etwas gleichmässiger verteilt, sie bildet aber den Tätigkeitsschwerpunkt einer mittleren Führungsebene. (Ulrich, 2001, S. 74)

Dieses allgemeine Management der Unternehmung gliedert sich in Leitungsbereiche. Diese Gliederung folgt einerseits aus einer wissenschaftlichen Sicht des Gegenstandes, andererseits aus tradierten Praxis-Erfahrungen. Die etablierten **Funktionsbereiche** wie z.B. Forschung und Entwicklung, Produktion, Finanzen und Controlling, Marketing oder Informationsmanagement nehmen synoptisch an der Gesamtleitung teil und verantworten unterschiedliche Teilleistungen des Gesamtsystems. Die grundsätzlichen Management-Funktionen Gestalten, Lenken, Entwickeln und die Herausforderung der Komplexität bleiben aber, unabhängig davon welche Teilleistung der Wertschöpfung betreut wird, überall präsent.

Abbildung 3-4: *Managementfunktionen und Führungsebene (ähnlich Ulrich, 2001, S. 74)*

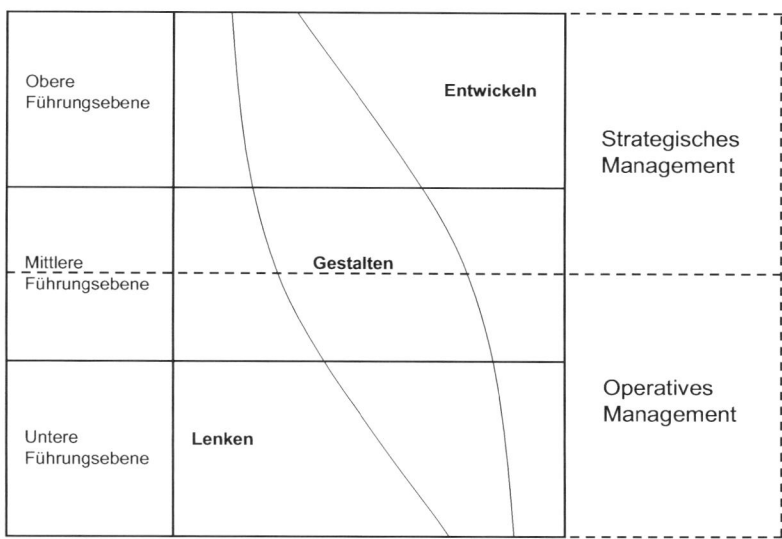

Die sozialen, kommunikativen Elemente wie Werte und Einstellungen, die den infor-mellen Institutionsanteil der Unternehmung ausmachen, sind unerlässlich zur erfolg-reichen Entwicklung der Unternehmung. Die einzelnen Unternehmensteile sollen in einem inneren Dialog zu einer Gemeinschaft entwickelt werden und in ihrer Wirkung nach aussen die Einheit des Unternehmens erkennen lassen. Dies ist im Wesentlichen ein Moderationsprozess der Unternehmenskommunikation, der verwoben ist mit dem allgemeinen Strategieprozesses der Unternehmung. Diese kommunikative Aufgabe des Managements wurde in der Managementliteratur von Chester Barnard schon früh thematisiert (1962).

Management als Gestalten, Lenken, Entwickeln einer Organisation beinhaltet deshalb notwendigerweise eine **sinngebende Komponente**. Der Zweck der Unternehmung muss in einem Nutzenpotential für gesellschaftliche Problemstellungen gefunden werden. Erst die Ausdifferenzierung eines spezifischen Unternehmenssinns macht das Unternehmenssystem in seinem Handeln gegenüber seiner Umwelt differenzierbar und ist Voraussetzung für die Kohärenz, Autonomie und soziale Identität des Systems (Bleicher, 2004, S. 166-167).

Der **„sense making process"** einer Unternehmung besteht darin, festzulegen und zu sagen, wer das Unternehmen ist, was es will, welche Werte sein Handeln lenken, wozu es da ist – kurz: seine Identität festzustellen. Es muss klar werden, welche Rolle es für wen spielen möchte. Die Übernahme einer gesellschaftlichen Rolle kann nur in einem von allen Beteiligten verstandenen institutionellen Rahmen gelingen. Die Merkmale der Unternehmensrolle sind daher nicht einfach oktroyierbar, sondern müssen als Ergebnis eines Unternehmensdialoges nach innen und aussen verstanden werden.

Da das Unternehmen in verschiedenen institutionellen Kontexten handelt, wie in Kapitel 3.1 dargestellt, gilt es, ein aufeinander abgestimmtes **Sinn-System** zu entwickeln. Die oberste Ebene wird die gesellschaftliche Funktion des Unternehmens einnehmen. Hinzu kommen müssen spezifizierte Sinnbeschreibungen für relevante Stakeholdergruppen des Unternehmens. Wir werden später auf diesen Prozess der Identitätsbildung zurückkommen.

Aufbauend auf dieser angestrebten Unternehmensrolle, deren formelle und informelle Merkmale in der Corporate Vision beschrieben werden, lassen sich dann erwünschte Handlungen ableiten, die zu erwünschten Zuständen führen (Ulrich, 2001, S. 77-78). Daraus ergibt sich ein bedeutsamer ethischer Aspekt des Managements, da Unternehmen nicht nur sich selbst gestalten und entwickeln, sondern im Sinne einer **Ko-Evolution** auch ihre Umwelt mitgestalten und mitentwickeln (Schwaninger, 1994, S. 17) und durch sie mitentwickelt werden.

Das Unternehmen ist in die erwähnte Vielzahl von institutionellen Rahmenwerken eingebettet. Bei einigen hat das Management formelle Mitgestaltungsmöglichkeiten, bei anderen nicht. Ein Pharmakonzern kann z.B. die staatliche Gesetzgebung im Biotechnologiebereich mit beeinflussen, ebenfalls den Forschungsprozess, kaum aber die Entwicklung der Finanzmärkte oder die demographische Entwicklung. Ähnlich verhält es sich mit informellen Institutionen (Werte und Einstellungen) der Umwelt. Bei einigen bestehen Mitgestaltungmöglichkeiten (z.B. was die Bekanntheit eines Produktes angeht), bei anderen wie dem „gesamtwirtschaftlichen Klima" nicht. Der rekursiven inneren Struktur des Unternehmens entspricht im Äusseren eine analoge Schachtelung: Die Unternehmung spielt in vielen Spielen mit und diese Spiele sind Teile jeweils umfassenderer Spiele.[28] Den ersten inneren Kreis besetzt das Top Manage-

---

[28] Der Begriff „Spiel" wird hier verwandt im Sinne der Spieltheorie als Teilgebiet der Sozial- und Wirtschaftswissenschaft. Ein Spiel ist eine durch Regeln bestimmte Interaktionsfolge, bei der teilnehmende Akteure eine Maximierung ihrer „Auszahlung" anstreben. Die Analyse der Handlungsstrategien geschieht anhand formalisierbarer Spielelemente wie Handlungsalternativen, Entscheidungsreihenfolge, mögliche Resultate, Wissen und Glauben („beliefs") der

ment, den ersten äusseren Kreis stellt aufgrund der wirtschaftlichen Mission des Unternehmens die Marktarena dar. Im Inneren steht das Top Management im Dialog mit den nachgeordneten Managementebenen.

Damit sind die Ausgangsgrössen Unternehmung, ihre Wertschöpfung, ihr Zweck, ihre allgemeinen Interessen und die Unternehmensleitung vor dem Hintergrund des St. Galler Managementansatzes und aus einem für die Fragestellung geeigneten Blickwinkel rekapituliert. Der Stellenwert des Prozesses der Sinnproduktion wurde dabei betont, ist er doch ein wichtiger Andockpunkt für die Unternehmenskommunikation. Die folgenden Kapitel 4 und 5 klären die integrale Rolle der Kommunikation im Rahmen der unternehmerischen Wertschöpfung. Aufbauend auf diesem Verständnis wird dann im Kapitel 6 ein strategisches Gestaltungsmodell zur ganzheitlichen wertorientierten Steuerung der Unternehmenskommunikation vorgelegt.

3.4   Zusammenfassung

Das **Unternehmen** ist ein **zweckorientiertes System**, das durch einen arbeitsteiligen Problemlösungsprozess Nutzen bei seinen Anspruchsgruppen stiftet und dadurch Wert schöpft. Das Management hat die Aufgabe, diesen **Leistungsprozess** zu gestalten, zu lenken und zu entwickeln.

Aus dem ökonomischen Wettbewerb ergibt sich, dass im Zuge der Unternehmenstätigkeit entweder Effektivitätsvorteile (überlegene Nutzenstiftung) oder Effizienzvorteile (geringerer Mitteleinsatz und niedrigere Kosten bei gleichem Nutzen) erschlossen werden müssen, soll das Unternehmen in einem wettbewerblichen Umfeld überleben. Daraus ergibt sich das **Rentabilitätsziel** als notwendige Hauptbedingung unternehmerischen Handelns direkt aus dem ökonomischen Prinzip. Die Gewinnorientierung erklärt jedoch lediglich die Art und Weise unternehmerischen Handelns und beantwortet nicht abschliessend die Frage nach dem Zweck des Unternehmens. Dieser Zweck ergibt sich erst im Kontext des Sinns eines Unternehmens. Dieser ist letztlich in nicht-wirtschaftlichen Zielen der Gesellschaft, in die es eingebettet ist, zu suchen, allerdings unter ökonomischen Bedingungen. Hier wurzelt die soziale **Bedeutung,** die das Unternehmen für die verschiedenen Anspruchsgruppen im Prozess der kollektiven Sinngebung erhält.

Diese beiden Aspekte des Unternehmenszwecks, **Rentabilität und Sinn**, sind eng miteinander verbunden. Eine missbräuchliche Gewinnmaximierung, zu vermeintlichen Gunsten der Shareholder gegen gesellschaftliche Interessen, gefährdet langfristig

---

Spieler. Vgl. Holler und Illing (2005), Osborne und Rubinstein (2001) sowie Fudenberg und Tirole (1991), grundlegend Neumann und Morgenstern (2004) sowie Schelling (1999).

den Unternehmenswert selbst, denn sie verteuert oder entzieht dem Unternehmen wichtige Akzeptanz und Ressourcen anderer Stakeholder-Gruppen. Entsprechend steht eine Wertorientierte Unternehmensführung nicht im Gegensatz zu Kunden-, Mitarbeiter- oder Interessen der allgemeinen Öffentlichkeit. Um eine wertorientierte Unternehmensstrategie zu verfolgen, ist die **Berücksichtigung von Stakeholderinteressen** unabdingbar.

Aus dem Zielsystem der Unternehmung ergeben sich die primären **Unternehmensinteressen** Absatz, Zugang zu Ressourcen und Märkten, Sicherung der Handlungsspielräume, Schutz und Risikokontrolle.

Das **Gestalten, Lenken und Entwickeln** dieser zweckorientierten Wertschöpfungssysteme in einer komplexen Umwelt ist Definition von **Management**. Ein Unternehmen zu gestalten meint das Auswählen und Eingliedern geeigneter Komponenten der Unternehmensumwelt in das System Unternehmung, um die „Corporate Vision" als angestrebtes Idealbild der Organisation bestmöglich Realität werden zu lassen.

Der Lenkungsprozess von Unternehmen und ihren Sub-Systemen lässt sich als Regelkreis auffassen: Periodisch werden Einschätzungen über den Zustand des Unternehmens und seiner Umwelt mit konzeptionellen Soll-Vorstellungen abgeglichen und münden in Bestimmung, Umsetzung und Kontrolle entsprechender Massnahmen.

Das selbständige Entwickeln von sozialen Systemen geschieht durch die Sicherstellung eines sinnvollen Masses an Instabilität und struktureller Offenheit sowie durch die bewusste Verstärkung von autonomen Anpassungsprozessen mit eigenem unternehmerischen Profil. Das Management einer Organisation muss dafür eine sinngebende Komponente beinhalten. Der Zweck der Unternehmung wurzelt in einem Nutzenpotential für gesellschaftliche Problemstellungen. Erst die Ausdifferenzierung eines spezifischen Unternehmenssinns macht das Unternehmenssystem in seinem Handeln gegenüber seiner Umwelt differenzierbar. Zudem ist der Unternehmenssinn sowohl die Voraussetzung für die Kohärenz des Handelns aller Subsysteme als auch für die soziale Identität des Gesamtsystems.

4 Unternehmen und Produkt

Kern der unternehmerischen Wertschöpfung ist der **Produktionsprozess**, in dem Produktionsfaktoren (Input d.h. materielle Ressourcen wie Maschinen, Gebäude, Rohstoffe, immaterielle Ressourcen wie Arbeit, Wissen und Information) in materielle oder immaterielle **Produkte** (d.h. Outputgüter) umgewandelt werden (Wöhe, 2002, S. 342).

Zu unterscheiden ist eine Produktion im engen Sinne, worunter man die physische Fertigung, d.h. den **technischen** Transformationsprozess von Inputfaktoren in Halb-

und Fertigfabrikate versteht. Dieser Fertigungsprozess ist in erster Linie Gegenstand von Fachdisziplinen z.B. der Ingenieurswissenschaften. Die Produktion im weiten Sinne - immer noch mit Blick auf die Herstellung des Produkts - bezeichnet dagegen den gesamten Leistungserstellungsprozess der Unternehmung und fokussiert auf die dabei zu fällenden wirtschaftlichen Entscheidungen (Thommen & Achleitner, 2001, S. 319).

Ein Produkt gewinnt letztlich seine Bedeutung und seinen **Sinn** aus dem Bedürfnis des Kunden. Es erfüllt seinen Zweck nur, wenn es dieses Bedürfnis mindestens in Teilen zu befriedigen vermag. Diese **in der Welt des Kunden** wurzelnde Seite des Produktes und die Prozesse, die dort ablaufen müssen, damit er das Produkt als für ihn dienlich erkennt, es vergleicht, bewertet, schliesslich begehrt, erwirbt und benutzt, sind wesentlich kommunikativer Natur. Die Beziehung zwischen unternehmerischer Tätigkeit und ihrer Wahrnehmung durch den Kunden ist exemplarisch für den Prozess wechselseitiger Wertschöpfung und die Aufgabe, welche die Unternehmenskommunikation gegenüber weiteren Stakeholdern wahrzunehmen hat. Wir wollen die Produktkommunikation deshalb zuerst resümieren und können dabei auf den reichhaltigen Fundus des Marketings zurückgreifen.

Abbildung 4-1:   *Transformationsprozess der Produktion innerhalb des güter- und finanz-wirtschaftlichen Umsatzprozesses (Thommen & Achleitner, 2001, S. 40)*

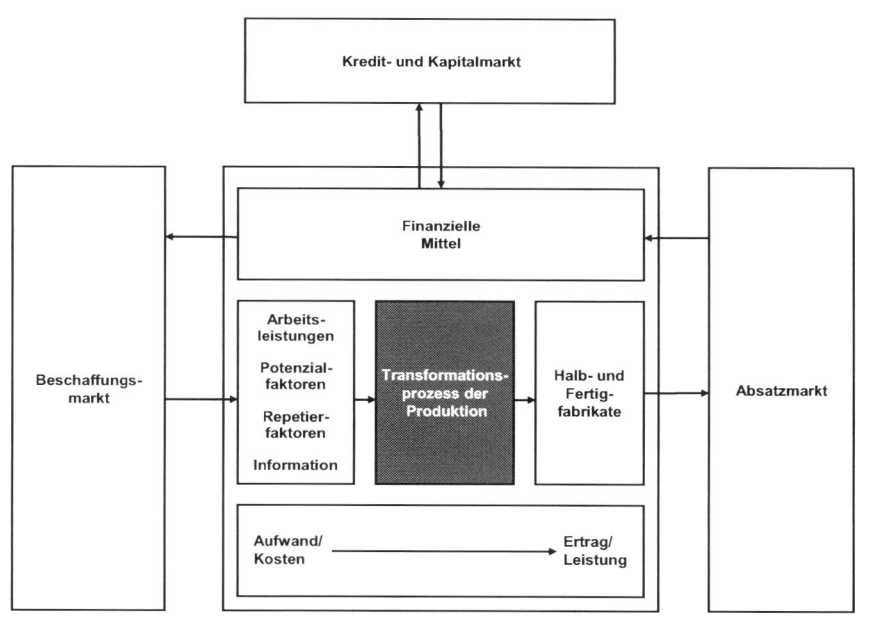

4.1 Kundenwert und Produktnutzen

Die Bereitstellung von Produkten durch die Unternehmung schafft die Voraussetzungen, um im Markt die Gelderträge zu erzielen, welche langfristig die Aufwendungen der Unternehmung abdecken müssen. Die Unternehmenstätigkeit zielt somit auf Einnahmen (Umsatz und Gewinn) durch **Nutzenstiftung**. Diese Symbiose aus unternehmensseitiger Wertschöpfung und kundenseitiger Nutzenstiftung ist in der Begrifflichkeit des populationsökologischen Organisationsansatzes (vgl. Morgan, 2002, S. 90-94) die Grundlage der Koevolution von Anbieter- und Nachfragearten.

Der Wert des Kunden für das Unternehmen, der **Kundenwert (Customer Equity)**, besteht in der Summe der diskontierten erwarteten Einnahmen. Diesem entspricht auf Kundenseite die Summe des diskontierten **Produktnutzens (Kundennutzen)**.[29] Abbildung 4-2 formuliert diese Wechselbeziehung in ihrer einfachsten Gestalt:

Abbildung 4-2: *Kundenwert und Produktnutzen*

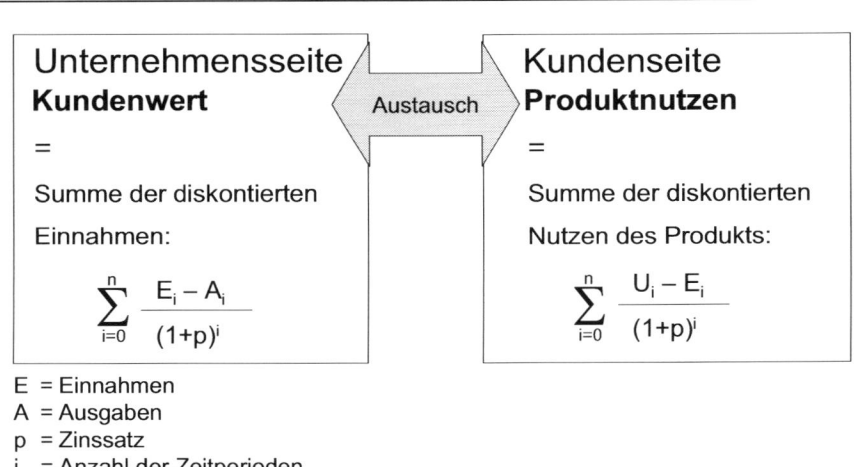

Unternehmensseite **Kundenwert**	Austausch	Kundenseite **Produktnutzen**

=   =

Summe der diskontierten   Summe der diskontierten
Einnahmen: Nutzen des Produkts:

$$\sum_{i=0}^{n} \frac{E_i - A_i}{(1+p)^i} \qquad\qquad \sum_{i=0}^{n} \frac{U_i - E_i}{(1+p)^i}$$

E = Einnahmen
A = Ausgaben
p = Zinssatz
i = Anzahl der Zeitperioden
U = Nutzen

---

[29] Mit dieser Formalisierung ist keine Verengung auf Geldwerte vorgenommen, sondern nur impliziert, dass Interaktionen gewünschte und ungewünschte Auswirkungen für jede Seite haben können und unter Knappheitsbedingungen stattfinden.

Der Kundenwert als diskontierter Einzahlungsüberschuss, den ein Kunde im gesamten Verlauf seiner Kundenbeziehung für das Unternehmen erzeugt, kann als **Kundenwert im engen Sinne** bezeichnet werden. Er meint den **Wert des Kunden für das Unternehmen.**[30]

Über diese Geldbeiträge im Zuge von Transaktionen hinaus hat das Unternehmen Interesse an einem grundsätzlich geneigten Verhalten des Kunden, das sich in unterschiedlicher Form indirekt werthaltig für die Unternehmung auswirkt. Der Kunde kommuniziert beispielsweise mit anderen über seine Erfahrungen mit dem Produkt und hat so Wirkungen auf potentielle Kunden, Investoren oder Mitarbeiter. Diese ebenfalls werthaltigen Auswirkungen der Interaktion des Kunden kann als **Kundenwert im weiten Sinne** verstanden werden. Dazu kann z.B. auch die Bereitschaft zählen, an der Produktentwicklung mitzuwirken – kundenintegrierte Produktentwicklung (Belz, 2004, S. 139-141; Kleinaltenkamp, 1997) – oder durch eine positive Wahrnehmung des Unternehmens die Reputation anderer, nicht selbst-genutzter Produkte desselben Unternehmens positiv zu beeinflussen.[31]

4.1.1   Verschiedene Ebenen des Produktnutzens

Der Kunde erwirbt das Produkt zur Befriedigung eines Bedürfnisses. Als **Produktnutzen** bezeichnet man alle erwünschten Problemlösungsbeiträge, die dem Kunden durch Herstellung, Existenz, Transaktion und Konsum des Produktes zufliessen. Dies bein-

---

[30] Vgl. zu "Customer Equity" im Sinne des Kundenwertes aus Sicht des Unternehmens die Ausführungen in Belz und Bieger (2004, S. 109-119), vgl. zum "Kundenvorteil" als Wert für den Kunden ebd. S. 93-104. Vgl. zur Verschränkung beider Perspektiven im Sinne eines integrierten Customer-Value-Modells ebd. S. 125-142.

[31] Derartige Wertbeiträge lassen sich als Netzwerkeffekte verstehen. Positive direkte Netzwerkeffekte liegen beispielsweise vor, wenn der Nutzwert eines Gutes mit steigender Nachfrage und Verwendung zunimmt. Dies ist bei so genannten Netzwerkgütern (Telefon, Fax) der Fall. Indirekte positive Netzwerkeffekte liegen vor, falls der Nutzwert eines Gutes umso höher ist, je höher die Nachfrage nach komplementären Gütern ist. Eine solche Beziehung findet sich beispielsweise zwischen Videorecorder-Standards (Video 2000, VHS, DVD) und standardkompatiblem Filmangebot. Vgl. Clement, Litfin und Peters (2001), Schögel, Tomczak & Belz (2002), Shapiro und Varian (1998), Shapiro, Farrell und Varian (2005) sowie Zerdick et. al. (2001). Netzwerkeffekte entstehen nicht nur auf einer Kernnutzenebene sondern gleichfalls auf der Ebene eines kommunikativen Zusatznutzens. Sie sind ebenfalls nicht nur auf Kundennetzwerke zu beschränken, sondern wirken zugleich in Netzwerke weiterer Stakeholder (z.B. Aktionäre, Mitarbeiter, Journalisten) des Unternehmens hinein, die Wertbeiträge unterschiedlicher Art beisteuern. Die durch Netzwerkeffekte generierten Wertbeiträge können bereits auf Kernnutzenebene so hoch bzw. strategisch relevant sein, dass auf einen Transaktionspreis ganz verzichtet wird (zu so genannten Follow-the-Free-Preisstrategien bei Informationsgütern vgl. z.B. Zerdick et al., 2001, S. 191-193).

haltet zum einen den funktionalen **Kernnutzen (Grundnutzen)** eines Produktes. Je nach Produktzweck äussert sich dieser Grundnutzen beispielsweise bei einem physischen Produkt in

▓ Gebrauchs- und Funktionstüchtigkeit (Leistungsgrad)

▓ Funktions- und Betriebssicherheit

▓ Haltbarkeit (Lebensdauer)

▓ Wertbeständigkeit

Der Produktnutzen umfasst weiter so genannte **Zusatzleistungen**, die ein Unternehmen vor, während oder nach dem Kauf in Zusammenhang mit dem Produkt erbringt.[32] Hierzu zählen

▓ Beratungsleistungen vor, während und nach dem Kauf

▓ Zustellung und Montage des Produktes

▓ Instruktionen zum Umgang mit dem Produkt

▓ Unterhalts-, Reparatur-, Ersatz- und Garantieleistungen

Der Produktnutzen beinhaltet über den nicht-interaktiven Grundnutzen und die Zusatzleistungen hinaus auch eine **soziale Komponente**, die einen **kommunikativen Zusatznutzen** vermittelt. (Thommen & Achleitner, 2001, S. 162-163) Die symbolische Nutzenebene erfüllt ästhetische und bedeutungsvermittelnde Aufgaben. Produkte sind wie alle Dinge soziale Konstrukte und tragen damit Bedeutungen, die über ihre Grundfunktion hinausgehen kann.[33]

Der aus der Interaktion stammende Nutzen, namentlich der kommunikative Zusatznutzen, hat einerseits eine **Differenzierungsfunktion**, mit der sich das Produkt von technisch-funktional ähnlichen Produktlösungsangeboten unterscheidet und sich als mehrwertig gegenüber Produkten positioniert, die diesen Aspekt schlechter lösen. Die Marke ist ein solcher kommunikativer Mehrwert (Markenprodukt vs. generisches No-Name-Produkt). Das Produkt kann durch seine symbolische Bedeutung für den Kunden andererseits auch eine **Identifikationsfunktion** erfüllen. Dies geschieht, indem das Produkt die Identität seines Besitzers zu definieren hilft und diese Identität kommuniziert. Die symbolische Bedeutung kann in der Natur des Produktes selbst liegen

---

[32] Zu einem Schalenmodell des Produktnutzens vgl. Belz & Bieger (2004, S. 225). Zur Notwendigkeit eines darüber hinausgehenden Communication- und Community-Ansatzes siehe Belz (2004, S. 686-690), Haller (2004, S. 720-736) und Schmid (2004e, S. 691-719).

[33] Vgl. hierzu die Aussführungen zur "externen Aufladung" von Gross (2004, S. 232-234) sowie jene zur Leistungskonfiguration von Belz und Bieger (2004, S. 218-247).

(z.B. bei einem Pelzmantel), in dessen Machart, oder durch die Markierung (Kennzeichnung, Name) des Produktes vermittelt werden. Diese bedeutungsvermittelnde Komponente, der symbolische Gehalt des Produktes, kann zum hauptsächlichen oder alleinigen Nutzenträger des Produktes werden. Die Bedeutung eines Produktes steht dabei immer in Bezug zu einer bestimmten Interpretationsgemeinschaft. Deshalb ist z.B. die Bedeutung eines Porsche nicht einheitlich. Mit der Interpretationsgemeinschaft wechselt zugleich die interaktiv zugeschriebene Bedeutung.

Abbildung 4-3:   *Lifestyle-Marken mit dominant symbolischer Nutzenkomponente*

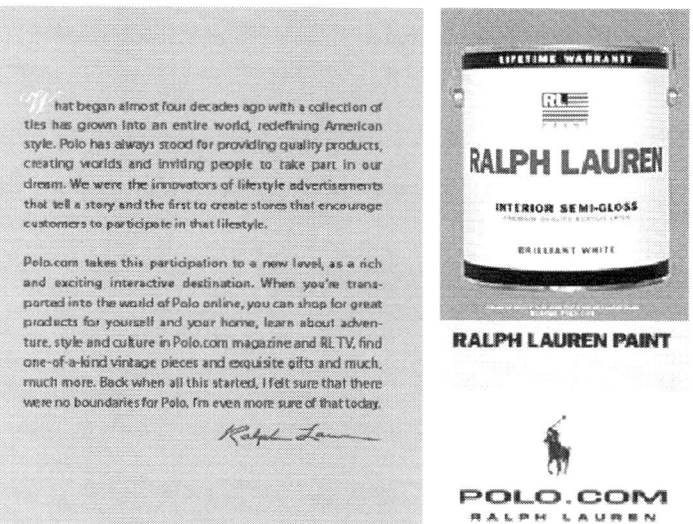

Der Begriff der **Marke (Brand)** bezeichnet wichtige symbolische Eigenschaften eines Produktes, die in der Betriebswirtschaftslehre untersucht werden.[34] Die Marke ist Symbol, besteht aus einem Zeichen, das im Zuge der Produktkommunikation mit Beutung aufgeladen wird, indem es z.B. mit einem bestimmten Personentyp und Lebensstil verbunden wird. Die symbolische Seite eines Produktes bedarf also einer

---

[34] Vergleiche zu Markenidentität insbesondere Esch (2004a, S. 83-161), Meffert und Burmann (2002a, S. 35-67). Zu Brand Management vergleiche Aaker (2002) und Kapferer (2003). Für eine interdisziplinäre Betrachtung des Zeichensystems Marke siehe Bruhn (2001) und Karmasin (2004).

kommunikativen Erzeugung. Die Markenforschung erklärt die Rolle des mit dem markierten Produkt vermittelten Bedeutungsgehaltes, der in Anlehnung an menschliche Eigenschaften als die „Persönlichkeitsmerkmale einer Marke" bezeichnet wird, mit folgender These:

Persönlichkeitsmerkmale einer Marke reflektieren entweder die **gegenwärtige Persönlichkeitskonzeption** eines potentiellen Kunden oder aber eine **ideale, erwünschte Persönlichkeitskonzeption** bzw. lösen eine solche neue, ideale Persönlichkeitskonzeption aus (ähnlich Esch, 2004a, S. 103).

Die Erklärung von Sympathie durch Identitätskongruenz schliesst an einen klassischen Lehrsatz der Sozialpsychologie an. Dieser besagt, auf das Produkt angewendet, dass die Sympathie für ein Produkt umso grösser ist, je stärker die wahrgenommenen Merkmale des Produktes mit den Einstellungen und der Eigenwahrnehmung des Kunden übereinstimmen. Die Attraktivität eines Angebotes, die gefühlte Sympathie einer Person zu einem Objekt, steigt demnach mit zunehmender Identitätskongruenz an (Kroeber-Riel & Weinberg, 1999, S. 495). Wenn Produkte aber ideale Selbstbilder potentieller Kunden aufgreifen oder auslösen, gehen sie über den Erklärungsansatz Sympathie durch Ähnlichkeit hinaus. Produkte werden dann primär zu Sinn- und Verwirklichungsangeboten für das sich weiterentwickelnde Selbstbild des Kunden und stehen vor diesem Hintergrund eher in Konkurrenz mit anderen kulturellen Botschaften als mit technisch-funktional ähnlichen Problemlösungsangeboten.

Abbildung 4-4: *Fairtrade Produkte als Beispiel für soziale Nutzenkomponenten (maxhavelaar, 2005)*

4.1.2 Bedürfnisse als Voraussetzung von Nutzenbeiträgen

Aus der Marketing-Maxime Entscheidungen konsequent an den Erfordernissen und Bedürfnissen von Abnehmern auszurichten (Meffert, 2000, S. 4), folgt die Notwendigkeit, Natur und Eigenschaften von Bedürfnissen zu analysieren. Da die Wertschöpfung der Unternehmung darauf abzielt, im Vergleich mit den Wettbewerbern überlegene Nutzenangebote herzustellen, muss sie einen relativ überlegenen Beitrag dafür leisten, die Wünsche potentieller Kunden zu verstehen, zu beeinflussen und zu befriedigen.

Ein Bedürfnis ist zunächst allgemein das mit einem **Mangelerlebnis** und dem Streben nach dessen Überwindung einhergehende Gefühl. Ebenfalls als Bedürfnis zu verstehen ist das Verlangen nach **Homöostasie**, d.h. der Wunsch, einen angenehmen Zustand nicht in Richtung eines schlechteren verlassen zu müssen. Bedürfnisse werden als Ausdruck dessen verstanden, was zur Erhaltung und Entfaltung des physischen, psychischen und sozialen Lebens notwendig ist oder für notwendig gehalten wird. Sie lassen sich nach verschiedenen Merkmalen systematisieren. So werden primäre, physiologische und triebvitale Bedürfnisse unterschieden im Gegensatz zu sekundären, erlernten, erworbenen, kulturellen und intellektuellen Bedürfnissen. Weitere gängige Bedürfniskategorien klassifizieren nach Lebensbereichen: Soziale, berufliche, künstlerische, religiöse Bedürfnisse und so fort. Stabilitäts- oder Sicherheitsbedürfnisse können individuell sein, lassen sich aber oft auch als Kollektivbedürfnisse einordnen, die im Zusammenhang mit Kollektiven entstehen. (Bergius, 1998, S. 103)

Abbildung 4-5: *Ableitung möglicher Nutzenbeiträge als Erfüllungszustände aus einem modifizierten Bedürfnisschema nach Maslow (nach Karmasin, 2004, S. 66)*

Bedürfniskategorie	Defizitzustände	Erfüllungszustände	Illustrierendes Beispiel
Selbstverwirklichungs-bedürfnisse	Entfremdung, fehlender Sinn des Lebens, beschränkte Aktivitäten, Langeweile, Lebensroutine	Neugier, Grenzerfahrungen, Selbstverwirklichung, lustvolle und wertvolle Arbeit	Das Erleben einer tiefen Einsicht
Selbstachtungs-bedürfnisse	Gefühl der Inkompetenz, der Minderwertigkeit, des Negativismus	Selbstvertrauen, Gefühl der Bewältigung, positive Selbstwertschätzung, Gefühl der Selbstachtung und des Übersichhinaus-wachsens	Eine Auszeichnung für eine hervorragende Leistung erhalten
Bindungsbedürfnisse	Befangenheit, Wahrnehm-ung ungemocht zu sein, der Wertlosigkeit, der Leere, Einsamkeit, Isola-tion, Unvollständigkeit	Freie Gefühlsäusserung, Gefühl der Zusammen-gehörigkeit, der Wärme, Kraft- und Lebensgefühl	Erfahrung völliger Akzeptanz in einer Liebesbeziehung
Sicherheitsbedürfnisse	Unsicherheit, Sehnsucht, Gefühl des Verlorenseins, Angst, Zwangsdenken, Zwangshaltungen	Sicherheit, Erfüllung, Ausgeglichenheit, Gelassenheit, Ruhe, Frieden	Einen sicheren Arbeitsplatz haben
Physiologische Bedürfnisse	Hunger, Durst, sexuelle Frustration, Anspannung, Erschöpfung, Krankheit, Fehlen einer geeigneten Unterkunft	Körperliches Wohlbefinden, Entspannung, Spannungs-reduktion, lustvolle sinnliche Erfahrungen, Behaglichkeit	Gefühl der Zufriedenheit nach einem guten Essen

Eine im Rahmen der Managementforschung besonders aus didaktischen Günden verbreitete Systematik menschlicher Bedürfnisse ist die Bedürfnispyramide nach Maslow. Trotz einiger Vorbehalte kann das Maslow-Schema als Analyseraster unterstützend wirken (vgl. Abbildung 4-5), um Merkmale von Produkten und Images mit vorhandenen Bedürfnisarten in Beziehung zu setzen (Zimbardo, 1999, S. 324-325). Wichtig ist die Erkenntnis, dass viele Bedürfnisse relativ zu anderen Bedürfnissen sind und dass sie häufig **sozial konstruiert** sind. Der Wunsch nach körperlicher Fitness, sonnengebräunter Haut, einer bestimmten Figur etc. sind Beispiele. Es ist die Aufgabe der Produktkommunikation, diesen sozialen Konstruktionsprozess für Produkte des Unternehmens im günstigen Sinne zu beeinflussen. Die Unternehmenskommunikation wird dasselbe für das Bild des Unternehmens gegenüber seinen Anspruchsgruppen leisten müssen.

4.2 Das Produktbild als Voraussetzung der Wertschöpfung

Die Herstellung eines Produktes als Erzeugnis und Output eines Produktionsprozesses ist die notwendige, aber nicht die hinreichende Bedingung für Wertschöpfung. Sie muss durch die **Wahrnehmung des Kunden ergänzt werden**. Voraussetzend für Wertschöpfung ist, dass ein Kunde der Existenz des Produktes Aufmerksamkeit schenkt sowie sein Wissen und sein Vertrauen, dass ein bestimmtes Produkt seine Bedürfnisse befriedigt. Der Kunde muss ein geeignetes **inneres Bild** des Produktes haben, das ihm dies vermittelt.

Wir haben im zweiten Kapitel gesehen, dass die Bedeutung der Dinge eine soziale Konstruktion ist. Damit der Kunde das Produkt verstehen und sich von ihm ein Bild machen kann, muss das dazu notwendige Wissen bei ihm erzeugt worden sein. Dieser Erzeugungsprozess ist das Komplement zum Produktionsprozess im Unternehmen. Er hat viele mögliche Gestalten. Die Produktion des Produktbildes kann bilateral, zwischen dem Kunden und einer Informationsquelle geschehen. Meist wird es jedoch ein sozialer Prozess sein, der das notwendige Wissen erzeugt. Die auf diesem sozial konstruierten Wissenshintergrund ermöglichte Produktwahrnehmung muss dann geeignet sein, ihn zum Produkt hinzuwenden und schliesslich zur Transaktion zu bewegen.

Erst wenn beide Bedingungen erfüllt sind – die Erzeugung des Produktes in der physischen Welt und das Vorhandensein einer geeigneten mentalen Repräsentation des Produktes in der Wahrnehmung des potentiellen Kunden – erst dann kann es zum Konsum, zur Nutzenstiftung und zur Wertschöpfung kommen.

Abbildung 4-6:   *Produkt I und II: Objekt und Wahrnehmung*

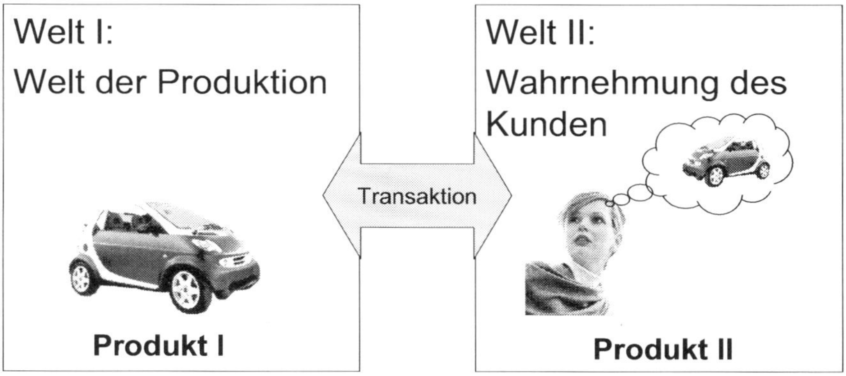

Das Produkt hat somit notwendigerweise eine doppelte Existenz; es existiert in zwei Welten: In der äusseren, physischen Welt I existiert es als Produkt I als physisches Objekt oder im Falle von Dienstleistungen als ein physischer Prozess. In der inneren Wahrnehmung des Konsumenten, in seiner Vorstellungswelt, nennen wir sie Welt II, existiert das Produkt II. Dieses ist das immaterielle Bild des Produktes und das entsprechend zugeordnete Wissen.

4.2.1 Das Produktimage

Als mentale Repräsentation ist das Produkt ein Vorstellungsbild, das verbunden ist mit Emotionen (Body Feelings), kognitiven Wissensinhalten und Handlungswissen sowie mit spezifischen motivationalen Antrieben. Wir bezeichnen die Gesamtheit dieser Vorstellungs- und Wissenselemente als **Produktimage** oder als das „Bild" des Produktes.

Das Produktimage bildet sich im Gedächtnis des potentiellen Kunden durch eine Reihe von direkt oder indirekt auf das Produkt bezogenen Erfahrungen und Erwartungen. Der sich bildende Eindruck entsteht dabei vor dem Hintergrund vorhandener Grundeinstellungen und Werte einer Person. Das Produktbild muss gleichsam in die Ökologie der Gedanken seines Wirtes eingefügt sein.

Ein positives Produktimage ergibt sich zum einen aus der wahrgenommenen Geeignetheit eines Produktes, ein bestimmtes Motivbündel zu befriedigen. Diese Wahrnehmung ist zunächst individuell. Gehen wir als Konsumenten nämlich davon aus, dass ein bestimmtes Lebensmittel unseren Hunger zuverlässig stillt und dass dabei persönliche Präferenzen bezüglich Geschmack, Herkunft, Inhaltsstoffe, Preis, Qualität etc. erfüllt sind, entwickeln wir dem Produkt gegenüber wahrscheinlich eine positive Einstellung.

Images lassen sich jedoch nicht auf eine eindimensionale Bewertungsdimension verkürzen, sondern müssen als mehrdimensionale Einstellungsgebilde konzeptualisiert werden, die einen **affektiven** (gefühlsmässigen) Kern aufweisen, um den sich **motivationale** Komponenten und Wissensinhalte situativ gruppieren. Kognitive Elemente betreffen wahrgenommene Merkmale des Produktes und dessen Beziehungen zu anderen Objekten, d.h. die symbolischen Aspekte des Produktes als Ding, wie im zweiten Kapitel beschrieben. Als motivationale Komponenten werden die Verhaltensintentionen bezeichnet, die mit dem Produkt verbunden sind (Rosenstiel & Neumann, 2002, S. 204-205). Wir definieren Produktimage funktional als **wahrnehmungs- und handlungslenkende innere Instanz** des Akteurs.

Verfestigte Images erweisen sich als relativ stabil und das vorhandene Image beeinflusst zugleich die Auswahl und die Verarbeitung von neuen Wahrnehmungserlebnissen. Die vorbegriffliche Ebene der Empfindungen und Gewohnheiten will das Angenehme wiederholen und die unangenehme Erfahrung nicht wiederholen. Die Ökologie der Gedanken strebt nach Konsistenz. Neue Informationen treffen selten eine „tabula rasa" an. Sie werden vom „Immunsystem" der bereits vorhandenen Ideen empfangen und so geformt, dass sie in ihr System passen. Nur selten schafft es eine neue Information, das Denken neu zu gestalten. Für das zuvor angesprochene Lebensmittelbeispiel heisst das, dass sich die beim Genuss gegebenen unmittelbaren Reizgegebenheiten mit dem vorhandenen Image zu einem aktuellen Wahrnehmungserlebnis verbinden. Konkret: Ein Wein, dem wir nach positiver Eigenerfahrung, Empfehlung von Freunden und lobenden Expertenurteilen in den Fachmedien ein positives Image zuordnen, dürfte uns besser und anders schmecken als derselbe Wein im Rahmen einer Blindverkostung.

Für Konsumgütermärkte liegen empirische Ergebnisse vor, die auf eine recht hohe Korrelation zwischen gemessenen Imagekonstrukten und dem gezeigten Kaufverhalten hindeuten[35]. Dieser Zusammenhang kann als Beleg für eine Teilverursachung des Verhaltens durch das Image interpretiert werden. Belege existieren jedoch auch für einen umgekehrten Zusammenhang: Die Einstellung verändert sich in Folge des Verhaltens, um eine Dissonanz zu vermeiden. Einer getätigten Kaufentscheidung folgt eine positive Imageveränderung, nicht aufgrund der Produkteigenschaften, sondern um die eigene Entscheidung zu bestätigen. In jedem Fall erklärt sich die Bedeutung und die Gestalt eines Images nur unter Einbezug des **situativen Kontextes**: Die Wahrnehmung eines Mineralwassers variiert unter Umständen deutlich je nach Grad des gefühlten Durstes und vorhandenen trinkbaren Alternativen. Hinzu kommt, dass ein Produktimage stets in Verbindung steht mit den vorliegenden Images zur übergeordneten Produktgattung, generisches Produktimage genannt, dem Unternehmensimage und weiteren Kontextelementen. Dies ist nicht nur relevant für den Zusammenhang zwischen Image und Verhalten, sondern gleichfalls zu bedenken in Bezug auf vorliegende Möglichkeiten einer Veränderung des Produktimages. Die Neupositionierung eines Produktes, dessen generisches Image dominant ist, steht vor besonderen Herausforderungen: Generische Images sind meist älter und aus diesem Grund stabiler als jüngere Produktmarken. Ansatzpunkt kann in diesem Fall entweder sein, das generische Image zu adjustieren – ein Unterfangen, das aus Unternehmenssicht schwierig erscheint, da imageprägende Interaktionen mit einem generischen Produkt noch weniger durch ein einzelnes Unternehmen kontrollierbar sind als dies für eine eigene Produktmarke der Fall ist. Oder die Produktmarke könnte ausgesprochen untypisch positioniert werden, um den Einfluss der generischen Produktwahrnehmung zu minimieren.

---

[35] Für einen Überblick über Studien zur Image- und Einstellungsbildung und dem Zusammenhang Image-Kaufverhalten siehe Rosenstiel & Neumann (2002, S. 202-235) sowie Bohner & Wänke (2002).

4.2.2 Die Produktreputation

Die **Reputation** bezeichnet die aggregierte **Gesamtheit vorhandener Images** eines Produktes oder einer Unternehmung bei einer gegebenen Gemeinschaft. Der Einzelne weiss, dass seine Mitmenschen zum gleichen Gegenstand ebenfalls Bilder und Gedanken besitzen. Das, was die Anderen über ein Produkt denken, das Image, welches sich die **Gemeinschaft** bildet, macht aus, was mit dem Begriff der Reputation angesprochen ist. Während Image das bezeichnet, was *ich* von einem Produkt denke, ist Reputation das, was *man* (die Gruppe, die Anderen) von einem Produkt oder Unternehmen denkt.

Reputation ist demnach relativ zu einer Gemeinschaft. Sie kann in unterschiedlichen Gemeinschaften verschieden sein. Ein Porsche hat bei Autoliebhabern eine hohe Reputation. Bei Gruppen, die für Entschleunigung eintreten, weist er vielleicht eine weniger gute oder negative Reputation auf.

Der Mensch ist ein Gemeinschaftswesen. Er sucht ein gewisses Mass an Konsens. Deshalb vermag eine positiv gefärbte Reputation den individuellen Nutzen des Konsumenten zu steigern, während ein negativer Ruf den Wert des Produktes potentiell verringert. Die Reputation ist deshalb ein wesentliches handlungslenkendes Element und somit Bestandteil des Produktimages. Dieser allgemeine Ruf, der in die individuelle und situative Evaluierung eines Meinungsgegenstandes eingeht, ist allerdings nicht direkt erfahrbar. Er wird vom Einzelnen auf der Basis von „Umweltbeobachtung, Signalen von Billigung und Missbilligung", wie persönliche Aussagen und „veröffentlichte Meinung" in Medien, nur näherungsweise gemutmasst und fliesst so in das eigene Vorstellungsbild als das Bild der Anderen ein (Noelle-Neumann, 2000, S. 378)[36]. Dieses Bedeutungsverständnis im Sinne des „Erwägens" von Vorstellungsbildern anderer ergibt sich bereits etymologisch aus dem Begriff Reputation: „frz. réputation = Ruf, Ansehen < lat. reputatio = Erwägung, Berechnung, zu: reputare = be-, zurechnen (bildungsspr.)" (Duden).

Die Beziehung der sozialen Reputation zum individuellen Image ist somit eine zweifache und reflexive: Zum einen ergibt sich Reputation aus der Summe der Images der Mitglieder einer Gemeinschaft und kann als solche gemessen werden. Zum anderen fliesst sie als wahrgenommener Ruf innerhalb einer Gemeinschaft ein in die Bildung der einzelnen Images. Die tatsächliche Summe aller Vorstellungsbilder kennt der Einzelne dabei in der Regel nicht. Dieser geglaubte, subjektive Reputationswert wird dann Bestandteil seines Images und bestimmt auf diese Weise den objektiven Reputationswert mit. Das individuelle Ergebnis der situativen und zeitlich dynamischen

---

[36] Zu den hierbei möglichen Fehleinschätzungen und zur Bedeutung benachbarter Begriffe wie „Öffentliche Meinung" oder „Meinungsklima" vgl. die kritische Einordnung der Theorie der Schweigespirale in Kunczik & Zipfel (2001, S. 374-384).

Umweltbeobachtung wird sich dem Imageaggregat der objektiven Reputation im Verlaufe der Zeit annähern. Von Interesse ist in diesem Prozess die herausgehobene Bedeutung von Meinungsführern[37], deren Aussagen und Signale im Zuge der Reputationsgenese eine Schlüsselrolle einnehmen.

4.2.3   Das Produkt II als soziales Konstrukt

Das Bild des Produktes ist nach dem bisher Gesagten nicht willkürlich und einseitig konstruierbar. Es ist zu einem erheblichen, letztlich zum massgeblichen Teil ein soziales Konstrukt, d.h. Gemeinschaften (Communities), Öffentlichkeiten bestimmen seine Gestalt und seinen Wert entscheidend mit.

Zudem existiert ein Produktbild nicht isoliert, sondern ist vielmehr Teil eines Systems, meist sogar mehrerer Systeme, die jeweils ihre eigenen Bedeutungshorizonte aufspannen. In diesen Systemen ist ein Produktimage verbunden mit vielen anderen Wahrnehmungsinhalten, die seine Bedeutung mitbestimmen. Das Unternehmen als Schöpfer des Produktes ist Teil dieser sozialen Kontexte. Das Unternehmen beeinflusst das Bild des Produktes durch sein Bild, das wiederum durch sein Handeln und durch seine Kommunikation beeinflusst ist.[38]

Das Produkt II ist Teil der Vorstellungswelt des Konsumenten, als solches bildet es sich durch Sinneseindrücke, Erfahrungen der Umwelt und durch Kommunikation. Um das Produktbild entstehen zu lassen, es in die Vorstellungswelt eines Konsumenten zu integrieren und dort mit seinen vorhandenen Gedächtnisinhalten und Bedürfnissen in Beziehung zu setzen, bedarf es nicht nur entsprechender Mitteilungshandlungen des Unternehmens, sondern auch eines individuellen Aufwandes von Seiten des potentiellen Kunden.

Die Nutzenerwartung bezüglich eines Produktes speist sich nicht nur aus dem eigenen individuellen Vorstellungsbild des Konsumenten. Hinzu treten jene Nutzenanteile, die durch die Bilder anderer Konsumenten oder anderweitig Beteiligter bestimmt werden. Bereits auf der Ebene der Produktkommunikation kann daher der Prozess der Produktion des Produktes II (siehe unten Implementation II) nicht auf die Gestaltung der Kommunikationsbeziehung Unternehmen-Kunde beschränkt bleiben. Zu berücksich-

---

[37] Zu Begriff und Rolle des Meinungsführers als Faktor des Konsumentenverhaltens siehe Kroeber-Riel & Weinberg (1999, S. 506-514). Zum Meinungsführerkonzept im Sinne eines Zwei-Stufen-Flusses von Massenkommunikation siehe Kunczik & Zipfel (2001, S. 322-336).

[38] Zur Unterscheidung der Begriffe Interaktion, Handlung und Kommunikation aus Sicht der Unternehmenskommunikation siehe Zerfass (2004, S. 141-231).

tigen ist ebenso die Wahrnehmung der Nicht-Kunden, denn ihre Vorstellungen des Produktes bestimmen dessen Nutzen- und Wertpotential massgeblich mit[39].

Wir haben in Kapitel 2 gesehen, dass die symbolisch-soziale Bedeutung von Dingen **gemeinsames Wissen** voraussetzt. Deshalb kann sich der Nutzen symbolischer Produktmerkmale für den Konsumenten nur dann voll entfalten, wenn alle weiteren Beteiligten ihrerseits über das spezifische Wissen verfügen, das für jene Rolle, die sie in der Nutzung des Produktes spielen, nötig ist. In besonderem Masse gilt das für Netzwerkprodukte wie z.B. Telefon, Fax oder E-Mail, deren Nutzen für den einzelnen mit der Zahl möglicher Kommunikationspartner wächst. Solche Netzwerkeffekte entstehen aber nicht nur auf der Ebene des primären, funktionalen Produktnutzens. Sie sind bei allen kommunikativen Zusatznutzen und bei allen symbolischen Aspekten des Produkts wesensnotwendig. Einen solchen sekundären Produktnutzen erzielen beispielsweise die Mitglieder einer Community, die sich um ein bestimmtes Produkt bildet, indem sie die Möglichkeit haben, spezifisches Produktwissens auszutauschen und Gemeinschaften zu bilden. Der Zusatznutzen, den hochwertige Markenprodukte liefern, wurzelt ebenfalls im Wissen der Anderen über die Marke.

4.3   Integriertes Produktdesign als Implementation I und II

Beide Existenzen des Produktes, Produkt I und Produkt II, müssen hergestellt, d.h. entworfen, geplant, realisiert und unterhalten werden. Ein in diesem Sinne umfassendes Produktdesign beinhaltet daher sowohl die Pläne für eine Implementation I, die physische Erzeugung des Produktes, als auch für eine Implementation II – die Ermöglichung einer geeigneten mentalen Repräsentation des Produktes in der Vorstellungswelt potentieller Konsumenten.

---

[39] Siehe hierzu Haller (2004) und Schmid (2004e).

Abbildung 4-7:   *Integriertes Produktdesign als Implementation I und II*

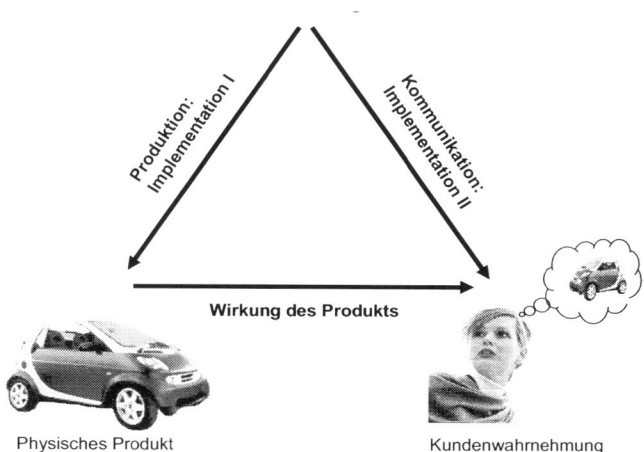

Die Implementation I obliegt den Disziplinen des Engineering im weitesten Sinne und den Funktionen der Betriebswirtschaft, die auf die Organisation der Produktionskapazitäten und -prozesse ausgerichtet sind; Implementation II ist Aufgabe des Kommunikationsmanagements und hat die Schaffung und Pflege von Einstellung und Verhalten zum Ziel.

Die **Implementation II der Produktidee**, das Management der Kommunikationsbeziehung mit den Gruppen potentieller Kunden mit dem Ziel, die intendierten Produktbilder zu erzeugen, ist damit **die erste wichtige Rolle der Kommunikation in der Wertschöpfung der Unternehmung**. Diese Implementation II auf Produktebene ist Aufgabe des **Marketings**.

Das Management der Kundenbeziehung liegt üblicherweise in den Händen des Funktionsbereiches Marketing/Marketing-Kommunikation. Dessen Organisation und Erfolgsbedingungen (insbesondere das Problemfeld einer Integration von Kommunikation) sind mittlerweile breit erforscht. Die theoretischen Grundlagen und praktischen Vorgehensweisen einer Kommunikationspolitik aus Marketingsicht liegen einschlägig erarbeitet vor[40].

---

[40] Zur Kommunikationspolitik aus Sicht des Marketing siehe Belz & Bieger (2004, S. 256-279) sowie insbesondere Bruhn, Hennning-Thurau & Hadwich (2004, S. 391-420), Bruhn (2004, S. 1441-1466); Homburg & Krohmer (2003, S. 619-698) und Meffert (2000, S. 678-836).

Ein **integriertes Produktdesign**, das die Grundlagen für beide Realisationen, Implementation I und II, umfasst, bedeutet, dass Machbarkeitsstudien, Planungsprozesse, Zeit- und Kostenkalkulationen von Anfang an nicht nur die Bedürfnisse des technischen Herstellungsprozesses abdecken, sondern auch jene der Konstruktion mentaler und sozialer Wirklichkeiten.

Management, d.h. Gestalten, Lenken und Entwickeln des Produktes, berücksichtigt deshalb neben der Planung, Durchführung und Kontrolle der Produktherstellung auch die **Anforderungen der Kommunikation**[41] mit potentiellen Kunden und relevanten Anspruchsgruppen. Aus dem zugehörigen Managementprozess seien folgende Elemente erwähnt:

- **Vorhandene Imageelemente**: Das vorhandene nutzbare Wissen, Emotions- und Meinungslagen sowie Verhaltensintentionen potentieller Kunden und Anspruchsgruppen. (Leitfragen: Was weiss der Kunde bereits? Mit welchen Wissens- und Verhaltensressourcen kann ich gestalten? Welche Emotionen verbindet er mit dem Produkt bzw. Produkttyp? Was möchte er damit tun? Welches Bild hat er von unserem Produkt, von der Produktgattung, dem Unternehmen, der Branche, dem Land?)

- **Möglichkeiten der Interaktion** mit Kunden und Anspruchsgruppen, um notwendige Wahrnehmungselemente an ihn heranzutragen. (Leitfragen: Welche Medien und Kanäle nutzt er in welchen Situationen mit wem? Welche sind geeignet, um mit ihm in Interaktion zu treten?)

- **Strategische Optionen der Kommunikationgestaltung**, um das Produktbild erfolgreich zu vermitteln oder zu verändern. (Leitfragen: Wie berücksichtigen wir die natürliche Trägheit von Kunden und Anspruchsgruppen neues Wissen und Emotionen zu „lernen"? Wie gehen wir mit der Vielfalt von konkurrierenden Botschaften und sonstigen Einflussfaktoren der Kommunikationsbeziehung um? Welchem Kommunikationsstil folgen wir: Propaganda, Persuasion, Dialog? Welche Charakteristika unseres Vermittlungshandelns sind adäquat? Wie stellen wir Verständigung sicher? Was bringt den Kunden dazu, seine Gewohnheiten zu ändern?)

---

[41] Für einen umfassenden Überblick über Bedingungen erfolgreicher Einstellungsveränderung durch Kommunikation siehe Koeppler (2000). Für die Planung von Kommunikation auf Basis von Kommunikationstheorien siehe insbesondere Windahl, Signitzer & Olson (1992) sowie Rice & Atkin (1993) und den Herausgeberband von Rice & Atkin (1989). Als Einstieg in für die Produktkommunikation relevante kommunikationswissenschaftliche Kampagnen- und Werbewirkungsforschung siehe Bonfadelli (2000, S. 93-148) und (2001). Für einen markt- und werbepsychologischen Zugriff auf die Produktkommunikation siehe Rosenstiel & Neumann (2002) sowie Mayer & Illmann (2000).

4.3.1 Implementation II auf Produktebene

Der strategische Managementprozess der Kommunikation auf Produktebene muss seinen Beitrag zu einem ganzheitlichen Produktdesign leisten. Ein ganzheitliches Produktdesign beginnt mit der Gestaltung eines **Produkt-Sollbildes**. Das Produkt-Sollbild umfasst sowohl eine Beschreibung des technisch-funktionalen Grundnutzens und komplementärer Zusatznutzen als auch eine Modellierung der **psychologisch-sozialen Nutzendimension** des Produktes. Alle drei Ebenen des Produktnutzens sind bedürfnisorientiert zu gestalten – sie trachten danach, Defizitzustände potentieller Kunden und anderer Anspruchsgruppen zu überwinden und Zustände der Erfüllung zu initiieren.

Die Produkte sind als soziale Konstrukte **Symbole**. Als solches sind sie „lesbar" zu gestalten, in einer Form, die das Produkt und den Produktnutzen in Zeichen- und Sprachwelten vermittelt, die der Kunde kennt und versteht.

Abbildung 4-8:   *Der integrierte Produktdesignprozess*

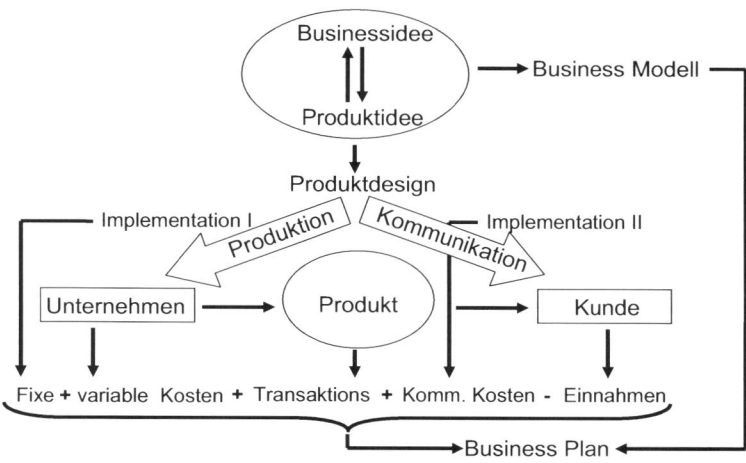

Deduziert aus der Geschäftsidee der Unternehmung und einer spezifischen Situationsanalyse nach innen und aussen, entstehen aufeinander abgestimmte Konstruktionspläne zur physischen und kommunikativen Herstellung des Produktes – d.h. Konstruktionspläne sowohl für Produkt I als auch für Produkt II.

In diesem Prozess der strategischen Produktgestaltung beschränkt sich die Rolle der Kommunikation keinesfalls auf den Gestaltungsbereich eines psychologischen Zusatznutzens (Bereich der Markengestaltung), der zusätzlich auf ein primär aus technischer Perspektive entwickeltes Grundprodukt aufgesetzt wird. Ein solches Verständnis des Beitrages der Kommunikationsfunktion wäre verkürzt.

Ein Beispiel: Ob ein Sportwagen serienmässig mit diversen elektronischen Fahrhilfen ausgestattet wird oder nicht, ist auf einer symbolischen Bedeutungsebene mindestens ebenso relevant wie auf den Ebenen der ingenieurswissenschaftlichen Produktionsplanung oder der betriebswirtschaftlichen Produktionskostenplanung. Auch die chemisch-physikalischen Gestaltmerkmale eines Produktes oder eines Dienstleistungsprozesses haben stets einen symbolischen Bedeutungsgehalt und verlangen nach einer fremdbild-bewussten Gestaltung. Zudem stehen chemisch-physikalische Merkmale des Produktes genau wie die Symbole der Markenpersönlichkeit vor dem Problem, dass sie nur im Falle ihrer erfolgreichen Vermittlung Nutzen stiften. Bei der Kreation und Komposition chemisch-physikalischer Merkmale des Produktes sind demnach die Bedingungen ihrer späteren Kommunikation ebenfalls mitzubedenken – und mit einzukalkulieren. In diesem Zusammenhang soll daran erinnert werden, dass im Zuge wertorientierter Produktgestaltung nicht nur Fremdbilder potentieller Kunden zu berücksichtigen sind. Wie bereits in Kapitel 4.2.3 erläutert, wird der Wert eines Produktes nicht nur durch die Kundenwahrnehmung beeinflusst, sondern deutlich mitbestimmt durch die Images anderer Nicht-Kundengruppen. Deren Imageelemente – produktbezogenes Wissen, Emotionen und Verhaltensintentionen – müssen in Überlegungen der Produktgestaltung einbezogen werden.

Die Mitarbeit der Kommunikationsfunktion an der strategischen Produktgestaltung umfasst demnach mehr als die Ausgestaltung der Markenpersönlichkeit und damit eng zusammenhängender Bereiche wie Name und Markenzeichen. Gleichwohl bleiben dies überaus bedeutsame Gestaltungsaufgaben der Kommunikationsfunktion. Die geforderte Verzahnung mit anderen Funktionsbereichen der Unternehmung, die an der strategischen Produktgestaltung teilhaben, wirkt an dieser Stelle auch in gegensätzlicher Richtung: Im Zuge der Gestaltung symbolischer Merkmale der Markenpersönlichkeit ist die Kommunikationsfunktion nicht autark, sondern bedarf notwendigerweise der Abstimmung mit anderen Instanzen der Produktgestaltung.

Vorgehensweisen zur Entwicklung jener Markenpersönlichkeit („Soll-Markenidentität") sind in der Literatur einschlägig beschrieben[42]. Ziel ist grundsätzlich eine möglichst weitgehende Kongruenz der symbolischen Persönlichkeit des Produktes mit dem Selbst- bzw. Selbst-Idealbild potentieller Kunden herzustellen. Aaker legt nahe, die Produktpersönlichkeit mit den gleichen Attributen zu beschreiben, die zur Charakterisierung einer menschlichen Person herangezogen werden: Alter, Geschlecht, sozia-

---

[42] Vgl. Aaker (2002, S. 137-173), Domizlaff (1992), Esch (2004a, S. 61-161), Esch & Langner (2004, S. 1131-1156), Hennig-Thurau (2004, S. 700-722), Herrmann, Huber & Braunstein (2001, S. 103-133), Kapferer, (2003, S. 90-140), Meffert & Burmann (2002b, S. 73-96).

le Klasse, Lebensstil, Interessen, Meinungen, Aktivitäten etc. Er verweist auf fünf dominierende („the Big Five") basale Persönlichkeitsmerkmale, die zur grundsätzlichen Strukturierung, sowohl in der Kreation wie in der Analyse, herangezogen werden können: Sincerity, Excitement, Competence, Sophistication, Ruggedness. (Aaker, 2002, S. 142-149)

Direkt verbunden mit der Entwicklung der symbolischen Produktpersönlichkeit ist die Gestaltung von Produktnamen, Produktlogo und allen Aspekten des ästhetischen Designs (z.B. Verpackungselemente). Arbeiten Dienstleister wie Designagenturen, Naming-Agenturen und die unternehmensinterne Produktentwicklung ohne ausreichende Schnittstellen nebeneinander, entsteht die Gefahr eines missverständlichen Gesamtauftritts und dissonanter Assoziationen. Aus diesem Grund insistiert Esch auf einer formalen (einheitliche Farb- und Formcodes) und inhaltlichen (Überprüfung der ausgelösten Assoziation) Integration von Name, Logo und Design sowie einen direkt aufeinander bezogenen Entwicklungsprozess. (2004a, S. 214-217)

Ausgehend von dem entwickelten Produkt-Sollbild, das die technisch-funktionale Produktgestalt, den Bereich etwaiger komplementärer Zusatznutzen und auch eine Modellierung der psychologisch-sozialen Nutzendimension des Produktes umfasst, gilt es, Ziele und Massnahmen zu erarbeiten. Dies betrifft erneut sowohl das Gebiet der physischen Produktion als auch die Einformung (lat. informare) des Produktbildes, seine Ermöglichung und Etablierung in der Psyche relevanter Gruppen.

Die **Ziele** der Produktkommunikation ergeben sich aus der Differenz des unternehmenseigenen Soll-Produktbildes und den vorhandenen gegenwärtigen Fremdbildern des Produktes. Im Rückgriff auf das eingeführte Imagekonzept, das kognitive, affektive und verhaltensintentionale Imageelemente unterscheidet, lassen sich entsprechend drei Arten von Kommunikationszielen differenzieren. Produktkommunikation zielt stets auf eine Veränderung oder Stabilisierung produktbezogener Images relevanter Anspruchsgruppen. Steht dabei die Vermittlung von Wissen im Vordergrund spricht man von kognitiv-orientierten Zielen. Versucht das Unternehmen primär Emotionen zu beeinflussen, verfolgt es affektiv-orientierte Ziele. Verhaltensintentionale Veränderungen sortiert man als konativ-orientierte Ziele (Bruhn, 2003, S. 136). Bezüglich Kommunikationsintensität und -dauer wird unterstellt, dass Verhaltensänderungen deutlich schwieriger zu bewerkstelligen sind als die Beeinflussung von Emotionen und Wissensinhalten (nach Beger, Gärtner & Mathes, 1989 zit. n. Avenarius, 2002, S. 202).

Massnahmen der Kommunikation betreffen die Auswahl und Gestaltung selbstbestimmter Interaktionsmöglichkeiten zwischen dem Produkt, seinen Repräsentationen und den relevanten Gruppen. Ausserdem fällt darunter die Antizipation und Vorbereitung fremdangestossener Interaktionen. Auf einer strategischen Ebene definiert die

Kommunikationsplanung übergeordnete Kommunikationsziele, Kernbotschaften und Leitmedien. Auf einer operationalen Ebene werden Massnahmenplanungen einzelner Kommunikationsinstrumente[43] und Konkretisierungen der Kernbotschaften im Rahmen der technischen und sozialen Anforderungen unterschiedlicher Interaktionsmodi vorgenommen.

Abbildung 4-9: *Management-Regelkreis der Produktkommunikation*

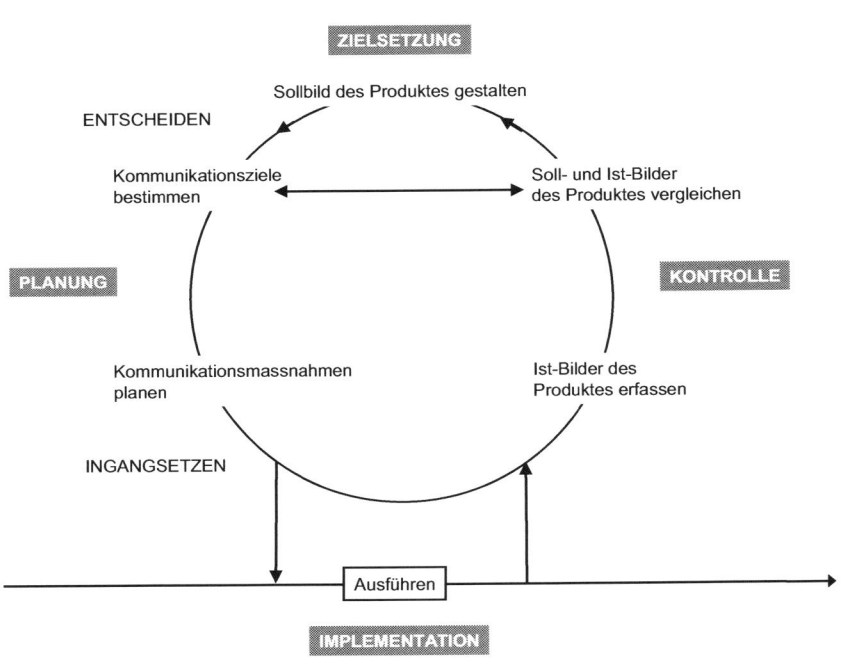

Mit der Massnahmenplanung zugleich verbunden sind die Fragen der Budgetierung und der Budgetallokation. Abhängig von den definierten Zielen ergibt sich die Höhe der finanziellen Mittel, die zur Deckung aller geplanten Massnahmen notwendig sind. In einem Top-down-Prozess kann ein bestimmtes Rahmenbudget auf jene Instanzen

---

[43] Nach Bruhn (2003. S. 3) repräsentieren Kommunikationinstrumente „das Ergebnis einer gedanklichen Bündelung von Kommunikationsmassnahmen nach ihrer Ähnlichkeit". Kommunikationsmassnahmen sind sämtliche Aktivitäten des Unternehmens, „die bewusst zur Erreichung kommunikativer Zielsetzungen eingesetzt werden".

verteilt werden, welche die Massnahmentypen verantworten. Alternativ kann bottom-up die Massnahmenkalkulation aller Massnahmeninstanzen zu einem Gesamtbudget summiert werden. Tyischerweise wird ein teil-simultanes und sukzessives Vorgehen gewählt. (Bruhn, 2003, S. 187-191)

Der Management-Regelkreis der Produktkommunikation schliesst mit dem entsprechenden **Kommunikationscontrolling**. Die Durchführung der Massnahmen und deren Ergebnisse werden einem Controlling unterworfen und mit den Sollzielen abgeglichen. Im Lichte dieser Kontrollergebnisse werden Ziele und Massnahmen überdacht und nachgesteuert. Dies geschieht wiederum sowohl auf strategischer Ebene als auch auf operativer Ebene innerhalb einzelner Kommunikationsmassnahmen und -instrumente.

4.3.2 Bedeutungszunahme der Implementation II auf Produktebene

Tabelle 4-1:   *Entwicklung des Werbeaufwandes des VW Golf in Deutschland (Meffert, 2000, S. 1399-1400)*

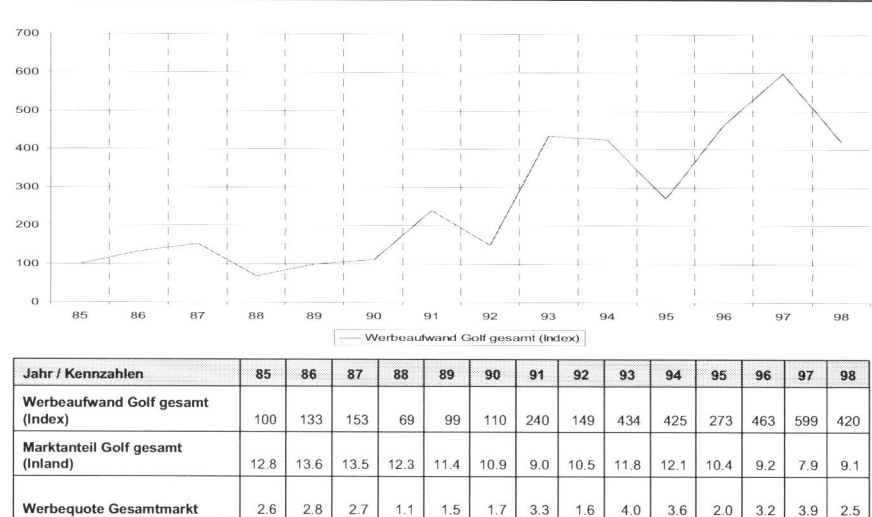

Jahr / Kennzahlen	85	86	87	88	89	90	91	92	93	94	95	96	97	98
Werbeaufwand Golf gesamt (Index)	100	133	153	69	99	110	240	149	434	425	273	463	599	420
Marktanteil Golf gesamt (Inland)	12.8	13.6	13.5	12.3	11.4	10.9	9.0	10.5	11.8	12.1	10.4	9.2	7.9	9.1
Werbequote Gesamtmarkt	2.6	2.8	2.7	1.1	1.5	1.7	3.3	1.6	4.0	3.6	2.0	3.2	3.9	2.5

Die Herstellung des physischen Produktes oder einer Dienstleistung als Ereignis (Produkt I) wird im Zuge der technischen Weiterentwicklung zunehmend automatisiert und kosteneffizienter gestaltet. Immer mehr Produkte werden zu Commodities oder bestehen aus Commodity-Elementen. Immer mehr Güterarten weisen dank automatisierter Produktionsmittel steigende Skalenerträge auf. Softwaregesteuerte Produktionsanlagen ermöglichen trotz „Customization" eine rasch sinkende „Time-to-Market". Die physisch austauschbaren Produkte I differenzieren sich im Wettbewerb in erster Linie über unterscheidbare Produktimages, also über das Produkt II.

Tabelle 4-2:   *Relative Werbekosten pro Fahrzeug (Vgl. Meffert, 2000, S. 1401)*

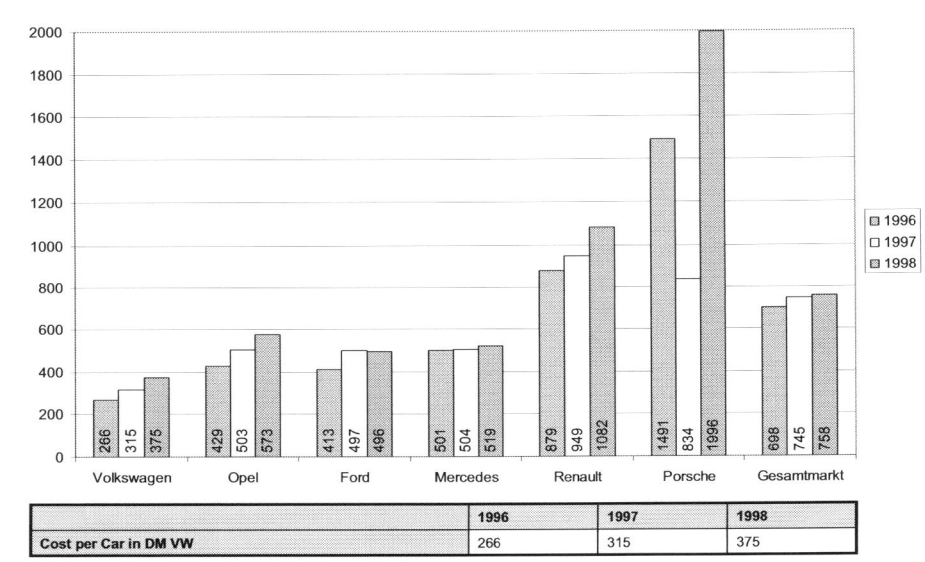

	1996	1997	1998
Cost per Car in DM VW	266	315	375

Damit nimmt das Produkt II gegenüber dem Produkt I an Bedeutung zu. Tabelle 4-1 veranschaulicht als Indikator für diese Entwicklung den Anstieg der Brutto-werbeaufwendungen für den VW Golf im deutschen Markt von 1985 bis 1998 vor dem Hintergrund des Marktanteils und der Werbequote. Die überproportionale Zunahme ist dabei nicht marken- oder produktspezifisch: „1998 gaben die Automobilhersteller und -importeure in Deutschland rund 3 MRD DM brutto für ihre Produktwerbung aus. 1988 waren es gerade einmal 1.2 MRD DM." (Meffert, 2000, S. 1399). Tabelle 4-2 zeigt die, relativ zur Konkurrenz, niedrigen Werbekosten je Fahrzeug der Marke Volkswagen.

Gängige Kennzahlen für Marketingausgaben reflektieren die zunehmende Bedeutung der Kommunikation nur zum Teil. Grund hierfür sind u.a., dass gestiegene Aufwendungen und Investitionen für die Kommunikationsarbeit in der Berichtslegung kaum gesondert als solche ausgewiesen werden. Gängige Branchenstatistiken zu Marketing-ausgaben beschränken sich zudem häufig – insbesondere international – auf die Ent-wicklung klassischer Werbeträger. Aufgrund dieser Operationalisierungsprobleme ist davon auszugehen, dass der auf Produktkommunikation i.w.S. beruhende Anteil un-ternehmerischer Wertschöpfung deutlicher gestiegen ist, als es Statistiken der Werbe- und Medienbranche vermuten lassen (vgl. Tabelle 4-3).

Tabelle 4-3: *Verteilungsübersicht und Entwicklung von Werbeausgaben*
(Quelle Roland Berger Analysis)

Angaben in Mrd. Euro	Deutschland		UK		Frankreich		Spanien		Italien	
	Prozent	absolut	Prozent	absolut	Prozent	absolut	Prozent	absolut	Prozent	absolut
Klassische Werbung	0.36	16.00	0.42	14.60	0.37	8.70	0.37	4.70	0.44	6.90
Direktmarketing	0.29	13.00	0.23	8.00	0.30	7.10	0.25	3.20	0.18	2.80
Sales Promotion	0.07	3.11	0.07	2.43	0.08	1.89	0.09	1.15	0.09	1.40
PR/Sponsoring	0.08	3.56	0.08	2.78	0.50	11.83	0.09	1.15	0.09	1.40
Messe	0.14	6.00	0.14	4.87	0.14	3.31	0.14	1.79	0.14	2.18
Internet	0.06	2.67	0.06	2.09	0.06	1.42	0.06	0.77	0.06	0.93
Summe	**1.00**	**44.33**	**1.00**	**34.77**	**1.45**	**34.26**	**1.00**	**12.76**	**1.00**	**15.61**

Zahlen für Deutschland	2001		2002		2003		2004e		2005e	
Werbeträger	Prozent	absolut	Prozent	absolut	Prozent	absolut	Prozent	absolut	Prozent	absolut
Klassische Werbung	37%	17.28	36%	16.20	36%	16.00	35%	16.35	34%	16.42
Direktmarketing	27%	12.61	29%	13.05	29%	13.00	30%	14.01	30%	14.49
Sales Promotion	7%	3.27	6%	2.70	7%	3.11	7%	3.27	8%	3.86
PR/ Sponsoring	9%	4.20	9%	4.05	8%	3.56	7%	3.27	7%	3.38
Messe	15%	7.01	14%	6.30	14%	6.00	14%	6.54	13%	6.28
Internet	5%	2.34	6%	2.70	6%	2.67	7%	3.27	8%	3.86
Summe	100%	46.70	100%	45.00	100%	44.34	100%	46.71	100%	48.30

Source: FEDAM, Zenith Optimedia, auma, ZMP, Roland Berger Strategy Consultants

Grund für die Bedeutungszunahme von Produkt II gegenüber Produkt I ist, dass sich die Kommunikation eines Produktbildes nicht im gleichen Masse beschleunigen lässt wie der Vorgang der physischen Produkt-Herstellung: Die erfolgreiche Kommunikati-on eines Produktbildes lässt sich in diesem Zusammenhang als Lernen auffassen, als „eine Veränderung von Erleben und Verhalten durch Erfahrung" (Rosenstiel & Neu-mann, 2002, S. 175). Soziale und individuelle Lernprozesse unterliegen engen Grenzen – im Gegensatz zur Weiterentwicklung technischer Produktionsprozesse. Zwar ver-vielfachen sich Kommunikationsquellen, Kommunikationsinhalte und Kommunikati-onsmedien im Zuge des technischen Fortschritts, doch diese ringen um die konstant gebliebene Zeit potentieller Rezipienten und um einen unveränderten Umfang an verteilbarer Aufmerksamkeit. Die vorhandenen Produktbilder haben als Konsequenz dieser Situation einen grösser werdenden Einfluss auf den Markterfolg eines Angebotes. Die Aktualisierung von Produktbildern und die Fähigkeit geeignete neue Produktbilder zu erzeugen werden zu einer zunehmend erfolgsentscheidenden Herausforderung für das Produkt- und Dienstleistungsmanagement von Unternehmen.

4.4   Zusammenfassung

Der Kern der unternehmerischen Wertschöpfung ist der Transformationsprozess der Produktion. In einem arbeitsteiligen Vorgehen wandelt die Unternehmung Inputfaktoren in Problemlösungsangebote für Kunden. Die hierfür erzielten Erträge müssen langfristig die Kosten aller Aufwendungen decken. Der unternehmensseitige Kundenwert ist die diskontierte Summe der Einkommensdifferenzen und entspricht kundenseitig dem diskontierten Nettonutzen.

Das Ergebnis der Produktwahrnehmung und die daraus resultierende Verhaltensdisposition werden als Vorstellungsbild des Produktes, als **Produktimage**, verstanden. Das **Produkt II** ist der kommunikativ und durch Interaktion mit dem Produkt erzeugte Teil der Vorstellungswelt des Konsumenten, der mit dem Produkt und seinem Umfeld verbunden ist. Es bildet sich durch Sinneseindrücke, Erfahrungen und, da das Produkt immer auch einen symbolischen Anteil besitzt, vor allen durch Kommunikation. Das Aggregat aller Einzelimages, das unterstellte Vorstellungsbild der Anderen, wird als Reputation bezeichnet. Die wahrgenommene Reputation ist Bestandteil des individuellen Produktimages und somit handlungswirksam.

Das Unternehmen muss somit seine Produkte respektive Dienstleistungen sowohl physisch bzw. als Ereignis herstellen als auch in der Wahrnehmung des Nutzers und weiterer Anspruchsgruppen implementieren. Produkte sind in soziale Kontexte eingebunden. Das Bild des Produktes ist daher nicht willkürlich und einseitig konstruierbar. Es ist zu einem erheblichen Teil ein soziales Konstrukt, d.h. Gemeinschaften (Communities) und Öffentlichkeiten, bestimmen seine Gestalt und seinen Wert entscheidend mit. Das Unternehmen als Schöpfer des Produktes ist Teil dieser sozialen Realität; es trachtet danach, das Bild des Produktes durch sein Handeln und durch Kommunikation in seinem Sinne zu beeinflussen. Dieser Prozess beginnt bereits in der Designphase des Produktes.

Ein integriertes Produktdesign umfasst die Implementation I und eine Implementation II des Produktes. Die **Implementation II auf Produktebene** ist die **erste wichtige Rolle der Kommunikation** in der Wertschöpfung der Unternehmung und Aufgabe des Marketings.

Ein integriertes Produktdesign, das Implementation I und II umfasst, bedeutet, dass die Planung, Durchführung und Kontrolle der Produktherstellung von Anfang an die

Bedingungen und Anforderungen der Kommunikation mit den potentiellen Kunden und den relevanten Anspruchsgruppen berücksichtigt. Das Gestalten, Lenken und Entwickeln des Produktes **bezieht sich auf die existierenden Imageelemente** (vorhandenes Wissen, Emotions- und Meinungslagen, Verhaltensintentionen) der potentiellen Kunden und Anspruchsgruppen, auf die **Möglichkeiten der Interaktion** mit den Kunden und Anspruchsgruppen, sowie auf die **strategischen Optionen der Kommunikationgestaltung.**

Der Management-Regelkreis der Produktkommunikation umfasst, ausgehend von der Vision und Gesamtstrategie des Unternehmens, die ganzheitliche Gestaltung eines Produkt-Sollbildes, die Ableitung von Kommunikationszielen, die Planung von Massnahmen, die Bestimmung und Zuordnung von Ressourcen sowie die Evaluation der Vorgehensweise und der Ergebnisse.

Das Produkt II, seine überlegene Gestaltung und die Implementation II weisen für den Markterfolg von Produkten eine steigende Bedeutung auf. Die erfolgreiche Kommunikation eines Produktbildes ist eine Veränderung von Erleben und Verhalten durch Erfahrung. Ein solcher sozialer oder individueller Lernprozess unterliegt in seiner Beschleunigung engen Grenzen - im Gegensatz zur Weiterentwicklung technischer Produktionsprozesse. Die Aktualisierung von Produktbildern und die Fähigkeit, geeignete neue Produktbilder zu erzeugen, werden in der Folge zu einer zunehmend erfolgsentscheidenden Herausforderung für das Produkt- und Dienstleistungsmanagement von Unternehmen.

Die Produktkommunikation wurde ausführlich rekapituliert, weil sie, wenn ein differenziertes Marketingverständnis vorliegt, prototypisch ist für die Kommunikation mit weiteren Anspruchsgruppen der Unternehmung.

5 Das Unternehmen und seine Anspruchsgruppen

Das Ziel der Rentabilität und der Gewinnorientierung verlangt von Unternehmen, wie aufgezeigt, erfolgreiche Produkte bereitzustellen, die für Kunden überlegenen Nutzen stiften. Dies ist zunehmend nur durch ein integrales, das heisst ein die Implementierung I und II umfassendes Produktdesign möglich.

Mit den Kunden sind jedoch lediglich die Adressaten des produktiven Systems Unternehmung angeführt, deren Bedürfnisse den Ausgangspunkt und deren Nutzen das Ziel seiner Wertschöpfung darstellen. Das Wertschöpfungssystem Unternehmen stiftet aber innerhalb des Supersystems Gesellschaft Nutzen für eine Reihe weiterer Gruppen und es verursacht im gesellschaftlichen Wertesystem oder demjenigen bestimmter

Gruppen auch Kosten und schöpft so negativ Wert. Zugleich ist das Unternehmen in seiner Existenz und seinen Entwicklungsmöglichkeiten nicht nur von Erträgen des Kunden abhängig, sondern benötigt über diese hinaus Ressourcen von anderen Gruppen, Unterstützung verschiedener Art oder zumindest Akzeptanz: Die Unternehmenstätigkeit beschränkt sich nicht auf die Interaktion mit Kunden, sondern vollzieht sich „in aktiver Interaktion mit verschiedensten Anspruchsgruppen" (Rüegg-Stürm, 2004, S. 74).

Aus einer institutionenökonomischen Sicht ist das Unternehmen in eine Reihe von formalen und informalen Institutionen eingebunden, in denen es eine Rolle spielt. Diese Rolle kann wertschöpfend im engen oder weiten Sinne sein oder sich kostenverursachend für verschiedene Beteiligte auswirken. Das Unternehmen ist, wie wir in Kapitel 3 gesehen haben, selbst ein aktiver und damit verantwortlicher Gestalter seiner eigenen Institution. Die Gemeinschaften, die für das Unternehmen relevante Institutionen repräsentieren, haben aus diesem Grund Ansprüche an das Unternehmen: Sie sind Anspruchsgruppen oder **Stakeholder der Unternehmung**.

Aus einer ersten vereinfachenden Perspektive sind, nach den Kunden, die Kapitalgeber oder Shareholder und die Mitarbeiter als nächst wichtigere Gruppen zu nennen. In den Händen der Shareholder liegt weitgehend die rechtliche Verfügungsgewalt über das Unternehmen; sie versorgen das Unternehmen mit Kapital. Die Mitarbeiter stellen dem Unternehmen die wichtigen Ressourcen Arbeitsleistung und Wissen zur Verfügung. Hinzu kommen weitere Gruppen, mit denen sich die Unternehmung in direkter oder indirekter Interaktion befindet: Staatliche Institutionen, Lieferanten, Wettbewerber, Interessengruppen wie NGOs, Anwohner, die allgemeine Öffentlichkeit und weitere.

Um die Bedeutung von Kommunikation und ihrer Steuerung für das System Unternehmung zu erfassen, müssen demnach zusätzlich seine Beziehungen zu anderen Elementen innerhalb des Supersystems[44] der umgebenden Gesellschaft betrachtet werden **(externe Kommunikation)**. Zugleich muss der Blick auf Beziehungen zu Elementen innerhalb des betrachteten Systems Unternehmen selbst gerichtet werden **(interne Kommunikation)**.

In wertmässiger Beziehung zum Unternehmen stehen Elemente im Sinne des Stakeholder-Management-Ansatzes[45] dann, wenn sie durch seine Existenz und Tätigkeit tangiert werden und/oder ihrerseits die Unternehmenstätigkeit berühren:

---

[44] Zur Begrifflichkeit und Methodik der dem St. Galler Managementdenken zugrunde liegenden Systemanalyse siehe Ulrich (2001, S. 241-256).

[45] Zur Entwicklung und heutigen Bedeutung des Stakeholder-Management-Ansatzes siehe Freeman (2004, S. 228-241) sowie Hansen, Bode & Moosmayer (2004, S. 242-254).

*„Any group or individual who can affect or is affected by the achievement of the firm`s objectives. (…) Each of these groups plays a vital role in the success of the business enterprise in today`s environment. Each of these groups has a stake in the modern corporation, hence, the term, „**stakeholder**", and „the stakeholder model or framework or stakeholder management"."* (Freeman, 1984, S. 25)

Anspruchsgruppen, englisch **Stakeholder**, definieren sich dadurch, dass sie in irgendeiner Form in die Unternehmenstätigkeit einbezogen oder durch diese direkt oder indirekt betroffen sind.

Das Verhalten und Handeln seiner Stakeholder ist für das Unternehmen zielrelevant und daher bereits aus Gründen der Handlungsrationalität eine zu berücksichtigende Grösse. Das Unternehmen steht mit allen seinen Anspruchsgruppen im jeweiligen institutionellen Rahmen in Wechselbeziehungen. Sie bestimmen damit seinen Handlungspielraum und seinen „Pay off" mit. Dort, wo das Verhalten und Handeln dieser Stakeholder beeinflussbar ist, stellt es eine zu lenkende und zu entwickelnde Variable dar und muss somit Gegenstand des Managements sein.

5.1 Arten von Kommunikationsbeziehungen zu Stakeholdern

Abbildung 5-1: *Das Unternehmen und seine Stakeholder-Beziehungen (Wilbers, 2004, S. 336)*

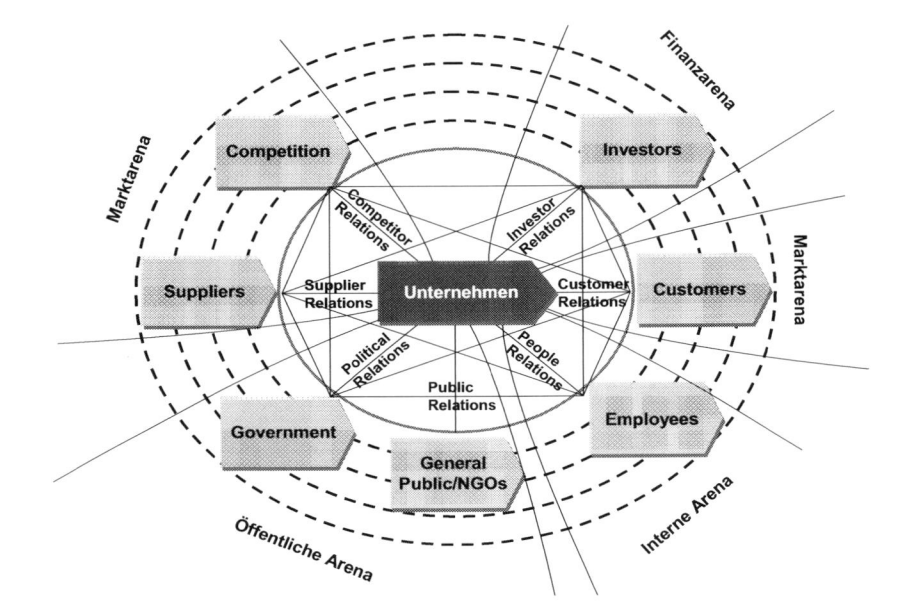

Die **Art der Beziehung** kann zunächst anhand der **Institutionen**, in die das Unternehmen eingebunden ist, kategorisiert werden. Zu den wichtigsten Institutionen gehören sicherlich Märkte (Absatz-, Beschaffungs-, Finanz-, Human Ressource- etc. Märkte), aber auch gesellschaftliche Institutionen wie der Staat, zwischen- und überstaatliche (Wirtschafts-)Organisationen, weiterhin Verbände und Vereinigungen aller Art. Eine weitere Typisierung kann anhand der **Rolle** erfolgen, die das Unternehmen in einem institutionellen Rahmen spielt bzw. in der eine identifizierbare Gruppe im Rahmen der Interaktion zum Unternehmen steht. Diese Beziehungsarten lassen sich wiederum nach **Kommunikationsarenen** sortieren, in denen die zugehörigen Interaktionen vorwiegend stattfinden und die als Handlungsfelder (soziale Sphären) die dominierenden Kommunikationsstrukturen (Handlungs- und Deutungsmuster) bestimmen.

*„Als **Öffentlichkeiten**[46] oder **Kommunikationsarenen** bezeichnen wir gesellschaftlich ausdifferenzierte Sphären („Handlungsfelder", Anm. der Verf.) des kommunikativen Handelns, deren Sinnbezüge und Rationalitätsvorstellungen einen Orientierungsrahmen für konkrete Mitteilungs- und Verstehenshandlungen bereitstellen." (Zerfass, 2004, S. 195)*

Tabelle 5-1:   *Wichtige Stakeholder-Beziehungen der Unternehmung in der Übersicht (Wilbers, 2004, S. 335-336)*

Kommunikationsarena	Beziehungsart	Rolle
Marktarena	Customer Relations	Kunden
	Supplier Relations	Zulieferer
	Competitor Relations	Wettbewerber
Interne Arena	People Relations	Mitarbeiter
Finanzarena	Investor Relations	Kapitalgeber
Öffentliche Arena	Public Relations	Allgemeine Öffentlichkeit, NGOs
	Political Relations	Staat

Diese mediale Typisierung nach Arenen ist in der Literatur verbreitet. Sie gibt den Öffentlichkeiten und damit verbunden den Massenmedien das ihnen gebührende Gewicht, läuft aber Gefahr, die anders verfassten Institutionen zu vernachlässigen. Die oben angeführte Ordnung der Stakeholder-Beziehungen in 7 Arten ist deshalb eine erste, stark vereinfachte, Übersicht, welche die traditionell gewachsene Organisation der Kommunikation in Unternehmen widerspiegelt: Das Marketing übernimmt die Betreuung der Kundenbeziehungen, die Public Relations kommuniziert primär mit Nicht-Kundengruppen und die Investor Relations konzentriert sich auf die Gruppe der Kapitalgeber. Die stets für jedes Unternehmen spezifisch und fortlaufend durchzuführende Identifikation relevanter Anspruchsgruppen ist damit noch nicht geleistet.

5.1.1   Das Problem der Identifikation von Anspruchsgruppen des Unternehmens

Ausgangspunkt für die Identifikation der unternehmensspezifischen Anspruchsgruppen kann eine intuitive Liste von Personen und Institutionen sein, die durch Existenz

---

[46] Zum Begriff Öffentlichkeit als Arena der Unternehmenskommunikation siehe Zerfass (2004, S. 195-208).

und Tätigkeit des Unternehmens in der Vergangenheit[47], heute und in Zukunft betroffen sind. Eine beispielhafte **Checkliste** zur Ermittlung von internen und externen Anspruchsgruppen schlagen Müller-Stewens und Lechner (2001, S. 128) vor:

- Gibt es Gruppierungen, von denen Aktionen in Zusammenhang mit der Unternehmenspolitik bzw. -strategie ausgehen (z.B. Streiks)?

- Welche Gruppierungen spielen eine formelle oder informelle Rolle bei der Formulierung der Unternehmenspolitik bzw. -strategie?

- Wer verschafft sich – bezogen auf das Unternehmen und seine Produkte – Gehör (z.B. Bürgerinitiativen)?

- Lassen sich Anspruchsgruppen aufgrund demographischer Kriterien benennen (Alter, Geschlecht, Beruf, Religion etc.)?

- Gibt es Organisationen, zu denen enge Verbindungen bestehen, die das Unternehmen beeinflussen könnten (z.B. Verbände)?

- Wer besitzt, nach Meinung von Experten, relevante Interessen bezüglich des Unternehmens und seiner Geschäfte (z.B. Kartellbehörde)?

Bei einer intuitiven Aufzählung von Anspruchsgruppen unterliegt das Unternehmen Grenzen der Beobachtungsfähigkeit (Röttger, 2001, S. 20-23). Zukünftige Entwicklungen lassen sich nicht zuverlässig absehen und heutige Betroffenheiten werden unter Umständen falsch eingeschätzt oder übersehen. Entsprechend gilt es, die Suchstrategie zu systematisieren und zusätzlich externe Analysen hinzuzuziehen, um zu einer möglichst vollständigen „**Karte der unternehmensspezifischen Bezugsgruppen**" zu gelangen.[48]

5.1.2 Die Sortierung der unternehmensspezifischen Anspruchsgruppen

Für jede Unternehmung ergibt sich notwendigerweise eine spezifische, meist recht grosse, Anzahl beteiligter bzw. betroffener Gruppen. Es existieren verschiedene Vorgehensweisen, um identifizierte Anspruchsgruppen nach ihrer Relevanz für das Unternehmen zu ordnen:

---

[47] Man denke z.B. an die Diskussion um Bankkonten von Holocaust-Opfern in der Schweiz oder an die Frage nach Zwangsarbeiter-Entschädigungen in Deutschland.
[48] Für einen Überblick vorliegender Strategien zur Identifikation und Analyse von Stakeholdern siehe Zerfass (2004, S. 328-333).

Ein normatives **ethisches Anspruchsgruppenkonzept** (Ulrich, 2001) sieht die ethisch begründbare **Legitimität** vorgebrachter Ansprüche als relevantes Kriterium an. Eine ausschliessliche Ordnung nach diesem Prinzip steht vor der Aufgabe, Anspruchsgruppen nach dem Grad ihrer Betroffenheit zu reihen. Es stellt sich die Frage, ob ein objektiver Betroffenheitsgrad von Seiten des Unternehmens zuverlässig bemessen werden kann.

Eine Sortierung nach der **Wirkmächtigkeit** einer jeweiligen Gruppe, nach ihrer Einflussstärke auf die Zukunft des Unternehmens, folgt einem **strategischen Anspruchsgruppenkonzept** (Freeman, 1984). Aus dieser strategischen Perspektive würde die Unternehmung ihre Kapazitäten auf jene Gruppen konzentrieren, deren Einflussoptionen für die Unternehmenszukunft am kritischsten sind.

Eine Sortierung nach dem aktuell gegebenen Problembewusstsein und dem Kommunikationsverhalten einer Gruppe folgt der „Situational Theory of Publics" nach Grunig (Grunig & Hunt, 1984, S. 147-160). Diese beschreibt das Phänomen von Anspruchsgruppen, die sich situativ um ein als bedeutsam erachtetes „Issue" herum formieren („diffused linkages") und dann gemeinsam handeln, um ihren Interessen Gehör zu verschaffen. In diesem Fall ergibt sich die Zugehörigkeit zu einer solchen Anspruchsgruppe nicht aus der persönlichen Rolle (Mitarbeiter, Anwohner, Zulieferer) gegenüber der Unternehmung, sondern aus einer wahrgenommenen Betroffenheit durch ein aktuelles Thema. Bezogen auf eine Problemstellung lassen sich unbeteiligte, latent beteiligte, aufmerksame oder aktive Personengruppen unterscheiden.

In der Unternehmenspraxis ist keine Entscheidung für eine idealtypische Anwendung der normativ-ethischen, strategischen oder situativen Ordnungen wahrscheinlich. Vielmehr wird eine individuelle Kombination dieser drei Vorgehensweisen zur Sortierung der unternehmensspezifischen Anspruchsgruppen stattfinden.

In diesem Zusammenhang ist zu bemerken: Selbst unter der Prämisse, streng einer strategischen Anspruchsgruppen-Bewertung folgen zu wollen, d.h. eine Gruppe aufgrund ihrer Wirkmächtigkeit zu bewerten, bleiben situative und ethische Blickrichtungen relevant: Auch eine Gruppe originär einflussschwacher Betroffener kann Ausgangspunkt unternehmensbedrohender Aktivierungsbewegungen werden. In jedem Falle einer Interessenverletzung von Stakeholdern riskieren Unternehmen angreifbar für Skandalisierungsstrategien zu werden. Das Unternehmen steht dann möglicherweise einflussstarken Interessenstellvertretern (NGOs, Medien) gegenüber. Deren Verbindung zu den eigentlich Betroffenen ist häufig nur informeller Natur, sie vermögen fremde Anliegen aber öffentlichkeitswirksam zu instrumentalisieren[49]. Im Zuge dieser Erkenntnis löst sich der scheinbare Gegensatz aus ethischen und strategischen Anspruchsgruppenkonzepten weitgehend auf: Eine strategische Sortierung der Ans-

---

[49] Als Analyse zur medialen Skandalisierung im Fall Brent Spar/Shell siehe Szyszka (1999, S. 118-135) sowie Klaus (2001, S. 97-119) und Vowe (2001, S.121-142).

pruchsgruppen muss eigene und fremde ethische Perspektiven stets mitbedenken und eine ethisch bestimmte Sichtweise auf die unternehmerischen Anspruchsgruppen hat immer auch einen strategischen Wert. Wir plädieren für eine Gewichtung nach dem unten beschriebenen „Stakeholder Value" und dem Stakeholder Nutzen (Kapitel 4.2.2).

5.2 Das Stakeholderhandeln als wichtige Ressource der Unternehmung

Das Unternehmen steht mit allen seinen Stakeholder-Gruppen in Wechselbeziehungen und bezieht von einem Teil dieser „Anderen" Ressourcen, d.h. Produktivfaktoren aller Art, Mittel, die dem Unternehmen zur Erreichung seiner Ziele dienen. Das gilt natürlich für Investoren und Mitarbeiter, genauso aber z.B. für Lieferanten und Zulieferer, die wie das Unternehmen selbst an für sie günstigen Partnerschaften interessiert sind. Weitere Gruppen bestimmen massgeblich den Handlungsspielraum des Unternehmens, beispielsweise durch Rechtsordnungen oder deren Umsetzung durch Verwaltungsrichtlinien: Diese sind Gegenstand eines fortlaufenden Dialoges auf nationaler, regionaler und globaler Ebene. In diesem Zusammenhang liegt es im Interesse der Unternehmung viele Gruppen für eine Kooperation[50] zu gewinnen: Regierungen und Behörden, Non Governmental Organizations sowie die hinter ihnen stehenden Teil-Öffentlichkeiten. „Analoges gilt für den Schutz, den das Rechtssystem und mit ihm verbundene staatliche Institutionen, aber auch parastaatliche Organisationen und Verbände gewähren." Der Begriff Kooperation weist darauf hin, dass es hierbei nicht um eine einseitige Beeinflussung von Anspruchsgruppen durch die Unternehmung geht, sondern um eine **Handlungskoordination** und eine **Integration fremder Interessen**. (Zerfass, 2004, S. 116-121)

In einer institutionellen Perspektive sind Stakeholder **Mitspieler** im Spiel der Institution Unternehmen. Stakeholder bieten ein Potential für Kooperationen. Aber auch im nicht-kooperativen Spiel sind sie Faktoren, die das Spiel (und das Einkommen) des Unternehmens mitbeeinflussen.

---

[50] Unter einer Kooperation i.e.S. versteht die Betriebswirtschaftslehre eine zwischenbetriebliche Zusammenarbeit von Unternehmen, die rechtlich selbständig bleiben. Wir verwenden Kooperation hier im weiteren allgemeinsprachlichen Sinne als Zusammenarbeit des Unternehmens mit Gruppen aller Art, bei der es zu einer losen Handlungskoordination kommt, die allen Beteiligten von Nutzen ist. Spieltheoretisch kann eine solche Zusammenarbeit als Tit-for-Tat-Strategie modelliert werden: Jede Interaktion wird zunächst entgegenkommend eröffnet, danach wird auf den Handlungsmodus des Spielpartners (kooperativ vs. destruktiv) entsprechend reagiert. Siehe hierzu Axelrod (2005).

5.2.1 Der Stakeholdernutzen aus Sicht des Unternehmens

Im Zuge vielfältiger Interaktionen mit einem Unternehmen und seinen Produkten können sich Anspruchsgruppen unterschiedlich verhalten. Je nach dem, ob Gruppen den Eindruck haben, dass ihre Anliegen durch ein Unternehmen oder seine Produkte neutral, positiv oder negativ berührt werden, wird eine entsprechende Verhaltensdisposition diesem Unternehmen gegenüber wahrscheinlicher. Das Risiko, schädigenden Sanktionen von Seiten diverser Anspruchsgruppen ausgesetzt zu sein, besteht grundsätzlich auch dann, wenn eine tatsächliche Verletzung fremder Interessen durch das Unternehmen nachweislich nicht besteht: „Handeln doch Menschen bekanntlich nicht aufgrund dessen, was wirklich ist, sondern aufgrund dessen, was sie für wirklich halten" (Malik, 1985, S. 208).

Das in der Interaktion mit dem Unternehmen günstige oder ungünstige Verhalten und Handeln von Anspruchsgruppen stellt somit eine unabdingbare **Ressource** für das Unternehmen dar. Die Verfügbarkeit dieser Ressource ist notwendig und die Bedingungen ihrer Verfügbarkeit beeinflussen die Erfolgsaussichten einer Unternehmung massgeblich.

Beispiele zeigen, dass Gruppen in ihrem Verhalten und Handeln auf ähnliche Gegebenheiten sehr unterschiedlich reagieren können: Entscheidend sind situative Einflussfaktoren wie z.B. die Medienberichterstattung. In Krisenfällen wie dem Brent Spar Skandal der Shell AG, der Nestlé Milchpulver-Affäre oder dem Elchtest der Mercedes A-Klasse schädigten stark emotional getönte Reaktionen von Anspruchsgruppen bzw. Medien das betroffene Unternehmen. Die Unternehmen erlitten einen teilweisen Boykott ihrer Produkte und eine Verringerung des Unternehmenswertes aufgrund der gefallenen Aktienkurse. Diese Beispiele zeigen die **Wirkmächtigkeit** von Interessengruppen und anderen Anspruchsgruppen. Sie können von einem Tag auf den anderen das Wohlergehen, ja das Bestehen einer Unternehmung gefährden.

Umgekehrt kann das Verhalten und Handeln von Anspruchsgruppen für ein Unternehmen einen wichtigen **Wettbewerbsvorteil** darstellen. Das betrifft vor allem den Zugang zu Faktormärkten wie Arbeit, Kapital, Informationen und Vorleistungen. Wenn erfahrene, talentierte oder besonders spezialisierte Arbeitnehmer überzeugt sind, dass ein Arbeitgeber ihre Interessen besser als andere wahrnimmt, erhöht sich für dieses Unternehmen die Wahrscheinlichkeit, gesuchtes, wertvolles Personal an sich binden zu können. Werden die Zukunftsaussichten eines Unternehmens durch Investoren und Kapitalgeber zuversichtlich beurteilt, führt diese Einschätzung zu günstigeren Bedingungen bei der Aufnahme von Eigen- und Fremdkapital. Ähnliches gilt für die Handlungsspielräume einer Unternehmung, wie z.B. das Recht zu fusionieren, oder den Schutz des Eigentums. Sind diese Handlungsspielräume für ein Unternehmen grösser als für seine Konkurrenten, ergeben sich daraus nachhaltige Wettbewerbsvorteile.

Post, Preston und Sachs (2002, S. 47) bieten eine beispielhafte, nicht abschliessende, Übersicht über verschiedene Beiträge unterschiedlicher Stakeholder-Gruppen zum Unternehmenserfolg und damit zum Unternehmenswert:

Tabelle 5-1: *„Stakeholder Contributions to Organizational Wealth"*

Stakeholder-Gruppe	Potentielle Wertbeiträge
Eigen- und Fremdkapitalgeber	Reduzierte Kapitalkosten; günstige Finanzmarktwahrnehmung (Vermeidung von Risikoabschlägen)
Mitarbeiter	Reduzierte Kosten für Human-Kapital; erhöhte Produktivität: durch vorhandenes Vertrauen der Mitarbeiter untereinander und zur Unternehmensführung, positive Kooperationseffekte in Arbeitsprozessen
Gewerkschaften	Stabilität und Bereitschaft zur friedlichen Konfliktlösung in den Tarifbeziehungen
Kunden	Loyalität zu den Produkten des Unternehmens; hohe Reputation; Bereitschaft zur Zusammenarbeit z.B. im Rahmen von kundenintegrierten Produktentwicklungen
Vor- und nachgelagerte Unternehmen der eigenen Wertschöpfungskette	Positive Netzwerkeffekte; Kostenreduktion durch Zusammenarbeit in der Prozessoptimierung und Technologieentwicklung
Joint Venture Partner und Allianzen	Zur Verfügungstellung strategischer Ressourcen und Fähigkeiten; Optionen künftiger Entwicklungen auf den Feldern Forschung & Entwicklung sowie Technologien
Lokale Anwohner und „Communities"	Unterstützung und Akzeptanz; lokale Rahmenbedingungen; „Licence to operate"
Regierungen	Makroökonomische Rahmenbedingungen und Sozialpolitik; Bedingungen der legalen Einflussnahme auf die Gesetzgebung
Regulierungsbehörden	Bestätigung der Produkt- und Servicequalität des Unternehmens, Reputation
Private Organisationen	Konstruktive Zusammenarbeit; günstige öffentliche Wahrnehmung; freiwillige Qualitätsstandards (z.B. ISO 9000, UN Global Compact); Reputation

Da Stakeholder dem Unternehmen **Ressourcen** zur Verfügung stellen, haben sie direkt oder indirekt Einfluss auf den Unternehmenserfolg. Damit ist das Handeln der Stakeholdergruppen für das Unternehmen erfolgswirksam. Es hat einen Wert für das Unternehmen und dieser kann – in Analogie zum Kundenwert – als **Stakeholder-Wert** bezeichnet werden. Umgekehrt wird das **Wohlergehen der Stakeholder** vom Unternehmen ebenfalls mitbeeinflusst.

5.2.2   Der Unternehmensnutzen aus Sicht der Stakeholder

Eine solche Übersicht der potentiellen Beiträge lässt sich ebenfalls in umgekehrter Richtung darstellen. Die Tabelle 5.3 zeigt eine erneut nicht abschliessende Darstellung möglicher Nutzenbeiträge der Unternehmung an verschiedene Stakeholdergruppen.

Die Vorteile, die sich für Stakeholdergruppen durch eine Unternehmung ergeben, beschränken sich mitnichten auf die Einkommen der Mitarbeiter, die Renditen der Kapitalgaber und die staatlichen Steuereinnahmen. Die Unternehmung ist wertschöpfend im engeren, finanziellen Sinne für eine Reihe weiterer Gruppen: Gewerkschaften finanzieren sich über Beiträge aus Löhnen und Gehältern, für eine Reihe staatlicher Stellen ergeben sich Zuflüsse durch Gebühren und Abgaben, private Organisationen wie Vereine erhalten möglicherweise Spenden und geldwerte Leistungen.

Die Unternehmung ist darüber hinaus wertschöpfend in einem weiteren, nicht direkt finanziellen Sinne: Neben Geldzahlungen und geldwerten Leistungen, die Mitarbeiter als Gegenwert für ihre eingebrachten Arbeitsleistungen erhalten, erfahren sie durch ihre Zugehörigkeit zum Unternehmen weitere positive Effekte. Dazu zählen z.B. berufliche und private Kontakte, die Aktualisierung von beruflichem Wissen und Können mit der Konsequenz einer fortbestehenden „Employability" sowie der Erwerb und Erhalt eines bestimmten sozialen Status.

Eine beispielhafte Aufzählung von möglichen Nutzenbeiträgen zeigt, dass der Einfluss eines Unternehmens auf seine umgebende Umwelt weit über Einkommenszahlungen hinausgeht. Es ist letztlich subjektiv, was als wünschenswert angesehen wird, so dass eine Nutzenlistung individuell variieren muss.

> Die Existenz, das Verhalten und das Handeln des Unternehmens tangiert die **Interessen seiner Stakeholder**: Das Unternehmen hat für seine Stakeholder ebenfalls einen Wert. Er kann als **Unternehmensnutzen**, der sich aus der Existenz und Tätigkeit des Unternehmens für die Stakeholder ergibt, bezeichnet werden.

Tabelle 5-2:   *Nutzenbeiträge der Unternehmung an verschiedene Stakeholdergruppen*

Stakeholder-Gruppe	Potentielle Nutzenbeiträge
Eigen- und Fremdkapitalgeber	Rendite; Zinsen und Dividenden; Informationen zu Unternehmen, Branchen und Märkten
Mitarbeiter	Löhne und Gehälter; Wissen und Fähigkeiten, „Employability"; berufliche und private Kontakte; sozialer Status
Gewerkschaften	Gewerkschaftsbeiträge aus Löhnen und Gehältern; Bereitschaft zur friedlichen Konfliktlösung; Unterstützung von Arbeitnehmerinteressen und deren Rechten
Kunden	Bedürfnisbefriedigung; primäre und sekundäre Produktnut-

	zen; sozialer Status; Netzwerkeffekte; Bedürfnisidentifikation; Innovation; Produktsicherheit
Vor- und nachgelagerte Unternehmen der eigenen Wertschöpfungskette	Positive Netzwerkeffekte; Kostenreduktion durch Zusammenarbeit in der Prozessoptimierung und Technologieentwicklung
Joint Venture Partner und Allianzen	Zur Verfügungstellung strategischer Ressourcen und Fähigkeiten; Optionen künftiger Entwicklungen auf den Feldern Forschung & Entwicklung sowie Technologien
Lokale Anwohner und „Communities"	Gewerbesteuern und sonstige lokale Steuern und Abgaben; Wirtschaftliche Attraktivität der Region durch Arbeitsplätze, industrielle Ansiedelung und deren Multiplikatoreffekte; positive Investitionseffekte; Sicherheit der Anwohner durch Betriebssicherheit; Sponsoring von gemeinnützigen Projekten; Fähigkeiten, Wissen und Information
Regierungen	Steuern und Abgaben, insbesondere Unternehmenssteuern; zur Verfügungstellung und Aufbereitung notwendiger Informationen zur Vorbereitung der Gesetzgebung; Kooperation in Fragen des Umweltschutzes, Konjunktur, Technologie, internationale Beziehungen etc.; Abwicklung von Staatsaufträgen, Herstellung von Produkten und Dienstleitungen
Regulierungsbehörden	Kooperative Zusammenarbeit; Gebühren und Abgaben
Private Organisationen	Konstruktive Zusammenarbeit; Spenden; Einbindung in Entscheidungprozesse; Wissen und Informationen; Produkte und Dienstleistungen

Die nicht finanziell kompensierten Auswirkungen unternehmerischen Handelns auf die Wohlfahrt von (unternehmensfremden) Personengruppen untersucht die Wirtschaftswissenschaft unter dem Begriff der **externen Effekte**. Neben nutzenstiftenden Beiträgen sind durch Existenz und Tätigkeit einer Organisation aber auch interessenschädigende Beiträge zu erwarten – **negative** externe Effekte. In Anlehnung an die Begrifflichkeiten der Social Capital-Forschung[51] lassen sich diese schädigenden Beiträge dann als Kapital-Schuld, als **„Social Liability"** bezeichnen.

Tatsächlich offenbart sich eine Unternehmung für eine bestimmte Anspruchsgruppe naturgemäss gleichzeitig als Ursache gewünschter und ungewünschter Konsequenzen. Dies bedingt sich schon durch die stets zu berücksichtigen Opportunitätskosten, die anfallen, wann immer eine Anspruchsgruppe Ressourcen zur Verfügung stellt, die auch eine andere Organisation zur Verfolgung ihrer Ziele hätte einsetzen können. Hinzu kommen Kosten, die durch Auswirkungen der Unternehmenstätigkeit entste-

---

[51] Zur Social Capital-Forschung aus Organisations- und Managementsicht sowie zur Verwendung des Begriffes Social Liability auf Organisationsebene siehe Leenders & Gabbay (2001), Noteboom (2001) sowie Araujo & Easton (1999), Knoke (1999) und Talmud (1999).

hen, da gegen vorhandene Interessen von Stakeholdern verstossen wird oder das Unternehmen zumindest als interesseschädigend erscheint.

Ein Mitarbeiter erhält Geld, Status und persönliche Befriedigung im Rahmen seiner Wechselbeziehung mit dem Unternehmen. Zugleich verzichtet er auf Freizeit, die Pflege privater Kontakte und die Aneignung anderer, neuer Qualifikationen. Auch die Beziehung zu anderen Stakeholdern lässt sich als Tauschverhältnis betrachten: Städte und Gemeinden erhalten durch zuziehende Unternehmen Steuer- und Gebührenzuflüsse, werden womöglich attraktiver als Wirtschaftsregion, verzeichnen durch Mitarbeiterzuzüge erhöhte Immobilienpreise und Bautätigkeit sowie Multiplikatoreffekte für das bereits vorhandene Gewerbe. Gleichwohl entstehen Risiken und Kosten: Durch Industriebetriebe ergeben sich unter Umständen ungewollte externe Effekte in Form von Umweltbelastungen, Lärmemissionen und zunehmenden Verkehr. Wie die positiven Nutzenbeiträge der Unternehmung ist die Bewertung möglicher Nachteile und die resultierende wahrgenommene Differenz zwischen Vor- und Nachteilen subjektiver Natur – sie hängt ab von den vorhandenen Präferenzen, Interessen und Werten der betroffenen Anspruchsgruppe.

5.2.3   Die Wechselbeziehung Organisation-Stakeholder

Die Wertbeiträge der Stakeholder an eine Unternehmung und alle Nutzenbeiträge eines Unternehmens an seine Stakeholder haben den Charakter von **Ressourcen**, verstanden als Mittel oder Umstände, die das Erreichen von Zielen ermöglichen.

Abbildung 5-2:   *Wert- und Nutzentransfer zwischen Unternehmen und Stakeholder*

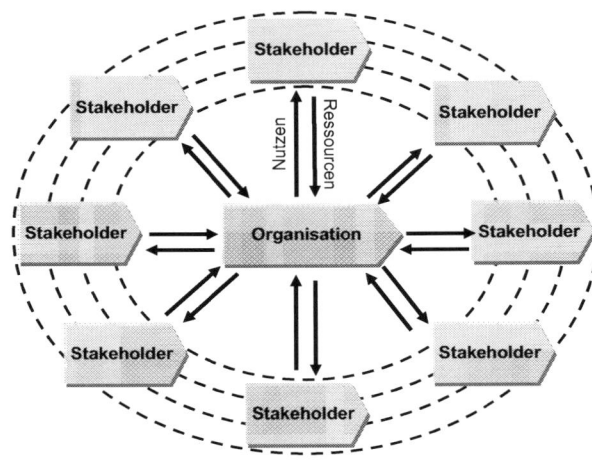

Vereinfacht lässt sich die beschriebene Wechselbeziehung zwischen einem Unternehmen und seinen Stakeholdern wie folgt modellieren:

Abbildung 5-3:   *Stakeholder Wert und Unternehmensnutzen*

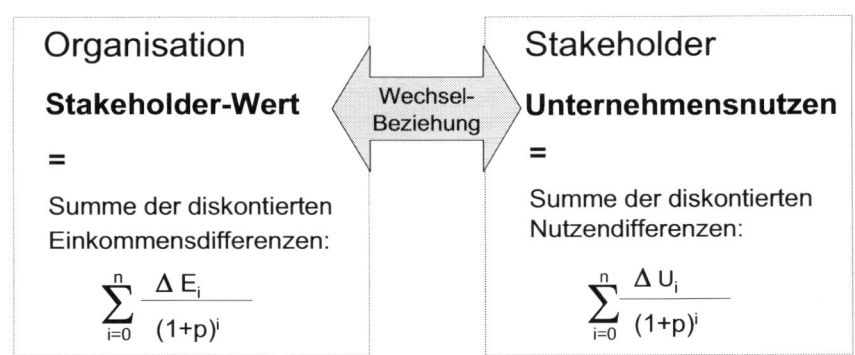

Legende:
Δ **E** = Veränderung der Einkommensdifferenz (Einnahmen – Ausgaben)
Δ **U** = Veränderung der Nutzendifferenz (Nutzen – Kosten)
p   = Zinssatz
i   = Anzahl der Zeitperioden

> Ressourcen, die direkt oder indirekt für das Einkommen des Unternehmens relevant sind, haben Kapitalcharakter. Daraus folgt für das Unternehmen, dass das Verhalten ihrer Stakeholder Kapitalcharakter hat. Der Wert dieses **Stakeholder-Kapitals** kann durch die Summe der erwarteten, diskontierten, durch die jeweilige Ressource ermöglichten Einkommensströme, bzw. deren Mehrung oder Minderung, definiert werden. (Schmid, 2004a, S. 10)

Der Stakeholder-Wert einer Anspruchsgruppe versteht sich hier als die durch das Verhalten der Gruppe bewirkte Einkommensdifferenz der Unternehmung. Dieser Wert einer Anspruchsgruppe für die Organisation steht in einer Wechselbeziehung mit dem Nutzen, den das Unternehmen für eine Gruppe erzeugt. Dieser **Unternehmensnutzen** ist die durch das Verhalten der Unternehmung verursachte Nutzendifferenz der Anspruchsgruppe.

Aus dieser Modellierung der Interaktion Unternehmen-Stakeholder folgt, dass Unternehmenswert geschaffen wird durch die Beziehungen (verstanden als mehrfache Interaktionen) mit allen Stakeholder-Gruppen. Diese Beziehungen für beide Seiten nützlich und wertvoll zu gestalten, ist damit eine kritische Bedingung für den Unternehmenserfolg. (Post, Preston & Sachs, 2002, S. 1)

Aus Sicht der Unternehmensführung stellt sich aufbauend auf diesen Überlegungen die Frage, wodurch das erfolgsrelevante Verhalten und Handeln von Stakeholdern bestimmt wird. Neben Anliegen und Präferenzen des Stakeholders, die sich ökonomisch als Präferenzrelationen und im günstigen Falle als Nutzenfunktion modellieren lassen, ist es wiederum wie beim Produkt das jeweilige Image und die Reputation einer Unternehmung, die das Verhalten und Handeln einer Anspruchsgruppe beeinflussen: die Stakeholder-Images, die Gesamtheit aller mit dem Unternehmen verbundenen Wissensinhalte, Emotionen und Motive.

5.3 Die Unternehmenswahrnehmung als Determinante des Stakeholderverhaltens

Das Verhalten und Handeln von Akteuren wird durch das Bild bestimmt, das sie von ihrer Umwelt besitzen. Das Stakeholderverhalten gegenüber einem Unternehmen wird folglich beeinflusst durch die Wahrnehmung, die sie von einem Unternehmen gewonnen haben, ihrem Unternehmensimage. Entsprechend bedeutsam ist es, aus Sicht der Unternehmenskommunikation, die Entstehung und die Merkmale von Images nachzuvollziehen. Anschliessend an eine Merkmalsbeschreibung von Images, lassen sich dann die gegebenen Möglichkeiten ihrer Beeinflussung analysieren.

5.3.1 Das Unternehmensimage

Genau wie das Produktimage ist das Unternehmensimage Teil der Wahrnehmungswelt des Konsumenten und ebenso wie dieses bildet es sich aus verschiedensten Eindrücken, die das Individuum von einem Unternehmen erhält oder sich durch Kommunikation über das Unternehmen erschliesst. Aus dem Ergebnis dieser Erfahrungen in Verbindung mit vorliegenden Einstellungen und Werten resultiert das Bild und die Disposition einer Person zum Unternehmen.

Wir benutzen den Begriff „Image" synonym zu „Bild" als Bezeichnung für den psychisch-mentalen Komplex, mit dem eine Sache im kognitiven System eines Akteurs repräsentiert ist. „Image" ist im Bereich des Marketing und der Unternehmenskommunikation begrifflich eingeführt. Es liegen jedoch unterschiedliche Begriffsbestimmungen in der Literatur dafür vor. Weitgehende Übereinstimmung besteht darin, in ihnen mindestens eine wichtige Teilursache des Verhaltens zu sehen und eine „aus der Erfahrung stammende Bereitschaft", „in relativ konsistenter Weise" auf ein Objekt zu reagieren. (Rosenstiel & Neumann, 2002, S. 202-203)

> *„Eine Analyse des Phänomens Image muss fragen, welche Attribute ein Individuum einem Unternehmen und/oder einem Produkt zuschreibt, wie diese Attribute bewertet werden und welche „Verhaltensintentionen" sich daraus ergeben". (Rosenstiel & Neumann, 2002, S. 204-205)*

Es ist für unsere Zwecke nicht nötig, eine tiefergehende, psychologisch-kognitionswissenschaftliche Analyse der inneren Repräsentation der Wirklichkeit zu leisten. Wichtiger als eine Analyse der Komponenten des Images (als „Karte" der erfassten Sache) ist das Verständnis seiner **Funktion**, d.h. seine Wirkung auf das Stakeholder-Handeln. Das auf eine Unternehmung gerichtete Stakeholder-Handeln, das in irgendeiner Form intentional ist, muss sich notwendigerweise an einem Bild orientieren, das der Stakeholder vom Handlungsobjekt hat.

Das **Bild**, das wir von einer Sache haben, ist ein Komplex aus mehreren Komponenten: Es gibt einen **sinnlich-bildlichen Kern**, der in unserer Vorstellung existiert und vorbegrifflich ist. Diese sinnliche Erfahrung einer Sache muss nicht primär visuell sein, wie das Wort Bild nahelegt. Es kann ebenso auditive, kinästhetische oder andere sinnliche Eindrücke enthalten. Der Begriff „Bild" soll sie alle umfassen. Dieses Element der Weltwahrnehmung teilt das *„animal rationale"*, das vernünftige Tier Mensch, mit seinen vorrationalen Vettern. Dieser sinnlich-bildliche Kern des Images ist direkt mit **Emotionen** verbunden. Wenn wir das Bild einer Sache sehen oder es uns vorstellen, fühlen wir unwillkürlich auch etwas, das uns anzieht oder abstösst. Diese emotionale, im Wortsinn bewegende Reaktion, hat Einfluss auf unser Verhalten im Umgang mit der Sache, auf unsere **Verhaltensdispositionen.** Die **emotionale Reaktion** steht zugleich in Verbindung mit unserem **Handlungswissen**, dem „Know-how" zu einer Sache, über das wir verfügen. Diese Image-Elemente erfassen die **persönliche Bedeutung** der abgebildeten Sache. Sie bestimmen, wie ein Wahrnehmungsgegenstand das

Individuum anspricht, und wie eine Person mit einer Sache agieren kann. Darüber hinaus gibt es für das vernunftbegabte Wesen Mensch, für das die Dinge symbolischen Charakter haben (siehe Kapitel 2), die **symbolischen Wissensinhalte.** Sie erlauben uns, über eine Sache nachzudenken und zu reden, d.h. ihnen einen sie bezeichnenden Namen zu geben, und das Wesens-Wissen („Know-what") über sie zu kommunizieren. Das symbolische Wissen betrifft daher die überpersönliche, **soziale Bedeutung** eines Wahrnehmungsgegenstandes.

Je nachdem, welche Image-Elemente im Vordergrund stehen, kann unsere Einstellung zu einer Sache deshalb primär durch sinnlich-emotionale Elemente bestimmt sein. Sie hat dann eine primär individuell-persönliche Bedeutung – die Anderen sehen ja nicht direkt, wie ich empfinde und was eine Sache für mich bedeutet. Entsprechend können die individuellen Verhaltensdispositionen aus individuellen Erfahrungen und spezifischem Können resultieren und – im geeigneten Kontext – zur Hinwendung oder Ablehnung einer Sache reizen. Stehen dagegen die symbolischen, durch sprachliches Wissen dominierten Imageanteile im Vordergrund, dann ist die Sache in einen begründenden und räsonierenden Prozess eingebunden, in dem der internalisierte „Blick der Anderen" von uns Rechenschaft fordert. In diesem Fall dominiert die soziale Bedeutung die Sache als soziale Konstruktion.

Jedes Image ist zudem mit anderen Images verbunden, es steht in **Kontexten.** Wahrnehmung und Wissen zu diesen weiteren Hintergründen bestimmen das einzelne Bild mit und führen diskursiv zu weiteren Attributen eines Wahrnehmungsgegenstandes. Dieser Kontext ist mit dem Begriff der **Situation** beschrieben. Dinge sind situiert und begegnen uns in lebensweltlichen Situationen. Für uns Menschen sind die Beziehungen, welche „die Anderen" zur betrachteten Sache haben, speziell wichtig. Die Sichtweisen der Anderen fliessen stets in die Entwicklung des individuellen Images ein. Dieser Umstand gilt auch für Dinge, die wir selbst direkt wahrnehmen können. Bei jenen Dingen, die wir nur ihrem Namen nach kennen und deren Wesensmerkmale uns nur aus Erzählungen anderer bekannt sind – aus Medien aller Art und persönlichen Gesprächen –, ist dieser symbolische Imageanteil notwendigerweise der primäre. Die Zahl jener Dinge, die wir uns nur aus Erzählungen erschliessen, ist wahrscheinlich grösser als die Anzahl der unmittelbar selbst erfahrenen Gegenstände.

Für den Bereich der Unternehmenskommunikation kann das Unternehmensimage oder das Unternehmensbild definiert werden als jener mentale Komplex, der das auf ein Unternehmen gerichtete Verhalten und Handeln des Stakeholders leitet. Dieser breite Imagebegriff umfasst alle Elemente, die in den Entscheidungsprozess des Akteurs einfliessen, während er sein Verhalten oder Handeln bestimmt. Dies umfasst somit sowohl kognitive Wissenselemente für das rationale Planen der Handlung als auch mit dem Unternehmen in irgendeiner Form verbundene Emotionen und motivationale Anteile.

Das **Unternehmensimage** ist die Gesamtheit des psychisch-mentalen Komplexes, der mit dem Stimulus des Unternehmens verbunden ist. Wir definieren ihn funktional als jene Grösse, die das Stakeholder-Verhalten gegenüber dem Unternehmen lenkt. Dieses **„Bild"**, das die Anspruchsgruppen vom Unternehmen im Gedächtnis gespeichert haben, besteht aus **sinnlich-bildlichen Elementen,** die direkt mit **Emotionen** verbunden sind, d.h. aus **Vorstellungen und Gefühlen,** aus **Verhaltensdispositionen und Handlungswissen** sowie aus **symbolischem Wissen.**

Das Bild des Unternehmens entsteht auf der **Basis verschiedenster Eindrücke** (z.B. Erfahrung, Hörensagen, Werbung) **und Voreinstellungen** (Grundhaltungen und Werte z.B. politische und soziale Gesinnung). Es ist durch den jeweiligen **Kontext** in all seinen Dimensionen mitbestimmt. Grundhaltungen und situativer Kontext relativieren jedoch die zentrale Bedeutung des Phänomens Image für das Handeln von Anspruchsgruppen nicht. Festzuhalten bleibt: Auf der Basis des komplexen und im Zeitverlauf dynamischen Vorstellungsbildes, das ein Individuum von einem Unternehmen gewonnen hat, bildet sich sein Verhalten, wählt es seine mit diesem Unternehmen verbundenen Entscheidungen und Handlungen.

5.3.2 Zusammenhänge von Imageelementen und Handlungsentscheiden

Der handlungsleitende Einfluss des Images kann sich unterschiedlich gestalten und ist vom situativen Kontext abhängig. Das Verhalten eines Individuums gegenüber einem Wahrnehmungsobjekt bildet sich zwar auf der Basis des vorhandenen Vorstellungsbildes, doch geschieht jedes Verhalten und jede Handlungswahl immer vor einem Hintergrund spezifischer situativer Umstände und Möglichkeiten. So kann die Einstellung zu stillem Wasser und die Entscheidung zu trinken je nach gefühltem Durst und trinkbaren Alternativen erheblich variieren, obwohl das zugrunde liegende Produkt- und Unternehmensimage vergleichsweise konstant bleibt.

Die Besonderheiten der Situation bestimmen zudem, welche Elemente der Wahrnehmung besonderes Gewicht im Zuge einer Entscheidung erhalten, welche Inhalte aus dem Gedächtnis Aktualisierung erfahren sowie in welcher Form Informationen der Umwelt und der eigenen Erinnerung verarbeitet werden.

Je nach Art der vorliegenden Entscheidung werden unterschiedliche Elemente des Image-Komplexes relevanter als andere. Je nach Grad der Aufmerksamkeit („Aktivierung") und des Engagements („Involvement") ergeben sich unterschiedliche Wirkungs- und Verarbeitungsmuster (Kroeber-Riel & Weinberg, 1999, S. 359).

Handlungen im engen Sinne sind intentionales, zielgerichtetes Verhalten; Pläne werden bewusst und begründend ausgewählt (vgl. Kapitel 2.2.1). Die **Entscheidungstheo-**

rie[52] hat diesen Verhaltensmodus analysiert. In der Spieltheorie wird rationales Entscheiden im Kontext von anderen rational Handelnden untersucht. Die Initiative des Individuums steht im Mittelpunkt der Betrachtung, nicht die Reaktion auf die Bedingungen der Aussenwelt. Davon grundsätzlich zu unterscheiden ist (unbewusstes) Verhalten von Individuen, das eher nach einem **Stimulus-Response-Schema** (S-R-Schema) verstanden werden kann. Hier stehen weniger die intervenierenden Organismusvariablen im Mittelpunkt, sondern die situativ eingerahmten, auslösenden Reize (Stimuli) und die daraus wahrscheinlich resultierenden Reaktionen. Solche (weitgehend) unbewussten oder unter geringer kognitiver Kontrolle ablaufenden Verarbeitungsroutinen leiten unser Verhalten in vielem: Wir könnten sonst z.B. nicht Autofahren. Die Markt- und Werbepsychologie hat insbesondere das Kaufverhalten mit Hilfe verschiedener S-R- sowie S-O(Organism)-R-Modelle analysiert (vgl. z.B. Mayer & Illmann, 2000).

Sowohl die entscheidungstheoretische als auch die Stimulus-Response-Perspektive offenbaren Einflussmöglichkeiten der Unternehmenskommunikation auf das Verhalten und Handeln von Stakeholdern: Die Vermittlung symbolischer Information beeinflusst bewusste Entscheidungsprozesse. Gestische und vorsymbolische Stimuli, denen Stakeholder ausgesetzt sind, beeinflussen ihr unbewusstes Verhalten. Die Trennung von S-(O)-R- und Entscheidungstheorie hat vor allem didaktische und theoretische Gründe. Für das Verständnis eines Grossteils von Stakeholder-Verhaltensweisen sind beide notwendig.

Die Entscheidungstheorie analysiert den bewussten, rationalen Entscheid mit Hilfe der drei folgenden Elemente:

1. Zuerst benötigt der rationale Akteur eine Konzeptualisierung des Problems, einen **Entscheidungsrahmen**, der festlegt, worum es geht. Dieser enthält wiederum drei Elemente: Die als möglich erachteten **Umstände** U_j, die eintreten können, die in Betracht gezogenen möglichen **Aktionen** A_i des Akteurs und schliesslich die **Konsequenzen** K_{ij}, die in einer bestimmten Kombination von gewählter Aktion und eintretendem Umstand zu erwarten sind. Dieser Entscheidungsrahmen wird im Falle endlicher Umstände- und Aktionenmengen auch als **Entscheidungsmatrix** bezeichnet.

2. Dann muss sich der Akteur über seine **Nutzenvorstellungen** Klarheit verschaffen. Der Nutzen wird den Konsequenzen zugewiesen: Die Konsequenzen des gewählten Handelns sind es, die der Akteur bewerten muss. Diese Bewertung wird zunächst in einer Präferenzrelation bestehen. Eine zahlenmässige Darstellung des Nutzens einer jeweiligen Konsequenz führt zu einer **Nutzenfunktion** oder – im endlichen Falle – zu einer Nutzenmatrix U_{ij}.

---

[52] Für eine Übersicht zur präskriptiven Entscheidungstheorie vgl. Eisenführ und Weber (2002).

3. Schliesslich muss der rationale Agent sich darüber klar werden, für wie wahrscheinlich er das Eintreten einer bestimmten Konsequenz hält. Wenn die Handlung A_i gewählt wird, wie wahrscheinlich ist es, dass Umstand U und damit Konsequenz K_{ij} eintreten? Diese Information wird im Wahrscheinlichkeitsmass bzw. in der **Wahrscheinlichkeitsmatrix P_{ij}** codiert.

Abbildung 5-4: *Modellierung rational-kalkulierender Entscheide*

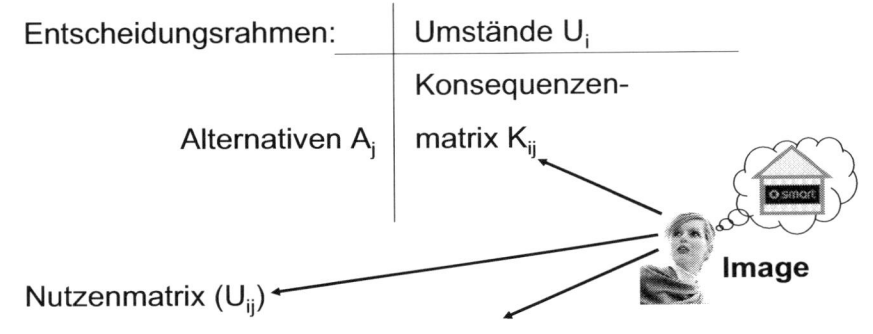

Der Entscheidungsrahmen reflektiert unser Bild, das wir bezüglich des Entscheidungsgegenstandes haben: Zum einen betrachtet der Akteur die verschieden Situationen (Umstände), in denen er sich mit dem Entscheidungsgegenstand befinden könnte. Zum anderen bewertet er die Konsequenzen, die diese Situationen, als Ergebnis einer Aktion, mit einer gewissen Wahrscheinlichkeit aufweisen. Der Entscheidungsrahmen reflektiert dabei, in der Gestalt des Nutzens, auch die persönliche Bewertung dieser möglichen Konsequenzen. Kurz: Wir haben und bilden uns eine Vorstellung des Spielfeldes, auf dem wir uns befinden. Dieser Entscheidungsrahmen kann – und muss oft – vereinfachend sein, unvollständig oder auch falsch. Ein solcher ist aber im Rahmen einer bewussten Entscheidung in jedem Fall vorhanden: Wir können nicht rational – und das heisst im begründenden Diskurs mit uns selber oder mit anderen – entscheiden, ohne mit diesen genannten Elementen explizit oder implizit zu operieren.

Die präskriptive Entscheidungstheorie lehrt, jene Alternative zu wählen, die den erwarteten Nutzen maximiert. Das gilt ebenfalls für Interaktionssituationen, d.h. Spielsituationen, die andere, bewusst handelnde, Spieler enthalten. Kooperatives Verhalten mit anderen Spielern führt rasch zu **Institutionen**, die Gewohnheiten oder explizite

Vereinbarungen darstellen, die dann unser Handeln lenken. Entscheidungssituationen, in denen Menschen miteinander beratend ihr Handeln planen und mehrere Entscheidende ihre jeweiligen Handlungen mit anderen abstimmen, sind der Boden jeder Institution und Kultur. In einem solchen Aushandlungsprozess steht auch das heutige Unternehmen, das diskursiv die Spielregeln mit den Stakeholdern aushandelt, sein eigenes Handeln erklärt und andere in dem, was sie tun sollen, beeinflusst.

Die Entstehung einer Institution ist untrennbar mit rationalem Entscheiden verbunden. Sobald eine Institution jedoch etabliert wurde, vereinfacht sie die betroffene Entscheidungssituation und reduziert ihre Komplexität. Die Institutionalisierung eröffnet ein Spektrum von Entscheidungsarten, die nur noch bedingt explizit rational sind wie z.B. kontraktierte Entscheidungen. Diese Entscheidungen sind nicht mehr rational im engen Sinne. Sie waren es ursprünglich, bezogen auf den historischen Kontext, in dem sich das geübte Entscheidungsverhalten gebildet hat. Rational bleiben alle institutionalisierten Entscheide in einem übergeordneten, ökonomischen Sinne: Durch das Befolgen von institutionellen Handlungsmustern werden **Entscheidungskosten** gespart.

Weitere Entscheidungsarten sind die **Delegation** und die **Imitation** von Entscheiden. Das Marketing untersucht beispielsweise Kaufentscheider, die sich – im familiären wie im betrieblichen Umfeld – von jenem „Käufer" unterscheiden können, der einen Kauf im rechtlichen Sinne vornimmt. Ein Kaufentscheider bildet in der Folge eine wichtige Zielgruppe der Produktkommunikation. Eine Übertragung von Entscheiden kann formell an Beauftragte geschehen oder ungefragt an Vorbilder oder Peers, von denen man annimmt, dass sie eine gute Entscheidungsqualität erreichen und deren Nachahmung vorteilhaft scheint.

Bereits unter dem Blickwinkel der Entscheidungstheorie wird somit ersichtlich, dass nur ein Teil aller Entscheidungen **rational kalkulierend** im engen Sinne abläuft. Katona differenziert zwischen echten oder extensiven und nicht extensiven Entscheidungen. Nur erstere lassen sich im Sinne der Entscheidungstheorie als bewusstes Abwägen verschiedener Handlungsalternativen auffassen, ein Abwägen, bei dem durch Einbezug aller zugänglichen Informationen gleichsam kalkulierend das Ziel verfolgt wird, den höchsten persönlichen Nutzen zu realisieren. (Rosenstiel & Neumann, 2002, S. 45-46).

Viele menschliche Handlungsentscheidungen lassen sich demnach nicht direkt nach diesem entscheidungstheoretischen Prinzip modellieren. Darunter fallen z.B. impulsive oder habitualisierte, also gewohnheitsmässige Handlungen. Um die hier einflussstark werdenden Situations- und Organismusvariablen zu erfassen, ist eine Betrachtung aus dem Blickwinkel von Stimulus-Response- und Stimulus-Organism-Response-Modellen vorzuziehen. Extensive Entscheidungen können mit **hohen Gefühlsanteilen und kognitiver Kontrolle** einhergehen; letztere fällt dagegen bei impulsiven Entscheiden weitgehend weg. Auch habitualisierte Entscheide fällen Personen häufig **reaktiv, ohne grössere kognitive oder emotionale Beteiligung** (Kroeber-Riel & Weinberg, 1999, S. 398-405).

Tabelle 5-3: *„Dominante psychische Prozesse und Entscheidungsverhalten" (Kroeber-Riel & Weinberg, 1999, S. 358)*

Art der Entscheidung	Dominante psychische Prozesse		
	emotional	kognitiv	reaktiv
extensiv	X	X	
limitiert		X	
habitualisiert			X
impulsiv	X		X

Eine Analyse, welche Art einer Entscheidung vorliegt und welche Imageanteile in der Folge jeweils dominant sind, ist für eine erfolgreiche Umsetzung der Unternehmenskommunikation unabdingbar. Kognitiv und durch Nutzwert-Abwägung geprägte Entscheidungen von Stakeholdern werden kaum durch die emotionale Aufladung eines Entscheidungsgegenstandes allein zu beeinflussen sein. Eine klar kognitiv geprägte Entscheidung erscheint eher für die Vermittlung von Nutzwertinformationen zugänglich. Hier ist die Entscheidungstheorie die geeignete konzeptionelle Perspektive.

Umgekehrt gibt es eine Reihe von Entscheiden, bei denen äussere Stimuli und Organismusvariablen ausschlaggebend sind - auch dieses Verhalten kann in einer individuellen Perspektive ökonomisch sein, reflektiert es doch die persönliche Erfahrung und das Lernen. Für eine impulsive Entscheidung sind aktuell vorherrschende Emotionen einflussstärker als kalkulierende Nutzwertabwägungen. Entsprechend wäre es ein wenig erfolgversprechender Markteingriff, eine impulsive Kaufhandlung nur durch eine informativ begründende Werbekampagne zu beeinflussen. In diesen Fällen steht im Vordergrund, die für eine Beeinflussung entscheidenden situativen Stimuli und emotionalen Organismusvariablen zu erfassen und zu beeinflussen. Insbesondere in der Marketingwissenschaft, der Markt- und Werbepsychologie und in der kommunikationswissenschaftlichen Wirkungsforschung liegen hierzu Erkenntnisse und Ansätze einer strategischen Beeinflussung vor[53].

Für den Zusammenhang zwischen Unternehmensimage und Stakeholder-Handeln halten wir fest: Unabhängig von der Art der Entscheidung erweist sich der Komplex

---

[53] Vgl. als Einstieg insbesondere Bonfadelli (2000), Koeppler (2000), Kroeber-Riel & Weinberg (1999), Mayer & Illmann (2000), Neumann (2000) sowie Rosenstiel & Neumann (2002).

Image insgesamt stets als Verhaltensdeterminante. Allerdings sind jeweils andere Imageelemente unterschiedlich bedeutsam und sie wirken auf verschiedenen Wegen: Während bei rationalen Entscheidungssituationen die mit dem Unternehmen verbundenen Wissensinhalte eine wichtige Rolle spielen, geht man bei stärker emotionalen Verarbeitungsprozessen davon aus, dass die mit dem Unternehmen assoziierten Gefühle eine relevantere Rolle spielen. Bei habitualisierten Entscheidungen wird ein automatisiertes Reagieren in einer Situation unterstellt. Die akute kognitive und emotionale Beteiligung ist gering (Rosenstiel & Neumann, 2002, S. 258).

5.3.3 Die Unternehmensreputation

Analog zur Produktreputation bezeichnet die Unternehmensreputation die Gesamtheit der vorhandenen Images einer Unternehmung. Der einzelne Stakeholder ist sich bewusst, dass andere Personen bezüglich eines bestimmten Unternehmens gleichfalls über Wissen und Erfahrungen verfügen. Das, was Andere mit einem Unternehmen verbinden, jenes Image, welches sich die Gemeinschaft bildet, macht aus, was mit dem Begriff der **Reputation** angesprochen ist. Während Image das bezeichnet, was *ich* vom Unternehmen denke, ist Reputation das, was *„man"* (die Gruppe, die Anderen) von einem Unternehmen denkt.[54] Eine positiv gefärbte Reputation bestärkt die eigenen guten Erfahrungen mit einem Unternehmen, während ein negativer Ruf diese eher relativiert.

Dieser allgemeine Ruf, der in die individuelle und situative Evaluierung eines Meinungsgegenstandes und in die Entscheide einfliesst, ist – wie schon beim Produkt in 4.2.2 bemerkt – nicht direkt erfahrbar. Er wird vom Einzelnen auf der Basis von „Umweltbeobachtung, Signalen von Billigung und Missbilligung" (Noelle-Neumann, 2000, S. 378) geschätzt. Dazu zählen z.B. persönliche Aussagen und die „veröffentlichte Meinung" in Medien. Die Beziehung der sozialen Reputation zum individuellen Image ist somit eine zweifache und reflexive: Zum einen ergibt sich Reputation aus der Summe der Images der Mitglieder einer Gemeinschaft und kann als solche gemessen werden. Zum anderen fliesst Reputation als perzipierter Ruf innerhalb einer Gemeinschaft ein in die Bildung des einzelnen, persönlichen Images. Die tatsächliche Summe aller Vorstellungsbilder kann der Einzelne ohne Messungen nicht erkennen. Das Ergebnis seiner situativen und zeitlich dynamischen Umweltbeobachtung nähert sich

---

[54] Für eine alternative Analyse des Zusammenhanges Image und Reputation sowie eine Übersicht verschiedener Typen von Reputation siehe insbesondere Eisenegger (2005, S. 19-44).

diesem Imageaggregat lediglich an. Von Bedeutung ist in diesem Vermittlungprozess der Einfluss von Meinungsführern.[55]

Die Reputation spielt in dem in Kapitel 2 beschriebenen Prozess der Konstruktion der sozialen Wirklichkeit eine herausragende Rolle. Die symbolische Komponente des Unternehmens wird im sozialen Prozess als seine Bedeutung ausgehandelt. Die regulierende Wirkung, die von dieser kollektiven Bedeutung in der Folge ausgeht, ist erheblich. Derjenige innerhalb einer Gemeinschaft, der sich einer Konsensbedeutung verschliesst, sieht sich punktuell ausgegrenzt. Dies ist umso bedeutsamer angesichts der Einsicht, dass die Gemeinschaft nur auf einer Konsensbasis bestehen kann, die erst durch eine gemeinsame Weltsicht ermöglicht wird. Nur bei einer grundsätzlichen Übereinstimmung sind unterschiedliche Positionen artikulierbar – und auch dann nur in einem für die Gemeinschaft erträglichen Ausmass. Andernfalls wird eine Spaltung in getrennte Gruppen erfolgen, welche sich nicht mehr „verstehen", bekämpfen oder einander vielleicht gleichgültig werden. Um anschliessend erneut in einen Dialog miteinander zu gelangen, muss die verlorengegangene Basis eines grundsätzlichen Konsenses zunächst wieder hergestellt werden.

Die Unternehmensreputation ist demnach auf Gemeinschaften bezogen, in denen eine gemeinsame Bedeutung des Unternehmens ausgehandelt und grundsätzlich geteilt wird. Zwischen kollektiven (Reputation innerhalb der Gemeinschaft und innerhalb von Subgruppen) und individuellen Imageelementen muss sich ein Gleichgewicht einstellen, das letztlich mit den identitätstiftenden Grundüberzeugungen der jeweiligen Gemeinschaft kompatibel sein wird.

5.3.4 Einflussgrössen des Unternehmensimages

Charakteristisch für das Phänomen Image ist neben seiner Vielschichtigkeit auch seine dynamische Natur: Die Erfahrungen, die ein Mensch mit dem Unternehmen und seinen Produkten macht und die Informationen, die er über das Unternehmen erhält, bilden einen **andauernden Strom von Eindrücken**, der das individuelle Image einem kontinuierlichen Prozess der Veränderung unterwirft.

Das Bild, das ein Stakeholder von einem Unternehmen hat, entsteht durch verschiedenste Eindrücke, die eine Person von einem Unternehmen erhält, und vor allem durch Kommunikation über das Unternehmen und seine Produkte. Die Unternehmung ist nur in einem Teil der sie betreffenden Kommunikationsprozesse direkter Kommunikationspartner, Autor, Sender oder Vermittler der Information. Der über-

---

[55] Zu Begriff und Rolle des Meinungsführers als Faktor des Konsumentenverhaltens siehe Kroeber-Riel & Weinberg (1999, S. 506-514). Zum Meinungsführerkonzept im Sinne eines Zwei-Stufen-Flusses von Massenkommunikation siehe Kunczik & Zipfel (2001, S. 322-336).

wiegende Teil der Kommunikationsprozesse kann durch das Unternehmen nur indirekt beeinflusst oder gar nicht kontrolliert werden. Daraus ergibt sich, dass die Wahrnehmung des Unternehmens durch Stakeholder als ein deutlich fremdbeeinflusster Vorgang erscheint. Die Unternehmung ist nicht in der Lage, umfassend zu kontrollieren, was über sie oder ihre Produkte vermittelt wird. Zusätzlich steht das Unternehmensimage, wie angesprochen, in situativen Kontexten: Eine Veränderung der Branchen-, Wettbewerber- oder Landeswahrnehmung betrifft ebenfalls die darin eingebundene Sicht auf das Unternehmen. Das Gleiche gilt für einen Wandel persönlicher und kollektiver Werthaltungen. Auch sie können die Sicht auf ein bestimmtes Unternehmen, eine Unternehmensart („Konzerne") und sogar auf Unternehmen als solches verändern.

Abbildung 5-5:   *Bedeutende Einflussquellen auf das Unternehmensimage*

Mögliche Einflüsse von Unternehmensseite	Mögliche Einflüsse der Unternehmensumwelt	Mögliche Einflüsse der wahrnehmenden Person
Produkte und Services	Aussagen externer nicht-institutioneller Quellen (Freunde, Familie, Bekannte)	Persönlichkeitseigenschaften
Strategische Handlungen (Wahrnehmbare Ergebnisse, Unternehmenserfolg)	Aussagen externer nicht-institutioneller Quellen (Medien, Analysten, NGOs)	Werte und Voreinstellungen
Soziales und gesellschaftliches Engagement	Beobachtbares und imitierbares Verhalten von Meinungsführern	Motivationale und emotionale Zustände
Wahrgenommene Qualität des Managements	Wahrnehmung von Wettbewerbsunternehmen und der Branche insgesamt	
Geplante Kommunikation (Unternehmens- und Produktkommunikation inkl. Design, Veranstaltungen, Reden)		
Ungeplante Kommunikation (Äusserungen von Mitarbeitern gegenüber Dritten, Verhalten von Unternehmensvertretern)		

Einige illustrierende Beispiele: Die individuellen Werte und Einstellungen einer Person können grundsätzlich gegen bestimmte Produkte sprechen, so dass das Image entsprechender Hersteller leidet (Gentechnologie). Ein gegen fremde Interessen verstossendes Verhalten anderer Unternehmen der gleichen Branche kann ungerechtfertigt auf ein Unternehmensimage „abfärben" (Unfälle in der Chemieindustrie). Berichte ehemaliger Mitarbeiter können objektiven Tatsachen widersprechen und Journalisten haben im Sinne der Nachrichtenfaktoren[56] ein höheres Interesse an Negativität und Skandalisierung als an der Wiedergabe durchschnittlicher Erfolgsberichte.

Diese Umstände verdeutlichen die begrenzte Bestimmbarkeit des Unternehmensimages, dessen Genese kein einseitig konstruierbarer Vorgang ist. Wohl aber ein Vorgang, der dem Unternehmen eine Reihe von Einflussmöglichkeiten bietet. Das Unternehmen ist in der Wahrnehmung der Stakeholder ein Akteur, der absichtsvoll handelt und sein Tun zu verantworten hat. Das Bild eines verantwortlichen Akteurs muss akzeptierte Annahmen über seine Motive und seine Werte enthalten.

Stakeholder können nicht anders, als sich zu allen lebensweltlich erfahrenen Aktionen des Unternehmens ein Bild zu machen. Sie befinden sich innerhalb ihres institutionellen Rahmens „im Spiel", in Interaktion mit dem Unternehmen. Berührt das Unternehmen ihre Lebenswelt innerhalb eines institutionellen Rahmens, greift es zugleich ein in die persönliche Wertschöpfung von Stakeholdern und bestimmt ihren „Pay Off" sowie ihr Wohlbefinden mit. Stakeholder erwarten deshalb kein Schweigen und keine Versuche interessenschädigender Manipulation, sondern Dialog mit dem Unternehmen und in der Folge eine Berücksichtigung ihrer Interessen (Haller, M. & Königswieser, R., 1993). In dem Masse in dem Stakeholder ihre Interessen berücksichtigt sehen, wächst ihre Bereitschaft, diesem Unternehmen eine „Licence-to-Operate" zu gewähren und Ressourcen zu leihen. In diesem kommunikativen Prozess wird sich, wie bei allen als Spiele auffassbaren Interaktionen, das Image dynamisch weiterentwickeln.

Angesichts der in der Unternehmenspraxis verbreiteten Zurückhaltung gegenüber kontroversen Dialogen sei bemerkt: In dem institutionellen Spiel, der geregelten Interaktion, die Unternehmen und Stakeholder verbindet, spricht theoretisch alles dafür, einen Dialog gerade unter kontroversen Voraussetzungen beizubehalten. Es erscheint weit wichtiger, auf kontroverse Gruppen einzugehen und ihre Anliegen ernst zu nehmen, als unbedingte Harmonie zu erzeugen. Es existieren nicht-kooperative, antagonistische Spiele, die man mit Achtung und unter geringer gegenseitiger Schädigung spielt. Diese Spielform ist unter den Bedingungen eines fortwährenden Dialoges wahrscheinlicher als im Zuge einer schweigenden Kollision der Interessen. Verhandlungen, Kompromisssuche und die beständige Erklärung der eigenen Position sind sinnvolle Teilnahmen an der sozialen Konstruktion der Unternehmensbedeutung. Ein Unternehmen, das sein Image über Jahre mittels offenem Dialog und beständiger Erklärung des eigenen Vorgehens gefestigt hat, erscheint weniger anfällig für plötzli-

---

[56] Zu der Bedeutung von Nachrichtenfaktoren und ihrer Rolle im Sinne eines journalistischen, massenmedialen Filters siehe als Überblick Schulz (2000, S. 328-332) sowie Kunczik & Zipfel (2001, S. 245-261).

che Reputationsschäden als ein Unternehmen, das bis dato nur durch Intransparenz und einseitige Verlautbarungen auffiel.[57]

Die von Unternehmensseite beeinflussbaren Bestimmungsgrössen des Unternehmensimages liegen **zum einen in der Ausrichtung des eigenen Handelns** an den Präferenzen und Werten seiner Stakeholder. Diese Einsicht zieht nach sich, dass bereits der Ausgangspunkt der Unternehmensstrategie, die **Corporate Vision**, auch auf die Präferenzen und Werte der Stakeholder auszurichten ist. Die Corporate Vision muss als Zukunftsbild des Unternehmens auch externen Stakeholdern in einer sie ansprechenden Weise präsentiert werden. Ebenso ist die **Corporate Governance**[58], welche die grundsätzlichen Prinzipien des unternehmerischen Handelns festlegt, an den Präferenzen und Werten der Stakeholder auszurichten. Wie die Ziele müssen auch die Prinzipien des Unternehmenshandelns in geeigneter Form an die verschiedenen Stakeholder kommuniziert werden. **Zum anderen** liegen die Einflussmöglichkeiten des Unternehmens daher in einer bewussten **Gestaltung planbarer Kommunikationssituationen** im Sinne der Unternehmensziele. Die Ziele und Handlungsprinzipien der Unternehmung sind bestmöglich zu vermitteln und zur Vorbereitung ihrer periodischen Überarbeitung dialogisch zu kommunizieren. Die Gestaltung selbst gewählter und angestossener Kommunikationssituationen beinhaltet das Design des Unternehmenslogos, der Eigenmedien, die Gestaltung seiner Immobilien und jeglicher wahrnehmbaren Handlungsspuren, die direkt oder indirekt symbolische Bedeutungen vermitteln. Fremd angestossene oder fremd bestimmte Kommunikationssituationen gilt es, soweit antizipierbar, im Sinne der Unternehmensziele vorzubereiten. Dies umfasst Leitfäden für den Umgang mit Medienanfragen ebenso wie die Vorbereitung möglicher Kommunikationskrisen.

Ein Unternehmen, dessen **Handeln und Kommunikation** Präferenzen und Werte seiner Stakeholder berücksichtigt, hat eine höhere Wahrscheinlichkeit, bei seinen Anspruchsgruppen ein positives Bild zu erzeugen und in der Folge einem geneigten Ver-

---

[57] Im Anschluss an Grunig und Hunt (1984) lassen sich 4 Stile von Kommunikation („PR-Modelle") einer Organisation unterscheiden: Das einfachste Modell ist das der einseitigen propagierenden „Publicity", gefolgt von einer mitteilenden „Informationstätigkeit", der asymmetrischen, aber zweiseitigen „Überzeugungsarbeit" und dem symmetrischen „Dialog". Vgl. Avenarius (2000, S. 85-92) sowie Burkart (1996) und Szyszka (1996).

[58] Das hier geteilte Verständnis der Corporate Governance als die grundsätzlichen Prinzipien des Unternehmenshandelns auch gegenüber Stakeholdern geht über das engere Verständis des deutschen Corporate Governance-Kodex (Regierungskommission Deutscher Corporate Governance Kodex, 2005), der sich primär auf die Aktionärsinteressen konzentriert, hinaus und orientiert sich stattdessen an den breiter gefassten Corporate-Governance-Leitsätzen der OECD (OECD, 2004, S. 46), welche die Rechte, die Interessen von Stakeholdern und die Kooperation mit ihnen ausdrücklich einbeziehen. Noch weiter gefasst sind die Regeln der japanischen Keidanren Charter for Good Corporate Behaviour, die Aspekte wie Umweltschutz, Respekt fremder Kulturen sowie die positive Mitgestaltung regionaler Gesellschaften explizit miteinschliessen (Keidanren, Japan Federation of Economic Organizations, 1996).

halten zu begegnen. Als Konsequenz daraus, ist zu erwarten, dass dem Unternehmen für die Erreichung seiner Ziele mehr notwendige Ressourcen zu besseren Bedingungen von seinen Stakeholdern geliehen werden.

5.4   Stakeholder Images als Stakeholder Capital

Das Erreichen der Unternehmensziele ist, wie weiter oben aufgezeigt, in mannigfacher Weise vom Verhalten seiner Stakeholder abhängig. Sie besitzen und verleihen durch ihr Handeln Ressourcen – verstanden als Mittel oder Umstände, welche das Erreichen von Unternehmenszielen ermöglichen. Das Handeln der Stakeholder wird wiederum durch die Images bestimmt, die Stakeholder von einem Unternehmen und seinen Handlungen gewonnen haben. Aus diesem Zusammenhang ergibt sich, dass die Stakeholder-Images und damit die Reputation einer Unternehmung durch ihre handlungslenkenden Merkmale selbst zu einer Wertgrösse werden.

Als Determinanten des Stakeholder-Handelns weisen Image und Reputation einer Unternehmung einen ökonomischen Wert auf: Images sind einkommenswirksam und haben daher Kapitalcharakter. Die **Gesamtheit aller Stakeholder Images** lässt sich als „**Stakeholder Capital**" einer Unternehmung auffassen. Der Wert dieses Kapitals kann durch die Summe der erwarteten, diskontierten, durch die Ressourcen ermöglichten Einkommensströme bzw. deren Mehrung oder Minderung bestimmt werden.

Images stellen eine andere Kapital-Kategorie dar als jene klassischen Assets, die in der Bilanz einer Unternehmung ausgewiesen werden. Jene klassischen Assets stellen handelbare Güter dar oder befähigen das Unternehmen, solche herzustellen (Enabler, die das Optionsportfolio des Unternehmens definieren) oder sie begrenzen die finanziellen Risiken durch Verträge und Rechte. Diese Kapital-Klasse – bezeichnen wir sie als **Assets I** – sind Gegenstand des traditionellen Rechnungswesens und der Unternehmensbewertungen. Die andere Asset-Klasse – bezeichnen wir sie mit **Assets II** – sind nicht ohne weiteres handelbar und bleiben, im Gegensatz zu Assets I, in der Verfügungsgewalt der Stakeholder eines Unternehmens. Sie sollten deshalb streng genommen nicht als Assets bezeichnet werden. Da sie aber den Wert des Unternehmens mitbestimmen und einige von ihnen inzwischen in Bilanzen oder Unternehmensbewertungen auftauchen – namentlich der Markenwert –, können wir mit einiger Grosszügigkeit den Begriff zulassen. Assets II sind intangibel und werden in der Unternehmenspraxis erst vereinzelt zu beziffern versucht. Der Markenwert bildet eine Ausnahme: Dort gibt es eine Reihe konkurrierender Quantifizierungsverfahren[59].

---

[59] Als Überblick zu vorliegenden Verfahren der Markenbewertung siehe Esch und Geus (2001, S. 1025) sowie Trommsdorf (2004, S. 1853-1876). Zur wertorientierten Markenführung und

Diese sind allerdings nicht nur unterschiedlich in ihren Ansätzen, sondern führen zu unterschiedlichen und daher wenig überzeugenden Resultaten. Trotzdem belegen die Versuche zu einem wertorientierten Controlling von intangiblen Assets II deren erkannte Bedeutung für die Unternehmung. Die Schwierigkeit ihrer Erfassung ist kein Argument gegen ihre konzeptionelle und praktische Bedeutung: Schwierige Messprobleme liegen in vielen etablierten Forschungsgebieten vor, in den Naturwissenschaften ebenso wie in der Rechnungslegung.

Heuristische Überlegungen zum Unterschied von Markenprodukten und funktional gleichen No-Name-Produkten sowie zu Effekten des Namens und der Reputation legen indes nahe, den gegenwärtig noch schwer quantifizierbaren Wert von Assets II einer Unternehmung in einer zumindest ähnlichen Grössenordnung zu erwarten wie den Wert der klassischen Assets I. Die intangiblen Assets II verdienen deshalb von Seiten der Unternehmensführung (Top Management und Aufsichtsrat) die gleiche Aufmerksamkeit wie die klassischen Assets I.

5.5   Zusammenfassung

Die Unternehmensstätigkeit beschränkt sich nicht auf die Interaktion mit den Kunden, sondern vollzieht sich in aktiver Interaktion mit den verschiedensten Anspruchsgruppen. Diese **Anspruchsgruppen** oder englisch **Stakeholder**, definieren sich dadurch, dass sie in irgendeiner Form in die Unternehmenstätigkeit einbezogen oder durch diese direkt oder indirekt betroffen sind.

Die **Art der Beziehung** kann kategorisiert werden durch den institutionellen Rahmen, in den beide – Unternehmen und Stakeholder – eingebunden sind, oder anhand der **Rolle**, in der eine identifizierbare Gruppe zum Unternehmen steht. Diese Beziehungsarten lassen sich wiederum nach **Kommunikationsarenen** sortieren, in denen die zugehörigen Interaktionen vorwiegend stattfinden und die als Handlungsfelder (soziale Sphären) die dominierenden Kommunikationsstrukturen (Handlungs- und Deutungsmuster) bestimmen.

Für jede Unternehmung ergibt sich notwendigerweise eine spezifische Anzahl beteiligter bzw. betroffener Gruppen (Karte der unternehmensspezifischen Bezugsgruppen). Zugleich existieren verschiedene Vorgehensweisen, um identifizierte Anspruchsgruppen nach ihrer Relevanz für das Unternehmen zu ordnen. Ordnungsprinzipien offerieren **ethische und strategische Anspruchsgruppenkonzepte** sowie die **Situational**

internationalen Rechnungslegungsstandards siehe Menninger, Maul & Wagner (2004, S. 1897-1926).

Theory of Publics, welche eine Sortierung nach dem gegenwärtigen Kommunikationsverhalten von Gruppen vornimmt.

Das Verhalten und Handeln seiner Stakeholder ist für das Unternehmen zielrelevant und daher eine zu berücksichtigende Grösse. Das Unternehmen steht mit allen seinen Stakeholder-Gruppen in direkten oder indirekten Wechselbeziehungen, institutionell betrachtet in einem Spiel, und bezieht deshalb von einem Teil dieser „Anderen" wichtige Ressourcen. Dort, wo das Verhalten und Handeln von Stakeholdern beeinflussbar ist, stellt es eine zu lenkende und zu entwickelnde Variable dar und ist somit **Gegenstand des Managements**. Da Stakeholder dem Unternehmen Ressourcen zur Verfügung stellen, haben sie Einfluss auf den Unternehmenserfolg. Umgekehrt beeinflusst das Unternehmen mit seinem Handeln das Wohlergehen seiner Stakeholder. Das Handeln der Stakeholdergruppen hat damit einen ökonomischen Wert für das Unternehmen. Dieser kann als **Stakeholder-Wert** bezeichnet werden. Das Handeln des Unternehmens hat umgekehrt ebenfalls einen Wert für seine Stakeholder. Er kann als ihr **Unternehmensnutzen** bezeichnet werden. Daraus folgt: Unternehmenswert wird geschaffen durch die und in den Beziehungen eines Unternehmens mit seinen Stakeholder-Gruppen. Wert für die Stakeholder wird im gleichen wechselseitigen Prozess geschöpft. Diese Beziehungen für beide Seiten nützlich und wertvoll zu gestalten ist eine kritische Bedingung für den Unternehmenserfolg.

Das Verhalten und Handeln von Stakeholdern gegenüber einem Unternehmen wird beeinflusst durch die **Wahrnehmung,** die sie vom Unternehmen gewonnen haben. Das Unternehmensimage ist die Gesamtheit aller psychischen Variablen, die mit dem Stimulus des Unternehmens verbunden sind und das Stakeholder-Verhalten beeinflussen: Das „Bild", das die Anspruchsgruppen vom Unternehmen im Gedächtnis gespeichert haben. Es besteht aus **sinnlich-bildlichen Elementen,** die direkt mit **Emotionen** verbunden sind, d.h. aus den **Vorstellungen und Gefühlen,** aus **Verhaltensdispositionen und Handlungswissen** sowie aus **symbolischem Wissen.** Dieses Bild erhält eine Person von einem Unternehmen auf der **Basis verschiedenster Eindrücke** (z.B. Produktnutzung, Hörensagen, Medienberichte), vor dem Hintergrund bestehender **Voreinstellungen** (z.B. politischer und sozialer Gesinnung) und weiterer **situativen Elementen**.

Die **Unternehmensreputation** bezeichnet die aggregierte Gesamtheit der vorhandenen Images einer Unternehmung. Der einzelne Stakeholder ist sich bewusst, dass andere Personen bezüglich eines bestimmten Unternehmens gleichfalls über Wissen und Erfahrungen verfügen. Das, was Andere mutmasslich mit einem Unternehmen verbinden, jenes Image, welches sich die Gemeinschaft bildet, macht aus, was mit dem Begriff der **Reputation** angesprochen ist. Einerseits ergibt sich Reputation aus der Summe der Images der Mitglieder einer Gemeinschaft und kann als solche gemessen werden. Andererseits fliesst Reputation als perzipierter Ruf ein in die Bildung des einzelnen, persönlichen Images. Die Reputation beeinflusst vor allem den symbolischen Image-Anteil deutlich.

Die psychisch-mentale und – wegen ihres symbolischen Anteils – soziale Grösse Image erweist sich für alle Entscheidungssituationen der Stakeholder als wichtige Verhaltensdeterminante. Images sind im Management-Kontext nur wegen ihrer verhaltenslenkenden Funktion von Interesse, weshalb sich ein funktionales Begriffsverständnis aufdrängt und Operationalisierungen des Begriffs mittels beobachtbaren Handlungsgrössen vorgenommen werden sollten.

Als Determinanten des Stakeholder-Handelns weisen Image und Reputation einer Unternehmung einen hohen ökonomischen Wert auf. Images sind einkommenswirksam und haben daher Kapitalcharakter. **Die Gesamtheit aller Stakeholder Images** lässt sich als das **Stakeholder Capital** einer Unternehmung auffassen. Die von Unternehmensseite beeinflussbaren **Bestimmungsgrössen der Unternehmensimages** liegen einerseits in der Anpassung des eigenen **Handelns** an die Präferenzen und Werte seiner Stakeholder, andererseits in einer bewussten Gestaltung planbarer **Kommunikationssituationen**, in denen die Absichten und Prinzipien der „**Corporate Persona**" vermittelt werden können.

6 Management des Stakeholder Capital durch Handeln und Kommunikation

Wird die Gesamtheit der Stakeholder-Images des Unternehmens aufgrund ihrer handlungslenkenden Wirkung als Stakeholder Capital erkannt, folgt daraus für die Unternehmensleitung der Auftrag, im Sinne der Unternehmensziele gestaltend, lenkend und entwickelnd mit diesem Kapital umzugehen. In Kapitel 5.3 wurden die Charakteristika und Einflussgrössen von Images im Hinblick auf ein wirksames Management des Stakeholder Capital modelliert: Das Image eines Unternehmens und seiner Produkte bildet sich in der Wahrnehmung der Stakeholder zum einen durch direkte **Erfahrungen** mit dem Unternehmen und seinen Produkten und zum anderen durch **Kommunikationsinhalte**, die das Unternehmen betreffen. Ein überwiegender Teil dieser Kommunikationsinhalte wird von dritter Seite gesteuert (Journalisten, Analysten, Konkurrenz) oder weist selbstorganisierende Merkmale auf (z.B. interpersonale Kommunikation, Mund-zu-Mund weitergegebene Erfahrungsberichte, Börsengerüchte) und lässt nur eine begrenzte Einflussnahme (z.B. durch Instrumente der Medienarbeit oder des „Viral Marketing"[60]) der Unternehmung zu. Daraus ergibt sich, dass die

---

[60] Zum Viral Marketing siehe Tomczak und Kruthoff (2004, S. 138-139) sowie Phelps, Lewis, Mobilio, Perry & Raman (2004) und Helm (2000).

Bildung und Entwicklung des Stakeholder Capital, die Stakeholder Images, durch das Unternehmen nur teilweise kontrollierbar erscheinen.

Die Situation bedingter Steuerbarkeit ist für die Unternehmensführung allerdings eher Normalität als Ausnahme, ist doch Management gerade definiert als das Gestalten, Lenken und Entwickeln eines Systems in einer komplexen Umwelt mit selbstorganisierenden Elementen und Rückkopplungseffekten, wie wir in Kapitel 3 gesehen haben. Obwohl die Genese von Stakeholder Images und damit des Stakeholder Capital ein in weiten Bereichen fremdbestimmter und/oder selbstorganisierender Prozess ist, existieren **Steuerungsmöglichkeiten für das Unternehmen**:

▨ Diese Steuerungsmöglichkeiten liegen erstens im **eigenen Handeln**: Das tatsächliche Verhalten und Handeln eines Unternehmen bestimmt den Eindruck, den Menschen von ihm erhalten, und damit das Vorstellungsbild. Die Entwicklung eines Bewusstseins für das jeweilige institutionelle Umfeld, die Lebenswelt des Stakeholders, macht eine häufig leicht zu bewerkstelligende Rücksichtnahme durch das Unternehmen möglich. Die Interpretation des Unternehmenshandelns durch Anspruchsgruppen verändert sich. Zudem beeinflusst das tatsächliche Verhalten und Handeln des Unternehmens die Berichte von Dritten über das Unternehmen. Ein solches stakeholderbewusstes Handeln des Unternehmens entspricht einem kunden- und stakeholdergerechten Produkt I auf Produktebene.

▨ Zweitens eröffnen sich Möglichkeiten über die **Kommunikation** des Unternehmens, Einfluss auf die Entstehung und Entwicklung der Stakeholder Images zu nehmen. Das betrifft sowohl die Formen der selbst gesteuerten Kommunikation als auch die Beeinflussung und Teilnahme an extern angestossenen Kommunikationsprozessen. Analog zu einer Implementation II auf Produktebene muss auch die Unternehmung in der Wahrnehmung ihrer Stakeholder gestaltet und gepflegt werden. Das Unternehmen kommuniziert in unterschiedlicher Gestalt in vielen symbolischen Interaktionen mit seinen Stakeholdern. Die jeweilige Repräsentation des Unternehmens kann als eine spezifische Corporate Persona bezeichnet werden. Über die bewusste Gestaltung der symbolischen Corporate Persona und ihres Handelns im Sinne der Unternehmensziele lassen sich die bei Stakeholdern entstehenden Images beinflussen. Neben der Repräsentation des Unternehmens in einer Interaktionssituation (Kontaktpunkte) kann unter Umständen auch die Interaktionssituation selbst in Teilen strategisch gestaltet werden (Eigenmedien).

Das Management des Stakeholder Capital wird deshalb aus einer Kombination von einem die Stakeholder-Interessen berücksichtigendem *Handeln* und einer geeigneten *Kommunikation* bestehen müssen, mit dem Ziel, geeignete Images zu Unternehmen und Produkten (Produkt II und Unternehmen II) zu ermöglichen und ihre Entwicklung im günstigen Sinne zu beeinflussen. Es ist naheliegend, die Verantwortung der Pflege und Maximierung des Stakeholder Capital einer Unternehmensfunktion zuzuweisen, deren Kompetenzen und Ressourcen ausreichend sind, um die symbolische Ebene des allgemeinen Unternehmenshandelns und die Gestaltung der Kommunikation der Unternehmung zu koordinieren: die Unternehmenskommunikation oder Corporate Communication.

6.1 Der Managementprozess der Unternehmenskommunikation

Das Stakeholder Capital bildet sich aus den Unternehmensimages der Stakeholder. Diese Bilder sind die individuellen Repräsentationen des Unternehmens als physisches und soziales Objekt. Als physisches, handelndes Objekt ist es sinnlich erfahrbar, als soziales Objekt ist es symbolisch, hat eine durch die jeweilige Gemeinschaft sozial ausgehandelte (konstruierte) Bedeutung. Seine soziale Identität ist somit kommunikativ erzeugt. Das Unternehmen muss diesen Prozess der Bedeutungsproduktion aktiv mitgestalten. Dazu benötigt es die Vision einer Wunschidentität, die in einem Abgleich mit seiner Bedeutung für die Anderen zu einer sozialen Identität fortentwickelt wird.

Die Aufgabenstellung einer zentralen Corporate Communication kann sich nicht in der Gestaltung der Kommunikationssituationen zwischen Unternehmung und Anspruchsgruppen erschöpfen. Für eine erfolgreiche Pflege der Unternehmensimages ist, wie gesehen, ein gleichgerichtetes Unternehmenshandeln unabdingbar. Aus diesem Grund muss eine Corporate Communication, die sich als Stakeholder Capital Management versteht, das allgemeine Unternehmenshandeln umfassen, insbesondere bezüglich seiner symbolischen Dimension begleiten und dafür am Unternehmensstrategieprozess teilnehmen.

Abbildung 6-1: *Die Verbindung von allgemeinem Handlungsmanagement der Unternehmung und dem Kommunikationsmanagement*

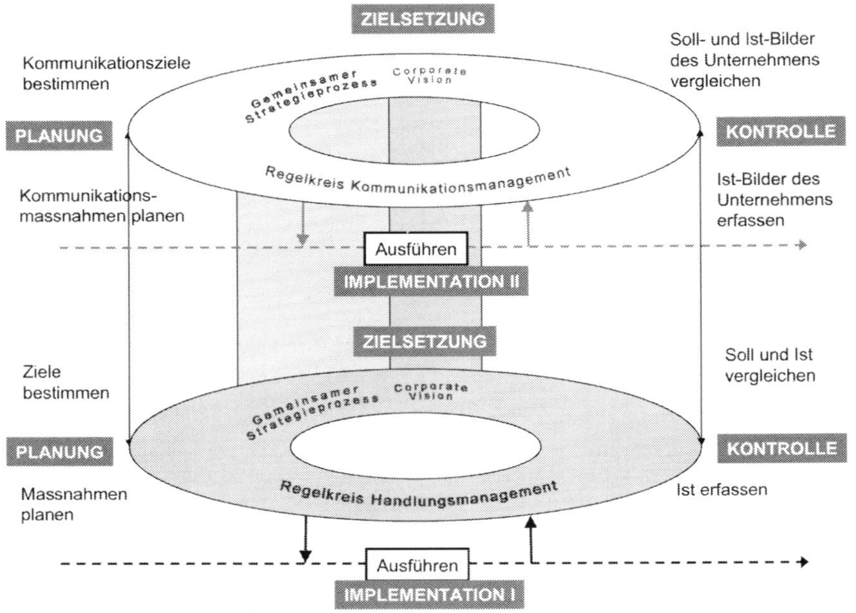

Die wechselseitige Abstimmung des allgemeinen Managementprozesses der Unternehmung und des Kommunikationsmanagements findet primär während des synoptischen Unternehmensstrategieprozesses statt. Hier werden das Sollbild der Unternehmung (Corporate Vision), die Prinzipien seines Handelns (Corporate Governance) sowie die wesentlichen Schritte zur Realisierung des Sollbildes (Strategie) festgelegt. Da diese Elemente das Unternehmenshandeln gegenüber seinen Anspruchsgruppen entscheidend prägen, müssen sie im Bewusstsein der „Blicke der Anderen" stakeholderwertbewusst gestaltet werden. Diese **Internalisierung der Stakeholder-Werte** und -Interessen in den Strategieprozess übernimmt eine zentrale Corporate Communication. Erst auf Basis dieser Mitgestaltung des allgemeinen Unternehmenshandelns kann dann ein effektives Management der Kommunikation im engen Sinne gelingen: Die Formulierung einer zielführenden Kommunikationsstrategie, die Ziele und Massnahmen benennt, die Umsetzung in Form einer Gestaltung und Steuerung von Kommunikationssituationen sowie ein entsprechendes Kommunikations-Controlling.

6.2 Handeln unter den Blicken der Anderen

Das Handeln des Unternehmens ist in erster Linie auf die Produktion seiner Leistungen ausgerichtet und wird von den entsprechenden Unternehmensfunktionen verantwortet. Die für das Handeln der Organisation Verantwortlichen müssen sich hierbei aber **des Blickes der Unternehmens-**Stakeholder bewusst sein und die mit der eigenen Leistungserstellung gekoppelten Wertschöpfungsprozesse in den Stakeholderwelten beachten. Dazu ermittelt das Kommunikationsmanagement der Unternehmung die **Stakeholder-Werte und -Interessen** und integriert diese in den Managementprozess des Unternehmens. Dies geschieht durch eine stakeholderbewusste Mitgestaltung der Vision und der Strategie der Organisation, ihrer Handlungsprinzipien und durch eine kontinuierliche Reflexion der symbolischen Bedeutungen ihres Handlungsmanagements.

Unabhängig davon, welche Stakeholdergruppe betroffen ist, stellt eine Erfassung der Anliegen **aus der Lebenswelt der Stakeholder heraus** die notwendige Grundlage für ein optimales Handeln des Unternehmens dar. Spieltheoretisch gesprochen: Das Unternehmen muss die Nutzenfunktion der anderen Spieler möglichst gut kennen, um seine eigene Strategie optimieren zu können.

Das Handeln des Unternehmens wird von seinem Management im Zuge des Strategieprozesses festgelegt. Der Ausgangspunkt der Strategiefindung ist die Corporate Vision, ein zukunftsgerichtetes Ideal-Bild des Unternehmens. Bereits dieser Ausgangspunkt der Unternehmensstrategie und des Unternehmenshandelns ist unter Einbezug der Werte und Interessen von Anspruchsgruppen zu konstruieren. Die Corporate Vision wird indirekt durch das folgende Unternehmenshandeln (Implementation I) für den externen Betrachter sichtbar. Im Rahmen der Kommunikation des Unternehmens (Implementation II) wird sie direkt vermittelt und für jede Stakeholdergruppe spezifiziert (siehe Kapitel 6.3).

Wie in Kapitel 5 erläutert, agiert das Unternehmen unvermeidlich in den Lebenswelten einer Reihe von Gemeinschaften. Das Unternehmen interagiert innerhalb der dort geltenden institutionellen Rahmen. Es befindet sich in einem Spiel, in welchem das Handeln der anderen Spieler für die Wertschöpfung des Unternehmens relevant ist und umgekehrt das Unternehmen die Wohlfahrt anderer Beteiligter beeinflusst. Einige dieser Spielfelder stehen nicht unmittelbar im Fokus der Aufmerksamkeit des Unternehmensmanagements. Um die Bedeutung einer möglichst umfassenden Zahl vorliegender Spielfelder einzuschätzen, müssen, in einem ersten Schritt auf dem Weg zu einem stakeholderbewussten Management, diese Spielfelder identifiziert und priorisiert werden:

▨ In welche institutionellen Rahmen ist das Unternehmen eingebunden und wer sind die Trägergemeinschaften dieser Institutionen?

▨ Welche Rolle spielt das Unternehmen in einer jeweiligen Institution?

▓ Wie wichtig ist die jeweilige Institution für das Unternehmen?

Die Priorisierung einer Institution wird sich letztlich an dem in Kapitel 5.2 beschriebenen Stakeholder-Wert orientieren. Im Sinne einer umfassenden Umweltanalyse der Unternehmenskommunikation tritt die Analyseebene Institution zu den bereits in Kapitel 5 ausgeführten Analyseebenen Kommunikationarena und Rolle (Beziehungsart) hinzu. Der Begriff der Institution betont den Aspekt des regelhaften Handelns, der Begriff der Arena betont den Aspekt der Bühne, des öffentlichen Auftritts unter den Blicken der Anderen. Hinzu kommt weiterhin die wichtige Analysebene der Issues – Themen, die potentiell mit einer Organisation verknüpft sind und unterschiedliche Ansprüche von Stakeholdergruppen nach sich ziehen, weil sie Stakeholder-Werte tangieren (siehe Ingenhoff und Röttger in diesem Band). Bezüglich der Relevanz einer Institution können situative Elemente eine entscheidende Rolle spielen. Im Falle einer erhöhten Medien-Aufmerksamkeit wird eine an sich „unwichtige" Stakeholder-Gruppe oder eine unter Wertgesichtspunkten unbedeutende Stakeholderbeziehung eine grosse Tragweite für die Reputation der Unternehmung aufweisen und eine entsprechende Priorisierung des Umgangs mit dieser Gruppe verlangen. Diese Problematik und ein geeignetes diesbezügliches Vorgehen erörtern vor allem das Issues Management (siehe Ingenhoff und Röttger in diesem Band) und die Krisenkommunikation (siehe Töpfer in diesem Band).

Sobald die Spielfelder (Institutionen) und Spieler (Stakeholdergruppen) identifiziert und hinsichtlich ihrer Relevanz eingeschätzt wurden, kann eine verfeinerte Analyse der jeweiligen Wertschöpfungsprozesse vorgenommen werden:

▓ Welche **Werte** hat die jeweilige Gruppe, welche hat das Unternehmen?

▓ Wie sehen die jeweiligen Wertschöpfungprozesse aus? Wie sind die unternehmerische Wertschöpfung und der Wohlfahrtsnutzen einer bestimmten Gruppe miteinander verknüpft?

▓ Was ist die Struktur des Spiels, nach welchen Regeln interagieren wir mit dieser Gruppe? Welche Rechte und Pflichten haben wir?

▓ Wo bestehen Konflikte?

▓ Ist eine Kooperation möglich und wie kann eine solche aussehen?

▓ Gibt es Möglichkeiten des Tausches (Überlassung eines Gutes gegen Hingabe eines anderen – z.B. Verzicht auf Lohnkürzungen gegen Flexibilisierung der Arbeitszeit)?

▓ In welchen Konflikten bleibt nur ein Wettbewerb gegensätzlicher Interessen mit dem Ziel geringstmöglicher gegenseitiger Schädigung?

Einige dieser Fragen sind für die wichtigsten Stakeholder bereits durch klassische Unternehmensfunktionen gestellt worden: Das Human Resource Management beispielsweise hat das Verhältnis zu den Mitarbeitern analysiert und das Arbeitsverhalten der Mitarbeiter ist als Human Capital erkannt. Untersuchungen zu den Anliegen und Werten der Mitarbeiter liegen diesem Bereich vor und es existieren Vorschläge, wie ein Abgleich der zum Teil übereinstimmenden, zum Teil gegensätzlichen Interessen aussehen kann. Es wurden institutionelle Designs zur Kooperation und zur Konfliktlösung etabliert, namentlich Gewerkschaften, aber auch Berufsverbände und betriebliche Institutionen z.B. in der Weiterbildung.

Die Interaktion ist auf dieser Metaebene des Interessenabgleichs nicht beendet. Vor dem Hintergrund des unternehmerischen Strategieprozesses sind die wichtigsten Handlungsinteraktionen (Spiele) für das Unternehmen zu identifizieren und die erfolgskritischsten Handlungsschritte vorzubereiten. Neue Arbeitswelten und veränderte Unternehmensziele verlangen beständig neue Lösungen und somit die Gestaltung neuer Institutionen. Funktionierende Institutionen sind permanent weiterzuentwickeln und das Handeln der Unternehmung in diesen Institutionen muss überdacht und im Hinblick auf die Unternehmensziele gesteuert werden.

6.2.1 Corporate Identity

Das zukunftsgerichtete Selbstbild des Unternehmens, die Corporate Vision, legt fest, welche Gestalt die Wahrnehmung der Stakeholder sehen soll. Im Kontext des **Handelns**, d.h. der Institutionen, wird das Wesen des Unternehmens in Prinzipien und Werten gefasst, die sein Handeln lenken. Die **Identität** des Unternehmens ist Basis und Ergebnis beider Elemente, des Wahrnehmungsbildes und der Art des Verhaltens.

Unter Identität versteht man allgemein die als das Selbst erlebte innere Einheit – zunächst einer Person –, die auf einer weitgehenden Übereinstimmung basiert, zwischen dem, was sie ist, und dem, als was sie bezeichnet wird. Im Verständnis des symbolischen Interaktionismus ist Identität das Ergebnis sozialer Interaktion: Durch symbolische Interaktion (Kommunikation) wird es einer Person möglich, die Haltung der Anderen zu verinnerlichen (Mead nennt das so erfahrene Selbst ME) und dann auf Basis dieser Reflexion bewusst zu handeln (in der Sprache von Mead als I).

Die differierenden Haltungen unterschiedlicher Gruppen zu koordinieren und daraus eine Einheit (der verschieden MEs) herzustellen, ist Aufgabe der Identität. Durch die sozialen Bedingungen der Identitätsgenese unterliegt die Person in ihrem Handeln einer Selbstkontrolle, die sich aus der sozialen Kontrolle der Gemeinschaft ableitet (Mead 1968; 1969; 1980).

Wilhelm von Humboldt sieht die wahre Bestimmung des Menschen in der Entwicklung seiner Fähigkeiten zu einem vollständigen, widerspruchsfreien Ganzen. Die verschiedenen Rollen, die wir als Personen übernehmen, verlangen je ein verschiedenes Können und das Verfolgen unterschiedlicher Zwecke. Daraus ein Ganzes zu formen, das auch bei widersprüchlichen Anforderungen auf dem Hintergrund übergeordneter Werte dennoch als ausgewogen und konsistent bezeichnet werden kann, ist eine Herausforderung für jede persönliche Entwicklung. Dies läßt sich auf die „Corporate Persona" übertragen. Auf der logischen Ebene besteht im Wesentlichen eine Strukturgleichheit der Probleme. Von der Wahrnehmung her wird, wie oben gesagt, das Unternehmen als handelnde Entität personal aufgefasst. Die Mead'schen Überlegungen lassen sich daher auf die Identität von Organisationen (wie ja auch das Organisationshandeln aus dem personalen Handeln abgeleitet ist) übertragen.

Die Werte der Stakeholder differieren naturgemäss: Die Kapitaleigner wünschen sich maximale Renditen, Mitarbeiter plädieren für möglichst sichere, gut bezahlte Arbeitsplätze, die auch ihren Arbeitsmarktwert sichern und mehren, Anwohner verlangen höchstmögliche Produktionssicherheit, der Staat wünscht direkte und indirekte Steuererträge etc. Herausforderung der Unternehmung wie analog der einzelnen Person ist es, diese verschiedenen Ansprüche in Verbindung mit den eigenen Ansprüchen optimal zu synthetisieren. Wenn Peter Drucker die Aufgabe des Managements darin sieht, „die Bedürfnisse der Gesellschaft in Möglichkeiten für eine rentable Unternehmensführung zu verwandeln" (2002, S. 40), dann bedeutet diese „Verwandlung" eine Kompromissfindung in Form einer Eigengestaltung (Unternehmensdesign), die den Bezug (Persona) auf divergierende Werte (Interessen und Ansprüche) in einer Einheit (Identität) zu integrieren weiss.

Der personalen Reflexion entspricht auf organisationaler Ebene die bewusste Internalisierung der Blicke der Anderen, deren Werte und Haltungen in die Corporate Vision: Das Unternehmen macht sich nicht nur ein gewünschtes Selbstbild für sich, sondern es präsentiert auch den Anderen ein Bild und gestaltet dieses im Hinblick auf eine grösstmögliche Akzeptanz und Glaubwürdigkeit. Das Unternehmen will in den Institutionen seiner Stakeholder eine bewusst gewählte Rolle spielen und integriert diese in sein Selbstbild. Die jeweiligen Prinzipien des Handelns werden festgelegt und in das übergeordnete Wertesystem der Unternehmung eingeordnet, in die breit verstandene, alle Stakeholder adressierende Corporate Governance. Im Bewusstsein fremder Werte kann die Unternehmung damit ihr Handeln einer Selbstkontrolle unterwerfen, die sich wiederum aus der sozialen Kontrolle der Gemeinschaft ableitet. Das Unternehmen ist sich auf diese Weise seiner Einbindung in die verschiedenen Wertschöpfungprozesse bewusst und erfüllt eine wichtige Bedingung der sozialen Integration. Die Organisation integriert die Bedürfnisse ihrer Anspruchsgruppen in ihr Zielsystem und kommuniziert gleichzeitig ihre Ziele. Mit diesem Vorgehen vermeidet die Unternehmung soziale Sanktionen oder mindert diese weitmöglichst und eröffnet sich den Zugang zu den von ihr benötigten Ressourcen der Stakeholder.

Die innere Einheit des Akteurs Unternehmen, die **Corporate Identity**, ist Ergebnis dieser reflexiven Arbeit und bildet Grundlage und Kern all dieser, je nach Bezugsgruppe variierenden Gesichter der „Corporate Persona". Nur auf Basis dieser Selbst-Reflexion der Organisation können ihre Handlungen und Kommunikationsakte eine

Einheit bilden. Die daraus resultierende Identität ermöglicht eine Corporate Communication mit der notwendigen Kohärenz und schafft damit wiederum die Voraussetzung für eine klare Corporate Identity – ein sich positiv verstärkender Regelkreis.

Abbildung 6-2: *Identität als Konsistenz von Selbst- und Fremdbildern*

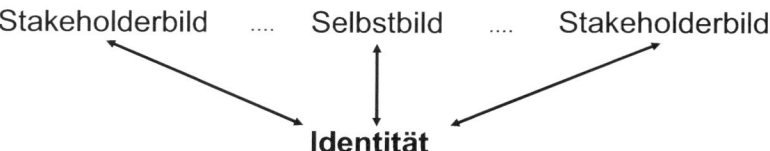

Corporate Identity: **Konsistenz** von Selbst- und Fremdbildern notwendig

---

Mit der oben vorgenommenen Rückbesinnung auf den Wortsinn des Begriffes „Identität" lassen sich einige seiner in der Literatur kritisierten Unschärfen klären[61]. Das betrifft besonders die Frage, aus welchen Faktoren ein Konstrukt Unternehmensidentität zu modellieren sei[62]. Nach Albert & Whetten (2003, S. 79-92) lässt sich die Corporate Identity anhand von drei Kriterien definieren: Sie fasst die Essenz des Agenten Organisation („claimed central character"), stellt das zentrale Unterscheidungsmerkmal dar („claimed distinctiveness") und bringt zum Ausdruck, was an einer Organisation über den Zeitverlauf hinweg konstant bleibt („claimed temporal continuity"). Ihr letztgenanntes Kriterium der Kontinuität ist nur bedingt haltbar (Giola, Schultz & Corley, 2000). Sicherlich sollte die Identität ein vergleichsweise stabiles Konstrukt sein. Nimmt man aber in den Blick, dass Identität ein Ergebnis ist, das aus der Kommunikation mit Bezugsgruppen erwächst und nicht einseitig „produziert wird", dann setzt ein solches Verständnis von Unternehmensidentität falsche Vorgaben für das Kommunikationsmanagement. Sowohl die Corporate Vision (eigenes Idealbild) als auch deren situative Gestalt (Persona in einer Kommunikationssituation) müssen unter den

---

[61] Siehe z. B. Melewar & Wooldridge (2001). Für eine Übersicht des Forschungsfeldes Corporate Identity, unterschiedliche Positionen und Literatur, siehe Balmer & Greyser (2003a, S. 33-52).

[62] Schmidt (1995) plädiert für „communication and design; corporate behaviour; corporate culture; market conditions; and product and services" (zit. nach Melewar & Wooldridge, 2001, S. 328). Melewar & Wooldridge möchten das Modell um Faktoren wie die Organisationsstruktur erweitern (S. 333). Die praktische Tragweite eines solchen Prozessmodells für das Kommunikationsmanagement bleibt begrenzt. Die Intention, eine länger werdende Liste an Identitätselementen zu optimieren, verfehlt die Grundproblematik, welche die Identität eigentlich anspricht: Kohärenz zwischen dem Eigenbild und verschiedenen Fremdbildern.

gegebenen Bedingungen von Unternehmensführung Anpassung und Überarbeitung erfahren. Corporate Vision und Corporate Persona sind nicht unumstösslich[63], sondern gewünscht dynamisch – schon aufgrund der ebenfalls dynamischen Ansprüche der Stakeholder an Unternehmen. Dagegen sollte auf der Ebene der Werte Verlässlichkeit herrschen und ein Wertewandel nur in einem auch für Andere nachvollziehbaren Prozess erfolgen. Verlässlichkeit ist die zentrale Voraussetzung für Vertrauen. Lernbereitschaft und der Wille, sich veränderten Umständen anzupassen, zeugen von Sympathie (im Wortsinne von Mitempfinden) und erzeugen Sympathie.

Der Begriff Identität, betrachtet im Lichte des symbolischen Interaktionismus, macht die entscheidenden Herausforderungen eines Kommunikationsmanagements unmissverständlich deutlich: Das Einbringen der Werte und Sichtweisen der Anderen in den Strategieprozess und dessen Ergebnisse ist eine erste wichtige Voraussetzung für eine kohärente Unternehmensidentität. Geschieht dies in der von Mead beschriebenen Persönlichkeitsentwicklung intuitiv, als „Play" und „Game", tritt an diese Stelle auf der Unternehmensebene ein Prozess systematischer Umfeldanalyse und symbolischer Kommunikation. Die Internalisierung der Stakeholder-Werte schenkt dem Unternehmen in der Begrifflichkeit des symbolischen Interaktionismus seine MEs. Dieses Vorgehen ermöglicht erst ein bewusstes Unternehmenshandeln, das die Anderen, d.h. die Werte seiner Stakeholder, berücksichtigt. Aus diesem entstandenen Me heraus aktualisiert sich, unter den besonderen Bedingungen und unter Einfluss der Anderen, in unterschiedlichen Kommunikationssituationen, jeweils ein I.

Die Formulierung der Corporate Vision, der Corporate Governance und der Unternehmensstrategie (siehe 6.2.2) wird ergänzt durch die in Kapitel 6.3 beschriebene Gestaltung der Kommunikationssituationen. Eigenvorstellung, Handeln und Kommunikation müssen konsonant aufeinander und auf die Anderen bezogen werden. Die Lösung dieser Herausforderung einer Corporate Communication bildet die notwendige Kohärenz von stakeholderbewussten Selbst- und geeigneten Fremdbildern. Diese Annäherung gelingt der Unternehmenskommunikation zum einen durch Anpassung des Unternehmenshandelns an die Bedürfnisse der Anderen, zum anderen durch Kommunikation, Argumentation für das Unternehmen gegenüber den Stakeholdern. Gelingt diese dialogische Kommunikationsarbeit nach innen und nach aussen, entsteht als Ergebnis eine konsistente Corporate Identity.

---

[63] Man denke z.B. an die Konsequenzen eines kollektiven Wertewandels in der Gesellschaft (siehe z. B. Neumann, 2000, S. 48, S. 197 und Grabner, 1993, S. 114) oder an tiefgehende Restrukturierungen (z.B. Preussag/TUI AG) und Merger-Situationen (z.B. Daimler-Chrysler), die allesamt notwendigerweise auch eine Corporate Vision tangieren. Zu der Rolle von Unternehmensmarken bei Mergers & Acquisitions siehe Brockdorff (2003).

6.2.2   Internalisierung der Stakeholder-Werte

Die Aufgabe der Unternehmenskommunikation ist es, in den strategischen Managementprozess der Unternehmung den Blick der Anderen einzubringen. Dieser Strategiebeitrag des Kommunikationsmanagements ermöglicht ein ganzheitliches, stakeholderorientiertes **Unternehmensdesign.** Das Ziel eines solchen Unternehmensdesigns ist eine symbiotische, für beide Seiten wertstiftende Integration der Unternehmung in die umgebenden Gesellschaften. Das **Unternehmensdesign**[64] beginnt, basierend auf einer Situationsanalyse nach innen und aussen sowie einer Standortbestimmung, mit der Gestaltung eines **Unternehmens-Sollbildes.** Die Unternehmensleitung beschreibt rechtliche, finanzielle, organisatorische, prozessuale und symbolische Merkmale der angestrebten Unternehmensgestalt **(Corporate Vision)** und des angestrebten Unternehmenshandelns **(Corporate Governance)** als Grundlage der darauf aufbauenden **Unternehmensstrategie.**

> Die **Corporate Vision** ist ein auf die Zukunft gerichtetes Selbstbild der Unternehmung. Sie stellt den Ausgangspunkt des unternehmerischen Strategieprozesses dar, der Handeln und Kommunikation verbindlich ausrichtet.

Die hierdurch beantworteten Fragen sind: Wer möchten wir sein? Welche Rolle möchten wir innerhalb der uns umgebenden Gemeinschaft einnehmen?

Die **Corporate Vision** ist Ausdruck der Synthese aus Eigen- und Fremdwerten. In Form eines **(Leit-)Bildes** soll sie nicht zuletzt die emotionalen Energien der zuerst adressierten internen Anspruchsgruppen aktivieren und ausrichten. Ähnlich wie das handelnde Individuum erlangt die Organisation seine Sozialkompetenz durch die Wahrnehmung der **Blicke der Anderen.** Auch das Unternehmen muss die Werte und Interessen seiner Anspruchsgruppen internalisieren. Sein ideales zukunftsgerichtetes Selbstbild muss auch jene Bilder enthalten, die es den Anderen zeigen will, d.h. die Corporate Vision muss um die **Fremdbilder** des Unternehmens erweitert werden.

> Die **Corporate Governance** definiert die Führungs- und Leitungsgrundsätze der Unternehmung. Sie beschreibt die Werte, nach denen sich das unternehmerische Handeln richtet, die Handlungsprinzipien, denen sich das Unternehmen unterwirft (vgl. Kapitel 5.3.4).

Die hierdurch beantworteten Fragen sind: Wie möchten wir handeln, um das Unternehmens-Sollbild zu realisieren? Was sind die ethischen und pragmatischen Prinzipien, denen wir unser Handeln verpflichten wollen?

---

[64] Unternehmensdesign wird hier verstanden als der Vorgang der Planung und Umsetzung des Unternehmens-Sollbildes.

Es verändert die Sichtweise eines Stakeholders, wenn er erkennen kann, dass seine Anliegen im Leitbild und in den Handlungsprinzipien des Unternehmens vorkommen – wenn er angesprochen ist. Diese Ansprache stellt einen personalen Bezug zum Unternehmen her, der über den reinen Objektbezug hinausgeht.

Während die Corporate Vision die statischen, bildhaften Unternehmensmerkmale ausdrückt, gibt die Corporate Governance eher handlungsbezogene Werte und Prinzipien wieder, die dem Handeln des Unternehmens zugrunde liegen. Corporate Vision und Corporate Governance bilden gemeinsam eine Einheit, die es dem Stakeholder ermöglicht, sich ein Bild der „Corporate Persona", des Akteurs Unternehmen, zu machen.

> Die **Unternehmensstrategie** leitet aus der abstrakteren Corporate Vision konkrete Unternehmensziele und wichtigste Massnahmen ab. Sie ist der Handlungsweg, auf dem das Unternehmen sein Sollbild verwirklichen will.

Die beantworteten Fragen sind: Wie lautet der genaue Plan unseres Vorgehens? Was sind die entscheidenden Schritte zur Erreichung der grundlegenden Unternehmensziele?

Bereits die Corporate Vision als Leitbild der Unternehmung soll an den Werten und Interessen der relevanten Stakeholder ausgerichtet werden, um eine hohe Nutzenstiftung für diese Gruppen zu ermöglichen und deren notwendige Ressourcen zu erhalten. Die grundlegenden Handlungsprinzipien sollen stakeholderbewusst gewählt werden und die strategischen Unternehmensziele und -massnahmen sollen auf ihre symbolische Bedeutung hin reflektiert werden. Stakeholder müssen darauf vertrauen, dass eine Organisation durch ihre Existenz und Tätigkeit fremde Werte achtet; die eigenen Werte des Stakeholders mehrt, nicht mindert, und dass diese Mehrung eigener Werte höher ausfällt als bei alternativen Wettbewerbern, die um dieselben Stakeholder-Ressourcen ringen. Im Falle einer unabdingbaren Kollision von Interessen gilt es, zumindest eine geringere Schädigung der fremden Interessen nachzuweisen als alternative Wettbewerber.

Vor dem Hintergrund dieser, für das Unternehmen und seine Umwelt wesentlichen Wechselbeziehung sucht der **Visionsprozess** eine Fremdnutzen und Unternehmenswert stiftende Eigengestaltung. Die Corporate Vision lässt sich als heuristische Synthese aus wesentlichen Eigen- und Fremdwerten verstehen, mit dem Ziel, eine Maximierung auch des beinflussbaren Stakeholder Kapitals zu erreichen. Gesucht wird der realisierbare, gemeinsame Nenner der naturgemäss divergierenden Interessen aller relevanten Stakeholdergruppen. Spieltheoretisch gesprochen, wird eine Gleichgewichtsstrategie gesucht, die jeder Seite ihr Optimum ermöglicht. Das Beispiel der Beziehung Unternehmen-Mitarbeiter verdeutlicht dieses Vorgehen: Das Unternehmen benötigt mölichst qualifizierte Mitarbeiter zu einem möglichst günstigen Preis. Die Mitarbeiterinteressen betreffen das Gehalt, aber zugleich die Bewahrung ihrer Marktattraktivität (Employability) und weitere Faktoren wie interessante Arbeitsaufgaben etc. Das Unternehmen wird nun sein Selbstbild für den Stakeholder Mitarbeiter ergänzen, eine Synthese suchen und diese in das Sprach- und Wertesystem der Mitarbeiter übersetzen. Eine Synthese der Interessen könnte durch Weiterbildung die Marktfähigkeit der Mitarbeiter fördern und, im Gegenzug für diese Verbesserung der „Employability", gute, aber für den Wettbewerb nicht nachteilig hohe Gehälter zahlen. Das an die Stakeholdergruppe adressierte Leitbild dieses Unternehmens sollte entsprechend vermitteln, dass es die besten Mitarbeiter will, Weiterbildung unterstützt und dadurch ein bewusster Partner in einem wechselseitigen Wertschöpfungsprozess sein möchte.

Abbildung 6-3:   *Corporate Governance der Siemens AG: Vorwort des CEO zu den Business Conduct Guidelines (Siemens, 2005)*

Business Conduct Guidelines

Integrity guides our conduct toward our business partners,

colleagues, shareholders and the general public.

This basic statement of our Corporate Principles constitutes the foundation of the Business Conduct Guidelines. Both our strategic considerations and our day-to-day business must always be based on high ethical and legal standards.

To a substantial degree, our Company's public image is determined by our actions and by the way each and every one of us presents and conducts himself or herself, and particularly by the respect we show each other. We all share the responsibility for having our Company meet its corporate social responsibility worldwide.

The Business Conduct Guidelines are globally binding rules applicable to every employee. They shall help us meet ethical and legal challenges in our day-to-day work. Any employee who has questions and comments may contact his or her superior or another office designated for that purpose.

Dr. Klaus Kleinfeld
President and Chief Executive Officer

Für eine erfolgreiche Internalisierung von Stakeholder-Werten und -Interessen ist eine differenzierte Kenntnis der relevanten Anspruchsgruppen Voraussetzung. Eine kontinuierliche Situationsanalyse identifiziert und sortiert die relevanten Anspruchsgruppen (vgl. Kapitel 5), untersucht eigene und fremde Kommunikationsprozesse auf klar artikulierte Interessen und implizite Grundhaltungen. Die Umsetzung einer systematischen Situationsanalyse, unter Einbezug von sozialwissenschaftlichen Methoden der Markt- und Meinungsforschung, wird in der Literatur von unterschiedlicher Seite beschrieben.[65] Die Analyse der Stakeholder, ihrer Werte und Interessen sowie das Einspeisen dieser Erkennntnisse in den Strategieprozess der Unternehmung ist kein einmaliger Vorgang, sondern ein kontinuierlicher, jeden periodischen Rekurs der Unternehmensstrategie unterstützender Prozess.

Wie das Produkt-Sollbild beschreibt das Unternehmens-Sollbild nicht nur die Ebene organisatorisch-funktionaler Merkmale, sondern zudem psychologisch-soziale Merkmale – die **Persönlichkeit der Unternehmensmarke** und den **Unternehmenssinn**. Die Tragweite der gewählten Ausgangsmetaphern kann dabei kaum überschätzt werden. Denn diese Bilder der Organisationszukunft erzeugen jene machtvollen Paradigmen, denen das Umsetzungshandeln in der Folge unterliegt.[66]

Beispiele für funktionale Merkmale der Unternehmung aus Sicht verschiedener Stakeholdergruppen sind ein überdurchschnittliches Rendite-Risiko-Verhältnis auf eingebrachtes Eigenkapital, bestimmte Marktanteilsziele, die Zahl der Arbeitsplätze, Produktneuentwicklungen, Qualitätsziele etc. Analog zum integrierten Produktdesign bilden diese Merkmale den funktionalen **Grundnutzen eines Unternehmens**. Shareholder haben selbstverständlich Interesse an überdurchschnittlichen Renditen. Mitarbeiter erwarten angemessene Löhne und Gehälter. Der Staat erwartet die Zahlung von Steuern und Gebühren. Die allgemeine Öffentlichkeit pocht auf die Einhaltung ethischer Grundnormen und NGOs fordern einen vorbildlichen Umweltschutz. Diese Ansprüche richten sich auf Unternehmensmerkmale, die sich mit dem Grundnutzen und dem komplementären Zusatznutzen von Produkten vergleichen lassen.

Das Produkt weist jedoch darüber hinaus, wie gesehen in Kapitel 2.3.1, auch eine zunehmend wichtigere psychologisch-soziale Nutzendimension auf. Ähnliches lässt sich ebenso auf Unternehmensebene konstatieren: Unternehmensmarken entwickeln symbolische Bedeutungen, die sich als **Sinnangebote** an relevante Stakeholdergruppen lesen lassen.

---

[65] Zum Vorgehen einer „Stakeholder- und Kommunikationsfeldanalyse" siehe inbesondere Zerfass (2004, S. 326-342), Wilbers (2004, S. 331-360) sowie Müller-Stewens & Lechner (2003).

[66] Zur Unterscheidung der ähnlich belegten Begriffe Corporate *Mission* und *Leitbild* siehe Müller-Stewens & Lechner (2001, S. 174-180). Zum strategischen Mittel der *Corporate Story* siehe van Riel (2003, S. 161-170). Die Corporate *Story* soll wie die *Vision* die kommunikative Kohärenz sicherstellen. Sie wählt aber weniger eine bildliche als eine narrative Form und stellt den Entwicklungsverlauf eines Unternehmens eher in den Mittelpunkt als sein Zukunftsbild. Zur besonderen Bedeutung von Bildern und Metaphern für die Konstruktion sozialer Realität in Organisationen und als Einstieg in den entsprechenden Literaturhintergrund siehe Morgan (1993, S. 271-294; 2002, S. 507-565).

Abbildung 6-4: *Corporate Vision: Die Post als „ein Stück Schweiz" (Die Post, 2005)*

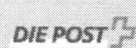

> Über uns > Konzern > **Grundsätze**   17.07.2005 - 20:47

Ein Unternehmen mit Vorbildfunktion

Die Post ist ein einmaliges Unternehmen: Sie verkörpert ein Stück Schweiz, ist ein öffentlich-rechtliches Unternehmen im Besitz der Eidgenossenschaft, muss sich den Herausforderungen des Marktes stellen und ist die zweitgrösste Arbeitgeberin des Landes. Deshalb übernimmt die Post in manchen Bereichen eine Vorbildfunktion und hat die Maximen ihres Handelns in einer Reihe von Grundsätzen festgehalten.

Die Grundsätze im Einzelnen

Vision
Corporate Governance
Corporate Citizenship
Post und Umwelt
Post und Politik
Wettbewerbsregeln

> Die symbolische Bedeutungsebene eines Unternehmens-Sollbildes muss die **Bedeutung des Unternehmens** und den **Sinn des Unternehmenshandelns** für wichtige Anspruchsgruppen darstellen und erläutern.

In diesem Zusammenhang steht die Unternehmensmarke im Gegensatz zu der Produktmarke vor dem Problem, ihre Gestalt nicht konsequent an den Präferenzen einer Kundenzielgruppe ausrichten zu können. Die Kundenzielgruppe einer Produktmarke teilt üblicherweise ein bestimmtes Bedürfnisbündel, welches das Produkt befriedigen kann. Diese Gemeinsamkeit ist auf Unternehmensebene nicht mehr gegeben. Die symbolische Bedeutungsebene eines Unternehmens-Sollbildes muss ebenso wie ihre organisational-funktionalen Merkmale eine Synthese divergierender Werte unterschiedlicher Stakeholder erschaffen. Die symbolische Bedeutungsebene eines Unternehmens-Sollbildes kann nicht auf eine weitgehende Kongruenz mit dem idealen Selbstbild einer einzelnen Kundengruppe zielen. Stattdessen müssen gemeinsame Nenner gefunden werden; Sinnangebote, die ausreichend abstrakt sind, um aus Sicht unterschiedlicher Stakeholdergruppen (Kapitalgeber, Mitarbeiter, Anwohner, Kunden etc.) konsensfähig zu sein. Im Bereich der sozialen Grundnormen sind unschwer Themen (Frieden, Demokratie, Umweltschutz, Menschenrechte usw.) auszumachen, die den Konsens breitester Bevölkerungsteile geniessen. Diese Themen stossen als positionierende Sinnmerkmale einer Unternehmensmarke jedoch rasch an Grenzen, da sie weder eine **Differenzierungsfunktion** noch eine **Identifikationsfunktion** der Unternehmensmarke gewährleisten. Die symbolische Ebene des Unternehmens-Sollbildes kann versuchen, progressiv Themen zu besetzen, die auf dem Weg sind, breite Zustimmung bei vielen Stakeholdergruppen zu gewinnen. Gelingt dies, dann erreicht die Unternehmensmarke als Themenführer Konsens, eine Identifikationsfunktion und für einige Zeit auch eine ausreichende Alleinstellung. Die Gefahr dieses Lösungsansatzes scheint jedoch in einer beschränkten Halbwertszeit zu liegen.[67]

Gemeinsam bilden die Ansprüche a) breitester Konsens, bei b) gleichzeitiger Differenzierung und c) Erfüllung der Identifizierungsfunktion einen vielschichtigen Forderungskatalog für die Gestaltung der symbolischen Ebene des Unternehmens-Sollbildes – insbesondere bei multinationalen Unternehmungen, die unterschiedliche sprachlich-kulturelle Umfeldbedingungen zu bewältigen haben. Die Gestaltung der Unternehmensmarken darf im Vergleich zur Gestaltung von Produktmarken aus den genannten Gründen als die wohl vielschichtigere und schwierigere Aufgabe des Kommunikationsmanagements angesehen werden: Fehlentscheidungen und nötige Anpassungen beschränken sich nicht auf einen Produktmarkt, sondern betreffen alle Stakeholder des Unternehmens. Zusätzliche Komplexität entsteht dadurch, dass eine Unternehmensmarke die Wahrnehmung der bestehenden und zukünftig entstehenden Produktmarken mitbestimmt (und umgekehrt).

Die Bedeutung einer Corporate Vision als Grundlage der Unternehmensstrategie für den Unternehmenserfolg ist seit einiger Zeit empirisch gestützt (Coulson-Thomas, 1992). Das Konzept „Corporate Vision" scheint, allerdings in unterschiedlichen Ausgestaltungen, eine breite Anwendung in der Praxis zu finden. Vorliegende Forschungsergebnisse spiegeln folgende Probleme und Erfolgkriterien in der Anwendung wider: In einer Untersuchung aus dem Jahr 1999 von O`Brien und Meadows (2000) gaben 90 von 100 antwortenden Unternehmen unterschiedlicher Branchen an, eine explizite Unternehmensvision zu besitzen oder bereits einen Prozess zu deren Entwicklung gestartet zu haben.[68] Die Probleme der gegenwärtigen Praxis liegen in mangelnder Klarheit und einem zu geringen Konkretisierungsgrad des zukünftigen Selbstbildes, wodurch dessen Leitpotential und seine Verbindlichkeit für das operative Handeln leiden. Ein Herausforderung stellt weiterhin das richtige Mass an Kontinuität

---

[67] Stewart (1996) kritisiert die zunehmende Austauschbarkeit von Corporate Visions ironisch treffend mit dem Hinweis, dass es sich meist um eine Kombination von fünf ähnlichen Elementen plus Unternehmenslogo handelt: „To be a a) premier/world-class… Company that provides, b) innovative…product and services to, d) fulfill our covenents with our stakeholders, in the rapidly changing e) information-solutions, business-solutions … industries." Er sieht die grösste Gefahr darin, der Notwendigkeit breiter, interner Zustimmung durch substanzlose Konsensentwürfe zu begegnen.
[68] Befragt wurden insgesamt 465 Mitglieder der Strategic Planning Society in Grossbritannien.

und breiter Beteiligung dar[69]: Konsens besteht darüber, dass die Formulierung der Corporate Vision Aufgabe der höchsten Leitungsebene ist. Gleichwohl müssen Mitarbeiter von Beginn an „mitgenommen" werden, um Identifikation sicherzustellen. Andererseits unterliegt die Breite der Partizipation gegebenen Grenzen, um die Effizienz und Geschwindigkeit der Visionsfindung nicht zu gefährden. Die Vision einer Unternehmung muss sich Ihrer Unternehmensgeschichte bewusst sein, um Kontinuität gewährleisten zu können. Trotzdem muss sie ausreichend häufig adjustiert werden, um auch aktuellen Herausforderungen (z.B. Mergers & Acquisitions) gerecht zu werden (El-Namaki, 1992; Collins & Porras, 1996; Langeler, 1992).

In der Literatur finden sich unterschiedliche Methodologien zur Erarbeitung einer Corporate Vision[70], deren Brauchbarkeit von den individuellen Spezifika einer Unternehmung abhängen. In variierender Ausformung finden sich folgende Vorgehensstufen in den Methodologien wieder (O`Brien & Meadows, 2000, S. 37): eine Situationsanalyse nach innen (u.a. Ressourcen, Kompetenzen, Selbstverständnis), nach aussen (gesellschaftliche Umwelt und Wettbewerber) sowie die Prognose erwarteter Entwicklungspfade. Aufbauend auf diesen Informationen entwickelt die Unternehmensleitung ihren Entwurf der organisationalen Zukunft in einem sowohl kalkulierenden wie kreativ-schöpferischen Prozess. Eine Klärung der **Prinzipien des eigenen Handelns** (Corporate Governance) schliesst an. Hierdurch wird nicht nur deutlich, was erreicht werden soll, sondern zudem, welche ethischen Leitplanken dem eigenen Handeln zur Erreichung des Sollbildes Grenzen auferlegen. Ein Abgleich zwischen Soll und Ist wird im Anschluss genutzt, um in Gestalt der Unternehmensstrategie Ziele und Massnahmen zu operationalisieren. Die Unternehmensstrategie beschreibt somit die wichtigsten Unternehmenshandlungen, die zur Erreichung des gewünschten Sollbildes umzusetzen sind. Die wichtigsten symbolischen Handlungen des Unternehmens – seiner Kommunikation – zur Erreichung des Sollbildes beschreibt, daran anknüpfend, die zentrale **Kommunikationsstrategie**. Sie ist unabdingbarer Teil der Unternehmensstrategie.

Die Mitarbeit der Kommunikationsfunktion an der Unternehmensstrategie beschränkt sich nicht auf die Ausgestaltung der Unternehmensmarke und der psycho-sozialen Unternehmenspersönlichkeit sowie damit eng zusammenhängender Bereiche wie Name, Markenzeichen oder Designelemente. Sie erschöpft sich ebenfalls nicht in einer reinen Übersetzung der allgemeinen Unternehmensstrategie in eine spezielle Kom-

---

[69] Lipton (1996) erkennt folgende Haupt-Hindernisse für den Erfolg der Entwicklung und der Umsetzung von Corporate Visions: Senior management`s behaviour is inconsistent with the vision; irrelevant vision, that ist not anchored in reality; unrealistic expectations; short time horizon; ignoring obvious obstacles to the vision; vision is too abstract or too concrete; lack of a creative process; poor management of participation; implementation lacks a sense of urgency (S. 89-91).

[70] Siehe insbesondere O`Brien und Meadows (2000), El-Namaki (1992) sowie Wilson (1992).

munikationsstrategie. Gleichwohl bleiben dies überaus bedeutsame Gestaltungsaufgaben der Kommunikationsfunktion. Internalisieren von Stakeholderwerten und -interessen in den Strategieprozess der Unternehmung bedeutet zusätzlich die Handlungsmassnahmen anderer Unternehmensinstanzen in ihrer symbolischen Bedeutsamkeit zu bewerten. Die symbolischen Wirkungen von Unternehmenshandlungen sind durch die Unternehmenskommunikation kontinuierlich zu prüfen und, wo möglich, zu optimieren.

Diese notwendige Überprüfung der symbolischen Tragweite von Unternehmensentscheidungen verdeutlicht ein Beispiel[71]: Die Deutsche Bank AG gab im Februar 2005 im Rahmen einer Pressekonferenz ein deutliches Ertrags- und Dividendenwachstum bekannt und stellte zugleich in Aussicht, mehrere Tausend Mitarbeiterstellen abzubauen. Der Zeitpunkt der Aussage erwies sich als äusserst unglücklich gewählt: Einen Tag zuvor hatte die deutschen Bundesregierung einen neuen, nationalen Arbeitslosigkeits-Rekordstand bekannt gegeben. Als Reaktion folgten öffentliche Boykottaufrufe führender Landespolitiker sowie harsche Pressekritiken an der Führung und Ausrichtung des Bankhauses. Die strategische Entscheidung der Deutschen Bank AG, ihre Mitarbeiterzahl im Zuge veränderter Marktbedingungen zu verringern, hätte in ihrer symbolischen Bedeutung erkannt und entsprechend behandelt werden müssen.

Es ist Aufgabe des Kommunikationsmanagements, kontinuierlich die symbolischen Bedeutungen von Vorgängen des allgemeinen Handlungsmanagements zu analysieren. Diese Begleitung des allgemeinen Handlungsmanagements ist eine wichtige Voraussetzung für das stakeholderbewusste Handeln der Unternehmung. Die Massnahmen des Handlungsmanagements weisen symbolische Bedeutungen auf, deren Risiken und Chancen bedacht werden müssen: Entscheidet sich die Privatkundenabteilung eines Bankhauses für die Ausgliederung von Privatkunden mit geringeren Vermögensbeständen, ist dies zunächst eine Entscheidung, die aus nichtsymbolischen Kosten-Nutzen-Erwägungen resultiert. Unter Umständen erzeugt jedoch die kommunikative, symbolische Ebene einer solchen Entscheidung des Handlungsmanagements Reputationskosten, die in ihrer Höhe das ursprüngliche nichtsymbolische Einsparpotential übersteigen. Diese Reflexion der symbolischen Ebene der kommunikativen Risiken (und Chancen) des Handlungsmanagements ist durch das Kommunikationsmanagement zu leisten. Dies gelingt primär durch eine entsprechende organisatorische Aufhängung der Kommunikationsfunktion: Grundsätzliche Handlungsentscheidungen der Unternehmung bedürfen sowohl einer Einschätzung durch entsprechende Bereiche des Handlungsmanagements als auch durch die Unternehmenskommunikation. Eine Unternehmenskommunikation, die erst nach erfolgter Entscheidung zur reinen Vermittlung hinzugezogen wird, greift zu kurz.

---

[71] Vergleiche Steltzner (2005) sowie folgende Beiträge der Frankfurter Allgemeinen Zeitung: Boykott von Unternehmen (2005), Debatte um Ackermann (2005), Nimmt Deutsche Bank Pläne zurück? (2005), Deutsche Bank hält an Stellenabbau fest (2005).

6.2.3 Stakeholderbewusstes Handeln

Mit dem Einbringen der Stakeholder-Präferenzen in die Vision, in die Corporate Governance und in die Strategie der Unternehmung, ist die wesentliche Voraussetzung erbracht, um das Unternehmenshandeln stakeholderorientiert auszurichten. Mit dem stakeholderorientierten Handeln einer Unternehmung, das sich seiner symbolischen Bedeutungen bewusst ist, wird die erste positive Beeinflussungsmöglichkeit von Stakeholder Images genutzt. Das stakeholderbewusste Handeln der Unternehmung ist zugleich die erste Steuerungsmöglichkeit eines Stakeholder Capital Management.

> Die **Ermittlung der Werte und Einstellungen der Stakeholder und ihre Internalisierung** in den Managementprozess der Unternehmung ist Aufgabe des Kommunikationsmanagements und die **zweite wichtige Rolle der Kommunikation** in der Wertschöpfung der Unternehmung.

Handeln ist, wie in Kapitel 2 erläutert, zielgerichtetes Verhalten, das Gründe für die Wahl seiner Mittel und Zwecke nennen kann. Ein stakeholderbewusstes Unternehmenshandeln kann Gründe für die Wahl seiner Mittel und Zwecke auch gegenüber den Anspruchsgruppen nennen: Es hat ihre Werte und Interessen internalisiert und ist sich ihrer bewusst. Der Akteur Unternehmen handelt durch seine zahlreichen Glieder, mittels seiner Beschäftigten in ihren verschiedenen Funktionen und Suborganisationen. Dieses Handeln einer grossen Zahl von Akteuren so auszurichten, dass die gewünschte Kohärenz resultiert, ist mit Blick auf die Leistungsprozesse die angestammte Aufgabe des Managements. Um im Bereich der Wahrnehmung Konsistenz, Effektivität und Effizienz zu erreichen, bedarf es des Bewusstseins des Spielers auf der Bühne verschiedener Institutionen und Lebenswelten: Unternehmerisches Handeln produziert dort Eindrücke, die in Vertrauen oder Ablehnung münden. Um die gewünschten Ziele zu erreichen, ist ein Bewusstsein der eigenen Rolle und ihrer Antworten auf die Fragen „Wer sind wir? Was sind unsere Werte? Wohin wollen wir?" unerlässlich. Nur wenn das eigene Sollbild allen Gliedern des Akteurs Unternehmen in ihren jeweiligen Wirkungswelten bewusst ist, entsteht Kohärenz und nur dann wird auch im situativen, besonderen Handeln, z.B. im Krisenfalle, ein nachvollziehbares Bild entstehen.

Das Unternehmensimage bildet sich bei den Anspruchsgruppen im Verlaufe des gemeinsamen Spiels. Lehrsätze der Dramaturgie weisen seit der Antike daraufhin, dass gerade in krisenhaften Situationen, in denen emotionale Spannung herrscht, die emotionale Wertung der Figuren eines Dramas entsteht. Krisen lassen sich demnach zugleich als Momente der Chance sehen. Es ist aus Sicht der Unternehmenskommunikation interessant zu bemerken, dass der Held eines Dramas oder seine Nebenfiguren nicht immer strahlende „Performer" sein müssen, um Sympathie und Vertrauen hervorzurufen. Das Publikum verzeiht Versagen und menschliche Schwächen, solange ein Identitätskern erkennbar bleibt, den man akzeptiert. Übertragen auf den Akteur Unternehmen unterstreicht diese Einsicht die Bedeutung eines stakeholderorientierten Sollbildes und seiner erfolgreichen Übertragung auf alle Glieder der Organisation.

Gelingt diese Ausbildung eines gemeinsamen stakeholderbewussten Leitbildes in einem Dialog nach innen und aussen, dann können, selbst im Rahmen kritischer Interaktionen, die intangiblen Güter Achtung, Sympathie und Vertrauen entstehen. Die „Begeisterung", die durch diese dialogische Kreation und Vermittlung einer gemeinsamen Vision, eines gemeinsamen Sinns entsteht, ist das Einheit stiftende Element, das als der „Geist" erfahren und bezeichnet wird, der Gemeinwesen wie Armeen, Sportmannschaften und eben Unternehmen „stark" macht und von anderen unterscheidet.

6.3 Das Management der Kommunikation

Die zweite Steuerungsmöglichkeit eines Stakeholder Capital Management liegt in der Gestaltung der Kommunikationssituationen des Unternehmens. Auch wenn Images als selbstorganisierende Elemente aufgefasst werden und die Wahrnehmung von vielen, nicht steuerbaren, Faktoren abhängig ist, bieten sich dem Unternehmen Einflussmöglichkeiten durch die Gestaltung von Kommunikationsbeziehungen, die sich aus einer Reihe von Kommunikationssituationen aufbauen.

Abbildung 6-5:   *Zweifaches Erschaffen des Unternehmens*

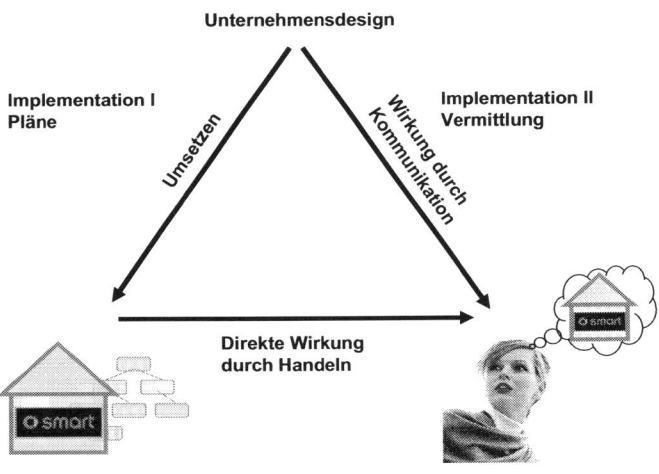

Die gesellschaftlichen Bedeutungen sämtlicher Dinge in unseren Lebenswelten sind sozial konstruiert. Ihre Images enthalten einen symbolischen Anteil, der kommunikativ entsteht und fortlaufend kommunikativ weiterentwickelt wird. Im Falle einer Unternehmung ist die Entstehung und Entwicklung ihrer Images ein dialogischer Prozess mit verschiedenen Gemeinschaften. In diesem Prozess hat das Unternehmen in vielen Situationen eine Stimme. Die systematische Identifikation von solchen Kommunikationssituationen und ihre Gestaltung im Sinne der Unternehmensziele ist Aufgabe des Kommunikationsmanagements.

Auch das Unternehmen existiert wie seine Produkte und Dienstleistungen in zwei Welten. Als Organisation besteht das Unternehmen in der physischen Welt und zugleich als mentale Repräsentation und Wissen in den Köpfen seiner Stakeholder. Beide Existenzen des Unternehmens, d.h. Unternehmen I und Unternehmen II, müssen, wie in Kapitel 4 für das Produkt beschrieben, hergestellt, d.h. entworfen, geplant, realisiert und unterhalten werden. Ein in diesem Sinne umfassendes Business Design beinhaltet sowohl eine stakeholderbewusste Implementation I als auch eine Implementation II. Die rechtliche und physische Installation der Unternehmung und ihrer Geschäftsprozesse müssen begleitet werden durch die Ermöglichung einer geeigneten Wahrnehmung bei ihren Mitarbeitern und allen anderen Stakeholdergruppen.

> Die **Implementation II der Unternehmensidee,** das Management der Kommunikationsbeziehung mit den Stakeholdergruppen, mit dem Ziel, die intendierten Unternehmensbilder zu erzeugen, ist **die dritte wichtige Rolle der Kommunikation in der Wertschöpfung der Unternehmung.**

Neben die Internalisierung der Stakeholder-Werte in das allgemeine Unternehmenshandeln im Rahmen des Visions- und Strategieprozesses tritt daher eine weitere Aufgabe der Unternehmenskommunikation: das Management der Kommunikation im engen Sinne, die Gestaltung der Kommunikationssituationen zwischen der Unternehmung und ihren Anspruchsgruppen.

6.3.1   Identifikation der Kommunikationssituationen

Das Unternehmen ist wie seine Produkte (Kapitel 4) und alle Dinge auch ein soziales Konstrukt (Kapitel 2): Für jede Gemeinschaft, in die es eingebettet ist, hat es eine symbolische Bedeutung, einen Sinn, der kommunikativ zu konstruieren und fortzugestalten ist. Diesen Prozess dort zu lenken, wo er gestaltbar ist, obliegt der Unternehmenskommunikation. Es geht somit inhaltlich um das **Management des symbolischen Teils der Unternehmensimages** und instrumentell um das Management der Kommunikation, die das Unternehmen betrifft.

Die **Grundlage** für das kommunikative Handeln des Unternehmens ist dieselbe wie jene für das oben besprochene, leistungsbezogene unternehmerische Handeln: Es ist die auf dem Hintergrund der Situiertheit des Unternehmens in den verschiedenen institutionellen Kontexten entwickelte **Corporate Vision** mit ihren Elementen des Leitbildes und der Handlungsprinzipien (der Unternehmensverfassung).

Auf der Basis der **Differenz** zwischen dem Bild, das wir einem Stakeholder präsentieren wollen und dem tatsächlich sichtbaren, d.h. **zwischen dem Soll- und Ist-Bild,** sind die **Kommunikationsziele** ableitbar: Differenzen sollen beseitigt oder soweit wie möglich verkleinert werden.

An dieser Stelle wird deutlich, dass ein Management der Kommunikation, das nicht mit dem Handlungsmanagement und dem unternehmerischen Strategieprozess verknüpft ist, einflussschwach bleibt: Werden Werte und Anliegen von Stakeholdern nur erhoben, um auf diese persuasiv im Sinne der Unternehmensziele einzuwirken, entsteht keine einheitliche Unternehmenswahrnehmung. Handeln und Kommunikation der Unternehmung laufen dann unverbunden nebeneinander her und vermitteln oft gegensätzliche Eindrücke. Werte und Interessen müssen vielmehr zuvor im Rahmen eines ganzheitlichen Unternehmensdesigns in Vision und Strategie eingebracht werden und das allgemeine Unternehmenshandeln muss seiner symbolischen Bedeutung gerecht werden. Erst wenn diese Grundvoraussetzungen einer konsistenten Unternehmensidentität geleistet sind, kann die Gestaltung der Kommunikationssituationen erfolgreich sein. Ebenso wie ein Handlungsmanagement, das sich seiner symbolischen Wirkungen und Bedürfnisse nicht bewusst ist, greift ein alleiniges „Impression Management" anerkanntermassen zu kurz. Es könnte kontraproduktiv wirken.

> *„Communication of symbols alone does not make an organization more effective. Nevertheless, symbolic and behavioral relationships are „intertwined" like the strands of a rope " (Grunig, 2003, S. 206).*

Die geforderte Verzahnung der Unternehmenskommunikation mit anderen Funktionsbereichen, die an dem Strategieprozess der Unternehmung teilhaben, wirkt ebenso in gegensätzlicher Richtung: Im Zuge der Gestaltung symbolischer Merkmale der Unternehmenspersönlichkeit ist die Kommunikationsfunktion nicht autark, sondern bedarf notwendigerweise der Abstimmung mit anderen Unternehmensfunktionen. Ziel ist es, Handeln und Kommunikation synergetisch aufeinander abzustimmen.

Notwendig für die Entwicklung einer **Kommunikationsstrategie** ist eine differenzierte Kenntnis der relevanten Kommunikationsarenen und der relevanten Stakeholdergruppen sowie eine Analyse der vorliegenden Unternehmensimages. Hierfür wird Bezug genommen auf die vorgenommene Identifizierung und Analyse der relevanten Stakeholdergruppen – die Ermittlung ihrer Werte und Interessen sowie ihrer Wissenselemente, Gefühle und Handlungsintentionen.[72] Die Kommunikationsstrategie beantwortet (aufbauend auf der Unternehmensstrategie), welche Image-Differenzen bei

---

[72] Vgl. in Kapitel 5.1.1 die „Karte der unternehmensspezifischen Bezugsgruppen" und die „Stakeholder- und Kommunikationsfeldanalyse".

welchen Stakeholdergruppen Priorität aufweisen, welche Kommunikationsziele gewählt werden und mit welchen Massnahmen man diese zu erreichen sucht. Ausgehend von dem entwickelten Unternehmens-Sollbild, das sowohl organisatorisch-funktionale Unternehmensmerkmale als auch eine Beschreibung der psycho-sozialen Unternehmenspersönlichkeit umfasst, wurden allgemeine Handlungsziele und Massnahmen erarbeitet – die Unternehmensstrategie. Die Ziele der Kommunikation ergeben sich aus den Differenzen zwischen dem Unternehmens-Sollbild und den gegenwärtigen Unternehmensimages der relevanten Stakeholdergruppen. Hieraus leiten sich die Kommunikationsziele und darauf gerichteten Massnahmen ab – die Kommunikationsstrategie.

Unternehmensimages lassen sich analysieren in kognitive, affektive und verhaltensintentionale Imageelemente. Daran anschliessend können **drei Arten von Kommunikationszielen** unterschieden werden. Die Vermittlung von Wissen fällt unter die kognitiv orientierten Kommunikationsziele, die Veränderung von Emotionen verfolgt affektiv orientierte Ziele und verhaltensintentionale Veränderungen sortiert man als konativ orientierte Ziele.

Abbildung 6-6: *Kurzfristige und langfristige Kommunikationsziele (nach Beger, Gärtner und Mathes, 1989 zit. nach Avenarius, 2000, S. 202)*

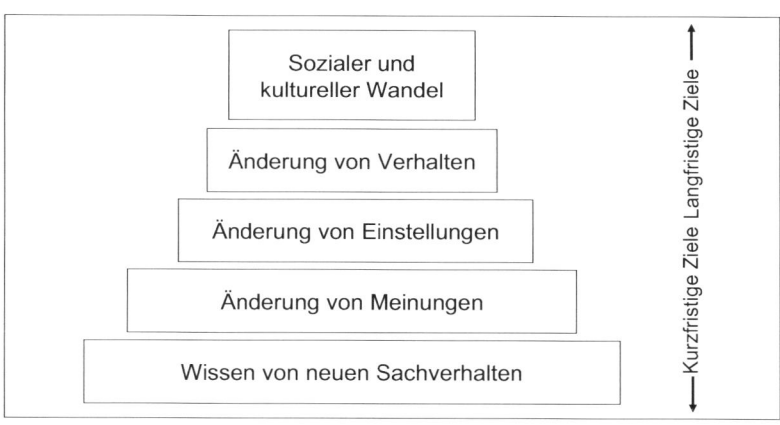

Um eine vollständige Kommunikationsstrategie zu entwickeln, muss der Blick zusätzlich auf die Mittel, die Ressourcen, gelenkt werden, die zur Verfügung stehen, um die

Ziele zu verwirklichen. Im Falle der Kommunikation sind die Ressourcen, die Produktionsfaktoren, letztlich konkrete **Kommunikationssituationen**[73], in denen das Unternehmen in der Welt der Stakeholder Gegenstand des Diskurses ist. Es gibt Situationen, in denen die Unternehmung selbst **aktiver Diskurspartner** ist und Situationen, in denen sie **abwesender Diskursgegenstand** ist. Im ersten Fall ist der eigene Auftritt zu inszenieren, im zweiten kann über Dritte und mittels bereitgestellter Information Einfluss auf die Kommunikation genommen werden.

Die Kommunikationssituationen bilden, im übertragenen Sinne, die Szenen des Theaterstückes, die Abschnitte und Kapitel des Romans, in dem die Unternehmensfigur im Laufe der Zeit ihr Profil ausbildet, d.h. zum „Charakter" wird. Wie wir bei der Betrachtung von Filmen, beim Lesen von Romanen oder im realen Umgang mit Menschen nach und nach ein Bild einer Figur gewinnen und sie uns mehr oder weniger sympathisch wird, so geschieht dies auch bei den verschiedenen Auftritten des Unternehmens. In der Folge der Auftritte der „Corporate Persona" auf den verschiedenen Bühnen gewinnt das Unternehmen seine wahrgenommene Identität und **Bedeutung**, d.h. sein „**Image**" in der Wahrnehmung des Stakeholders. Die Kommunikationssituationen sind einflussstarke Mittel für die Implementation II des Unternehmens. Aus diesem Grund muss das Kommunikationsmanagement nach der Gewinnung der Ziele, sich eine Übersicht über diese Ressource verschaffen, d.h. eine **Liste der Kommunikationssituationen** anlegen, die zur direkten oder indirekten Gestaltung vorliegen oder geschaffen werden können.

Neben den unmittelbaren Kommunikationssituationen wie Pressekonferenzen, Messeauftritten, Kundengesprächen und vielen weiteren gibt es die **Information** als sozusagen „gefrorene" Kommunikation, die beim „Lesen" (im Sinne des Auf-lesens) im Rezipienten wieder sprechend wird.[74] Jede in Informationsmedien codierte Information kann in einer Reihe möglicher Kommunikationssituationen rezipiert werden. Bei einigen Medien wissen wir, wann und wo diese Rezeptionen stattfinden – z.B. beim Fernsehen –, bei anderen Medien wissen wir dies nicht genau oder gar nicht – z.B. beim Buch. Das Gestalten (bei Eigenmedien) und Beeinflussen (bei Fremdmedien) solcher potentieller, in Information codierter und durch Medien vermittelter, Kommunikationssituationen ist ein wichtiger Produktionsprozess des Kommunikationsmanagements (vgl. hierzu insbesondere den Beitrag von Meckel und Will in diesem Band). Auch für die zur Verfügung stehenden Ressourcen dieses Typs von Kommunikationssituationen ist eine Übersicht zu erstellen, d.h. eine **Liste der Informationskanäle bzw. der Medien.**

---

[73] Hier im Sinne von Mitteln materieller oder immaterieller Art, deren Einsatz für die Hervorbringung (Produktion) von wirtschaftlichen Gütern notwendig ist.

[74] Zu einer Differenzierung der Öffentlichkeit in 3 Ebenen (Encounterebene, Themen- oder Versammlungsöffentlichkeit und Medienöffentlichkeit) siehe Donges und Imhof (2001, S. 106-108).

In Anlehnung an eine „**kommunikativen Kontaktpunktanalyse**" (Davis & Dunn, 2002 nach Esch, 2004b, S. 95) lässt sich ein geeignetes Vorgehen zur Identifizierung von Kommunikationssituationen – von den Autoren „Kontaktpunkte" genannt – darstellen:

Abbildung 6-7: *Prozess der kommunikativen Kontaktpunktanalyse (ähnlich Davis & Dunn, 2002 zit. nach Esch, 2004b, S. 95)*

Schritt 1	Schritt 2	Schritt 3	Schritt 4
Interne Bestandsaufnahme	**Externe Bestandsaufnahme**	**Analyse**	**Aktionsplan**
• Identifikation der Kontaktpunkte mit einer Anspruchsgruppe • Interne Bewertung der Wichtigkeit	• Untersuchung und Bestätigung von aktuellen und idealen Kontaktpunkten • Externe Bewertung und Kategorisierung der Bedeutung und Leistung von Kontaktpunkten	• Priorisierung von Kontaktpunkten • Identifikation von Verbesserungsbereichen • Ausrichtung der Kontaktpunkte auf die Kommunikationsziele	• Entwicklung operativer Massnahmenpläne jeder funktionalen Gruppe zur Gestaltung verbesserter Kontaktpunkte

6.3.2   Gestaltung der Kommunikationssituationen

Die Massnahmen der Kommunikation betreffen somit die Auswahl und Gestaltung selbstbestimmter Interaktionsmöglichkeiten zwischen dem Unternehmen und den relevanten Gruppen, sowie die Vorbereitung und erfolgreiche Bewältigung fremdangestossener Kommunikationssituationen, in denen das Unternehmen als aktiver Teilnehmer eingebunden oder Diskursgegenstand ist. Diese Kommunikationssituationen lassen sich systematisch planen, gestalten und auf die eigenen Kommunikationsziele sowie die Präferenzen von Stakeholdern hin optimieren. Das gilt sowohl für selbst angestossene Kommunikationssituationen, bei denen man selbst Regie führen kann, als auch eingeschränkt bei fremd angestossenen Kommunikationssituationen.

Auf der strategischen Ebene hat die Kommunikationsplanung übergeordnete Kommunikationsziele, Kernbotschaften und die wichtigsten Kommunikationssituationen definiert. Auf der operativen Ebene werden diese schrittweise, zunächst mit den Planungen einzelner Kommunikationsinstrumente konkretisiert und die Kernbotschaften werden an die technischen und sozialen Anforderungen unterschiedlicher Interaktionsmodi angepasst. Mit dieser Planung verbunden ist eine Budgetallokation. Von den definierten Zielen hängt die Höhe der finanziellen Mittel ab, welche zur Deckung aller geplanten Massnahmen benötigt werden. Analog zur Produktkommunikation kann in einem Top-down-Prozess ein bestimmtes Rahmenbudget auf jene Instanzen verteilt werden, welche die Massnahmentypen verantworten.

Die wichtigste Operationalisierungsebene ist jene der konkreten Kommunikationssituationen. Für sie können Kosten und Wirkung am besten abgeschätzt werden. Deshalb können „bottom-up" die Massnahmenkalkulationen aller Massnahmeninstanzen wiederum zu einem Gesamtbudget konsolidiert werden. Damit liegt eine teilsimultane, sukzessive Budgetallokation und insgesamt ein Planungsprozess vor, wie er in anderen Massnahmenfeldern üblich ist.

Die **Umsetzungspläne** entstehen in Vorbereitung der konkreten Kommunikationssituationen, etwa einer Bilanzpressekonferenz, eines Messeauftritts, einer Produktvorstellung oder einer Krisensituation. Hier gilt es, einen Auftritt zu inszenieren oder sogar eine ganze Szene. Aufbauend auf der Bühnenmetapher von Goffman (1959; 1974; 1977) lassen sich die identifizierten Situationen bis hin zur Interaktions-Mikroebene strukturieren. Goffman analysiert die Gestaltung von und das Verhalten in Interaktionssituationen, mit denen kontrollierte Eindrücke bei Anderen verursacht werden sollen („Performances"). Eine Beziehung entsteht ihm zufolge, wenn „Co-Participants" mehrfach Routinen ihrer Rollen (Status, Rechte und Pflichten) unter Beobachtung des Anderen aktualisieren und es den Beteiligten gelingt, einen angestrebten, situativ adäquaten Ausdruck des eigenen Selbsts zu bewahren (Goffman, 1969, S. 15-16, S. 254). Goffman gliedert jede Performance in die Elemente eines Drehbuchs (Setting, Plot, Figure, Sign-equipment). Dieses Verständnis von Handlungsanweisungen kann auf die Gestaltung der kommunikativen „Kontaktpunkte" zwischen Vertretern oder Repräsentationen einer Organisation und ihren Stakeholdern angewendet werden. Die Situation stellt die Bühne dar, auf der die kommunikative Interaktion stattfindet:

- Welche Besetzung liegt vor, welche Rollen sind anzutreffen? Welche Rolle spielt das Unternehmen, wer oder was verkörpert diese Rolle?

- Welche Abläufe und konkreten Kommunikationsbeiträge bestimmen die Inszenierung?

- Welche Sprache, welcher Stil ist angemessen?

Die Gliederung in die Elemente eines Drehbuchs bietet, für einen Begriffsrahmen der Unternehmenskommunikation aus Sicht der Unternehmensführung, eine geeignete, intuitiv verständliche Rahmenkategorie für verschiedenste kommunikative Gestaltungsrichtlinien. Durch die Beschreibung des Setting und des Plot werden Limitierungen bestimmter „Bühnen" und Rollen darstellbar. So eröffnet beispielsweise die eigene Rolle (Rechte und Pflichten) im Kontakt mit Fremdmedien andere Handlungsoptionen als die Gestaltung von Eigenmedien. Damit liegen für den **Austausch von Kommunikationsspezialisten und Unternehmensführung** geeignete Begrifflichkeiten vor, um

Skripten für strategiekonforme „Workable Self-Representations" zu entwickeln. Die Unternehmenskommunikation wird Skripten für Standardsituationen (Design Patterns) erarbeiten und organisationsweit in Datenbanken zugänglich machen, um eine Einheitlichkeit der Kommunikation sicherzustellen. Damit kann die Organisation einem Vorgehen folgen, das sich bereits im Engineering, in der Architektur aber auch im Design von Human Computer Interfaces (HCI) bewährt hat[75].

Die Designs der Auftritte der „**Corporate Persona**" in den verschiedenen Situationen werden ein stakeholder- und situationsspezifisches Gesicht („persona") zeigen, kompatibel mit den übergeordneten, allgemeinen Merkmalen der Corporate Vision. Dieses ideale Eigenbild wird nicht nur an die Bedingungen des jeweiligen Mediums oder Kommunikationskanals angepasst, sondern auch an die Besonderheiten der jeweiligen Kommunikationsbeziehung:

> *„Organisations, like persons, make different impressions on different audiences, partly because they present themselves differently to those audiences, and partly because the different audiences – customers, competitors, investors, commentators - are interested in different aspects of the organisation." (Bromley, 1993, S. 120)*

Trotz der Vielfalt unterschiedlicher Kommunikationssituationen und den variierenden Bedingungen und Bedürfnissen, an denen sich ihr Design ausrichtet, ist es das Ziel, insgesamt ein konsistentes Erscheinungsbild, möglichst effektiv und effizient, zu vermitteln. Die Notwendigkeit sowie die Ziele und Prozesse einer solchen **Integrierten Kommunikation** sind einschlägig erarbeitet (Bruhn, 2003, S. 71-87; Kirchner, 2001; Steinmann & Zerfass, 1995).

Integration der Kommunikation muss aus der Sicht des Kommunikationspartners sichergestellt werden, weniger aus Sicht des genutzten Kommunikationsinstrumentes. Die Verantwortung für die Entwicklung und Umsetzung der jeweiligen Kommunikationsdesigns sollte deshalb nicht instrumentell, sondern nach dem angesprochenen Beziehungspartner gegliedert werden: Investor Relations, Mitarbeiterkommunikation, Marketing-Kommunikation, Political Relations etc. sind an bestimmte Stakeholder adressierte, kommunikative Instanzen der Unternehmung. Aber auch nicht primär kommunikativ ausgerichtete Instanzen, die aus der Geschäftsprozesslogik heraus Verantwortung für eine bestimmte Interaktion mit einem Stakeholder tragen, z.B. in der Logistik, sind unter dem Aspekt ihrer kommunikativen Wirkung, die sie im Spiel des Unternehmens gegenüber dem Stakeholder haben, einzubeziehen.

Mit der Theatermetapher betrachtet, obliegt der Unternehmenskommunikation das Management einer Reihe von miteinander verwobenen Aufführungen, die in den Welten der Stakeholder als Fortsetzungsserie stattfinden. Es gilt, Regisseure für jede

---

[75] Vgl. Alexander, Ishikawa & Silverstein (1977), Borchers (2001) sowie Maybury und Wahlster (1998).

wichtige Stakeholdersicht zu installieren, die darum bemüht sind, mit dem Spiel, das „ihr" Stakeholder sieht, die strategischen Ziele zu verfolgen und diese möglichst zu erreichen. Die Gesamtheit aller Kommunikationssituationen einerseits ausreichend spezifisch auf die jeweiligen Stakeholderbedürfnisse und Kommunikationsbedingungen auszurichten und andererseits ausreichend kohärent zu gestalten, so dass eine Integration der Kommunikation gelingt, ist eine anspruchsvolle und vielschichtige Herausforderung. Das Unternehmensmanagement steuert im Produktionsbereich jedoch ähnlich vernetzte und interdependente, an verschiedene Kunden adressierte Prozesse. Das gelingt mit einer geeigneten Organisation der produktiven Aktivitäten.

Kommunikationsmanagement übernimmt die Gestaltung, Lenkung und Entwicklung der aus Kommunikationssituationen bestehenden Stakeholderbeziehungen der Unternehmung. Die Akteure innerhalb von Kommunikationssituationen und damit die Umsetzenden der Kommunikation sind häufig Träger anderer Unternehmensfunktionen: Kommunikation ist zumeist untrennbar verknüpft mit dem allgemeinen Unternehmenshandeln. Dem Kommunikationsmanagement obliegt somit vor allem eine Organisation der Kommunikation des Unternehmens.

6.3.3   Organisation der Kommunikation

Das zu bewirtschaftende Stakeholder Capital wird durch die Summe der Interaktionssituationen beeinflusst, in denen das Unternehmen mit dem Stakeholder interagiert. Das Design bzw. die Beeinflussung der jeweiligen Kommunikationssituation sowie die Qualität und Konsistenz der vermittelten Botschaften werden das Unternehmensimage nachhaltig formen. Aus diesem Grund sind diese Ressourcen des Stakeholder Capital zu identifizieren, zu bewerten und untereinander abgestimmt zu gestalten. Für jede als relevant eingestufte Kommunikationssituation muss eine operative Planung und Umsetzung den geeigneten Funktionsbereichen zugewiesen werden. Durch die Klärung dieser „Wer-mit-Wem-Frage" entsteht eine Organisationsmatrix der wichtigen Kommunikationssituationen. Sie ist das zentrale strategische Instrument für eine einheitliche Organisation der Unternehmenskommunikation.

Diese Form der **Gliederung nach Beziehungsart**, nach den Adressaten und Akteuren in einer Kommunikationsbeziehung, wird gestützt durch die Überlegungen, dass aus Sicht des Empfängers die Gesamtheit aller Unternehmenseindrücke entscheidend ist, und dass aus Sicht des Funktionsträgers im Unternehmen die Gesamtheit der von ihm verantworteten Kontaktpunkte Ausdruck seiner kommunikativen Mission ist. Verantwortlichkeiten und in der Folge fachliche Spezialisierung und Wissensbündelung an die Beziehungsart zu knüpfen, erscheint daher vielversprechender als eine alternative Gliederung nach instrumentellen Kommunikationsdisziplinen (Werbung, Medienarbeit, Event-Kommunikation, Messen und Ausstellungen etc.).

Die Liste der zu berücksichtigenden Stakeholder sowie der ihnen zugeordneten Kontaktpunkte liegt nach den grundlegenden Planungsschritten vor (siehe Kapitel 5.1.1). Zurückgegriffen wird ebenfalls auf die in der Umfeldanalyse zusammengetragenen Informationen zu den jeweiligen Institutionen, Kommunikationsarenen, Themen, Werten und Interessen wichtiger Stakeholdergruppen. Diese Informationen dienen nicht nur im Visions- und Strategieprozess (siehe Kapitel 6.2.1) zur Entwicklung eines stakeholderbewussten Unternehmenshandelns, sondern ermöglichen in der Kommunikationsplanung eine Anpassung an die spezifischen Kommunikationsbedingungen jeder Stakeholderbeziehung.

Abbildung 6-8: *Matrix der Kommunikationssituationen*

Geschäfts-funktionen (wer?)	Stakeholder (mit wem?)	Σ
	Für alle Organisationsfunktionen und Stakeholder: - Wann und Wo? (Situationen) - Was? - Wie? - Kontakte/Situationen/Medien?	Organisations-funktionensicht
Σ	Stakeholdersicht	Kommunikation

Die Liste der kommunikativ aktiven betrieblichen Funktionen wird je nach Betrieb unterschiedlich sein. Durch die Zusammenführung der Liste der relevanten Bezugsgruppen, der Liste der identifizierten Kontaktpunkte sowie der Liste der kommunikativ aktiven Funktionen entsteht als Resultat eine Organisationsmatrix, wie sie beispielhaft die oben stehende Tabelle zeigt.

Mithilfe einer gesamthaften Übersicht über die relevanten Kommunikationssituationen ist eine ausreichend konkrete Abschätzung der Kosten und Wirkungen der Unternehmenskommunikation möglich. Zugleich unterstützt die Matrixsicht die Vorbereitung und Durchführung von notwendigen situativen Anpassungen der Kommunikation (z.B. in der Krisenkommunikation). Das gilt auch für die wirksame Orchestrierung zeitlich begrenzter Kommunikationsanstrengungen mit besonderem

Ziel (Campaigning) und für die cross-mediale/cross-situative Vernetzung von Kommunikationsdesigns.

In Bezug auf eine Abschätzung der Kommunikationswirkungen ist zu beachten, dass diese in hohem Masse kontextabhängig sind. Während wir die Spalte der Matrix, die sich an eine bestimmte Stakeholdergruppe richtet, gestalten oder zumindest beeinflussen können, ist der Kontext dieser Kommunikation – z.B. politische Entwicklungen, selbstorganisierende Effekte u.a. – nicht vorherseh- oder steuerbar.

Abbildung 6-9: *Beispielausschnitt der Kommunikationsmatrix einer Unternehmung*

Stakeholdergruppe	Kunden	Mitar-beiter	Allgemeine Öffentlichkeit	Investoren, Analysten	Staat	Anwohner	Liefe-ranten	Studenten	NGOs	...
Kontaktpunkte/ Kommunikations-situationen/Medien	1...n	1...n	1...n	1...n	1...n	1...n	1...n	1...n	1...n	...
Funktionen										...
Produkt-Kommunikation	x									
Aussendienst	x									
Öffentlichkeits-arbeit			x			x		x	x	
Human Resources		x						x		
Investor Relations				x						
Vorstand				x	x					
Beschaffung							x			
Public Affairs					x				x	
...										

Um Kommunikation als die zweite Steuerungsmöglichkeit des Stakeholder Capitals bestmöglich zu nutzen, gilt es, Effektivität und Effizienz der eigenen Dramaturgie kontinuierlich zu optimieren. Die Matrix zeigt die Ansatzpunkte einer entsprechenden Evaluation: Die in einer Zeile zusammengefassten Felder stellen die Kommunikationssituationen dar, deren Gestaltung oder Beeinflussung eine bestimmte betriebliche Funktion verantwortet. Ihre diesbezüglichen Arbeitsprozesse sind einem Prozesscontrolling zuzuführen. Ein geeignetes „Casting", eine Bündelung der verantworteten „Auftritte", und damit des darauf bezogenen Handlungswissens innerhalb einer Funktion, eröffnet hier Optimierungspotentiale. Die Effektivität der Kommunikation, das Erreichen der Kommunikationsziele, lässt sich anhand der Images einer Stakeholdergruppe kontrollieren. Eine adressierte Anspruchsgruppe ist in einer Spalte zusammengeführt. Das Ergebnis-Controlling evaluiert, inwiefern die Stakeholder-spezifischen Kommunikationsziele durch die beteiligten betrieblichen Funktionen erreicht wurden (zum Kommunikationscontrolling siehe den Beitrag von Zerfass in diesem Band).

In der Praxis wird die Umsetzung der Kommunikationsmatrix zu einem digitalen **Informationssystem** führen, das Planung, Umsetzung und Kontrolle vielfältig unterstützt. Eine Realisierung der Kommunikationsmatrix im Rahmen einer digitalen Applikation eröffnet weitgehende Unterstützungsmöglichkeiten. Über eine Attribuierung der einzelnen Felder (z.B. Kommunikationsmittel, Zeitpunkt, Sprache etc.) lassen sich beispielsweise thematische Übersichten sowie Konsistenz- und Qualitätschecks vereinfachen und beschleunigen.

Die Einführung einer Kommunikationsmatrix als Gesamtsicht auf die strategische Dramaturgie der Unternehmenskommunikation kann schrittweise vollzogen werden. Eine zunächst vorgenommene Erfassung all jener Aktivitäten, für die Budgets beantragt werden, bietet bereits eine deutlich verbesserte Basis für die Gestaltung, Lenkung und Entwicklung der Ressource Kommunikationssituationen.

6.3.4 Die Bedeutungszunahme der Implementation II auf Unternehmensebene

Die Implementation II auf Unternehmensebene, d.h. das Schaffen und Ermöglichen von geeignetem Wissen und Einstellungen bei relevanten Stakeholdern, erfährt eine zunehmende Bedeutung für den Unternehmenserfolg. Es zeigt sich, dass eine Verlagerung der relativen Bedeutung vom Produktionsmanagement zum Kommunikationsmanagement stattfindet.[76]

Die Betriebswirtschaftlehre aber auch die Unternehmenspraxis konzentrierten sich lange Zeit auf das Management der physischen Produkt- bzw. Dienstleistungsebene. Die kommunikative, symbolische Ebene der Produktion und des Unternehmens wurden in ihrer Tragweite für die unternehmerische Wertschöpfung unterschätzt und mit dysfunktionalen Ansätzen (einseitige Kommunikationsstile und mangelnde Verbindung zwischen Handlungs- und Kommunikationsmanagement) bearbeitet. Zunächst auf Ebene der Produktkommunikation und zunehmend auch auf Unternehmensebene erfährt das Kommunikationsmanagement in Forschung und Unternehmenspraxis eine adäquatere Umsetzung.

---

[76] Zum Bedeutungsgewinn des Kommunikationsmanagements gegenüber einem Produktionsmanagements vor dem Hintergrund einer Digitalen Ökonomie vgl. Schmid (2001, S. 11-26).

Eine Ex-Post-Analyse des Aufstiegs und des Scheiterns vieler junger Internet-Unternehmen während der E-Business-Euphorie um die Jahrtausendwende offenbart den Verlauf und die Konsequenzen von Defiziten des Kommunikationsmanagements (Schmid, 2001). In den Business Plänen vieler Vertreter der so genannten „New Economy" fehlte häufig eine geeignete Berücksichtigung der Unternehmenskommunikation. Die integrale Rolle der Kommunikation in der unternehmerischen Wertschöpfung wurde nicht erkannt. Die Geschäftsprognosen waren geprägt von einer Fokussierung auf die technische Produktentwicklung, verbunden mit irrationalen Annahmen namentlich über die Entwicklung der Nachfragemärkte und der Kapitalmärkte. Was die Kapitalgeber veranlasste, die nächste Finanzierungsrunde zu verweigern, waren indes nicht Probleme mit der Technologie oder deren Installation, sondern Probleme, die in Zusammenhang mit einer ungenügenden Planung und Umsetzung der Implementation II stehen. Neben anderen waren dies vor allem die Probleme der Nachfragemärkte, die Knappheit und hohe Fluktuation qualifizierter Mitarbeiter sowie die Mängel einer breit verstandenen Corporate Governance: Während die Kosten einer Implementation I – die Herstellung des technologischen Produktes – in der Regel seriös kalkuliert waren, wurde auf der Kommunikationsseite häufig ein relativ unspezifischer „Marketingaufwand" budgetiert. Die besonderen Kommunikationsbedürfnisse, welche neue Medientechnologien, neugegründete Unternehmen und virtuelle Produkte aufweisen, wurden weitgehend übersehen. Nicht bedacht wurde vor allem, dass Lernprozesse und Verhaltensänderungen der Nutzer neuer Technologien sich nicht im gleichen Masse beschleunigen lassen wie die technologische Produktentwicklung (siehe Kapitel 4.3.2). Zu diesen grundsätzlichen Fehleinschätzungen über die Diffusion von Innovationen kamen in der Kommunikationsumsetzung Qualifikationsdefizite und handwerkliche Mängel hinzu (Geissler & Will, 2001; Fröhlich, 2001).

Das Unternehmen ist als System in eine Umgebung eingebettet, die wichtige, auf das Unternehmen einwirkende Teilsysteme enthält. Neben dem für die Erlösplanung entscheidenden Kundensystem sind es die Systeme der Finanzmärkte, der Technologie, der Human Resources und der Kommunikations- und Distributionskanäle. Um einen Business Plan aufzustellen, werden Aussagen über das zeitliche Verhalten des Systems benötigt. Die umgebenden Teilsysteme zeigen ein unterschiedliches zeitliches Entwicklungsverhalten und beeinflussen sich gegenseitig: Die Inputsysteme Technologie, Finanzen und Human Resources beeinflussen Typ und Preis des Produktes, die Kommunikations- und Transaktionsmedien dessen Erscheinungsweise beim Kunden. Die kritische Komponente ist das zeitliche Verhalten der Kunden, das den Verlauf der gesuchten Erlöskurve bestimmt. Diese Komponente entwickelt sich zwar autonom, aber wie wir in den vorangegangenen Kapiteln gesehen haben, kann das Unternehmen auf diese Entwicklung Einfluss nehmen – durch ein geeignetes stakeholderbewusstes Handeln und gleichgerichtete Kommunikation. Das Beispiel vieler New-Eonomy-Unternehmen zeigt, dass ein State-of-the-Art-Management der Produktion notwendig, aber immer öfter nicht mehr hinreichend für den Geschäftserfolg ist. Der Unternehmenserfolg wird erst durch ein systematisches Kommunikationsmanagement sichergestellt.

Diese Einsicht ist nicht auf den Bereich E-Business beschränkt, sondern wird durch den dort vorgefundenen beschleunigten Entwicklungsverlauf von Unternehmen lediglich besonders deutlich. Die Bedeutungszunahme des Kommunikationsmanagements für den Unternehmenserfolg ist vielmehr eine gesamtwirtschaftliche Tendenz: Eine immer grössere Anzahl von Märkten wird auf der Ebene des Kommunikationswettbewerbs entschieden (vgl. Herrmann, Brandenberg, Lyczek & Schaffner, 2004).

6.4 Management des Stakeholder Capital als Aufgabe der Funktion Corporate Communication

Mit den bisherigen Ausführungen ist festgehalten, dass Kommunikation als symbolische Interaktion der Unternehmung mit ihren Stakeholdern ein integraler Bestandteil ihres konstituierenden Auftrages – nämlich der Wertschöpfung – ist. Wie im Marketing durch den Vorgang der Kommunikation das Bedürfnis des Kunden erkannt, das Produkt symbolisch erzeugt, in die Wahrnehmung des Kunden implementiert und die Problemlösung ermöglicht wird, so werden durch die Unternehmenskommunikation Werte und Präferenzen von Stakeholdern erschlossen und in die Gestaltung der Wertschöpfungsprozesse von Unternehmen übersetzt. Dass und zu welchen Bedingungen dem Unternehmen Ressourcen zufliessen, ist ein direktes Ergebnis der Unternehmenswahrnehmung, die ihrerseits das Ergebnis aller bis dato stattgefundenen Kommunikation – mit und über das Unternehmen – sowie eines gleichgerichteten Unternehmenshandelns ist. Die Gesamtheit ihrer Corporate Images stellt für die Unternehmung eine wichtige Kapitalart dar. Aufgabe des Managements dieser Kapitalart ist es, die Corporate Images im Sinne der Unternehmensziele zu beeinflussen. Zum einen durch die Ermöglichung eines fremdwertreflektierten Unternehmenshandelns und zum anderen durch eine geeignete Gestaltung von Kommunikationssituationen. Um diese Aufgabe erfüllen zu können, muss das Kommunikationsmanagement – als die Unternehmensfunktion, die das Stakeholder Capital Management verantwortet – eine geeignete organisationale Aufhängung innehaben.

Es bedarf einer Repräsentation des Kommunikationsmanagements auf höchster Ebene der Organisationsführung, um die Sichtweisen der Umwelt umfassend in die Prinzipien des Organisationshandelns einbringen zu können. Ohne in den Prozess der Visionsdefinition, der Formulierung einer Corporate Governance und in die Entscheidungsfindung und Revision der Unternehmensstrategie von Anfang an eingebunden zu sein, bleibt das Management des Stakeholder Capital dysfunktional verkürzt: Eine Internalisierung von Stakeholder-Werten in die handlungsleitenden Grundsätze und eine Reflexion der symbolischen Bedeutung des allgemeinen Unternehmenshandelns ist aus dezentraler Position heraus nicht zu leisten.

Um die Kommunikation auf Unternehmensebene und auf Produktebene synergetisch aufeinander abzustimmen, ist eine integrierende, eine am realisierten Wert des gesamten Stakeholder Kapitals (inklusive Customer Value) gemessene Instanz vonnöten. Eine integrierte Markenkommunikation, die auf die Produktseite beschränkt bleibt, greift zu kurz, solange andere Instanzen des Unternehmens, die mit Stakeholdergruppen kommunizieren, unverbunden parallel geführt werden. Die Wahrnehmung des Unternehmens und seiner Produkte speist sich aus Kommunikationssituationen, die in unterschiedlichen Arenen und Rollenkontexten vonstatten gehen. Entsprechend kann das Management der Wahrnehmung des Unternehmens nicht aus der Perspektive einer einzelnen Arena und eines einzelnen Rollenkontextes geleistet werden.

Ein systematisches Management des Stakeholder Capital verlangt demzufolge nach einer umfassenden Steuerung der Kommunikation auf strategischer Ebene. Van Riel hat für eine solche, einheitliche Steuerung aller Kommunikationsfunktionen der Unternehmung den Begriff Corporate Communication (1995, S. 2) geprägt. Eine zentrale Corporate Communication vermag die Sichtweise der Anderen in das Unternehmenshandeln einzubringen und die Formulierung einer ganzheitlichen Kommunikationsstrategie als Teil der gesamten Unternehmensstrategie zu leisten. Van Riel begründet seine Forderung nach einer zentralen Funktion Corporate Communication zusätzlich mit der zunehmenden Fragmentierung von Kommunikation, die sich durch Kommunikationsbeziehungen zu Investoren und Mitarbeitern ergibt (2003, S. 164): Die Verantwortung für Investor Relations liegt in vielen Unternehmen im Finanzbereich, die Mitarbeiterkommunikation häufig bei der Personalabteilung. Eine zentrale Corporate Communication verspricht die Möglichkeit, auch diese und weitere Kommunikationsstellen des Unternehmens in eine integrierte Gesamtkommunikation des Unternehmens einzubeziehen.

In der Unternehmenspraxis war lange Zeit lediglich die Marketing-Kommunikation sowie eine verkürzt verstandene Public Relations/Öffentlichkeitsarbeit verantwortlich für die Kommunikationprozesse der Unternehmung. Das Problem dieser Aufteilung liegt nicht nur in der mangelnden Integration der Kommunikation (Implementierung II auf Produkt- und Unternehmensebene laufen unverbunden nebeneinander her) begründet, sondern auch in der schwach ausgeprägten strategischen Aufhängung: Eine Internalisierung von Stakeholder-Werten in das Leitbild und eine Betreuung der symbolischen Bedeutungsebene des allgemeinen Unternehmenshandelns kann in dezentraler Position nicht erfolgreich sein. Entsprechend kann die Verantwortung für eine konsistente Corporate Identity weder von einer Öffentlichkeitsarbeit noch von einem Marketing allein übernommen werden. Jedenfalls gilt dies, solange man deren Aufgabe nicht so ausweiten will, dass sie mit jener der Corporate Communication zusammenfallen. Notwendig ist eine übergeordnete Funktion Corporate Communication, die Handeln und Kommunikation im Hinblick auf eine Maximierung des Stakeholder Capital ausrichtet.

Die **Beziehung der Corporate Communications zum Marketing** ist dabei für beide Seiten erfolgsentscheidend, aber keinesfalls notwendigerweise konfliktträchtig: Corporate Communication versteht sich als Corporate Stakeholder Management, verantwortet die Kommunikationsbeziehungen des Unternehmens und somit die Corporate Identity. Marketing versteht sich als Management des Customer Value und verantwortet die Kundenbeziehung. Die Notwendigkeit einer Integrierten Kommunikation auf Produkt- und Unternehmensebene benötigt eine zweiseitige Abstimmung beider Funktionen. Die Produktkommunikation muss sich auf die Gesamtkommunikation beziehen und umgekehrt – beides ist Teil des anderen.

Ein Primat einer Funktion ergibt sich nicht grundsätzlich, sondern fallweise aus der Markenstruktur des Unternehmens und seiner Tradition. Fallen Unternehmens- und Produktmarke zusammen, liegt eine gemeinsame Führung der Marke durch die Corporate Communication nahe. Sind die Produktmarken autonom und in der Wahrnehmung der Stakeholder nur schwach mit dem Unternehmen verbunden, wird das Produktmarketing grösste Gestaltungsfreiheit haben. Zwischen diesen denkbaren Extremen liegt ein Spektrum, in dem die Qualität der gegenseitigen Abstimmung und die passende Regelung der Verantwortlichkeiten erfolgskritisch sind.

6.5 Zusammenfassung

Wird die Gesamtheit der Stakeholder-Images aufgrund ihrer handlungslenkenden Merkmale als Stakeholder Capital erkannt, folgt daraus für die Unternehmensleitung der Auftrag, im Sinne der Unternehmensziele gestaltend, lenkend und entwickelnd mit diesem Kapital umzugehen. Ein wirksames Management des Stakeholder Capital besteht aus der Kombination von einem stakeholderbewussten **Handeln** und einer geeigneten **Kommunikation** mit dem Ziel, die intendierten Images zu dem Unternehmen und seinen Produkten (Produkt II und Unternehmen II) zu ermöglichen und zu entwickeln.

Das Kommunikationsmanagement auf Unternehmensebene hat zwei Hauptaufgaben: Zum einen **ermittelt es die Stakeholder-Werte und -Interessen und integriert diese in die Vision, Corporate Governance und Strategie** – die leitenden Grundsätze des Unternehmenshandelns. Zusammen mit einer kontinuierlichen **Reflexion der symbolischen Bedeutung des allgemeinen Handlungsmanagements** ermöglicht diese Teilnahme am Strategieprozess ein stakeholderbewusstes Unternehmenshandeln. Zum anderen gestaltet das Kommunikationsmanagement die **Kommunikationssituationen** zwischen dem Unternehmen und den Anspruchsgruppen im Sinne der Unternehmensziele.

Der strategische Managementprozess der Kommunikation auf Unternehmensebene ist als **Beitrag** an einem ganzheitlichen, stakeholderorientierten **Unternehmensdesign** zu verstehen, als symbiotische Integration der Unternehmung in die sie umgebenden Gesellschaften. Das Unternehmensdesign beginnt, basierend auf einer Situationsanalyse nach innen und aussen, mit der Gestaltung eines Unternehmens-Sollbildes. Diese **Corporate Vision** ist als ein auf die Zukunft gerichtetes ideales Selbstbild zu betrachten, welches das Handeln und die Kommunikation verbindlich ausrichtet. Wer möchten wir sein? Was möchten wir innerhalb der uns umgebenden Gemeinschaft für eine Rolle einnehmen? Als Ausdruck der erfahrbaren Synthese aus Eigen- und Fremdwerten ist die Corporate Vision der Ausgangspunkt des unternehmerischen Strategieprozesses. Die **Corporate Governance** beschreibt die Prinzipien, das „Wie" unternehmerischen Handelns, denen sich eine Organisation unterwirft.

Das Unternehmensdesign der Unternehmung muss an den Werten und Interessen der relevanten Stakeholder ausgerichtet werden, um eine hohe Nutzenstiftung für diese Gruppen zu ermöglichen und deren notwendige Ressourcen zu erhalten. Stakeholder des Unternehmens müssen darauf vertrauen, dass die Organisation durch ihre Existenz und Tätigkeit fremde Werte achtet, die eigenen Werte des Stakeholders mehrt, nicht mindert, und dass diese Mehrung eigener Werte höher ausfällt als bei alternativen Wettbewerbern, die um dieselben Stakeholder-Ressourcen ringen.

Die **Corporate Identity** ergibt sich aus dem Prozess der sozialen Konstruktion der Entität Unternehmen als eine weitgehende Übereinstimmung der Selbst- und Fremdbilder. Eine möglichst konsistente Corporate Identity belegt den Erfolg der Corporate Communication: Unterschiedliche Ansprüche verschiedener Gruppen wurden in die Vision, Governance und in die Strategie der Unternehmung eingebracht und erfolgreich zu einer Identität synthetisiert. Eine konsistente Corporate Identity ist gleichzeitig Voraussetzung dafür, integriert zu kommunizieren, d.h. über alle Bühnen hinweg Einheitlichkeit in der eigenen symbolischen Kommunikation zu bewahren.

Die Ziele der Kommunikation ergeben sich aus den Differenzen des Unternehmens-Sollbildes und den gegenwärtigen Unternehmensimages bei den relevanten Stakeholdergruppen. Hieraus leiten sich Kommunikationsziele und darauf gerichtete Massnahmen ab, die gemeinsam die **Kommunikationsstrategie** bilden. Die Kommunikationssituationen, in denen das Unternehmen entweder aktiver Diskurspartner oder Diskursgegenstand ist, stellen Ressourcen (Mittel) dar, um die gesetzten Kommunikationsziele zu erreichen. Zu unterscheiden sind Situationen, in denen die Unternehmung selbst aktiver Diskurspartner ist und Situationen, in denen das Unternehmen abwesender Diskursgegenstand ist. Im ersten Fall kann der eigene Auftritt gestaltet werden, im zweiten Fall kann über Dritte und mittels bereitgestellter Information Einfluss auf die Kommunikation genommen werden.

In einer **Matrix der Kontaktsituationen** werden die verschiedenen Kontaktpunkte mit den Stakeholdergruppen den verantwortlichen betrieblichen Instanzen zugeordnet. Die Kommunikationsmatrix dient der zentralen Organisation, Steuerung und Integration der strategischen Gestaltung aller Kommunikationssituationen zwischen den Unternehmen und den Stakeholdergruppen.

Das systematische **Management des Stakeholder Capital** verlangt nach einer umfassenden Steuerung der Kommunikation auf der strategischen Ebene. Die Kommunikation auf der Unternehmens- und auf der Produktebene muss synergetisch aufeinander abgestimmt werden. Hierfür wird eine übergeordnete, am realisierten Wert des gesamten Stakeholder Capital (inklusive Customer Value) gemessene Instanz benötigt. Van Riel hat für die einheitliche Steuerung aller Kommunikationsfunktionen der Unternehmung den Begriff **Corporate Communication** geprägt.

7 Fazit: Die Rolle der Kommunikation und ihre Steuerung

Die Kommunikation hat, wie aufgezeigt, eine **integrale Bedeutung** in der unternehmerischen Wertschöpfung. Die Kommunikation spielt eine dreifache Rolle:

Erstens geschieht im Zuge von Kommunikationsprozessen die **Implementation der Produkte** in die Wahrnehmung der Unternehmenskunden. **Stakeholder-Werte** und Interessen werden zweitens, als Ergebnis eines internen und externen Dialoges, in das Unternehmenshandeln **internalisiert**. Auf diesem Weg entsteht eine wechselseitig **nutzbringende Integration** des Unternehmens in die umgebenden Gesellschaften. Durch die Gestaltung von Kommunikationssituationen im Sinne der Unternehmensziele vollzieht sich drittens die **Implementation der Unternehmung** in die Wahrnehmungswelt ihrer Stakeholdergruppen.

In diesen **3 Rollen** ist Kommunikation, als **symbolischer** Modus der **Unternehmens-Umwelt-Interaktion,** ein unabdingbarer Teil der Wertschöpfung des Unternehmens.

Als wichtige Einflussgrössen des Stakeholder-Verhaltens weisen **Images** und **Reputation** einer Unternehmung einen ökonomischen Wert auf, sie sind einkommenswirksam und haben daher Kapitalcharakter. **Die Summe aller Stakeholder Images** lässt sich als **Stakeholder Capital** einer Unternehmung auffassen.

Funktional-organisatorisch übernimmt die **Corporate Communication/Unternehmenskommunikation** die zentrale Steuerung der ganzheitlichen Kommunikation mit dem Ziel, eine Maximierung des Stakeholder Capital zu erreichen. Die Corporate Communication sollte, um ihrer beschriebenen Aufgabe gerecht zu werden, auf der obersten Führungsebene einer Organisation repräsentiert sein. Die zentrale Richtgrösse der Corporate Communication ist dabei eine **konsistente Corporate Identity** – eine möglichst grosse Annäherung der idealen Eigen- (**Corporate Vision**) und Fremdbilder (**Coporate Images**) des Unternehmens.

Literaturverzeichnis

Aaker, D. A. (2002). *Building Strong Brands*. London: Simon & Schuster.

Abels, H. (1998). *Interaktion, Identität, Präsentation. Eine Einführung in die interpretativen Theorien der Soziologie*. Wiesbaden: Westdeutscher Verlag.

Abels, H. & Link, U. (1991). *Interaktion und Identität im Medium symbolischer Kommunikation: George Herbert Mead* (Studienbrief). Hagen: FernUniversität Hagen.

Albert, S. & Whetten, D. (2003). Organizational Identity (From Research in Organizational Behaviour, 1985, 7, 263-295). In J. M. T. Balmer & S. A. Greyser (Eds.), *Revealing The Corporation. Perspectives on identity, image, reputation, corporate branding, and corporate-level marketing* (S. 77-105). London, New York: Routledge.

Alexander, C., Ishikawa, S. & Silverstein, M. (1977). *A Pattern Language*. Oxford: Oxford University Press.

Anderson, J. R. (1976). *Language, memory, and thought*. Hillsdale, NJ: Lawrence Erlbaum.

Apel, K.-O. (1967). *Der Denkweg von Charles S. Peirce. Eine Einführung in den amerikanischen Pragmatismus*. Frankfurt am Main: Suhrkamp.

Araujo, L. & Easton, G. (1999). A Relational Ressource Perspective on Social Capital. In R. T. A. J. Leenders & S. M. Gabbay (Eds.), *Social capital in organizations* (p. 68-87). Kidlington: Elsevier Science.

Argenti, P. A. (1998). *Corporate Communication* (2nd edition). Boston, M.A.: McGraw-Hill.

Avenarius, H. (2000). *Public Relations. Die Grundform der gesellschaftlichen Kommunikation* (2., überarbeitete Auflage). Darmstadt: Primus.

Axelrod, R. (2005). *Die Evolution der Kooperation* (6. Auflage, aus dem Amerikanischen übersetzt und mit einem Nachwort von Werner Raub und Thomas Voss). München: Scientia Nova Oldenbourg.

Balmer, J. M. T. & Greyser, S. A. (2003a). Identity: the quitessence of an organization. In J. M. T. Balmer & S. A. Greyser (Eds.), *The Corporation. Perspectives on identity, image, reputation, corporate branding, and corporate-level marketing* (p. 31-52). London, New York: Routledge.

Balmer, J. M. T. & Greyser, S. A. (2003b): Revealing the corporation: an integrative framework. In J. M. T. Balmer & S. A. Greyser (Eds.), *Revealing the Corporation. Perspectives on identity, image, reputation, corporate branding, and corporate-level marketing* (S. 1-29). London, New York: Routledge.

Barnard, C. (1962). *The Functions of the Executive* (15th Printing). Cambridge, MA: Harvard University Press.

Bateson, G. (1999). *Ökologie des Geistes. Anthropologische, psychologische biologische und epistemologische Perspektiven*. Frankfurt am Main: Suhrkamp.

Belz, C. (2004). Exkurs zu Kunden als Innovatoren. In C. Belz & T. Bieger, *Customer Value. Kundenvorteile schaffen Unternehmensvorteile* (mit dem Forschungsteam Walter Ackermann, Thomas Dyllick, Urs Fueglistaller, Matthias Haller, Andreas Herrmann, Peter Maas, Thomas Rudolph, Beat Schmid, Thierry Volery, S. 139-141). Frankfurt, St. Gallen: Redline Moderne Industrie, Thexis.

Belz, C. & Bieger, T. (2004). *Customer Value. Kundenvorteile schaffen Unternehmensvorteile* (mit dem Forschungsteam Walter Ackermann, Thomas Dyllick, Urs Fueglistaller, Matthias Haller, Andreas Herrmann, Peter Maas, Thomas Rudolph, Beat Schmid, Thierry Volery). Frankfurt, St. Gallen: Redline Moderne Industrie, Thexis.

Bentele, G. (1992). Images und Medien-Images. In W. Faulstich (Hrsg.), *Image, Imageanalyse, Imagegestaltung* (S. 152-176). Bardowick: Wissenschaftler-Verlag.

Berger, P. L. & Luckmann, T. (1966). *The social construction of reality*. New York: Doubleday.

Berger, P. L. & Luckmann, T. (1969). *Die gesellschaftliche Konstruktion der Wirklichkeit*. Frankfurt am Main: Fischer.

Berger, P. L. & Luckmann, T. (2000). *Die gesellschaftliche Konstruktion der Wirklichkeit* (17. Auflage). Frankfurt am Main: Fischer.

Bergius, R. (1998). Bedürfnis. In H. Häcker & K. H. Stäpf (Hrsg.), *Dorsch Psychologisches Wörterbuch* (13. überarbeitete und erweiterte Auflage, S. 103). Bern, Göttingen, Toronto, Seattle: Hans Huber.

Birkit, K., Stadler, M. M. & Funck, H. J. (2002). *Corporate Identity. Grundlagen, Funktionen, Fallbeispiele* (11., überarbeitete und aktualisierte Auflage). München: Redline Wirtschaft bei Verlag Moderne Industrie.

Bleicher, K. (2004). *Das Konzept Integriertes Management. Visionen – Missionen – Programme*. Frankfurt am Main: Campus.

Blumer, H. (1969). *Symbolic Interactionism. Perspective and Method*. Englewood Cliffs, NJ: Prentice-Hall.

Bohner, G. & Wänke, M. (2002). *Attitude and Attitude Change*. Philadelphia, PA: Psychology Press.

Bonfadelli, H. (2001). *Medienwirkungsforschung I. Grundlagen und theoretische Perspektiven* (2. korrigierte Auflage). Konstanz: UVK Medien.

Bonfadelli, H. (2000). *Medienwirkungsforschung II. Anwendungen in Politik, Wirtschaft und Kultur*. Konstanz: UVK Medien.

Borchers, J. (2001). *A Pattern Approach to Interaction Design*. Chichester: John Wiley & Sons.

Botan, C. H. & Taylor, M. (2004). Public Relations: State of the Field. *Journal of Communication, 54* (4), 645-661.

Boycott von Unternehmen. Ähnliche aufrufe gab es öfter - mit unterschiedlichem Erfolg. (2005, 12. Februar). *Frankfurter Allgemeine Zeitung*, S. 63.

Brockdorff, B. (2003). *Die Corporate Brand bei Mergers & Acquisitions: Konzeptualisierung und Integrationsentscheidung*. Dissertation, Universität St. Gallen (HSG).

Bromley, D. B. (1993). *Reputation, image and impression management*. Chichester: Wiley.

Bruhn, M. (Hrsg.). (2001). *Die Marke. Symbolkraft eines Zeichensystems*. Bern, Stuttgart, Wien: Haupt.

Bruhn, M. (2003). *Kommunikationspolitik* (2., völlig überarbeitete Auflage). München: Vahlen.

Bruhn, M. (2004). Planung einer Integrierten Markenkommunikation. In M. Bruhn (Hrsg.), *Handbuch Markenführung. Band 1. Kompendium zum erfolgreichen Markenmanagement. Strategien – Instrumente – Erfahrungen* (2., vollständig überarbeitete und erweiterte Auflage, S. 1441-1466). Wiesbaden: Gabler.

Bruhn, M., Hennig-Thurau, T. & Hadwich, K. (2004). Markenführung und Relationship Marketing. In M. Bruhn (Hrsg.), *Handbuch Markenführung. Band 2. Kompendium zum erfolgreichen Markenmanagement. Strategien – Instrumente – Erfahrungen* (2., vollständig überarbeitete und erweiterte Auflage, S. 391-420). Wiesbaden: Gabler.

Burkart, R. (1996). Verständigungsorientierte Öffentlichkeitsarbeit. Der Dialog als PR-Konzeption. In G. Bentele, H. Steinmann & A. Zerfass (Hrsg.), *Dialogorientierte Unternehmenskommunikation* (S. 245-270). Berlin: Vistas.

Campbell, D. T. (1974). Evolutionary epistemology. In P. A. Schilpp (Ed.), *The philosophy of Karl Popper* (pp. 413-463). La Salle, IL: Open Court.

Capurro, R. (1978). *Information. Ein Beitrag zur etymologischen und ideengeschichtlichen Begründung des Informationsbegriffs*. München: K. G. Saur.

Clement, M., Litfin, T., Peters, K. (2001). Netzeffekte und Kritische Masse. In S. Albers, M. Clement, K. Peters, B. *Skiera (Hrsg.), Marketing mit Interaktiven Medien. Strategien zum Markterfolg* (3. Auflage, S. 101-115). Frankfurt am Main: F.A.Z.-Institut.

Coase, R. H. (1992). The nature of the firm. In O. E. Williamson & S. G. Winter (Eds.), *The Nature of the Firm. Origins, Evolution and Development* (pp. 18-74). Oxford: Oxford University Press.

Coeneberg, A. G. (2003, 15. Januar). *Shareholder Value - Betriebswirtschaftliche Sicht und öffentliche Wahrnehmung* [Vortrag anlässlich der Ehrenpromotion an der Technischen Universität München]. Gefunden am 15. Oktober 2005 unter http://www.wiwi.uni-augsburg.de/bwl/coenenberg/download/divers/ehrenprom.pdf

Coenenberg, A. G. & Salfeld, R. (2003). *Wertorientierte Unternehmensführung.* Stuttgart: Schäffer-Poeschel.

Collins, J. C. & Porras, J. I. (1996). *Harvard Business Review, 74* (5), 65-78.

Commons, J. R. (1934). *Institutional Economics. Its Place in Political Economy.* New York: MacMillan.

Coulson-Thomas, C. (1992). Strategic vision or strategic con?: rhetoric or reality. *Long Range Plan, 25,* 81-91.

Cowan, G. A., Pines, D. & Meltzer, D. (Eds.). (1994). Complexity: Metaphors, Models, and Reality. *Proceedings of the Santa Fe Institute: Studies in the Sciences of Complexity (Vol. 19).* Santa Fe: Addison-Wesley.

Darwin, C. (1859). *The Origin of Species by Means of Natural Selection.* London: John Murray.

Dawkins, R. (1976). *The Selfish Gene.* New York: University Press.

Dawkins, R. (1986). *The Blind Watchmaker.* New York: WW Norton.

Debatte um Ackermann geht weiter. (2005, 10. Februar). *Frankfurter Allgemeine Zeitung,* S. 51.

Deutsche Bank hält an Stellenabbau fest. Interne Debatte über das verheerende öffentliche Echo. (2005, 12. Februar). *Frankfurter Allgemeine Zeitung,* S. 11.

Die Post (2005). *Grundsätze des Unternehmens.* Gefunden am 15. Oktober 2005 unter www.post.ch/de/index/uk_ueber_uns/uk_konzern/uk_grundsaetze.htm

Domizlaff, H. (1992). *Die Gewinnung des öffentlichen Vertrauens. Ein Lehrbuch der Markentechnik.* Hamburg: Marketing Journal.

Donges, P. & Imhof, K. (2001). Öffentlichkeit im Wandel. In O. Jarren & H. Bonfadelli (Hrsg.), *Einführung in die Publizistikwissenschaft* (S. 103-133). Bern, Stuttgart, Wien: Haupt.

Downs, A. (1957). *An Economic Theory of Democracy*. New York: Harper.

Drucker, P. (2002). *Was ist Management? Das Beste aus 50 Jahren*. (Übersetzung der amerikanischen Originalausgabe von 2001 The Essential Drucker von Stephan Gebauer). München: Econ Ullstein List.

Dubs, R., Euler, D. & Rüegg-Stürm, J. (2004). *Einführung in die Managementlehre* (5 Bände). Bern: Haupt.

Duden (1999). *Duden. Das große Wörterbuch der deutschen Sprache in 10 Bänden* (3., völlig neu bearbeitete und erweiterte Auflage). Mannheim, Leipzig, Wien, Zürich: Dudenverlag.

Eisenegger, M. (2005). *Reputation in der Mediengesellschaft. Konstitution – Issues Monitoring – Issues Management*. Wiesbaden: VS.

Eisenführ, F. & Weber, M. (2002). *Rationales Entscheiden* (4., neubearbeitete Auflage). Berlin: Springer.

Eisenhardt, K. M. (1989). Agency Theory: An Assessment and Review. *Academy of Management Review, 14* (1), 57-74.

El-Namaki, M. S. S. (1992). Creating a Corporate Vision. *Long Range Planning, 25* (6), 25-29.

Esch, F.-R. (2004a). *Strategie und Technik der Markenführung* (2., überarbeitete und erweiterte Auflage). München: Vahlen.

Esch, F.-E. (2004b). Markenidentitäten wirksam umsetzen. In F.-E. Esch, T. Tomczak, J. Kernstock & T. Langner (Hrsg.), *Corporate Brand Management. Marken als Anker strategischer Führung von Unternehmen* (S. 75-99). Wiesbaden: Gabler.

Esch, F.-E. & Geus, P. (2001). Ansätze zur Messung des Markenwerts. In F.-E. Esch (Hrsg.), *Moderne Markenführung. Grundlagen – Innovative Ansätze – Praktische Umsetzungen* (3. Auflage, S. 1025-1058). Wiesbaden: Gabler.

Esch, F.-E. & Langner, T. (2004). Integriertes Branding - Baupläne zur Gestaltung neuer Marken. In M. Bruhn (Hrsg.), *Handbuch Markenführung. Band 2. Kompendium zum erfolgreichen Markenmanagement. Strategien – Instrumente – Erfahrungen* (2., vollständig überarbeitete und erweiterte Auflage, S. 1131-1156). Wiesbaden: Gabler.

Fombrun, C. (1996). *Reputation: Realizing Value from the Corporate Image*. Boston, MA: Harvard Business School Press.

Freeman, R. E. (1984). *Strategic Management. A Stakeholder Approach.* Marshfield, MA: Pitman Publishing.

Freeman, R. E. (2004). The Stakeholder Approach Revisited. *Zfwu. Zeitschrift für Wirtschafts- und Unternehmensethik. Themenschwerpunkt Stakeholdermanagement und Ethik, 5* (3), 228-241.

Fröhlich, R. (2001, 19. Juli). *Die „alten" Fehler der New Economy-PR – Thesen zu einem Kommunikationsdesaster* [Keynote von Prof. Dr. Romy Fröhlich für das Panel der Medientage in München: „New-Economy-PR auf dem Prüfstand. Die Lehren aus dem Crash]. Gefunden am 15. Oktober 2005 unter www.medientage-muenchen.de/archiv/2001/froehlich_romy.pdf

Fudenberg, D. & Tirole, J. (1991). *Game Theory.* Cambridge, MA: MIT Press.

Geissler, U. (2001). Frühaufklärung durch Issue Management: Der Beitrag der Public Relations. In U. Röttger (Hrsg.), *Issues Management. Theoretische Konzepte und praktische Umsetzung. Eine Bestandsaufnahme* (S. 207-216). Wiesbaden: Westdeutscher Verlag.

Geissler, U. & Will, M. (2001). Gründer-PR während der Internet-Euphorie. Warum die Selbstdarsteller rational handelten. *PR-Guide.* Gefunden am 15. Oktober 2005 unter www.pr-guide.de/index.php?id=194&encryptionKey=&tx_ttnews[tt_news]=29&cHash=28e876273

Grabner, L. (1993). Unternehmen und Wertewandel: Die Auswirkungen auf die Produktanforderungen. In L. von Rosenstiel, M. Djarrahzadeh, H. E. Einsiedler & R. K. Streich (Hrsg.), *Wertewandel* (2. Auflage, S. 95-114). Stuttgart: Schäfer-Poeschel.

Giola, D. A., Schultz, M. & Corley, K. G. (2000). Organisational Identity, Image and Adaptive Instability. *Academy of Management Review, 25* (1), 63-81.

Gil, T. (2003). *Die Rationalität des Handelns.* München: Fink.

Goffman, E. (1959). *The Presentation Of Self In Everyday Life.* New York: Anchor.

Goffman, E. (1961). *Encounters. Studies in the Sociology of Interaction.* Indianapolis, New York: Bobbs-Merrill.

Goffman, E. (1969). *Wir alle spielen Theater. Die Selbstdarstellung im Alltag* (The Presentation Of Self In Everyday Life). München: Piper.

Goffman, E. (1974). *Das Individuum im öffentlichen Austausch. Mikrostudien zur öffentlichen Ordnung.* Frankfurt am Main: Suhrkamp.

Goffman, E. (1977). *Rahmenanalyse. Ein Versuch über die Organisation von Alltagserfahrungen* (übersetzt von Hermann Vetter). Frankfurt am Main: Suhrkamp.

Gross, P. (2004). Wenn die Nebensache zur Hauptsache wird - Aufladungstechniken. In C. Belz & T. Bieger, *Customer Value. Kundenvorteile schaffen Unternehmensvorteile* (mit dem Forschungsteam Walter Ackermann, Thomas Dyllick, Urs Fueglistaller, Matthias Haller, Andreas Herrmann, Peter Maas, Thomas Rudolph, Beat Schmid, Thierry Volery, S. 232-234). Frankfurt, St. Gallen: Redline Moderne Industrie, Thexis.

Grunig, J. E. & Hunt, T. (1984). *Managing Public Relations*. Forth Worth: Harcourt.

Grunig, J. E. (2003). Image and substance: From symbolic to behavioral relationships (From Public Relations Review, 1993, 19 (2), 121-139). In J. M. T. Balmer & S. A. Greyser (Eds.), *Revealing The Corporation. Perspectives on identity, image, reputation, corporate branding, and corporate-level marketing* (S. 204-222). London, New York: Routledge.

Gutberlet, C. (1909). *Logik und Erkenntnistheorie. Lehrbuch der Philosophie* (4. Auflage). Münster: Theissing.

Hacking, I. (1999). *The Social Construction of What?* Cambridge: Harvard University Press.

Haes, J. W. H. (2003). *Netzwerkeffekte im Medien- und Kommunikationsmanagement. Vom Nutzen sozialer Netze*. Wiesbaden: Deutscher Universitäts-Verlag.

Haken, H. (1986). *Synergetics. An Introducton*. Berlin: Springer.

Haller, M. & Königswieser, R. (1993). Risiko-Dialog statt Kommunikationsabbruch. *IO-Management, 62* (5), 24- 28.

Haller, M. (2004). Funktionen-Ansatz. In C. Belz & T. Bieger, *Customer Value. Kundenvorteile schaffen Unternehmensvorteile* (mit dem Forschungsteam Walter Ackermann, Thomas Dyllick, Urs Fueglistaller, Matthias Haller, Andreas Herrmann, Peter Maas, Thomas Rudolph, Beat Schmid, Thierry Volery, S. 720-736). Frankfurt, St. Gallen: Redline Moderne Industrie, Thexis.

Hansen, U., Bode, M. & Moosmayer, D. (2004). Stakeholder Theory between General and Contextual Approaches – A German View. *Zfwu. Zeitschrift für Wirtschafts- und Unternehmensethik. Themenschwerpunkt Stakeholdermanagement und Ethik, 5* (3), 242-254.

Hayek, F. A. von (1976). *Individualismus und wirtschaftliche Ordnung* (2. erw. Auflage). Salzburg: Neugebauer.

Hayek, F. A. von (1981). *Recht, Gesetzgebung und Freiheit. Band 2: Die Illusion der sozialen Gerechtigkeit. Eine neue Darstellung der liberalen Prinzipien der Gerechtigkeit und der politischen Ökonomie*. Landsberg am Lech: Verlag Moderne Industrie.

Heath, R. L. (Ed.). (2001). *Handbook of Public Relations*. Thousand Oaks, CA: Sage.

Helm, S. (2000). Viral Marketing – Establishing Customer Relationships by „Word-of-mouse". *Electronic Markets, 10* (3), 158-161.

Hennig-Thurau, T. (2004). Planungs- und Entwicklungsprozess von Markenartikeln. In M. Bruhn (Hrsg.), *Handbuch Markenführung. Band 1. Kompendium zum erfolgreichen Markenmanagement. Strategien – Instrumente – Erfahrungen* (2., vollständig überarbeitete und erweiterte Auflage, S. 699-722). Wiesbaden: Gabler.

Herger, N. (2004). *Organisationskommunikation. Beobachtung und Steuerung eines organisationalen Risikos.* Wiesbaden: VS.

Herrmann, A., Huber, F. & Braunstein, C. (2001). Gestaltung der Markenpersönlichkeit mittels der „means-end"-Theorie. In F.-R. Esch (Hrsg.), *Moderne Markenführung. Grundlagen – Innovative Ansätze – Praktische Umsetzungen* (3. Auflage, S. 103-133). Wiesbaden: Gabler.

Herrmann, A., Brandenberg, A., Lyczek, B. & Schaffner, D. (2004). Wahrnehmungswerte als Herausforderung der Marketingproduktivität – Grenzen vorhandener Ansätze und Vorschlag eines Synthesemodells. In C. Belz, T. Rudolph & T. Tomczak (Hrsg.), *Marketingprofit. Thexis Fachzeitschrift für Marketing der Universität St. Gallen, 21* (3), 2-7.

Holl, C. (2004). *Wahrnehmung, menschliches Handeln und Institutionen.* Tübingen: Mohr.

Holler, M. J. & Illing, G. (2005). *Einführung in die Spieltheorie* (5. Auflage). Berlin: Springer.

Homburg, C. & Krohmer, H. (2003). *Marketingmanagement. Strategie – Instrumente – Umsetzung – Unternehmensführung* (2. Auflage). Wiesbaden: Gabler.

Husserl, E. (1976). *Die Krisis der europäischen Wissenschaften und die Transzendentale Phänomenologie* (Husserliana: Gesammelte Werke, Band VI, hrsg. von Walter Biemel). Den Haag: Nijhoff.

Ingenhoff, D. (2004). *Corporate Issues Management in multinationalen Unternehmen. Eine empirische Studie zu organisationalen Prozessen und Strukturen.* Wiesbaden: VS.

Jarren, O. & Röttger, U. (2004). Steuerung, Reflexierung und Interpenetration: Kernelemente einer strukturationstheoretisch begründeten PR-Theorie. In U. Röttger (Hrsg.), *Theorien der Public Relations. Grundlagen und Perspektiven der PR-Forschung.* Wiesbaden: VS.

Jensen, M. C. & Meckling, W. H. (1976). Theory of the Firm: Managerial Behavior, Agency Costs and Ownership Structure, *Journal of Financial Economics, 3* (4), 305-360.

Kapferer, J.-N. (2003). *Strategic Brand Management. Creating and Sustaining Brand Equity Long Term.* London: Kogan Page.

Karmasin, H. (2004). *Produkte als Botschaften* (3. aktualisierte und erweiterte Auflage). Frankfurt; Wien: Redline Wirtschaft bei Ueberreuter.

Kaspar, W. & Streit M. E. (1999). *Institutional Economics. Social Order and Public Policy.* Cheltenham: Edward Elgar.

Keidanren, Japan Federation of Economic Organizations (1996). *Keidanren Charter for Good Corporate Behavior* (Fassung vom 17. Dezember 1996). Gefunden am 10. November 2005 unter http://www.keidanren.or.jp/english/policy/pol052.html.

Kirchner, K. (2001). *Integrierte Unternehmenskommunikation. Theoretische und empirische Bestandsaufnahme und eine Analyse amerikanischer Grossunternehmen.* Wiesbaden: Westdeutscher Verlag.

Klaus, E. (2001). Die Brent-Spar-Kampagne oder: Wie funktioniert Öffentlichkeitsarbeit? In U. Röttger (Hrsg.), *PR-Kampagnen. Über die Inszenierung von Öffentlichkeit* (2., überarbeitete und ergänzte Auflage, S. 97-119). Wiesbaden: Westdeutscher Verlag.

Kleinaltenkamp, M. (1997). Kundenintegration. *Zeitschrift für wirtschaftswissenschaftliches Studium, 26* (7), 350-354.

Knoke, D. (1999). Organizational Networks and Corporate Social Capital. In R. T. A. J. Leenders & S. M. Gabbay (Eds.), *Corporate Social Capital and Liability* (p. 17-42). Norwell, MA: Kluwer Academic Publishers.

Koeppler, K. (2000). *Strategien erfolgreicher Kommunikation.* München, Wien: Oldenbourg.

Kroeber-Riel, W. & Weinberg, P. (1999). *Konsumentenverhalten* (7., verbesserte und ergänzte Auflage). München: Vahlen.

Kunczik, M. (2002). *Public Relations. Konzepte und Theorien* (4. Auflage). Köln, Weimar, Wien: Böhlau.

Kunczik, M. & Zipfel, A. (2001). *Publizistik. Ein Studienhandbuch.* Köln, Weimar, Wien: UTB Böhlau.

Langeler, G. H. (1992). The Vision Trap. *Harvard Business Review, 70* (2), 46-55.

Leenders, R. T. A. J. & Gabbay, S. M. (2001). Social Capital Of Organizations: From Social Structure to the Management of Corporate Social Capital. In R. T. A. J. Leenders & S. M. Gabbay (Eds.), *Social capital in organizations* (p. 1-20). Kidlington: Elsevier Science.

Lipton, M. (1996). Demystifying the Development of an Organizational Vision. *Sloan Management Review, 37* (4), 83-92.

Malik, F. (1985). Gestalten und Lenken von sozialen Systemen. In: G. Probst & H. Siegwart (Hrsg.), *Integriertes Management: Bausteine des systemorientierten Management* (Festschrift zum 65. Geburtstag von Prof. Dr. Dr. h. c. Hans Ulrich). Bern: Haupt.

Malik, F. (2002). *Strategie des Managements komplexer Systeme. Ein Beitrag zur Management-Kybernetik evolutionärer Systeme* (7. Auflage). Bern: Haupt.

Mast, C. (2002). *Unternehmenskommunikation*. Stuttgart: Lucius & Lucius.

Mayer, H. & Illmann, T. (2000). *Markt- und Werbepsychologie* (3., überarbeitete und ergänzte Auflage). Stuttgart: Schäffer-Poeschel.

Maybury, M. T. & Wahlster, W. (1998). *Readings in Intelligent User Interfaces*. San Francisco: Morgan Kaufmann.

MaxHavelaar (2005). *Homepage von Max Havelaar*. Gefunden am 15. Oktober 2005 unter http://www.maxhavelaar.ch/fr/

Mead, G. H. (1964). *George Herbert Mead On Social Psychology* (Selected Papers, edited and with an Introduction by Anselm Strauss). Chicago: The University of Chicago Press.

Mead, G. H. (1968). *Geist, Identität und Gesellschaft aus der Sicht des Sozialbehaviorismus*. Frankfurt am Main: Suhrkamp.

Mead, G. H. (1969). *Sozialpsychologie* (Eingeleitet und herausgegeben von Anselm Strauss). Neuwied am Rhein, Berlin: Luchterhand.

Mead, G. H. (1973). *Geist, Identität und Gesellschaft* (Hrsg. von Charles W. Morris). Frankfurt am Main: Suhrkamp.

Mead, G. H. (1980). *Gesammelte Aufsätze. Band 1* (hrsg. von Hans Joas). Frankfurt am Main: Suhrkamp.

Mead, G. H. (1983). *Gesammelte Aufsätze. Band 2* (hrsg. von Hans Joas). Frankfurt am Main: Suhrkamp.

Meffert, H. (2000). *Marketing* (9. Auflage). Wiesbaden: Gabler.

Meffert, H. & Burmann, C. (2002a). Theoretisches Grundkonzept der identitätsorientierten Markenführung. In H. Meffert, C. Burmann & M. Koers (Hrsg.), *Markenmanagement. Grundfragen der identitätsorientierten Markenführung* (S. 35-67). Wiesbaden: Gabler.

Meffert, H. & Burmann, C. (2002b). Managementkonzept der identitätsorientierten Markenführung. In H. Meffert, C. Burmann & M. Koers (Hrsg.), *Markenmanagement. Grundfragen der identitätsorientierten Markenführung* (S. 73-96). Wiesbaden: Gabler.

Melewar, T. C. & Wooldridge, A. R. (2001). The dynamics of corporate identity: A review of a process model. *Journal of Communication Management, 5* (4), 327-340.

Menninger, J., Maul, K.-H. & Wagner, W. (2004). Wertorientierte Markenführung und internationale Rechnungslegungsstandards. In M. Bruhn (Hrsg.), *Handbuch Markenführung. Band 1. Kompendium zum erfolgreichen Markenmanagement. Strategien – Instrumente – Erfahrungen* (2., vollständig überarbeitete und erweiterte Auflage, S. 1897-1922). Wiesbaden: Gabler.

Mikhailov, A. S. (1990). *Foundations of Synergetics, Distributed Active Systems.* Berlin: Springer.

Miller, W. R. (1998, 4. November). *Place-Based Community Planning: Philosophies, Trends, and Technologies* [Keynote Speech for the Tools for Community Design and Decision Making Conference in Chattanooga, Tennessee]. Gefunden am 15. Oktober 2005 unter www.i4sd.org/speechmiller.htm

Morgan, G. (1993). *Imaginization. The art of creative management.* Newbury Park, CA: Sage.

Morgan, G. (2002). *Bilder der Organisation* (3. Auflage). Stuttgart: Klett-Cotta.

Müller-Stewens, G. (Hrsg.). (1997). *Virtualisierung von Organisationen* (Entwicklungstendenzen im Management Band 16). Stuttgart: Schäffer-Poeschel.

Müller-Stewens, G. & Lechner, C. (2001). *Strategisches Management. Wie strategische Initiativen zum Wandel führen: St. Galler Management Navigator®.* Stuttgart: Schäffer-Poeschel.

Müller-Stewens, G. & Lechner, C. (2003). *Strategisches Management. Wie strategische Initiativen zum Wandel führen: St. Galler Management Navigator®* (2. überarbeitete und erweiterte Auflage). Stuttgart: Schäffer-Poeschel.

Naumann, B. & Harms, I. (Hrsg.). (2000). *Figurationen: Gender, Literatur, Kultur.* Köln, Weimar, Wien: Böhlau.

Neidhart, F. (1994). Öffentlichkeit, öffentliche Meinung, soziale Bewegungen. *Kölner Zeitschrift für Soziologie und Sozialpsychologie, Sonderheft 34,* 7-41.

Neumann, J. von & Morgenstern, O. (2004). *Theory of Games and Economic Behavior* (Commemorative Edition, with an introduction by Harold Kuhn and an afterword by Ariel Rubinstein). Princeton, NJ: Princeton University Press.

Neumann, P. (2000). *Markt- und Werbepsychologie. Band 2. Praxis. Wahrnehmung - Lernen – Aktivierung – Image-Positionierung – Verhaltensbeeinflussung – Messmethoden.* Gräfelfing: Fachverlag Wirtschaftspsychologie.

Nimmt Deutsche Bank Pläne zurück? (2005, 12. Februar). *Frankfurter Allgemeine Zeitung,* S. 63.

Noelle-Neumann, E. (2000). Öffentliche Meinung. In E. Noelle-Neumann, W. Schulz & J. Wilke (Hrsg.), *Fischer Lexikon Publizistik Massenkommunikation* (S. 366-382). Frankfurt am Main: Fischer.

Nöth, W. (2000). *Handbuch der Semiotik* (2. vollst. neu bearb. und erw. Auflage). Stuttgart: Metzler.

North, D. C. (1992). *Institutionen, institutioneller Wandel und Wirtschaftsleistung*. Tübingen: Mohr.

Noteboom, B. (2001). The Management Of Corporate Social Capital. In R. T. A. J. Leenders & S. M. Gabbay (Eds.), *Social capital in organizations* (p. 185-208). Kidlington: Elsevier Science.

O`Brien, F. & Meadows, M. (2000). Corporate visioning: a survey of UK practice. *Journal of the Operational Research Society, 51*, 36-44.

OECD (2004). *OECD Principles of Corporate Governance*. Gefunden am 10. November 2005 unter www.oecd.org/dataoecd/32/18/31557724.pdf

Osborne, M. J. & Rubinstein, A. (2001). *A Course in Game Theory* (7th Printing). Cambridge, MA: MIT Press.

Paley, W. (1802). *Natural Theology: Or, Evidences of the Existence and Attributes of the Deity, Collected from the Appearances of Nature*. London: Faulder.

Phelps, J. E., Lewis, R., Mobilio, L., Perry, D. & Raman, N. (2004). Viral Marketing or Electronic Word-of-Mouth Advertising: Examining Consumer Responses and Motivations to Pass Along Email. *Journal of Advertising Research, 44* (4), 333-348.

Phillips, R. & Freeman, R. E. (2003). What Stakeholder Theory Is Not. *Business Ethics Quarterly, 13* (4), 479-502.

Picot, A., Dietl, H. & Franck, E. (2005). *Organisation. Eine ökonomische Perspektive* (4., aktualisierte und erweiterte Auflage). Stuttgart: Schäffer-Poeschel.

Pines, D. (Ed.). (1988). Emerging Syntheses in Science. *Proceedings of the founding workshops of the Santa Fe Institute (Vol. 1)*. Santa Fe, NM: Addison Wesley.

Pfannenberg, J. & Zerfass, A. (Hrsg.). *Wertschöpfung durch Kommunikation. Wie Unternehmen den Erfolg ihrer Kommunikation steuern und bilanzieren*. Frankfurt am Main: F.A.Z.-Institut.

Plotkin, H. (1993). *Darwin Machines and the Nature of Knowledge*. Cambridge, MA: Harvard University Press.

Porák, V. (2005). Methoden zur Erfolgs- und Wertmessung von Kommunikation. In M. Piwinger & V. Porák (Hrsg.), *Kommunikations-Controlling. Kommunikation und Information quantifizieren und finanziell bewerten* (S. 11-55). Wiesbaden: Gabler.

Post, J. E., Preston, L. E. & Sachs, S. (2002). *Redefining the Corporation. Stakeholder Management and Organizational Wealth. Stanford*, CA: Stanford University Press.

Regierungskommission Deutscher Corporate Governance Kodex (2005). *Deutscher Corporate Governance Kodex* (in der Fassung vom 2. Juni 2005). Gefunden am 10. November 2005 unter http://www.corporate-governance-code.de/ger/download/D_CorGov_Endfassung2005-markiert.pdf

Rice, R. E. & Atkin, C. K. (1989). *Public Communication Campaigns* (2nd. Edition). London: Sage.

Rice, R. E. & Atkin, C. (1993). Principles Of Successful Public Communication Campaigns. In J. Bryant & D. Zillmann (Eds.), *Media effects: advances in theory and research* (p. 365-388). Hillsdale, NJ: Lawrence Erlbaum.

Richter, R. & Furubotn, E. G. (2003). *Neue Institutionenökonomik*. Tübingen: Mohr Siebeck.

Röttger, U. (2001). Issues Management – Mode, Mythos oder Managementfunktion? Begriffsklärungen und Forschungsfragen – eine Einleitung. In U. Röttger (Hrsg.), *Issues Management. Theoretische Konzepte und Praktische Umsetzung. Eine Bestandsaufnahme* (S. 11-39).Wiesbaden: Westdeutscher Verlag.

Röttger, U. (2004). Welche Theorien für welche PR? In U. Röttger (Hrsg.), *Theorien der Public Relations* (S. 7-23). Wiesbaden: VS.

Rosenstiel, L. von (2000). *Grundlagen der Organisationspsychologie* (4. Auflage). Stuttgart: Schäffer-Poeschel.

Rosenstiel, L. von & Neumann, P. (2002). *Marktpsychologie. Ein Handbuch für Studium und Praxis*. Darmstadt: Wissenschaftliche Buchgesellschaft.

Rüegg-Stürm, J. (2004). Das St. Galler Management-Verständnis. In R. Dubs, D. Euler, J. Rüegg-Stürm & C. E. Wyss (Hrsg.), *Einführung in die Managementlehre* (Band 1, S. 65-135). Bern, Stuttgart, Wien: Haupt.

Schelling, T. C. (1999). *The Strategy of Conflict* (17th Printing). Cambridge, MA: Harvard University Press.

Schmid, B. (2001). Zur Rolle der Kommunikation in der digitalen Ökonomie. In: N. Goldschmidt (Hrsg.). *Wunderbare Wirtschaftswelt. Die New Economy und ihre Herausforderungen*. Baden-Baden: Nomos.

Schmid, B. (2002). *Der C-Ansatz* (Arbeitspapier). St. Gallen: Institute for Media and Communications Management.

Schmid, B. (2003). *Stakeholder Value* (Arbeitspapier). St. Gallen: Institute for Media and Communications Management.

Schmid, B. (2004a). *Produkt und Wert.* (Arbeitspapier). St. Gallen: Institute for Media and Communications Management.

Schmid, B. (2004b, 15. Januar). *Der Community Ansatz. Customer Value und Stakeholder Value* [Vortrag IMEA 2004]. St. Gallen: Institute for Media and Communications Management.

Schmid, B. (2004c). *Integrales Produktdesign* [Vorlesung Masterstufe WS 04/05]. St. Gallen: Institute for Media and Communications Management.

Schmid, B. (2004d). *Die wichtigsten Konzepte von Beat F. Schmid* (Arbeitspapier). St. Gallen: Institute for Media and Communications Management.

Schmid, B. (2004e). Communication- und Community-Ansatz. In C. Belz & T. Bieger, *Customer Value. Kundenvorteile schaffen Unternehmensvorteile* (mit dem Forschungsteam Walter Ackermann, Thomas Dyllick, Urs Fueglistaller, Matthias Haller, Andreas Herrmann, Peter Maas, Thomas Rudolph, Beat Schmid, Thierry Volery, S. 691-719). Frankfurt, St. Gallen: Redline Moderne Industrie, Thexis.

Schmid, B. F. & Lyczek, B. (2005). *Die Rolle der Kommunikation in der Wertschöpfung der Unternehmung* (Arbeitspapier). St. Gallen: Institute for Media and Communications Management.

Schmidt, K. (1995). *The quest for identity: Corporate identity, strategies, methods and examples.* London: Cassell.

Schögel, M., Tomczak, T. & Belz, C. (2002). *Roadm@p to e-business.* St. Gallen: Thexis.

Scholl, W. (1992). The social production of knowledge. In M. von Cranach, W. Doise & G. Mugny (Eds.), *Social representations and the social bases of knowledge* (pp. 37-429). Bern: Huber.

Scholl, W. (1998). *Politische Entscheidungsprozesse als Kern einer integrativen Organisationspsychologie* (Begleitskript zur Vorlesung). Berlin: Humboldt-Universität. Gefunden am 28. Oktober 2005 unter www.psychologie.hu-berlin.de/orgpsy/index.htm?/orgpsy/forschung/texte/entscheidung.htm

Scholz, C. (Hrsg.). (2001). Systemdenken und Virtualisierung. Unternehmensstrategien zur Vitalisierung und Virtualisierung auf der Grundlage von Systemtheorie und Kybernetik. *Tagungsbericht der Wissenschaftlichen Jahrestagung der Gesellschaft für Wirtschafts- und Sozialkybernetik vom 1. und 2. Oktober 1999 in Saarbrücken.* Berlin: Duncker & Humblot.

Schütz, A. (1974). *Der sinnhafte Aufbau der sozialen Welt. Eine Einleitung in die verstehende Soziologie.* Frankfurt: Suhrkamp.

Schwaninger, M. (1994). *Managementsysteme.* Frankfurt am Main: Campus.

Searle, J. R. (1995). *The Construction of Social Reality*. New York: Free Press.

Shapiro, C. & Varian, H. R. (1998). *Information Rules. A Strategic Guide to the network economy*. Boston, MA: Harvard Business School Press.

Siemens (2005). *Business Conduct Guidelines*. Gefunden am 15. Oktober 2005 unter www.siemens.com/Daten/siecom/HQ/CC/Internet/About_Us/WORKAREA/about_ed/ templatedata/English/file/binary/bcg_de_1033145.pdf

Smith, A. (2004). *Reichtum der Nationen*. Paderborn: Voltmedia.

Steinmann, H. & Zerfass, A. (1995). Management der integrierten Unternehmenskommunikation: Konzeptionelle Grundlagen und strategische Implikationen. In R. Ahrens, H. Scherer & A. Zerfass (Hrsg.), *Integriertes Kommunikationsmanagement. Ein Handbuch für Öffentlichkeitsarbeit, Marketing, Personal- und Organisationsentwicklung* (S. 11-49). Frankfurt am Main: Institut für Medienentwicklung und Kommunikation.

Steltzner, H. (2005, 12. Februar). Am Pranger. *Frankfurter Allgemeine Zeitung*, S. 11.

Stewart, T. A. (1996, September). A Refreshing Change: Vision Statements That Make Sense. *Fortune*, Nr. 6, 195-197.

Stiftung zur Förderung der systemorientierten Managementlehre St. Gallen (Hrsg.). (2001). *Systemorientiertes Management. Das Werk von Hans Ulrich*. Bern, Stuttgart, Wien: Haupt.

Szyszka, P. (1996). Kommunikationswissenschaftliche Perspektiven des Dialogbegriffs. In G. Bentele, H. Steinmann & A. Zerfass (Hrsg.), *Dialogorientierte Unternehmenskommunikation* (S. 81-106). Berlin: Vistas.

Szyszka, P. (1999). Inszenierte Öffentlichkeit. Eine qualitative Analyse der zentralen Akteure im Fall Brent Spar. In K. Imhof, O. Jarren & R. Blum (Hrsg.), *Steuerungs- und Regelungsprobleme in der Informationsgesellschaft* (S. 118-135). Opladen, Wiesbaden: Westdeutscher Verlag.

Szyszka, P. (2004). PR-Arbeit als Organisationsfunktion. Konturen eines organisationalen Theorieentwurfs zu Public Relations und Kommunikationsmanagement. In U. Röttger (Hrsg.), *Theorien der Public Relations. Grundlagen und Perspektiven der PR-Forschung*. Wiesbaden: VS.

Talmud, I. (1999). Corporate Social Capital and Liability: a Conditionale Approach to Three Consequenses of Coraporate Social Structure. In R. T. A. J. Leenders & S. M. Gabbay (Eds.), *Social capital in organizations* (p. 106-117). Kidlington: Elsevier Science.

Thommen, J.-P. & Achleitner, A.-K. (2001). *Allgemeine Betriebswirtschaftslehre* (3. Auflage). Wiesbaden: Gabler.

Tomczak, T. & Kruthoff, K. (2004). Exkurs zum Viral Marketing. In C. Belz & T. Bieger, *Customer Value. Kundenvorteile schaffen Unternehmensvorteile* (mit dem Forschungsteam Walter Ackermann, Thomas Dyllick, Urs Fueglistaller, Matthias Haller, Andreas Herrmann, Peter Maas, Thomas Rudolph, Beat Schmid, Thierry Volery, S. 138-139). Frankfurt, St. Gallen: Redline Moderne Industrie, Thexis.

Touraine, A. (1996). A Sociology of the Subject. In J. Clarke & M. Diani (Hrsg.), *Alain Touraine* (S. 291-342). London: Falmer Press.

Trommsdorf, V. (2004). Verfahren der Markenbewertung. In M. Bruhn (Hrsg.), *Handbuch Markenführung. Band 2. Kompendium zum erfolgreichen Markenmanagement. Strategien – Instrumente – Erfahrungen* (2., vollständig überarbeitete und erweiterte Auflage, S. 1853-1876). Wiesbaden: Gabler.

Ulrich, P. & Fluri, E. (1995). *Management* (7. Auflage). Bern; Stuttgart; Wien: Haupt UTB für Wissenschaft.

Ulrich, H. (2001). *Systemorientiertes Management: das Werk von Hans Ulrich* (hrsg. von der Stiftung zur Förderung der Systemorientierten Managementlehre St. Gallen). Bern: Haupt.

Van Riel, C. B. M. (1995). *Principles of Corporate Communication*. London: Prentice Hall.

Van Riel, C. B. M. (2003). The Management of Corporate Communication. In J. M. T. Balmer & S. A. Greyser (Eds.), *Revealing The Corporation. Perspectives on identity, image, reputation, corporate branding, and corporate-level marketing* (S. 161-170). London, New York: Routledge.

Varian, H. R., Farell, J. & Shapiro, C. (2005). *The Economics of Information Technology*. Cambridge: Cambridge University Press.

Vowe, G. (2001). Feldzüge um die Öffentliche Meinung. Politische Kommunikation in Kampagnen am Beispiel von Brent Spar und Mururoa. In U. Röttger (Hrsg.), *PR-Kampagnen. Über die Inszenierung von Öffentlichkeit* (2., überarbeitete und ergänzte Auflage, S. 121-142). Wiesbaden: Westdeutscher Verlag.

Waltz, M. (1993). *Ordnung der Namen. Die Entstehung der Moderne: Rousseau, Proust, Satre*. Frankfurt am Main: Fischer.

Weber, M. (1922). *Wirtschaft und Gesellschaft. Grundriss der verstehenden Soziologie*. Tübingen: Mohr.

Wilbers, K. (2004). Anspruchsgruppen und Interaktionsthemen. In R. Dubs, D. Euler, J. Rüegg-Stürm & C. E. Wyss (Hrsg.), *Einführung in die Managementlehre* (S. 331-360). Bern, Stuttgart, Wien: Haupt.

Will, M. (2001). Issues Management braucht Einbindung in das strategische Management. In U. Röttger (Hrsg.), *Issues Management. Theoretische Konzepte und Praktische Umsetzung. Eine Bestandsaufnahme* (S. 103-123). Wiesbaden: Westdeutscher Verlag.

Williamson, O. (1985). *The Economic Institutions of Capitalism: Firms, Markets, Relational Contracting.* New York: The Free Press.

Wilson, I. (1992). Realizing the power of strategic vision. *Long Range Planning, 25,* 18-28.

Windahl, S., Signitzer, B. H. & Olson, J. T. (1992). *Using Communication Theory. An Introduction to Planned Communication.* London: Sage.

Wittgenstein, L. (1971). *Philosophische Untersuchungen.* Frankfurt am Main: Suhrkamp.

Wöhe, G. (2002). *Einführung in die Allgemeine Betriebswirtschaftslehre* (21. Auflage). München: Vahlen.

Wynne, C. D. L. (2001). Universal Plotkinism: A Review of Henry Plotkin`s Darwin Machines and the Nature of Knowledge. *Journal of the Experimental Analysis of Behavior, 76,* 351-361.

Zerdick, A., Picot, A., Schrape, K., Artopé, A., Goldhammer, K., Heger, D. K., Lange, U. T., Vierkant, E., Lopéz-Escobar, E., & Silverstone, R. (2001). *Die Internet Ökonomie. Strategien für die digitale Wirtschaft* (3., erweiterte und überarbeitete Auflage). Berlin, New York, London, Tokio: Springer.

Zerfass, A. (1996). *Unternehmensführung und Öffentlichkeitsarbeit: Grundlegung einer Theorie der Unternehmenskommunikation und Public Relations.* Opladen: Westdeutscher Verlag.

Zerfass, A. (2004). *Unternehmensführung und Öffentlichkeitsarbeit. Grundlegung einer Theorie der Unternehmenskommunikation und Public Relations* (2., ergänzte Auflage). Wiesbaden: VS Verlag für Sozialwissenschaften.

Zimbardo, P. G. & Gerrig, R. J. (1999). *Psychologie* (7., neu übersetzte und bearbeitete Auflage, bearbeitet und herausgegeben von Siegfried Hoppe-Graf und Irma Engel). Berlin, New York, London, Tokio: Springer.

Teil 2

Umsetzung

a) Bereiche

Günter Bentele und Markus Will

Public Relations
als Kommunikationsmanagement

1 Grundlagen der Public Relations

1.1 Definitionen und Grundlagen

Für den Begriff „Public Relations" existieren – wie für alle sozial- und kommunikationswissenschaftliche Grundbegriffe – eine Vielzahl von Definitionen. Zunächst einmal ist **„Public Relations"** (abgekürzt PR) – im deutschsprachigen Raum synonym als „Öffentlichkeitsarbeit" bezeichnet – ein Begriff zur Bezeichnung eines Berufsfeldes bzw. zur Bezeichnung der Tätigkeit, die in diesem Berufsfeld verrichtet wird. Der Begriff – wörtlich als „Öffentliche Beziehungen" ins Deutsche übersetzt – wurde in den USA wohl zum ersten Mal im Jahr 1882 (vgl. Grunig & Hunt, 1984, S. 14) verwendet, hat sich aber erst seit den zwanziger Jahren weltweit durchgesetzt.

In Deutschland hießen die ersten Praktiker, die diese Tätigkeit ausübten, „Literaten", „Preßoffiziere" oder – etwas später – Propagandaamtsleiter, die Abteilungen wurden „Literarisches Büro", „Presseabteilung", „Nachrichtenstelle oder -amt", „Presse- oder Propagandaamt, etc. genannt. Was den deutschen Begriff **„Öffentlichkeitsarbeit"** anbelangt, so haben jüngere PR-historische Forschungen gezeigt, dass dieser spätestens im Jahr 1917 einschlägig im Kontext einer Selbstverständnisdiskussion der evangelischen „Preßverbände" verwendet wurde (vgl. Döring 1998; Liebert, 1997).

Definitionen in sozialwissenschaftlichen Fächern sind meist zeitabhängig und erfolgen aus verschiedenen Perspektiven. Noch in den fünfziger und sechziger Jahren dominierten Definitionen für PR, die den öffentlichen Informationsvorgang und seine Ziele (z.B. Herstellung von Vertrauen) in den Mittelpunkt stellten. Heute wird **Public Relations** international weitgehend als **Teil des Kommunikationsmanagements** von Organisationen definiert. Public Relations „is part of the management of communication between an organization and its publics" (Grunig & Hunt, 1984, S. 6).[1]

Gemäß der Unterscheidung in Alltags-, Berufs- und wissenschaftliche Theorien (McQuail, 1994, S. 4ff.) lassen sich drei Definitionsperspektiven unterscheiden: eine Alltagsperspektive, eine Berufsperspektive und eine wissenschaftlichen Perspektive.

▨ In der **Alltagsperspektive** wird PR von Laien, „von außen" und ohne spezielle Kenntnisse betrachtet und häufig mit ambivalenten oder negativen Konnotationen versehen, nicht selten aber auch positiv gesehen („cooler" Beruf).

---

[1] Vgl. auch die Definition: „Öffentlichkeitsarbeit oder Public Relations sind das Management von Informations- und Kommunikationsprozessen zwischen Organisationen einerseits und ihren internen oder externen Umwelten (Teilöffentlichkeiten) andererseits. Funktionen von Public Relations sind Information, Kommunikation, Persuasion, Imagegestaltung, kontinuierlicher Vertrauenserwerb, Konfliktmanagement und das Herstellen von gesellschaftlichem Konsens." (Bentele, 1997, S. 22ff.)

▨ Aus der **Berufsperspektive** äußern sich PR-Praktiker bzw. Kommunikationsmanager, wobei diese Definitionen häufig normativ und positiv aufgeladen sind. „Werbung um öffentliches Vertrauen", „Vertrauenswerbung" „Gutes tun und darüber reden" waren Definitionen und Verständniskerne von PR-Praktikern aus den fünfziger und sechziger Jahren.[2] Heute wird Public Relations von *Berufsverbänden* oft – nicht empirisch fundiert, sondern normativ – mit „Dialog" gleichgesetzt.

▨ Aus einer **wissenschaftlichen Perspektive** wird versucht, PR möglichst allgemeingültig zu definieren. Hier lassen sich unterschiedliche *disziplinäre* Sichtweisen ausmachen: Innerhalb der Wirtschaftswissenschaften – insbesondere in vielen Marketing-Lehrbüchern – wird PR häufig als ein Instrument innerhalb der Kommunikationspolitik (oder des Kommunikationsmix) von Unternehmen aufgefasst. Kommunikationspolitik wird – neben Produkt-, Preis- und Distributionspolitik als ein Bereich innerhalb des „Marketing-Mix" definiert (vgl. z.B. anstatt vieler Kotler & Bliemel 1992, S. 828ff. oder Meffert, 1993, S. 120 oder Nieschlag, Dichtl & Hörschgen, 1991, S. 495ff.). PR wird in dieser klassischen Marketinglehre dem Marketing prinzipiell untergeordnet, als unternehmensbezogene Tätigkeit, die mit einem bestimmten Instrumentenensemble arbeitet, aufgefasst.[3]

Erst neuere Ansätze geben diese Unterordnung auf (Haedrich, 1994) oder „erfinden" Marketing als Kommunikation unter dem Begriff „integrierte Marketingkommunikation" neu (vgl. Duncan, 1993). Der weitestgehende integrationsorientierte Ansatz, der in Richtung einer ganzheitlichen Betrachtung des Kommunikationsmanagements zeigt, stammt aus den Arbeiten von Bruhn (insbesondere 2003 – vgl. dazu auch den Beitrag zur Integrierten Kommunikation in diesem Band). Insgesamt behandeln diese **integrationsorientierten Ansätze** (siehe dazu auch Kapitel 2.2 dieses Beitrags) jedoch im Wesentlichen, was zur Funktion des Kommunikationsmanagements hinzugerechnet und wie die integrierte Unternehmenskommunikation organisiert werden soll.

Demgegenüber kommen so genannte **wertorientierten Ansätze** (siehe dazu Kapitel 2.3 in diesem Beitrag) zwar eher aus dem betriebswirtschaftlichen Rechnungswesen, behandeln aber, wie die Funktion des Kommunikationsmanagements wertorientiert gestaltet werden kann. Der inhaltliche Bezug solcher Ansätze (vgl. dazu insbesondere Volkart 1995 und 1997) ist somit auf die Wertkommunikation des Kapitalmarktes ausgerichtet.

Aus Sicht der hier vorgestellten Definition der **Public Relations als Kommunikationsmanagement** sollten allerdings beide Ansätze gemeinsam berücksichtigt werden (siehe dazu auch Kapitel 3 in diesem Beitrag).

---

[2] Vgl. z.B. Hundhausen (1951, S. 53); Oeckl (1964, S. 43) oder Bernays (1956, S. 3).
[3] Zur Kritik dieser Auffassung und zur Diskussion des Verhältnisses von Public Relations und Marketing vgl. z.B. Ehling, White & Grunig (1992), Bentele (1998, S. 50ff.) oder Hutton (2001).

Kommunikationswissenschaftler definieren PR in der Regel breiter als Wirtschaftswissenschaftler, beziehen die Tätigkeit auf das **Kommunikationsmanagement von Organisationen** insgesamt (also auch das Kommunikationsmanagement politischer Parteien, das von Parlamenten, Kommunalverwaltungen, Vereinen, Verbänden, Umweltgruppen, Bürgerinitiativen, etc.) und berücksichtigen häufig den gesellschaftlichen Gesamtkontext. Vergleicht man vorhandene Definitionen, so ist feststellbar, dass PR vor allem als *Tätigkeit*, häufig als *Teil* bzw. *Funktion von Organisationen*, darüber hinaus aber als *Funktionselement innerhalb der gesamten Gesellschaft* gesehen wird (vgl. Signitzer 1988; Bentele 1998).

In der organisationsbezogenen, kommunikationswissenschaftlichen Perspektive steht die Frage im Mittelpunkt, was PR für Organisationen generell (nicht nur für Unternehmen) leistet. Unter gesellschaftlicher, makrosozialer Perspektive lässt sich die Frage stellen, ob sich PR als **Typ öffentlicher Kommunikation** und (in systemtheoretischer Perspektive) als *publizistisches Teilsystem* der Gesellschaft rekonstruieren und wissenschaftlich entfalten lässt.

Public Relations verstehen wir als strategisch geplante und organisierte übergeordnete kommunikative Tätigkeit, also als Kommunikationsmanagement zwischen Organisationen und ihren ihren internen und externen Teilöffentlichkeiten bzw. publics. „Public Relations", „Organisationskommunikation" und „Kommunikationsmanagement" können in diesem Definitionskontext synonym verwendet werden. (Vgl. Grunig, 1992, S. 4)

Dieser Beitrag sollte im Kontext insbesondere der Beiträge von Porák, Achleitner, Fieseler & Groth (Kapitel Finanzkommunikation in diesem Band), Bruhn (Kapitel Integrierte Kommunikation in diesem Band), Einwiller, Klöfer & Nies (Kapitel Mitarbeiterkommunikation in diesem Band) und Meckel & Will (Kapitel Media Relations in diesem Band) gelesen werden.

1.2 Kommunikationsmanagement als wissenschaftliche Disziplin?

Die Erforschung, d.h. die wissenschaftliche Beobachtung dieser Tätigkeit, des Berufsfeldes geschieht in mehreren Disziplinen, der **Kommunikationswissenschaft**, der **Wirtschaftswissenschaft** (Managementlehre, Marketing), aber auch der **Politikwissenschaft**, der **(Organisations-) Soziologie**, etc.

In dem Maße, in dem dieser Gegenstand als einheitlich untersucht wird, kann von einer **„PR-Wissenschaft"** bzw. einer wissenschaftlichen Disziplin **„Kommunikationsmanagement"** gesprochen werden. Diese im Entstehen befindliche Disziplin beschäftigt sich mit der Geschichte und Entwicklung des Gegenstands PR, entwickelt

Theorien, beschreibt und analysiert das Berufsfeld PR und dessen Teilfelder (z.B. politische Public Relations, Unternehmens-PR, Non-Profit-PR, kommunale Öffentlichkeitsarbeit, Öffentlichkeitsarbeit von Verbänden, Kirchen, Gewerkschaften, etc.) empirisch, diskutiert ethische Probleme, etc.

In diesem Berufsfeld eingesetzte Kommunikations*instrumente* (z.B. Presseinformationen, Pressekonferenzen, Geschäftsberichte), *Methoden* (z.B. Methoden der Management-Analyse wie der SWOT-Analyse, Methoden der Medienresonanzanalyse, Methoden der empirischen Kommunikationsforschung) und komplexere Kommunikations*verfahren* (Event-PR, Issues Management, Krisen-PR, etc.) werden analysiert, aber auch entwickelt und optimiert.

Die wissenschaftliche Disziplin „Kommunikationsmanagement" ist ein eigenständiges, interdisziplinäres Unterfangen, das sich nicht auf kommunikationswissenschaftliche Methoden und Erkenntnisse beschränken lässt, sondern theoretische und methodische Perspektiven aus der Wirtschaftswissenschaft, der Organisations- und Sozialpsychologie (z.B. Persuasionsforschung), der Soziologie, Politikwissenschaft, Linguistik und anderen Disziplinen integriert.

Während in den USA als dem führenden Land der PR-Wissenschaft eine Reihe von qualitativ hoch stehenden, akademischen „Textbooks" existieren, die umfassend konzipiert sind, aber auch „How-to-Do"-Teile enthalten (vgl. z.B. Baskin, Aronoff & Lattimore, 1997; Cutlip, Center & Broom, 1994; Grunig & Hunt 1984; Newsom, Kruckeberg & VanSlyke, 2003; Wilcox & Cameron, 2006), existieren in Deutschland zwar eine große Zahl einführender Monographien, wobei die meisten dieser Bücher der Praktikerliteratur zuzurechnen sind; sie vermitteln vor allem Techniken der Presse- und Medienarbeit, Techniken der internen Kommunikation, der strategischen PR, der Krisen-PR, der CI-Planung, etc.

Unterscheidet man zwischen allgemeinen PR-Theorien und PR-Theorien „mittlerer Reichweite", so lässt sich feststellen, dass Überlegungen zu einer allgemeinen PR-Theorie bislang eher selten sind, dass aber eine Reihe von **PR-Theorien mittlerer Reichweite** existieren.

1.3 Einige PR-Theorien

Es ist sinnvoll, zwischen allgemeinen Theorien und Theorien „mittlerer Reichweite" zu unterscheiden. Unter „Theorien mittlerer Reichweite" (Middle Range Theories) werden nach Robert K. Merton (1968, S. 39f.) relativ einfache Verknüpfungen von Ideen verstanden, die eine begrenzte Zahl von Tatsachen über die Struktur und Funktion sozialer Gebilde zusammenbringen. Theorien mittlerer Reichweite sind in der Regel empirisch prüfbare Theorien.

Ein einfacher Typ **allgemeiner Theorien** sind die organisationsbezogenen Modelle der Public Relations, die von Form und Inhalt her einfachen kybernetischen bzw. systemtheoretischen Modellen entsprechen. Grunig & Hunt (1984) konzipieren Organisationen und ihre Subsysteme (darunter auch das PR-Subsystem) als offene Systeme. **PR wird als Teil des Management-Subsystems** gesehen, das – vor allem durch seine „Boundary Role" – die Funktionen hat, für Verständigung mit anderen organisatorischen Subsystemen sowie mit externen „Publics" zu sorgen. Cutlip, Center & Broom (1999, S. 244) konzipieren Public Relations ähnlich als Modell eines offenen Systems, in dem Struktur und Prozess, Zielgrößen und Veränderungen in der Umwelt als wichtigste Elemente vorhanden sind, zwischen denen Beziehungen bestehen.

Für den deutschsprachigen Raum existiert ein **systematischer „Theorie-Entwurf"** des Typs allgemeine Theorie, nämlich der von Ronneberger & Rühl (1992). Die Autoren entwerfen Teile einer PR-Theorie, wobei sie von einem System-Umwelt-Paradigma ausgehen und auf dieser Basis einen „äquivalenzfunktionalistischen" Ansatz entwickeln. Neben einer Reihe von metatheoretischen Reflexionen ist die Unterscheidung dreier Analyseebenen: einer *Makro-* einer *Meso-* und eine *Mikroebene* der Public Relations ein Kernstück des Ansatzes.

Auf der *Makroebene* wird das Verhältnis von Public Relations zur Gesamtgesellschaft untersucht (*Funktion* von PR), mit der *Mesoebene* sind die Wechselbeziehungen zwischen PR und anderen gesellschaftlichen Funktionssystemen (Politik, Wirtschaft, Wissenschaft, Recht, Freizeit, Familie, etc.) angesprochen (*PR-Leistungen),* die *Mikroebene* enthält inner- und interorganisatorische Wechselbeziehungen (PR-Aufgaben). Die gesellschaftliche Funktion der PR wird in „autonom entwickelten Entscheidungsstandards zur Herstellung und Bereitstellung durchsetzungsfähiger Themen" gesehen.

Zerfaß (2004) hat 1996 in Erstauflage einen differenzierten Ansatz der **Unternehmensführung und Öffentlichkeitsarbeit** einer Theorie der Unternehmenskommunikation vorgelegt, in dem er sozial- und gesellschaftstheoretische Ansätze sowie kommunikations- und PR-theoretische Ansätze mit wirtschaftswissenschaftlichen verknüpft. Weit über traditionelle Ansätze und Modelle der Marketinglehre hinausgehend, ordnet er die kommunikativen Funktionen von Unternehmen neu: **Marktkommunikation** als Kommunikation mit dem Marktumfeld, **Organisationskommunikation** als Kommunikation mit dem (internen) Organisationsumfeld und **Public Relations** als Kommunikation mit dem gesellschaftspolitischem Umfeld.

Er entwickelt methodische und systematische Perspektiven eines PR-Managements, wobei er unterschiedliche Methoden innerhalb der vier klassischen Phasen des PR-Managements (PR-Analyse, strategische Planung, Realisierung und PR-Kontrolle) unterscheidet wie z.B. die Stakeholder- und Kommunikationsfeldanalyse, das Thementracking, Image- und Potenzialanalyse, etc. In der zweiten Auflage des 1996 erstmals erschienenen Standardwerks nimmt Zerfaß auch den Aspekt der **Wertorientierung des Kommunikationsmanagements** auf und verdeutlicht damit auch die steigende Bedeutung wertorientierter Ansätze. Allerdings ist dieser Aspekt der

Wertorientierung nur als zusätzliches Kapitel eingeführt und wird von daher nicht wirklich mit dem ursprünglichen Ansatz verbunden.

Abbildung 1-1: *Unternehmensführung und Öffentlichkeitsarbeit*
(Zerfass, 2004, S. 289, Abb. 17)

Bentele (1994 und 2005) hat ein **rekonstruktives Modell** vorgelegt, das – auf Basis des hypothetischen Realismus – davon ausgeht, dass die Konstruktion von kommunikativer und medial vermittelter PR-Wirklichkeit wesentlich ein Rekonstruktionsprozess ist, der nach drei wesentlichen Grundprinzipien (Perspektive, Selektion und Konstruktion) verläuft (Bentele, 1988). In diesem Prozess nehmen unterschiedliche Akteurbeziehungsweise Kommunikatorgruppen (Politiker, PR-Praktiker, Journalisten) reale Ereignisse (es wird zwischen natürlichen, sozialen und Medienereignissen unterschieden) wahr, transformieren sie nach bestimmten Regeln und Routinen und (re-)konstruieren selbst reale PR- und Medienwirklichkeit, die aus Zeichen, Texten und Themen besteht. Von Rezipienten und Kommunikatoren wird erwartet, dass Medienwirklichkeit, zumindest wenn es sich um Berichterstattung über die „vormediale" Welt handelt, in einer *Adäquatheits-* oder *Passungsrelation* zu dieser stehen. Für PR und für die Massenmedien gelten ähnliche Regeln des Wirklichkeitsbezugs (z.B. Wahrheit, Objektivität). Es sind verschiedene Texte und Themenkonstruktionen über dieselben sozialen Wirklichkeiten möglich. Verlassen solche Texte und medialen Darstellungen einen bestimmten Realitäts-„Korridor", werden die *Diskrepanzen* zwischen der direkt erfahrbaren und der medialen Wirklichkeit, die ja diese wiedergeben soll, zu groß, so entstehen Glaubwürdigkeits- und Vertrauensprobleme.

Der Vertrauensprozess wird in der von Bentele (1994a) entwickelten **Theorie öffentlichen Vertrauens** als ein grundlegender sozialer „Mechanismus", gleichzeitig als wichtigster Zielwert für Public Relations verstanden. Resultate dieses Prozesses, die von „Vertrauensfaktoren" (wie Sachkompetenz, Kommunikationsadäquatheit, kommunikative Konsistenz, etc.) wesentlich bestimmt werden, sind als Vertrauenswerte messbar und durch die Einhaltung von Regeln beeinflussbar.

In der internationalen PR-Forschung lassen sich als Beispiele für *Theorien mittlerer Reichweite* das **4-Typen-Modell** von Grunig & Hunt (1984) und dessen Weiterentwicklungen, die situative Theorie der Teilöffentlichkeiten, ebenfalls von Grunig oder die Forschung zu verschiedenen *PR-Rollen* begreifen. Das 4-Typen-Modell der PR von Grunig & Hunt (1984, S. 22) zeichnet einerseits eine historische Entwicklung der Public Relations vom Publicity-Modell bis zum Modell der symmetrischen Kommunikation nach. Andererseits stellt es ein auf systematische Kriterien bezogenes Modell dar, das unter anderem den Vorteil bot, die seit Jahrzehnten geführten Diskussionen um das „Wesen der Public Relations" zu beenden beziehungsweise diese Diskussion zumindest zu differenzieren.

Grunig hat das Modell gleichzeitig in Richtung eines „Mixed Motive Models" und vor allem in Richtung eines „Excellence Models (Grunig, 1992; Dozier, Grunig & Grunig, 1995) weiterentwickelt. Das Modell war weltweit fruchtbar und wurde mit der Exzellenz-Studie zu einer „Middle Range Theory" weiterentwickelt, die viele empirische Studien angeregt hat (Grunig, Grunig & Dozier, 2002). In dieser **Exzellenz-Theorie**, die vor allem als *normative Theorie* entwickelt wurde, geht es um die Rolle der Kommunikation für besonders effektive Organisationen. In der Theorie wurden u.a. eine Vielzahl von Merkmalen exzellenter PR identifiziert und begründet, die dann in einer groß angelegten Unternehmens- bzw. Organisationsbefragung zu Anfang der neunziger Jahre in verschiedenen Ländern empirisch überprüft wurden. Faktoren sind u.a.

- verschiedene Wissensbereiche (Knowledge Core), z.B. Wissen, um die **Rolle des Kommunikationsmanagers** auszufüllen, das zweiseitige symmetrische Modell einzusetzen,

- diverse **Übereinstimmungen im Kommunikationsverständnis** des Top-Managements und der PR-Verantwortlichen (Shared Expectations), z.B. über den Wert der PR-Kommunikation, den Beitrag der Kommunikationsabteilung zu symmetrischen oder asymmetrischen Kommunikationsaktivitäten, zur strategischen Planung, etc. und

- Faktoren der **Organisationskultur und –struktur**, darunter eine symmetrische interne Kommunikation, Arbeitszufriedenheit, die Rolle von Frauen bei den Angestellten, dem Top-Management und der Kommunikationsabteilung, etc. (vgl. u.a. Dozier, Grunig & Grunig, 1995; Grunig, Grunig & Dozier, 2002).

Die **Excellence-Studie** konnte (ihrem Selbstverständnis nach) zeigen, das PR eine einzigartige Management-Funktion darstellt, die Organisationen hilft, mit ihrer Umwelt, d.h. ihren „Publics" zu interagieren. Exzellente PR-Abteilungen nehmen sowohl eine **Manager- wie eine Techniker-Rolle** ein, exzellente PR-Abteilungen spielen eine wichtige Rolle im strategischen Management einer Organisation, sie kommunizieren zweiseitig und symmetrisch mit ihren publics. Exzellente PR-Abteilungen werden Ethik-Berater für die Organisationsleitungen und interne Streiter für Social Responsibility.

Die Excellence-Studie konnte (ihrem Selbstverständnis nach) zeigen, dass exzellente PR auch den finanziellen Erfolg von Organisationen verstärken kann, ohne die soziale Verantwortlichkeit beschneiden zu müssen (vgl. Grunig, Grunig & Dozier, 2002, S. 538ff.). Leider ist die Excellence-Studie nicht ernsthaft von der betriebswirtschaftlichen Managementlehre aufgenommen worden.

Bei der Forschung über **organisatorische PR-Rollen** (zu einem Forschungsüberblick vgl. Dozier, 1992; Grunig, Grunig & Dozier, 2002) geht es um die Unterscheidung und die empirische Überprüfung von Berufsrollen, z.B. der beiden wichtigsten Rollen, der Techniker- und der Managerrolle. Die Forschung dreht sich z.B. um Fragen, in welchen Organisationen unter welchen Bedingungen unterschiedliche Rollen bevorzugt auftreten oder wie die Rollen mit Berufszufriedenheit und anderen Variablen zusammenhängen.

Eine eher *normativ* ausgerichtete Theorie mittlerer Reichweite hat Roland Burkart mit der „**verständigungsorientierten Öffentlichkeitsarbeit**" (VÖA) entwickelt, der von der „Theorie des kommunikativen Handelns" von Habermas ausgeht. Verständigungsorientierte Öffentlichkeitsarbeit, so Burkart (1992) verlangt Kommunikation über die objektive Welt, die subjektive Welt und die soziale Welt und führt zu *Verständigung* und - weitergehend - zu *Einverständnis*. Es werden vier Phasen unterschieden (Information, Diskussion, Diskurs und Situationsdefinition), mit denen ein praxisorientiertes Modell vorgeschlagen wird, über Dialoge zur Konfliktaustragung und Konfliktbewältigung zu kommen.

Die einzige PR-Theorie mittlerer Reichweite, die in Deutschland bislang eine wirkliche Forschungstradition hervorgebracht hat, ist die so genannte „**Determinationsthese**".[4] Als eine der ersten untersuchte Barbara Baerns in Deutschland das Problem, in welchem Maß und in welcher Form PR-Quellen von Journalisten aufgegriffen werden und in die Berichterstattung eingingen. Das Verhältnis zwischen Journalismus und Public Relations wurde in Deutschland vor allem unter dem Aspekt diskutiert, welche „Macht" Journalismus und PR jeweils haben.

So hat Baerns (1991) die These formuliert, dass Öffentlichkeitsarbeit die Informationsleistung tagesbezogener Medienberichterstattung determiniere. Sie kommt – auf Basis mehrerer Inhaltsanalysen – zu dem Schluss, dass sich in der Berichterstattung der Medien

---

4 Vgl. zusammenfassend Burkart (2002, S. 293ff.), Weischenberg (1995, S. 207ff.), Schantel (2000).

(Nachrichtenagenturen, Print- oder Funkmedien) konstant hohe Anteile von Beiträgen (in der Regel über 60 Prozent) zeigen, die auf Öffentlichkeitsarbeit basieren. Öffentlichkeitsarbeit habe sowohl die Themen der Medienberichterstattung als auch das Timing unter Kontrolle (Baerns, 1991, S. 98).

Eine Reihe von Nachfolgestudien entstanden im Gefolge der Studien von Baerns: teilweise wird die Determinationsthese bestätigt, teilweise dadurch differenziert, dass intervenierende Variablen (Nachrichtenwert und Krisensituation) eingeführt werden.

Deutlich wurde an vielen Studien zur „Determinationshese", dass vor allem der PR-Einfluss auf den Journalismus untersucht wurde. Einflüsse von PR-Seite auf die Themenselektion und das Timing, d.h. den Zeitpunkt, zu dem die Themen für die Öffentlichkeit zur Verfügung gestellt werden, stellen aber nur *eine* Einflussrichtung dar. Bentele, Liebert & Seeling (1997) entwickelten deshalb das **Intereffikationsmodell**, das eine Basis für die Untersuchung gegenseitiger Beziehungen bereitstellt. Im Intereffikationsmodell (Intereffikation = gegenseitige Ermöglichung) werden *Induktionsaktivitäten* (kommunikative Anregungen, die Resonanzen hinterlassen) und *Adaptionsaktivitäten* (Anpassungshandeln) sowohl der PR-Seite wie auch der journalistischen Seite unterschieden.

Die Beziehungen zwischen Journalismus und Public Relations werden auf drei Ebenen (individuelle Akteure, organisatorische Ebene wie Redaktionen und PR-Abteilungen und Systemebene) differenziert, weiterhin wird eine sozial-psychische, eine sachliche und eine zeitliche Dimension unterschieden. Das Modell ist mittlerweile in der Kommunikationswissenschaft als Basis für empirische Studien akzeptiert, es wurde aber auch differenziert und weiterentwickelt (Bentele & Nothhaft, 2004).

Bestimmte *kommunikationswissenschaftliche Teiltheorien* wurden mehrfach für die PR-Forschung nutzbar gemacht. So hat beispielsweise Saxer (1992) die Innovationstheorie von Everett M. Rogers als Basistheorie verwendet, um PR-Prozesse theoretisch-analytisch zu beschreiben; er entwickelt den Ansatz einer evolutionären Systemtheorie der PR als Innovationsprozeß. Schönbach (1992) interpretiert Agenda-Setting als Problem der Public Relations und Windahl & Signitzer (1992) haben eine Reihe von kommunikationswissenschaftlichen Modellen zusammengestellt, die für die Kommunikationsplanung anwendbar sind.

Vor kurzem haben Jarren & Röttger (2004) interessante Überlegungen zu einer **strukturationstheoretisch fundierten und begründeten PR-Theorie** vorgelegt, d.h. ein Ansatz, der auf grundsätzlichen Überlegungen des gesellschaftstheoretischen Ansatzes von Anthony Giddens (1984) aufbaut. Die Autoren gehen davon aus, dass es bislang nicht überzeugend gelungen ist, PR als eigenständiges gesellschaftliches Subsystem theoretisch zu fassen, PR wird in diesem Ansatz als Organisationsfunktion skizziert. Interpenetration, d.h. wechselseitige Durchdringung von Organisationen und umgebenden Systemen, Steuerung, d.h. die Beeinflussung anderer Systeme durch die Organisation und Reflexivierung, d.h. – vereinfacht gesagt – die Rückbindung von

Beobachtungen der Außenwelt in die eigene Organisation, werden als theoretische Herausforderungen betrachtet.

2 PR als Managementaufgabe

2.1 Anspruchsgruppen von Unternehmen

Wie im vorangegangenen Abschnitt dargestellt, fungiert Public Relations (PR) als Oberbegriff für das gesamte Beziehungsmanagement im Rahmen der Organisations-kommunikation mit ihren jeweiligen Anspruchsgruppen. Sofern es sich bei der betreffenden **Organisation um ein Unternehmen** handelt, wird der Begriff **Organisationskommunikation zur „Unternehmenskommunikation"** (Mast, 2002, S. 7).

Dies betrifft im Kern die Kommunikations*beziehungen* im Sinne der Public *Relations*, aber natürlich auch andere Kommunikations*instrumente* im Sinne von Imagewerbung, Unternehmenssponsoring oder auch das Internet und Intranet. Hinzu kommen neben den Kommunikationsbeziehungen und Kommunikationsinstrumenten die Kommunikations*inhalte*, über die sich ein Unternehmen im Dialog mit seinen Anspruchsgruppen befindet. Die Gestaltung und Entwicklung der **Kommunikationsbeziehungen zu den Anspruchsgruppen** ist der **Kern der PR** als **Managementaufgabe in Unternehmen**.

Unternehmenskommunikation als der Stabsbereich, in dem Kommunikationsmanagement „gemacht" wird, verantwortet folglich das Beziehungs- und Instrumentenmanagement des Unternehmens mit seinen internen und externen Anspruchsgruppen. Kommunikationsmanagement ist somit eine Führungsaufgabe der betriebswirtschaftlichen Managementlehre (Will, 2005). Die Abbildung auf der nächsten Seite zeigt die wesentlichen Anspruchsgruppen und Instrumente zur Ausgestaltung der Kommunikationsbeziehungen (zur Differenzierung von Anspruchsgruppen in Ziel- und Zwischenzielgruppen vgl. Will, 2001, sowie den Beitrag von Meckel & Will in diesem Band).

Zur Erläuterung (vgl. Will, 2003): Die Abbildung zeigt die wesentlichen Zielgruppen (äusserer Ring), das relevante Instrumentenset (mittlerer Ring) sowie eine Zusammenstellung der entscheidenden Multiplikatoren für die Unternehmen (innerer Ring). Unternehmen müssen sich zunächst einmal verdeutlichen, dass man zwischen tatsächlichen Zielgruppen und Zwischenzielgruppen oder auch Multiplikatoren unterscheiden sollte. Beispielsweise sind Analysten keine Zielgruppe des Unternehmens, sondern allenfalls Mittel zum Zweck; denn Analysten bewerten Unternehmen für ihre Investoren, die entweder professionelle Aktionäre (sogenannte institutionelle Investoren) oder private Aktionäre sind. Ein Aktionär stellt dem Unternehmen Finanzkapital zur Verfügung, welches einer der beiden entscheidenden Einsatzfaktoren für die Produktionsfähigkeit von Unternehmen ist. Somit ist ein Aktionär eine echte Zielgruppe, während der Analyst allenfalls diese Zielgruppe beeinflusst.

Abbildung 2-1:   *Beziehungsnetz und Instrumentenset des Unternehmens (Will, 2003, S. 76)*

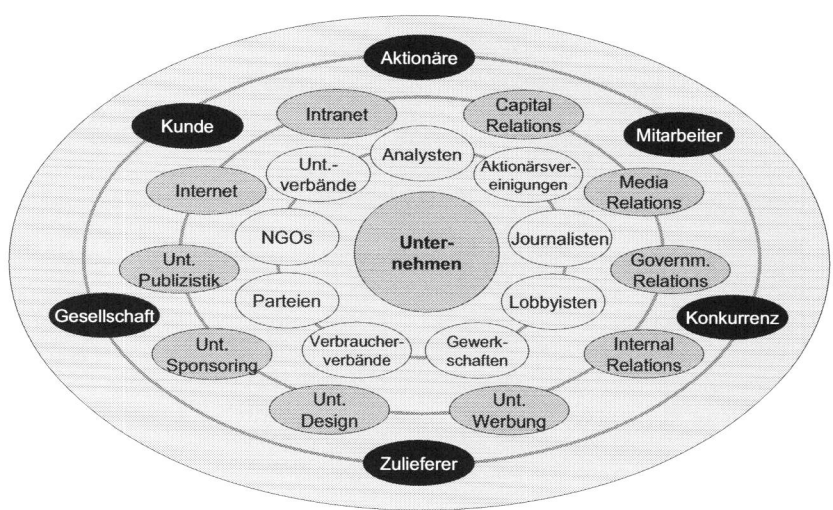

Die Liste der **Zielgruppen der Kommunikation** könnte natürlich noch erweitert werden, doch neben den Kapitalgebern – eben den Aktionären – und den Mitarbeitern, die in der Nomenklatur der Volkswirtschaftslehre Humankapital sind, steht vor allen Dingen der Kunde im Mittelpunkt der Zielgruppen von Unternehmen. Darüber hinaus sind Wettbewerber und Konkurrenten eine wichtige Zielgruppe von Unternehmen; denn wann immer Kapital verteilt werden muss oder gute Mitarbeiter sich einen Arbeitsplatz suchen, so steht man im kommunikativen Wettbewerb mit Konkurrenzunternehmen. Zulieferer – das weiss man nicht erst seit Lopez bei Volkswagen – sind ebenfalls ein hochkommunikatives Zielgruppenpotential, welches in der Arbeit der Unternehmenskommunikation berücksichtigt werden muss. Und dass natürlich die gesellschaftlichen Gruppen in Kommunen, Kirchen oder anderen Bereichen als Zielgruppe berücksichtigt werden sollten, dürfte sich von selbst verstehen. Allein die Betrachtung dieses äusseren Rings zeigt doch, wie wichtig die vernetzte Betrachtung der einzelnen Gruppen ist, schliesslich werden Kunden ansonsten aus dem Marketing betreut und Mitarbeiter vielfach aus dem Personalbereich, ohne dass eine Doppel- oder Mehrfachbetrachtung einzelner Zielgruppen vorgenommen wird. Diese komplexe Situation kann eigentlich nur von der Unternehmenskommunikation reduziert und damit gestaltbar gemacht werden; denn nicht in jeder Situation ist Zielgruppe auch gleich Zielgruppe.

Im mittleren Ring finden sich bekannte und neue **Instrumente der Kommunikation** – Media Relations gab es schon immer, während Investor Relations oder Political Relations Instrumente der 90er Jahre und Internet und Intranet selbstverständlich ganz neue Instrumente der Unternehmenskommunikation sind. Hinzu kommen Werbung, Design und Sponsoring auf Unternehmensebene, die man klar getrennt halten sollte von ausschliesslich produktspezifischen werblichen Massnahmen. In diesem mittleren Ring liegt das grösste Potential der Unternehmenskommunikation, sofern sie in der Lage ist, die Instrumente miteinander zu vernetzen, was selbstverständlich nicht nur eine technologische, sondern vielmehr auch eine inhaltliche Dimension hat.

Im inneren Ring verbergen sich zu guter Letzt die grössten Chancen wie auch die grössten Risiken für die Unternehmen, denn die **Multiplikatoren der Kommunikation** sind im Prinzip zwischen das Unternehmen und ihren Zielgruppen geschaltet, auch wenn es die eine oder andere Möglichkeit gibt, solche Gruppen zu umgehen. Allerdings nutzen auch diese Gruppen die Einsatzmöglichkeiten moderner neuer Medien wie auch klassischer PR, um ihre Positionen zu vertreten. Aktionärsvereinigungen verklagen heutzutage nicht nur Unternehmen, sondern machen diese Klagen auch noch öffentlich und bieten Diskussionsforen im Internet an; Journalisten und ihre Medien sind heute so fragmentiert, dass man sehr genau aufpassen muss, mit welcher Message man in welche Publikation überhaupt noch hineinkommen kann; und sogenannte Nichtregierungsorganisationen verweisen auf ihren Internetseiten oft gern einmal gleich auf die E-Mailadresse eines Unternehmens, bei der man sich mit vorgefertigtem Text am besten beschweren kann.

Die grundsätzliche Notwendigkeit der Gestaltung der Kommunikationsbeziehungen zwischen Unternehmen und Anspruchsgruppen ist schon früh erkannt worden. So schreibt bereits Hans Ulrich von der „kommunikativen Dimension" der Unternehmung (Ulrich, 1970, S. 257ff.), die neben der materiellen, der sozialen und der wertmässigen Dimension steht. Damit ist im Prinzip die „Gleichberechtigung" der Dimensionen angelegt, wohlgleich gerade die kommunikative Dimension in der Folge weniger differenziert ausgestaltet wurde.

Während die anderen drei Ulrich'schen Dimensionen eigenständig entwickelt wurden, wurde die kommunikative Dimension als Teil des Führungsprozess eben nicht eigenständig verfolgt, was wohl in erster Linie auf die zu diesem Zeitpunkt noch wenig komplexen Kommunikationsbeziehungen zurückzuführen ist. Das ist – wie oben aufgeführt – heute anders.

Die Notwendigkeit einer solchen eigenständigen Behandlung ergibt sich heute vor allem aus dem Paradigmenwechsel vom Produktions- zum Kommunikationsmanagement (Schmid, 2000). Neben der Produktion von Gütern und Dienstleistungen erhält die Interpretation dieser Güter und Dienstleistungen immer grössere Bedeutung (Schmid, 2004). Zudem haben sich die verschiedenen Kommunikationsmärkte insbesondere fragmentiert und sollten im Dienste einer ganzheitlichen Betrachtung integriert betrachtet werden (Will, 2000).

2.2   Integrationsorientierte Ansätze

In der deutschsprachigen Literatur wird oftmals von **Integrierter Unternehmenskommunikation** (beispielsweise neben dem bereits erwähnten Manfred Bruhn auch bei Kirchner, 2001) gesprochen, während die angelsächsische Literatur zumeist mit dem Terminus **Corporate Communications** (beispielsweise bei Argenti, 2002) arbeitet. Dabei sind aber nur die wenigsten Ansätze echte Ansätze aus der Managementlehre (Ausnahme Bruhn) – die Genese insbesondere der deutschen Ansätze ist eine kommunikationswissenschaftliche (so beispielsweise neben Kirchner auch die von Zühlsdorf, 2002, und Herger, 2004, oder auch der bereits erwähnte Ansatz von Zerfass, 1996, und dessen Erweiterung von 2004). Aus den bestehenden integrationsorientierten Ansätzen werden im Folgenden der Ansatz von Bruhn (2003) und der Ansatz von Argenti (1998 und 2002) vorgestellt.

Ein **Modell der integrierten Unternehmenskommunikation** findet sich bei Bruhn (2003). Für Bruhn ist „Integrierte Kommunikation ein Prozess der Analyse, Planung, Organisation, Durchführung und Kontrolle, der darauf ausgerichtet ist, aus differenzierten Quellen der internen und externen Kommunikation von Unternehmen eine Einheit herzustellen, um ein für die Zielgruppen der Kommunikation konsistentes Erscheinungsbild über das Unternehmen bzw. ein Bezugsobjekt des Unternehmens zu vermitteln" (2003, S. 17). Bruhns Ansatz fokussiert auf der organisatorischen Gestaltung der integrierten Kommunikation im Sinne von Planung, Gestaltung und sodann Organisation der Integrierten Kommunikation.

Zusammen mit Ahlers beleuchtet Bruhn (Bruhn & Ahlers, 2004) dabei auch die Rolle von Marketing und Public Relations in der Unternehmenskommunikation:

> *„Im Kern geht es um die Frage, welche Rolle Marketing und Public Relations im Kommunikationsmix von Unternehmen spielen – aber ganz zugespitzt auch und insbesondere um die Frage, welche der beiden **Disziplinen eine Vormachtstellung** (im Sinne einer Führungsrolle) für die **Unternehmenskommunikation** beanspruchen will und durchsetzen kann" (2004, S. 97).*

Das ist in der Tat der Kern, solange man die Funktionen semi-permeabel belässt, also sie nicht an ganz speziellen Fragestellungen ausgerichtet miteinander verbindet. So kann beispielsweise kein Corporate-Branding-Prozess funktionieren, wenn nicht werbliche Massnahmen mit Endorsement-Programmen (Dritte, die sich über das Unternehmen äussern) mit Media- und Investor-Relations-Massnahmen sowie allgemeiner Öffentlichkeitsarbeit verbunden werden. Bruhn und Bruhn & Ahlers machen völlig zu Recht auf dieses Problem aufmerksam.

Für die Autoren lässt sich diese Problemdimension in eine Hierarchie-, Akzeptanz-, Strategie- und Ressourcendimension unterscheiden. Mit Bezug auf die **Strategiedimension** heisst es dabei:

> *„Das Ansehen eines Kommunikationsinstruments steht häufig im Zusammenhang damit, ob ihm eher eine strategische oder taktische Bedeutung zugesprochen wird. So ist in der Marketingliteratur weitgehend unbestritten, dass Marketing zu den strategischen Unternehmensfunktionen zählt. (…) Für Public Relations indessen gehen die Meinungen auseinander. So schreiben zahlreiche PR-Wissenschaftler Public Relations eine strategische Bedeutung innerhalb des Unternehmens zu (…), die von Marketingwissenschaftlern jedoch nicht uneingeschränkt bestätigt wird. (…) Auch Grunig stellte im Jahr 1992 fest, dass die meisten Theorien über Strategisches Management die Präsenz von Public Relations verneinten und Public Relations eher Instrumentalcharakter zugebilligt würde" (ebenda, S. 97ff).*[5]

Ein weiterer Aspekt in Bruhns Überlegungen betrifft die Leistungsfähigkeit von **Koordinationskonzepten der Kommunikation** (Bruhn, 2003). Unter diesen führt Bruhn auch das so genannte Corporate-Communications-Konzept an, welches für ihn auf Birkigt & Stadler (2000) zurückgeht. Für Bruhn finden sich dort nur wenige Ansätze für integrierte Kommunikation, doch hält er das Corporate-Communications-Konzept für den der integrierten Kommunikation am nächsten. In seiner kritischen Würdigung hält er fest, dass

> *„nur sehr selten genaue Angaben über die Verzahnung der verschiedenen Kommunikationsbereiche gemacht werden. (…) Dem Anliegen einer integrierten Kommunikation kommt das Corporate-Communications-Konzept am nahesten. Die Ansprüche an die beiden Konzepte sind sehr ähnlich. Sie unterscheiden sich jedoch im Konkretisierungsgrad und in den Auswirkungen im Hinblick auf die Struktur der Kommunikationsarbeit im Unternehmen. (…) In den nächsten Jahren wird es darauf ankommen, den **In-***

---

[5] Diese Einschätzung ist völlig richtig und beschreibt das Dilemma der kommunikationswissenschaftlich orientierten PR-Forschung, die keinen Beitrag zur Einbindung dieser Disziplin in das Strategische Management liefern kann. Allerdings meinen Bruhn & Ahlers (2004, S. 97ff.) abschliessend auch, dass eine Prozessbetrachtung vor diesem Hintergrund die Möglichkeit einer Beseitigung (oder zumindest Abschwächung) bestimmter Konflikte zwischen Marketing und Public Relations bietet, womit letztlich auch der Gesamtkommunikation geholfen ist. „Die Prozessanalyse der Unternehmenskommunikation fügt sich dabei in das übergeordnete Managementmodell der Unternehmenskommunikation ein und wird durch crossfunktionale Teams und entsprechende Anreizsysteme umgesetzt."

*tegrationsgedanken auch im Corporate-Communications-Konzept weiter zu ent-
wickeln. In den letzten zehn Jahren hat es hierzu im deutschsprachigen Raum keine
substantiellen Fortschritte gegeben." (Bruhn, 2003, S. 49f.)*

Bruhns Arbeiten dürften dabei als die umfassendsten und weitestgehenden deutschsprachigen Ansätze mit einer klaren Ausrichtung auf die Managementperspektive
gelten.

Seine Überlegung bietet den Übergang zu den angelsächsischen Ansätzen. Etwas anders verhält es sich nämlich im englischsprachigen Raum, in dem vor allem Argentis
(2002) **Ansatz von „Corporate Communication"** ein sehr umfassendes Konzept darstellt. Zwar ist auch dieser Ansatz eher nur eine Theorie mittlerer Reichweite, aber mit
Bezug auf die Integrierte Kommunikation sehr umfassend. Nach einführenden Kapiteln, werden Image und Reputation, Corporate Advertising, Media, Investor und Government Relations sowie Internal Communications und Crisis Communications ab-
gehandelt. Argenti bietet damit eine Liste von Teilbereichen an, die aus seiner Sicht zu
Corporate Communication dazugehören sollten.

Argenti nennt vier Gründe für die zunehmende Bedeutung von Corporate Communication:

▨ Erstens benennt er die **„More Sophisticated Area"**, die sich vor allem durch die
technologische Entwicklung, insbesondere durch das Internet ergeben hat. Information fliesst mit Lichtgeschwindigkeit.

▨ Zweitens benennt er die **„More Sophisticated General Public"** in Bezug auf Organisationen. Die *Öffentlichkeit ist deutlich besser ausgebildet* und viel skeptischer in Bezug auf die Unternehmensabsichten.

▨ Drittens benennt er die **„More Beautiful Packaged Information"** die dazu führt,
dass es zur Vermittlung von Unternehmensnachrichten eine hohe Hürde im Unternehmensumfeld gibt.

▨ Viertens benennt er die **„Inherently More Complex Organizations"**, die dazu
geführt habe, dass in Unternehmen, es viel schwieriger ist, eine *kohärente Kommunikationsstrategie* einzuführen und durchzuhalten.

In diesem Umfeld erkennt Argenti vor allem auch die Notwendigkeit,

*„Corporate communications must be closely linked to a **company's overall vision
and strategy**. Since few managers recognize the importance of the communication
function, they are reluctant to hire the quality stuff necessary to succeed in today's environment. As a result, communications people are often kept out of the loop. Successful
companies **connect communication with strategy** through structure, such as having
the head of corporate communication report directly to the CEO. The advantage of this
kind of reporting relationship is that the communication professional can get the companies strategy directly from those at the top of the organization. As a result, all the*

company's communications will be more strategic and focused." (Argenti, 2002, S. 12).

Argentis **strategischer Kommunikationsansatz** ist allerdings auf US-amerikanische Verhältnisse ausgerichtet. Jedoch bietet er eine Einbindung in die klassische strategische Managementlehre an, die ansonsten oftmals erwähnt, aber nicht ausgearbeitet wird.

Abbildung 2-2:   *Strategische Einbindung der Kommunikation (Argenti, 2002, S. 42)*

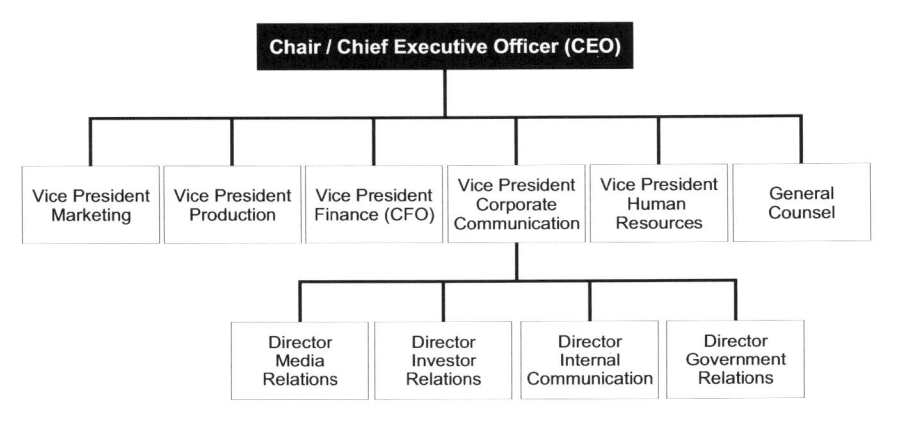

Für Argenti beginnt die strategische Überlegung bei der Organisation selbst. In der Bestimmung der Ziele und der dazu notwendigen finanziellen und intellektuellen Ressourcen müsse von Beginn an eine Diagnose der jeweiligen Reputationsauswirkungen einbezogen werden. Diese Form der Reputationsberücksichtigung ist die eine Seite einer strategischen Kommunikation. Die andere Seite beachtet auch die Konstituenten der Organisation hinsichtlicher ihrer reputativen Wirkung.

2.3   Wertorientierte Ansätze

Auch aus den **wertorientierten Ansätzen** sollen stellvertretend zwei vorgestellt werden: Aus der Finanzkommunikation kommen Ansätze des **Value Managements**, einer davon von Volkart (1995 und 1997). Ein eher interdisziplinärer Ansatz ist dagegen der von Fombrun & Rindova (1996), der sich mit dem **Reputation Management** befasst.

Volkart 1997 und Labhard 1999 haben sich des Aspektes der Wertkommunikation angenommen. Volkart argumentiert, dass ein Shareholder-Value-orientiertes Management den Unternehmenswert als oberste Finanzzielgrösse betrachtet. Im Prinzip gehen alle diese Überlegungen des Value Based Managements auf Rappaports (1986) Ansatz des Shareholder Value zurück. Mit seinem Ansatz, den Shareholder Value als Erfolgskennziffer zu formulieren, hat sich die Unternehmung gleichzeitig der Notwendigkeit ausgesetzt, dieses Ziel gegenüber externen Anspruchsgruppen zu erklären.

Abbildung 2-3:   *Finanzberichterstattung als externe Wertkommunikation (Volkart, 1997, S. 128)*

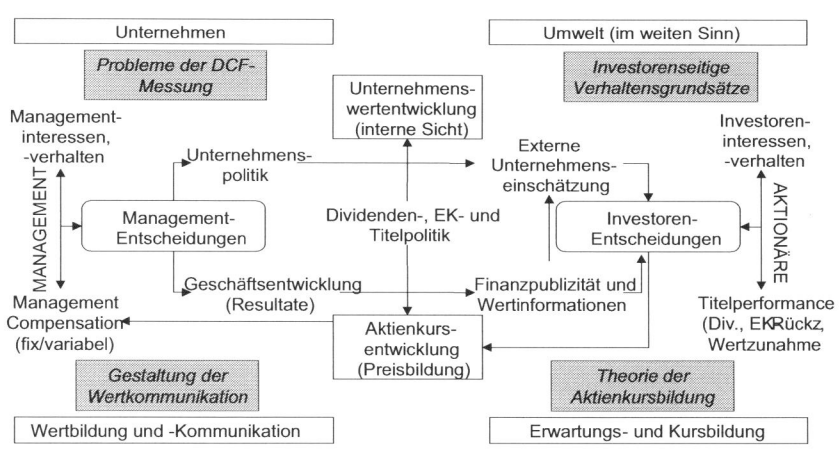

Das gilt auch für alle aus Freemans (1984) Stakeholder-Ansatz entwickelten Erweiterungen wie auch für Kaplan & Nortons (2004) Balanced Score Card. Alle diese Ansätze vernachlässigen jedoch den externen Zwang zur Erklärung der Zielgrössen.

Volkarts Überlegungen gehen nun dahin, dass in der reinen Lehre sich dieser Unternehmenswert auf Basis diskontierter Cash-Flows in entsprechenden Aktienbewertungen niederschlagen müsse. Dass dieses nicht der Fall ist, führt Volkart auf **Informationsasymmetrien und Interessensgegensätze** zurück (Volkart, 1997, S. 120f.). Damit erkennt er die Rahmenbedingungen an, die offensichtlich aus Sicht einer Kommunikationsorientierung auf die Unternehmungen einwirken.

Deshalb untersucht Volkart die **„externe Wertkommunikation"**, die er als Informationsvermittlung an Aktionäre, Investoren und Öffentlichkeit bezeichnet. Dabei beschränkt sich Volkart auf die Finanzberichterstattung und lässt die Wirtschafts- und

Finanzpresse aussen vor. Volkart fasst seine Überlegungen folgendermassen zusammen:

> *„Ineffizienzen sind sorgfältig zu erforschen. Ihre Offenlegung spricht nicht gegen ein erfolgreiches Funktionieren der Marktwirtschaft, sondern sie führt eine ausreichende Markteffizienz geradezu herbei."* *(ebenda, S. 129).*

Aus der hier vertretenen Sicht gehört aber eine Einbindung von Finanzpresse, Finanzwerbung und Finanzevents sicher dazu.

Die Funktion der Kommunikation für den Wert der Unternehmung ist aus Volkarts Sicht offensichtlich: Mithilfe einer Werttransformation und einer Wertkommunikation soll zur Erklärung der Werte beigetragen werden. Dabei gilt das Augenmerk natürlich vor allem auch den immateriellen Werten, deren Darstellung ja genau das Problem der Informationsasymmetrien ist.

Zum anderen gibt es wertorientierte Modelle des Reputation Management, wie beispielsweise das von Fombrun, die sich um eine integrierte Sichtweise bemühen. Fombrun & Rindova (1996) definieren **Corporate Reputation** als

> *„a collective representation of a firm's past actions and results that describes the firm's ability to deliver valued outcomes to multiple stakeholders. It gauges a firm's relative standing both internally with employees and externally with its (other) stakeholders, in both the competitive and institutional environments."* *(zit. nach Fombrun & van Riel, 2000, S. 10).*

Fombrun und van Riel (1997) bemängeln im Editorial der Startausgabe der Corporate Reputation Revue die Fragmentierung von Forschungsbereichen, die sich mit Corporate Reputation beschäftigen. Mit dem integrierten Ansatz eines Reputation Management und dem Corporate Reputation Revue-Journal soll versucht werden, diese Fragmentierung zu überwinden. Dabei stellen sie sechs Betrachtungsweisen heraus, in denen jeweils das Thema Reputation behandelt wird, ohne eine integrierte Sichtweise einzunehmen: Sie unterscheiden eine ökonomische, eine strategische, eine marketing-, eine organisatorische, eine soziologische und eine Rechnungslegungssichtweise der Reputation und postulieren eine integrierte Sichtweise.

Dazu wurde ein **Reputationsquotient** entwickelt, der als „Multi-Stakeholder-Measure of Corporate Reputation" das Ergebnis langjähriger Forschungsarbeit von Fombrun et al ist. Der Reputationsquotient ist eine Methode, die einen Bias zugunsten finanzieller Kriterien von Rankings vermeidet, indem sie Rankings der Öffentlichkeit einbezieht, um eine allgemeine Reputation ableiten zu können. Der Quotient ist Output-ausgerichtet und befragt als Stakeholder nur die Öffentlichkeit. Der Reputationsquotient hat sechs Kategorien. Fünf Kategorien beschreiben nicht-finanzielle Bereiche (Emotional Appeal, Products and Services, Vision and Leadership, Workplace Environment, Social Responsibility), während die sechste Kategorie die Financial Perfomance aufnimmt. Dabei muss man aber betrachten, dass hier keine Kennzahlen abgefragt werden, sondern der Eindruck der Rezipienten in Bezug auf Profitabilität, Risikoverhalten, Wettbewerbsvergleich und Wachstumsaussichten.

Abbildung 2-4: *Reputationsquotient (Fombrun & Gardberg, 2000, S. 14)*

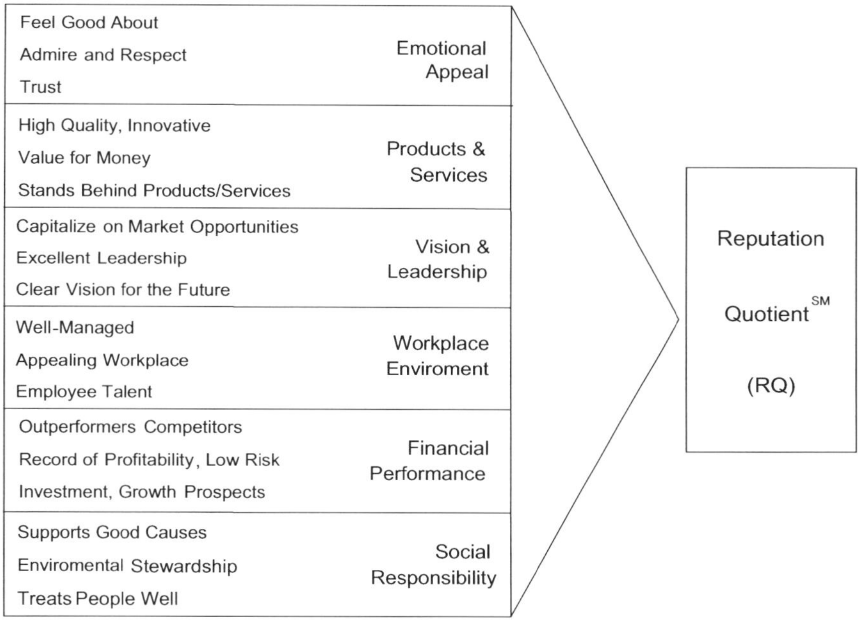

Feel Good About Admire and Respect Trust	Emotional Appeal	
High Quality, Innovative Value for Money Stands Behind Products/Services	Products & Services	
Capitalize on Market Opportunities Excellent Leadership Clear Vision for the Future	Vision & Leadership	Reputation Quotient[SM] (RQ)
Well-Managed Appealing Workplace Employee Talent	Workplace Enviroment	
Outperformers Competitors Record of Profitability, Low Risk Investment, Growth Prospects	Financial Performance	
Supports Good Causes Enviromental Stewardship Treats People Well	Social Responsibility	

Der Reputationskoeffizient fragt den Eindruck als Ergebnis ab, ohne den Weg dahin zu beschreiben. Der Reputationskoeffizient übersetzt etwaige dahinter liegende klassische Kennzahlen aus dem Reporting in die Betrachtung des Rezipienten. In einer umfangreichen Literaturstudie haben sich Sabate & Puente (2003, S. 161ff.) mit der „Empirical Analysis of the Relationship between Corporate Reputation and Financial Performance" beschäftigt. Die unterschiedlichen Ergebnisse über den Einfluss der finanziellen Performance auf die Corporate Reputation oder umgekehrt führen die Autoren auf die Inkonsistenz zurück, mit der die verschiedensten Studien durchgeführt wurden.

> *„This heterogeneity makes us wonder how many lacks, and which ones, must be taken into account, when measuring the effect of corporate reputation on financial performance and vice versa"* (ebenda, S. 162).

Im Ergebnis kommen sie zu dem Schluss, dass zwar sehr grosse Fortschritte über den Zusammenhang von Corporate Reputation und Wertentwicklung (und damit Financial Performance) gemacht worden seien, dass aber nach wie vor ein theoretischer Rahmen für den Zusammenhang fehle sowie keine Klarheit über die Methodologie zur Untersuchung des Zusammenhangs bestünde. Zwar könne man davon ausgehen, dass Corporate Reputation und Financial Performance sich gegenseitig beeinflussten, aber:

> *„The empirical evidence described above and at the theoretical justification set force suggest the need for methodologies that allow a joint analysis of both high processes that would help us reach conclusive results regarding the relationship analysed"* (ebenda, S. 176).

Dies bedeutet, dass das Mass des Zusammenhangs zwischen Reputation und Performance nicht bestimmt werden kann, dass aber gleichzeitig ein Zusammenhang besteht. Insofern bietet der hier vorgestellte Ansatz der Differenzierung einer investiven und einer interpretativen Sicht auf das gesamte Unternehmen die Möglichkeit, diese Forschungslücke zu beschreiben.

3 PR als Managementfunktion

Die Ulrich'sche Grundüberlegung der kommunikativen Dimension, die einleitend angemerkt wurde, spiegelt sich aber beispielsweise bei Hahn (1992, S. 137ff.) wider, der in einem Aufsatz zu „**Unternehmensführung und Öffentlichkeitsarbeit**" Führung als einen Prozess beschreibt, der neben der Informationsgewinnung, -verarbeitung und -abgabe vor allen Dingen auch einen Kommunikations*prozess* innerhalb und ausserhalb des Unternehmens mit den dort relevanten Personen und Personengruppen beinhaltet. Kommunikationsmanagement ist hier folglich vor allem ein Führungsprozess.

Hahns Abbildung (siehe folgende Seite) verdeutlicht, dass Öffentlichkeitsarbeit beziehungsweise Kommunikationsmanagement in diesem Sinne sowohl eine **Führungsfunktion** als auch eine **Führungsunterstützungsfunktion** inne hat, die eine systematische Gestaltung der Beziehungen zu den Anspruchsgruppen im Dienste des Verständnisses und Vertrauens in die unternehmerischen Entscheidungen übernimmt. Dazu benötigt es die entsprechenden *Inhalte* und *Instrumente* für den *Prozess* der Kommunikations*beziehungen* mit den *Anspruchsgruppen*.

Diese Unterscheidung ermöglicht auch die Zuordnung verschiedener Längs- und Querschnittsfelder des Kommunikationsmanagements: Während Media oder Investor Relations bestimmte Kommunikationsbeziehungen definieren, sind Issues, Reputation, Value oder Brand Management Unterstützungsfunktionen des übergeordneten ganzheitlichen Kommunikationsprozesses im Sinne Ulrichs oder Hahns.

Abbildung 3-1:   *Öffentlichkeitsarbeit als Führungsfunktion und Führungsunterstützungs-funktion (Hahn, 1992, S. 141)*

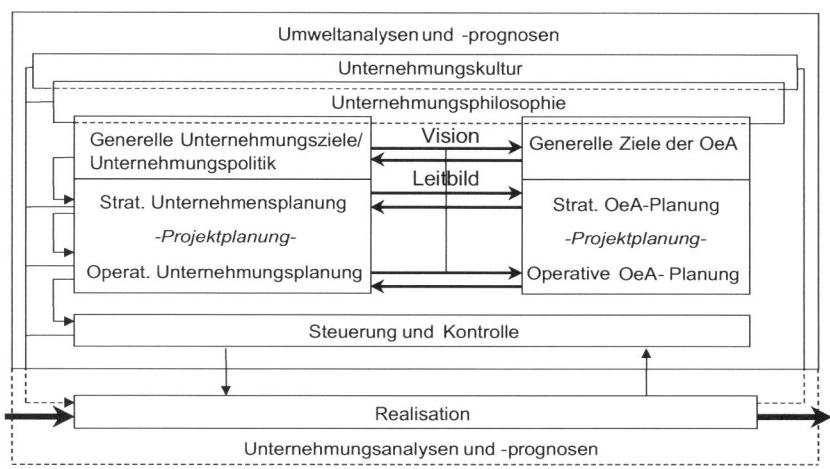

Die alles überragende Bedeutung von **Public Relations als Managementfunktion** besteht sodann vor allem in der inhaltlichen Teilnahme am Strategischen Management und der Koordination des strategischen Kommunikationsmanagements, so wie es ja beispielsweise auch Bruhn versteht.

Dazu muss sich die Managementlehre mit der **Integration der Kommunikation** in das Strategische Management befassen und damit eher mit den Kommunikationsinhalten, welche die Unternehmenskommunikation im Kontext des Strategischen Managements anbieten kann.

Wie aber steht es um die Berücksichtigung der Kommunikation in den strategischen Sichtweisen? Argenti (1998, S. 43) hat mit Referenz an Porter die grundsätzliche Verbindung von **Strategie und Kommunikation eines Unternehmens** beschrieben:

> *„By creating a coherent strategy (...) the organisation is well on its way to reinventing its handling of communications. Just as important for the firm, however, is the ability to link the overall strategy of the firm to the communications efforts. (…) Managers looking toward the development of communication strategies in the next century need to think about how external forces shape its strategy as well."*

Das Problem ist die Art und Weise, wie Strategie und Kommunikation miteinander verbunden werden. Argenti und Forman (2000, S. 233) fassen das folgendermassen zusammen:

> *„Since the 1970s, numerous studies have identified how organisations develop their strategies and, in some instances, how they succeed or fail as they attempt to move from a formulated strategy to its implementation. (…) Some of these studies also discuss the importance of communication to the process of implementing strategy, but none of them considers communication to be a central focus."*

Die beiden etablierten Sichtweisen zu Strategie sind zum einen der *Market Based View*, den vor allem Porter (1986) vertritt, und der *Resource Based View*, den vor allem Hamel & Prahalad (1995) propagieren. Aus Sicht eines Kommunikationsmanagements kann Kommunikation in beiden Fällen eine zusätzliche Bedeutung einnehmen:

Im Fall der Resource Based View als *zusätzliche Kernkompetenz des Managements* und im Fall der Market Based View als Bestandteil der *Generierung von immateriellen Werten* entlang der propagierten Wertschöpfungskette auf Unternehmens- und Konzernebene.

Die Lösung für eine übergeordnete Betrachtung der internen und externen Kommunikationsbeziehungen eines Unternehmens liegt in der Verbindung von integrations- und wertorientierten Ansätzen in einer darauf ausgerichteten Organisation der Unternehmenskommunikation im Kontext des Strategischen Managements. Es bedarf dazu so genannter **cross-functional Teams**.

Die Abbildung auf der nächsten Seite verdeutlicht, dass zunächst einmal die Integration aller für die Unternehmenskommunikation beziehungsweise Corporate Communications notwendigen Bereiche vorzunehmen ist. Wie bei Argenti finden sich im Bereich des Relationship Management die Media, Investor und Governmental Relations und zudem die General Public Relations. In der Praxis wird dabei der Investor Relations- dem Finance-Bereich zugeordnet, während die anderen Bereiche der Unternehmenskommunikation anderweitig oder direkt dem Vorstandsvorsitzenden zugeordnet sind. Zudem wird ein Bereich für Employee Communications in dem Sinne verwendet, wie ihn Argenti als Internal Communication bezeichnet. In Erweiterung von Argenti und in Anlehnung an die Hierarchie-Problematik von Bruhn werden allerdings auch die Bereiche der Market Communications benannt, welche für eine umfassende Positionierung eines gesamten Unternehmens notwendig sind. Diese sind eher dem Marketing-Bereich zugeordnet, haben aber für die Gesamtpositionierung eine herausragende, übergeordnete Bedeutung.

Während auf diese Art und Weise die **Integrationsorientierung** berücksichtigt wird, kann durch die Schnittstellen zum Marketing, zum Bereich Finance und zum Bereich Personal insbesondere auch die **Wertorientierung** im Sinne von Volkart berücksichtigt werden. Im Rahmen der Kategorien von Fombrun werden zudem Einzelaspekte dieser **cross-functional Teams** berücksichtigt, die auch Bruhn anspricht.

Abbildung 3-2:   *Cross-functional Teams (Erweiterung von Einwiller & Will, 2002, S. 107)*

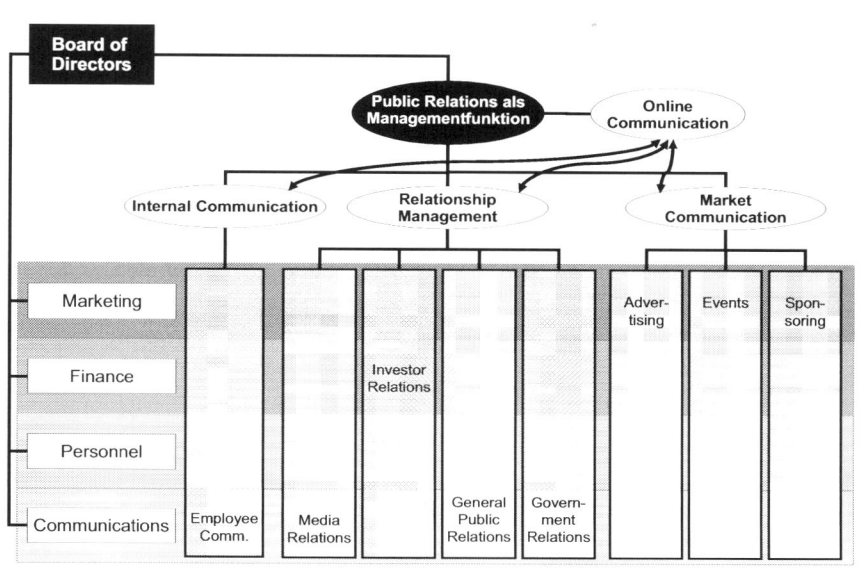

Ganz entscheidend ist offensichtlich die Schnittstelle zum Bereich Finance, welche Einwiller & Will (2002) auf Basis einer umfangreichen empirischen Studie „Towards an **Integrated Approach für Corporate Branding**" abgeleitet haben. Unter Corporate Branding wird ein Ansatz subsumiert, der eine kohärente Wahrnehmung eines Unternehmens in den Köpfen der verschiedenen Stakeholder umfasst. Van Riel (2001, S. 12) definiert Corporate Branding deshalb auch als

> *„a systematically planned and implemented process of creating and maintaining a favourable reputation of the company with its constituent elements, by sending signals to stakeholders using the corporate brand".*

Das Ergebnis einer anhand strukturierter Leitfaden-Interviews durchgeführten Studie in elf multinationalen Unternehmen ist, dass fünf Kategorien für den oben beschriebenen Gesamtpositionierungsansatz notwendig sind:

▨ Erstens, die **steigende Bedeutung der Kapitalmärkte**, bei der eine Corporate Brand, eine Unternehmensmarke es den Marktteilnehmern leichter macht, die Basis- und gegebenenfalls Premium-Werte der Marke zu erkennen. Es ist offensichtlich wichtig, eine Gesamtpositionierung gegenüber dem Kapitalmarkt zu gestalten.

- Zweitens, die **steigende Bedeutung der Mitarbeitermärkte**, des „War for Talent", woraus sich die enge Verbindung zum Humankapitalaspekt der Unternehmenskommunikation ergibt. Die Corporate Brand erleichtert es den Unternehmen, hoch qualifizierte Mitarbeiter für ein Unternehmen zu gewinnen, da sie es leichter haben, über die Unternehmensmarke die Werte des Unternehmens zu erkennen.

- Drittens, die **Synergien zwischen Produktmarken** lassen sich durch ein integriertes Corporate-Branding-Konzept besser aufeinander abstimmen und so die Bestandteile verschiedener Produkt- oder Produktgruppen-Marken darstellen.

- Viertens, die **Koordinationsfunktion einer Corporate Brand** ist von erheblicher Bedeutung für den eigentlichen Managementprozess, insbesondere in multinationalen Unternehmen.

- Fünftens, die **steigende Bedeutung von Transparenz** ist mit Hilfe der Corporate Brand zu bewältigen. Auch hier zeigt sich sehr deutlich, dass gerade bei Fragestellungen rund um das Thema Corporate Governance und die damit postulierte „Fair Presentation" eines Unternehmens eine integrierte Positionierung des Unternehmens hilfreich ist.

Das **vorgestellte Organisationsmodell** verbindet somit nicht nur die integrations- und wertorientierten Ansätze miteinander, sondern basiert vor allen Dingen auf der Ulrich'schen Grundüberlegung der „kommunikativen Dimension" der Unternehmensführung. Bei entsprechender Definition der Schnittstellen insbesondere zum Marketing, zum Finanz- und Personalbereich lässt sich dann auch die zukünftige **Integration der Kommunikation in das Strategische Management** im Sinne der beiden etablierten Sichtweisen von Porter und/oder Hamel & Prahalad leichter ermöglichen.

Bei der dargestellten Organisation handelt es sich somit um die organisatorische Beschreibung der **Führungsfunktion von Public Relations als Managementfunktion**. Selbstverständlich bedarf es zusätzlicher Unterstützungsfunktionen im Rahmen des Issue Management, des Reputation Management und/oder des Value Management des Controlling und des Brand Management aus dem Marketing.

4 Zusammenfassung und Ausblick

Der vorliegende Beitrag verdeutlicht Public Relations, verstanden als Kommunikationsmanagement für Unternehmen in einem umfassenden Sinn. Kommunikationsmanagement wird als Prozess der Analyse, Planung, Umsetzung und Evaluation von Informations- und Kommunikationsprozessen zwischen Organisationen und der Anspruchsgruppen (Publics) gesehen. Auf Basis kommunikationswissenschaftlicher

Grundlagen lassen sich zunächst einige PR-Theorien aufzeigen, die u.a. die Funktion von Public Relations für Organisationen und die Gesellschaft, die Beziehungen von PR und Journalismus oder PR und Wirklichkeit thematisieren. Daneben bestehen betriebswirtschaftliche Ansätze der Integrierten Kommunikation, die insbesondere die Notwendigkeit betonen, das Kommunikationsmanagement konsistent, widerspruchsfrei und in den einzelnen Teilaspekten (interne und externe Kommunikation, Kommunikation gegenüber verschiedenen Share- und Stakeholdergruppen) vernetzt zu gestalten. Neuere Entwicklungen im Rahmen der Betriebswirtschaftslehre beziehen aber vor allen Dingen auch eine wertorientierte Betrachtung des Kommunikationsmanagements mit ein, die im Wesentlichen aus dem Finanz- und Rechnungswesen entstammt.

Die integrationsorientierten Ansätze fokussieren auf der Planung, Steuerung und Kontrolle sowie Organisation der internen und externen Kommunikation von Unternehmen. Demgegenüber liegt der Schwerpunkt der wertorientierten Ansätze auf der Frage der externen Wertkommunikation von unternehmerischen Managemententscheidungen. Dabei spielt auch die Frage der Reputationsmessungen eine Rolle, für die in diesem Artikel der Ansatz des Reputationskoeffizienten vorgestellt wurde.

Sofern PR, verstanden als umfassendes Kommunikationsmanagement, Teil des gesamten Unternehmensmanagements sein will, müssen die integrationsorientierten und die wertorientierten Ansätze miteinander verknüpft werden. Auf diese Art und Weise kann eine Managementfunktion aus dem strategischen Management hergeleitet werden, die ihren Fokus sowohl auf den Inhalten als auch auf den Instrumenten und den Prozessen für die Kommunikationsbeziehungen mit den Anspruchsgruppen legt. Dazu wurde ein Ansatz vorgestellt, der nicht nur Inhalte und Instrumente verbindet, sondern auch die Schnittstellen insbesondere zum Marketing, zum Finanz- und Personalbereich definiert, die über so genannte cross-funktionale Teams gestaltet und entwickelt werden sollen.

Literaturverzeichnis

Armbrecht, W. & Zabel, U. (Hrsg.).(1994). *Normative Aspekte der Public Relations. Grundlagen und Perspektiven. Eine Einführung.* Opladen: Westdeutscher Verlag.

Argenti, P. (1998). *Corporate Communication* (2. Aufl.). Burr Ridge, IR: Richard D. Irwin.

Argenti, P. (2002). *Corporate Communication* (3. Aufl.). Burr Ridge, IR: Richard D. Irwin.

Argenti, P. & Forman, J.(2000). The communication advantage: A constituency-focused approach to formulation and argumenting strategy. In M. Schultz, M. J. Hatch & M. H. Larsen (Hrsg.), *The expressive organization: Linking identity, reputation, and the corporate brand* (S. 233-245). Oxford: Oxford University Press.

Avenarius, H. & Armbrecht, W. (Hrsg.).(1992). *Ist Public Relations eine Wissenschaft? Grundlagen und interdisziplinäre Ansätze.* Band 1. Opladen: Westdeutscher Verlag.

Baerns, B. (1991). *Öffentlichkeitsarbeit oder Journalismus. Zum Einfluss im Mediensystem* (2. Aufl.). Köln: Wissenschaft und Politik.

Baskin, O., Aronoff, C. & Lattimore, D. (1997). *Public Relations. The Profession and the Practice* (4. Aufl.). Madison: Brown & Benchmark.

Bentele, G. (1988). *Objektivität und Glaubwürdigkeit von Medien. Eine theoretische und empirische Studie zum Verhältnis von Realität und Medienrealität.* Berlin: unveröffentl. Habilitationsschrift. Berlin: FU Berlin.

Bentele, G. (1994a). Öffentliches Vertrauen - normative und soziale Grundlage für Public Relations. In W. Armbrecht & U. Zabel (Hrsg.), *Normative Aspekte der Public Relations. Grundlagen und Perspektiven. Eine Einführung* (S. 131-158). Opladen: Westdeutscher Verlag.

Bentele, G. (1994b). PR und Wirklichkeit. In G. Bentele & K. R. Hesse (Hrsg.), *Publizistik in der Gesellschaft. Festschrift für Manfred Rühl.* Konstanz: Universitätsverlag Konstanz.

Bentele, G. (1997). Grundlagen der Public Relations. Positionsbestimmung und einige Thesen. In W. Donsbach (Hrsg.), *Public Relations in Theorie und Praxis* (S. 21-36). München: Fischer.

Bentele, G. (Hrsg.). (1998). *Berufsfeld Public Relations. PR-Fernstudium, Studienband 1* (Loseblattsammlung). Berlin: PR-Kolleg.

Bentele, G. (2005). Der rekonstruktive Ansatz. In G. Bentele, R. Fröhlich & P. Szyszka (Hrsg.), *Handbuch Public Relations.* Wiesbaden: Verlag für Sozialwissenschaften.

Bentele, G. & Liebert, T. (Hrsg.). (1995). *Verständigungsorientierte Öffentlichkeitsarbeit. Darstellung und Diskussion des Ansatzes von Roland Burkart*. Leipziger Skripten für Public Relations und Kommunikationsmanagement. Nr. 1/1995. Leipzig.

Bentele, G., Liebert, T. & Seeling, S. (1997). Von der Determination zur Intereffikation. Ein integriertes Modell zum Verhältnis von Public Relations und Journalismus. In G. Bentele & M. Haller (Hrsg.), *Aktuelle Entstehung von Öffentlichkeit. Akteure, Strukturen, Veränderungen* (S. 225-250). Konstanz: UVK.

Bentele, G. & Nothhaft, H. (2004). Das Intereffikationsmodell. Theoretische Weiterentwicklung, empirische Konkretisierung und Desiderate. In K.-D. Altmeppen, U. Röttger & G. Bentele (Hrsg.), *Schwierige Verhältnisse. Interdependenzen zwischen Journalismus und Public Relations* (S. 67-104). Wiesbaden: Westdeutscher Verlag.

Bentele, G., Steinmann, H. & Zerfaß, A. (Hrsg.). (1996). *Dialogorientierte Unternehmenskommunikation. Grundlagen, Praxiserfahrungen, Perspektiven*. Berlin: Vistas.

Bernays, E.L. (1956). The Theory and Practice of Public Relations. A Resume. In E. L. Bernays (Ed.), *The engeneering of consent* (2. Aufl.). Oklahoma: University of Oklahoma Press.

Birkigt, K & Stadler, M. (2000). *Corporate Identity: Grundlagen – Funktionen – Fallbeispiele* (10. Aufl.). Landsberg am Lech: Verlag Moderne Industrie.

Bruhn, M. (2003). *Integrierte Unternehmens- und Markenkommunikation. Strategische Planung und operative Umsetzung* (3. Aufl.). Stuttgart: Schäffer-Poeschel.

Bruhn, M. & Ahlers, G.M. (2004). Zur Rolle von Marketing und Public Relations in der Unternehmenskommunikation. Bestandsaufnahme und Ansatzpunkte zur verstärkten Zusammenarbeit. In U. Röttger (Hrsg.), *Theorien der Public Relations: Grundlagen und Perspektiven der PR-Forschung* (S. 97-116). Wiesbaden: VS Verlag für Sozialwissenschaften.

Burkart, R. (1992). *Public Relations als Konfliktmanagement. Ein Konzept für verständigungsorientierte Öffentlichkeitsarbeit. Untersucht am Beispiel der Planung von Sonderabfalldeponien in Niederösterreich*. Wien: Braumüller.

Burkart, R. (2002). *Kommunikationswissenschaft. Grundlagen und Problemfelder*. Wien: Böhlau.

Cutlip, S.M., .Center, A.H. & Broom, G.M. (1994). *Effective Public Relations* (7. Aufl.). Englewood Cliffs: Prentice Hall.

Döring, U. (1998). *Die Öffentlichkeitsarbeit der Evangelischen Kirche in Deutschland. Eine Bestandsaufnahme*. Dissertation, Universität Leipzig.

Dozier, D.M., Grunig, L.A. & Grunig, J.E. (1995). *Manager's Guide to Excellence in Public Relations and Communication Management*. Mahwah, N.J.: Erlbaum.

Duncan, T. (1993). *A marketing perspective on IMC*. Paper presented at the Perspectives on Integrated Marketing Communication seminar, Des Moines, IA.

Ehling, W.P., White, J. & Grunig, J.E. (1992). Public Relations and Marketing Practises. In J. E. Grunig (Hrsg.), *Excellence in Public Relations and Communication Management* (S. 357-393). Hillsdale, N.J.: Erlbaum.

Einwiller, S. & Will, M. (2002). Towards an integrated approach to corporate branding – findings from an empirical study. *Corporate Communications. An international Journal*, 7 (2), 100–109.

Fombrun, C.J. & Gardberg, N. (2000). The reputation quotient: A multi-stakeholder measure of corporate reputation. *Journal of Brand Management*, 7 (4), 241–255.

Fombrun, C.J. & Rindova, V. (1996) *Who's Tops and Who Decides? The Social Construction of Corporate Reputations*. New York University, Stern School of Business, Working Paper.

Fombrun, C.J. & van Riel, C. (1997). The Reputational Landscape. Editorial, *Corporate Reputation Review*, 1 (1), 5-13.

Freeman, R.E. (1984). *Strategic management: a stakeholder approach*. Boston: Pitman.

Giddens, A. (1984). *The Constitution of Society. Outline of the Theory of Structuration*. Berkeley, Los Angeles: University of California Press.

Grunig, J.E. (Hrsg.). (1992). *Excellence in Public Relations and Communication Management*. Hillsdale, N.J.: Erlbaum.

Grunig, J. E. & Hunt, T. (1984). *Managing Public Relations*. New York: Holt, Rinehart and Winston.

Grunig, L. A., Grunig, J. E. & Dozier, D. M. (2002). *Excellent Public Relations and Effective Organizations. A Study of Communicative Management in Three Countries*. Mahwah, N.J.: Erlbaum.

Haedrich, G. (1994). Die Rolle von Public Relations im System des normativen und strategischen Managements. In W. Armbrecht & U. Zabel (Hrsg.), *Normative Aspekte der Public Relations. Grundlagen und Perspektiven. Eine Einführung* (S. 91-107). Opladen: Westdeutscher Verlag.

Hahn, D. (Hrsg.). (1992). *Strategische Unternehmungsplanung - strategische Unternehmungsführung: Stand und Entwicklungstendenzen* (6. Aufl.). Heidelberg: Physica-Verlag.

Hamel G. & Prahalad, C.K. (1995). *Wettlauf um die Zukunft : wie Sie mit bahnbrechenden Strategien die Kontrolle über Ihre Branche gewinnen und die Märkte von morgen schaffen*. Wien: Ueberreuter.

Hazleton, V. & Botan, C. H. (Hrsg.). (1989). *Public Relations Theory*. Hillsdale, N.J.: Erlbaum.

Heath, R.L. (2001). *Handbook of Public Relations*. London, Thousand Oaks, New Delhi: Sage Publications.

Herger, N. (2004). *Organisationskommunikation: Beobachtung und Steuerung eines organisationalen Risikos*. Wiesbaden: VS Verlag für Sozialwissenschaften.

Hundhausen, C. (1951). *Werbung um öffentliches Vertrauen*. Essen: Girardet.

Hutton, J.G. (2001). Defining the Relationship between Public Relations and Marketing. Public Relations´most important Challenge. In R. Heath (Hrsg.), *Handbook of Public Relations* (S. 205-214). London, Thousand Oaks, New Delhi: Sage Publications.

Jarren, O., Röttger, U. (2004). Steuerung, Reflexivierung und Interpenetration: Kernelemente einer strukturationstheoretisch begründeten PR-theorie. In U. Röttger (Hrsg.), *Theorien der Public Relations. Grundlagen und Perspektiven der PR-Forschung* (S. 25-45). Wiesbaden: Verlag für Sozialwissenschaften.

Kaplan, R.S & Norton, D.P. (2004). *Strategy Maps: Der Weg von immateriellen Werten zum materiellen Erfolg*. Stuttgart: Schäffer-Poeschel.

Kirchner, K. (2001). *Integrierte Unternehmenskommunikation: theoretische und empirische Bestandsaufnahme und eine Analyse amerikanischer Grossunternehmen*. Wiesbaden: Westdeutscher Verlag.

Kotler, P. & Bliemel, F. (1992). *Marketing-Management. Analyse, Planung, Umsetzung und Steuerung*. Stuttgart: Schäffer-Poeschel.

Labhart, P. (1999). *Value Reporting: Informationsbedürfnisse des Kapitalmarktes und Wertsteigerung durch Reporting*. Zürich: Versus.

Liebert, T. (1997). Über einige inhaltliche und methodische Probleme einer PR-Geschichtsschreibung. In P. Szyszka (Hrsg.), *Auf der Suche nach Identität. PR-Geschichte als Theoriebaustein* (S. 79-99). Berlin: Vistas.

Mast, C. (2002). *Unternehmenskommunikation – Ein Leitfaden*. Stuttgart: Lucius & Lucius

McQuail, D. (1994). *Mass Communication Theory. An Introduction*. London, Thousand Oaks, New Dehli: Sage Publications.

Meffert, H. (1993). *Marketing. Grundlagen der Absatzpolitik. Mit Fallstudien Einführung und Relaunch des VW-Golf*. Wiesbaden: Gabler.

Merton, R.K. (1968). *Social theory and social structure*. New York: The Free Press.

Newsom, D., Kruckeberg, D. & Van Slyke, J. (2003). *This is PR. The Realities of Public Relations* (8. Aufl.). Belmont: Wadsworth.

Nieschlag, R., Dichtl, E. & Hörschgen, H. (1991). *Marketing.* Berlin: Duncker & Humblot.

Oeckl, A. (1964). *Handbuch der Public Relations. Theorie und Praxis der Öffentlichkeitsarbeit in Deutschland und der Welt.* München: Süddeutscher Verlag.

Porter, M.E. (1986). *Wettbewerbsvorteile: Spitzenleistungen erreichen und behaupten.* Frankfurt a.M.: Campus.

Rappaport, A. (1986). *Creating Shareholder Value: The New Standard for Business Performance.* New York: Free Press.

Ronneberger, F. & Rühl, M. (1992). *Theorie der Public Relations. Ein Entwurf.* Opladen: Westdeutscher Verlag.

Sabate, J.M.d.l.F &Puente, E.d.Q. (2003). Empirical Analysis of the Relationship Between Corporate Reputation and Financial Performance: A Survey of the Literature. *Corporate Reputation Review, 6* (2), 161-177.

Saxer, U. (1992). Public Relations als Innovation. In H. Avenarius & W. Armbrecht (Hrsg.), *Ist Public Relations eine Wissenschaft? Grundlagen und interdisziplinäre Ansätze* (Band 1, S. 47-76). Opladen: Westdeutscher Verlag.

Schantel, A. (2000). Determination oder 'Intereffikation? Eine Metaanalyse der Hypothesen zur PR-Journalismus-Beziehung. *Publizistik, 45,* 70-88.

Schmid, B. (2000). Was ist neu an der digitalen Ökonomie? In C. Belz & T. Bieger (Hrsg.), *Dienstleistungskompetenz und innovative Geschäftsmodelle* (S. 178-196). St. Gallen: Thexis.

Schmid, B. (2004). Communication- und Community-Ansatz. In C. Belz & T. Bieger (Hrsg.), *Customer Value* (S. 691-719). St. Gallen: Thexis.

Schönbach, K. (1992). Einige Gedanken zu Public Relations und Agenda-Setting. In H. Avenarius & W. Armbrecht (Hrsg.), *Ist Public Relations eine Wissenschaft? Grundlagen und interdisziplinäre Ansätze* (Band 1) (S. 325-333). Opladen: Westdeutscher Verlag.

Signitzer, B. (1988). Public Relations-Forschung im Überblick. *Publizistik, 33,* 92-116.

Ulrich, H. (1970). *Die Unternehmung als produktives soziales System : Grundlagen der allgemeinen Unternehmungslehre* (2. Aufl.). Bern: Haupt.

Van Riel, C. (2001). Corporate branding management. *Thexis, 4,* 12-16.

Volkart, R. (1995). Wertorientierte Unternehmensführung und Shareholder Value Management: Neue Herausforderungen für das Management aller Stufen. Im J.-P. Thommen (Hrsg.), *Management-Kompetenz* (S. 539-549). Zürich: Versus.

Volkart, R. (1997). Wertkommunikation, Aktienkursbildung und Management-verhalten. *Die Unternehmung, o. Jg.,* 119-132.

Weischenberg, S. (1995). *Journalistik* (Band 2). Opladen: Westdeutscher Verlag.

Wilcox, D.L. & Cameron, G.T. (2006). *Public Relations. Strategies and Tactics.* Boston: Pearson.

Will, M. (2000). Why Communications Management? *The International Journal on Media Management, 2* (1), 46-53.

Will, M. (2001). Stichwort: Corporate Communications. In D. Brauner& J. Leitolf (Hrsg.), *Lexikon der Presse- und Öffentlichkeitsarbeit* (S. 48-57). München, Wien: Oldenburg.

Will, M. (2003). Warum Kommunikation Chefsache sein muss. In M. Kuhn, G. Kalt & A. Kinter (Hrsg.), *Chefsache Issues Management* (S. 74-85). Frankfurt: Frankfurter Allgemeine Buch im F.A.Z.-Institut.

Will, M. (in Druck). Public Relations aus Sicht der Wirtschaftswissenschaften. In G. Bentele, R. Fröhlich & P. Szyszka (Hrsg.), *Handbuch Public Relations.* Opladen: Westdeutscher Verlag.

Windahl, S. & Signitzer, B. (1992). *An Introduction Into Planned Communication.* London: Sage.

Zerfaß, A. (2004). *Unternehmensführung und Öffentlichkeitsarbeit. Grundlegung einer Theorie der Unternehmenskommunikation und Public Relations.* Wiesbaden: Verlag für Sozialwissenschaften.

Zühlsdorf, A. (2002). *Gesellschaftsorientierte Public Relations. Eine strukturationstheoretische Analyse der Interaktion von Unternehmen und Kritischer Öffentlichkeit.* Wiesbaden: VS Verlag für Sozialwissenschaften.

Peter Köppl

Lobbying und Public Affairs
Beeinflussung und Mitgestaltung des gesellschafts-politischen Unternehmensumfeldes

1   Einleitung

Jedes Unternehmen agiert eingebettet in die Verläufe und Interdependenzen des gesellschafts-politischen Umfeldes. In diesem nicht-kommerziellen Beziehungsrahmen, auch Kontext-Umfeld genannt, definieren Normen einerseits und die Beziehungen der Stakeholder zum Unternehmen andererseits die Handlungsspielräume und damit die Erfolgsaussichten von Unternehmen. Zu den normativen Bestimmungen denen ein Unternehmen unterworfen ist zählen in erster Linie die legislativen, regulativen und politischen Entscheidungen wie Gesetze und Verordnungen. Diese bestimmen sowohl die wirtschaftlichen als auch die überwirtschaftlichen Rahmenbedingungen von Unternehmen. Jedwede Änderung sowohl des legislativ-regulativen Rahmens (Gesetze etc.) wie auch der politischen Willensbildung kann daher direkte oder indirekte Auswirkungen auf ein Unternehmen und seinen Handlungsspielraum haben.

Die in diesem Kontext relevanten sekundären Stakeholder, die – im Unterschied zu den primären Stakeholdern im Transaktionsumfeld eines Unternehmens – nicht über ökonomische, sondern wertbasierte, ideelle oder politische Verbindungen an das Unternehmen angebunden sind, definieren mit ihren Ansprüchen und Erwartungen das Unternehmensumfeld entscheidend mit. Neben den gesetzgebenden Körperschaften, den Behörden und Verbänden, zählen dazu vor allem Parteien, Gewerkschaften und andere Interessenvertretungen sowie Nicht-Regierungsorganisationen. Mit ihren Ansprüchen gegenüber einem Unternehmen können diese Stakeholder „Politik machen", den Handlungsspielraum einengen, Konflikte initiieren, Boykotte legitimieren oder schlicht die Einhaltung bestehender Erwartungshaltungen mit Macht und Nachdruck vom Unternehmen einfordern.

Gibt es Möglichkeiten für Unternehmen, mit diesem komplexen gesellschafts-politischen Umfeld umzugehen, die eigenen legitimen Interessen zu vertreten und letztlich die Erreichung der Unternehmensziele zu ermöglichen? Public Affairs, kurz gesagt die Außenpolitik eines Unternehmens, gibt ein ganzes Bündel an Analyse- und Steuerungselementen an die Hand. Lobbying, die punktuelle Vertretung von Anliegen gegenüber dem jeweils relevanten Entscheidungsfindungssystem, ist eines davon. Public Affairs und Lobbying sind als spezialisierte Disziplinen für die moderne Unternehmensführung Herausforderung und Chance. Im Rahmen der allgemeinen Unternehmenskommunikation bieten sie die Möglichkeit, das gesellschaftspolitische Umfeld der Unternehmung mitzugestalten.

2 Bedeutung von Lobbying und Public Affairs

2.1 Was ist Lobbying? Was sind Public Affairs?

In der wissenschaftlichen Literatur hat das Thema Lobbying in den vergangenen Jahrzehnten eine bemerkenswerte Karriere an den Tag gelegt. Während die Literatur aus den anglo-amerikanischen Ländern das Thema etwa seit den 1960er Jahren als durchaus positives und legitimes Instrument darstellt, herrschte speziell in der deutschsprachigen politikwissenschaftlichen Literatur lange Zeit die Kritik bzw. das Dementi der Existenz vor. Als „Untergang der Demokratie" wurde Lobbying bezeichnet oder als etwas „typisch Amerikanisches" ohne Existenz- und Legitimationsberechtigung in den Ländern Europas. Auch in der klassischen Public-Relations-Literatur fand sich Lobbying noch bis vor wenigen Jahren zwar als Stichwort, jedoch ohne nähere inhaltliche Beschreibung. Als landläufige Bedeutung des Begriffes Lobbying hat sich parallel dazu eine eindeutig negative Konnotation eingebürgert: Medial und umgangssprachlich verwendete Begriffe wie „Atom-Lobby", „Waffen-Lobby" oder „Industrie-Lobby" bringen zum Ausdruck, dass es sich dabei um – scheinbar – nicht legitime und vielleicht auch nicht legale Vorgehensweisen und Gruppen handelt. Als beispielhaft für diesen Zugang kann folgende lexikalische Definition gelten:

> „Lobbyismus – System, vermittels dessen kapitalistische Interessengruppen unter Einsatz geeigneter Methoden wie Bestechungen, Erpressungen u.a., hinter den Kulissen des Parlaments die Parlamentarier in ihrem Interesse beeinflussen und sich damit maßgeblichen Einfluss auf die Entscheidungen des Parlaments sichern. Über den Lobbyismus und seinen umfangreichen Apparat setzen vor allem die mächtigsten Monopole sowie Industrie- und Arbeitgeberverbände ihre Interessen bei der Verabschiedung von Gesetzen durch das Parlament und auch bei der Nominierung von Politikern für einflussreiche Positionen im Staatsapparat durch. [...] Im Lobbyismus widerspiegelt sich der verfaulende und parasitäre Charakter des Kapitalismus." (Ökonomisches Lexikon, 1967)

Ähnlich verhält es sich mit dem Begriff Public Affairs, der vielfach synonym sowohl mit Lobbying als auch Public Relations verwendet wurde und wird. Seit rund einem halben Jahrzehnt verselbständigt sich jedoch zusehends sowohl die Profession als auch die Behandlung in der Literatur zu beiden Aspekten im deutschsprachigen Raum. Zu Lobbying und Public Affairs entstand ein ganzer Kanon an Fachpublikationen, wie Bücher, Zeitschriften und Web-Portale, ebenso wie Fachverbände, –gesellschaften und Ausbildungseinrichtungen. Das alles spiegelt letztendlich nicht nur eine steigende wissenschaftlich-akademische Bedeutung der Thematik wieder, sondern ist vor allem auch als Nachvollzug der unternehmerischen Realität zu sehen – Public Affairs Management und Lobbying haben an praktischer Bedeutung gewonnen.

2.1.1   Die Geschichte des Lobbyismus

Lobbying stammt vom lateinischen Wortstamm „labium" ab und bedeutet Vorhalle oder Wartehalle - in dieser Bedeutung wird auch der Begriff Hotellobby verwendet. Heute werden unter Lobbying allerdings primär die Aktivitäten von Verbänden und Unternehmen im Vorhof der Politik und Bürokratie verstanden. Damit kommt der informelle Charakter des Lobbyismus zum Ausdruck, wonach politische Entscheidungen nicht nur in Plenarsälen getroffen werden, sondern vor allem auch im vorpolitischen Raum der Willensbildung und des Abgleichs der Interessen. (Köppl, 2003b, S. 86ff.) Für diese Bedeutung war die Hotel-Lobby wegweisend, denn Ausgangspunkt für das moderne Verständnis von Lobbying ist die Hotel-Lobby des „Willard Hotel" in Washington, D.C., zu Beginn den 19. Jahrhunderts. In diesem Hotel, das zwischen dem Weißen Haus und dem Parlamentsgebäude liegt, trafen Abgeordnete und Wirtschaftsvertreter zusammen. Historisch belegt ist die Namensgebung durch den damaligen Präsidenten der Vereinigten Staaten von Amerika, Ulysses Grant, der jene Personen in diesem Hotel, die regelmäßig Kontakt zu Politikern aufnahmen, 1829 erstmals als „Lobbyisten" bezeichnete: Personen, die in der Hotel-Lobby nach politischen Kontakten suchten.

1789 gilt als „Geburtsjahr" des Lobbyismus. Damals war der amerikanische Kongress bei der Verabschiedung des ersten Zollgesetzes vielfältigen Einflüssen ausgesetzt. Als die klassische Phase des Lobbying wird die Zeit der Eisenbahnbauten bezeichnet: 1862 unterzeichnete Abraham Lincoln ein Gesetz, durch welches sich die Regierung der Vereinigten Staaten von Amerika dazu verpflichtete, unterstützend beim Bau der transkontinentalen Eisenbahn tätig zu werden. Diese Unterstützung garantierte die kostenlose Vergabe von Land an die Eisenbahnunternehmen ebenso wie finanzielle Unterstützungen für die Löhne der Arbeiter. Um diese Förderungen in Anspruch nehmen zu können, mussten die Unternehmensvertreter Zusagen von Politikern einholen. Lobbying war dafür das Instrument der Stunde.

Dem Beispiel der Eisenbahnunternehmen folgend, kamen weitere Industrieunternehmen nach Washington, um sich Vergünstigungen zu sichern. Dieses goldene Zeitalter des Lobbyismus war zugleich das dunkelste Kapitel seiner Geschichte: Korruption und Bestechung standen an der Tagesordnung. Bereits 1876 erließ daher das Repräsentantenhaus eine Resolution, der zu Folge sich sämtliche Lobbyisten in Washington beim Vorsitzenden des Repräsentantenhauses einzuschreiben hatten. Ein erster Versuch, den Lobbyismus zu reglementieren. Um „gutes" von „schlechtem" Lobbying zu trennen, entstand damals ein begrifflicher Gegenpart zu Lobbying: „Buttonholing". Damit wird die Praxis des Ausübens von Druck und des Drohens bezeichnet. Bildlich dargestellt sind damit Lobbyisten gemeint, die in den Säulenhallen der Parlamente auf „ihren" Abgeordneten warten, ihn beim Knopfloch unterhaken um dadurch die Forderungen nachdrücklich auszusprechen.

Die historischen Grundlagen des europäischen Lobbyismus bilden die „Cliquen" und „Kamarillen" des Adels und die Bittsteller anderer Stände an den Höfen ihrer absolutistischen Herrscher. Einflussnahme auf regierende Herrschaftshäuser ist mit der europäischen Geschichte eng verbunden. Die Petition gilt als eine der frühesten Versuche von Gruppen, Einfluss auf die Entscheidungsfindung der sie regierenden Eliten zu nehmen. Die Entstehung kapitalistischer Wirtschaftsstrukturen in den Staaten Europas förderte das Aufkommen des Verbandswesens und damit die Ausprägung unterschiedlicher Interessensverbände. Damit einher schritt die allgemeine Verbreitung der politischen Partizipation, vor allem in Form von Wahlen. Darin sahen auch die im Entstehen begriffenen Verbände ihre Chance, wirtschaftliche Nachteile durch Zuhilfenahme von politischem Einfluss bei den Organen des Staates auszugleichen. Ein daraus entstandener Aspekt, der als typisch europäische Ausprägung von Lobbying bezeichnet wird, ist der „Built-in-Lobbyist" – der politische Entscheidungsträger, der im Hauptberuf Interessenvertreter oder Unternehmenslobbyist ist.

2.2 Definitorische Annäherungen und Forschungsstand

2.2.1 Lobbying

Obwohl die strukturierte wissenschaftliche Erforschung von Lobbying bis in die 1960er Jahre zurückreicht, gibt es bis heute keinen eindeutig aussagekräftigen Konsens vor allem was die Ein- und Zuordnung der Disziplin anbelangt. Während etwa im anglo-amerikanischen sowie teilweise europäischen Zugang Lobbying als ein Instrument der Public Affairs betrachtet wird (siehe nachfolgendes Kapitel) und Public Affairs wiederum parallel bzw. übergeordnet zu den Public Relations steht, geht die deutschsprachige bzw. kontinental-europäische Behandlung davon aus, dass Public Affairs und Lobbying Bereiche der Public Relations sind. Eine eindeutige Klärung wurde bislang nicht hergestellt – und die Betrachtungsweisen gehen meist auch von unterschiedlichen Ausgangspunkten aus: Public Relations als strategisches Kommunikationsmanagement stellt die kommunikative Beziehungspflege mit allen Unternehmensstakeholdern in den Vordergrund, die Public Affairs konzentrieren sich auf die inhalts- und prozessbezogene Beeinflussung des politischen Umfeldes.

Lobbying, Public Affairs und Public Relations beschreiben drei Begriffe im Rahmen der institutionellen Kommunikation mit einer Fülle von definitorischen Schwierigkeiten. Zum einen gibt es im großen Bereich der Spezialdisziplinen in den Public Relations eine Anzahl von Begriffen, die teils synonym mit Lobbying verwendet werden (Government Relations, Public Affairs, Pressure Groups, Networking). Zum anderen wird versucht, unter den Termini eine Rangreihung und somit eine Unter- und Überordnung zu konstruieren. So wird Lobbying etwa als „Sonderform" innerhalb der empfängerbezogenen Teilbereiche der PR bezeichnet und Public Affairs als eine den Public Relations verwandte Disziplin.

Eine der aussagekräftigsten, wenn auch breitesten Definitionen von Lobbying lautet:

> *„Lobbying ist der informelle Austausch von Informationen mit öffentlichen Institutionen als Minimalkonzept sowie der informelle Versuch diese Institutionen zu beeinflussen." (van Schendelen, 1993, S. 3)*

Lobbying wird dabei als ein systematischer Prozess zur Artikulation von Anliegen und Interessen eines Unternehmens beschrieben. Die politische Mitwirkung von Unternehmen, Verbänden und anderen gesellschaftlichen Gruppierungen ist Bestandteil jeder politischen Entscheidungsfindung und damit an jedem Regierungssitz gang und gäbe. Unterschiede bestehen lediglich in der Ausprägung des Lobbyismus in Relation zum jeweiligen politischen System.

Um die komplexen Vorgänge des Lobbyismus zu charakterisieren, beschrieb Milbrath (1960) diesen als Kommunikationsprozess. Im Rahmen seiner groß angelegten – ersten - Untersuchung über die Karriere, Arbeitsweise, das Ansehen und die Effizienz von Lobbyisten kam er zur Schlussfolgerung, dass Lobbying ein Kommunikationsprozess ist. Ausgangspunkt ist, dass jeder, der beabsichtige, eine Regierungsentscheidung zu beeinflussen, nicht nur mit dem Problem konfrontiert ist, seine Informationen dorthin zu kanalisieren. Ebenso wichtig sei es, die Informationen so zu gestalten, dass sie bei den Adressaten auch Gehör finden. „Lobbying ist somit im Wesentlichen ein Kommunikationsprozess und die Aufgabe des Lobbyisten ist es, zu beweisen, wie effektiv er Kommunikation zu handhaben versteht." Daran anschließend kommt Milbrath auch zu der bis heute klassischen Schlussfolgerung, Lobbyisten seien „merchants of information".

Nach Milbrath ist Lobbying ein komplexes Kommunikationsphänomen, bei dem „Massenpropaganda"[1] genau so wichtig sei, wie der individuelle Kontakt mit Entscheidungsträgern. Milbrath beschrieb Lobbying in seiner Komplexität wie folgt (von Beyme, 1980, S. 161f.):

1. *„Unter Lobbyismus soll nur die Beziehung zu Entscheidungsprozessen der Regierungsinstitutionen bezeichnet werden. Lobbyismus muss von dem Wunsch getragen sein, Regierungsentscheidungen zu beeinflussen. Viele Aktionen beeinflussen indirekt solche Entscheidungsprozesse, wenn sie aber nicht bewusst auf diese Beeinflussung abgezielt sind, können sie nicht als Lobbyismus bezeichnet werden."*

2. Lobbyismus schließt ein intermediäres Kommunikationsglied zwischen Interessenvertreter und Entscheidungsträger ein. Dieses Zwischenglied (Lobbyist), kann jedoch auch entfallen, inbesondere, wenn es sich um „Built-in Lobbyists"[2] handelt

---

[1] Im Hinblick auf die historische Dimension wäre „Massenpropaganda" heute wertfreier mit Public Relations zu übersetzen.

[2] Zum Beispiel Abgeordnete, die zugleich bei Verbänden, Gewerkschaften oder Unternehmen arbeiten.

– um Entscheidungsträger also, die beruflich selbst als Vertreter bestimmter Interessen agieren.

Aus der Vielzahl der heute in der Literatur bestehenden Definitionen von Lobbying seien in Folge einige beispielhaft herausgegriffen, um die Bandbreite der Beschreibungen darzustellen:

> *„Lobbying ist die Beeinflussung von politischen Entscheidungen und Behörden oder Parlamenten durch Personen, die nicht direkt an der Entscheidung mitarbeiten. Im Unterschied zur allgemeinen Interessenvertretung stellt Lobbying auf Schutz und Verteidigung von Interessen ab."* (Althaus, 2001, S. 65)

> *„Beim Lobbying suchen vielmehr Interessengruppen durch wohlausgebildete und gutbezahlte Fachleute der psychologischen Beeinflussung bestimmte politische Entscheidungen herbeizuführen bzw. zu verhindern […]."* (Francis, 1986)

> *„Lobbyismus: Gegenleistung der Verbände an die Politiker können in Parteispenden oder kostenloser Lieferung von Informationen bestehen. Lobbyismus kann sich auch in der Androhung oder Ausübung von politischem Druck (Streik, Lieferboykott, Abbau von Arbeitsplätzen) äußern."* (Gahler, 2000, S. 1998)

> *„Lobbying ist eine Methode und die Anwendung dieser Methode im Rahmen einer vorzubereitenden oder bereits festgelegten Strategie, Informationen zu sammeln, aufzubereiten und weiterzugeben und auf die Entscheidungszentren und Entscheidungsträger einzuwirken, wobei das wichtige Mittel der rasche Informationsaustausch ist."* (Strauch, 1993, S. 111)

> *„In einer Demokratie haben die Regierten das Recht auf Zugang zu den Regierenden. […] In einer demokratisch-pluralistischen Gesellschaft ist Lobbying ein Gebot für ein Unternehmen, das die Rahmenbedingungen für seinen geschäftlichen Erfolg mitgestalten will."* (Merkle, 2003, S. 9f.)

> *„Angesichts der stetig wachsenden Komplexität politischer und wirtschaftlicher Vorgänge kommt dem Lobbyisten in besonderer Weise heute auch eine beratende Funktion gegenüber der Politik zu. Er organisiert den regelmäßigen Ideenaustausch und trägt dafür Sorge, dass die politischen Akteure umfassend über wichtige Sachverhalte aus der Praxis informiert sind."* (Bender & Reulecke, 2003, S. 12)

Verbindet man die wichtigsten angesprochenen Merkmale zu einer umfassenderen Definition des Lobbying, kann folgendes gelten:

Lobbying ist die Beeinflussung von politischen Entscheidungen durch Personen, die nicht an diesen Entscheidungen beteiligt sind. Unter Politischen Entscheidungen fallen in diesem Zusammenhang Regierungsentscheidungen, vor allem Gesetze, Verordnungen, Novellierungen und Regulierungen. Es betrifft auch die Vergabe von Förderungen, Zuschüssen oder Aufträgen.

Adressaten des Lobbying im engen Sinne sind damit sämtliche staatlichen Institutionen und Behörden, die diese politischen Entscheidungen vorbereiten, ausführen und kontrollieren. Adressaten des Lobbying im weiteren Sinne sind sämtliche vorgelagerten und staatsnahen Organe: etwa Gewerkschaften, Parteien, Interessenvertretungen, Non-Profit- und Nichtregierungsorganisationen.

Lobbying kann sowohl auf kommunaler, regionaler und nationaler, zwischenstaatlicher und supranationaler Ebene stattfinden.

Aktivitäten, die politische Entscheidungen zwar beeinflussen, aber nicht in dieser Absicht vollzogen wurden, sind nicht als Lobbying zu verstehen. Lobbying liegt nur dann vor, wenn Beeinflussungsversuche von Personen oder Gruppen ausgehen, die selbst formal nicht an der Entscheidung beteiligt sind. Ein Beispiel: Wenn ein Beamter, der am Entwurf einer Entscheidung beteiligt ist, selbst aus eigener Überzeugung einen einzelnen Paragraphen abändert, hat dies nichts mit Lobbying zu tun (vgl. Köppl, 2000, S. 118f.).

2.2.2 Public Affairs

In der modernen Befassung mit Lobbying wird immer auch zugleich von Public Affairs gesprochen – beide beziehen sich auf eine aktiven Gestaltung des politischen Unternehmensumfeldes. Lobbying betont eine im Zuge dieser Mitgestaltung dominante Vorgehensweise - die Beeinflussung von politischen Entscheidungen. Public Affairs wird dagegen gemeinhin als das damit verbundene Aufgabenfeld der Unternehmensführung, als die „Außenpolitik" eines Unternehmens verstanden. Die Unternehmensfunktion Public Affairs organisiert das Erfassen von Veränderungen im politischen, gesellschaftlichen, wirtschaftlichen und kulturellen Umfeld, die Rückkoppelung dieser Veränderungen mit den Unternehmenszielen, und sorgt für Aufbau und Aufrechterhaltung von Arbeitsbeziehungen zu Organen der Politik. Zudem beeinflusst sie jene gesellschaftlichen Gruppen, die in latenter oder totaler Opposition zu den Unternehmenszielen stehen.

Stöhlker (2001, S. 33) bezeichnet die Public Affairs als „höchste Hierarchiestufe" der Public Relations. „Public Affairs sind auf der höchsten Stufe der Kommunikation, wo – im negativen Fall – die wichtigsten Unternehmenskrisen in Erscheinung treten, aber auch – im positiven Fall – das Image des Unternehmens am wirkungsvollsten gestaltet werden kann." In weiterer Ausführung bezeichnet Stöhlker Public Affairs auch „zu Recht als anspruchsvollstes Gebiet der Kommunikation". Er beschreibt die Aufgabe von Public Affairs als „Pflege der politischen Beziehungen (…), die Fragen der Umweltpolitik, aber auch nationale und internationale Koordinationsaufgaben" sowie in Summe als „die Kunst der Pflege und konstruktiven Entwicklung der Umweltbeziehungen eines Unternehmens", die zu den „schwierigsten Aufgaben überhaupt" zähle. Stöhlker beschreibt dabei die Karriere der Public Affairs speziell in Europa als Reaktion auf massive Unternehmenskrisen in den vergangenen Jahrzehnten und vermeint im „Versagen" in dieser Disziplin auch eine Verantwortung für die „Schwächung der Glaubwürdigkeit der Marktwirtschaft als Ganzes" zu erkennen. Deshalb habe sich die Gestaltung der Umweltbeziehungen von der reaktiven Krisenabwehr zu einer unternehmerischen Konstante entwickelt, die das Ziel verfolge, Vertrauen, Verständnis für ein Unternehmen in Politik und Gesellschaft als Basis des dauerhaften Unternehmenserfolges herzustellen.

In der anglo-amerikanischen Fachliteratur wird diese zentrale Public Affairs-Funktion des Interessenabgleiches sowie der Krisenprävention als „Engineering Consent" beschrieben.

> *„Public Affairs ist das strategische Management von Entscheidungsprozessen an der Schnittstelle zwischen Politik, Wirtschaft und Gesellschaft. Public Affairs organisiert die externen Beziehungen einer Organisation, vor allem zu Regierungen, Parlamenten, Behörden, Gemeinden sowie Verbänden und Institutionen – und zur Gesellschaft selbst. Public Affairs heißt Vertretung und Vermittlung von Unternehmens-, Mitarbeiter- und Mitglieder-Interessen im politischen Kontext, direkt durch Lobbying, also Kommunikation mit und Beratung von Entscheidungsträgern; und indirekt über Meinungsbildner und Medien."* (Althaus, Geffken & Rawe, 2005, S. 262)

> *„Public Affairs ist die Managementfunktion, die verantwortlich ist für die Interpretation des nicht-kommerziellen Umfeldes eines Unternehmens und das Management der Reaktionen des Unternehmens auf diese Umwelt."* (Dennis, 1996, S. 33)

Public Affairs ist demnach allgemein die Managementfunktion, welche das politische Umfeld eines Unternehmens analysiert, interpretiert und im Sinne der Unternehmensziele bestmöglich mitgestaltet. Dabei kommen unterschiedliche Techniken zum Einsatz, um die wirtschaftlichen und überwirtschaftlichen Interessen eines Unternehmens durchzusetzen, bestehende Chancen zu maximieren und existierende Risiken zu minimieren. Damit kommt den Public Affairs entscheidende Bedeutung bei einer Reihe unternehmerischer Aktivitäten zu: Restrukturierungen, Produkteinführungen und Großprojekte erfordern eine Mitgestaltung der politisch-regulativen Rahmenbedingungen und eine aktive Ausgestaltung der Beziehungen zu relevanten Anspruchsgruppen. Diese Faktoren bestimmen direkt oder indirekt den Erfolg eines Unternehmens. Die wirkenden politisch-gesellschaftlichen Kräfte zu ignorieren oder deren Gestaltung leichtfertig Dritten zu überlassen, reduziert die Planungssicherheit und erhöht das Krisenpotenzial. In Zeiten des Diktats von Effizienzsteigerung und Kostenreduktion stellt Public Affairs ein effizientes Maßnahmenbündel zur Reduktion der Konfliktkosten dar.

Abbildung 2-1:   *Public Affairs Management (eigene Darstellung)*

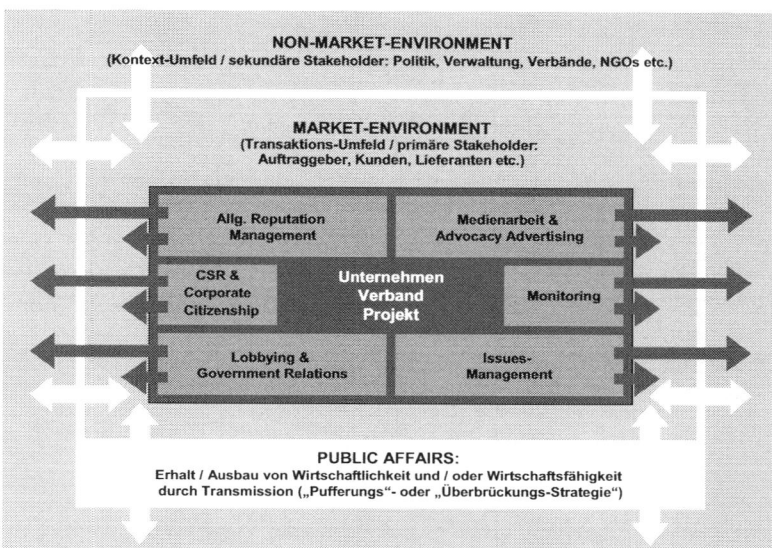

Einen tieferen Einblick in Wesen der Public Affairs bietet die Gegenüberstellung mehrerer definitorischer Ansätze aus der Literatur, aufgelistet von Harris und Moss (2001). Die von verschiedenen Definitionen herausgehobenen Aspekte beschreiben Vorgehen und Tätigkeiten der Public Affairs. So heißt es, Public Affairs seien „Aktivitäten einer Organisation, um ihre Reaktionen auf politische Fragen zu handhaben und ihre Beziehungen zu Regierungsinstitutionen zu organisieren" und als Funktion für die „Entwicklung von politischen Themen, Gesetzgebungen und Regulierungen, die eine Organisation, ihre Interessen oder Aktivitäten betreffen" verantwortlich. Damit konzentriert sich Public Affairs, innerhalb des allgemeinen Management der externen Beziehungen einer Organisation, speziell auf die Beziehungen mit Regierungen und Behörden, deren Entscheide die Tätigkeit der Organisation berühren. Dabei wird nicht die Möglichkeit einseitiger Beeinflussung unterstellt, sondern ein geplanter und zielgerichteter Dialog mit politischen Institutionen und gesellschaftlichen Gruppierungen initiiert. Im Zuge dieses Dialoges werden eigene Anliegen vorgebracht und fremde Interessen sowohl eruiert als auch im Sinne der Unternehmenziele beeinflusst. Die grundsätzlichen Ziele hierbei sind erstens eine Verbesserung des allgemeinen wirtschaftlichen Klimas durch die Beeinflussung von Regierungen, Meinungsbildnern und der breiten Öffentlichkeit. Zweitens, eine Begrenzung der aus Unternehmenssicht potentiell negativen Auswirkungen der Aktivitäten einer Regierung, insbesondere in wirtschaftlichen und gesellschaftlichen Angelegenheiten.

Eine Studie der Boston University Management School aus dem Jahre 1981 untersuchte das Tätigkeitsfeld einer in diesem Sinne verstandenen Public Affairs und identifizierte folgende Kern-Aufgaben und zur Anwendung kommenden Methoden:

Abbildung 2-2: *Wichtige Aufgaben und Methoden der Public Affairs (eigene Darstellung)*

Aufgaben	Methoden
• Identifikation und Priorisierung von Entscheidungen und Entwicklungen im politischen Umfeld der Unternehmung • Die Analyse der Auswirkung von politischen Entscheidungen und Entwicklungen in Bezug auf das Unternehmen • Die Analyse der Planungen des Unternehmens, seiner Abteilungen und -einheiten im Hinblick auf deren Sensibilität gegenüber entstehenden oder vorhandenen politischen Trends	• Issues Monitoring und Issues Management (Themensteuerung) • Lobbying auf lokaler, regionaler, nationaler und internationaler Ebene (Durchsetzung von Interessen) • Government Relations (Aufbau und Erhalt von Arbeitsbeziehungen mit politischen Entscheidungsträgern) • Corporate Citizenship (gesellschaftliches Engagement)

Die genannten Kern-Aufgaben werden bestätigt durch die Ergebnisse einer Umfrage des „Public Affairs Council" in Washington, D.C., unter ihren Mitgliedern (Harris & Moss, 2001). Als wichtigste Aufgabenfelder werden Government Relations und Lobbying, Political Action Committees (politische Bildung in Unternehmen, Wahlkampfspenden), Community Involvement (Corporate Citizenship und Corporate Social Responsibility Programme) und Issues Management genannt.

Die Arbeit von Public Affairs-Experten betrifft somit zum einen die Beobachtung und Analyse des politischen Umfeldes, speziell im Hinblick auf politische, regulatorische und gesellschaftspolitische Aspekte und zum anderen die Vertretung der Interessen des Unternehmens in politischen Prozessen.

Bezüglich Aufgaben und Methoden sprechen die Ergebnisse einer britischen Studie (Harris & Moss, 2001) für eine besondere Betonung der Government Relations durch die europäische Public Affairs. Die Betonung einer kontinuierlichen Pflege von Arbeitsbeziehungen mit Regierungsstellen wird als Weiterentwicklung des klassischen Lobbyings angesehen. Folgende Techniken wurden von den befragten Public-Affairs-Experten aus Großbritannien als die effizientesten angegeben. Die persönliche Kommunikation mit Entscheidungsträgern steht dabei klar im Vordergrund:

▦ Persönliche Briefing-Gespräche mit Beamten

▦ Persönliche Briefing-Gespräche mit Mitgliedern der Regierung

▦ Persönliche Briefing-Gespräche mit Mitgliedern des Parlaments

▦ Issues-Monitoring und Beratung von Organisationen über die Auswirkungen dieser Issues auf ihre Aktivitäten

▦ Kombination von Medienarbeit und Briefing-Gesprächen

Grunig & Hunt (1984) schrieben, dass Public Affairs Teil einer umfassend verstandenen Public Relations ist, mit der speziellen Aufgabe, sich um gesellschaftspolitische Stakeholder und die Beziehungen zu Regierungsinstitutionen zu kümmern.

Ähnlich beschreibt auch die „European Public Relations Confederation" CERP den Zusammenhang von Public Affairs und Public Relations:

> *„Public Affairs sind die geplanten und festgelegten Bemühungen eines Unternehmens, seine Rechte und Pflichten als Bürger eines Landes, einer Gemeinde oder einer Gesellschaft auszuüben beziehungsweise wahrzunehmen sowie die Bemühungen eines Unternehmens, seine Mitarbeiter ebenfalls dazu zu ermutigen, ihre Rechte auszuüben und ihre Pflichten wahrzunehmen."*

CERP kommt daher zum Schluss: „Public Affairs is therefore a part of Public Relations."

Diese an Grunig & Hunt angelehnte Klärung des Zusammenhanges von Public Affairs und Public Relations erscheint trennschärfer als die des „Public Affairs Council" (Harris & Moss, 2001): „Public Affairs ist mehr auf Arbeitsbeziehungen zu Regierungsinstitutionen konzentriert, PR hingegen mehr auf Kommunikation" (Übers. d. Verf.).

Die schwelende Diskussion um Abgrenzungen und Zuordnungen wird primär genährt durch fortschreitende Entwicklungen am Markt, wie etwa das Entstehen von speziellen Public Affairs-Beratungsagenturen, Abteilungen in Unternehmen, Ausbildungseinrichtungen oder Fachpublikationen. Die Wissenschaft wird sich daher ebenso wie die relevanten Standesvertretungen weiter mit dieser Diskussion befassen müssen – für die unternehmerische Praxis steht die praktische Bedeutung eines ziel- und lösungsorientierten Vorgehens im Vordergrund.

Marco Althaus (2005), Direktor des „DIPA – Deutsches Institut für Public Affairs", hat in einer grundlegenden Arbeit diese aktuellen Entwicklungen zusammengefasst. Zum

Peter Köppl

Aspekt, ob Public Affairs ein Bereich der Public Relations sei, schreibt er: „Der Gedankengang ist nicht ganz falsch, aber auch nicht ganz richtig. Für Public Affairs sind Kommunikationsleistungen der klassischen PR ein wichtiger Teil. Aber so wenig Politik nur aus Kommunikation besteht, so ist auch Public Affairs nicht nur eine Kommunikationsfunktion. Im Vergleich sind die erheblich stärkeren Komponenten politische Analyse, inhaltliche Beratung, juristische Betreuung, Beziehungen zu Verwaltungen, politischen Gremien und sozialen Organisationen, Mitarbeit an unternehmerischen Grundentscheidungen von der PR nicht abgedeckt." Und weiter: „Politische Strategie ist nicht nur eine Kommunikationsstrategie, politisches Handeln nicht nur Kommunikationshandeln – es ist ja gerade die Differenz zwischen symbolischer Politik und Politainment einerseits, realen Verhandlungen und Entscheidungen andererseits, die die Politik-PR so oft zur Zielscheibe der Kritik macht. Public Affairs kann sich diese vermutete oder reale Oberflächlichkeit nicht erlauben." Nach der Diskussion unterschiedlicher Berührungs- und Abgrenzungspunkte plädiert Althaus für Koexistenz in Eigenständigkeit beider Disziplinen – „PR ist mehr Schwester- als Mutterdisziplin, und die Schwester Public Affairs hat ihren eigenen Kopf".

Der Leser möge sich sein eigenes Bild machen. Fest steht: Die Wissenschaft hat sich in diesen Fragen bis dato auf keinen einheitlichen Zugang einigen können. Die vorliegenden Ansätze sind allesamt legitim und spiegeln die Breite des Feldes wider. Klar ist auch, dass es einer tiefer gehenden wissenschaftlichen Bearbeitung des Themas bedarf. Ein Schwerpunkt muss dabei aber ganz sicher auf der praxisnahen Bearbeitung des Phänomens Public Affairs liegen. Denn daran, dass immer mehr Unternehmen und andere Organisationen den Wert dieser Disziplin erkennen und dementsprechende Programme umsetzen, kann längst kein Zweifel mehr bestehen.

2.3 Praktische Bedeutung in der Unternehmenspraxis

Die politischen Rahmenbedingungen sind einer der wichtigsten Umfeldfaktoren eines Unternehmens. Viele Unternehmen klagen über die scheinbar unbewältigbare Flut von Gesetzen und Verordnungen ebenso, wie über die zunehmende Einmischung der Politik in unternehmerische Belange generell.

> „Ob Bebauungsplan oder Produktionsgenehmigung, ob Vertrieb oder Verpackung, ob Kantine oder Klosett, überall kann der Staat mit der nächsten Gesetzesänderung oder einem neuen Formular zuschlagen. In glimpflichen Fällen führen die Änderungen zu höheren Kosten. In extremen Fällen steht die Existenz des Unternehmens auf dem Spiel." (Merkle, 2003, S. 9)

Daraus resultiert die unternehmerische Pflicht, aktiv an der Gestaltung der politischen, gesetzlichen, regulativen und administrativen Rahmenbedingungen im eigenen

Interesse mitzuwirken, um Schaden vom Unternehmen fernzuhalten. Die kaufmännische Sorgfaltspflicht gebietet es, möglichst frühzeitig und vorausschauend aktiv zu werden, denn ist eine Vorschrift erst mal Gesetz, gibt es kaum noch Chancen sie wieder abzuschaffen.

Die berechtigen Interessen und Anliegen eines Unternehmens sind als Betriebsmittel zu verstehen und entsprechend, wie andere Betriebsmittel auch, strategisch einzusetzen und zu gestalten. Prinzipiell ist davon auszugehen, dass der Mitbewerb in jedem Fall Lobbying betreibt. Politikwissenschaftlichen Erkenntnissen folgend werden gut 80 Prozent der Gesetzes- und Entscheidungsentwürfe im Lauf ihrer Entstehung von Lobbyisten beeinflusst. Der tatsächliche Einfluss von Lobbying auf die Entwicklung von politischen und administrativen Entscheidungen sowie die politische Meinungsbildung ist mannigfaltig und weitreichend.

Es gibt keine interessenfreie Politik. Kaum ein Gesetz, kaum eine Verordnung und kaum eine politische Entscheidung, die nicht von den Interessen diverser Stakeholder beeinflusst wird. Als Unternehmensvertreter in Deutschland, Österreich und der Schweiz – und erst Recht auf der Ebene der Europäischen Union – ist daher getrost davon auszugehen, dass nahezu hinter jeder für das Unternehmen relevanten politischen Entscheidung der eine oder andere Lobbyist steckt. Allerdings nicht unbedingt der eigene, sondern ein Lobbyist der Gegenseite, der andere, vermutlich konträre Interessen vertritt. Der Markt der Politik ist vom Wettbewerb an Ideen, Konzepten, Interessen und Lösungsansätzen geprägt. Gemäß den Gesetzen des freien Wettbewerbs kann nur der an diesem Markt partizipativ teilhaben, der sich diesen Marktgesetzen nicht verweigert. Falsch verstandene Zurückhaltung am Markt der Politik führt daher aus Sicht des Unternehmens zu Marktversagen. Mit all den daraus resultierenden Nachteilen und Kosten.

Lobbying als strategische Funktion erfährt heute verschiedene praktische Ausgestaltungsmöglichkeiten in Unternehmen: Zum Teil als integrierter Bestandteil der allgemeinen Corporate Communication. Ebenso findet sich in der unternehmerischen Praxis die Funktion Lobbying (oder Public Affairs) als organisatorischer und personeller Bestandteil des Rechtsbereiches, des Generalsekretariats oder als eigenständige Stabsfunktion im Bereich der Unternehmensführung wieder. Zentrales Kriterium für die Effizienz ist die direkte Angebundenheit der Lobbying-Funktion an die Geschäftsführung, da nur in direkter Abstimmung und im unmittelbaren Zugang diese Funktion ihre tatsächliche Leistung für das Unternehmen entwickeln kann.

Seit rund einem halben Jahrzehnt ist im deutschsprachigen Raum zu beobachten, dass immer mehr Unternehmen eigene Public-Affairs-Abteilungen schaffen, die nicht nur die Methode des Lobbying, sondern das gesamte Feld der Public-Affairs-Aktivitäten strategisch und umfassend realisieren. Meist werden diese Abteilungen mit Spezialisten besetzt, die aus dem politischen Management kommen, aber nicht notwendigerweise und eher selten aus dem Bereich der politischen Mandatare. Die Tatsache, dass solche Bereiche neu geschaffen werden ist gerade in Zeiten des zunehmenden wirtschaftlichen Erfolgsdrucks ein untrügliches Zeichen für die praktische Effektivität und Effizienz der Public Affairs. Keine Unternehmensführung würde eine Public Affairs Abteilung etablieren, nur weil es gerade en vogue erscheint.

Ebenso dynamisch gestaltet sich der entsprechende Dienstleistungsmarkt. Spezialisierte Beratungsagenturen für Lobbying und Public Affairs bieten ihre Dienste der politischen Vermittlung, der beauftragten Beeinflussung und der aktiven Gestaltung des Umfeldes den Unternehmen und Verbänden an. Diese Marktentwicklung führt letztlich auch dazu, dass andere dem Inhalt und Prozess affine Beratungsgruppen ebenfalls beginnen, Lobbying und Public Affairs als Dienstleistung anzubieten: Dazu zählen insbesondere PR-Agenturen, Rechtsanwaltskanzleien und Unternehmensberater. Die gewählten Zugänge sind entsprechend unterschiedlich.

3 Lobbying in der Unternehmenspraxis

3.1 Analyse- und Planungsphase im Lobbying

Lobbyisten sind mit Rechtsanwälten zu vergleichen: Im Auftrag des Klienten werden spezielle Interessen vertreten, meist solche, die für das Unternehmen von entscheidender Bedeutung sind und vom jeweiligen Branchen- oder Berufsverband nicht oder nicht ausreichend wahrgenommen werden. Der Lobbyist managt die Anliegen und Interessen eines Unternehmens, er sucht Verbündete, um dem Anliegen mehr politisches Gewicht zu verleihen, entwirft politische Reden und kanalisiert Fakten und Anliegen an die relevanten Entscheidungsträger. Ähnlich dem Anwalt, der Zeugen, Beweisstücke und Gutachten aufbringt und damit seinem Klienten eine punktuelle Argumentationsplattform aufbaut, mit welcher er vielleicht gewinnen wird.

Lobbyisten definieren Argumente und Aussagen in den Schnittmengen der Positionen des Umfeldes, heben einzelne hervor, schließen sich anderen an und versuchen wieder andere zu verhindern. Das Wissen um die Positionierung des eigenen Anliegens im Verbund aller anderen Haltungen trennt die Interessenlage in drei Felder: Neutrale, Gegner und potentielle Verbündete. Um ein punktuelles Interesse aus seiner Isolation herauszuführen und zu einem respektierten Anliegen mit Aussicht auf Erfolg zu machen, bedarf es einigen Fachwissens über Entscheidungsverläufe, Meinungsbildungsprozesse sowie vorliegende latente und manifeste Interessenlagen. Das primäre Ziel des eigenen Vorgehens ist es, respektiert und akzeptiert zu werden, oder anders gesagt, Zugang zur Entscheidungsfindung zu erhalten.

Das zentrale Betriebsmittel des Lobbying ist die Information. „Viele Abgeordnete wenden sich aus eigenem Antrieb an Lobbyisten" weiß der deutsche Politologe Klaus von Beyme (1980, S. 170) zu berichten:

> *„Je schlechter die Abgeordneten mit Sekretariatshilfe, Assistenten und einem umfangreichen parlamentarischen Hilfsdienst versorgt sind, um so stärker müssen sie dazu greifen, sich ihre Informationen von interessierten Verbänden zu besorgen."*

Verbände und Unternehmen verfügen über spezielles und praxisrelevantes Knowhow, das sie von ihren Mitgliedern oder aus ihrer eigenen Tätigkeit akquirieren. Die politische Entscheidungsfindung will realisierbare Entscheidungen fällen und benötigt dafür diese Informationen. Mit dem aktiven Anbieten von relevanten Informationen können eigene Interessen effizienter kommuniziert werden als mit abwartender Zurückhaltung und der Hoffnung, dass nichts passieren wird.

Die Beschaffung und Aufbereitung exakter Daten in der Analyse- und Planungsphase des Lobbying ist Grundlage, um die Erwartungen zu erfüllen, die Entscheidungsträger an Lobbyisten richten. Aus vorliegenden Untersuchungen ergibt sich ein Bild davon, worin diese Erwartungen bestehen (vgl. Köppl, 2003b, S. 93):

- Genaue Kenntnis der Materie und der Zusammenhänge

- Genaue Kenntnis der Zuständigkeiten, der Prozesse und Handlungsspielräume des Gesprächspartners

- Genaue Kenntnis der Zahlen, Daten, Fakten, Hintergründe undZusammenhänge

- Klare Einschätzung der Auswirkungen von Entscheidungen

- Ehrliche und aufrichtige Information, Emotionslosigkeit

- Kürze, Prägnanz und Genauigkeit

- Die Fähigkeit, Wichtiges von Unwichtigem trennen zu können

- Die Fähigkeit Argumentationsbausteine für den Politiker liefern zu können (politische Argumente)

- Keine Verschleierung: Offenlegung aller Quellen, des Auftraggebers, der Intentionen und Ziele

- Unternehmensinterne Verankerung des Lobbyisten auf höchster Ebene

- Sich nicht als „Zeitdieb" zu verhalten

3.1.1 Zielfindungsprozess im Lobbying

Unter Politik wird gemeinhin die Ausgestaltung des Zusammenlebens einer Gesellschaft und der dafür erforderlichen Spielregeln verstanden. In einer modernen demokratischen Gesellschaft muss diese Politik laufend widerstrebende Interessen verschiedener gesellschaftlicher Gruppen ausgleichen, um im Sinne des Gemeinwohls steuernd agieren zu können.

Modernes Lobbying, verstanden als Arbeitsunterstützung der politischen Entscheidungsträger sowie Durchsetzung von spezifischen Anliegen, ist in der Lage, die Handlungsspielräume der Unternehmen zu erhalten beziehungsweise zu vergrößern. Dazu kommen primär politische Instrumente zum Einsatz, die in ihrer Form eine Arbeitserleichterung für die Entscheider darstellen. Dass in dieser, von Professionalität und Fachexpertise geprägten Arbeitsbeziehung zwischen Lobbyist und Entscheidungsträger die massenmediale Öffentlichkeit meist als störend empfunden wird, ist selbstredend. Denn Lobbying ist vom Grundgedanken her „non-public", es geht um den frühzeitigen, sachlichen und punktuellen interessengesteuerten Input in die Entscheidungsfindung. Lobbying ist darauf auszurichten, Win-win-Situationen herzustellen, in denen das Unternehmensinteresse ebenso zum Zug kommt, wie die Interessen und Bedürfnisse der Entscheidungsträger.

Mit Lobbying verfolgt ein Unternehmen daher das Ziel, seine legitimen Interessen und Anliegen bei den jeweils relevanten Entscheidungsträgern und Entscheidungsfindungsprozessen zu artikulieren bzw. durchzusetzen. Interessen, die dabei entweder nicht oder nicht ausreichend von den beteiligten Verbänden, Vereinen oder Kammerorganisationen vertreten werden können, da es sich um Partikularinteressen des Unternehmens handelt. Denn Dach-, Sektor oder Branchenorganisationen können nur mit dem Konsens aller Mitgliederinteressen agieren, wobei oftmals berechtigte Einzelinteressen eines Unternehmens auf der Strecke bleiben. Mittels Lobbying kann das Unternehmen daher gezielt und legitim seine eigenen Anliegen vertreten – parallel und ergänzend zur allgemeinen Interessenvertretung der genannten Verbände.

Meist handelt es sich dabei um Anliegen gegenüber Verwaltung und Gesetzgebung (Verordnungen, Novellierungen, Gesetze), teilweise um Interessen gegenüber der politischen Willensbildung und zwar auf allen jeweils für ein Unternehmen relevanten Ebenen der politischen Entscheidungsfindung. Im Kern geht es dabei aus Unternehmenssicht in erster Linie um politische oder politiknahe Entscheidungen, die entweder die Wirtschaftlichkeit oder aber die Wirtschaftsfähigkeit betreffen. Zum Themenkreis „Wirtschaftlichkeit" zählen etwa Auflagen, Genehmigungen, Übergangsregelungen, Ausnahmeregelungen, Entscheidungen bei Ausschreibungen und ähnliche Aspekte mit direkter wirtschaftlicher Wirkung auf das Unternehmen. Beim Thema „Wirtschaftsfähigkeit" geht es hingegen um Entscheidungen, die das Unternehmen oder eine gesamte Branche betreffen – von Besteuerungen etwa, über Marktzulassungen bis hin zu Ausbildungsvorschriften oder Förderungen.

Ziel des Lobbying insgesamt ist es, negative Auswirkungen durch politische oder politiknahe Entscheidungen auf das Unternehmen zu minimieren oder potenzielle Vorteile daraus zu maximieren.

Allgemein kann man im Lobbying fünf Gruppen von Zielen unterscheiden:

1. Eine Entscheidung verhindern (z.B.: eine Novellierung soll in dieser Form nicht in Kraft treten),

2. eine Entscheidung verzögern (die relevante Entscheidung im Parlament soll nicht bereits kommende Woche, sondern erst nach der Sommerpause getroffen werden),

3. eine Entscheidung inhaltlich abändern (zum Beispiel einen bestimmten Paragraphen textlich zu ändern),

4. einen Sachverhalt auf die politische Agenda zu bringen (zum Beispiel soll sich das zuständige Ministerium einer bestimmten Frage aktiv annehmen) oder

5. eine Thematik aus der politischen Debatte heraushalten (zum Beispiel soll ein Politiker nicht länger massiv gegen die Schließung eines Industriestandortes agieren).

Der Zielfindungsprozess im Lobbying bestimmt maßgeblich den potenziellen Erfolg sämtlicher nachfolgender Aktivitäten. Wenn ein systematisches Public Affairs Management – also das permanente Beobachten und Analysieren des gesellschafts-politischen Umfeldes im Sinne eines „Political Audits" – fehlt oder nur rudimentär ausgeprägt ist, ist meist eine momentane Unzufriedenheit oder eine krisenhafte Situation der Auslöser für Lobbying-Massnahmen. Etwa wenn eine wichtige Regierungsentscheidung der Unternehmens- oder Kommunikationsleitung erst unmittelbar vor Beschlussfassung bekannt wird. Oder wenn ein Stakeholder wie etwa Konsumentenschutzorganisationen ihrerseits bereits intensiv einen politischen Willensbildungsprozess vorangetrieben haben.

Die Bestimmung der konkreten Ziele für das Lobbying eines Unternehmens kann zumindest auf zwei Wegen erfolgen:

Erstens im Sinne eines **Inside-out-Modells des Lobbying**. Hierbei werden die Ziele des Lobbying aus der strategischen Unternehmensplanung oder dem operativen Business heraus abgeleitet. Dieses Vorgehen ist dann zu wählen, wenn die Umsetzung der Unternehmensstrategie in Teilen abhängig ist vom Verlauf bestimmter politischer oder politiknaher Entscheidungen.

Ein **Outside-in-Vorgehen** dagegen besteht, wenn Lobbying-Ziele von der politischen Agenda abgeleitet werden, deren Inhalte für das Unternehmen auf strategischer oder operativer Ebene Risiken oder Chancen darstellen.

Tabelle 3-1: *Zielableitung im Lobbying*

Beispiele für Inside-out-Ziele des Lobbying:	Beispiele für Outside-in-Ziele des Lobbying:
Um ein neu entwickeltes Produkt auf den Markt bringen zu können, müssten bestimmte gesetzliche Regelungen geändert werden.	Beeinflussung des Kriterienkatalogs für die Vergabe von Förderungen, um dem Unternehmen den Zugang dazu zu ermöglichen.
Um sich an einer öffentlichen Ausschreibung beteiligen zu können, wären gewissen Änderungen der Ausschreibungsbedingungen notwendig.	Mitwirkung an der Formulierung von politischen Zielen für den Bereich, in dem das Unternehmen tätig ist.
Um einem Technologieprojekt zum Erfolg zu verhelfen, müsste der politische Widerstand abgebaut werden.	Verhinderung einer Flächenplanung, die einer potenziellen Erweiterung des Unternehmensstandortes im Wege stünde.
Um eine Werksschließung mit möglichst geringen Konfliktkosten realisieren zu können, ist vorab eine politische Akkordierung erforderlich.	Beendigung des politischen Rückhalts für eine bestimmte Technologie, der die Markterfolge der eigenen Produkte behindert.

Unabhängig, ob durch krisenhafte Situationen induziert oder längerfristig geplant, das mehrfache Durchdenken der Situation in Szenarien, das Abwägen möglicher Alternativen oder Entscheidungsverläufe und die realistische Einschätzung des eigenen Einflusses sind ein zwingender Verlauf der Zielfindung. Praxiserfahrungen zeigen, dass wenn diese Vorbedingungen erfüllt sind, auch zunächst existenziell erscheinende Krisen durch persönliche Gespräche mit zuständigen Entscheidungsträgern relativ unspektakulär Lösung erfahren können.

Als Handlungsanleitung für diesen Prozess können folgende Fragestellungen dienen:

- Worum geht es konkret? (Gesetzes-Novelle, Parteitagsrede, Beschwerdebrief, Zeitungsartikel, Einzelmeinung eines Politikers etc.)

- Was steht für das Unternehmen auf dem Spiel? (Direkte wirtschaftliche Schäden – kurz oder mittelfristig, Infragestellung der Zielerreichung, Reputationsschäden)

- Was passiert, wenn dieses oder ein anderes Szenario eintritt?

- Betrifft es nur das eigene Unternehmen, eine bestimmte Gruppe von Unternehmen oder eine gesamte Branche?

- Wer trifft die Entscheidung wirklich?

- Wann wird die Entscheidung getroffen?

- Was sind die formalen Prozesse bei dieser Entscheidung?

Fragestellungen dieser Art können helfen, das konkrete Lobbying-Ziel präziser zu definieren und die eigene Lobbying-Umsetzung bestmöglich vorzubereiten. Auf Recherche und Vorbereitung im Zuge der Analyse- und Planungsphase fallen im Regel-fall bis zu zwei Drittel des gesamten Arbeitsaufwandes.

Als Grundlage des Lobbying-Zielfindungsprozesses ist eine direkte und unmittelbare Einbindung der Public-Affairs-Funktion in die strategischen Entscheidungsprozesse des Unternehmens unabdingbar. Umgekehrt profitiert die strategische Planung von den Umfeldinformationen, welche die Public-Affairs dem Gesamtunternehmen zur Verfügung stellt. Im besten Falle besteht eine kontinuierliche, wechselseitige Feed-back-Schleife zwischen Unternehehmensstrategie und Lobbying-Planung.

3.1.2   Planungsprozess im Lobbying

Im Unterschied zu anderen Strategien und Instrumenten des Kommunikationsmana-gements greift Lobbying direkt in die Entscheidungsfindung einer politischen Instanz ein. Entsprechend muss die Planung von Lobbying-Aktivitäten eng an den formalen Prozess der jeweiligen Entscheidungsfindung angekoppelt sein. Sowohl inhaltlich, als auch zeitlich, wobei sich die Zeithorizonte meist an den externen politischen Prozes-sen sowie oftmals am Wahlkalender orientieren.

Ausgangspunkt der Planung ist die zuvor geleistete möglichst genaue Zieldefinition, also die Formulierung des herbeizuführenden Ideal-Zustandes. Im nächsten Schritt ist über Recherche das bestehende Informationsdefizit bestmöglich zu reduzieren. Einige Leitfragen verdeutlichen das Vorgehen:

- **Zeitachse**: Wann wird die relevante Entscheidung getroffen? Welche Zwischen-schritte gibt es dorthin (Ausschüsse, Abstimmungstermine etc.)? Wann wird der Schaden für das Unternehmen eintreten? Wann kann das Unternehmen eine Chan-ce nützen? Welche Fristen sind zu berücksichtigen? Welche Schlüsse sind aus dem Wahlkalender zu ziehen?

- **Inhaltliche Komponente**: Worum geht es konkret? Was ist die spezifische Forde-rung des Unternehmens? Welche Vorgeschichte hat die Thematik? Welche Stake-holder sind daran beteiligt? Welche Forderungen/Ansprüche stellen andere Stake-holder? Muss externes fachliches Know-how zugekauft werden (Expertise, Rechts-gutachten etc.)? Mit welchen Daten und Fakten kann die Argumentation des Unternehmens untermauert werden?

Als Quellen der Recherche dienen dabei sämtliche zugänglichen Informationsquellen wie Internet, Datenbanken, Partei- und Medienarchive sowie Nachschlagewerke und Bibliotheken. Je genauer Problem und Ziel definiert werden können und je mehr Er-fahrung der Lobbyist aufweist, umso zielgerichteter kann die Recherche erfolgen. Wesentliches Recherchelement im Lobbying ist das persönliche Gespräch, sowohl mit den involvierten Entscheidungsträgern und deren Mitarbeitern, mit den am Thema agierenden Think-Tanks, Verbänden und Nicht-Regierungsorganisationen als auch mit einzelnen Journalisten. Aus diesen Gesprächen können nicht nur die informellen Kriterien einer Entscheidung in Erfahrung gebracht werden – die mindestens ebenso wichtig sind wie die formalen Prozesse –, sondern es können dabei bereits die eigenen Argumente getestet werden.

Generell sind in diesem Rechercheprozess Informationen zu beschaffen über den Inhalt der Entscheidung, den zeitlichen Verlauf, die beteiligten Akteure, deren Beweggründe und Argumente sowie allfällige gegenläufige Positionen; etwa die politische Machbarkeit, die Abstimmung mit den politischen Parteien oder die absehbare Position der Opposition.

Zentraler Aspekt der Recherche ist die Auflistung der beteiligten Stakeholder, die an jener Entscheidung mitwirken oder mitwirken könnten, die für das Unternehmen relevant ist. Im Wesentlichen geht es dabei natürlich um die jeweiligen Entscheidungsträger selbst, also den zuständigen politischen Mandatar – und jedenfalls den oder die für die Thematik zuständigen Mitarbeiter. Aus der Praxis lässt sich eine Faustregel ableiten, wonach jede Entscheidung von rund einem halben Dutzend Personen getroffen wird, die dabei wiederum von einem guten Dutzend weiterer Personen beraten bzw. unterstützt werden. Damit resultiert ein Kreis von rund 15 bis 20 Personen, die bezogen auf ein bestimmtes Thema als **Ansprechpartner des Lobbying** fungieren. Dieser Personenkreis muss als elementare Planungsgrundlage recherchiert werden.

Im nächsten Schritt gilt es zu ergründen, welche weiteren Stakeholdern, außer diesem engsten **Kreis der Entscheidungsträger**, noch an der Frage mitwirken. Dazu gehören: Entscheidungsträger aus den anderen politischen Parteien bzw. der Parteihierarchie, auf anderen politischen Ebenen, auf der Verwaltungsebene, seitens der Verbände und Kammerorganisationen sowie der Nicht-Regierungsorganisationen. Außerdem ist wertvoll zu wissen, welche Experten von den politischen Entscheidungsträgern herangezogen werden – auch diese können eine wesentliche Zielgruppe im Lobbying darstellen. Ziel dieses Analyseschrittes muss eine möglichst vollständige Liste relevanter Entscheidungsträger und -vorbereiter auf verschiedenen Ebenen sein.

Aufbauend auf Kenntnis des Entscheiderkreises ist in Abstimmung mit der Zielformulierung die eigene Argumentation aufzubauen. Wesentlich bei der Gestaltung der eigenen Argumentationsgrundlage ist es von Beginn an sowohl inhaltliche als auch politische Gründe zu erarbeiten, weshalb eine bestimmte Entscheidung anders lauten sollte.

- **Inhaltliche Argumentation**: Neben den juristischen und/oder technischen Aspekten zählt zur inhaltlichen Argumentation vor allem auch die spezifische Sicht des Unternehmens. Welche Auswirkungen sind warum, wann und in welcher Art und Weise von einer Entscheidung zu erwarten? Worin besteht die konkrete Forderung – eventuell bereits ausformuliert – des Unternehmens, um eine andere Entscheidung herbeizuführen?

▨ **Politische Argumentation**: Die Kehrseite der inhaltlichen Argumentation ist die politische Begründung. Diese kann beinhalten, warum es für den jeweiligen Entscheidungsträger politisch sinnvoll wäre, so zu agieren; oder warum es parteipolitisch plausibel wäre, im Sinne des Unternehmensvorschlags zu handeln. Ebenfalls vorbereitet werden sollte, welche gegensätzlichen Argumente der Entscheidungsträger von welcher Seite und warum, zu erwarten hat?

Beides zusammen führt zu einem stringenten **Argumentationskatalog**, der es dem Entscheidungsträger möglichst einfach machen soll, der Argumentation – und damit den Forderungen – des Unternehmens zu folgen. Idealerweise werden dabei so genannte „Win-win"-Situationen hergestellt, also argumentative Wege, die sowohl dem politischen Entscheidungsträger helfen, als auch dem Unternehmen. Aufbau und Formulierung solcher Argumentationsketten – ob als Factsheet oder Questions & Answers-Liste – verlangen jedenfalls politisches Fingerspitzengefühl, exakte Kenntnis der Materie sowie der Prozesse und der Handlungsspielräume aller Beteiligten.

Der Argumentationskatalog ist für die Erreichung des Lobbying-Ziels erfolgsentscheidend. Er bestimmt über Glaubwürdigkeit, Relevanz und damit Ausgang der beabsichtigten Beeinflussung. Im besten Fall werden solche Argumentationsunterlagen innerhalb der politischen Community akzeptiertes Arbeitsmaterial. Unabdingbar ist die inhaltliche und argumentative Richtigkeit und daher die rigorose Prüfung aller in den Argumentationskatalog eingehenden Daten.

Unterstützt werden kann dieser Argumentationskatalog, der mit dem gleichen Ziel und der gleichen inhaltlichen Ausrichtung bei Politikern aus verschiedenen Parteien natürlich unterschiedliche politische Argumente benötigt – etwa durch Expertisen, Studien oder anderes Anschauungsmaterial aus dem Unternehmen.

3.2   Umsetzungsphase im Lobbying

Wie beschrieben, ist das Monitoring – auch als Arena-Analyse oder „Political Audit" bezeichnet - eine zentrale, dem operativen Lobbying vorgelagerte Tätigkeit. Hier steht das Sammeln und Auswerten von relevanten Informationen und Dokumenten im Mittelpunkt. Gespräche mit Politikern, Meinungsführern und Experten zählen ebenso hiezu, wie klassisches Desk-Research. Davon, sowie von der exakten Kenntnis über Entscheidungsverläufe und die involvierten Personen, leitet sich im Verbund mit der Zielformulierung die Auswahl der Instrumente ab, mittels derer die Beeinflussung realisiert werden soll.

Die im operativen Lobbying-Prozess zum Einsatz kommenden Instrumente lassen sich dabei generell in zwei Bereiche gliedern (Köppl, 2003b, S. 107ff.):

▨ **Direktes Lobbying**: Die direkte Artikulation der Interessen gegenüber dem oder den Entscheidungsträgern etwa im Rahmen von persönlichen Gesprächen.

▨ **Indirektes Lobbying**: Artikulation der Interessen an die Entscheidungsträger nicht auf direktem Wege, sondern über Dritte (via „Intermediaries").

3.2.1 Direktes Lobbying

Dazu zählen sämtliche Wege der direkten und persönlichen Kommunikation, also zum Beispiel das Vier-Augen-Gespräch zwischen dem Unternehmens-Lobbyisten auf der einen Seite und dem Entscheidungsträger und seinen Mitarbeitern auf der anderen Seite. Der informelle Charakter dieser persönlichen Gespräche wird oftmals unter dem Vorwurf der mangelnden Transparenz kritisiert. Diesem Vorwurf ist entgegenzuhalten, dass politische Entscheidungsprozesse nicht erst durch Lobbying der öffentlichen Sichtbarkeit entzogen werden. Politische Entscheidungsfindung geschieht grundsätzlich nur selten im Rampenlicht der Öffentlichkeit, sondern wird dort häufig nur symbolisch nachvollzogen. Wenn zwei Abgeordnete unterschiedlicher Fraktionen abseits der Ausschusssitzung Übereinkommen in einem strittigen Punkt erzielen, ist das ein Erfolg der Politik. Wenn ein Lobbyist einen Abgeordneten über seine Interessen informiert und punktuelle Entscheidungen anregt, initiiert er damit also zumindest nicht eine Intransparenz des politischen Entscheidungsprozesses.

Direkte Gespräche zählen zu den effizientesten Methoden des Lobbyings, jedenfalls aus der Sicht der Lobbyisten selbst. Eine U.S.-amerikanische Untersuchung ergab, dass 52 Prozent der befragten Lobbyisten persönliche Präsentationen als „sehr effektiv" beurteilten und an die erste Stelle aller Instrumente reihten. Die Voraussetzung für erfolgreiches direktes Lobbying ist neben dem Fachwissen vor allem die detaillierte Kenntnis um den Wissensstand, den Handlungsspielraum und die Sachzwänge des Gegenübers. (Köppl, 2003b, S. 108)

Zielführende Lobbying-Umsetzung verlangt eine möglichst grosse Offenheit und Direktheit bezüglich der eigenen Motive: Ein Lobbyist, der nicht exakt formuliert, worum es ihm geht und bereits präzise Lösungsvorschläge zur Debatte beitragen kann, wird unweigerlich auf Akzeptanz- und Glaubwürdigkeitsprobleme stoßen.

Die zeitgemäße Auflistung eines im Zuge der Umsetzung von Lobbying-Massnahmen zu beachtenden Lobbying-Knigge beinhaltet (vgl. Köppl, 2003b, S. 109):

▨ Der Lobbyist selbst sollte nicht im Vordergrund stehen.

▨ Offenheit und Ehrlichkeit gegenüber den Entscheidungsträgern ist ein Muss.

▨ Generelle Verschwiegenheit und Vertraulichkeit sollte gewahrt werden.

- Der Lobbyist sollte ein Arbeitsverständnis aufweisen, indem er sich als Mittler, Unterhändler und Brückenbauer zwischen Unternehmen und Politik sieht.

- Maßvolle und realistische Forderungen sind Beleg der eigenen Ernsthaftigkeit.

- Die Zuständigkeit des Ansprechpartners ist unbedingt vorab zu überprüfen.

- Keine Machtdemonstrationen androhen - sie fordern Ablehnung heraus.

- Der Lobbyist sollte gezielt Informationsbedürfnisse stillen.

Jede Kommunikation mit politischen Entscheidungsträgern muss das Ziel haben, die Punkte der eigenen Argumentation in den Problemhaushalt des politischen Entscheidungträger zu integrieren. Form und Inhalt der gelieferten Information muss daher tatsächlich als Arbeitsunterstützung für den Entscheidungsträger dienen können. Aus diesem Grund ist es notwendig, die Darstellung der eigenen Anliegen so weit als möglich auf den Nutzen des Adressaten auszurichten. Je mehr diesem Kriterium Rechnung getragen wird und je seriöser und sachlicher Lobbying verläuft, umso größer ist die Chance, dass sich der Adressat der vorgebrachten Meinung anschließt und letztlich auch in diese Richtung entscheidet.

Das direkte Lobbying stützt sich demnach vor allem auf verschiedene Formen der Information und Unterstützung der identifizierten Entscheidungsträger:

- Persönliche Briefinggespräche von politischen Entscheidungsträgern, deren Mitarbeitern und Beratern

- Planung und Erarbeitung von parlamentarischen Instrumenten (Anträge etc.)

- Vorformulierung von Gesetzesmaterien

- Erarbeitung von Entscheidungsgrundlagen für die Politik durch Positionspapiere und Übersichten

- Verfassen von Reden oder Vorträgen für politische Entscheidungsträger

- Zuleitung von Hintergrundmaterialien (Studien, Umfrageergebnisse, Erläuterungen zu technischen Fragen, Rechtsgutachten etc.)

- Mitgestaltung der politischen Agenda

Bereits einen Übergang zwischen direktem und indirektem Lobbying stellt die Erstellung und Distribution von Policy-Papers und Issue-Briefings (Themendossiers) dar. Gleiches gilt für das Briefing von Experten für Hearings und Enqueten, die Errichtung von Interessenkoalitionen, die Berechnung/Abschätzung von Folgewirkungen einer politischen Entscheidung und Besuche von Entscheidungsträgern im Unternehmen.

3.2.2　Indirektes Lobbying

Indirektes Lobbying wird entweder als Unterstützung von direktem Lobbying im Rahmen breiterer Aktivitäten oder längerfristiger Kampagnen eingesetzt oder aber dann hinzugezogen, wenn das direkte Lobbying nicht die erwünschten Erfolge erbringt. Indirektes Lobbying vertritt die Unternehmensinteressen nicht über eine direkte Kommunikation mit den Entscheidungsträgern, sondern zielt auf intermediäre Personen, Gruppen oder Teilöffentlichkeiten. Zum Einsatz kommt indirektes Lobbying etwa wenn die Entscheidungsträger nicht bekannt sind, die Herstellung einer breiteren Öffentlichkeit für ein Anliegen zielführend erscheint, die Dokumentation breiter Unterstützung für ein Anliegen erforderlich ist, zu wenig Akzeptanz des Unternehmens beim Entscheidungsträger vorliegt oder das Ausüben von Druck auf die Entscheidungsträger beabsichtigt wird.

Indirektes Lobbying basiert im Wesentlichen auf dem **Konzept der Meinungsführer**, auch „Opinion Leader" genannt. Solche Meinungsführer zeichnen sich dadurch aus, dass sie ihre Information und ihre Meinung an Dritte weitergeben und dabei hohe Glaubwürdigkeit aufweisen. Innerhalb einer Gesellschaft und ihrer Subsysteme wirken eine Vielzahl von Personen, die aufgrund ihres Kommunikationsverhaltens als Opinion-Leader zu verstehen sind. Das gilt auch im System Politik[3]. Solche für Lobbying relevanten Meinungsführer im Umfeld eines Entscheiders können neben Politikern, Wissenschaftlern oder Journalisten auch Personen sein, zu denen der Entscheidungsträger entweder ein inhaltliches oder ein persönliches Naheverhältnis hat. Dieses Naheverhältnis kann sich entweder in der Zugehörigkeit zur selben Partei, Gesellschafts- oder Berufsgruppe ausdrücken, in einer gemeinsamen lokalen oder beruflichen
Herkunft oder lediglich auf persönlicher Bekanntschaft beruhen. Von diesen Nahestehenden lässt sich erwarten, dass sie leichter als andere Personen, auf Seiten des relevanten Entscheidungsträgers bestehende Vorurteile und potenzielle Barrieren abzubauen vermögen oder deren Entstehung zu verhindern wissen. Informationen, die von einer nahestehenden Person bzw. einem geeigneten Meinungsführer vorgebracht werden, finden einfacheren Zugang zum Entscheidungsträger und werden zugleich wohlwollender bewertet.

Im Zuge des direkten Lobbying sind folgende Vorgehensweisen gängig (Köppl, 2003b, S. 112f.):

▣ Aussagen/Auftreten bei Hearings

▣ Präsentation von Umfragen, Forschungsergebnissen und technischen Daten

---

[3]　Eine Übersicht der zugrunde liegenden kommunikationswissenschaftlichen Theorien findet sich beispielsweise bei Burkart, 1998, S. 206f.

▓ Aufbau von oder Eintritt in Interessenkoalitionen

▓ Techniken der Medienarbeit und des Direct-Mailings zur Artikulation der eigenen Interessen

▓ Formung der politischen Agenda durch Einbringung neuer Themen in die öffentliche Debatte oder dem Vorschlag vorhandene Themen neu zu priorisieren

▓ Initiierung der Kontaktaufnahmen von Wählern zu ihrem Abgeordneten

▓ Initiierung von Kontaktaufnahmen persönlicher Bekannter, Meinungsführer, Politiker zum Entscheidungsträger

▓ Vorschläge zur Nominierung von Experten für Beiräte, Arbeitsgruppen und Ausschüsse

▓ Mitsprache bei der Besetzung von Stellen in Regierungsinstitutionen, auf Beamtenebene, in Ausschüssen sowie Beiräten und Unterstützung der dafür nominierten Personen

▓ Anzeigen/Werbung für Positionen zur Generierung öffentlicher Unterstützung

▓ Organisation von Protesten oder Demonstrationen

3.2.2.1   Indirektes Lobbying über Interessenkoalitionen

Eine Möglichkeit, um den Unternehmensinteressen zu mehr Gewicht zu verhelfen, ist die Etablierung von Interessenkoalitionen. Dabei wird eine für die Politik übliche Vorgehensweise für die Zwecke der Interessendurchsetzung adaptiert – die Koalition, die auf allen Ebenen der Politik existiert. Die Etablierung von Koalitionen ist ein in der Politik gängiges Mittel und findet daher von Verbänden und Unternehmen umgesetzt rasch Akzeptanz bei politischen Entscheidungsträgern.

Solche Interessen- oder Meinungskoalitionen sind ein wesentlicher Machtfaktor in der Umsetzung von Lobbying. Beim „Coalition Building", der Errichtung von Koalitionen, werden für ein Interesse oder einen bestimmten Bestandteil der Forderung ein oder mehrere taktische Partner gesucht und mit diesen ein gemeinsames Vorgehen gegenüber der Politik realisiert. Ausgangspunkt dafür ist ein geteiltes Interesse mehrerer Unternehmen, Verbände, Vereine, politischenr Institutionen oder Nicht-Regierungsorganisationen. Selbst wenn an sich keine grundsätzlich übereinstimmende Interessenlage vorliegt, kann bei bestimmten Fragen eine punktuelle Übereinstimmung im Hinblick auf die Erreichung eines Zieles hergestellt werden.

Innerhalb einer solchen Koalition stehen mehr Ressourcen für Lobbying zur Verfügung als ein Unternehmen alleine aufbringen könnte und zugleich wird dem politischen vis-á-vis eine größere Bedeutung der vorgebrachten Anliegen signalisiert. Die Gefahren bei Interessenkoalitionen liegen in der Glaubwürdigkeit der Gruppe, der implizierten Spaltungsgefahr und im Ressourcenaufwand für Koordination und Kontrolle.

Meist werden diese Zweckbündnisse als informelle Gruppe, ohne feste Struktur und Hierarchie eingerichtet, mitunter aber auch als Verband. Idealerweise sollte eine Lobbying-Koalition wieder aufgelöst werden, wenn das gemeinsame Ziel erreicht wurde. In der Realität werden Interessenkoalitionen allerdings oftmals als Verbände konstituiert und tendieren damit zur Verselbständigung. Diese Entwicklung ist aus der Sicht des Unternehmens, das die Koalition ins Leben gerufen hat, nicht immer von Vorteil und sollte daher sowohl als Chance aber auch als Risiko mitbedacht werden.

3.2.2.2 Indirektes Lobbying über Cross Lobbying

Branchen-, Interessen- und Fachverbände vertreten die Interessen ihrer Mitglieder. Genau betrachtet geschieht dies entweder in der Vertretung eines kleinsten gemeinsamer Nenners aller Mitgliederinteressen oder unter dem Diktat jenes Mitgliedes, das den Verband dominiert.

Cross Lobbying versucht vorhandene Mitgliedschaften gezielt als effektive Ressource zu verwenden, um die Interessen eines bestimmten Unternehmens im politischen System nachhaltiger zu vertreten. Dies kann auf zwei Arten geschehen: Zum einen dadurch, dass Fachexperten der Verbände, die oftmals als Experten vom politischen Entscheidungsträger konsultiert werden, als primäres Lobbyingziel erkannt werden. Gelingt es, die eigenen Anliegen bei einem Verbandsexperten zu verankern, dann werden diese Unternehmensinteressen – möglicherweise als „Expertise" – an die politischen Entscheidungsträger weitergegeben. Eine andere Möglichkeit besteht darin, den entsprechenden Verband zu nutzen, indem durch Unternehmensvertreter leitende Verbandsfunktionen übernommen werden. Auf diese Weise lässt sich die Politik des Verbandes und dessen politischer Einfluss aktiv im Sinne des Unternehmens gestalten.

3.2.2.3 Indirektes Lobbying über Grassroots

Als Grassroots-Lobbying bezeichnet man einen Prozess, durch den ein Unternehmen oder eine Organisation Personen identifiziert, rekrutiert und aktiviert, die im Interesse des Unternehmens die relevanten politischen Entscheidungsträger kontaktieren. Mobilisiert werden dabei im Allgemeinen Personen, die in einem Naheverhältnis zum Unternehmen oder zur Organisation stehen, etwa Mitglieder, Mitarbeiter, Anrainer, Kunden oder auch die Pensionisten des Unternehmens. Prinzipiell kommen dafür jedoch – in Abstimmung mit dem Ziel – nahezu alle Stakeholdergruppen in Frage.

Grassroots-Strategien werden in Europa bisher primär von Nicht-Regierungsorganisationen erfolgreich eingesetzt. Verwendet werden Unterschriftenlisten, Petitionen, Protestkundgebungen, Massenbriefe etc. Daneben werden Massenmobilisierungen wie Streiks und Demonstrationen seit jeher eingesetzt von Seiten der Gewerkschaften. Was das Kommunikationsmanagement von Unternehmen angeht, so scheint das Potential des „Grassroots-Campaigning" noch weitgehend unerschlossen. Den Unternehmen fehlt offenbar bislang die Erkenntnis, welche starke politische Stimme ihre eigenen Mitarbeiter, Kunden, Anrainer oder Pensionisten für das Interesse des Unternehmens artikulieren könnten.

Bekannte Grassroots-Massnahmen sind Massenbriefe, -faxe, -E-Mails oder -Telefonate, um Anliegen zum Ausdruck zu bringen. Bekannt im Zusammenhang mit Lobbying sind beispielsweise vorgedruckte und an den Politiker voradressierte Postkarten, die nur mehr unterschrieben werden müssen. Hier steht vor allem die Quantität der Artikulation eines Anliegens im Vordergrund. Eine sichtbare Massenmobilisierung dieser Art vermag ein partikulares Unternehmensinteresse aus seiner Isolation herauszuholen und sichtbar zu machen. Zu beachten ist dabei, dass sämtliche Grassroots-Aktionen auf eine gewisse Homogenität der zu mobilisierenden Zielgruppe angewiesen sind. Grund ist, dass mit abnehmender Gruppenhomogenität der Aufwand für Briefings, Anleitungen, Überzeugungsarbeit und Kontrolle der Massenaktivitäten stark ansteigen.

3.2.2.4   Indirektes Lobbying über politische Inserate

Lobbying bedient sich der klassischen Werbung dann, wenn die breite Öffentlichkeit informiert oder mobilisiert werden soll. Zu bedenken ist, dass damit massiver Druck auf die betreffenden Entscheidungsträger ausgeübt wird. Print-Inserate, die einen Politiker direkt zum Handeln auffordern oder die Leser zum Protest gegen eine Entscheidung aufrufen, werden fast immer vom Adressaten als direkter Angriff gewertet und verhindern damit meist seine Zugänglichkeit für weitere Argumente.

Aus der Sicht des Lobbyings sind Inserate allerdings auch ein nützliches Informationsmittel. Entweder richtet sich ein Inserat mit Lobbying-Intention direkt an einen oder mehrere Politiker oder die interessierte Öffentlichkeit wird allgemein angesprochen und zu einer Handlung aufgefordert. Die gängigste Form des politischen Inserats ist der „offene Brief", der in Printmedien abgedruckt wird.

Wird der Entscheidungsträger direkt angesprochen, so besteht die Zielgruppe primär aus dieser einen Person. Als Nebeneffekt muss beachtet werden, dass damit ein für die Leser stets interessanter Konflikt ans Tageslicht gebracht wird, meist auch noch mit einer eindeutigen Schuldzuweisung. Damit wird letztlich auch die jeweils anstehende politische Entscheidung veröffentlicht und damit der Entscheidungsträger unter Druck gesetzt – nicht immer zum Vorteil des Absenders. Ein einzelnes Inserat kann eine Druckwelle auslösen, daher sollten Aktionen dieser Art nicht leichtfertig und aus reiner Protesthaltung durchgeführt werden.

Ist das Inserat an die Öffentlichkeit adressiert, so wird meist zu konkreten Handlungen aufgefordert, meist im Zusammenhang mit oder als Bestandteil von Grassroots-

Kampagnen. Die Bandbreite reicht von Aufforderungen zum Protest oder Boykott bis zum Abdrucken von Unterschriftenkupons. In diesen Fällen besteht die Zielgruppe sowohl aus der zu mobilisierenden Stakeholder-Gruppe wie dem politischen Adressatenkreis.

3.2.2.5 Unterstützung von Politikern als Lobbying-Instrument

Um den Zugang zu politischen Entscheidungsträgern herzustellen oder zu verbessern, unterstützen Unternehmen Wahlkämpfe und Parteien finanziell sowie organisatorisch. Unternehmen oder Verbände geben dabei Gelder entweder direkt an politische Parteien oder aber indirekt über zwischengeschaltete Vereine oder Komitees. Eine Unterstützung kann jedoch ebenso in Form einer Bereitstellung von Autos oder Flugzeugen für den Wahlkampf, Büro-Equipment, Büroräumlichkeiten oder in der Bereitstellung von Personal bestehen.

Im Sinne des Lobbyismus sind dies legitime und legale Möglichkeiten der Wahlkampfunterstützung um sich im Gegenzug der politischen Unterstützung zu versichern. So werden die unterstützten Politiker zu Betriebsbesuchen, Diskussionen mit den Mitarbeitern oder zu Vorträgen bei betriebsinternen Veranstaltungen eingeladen. Die Politiker können ihre Politik präsentieren und erhalten Unterstützung für die immer teurer werdenden Wahlkämpfe.

Es kann nicht geleugnet werden, dass sich solche Aktivitäten oftmals in der Grauzone einer verbotenen Geschenkannahme bewegen und für Medien Möglichkeiten zur Skandalisierung bieten. Auch aus der Sicht des Unternehmens ist daher große Vorsicht geboten. Zudem zeigt die Praxis, dass sich die von Unternehmen oder Verbänden unterstützten Politiker in aller Regel hüten werden, gerade jenen Interessen und Anliegen ihrer „Sponsoren" zu folgen. Im Gegenteil, meist herrscht gerade in dieser Beziehung Bedachtsamkeit und Vorsicht – denn alle wissen um die Gefahr des nächsten Skandals.

3.3 Evaluation von Lobbying

Der politische Markt ist gekennzeichnet von Unsicherheiten sowie teils irrationalen Verläufen und entzieht sich daher oftmals einer klaren Abschätzung. Nicht immer ist es einfach, ein klares Bild davon zu zeichnen, was passieren könnte, wenn kein Lobbying betrieben wird. Es kann allerdings auf Basis von Analysen und vergleichbaren Entscheidungen argumentiert werden, dass ohne eigenes Unternehmens-Lobbying Entscheidungen getroffen werden, die auf dem Einfluss anderer Lobbyisten beruhen. Ein Worst-Case wäre demnach eine Entscheidung, die das Unternehmen betrifft, bei dem sich aber ausschließlich konkurrierende Interessen durchgesetzt haben.

Getreu dem Managementprinzip, wonach die Legitimität einer Aktivität auf Überprüfbarkeit und Messbarkeit beruht, zeigt sich in der neueren Literatur zu Lobbying und Public Affairs eine starke Tendenz, Evaluationskriterien zu etablieren (Jonnaert, 2005).

Folgt man dem Ansatz, wonach Lobbying potenzielle Schäden oder Risiken für den Unternehmenserfolg abwenden kann oder umgekehrt mögliche Erfolge unterstützt, dann kann die direkt bewertbare wirtschaftliche Auswirkung eines Schadens oder eines Erfolges für das Unternehmen herangezogen werden, um den Wertbeitrag von Lobbying-Massnahmen zu bestimmen. Im Rahmen einer ex-post-Darstellung lässt sich bei vielen Lobbying-Aktivitäten zeigen, dass beispielsweise eine durch Lobbying verhinderte zusätzliche Ausgabe einen messbaren Wert darstellt, ebenso wie der durch Lobbying-Unterstützung erhaltene Auftrag aus einer öffentlichen Ausschreibung.

Je weiter sich die Lobbying-Zielsetzung vom legistischen und regulativen Bereich entfernt und in den allgemeinen politischen Raum hineingeht, umso unpräziser wird die Messbarkeit in monetärer Hinsicht.

Anders steht es um die Prozess-Evaluation von Lobbying. Hier bieten Controlling-Instrumente des Projektmanagements Mess-Parameter an, durch welche die Zielerreichung von Milestones und Projektzielen überprüft werden können. Wenn etwa als Lobbying-Ziel formuliert wird, eine tragfähige Arbeitsbeziehung zu den, für die jeweilige Frage relevanten Parlamentsabgeordneten herzustellen, kann dies im Prozessverlauf als Verbesserung oder zumindest Veränderung der Ausgangssituation quantitativ wie qualitativ gemessen werden.

Der Mitteleinsatz im Lobbying besteht überwiegend aus Personalkosten. Das heißt, dass in aller Regel ein Großteil des Mitteleinsatzes für Lobbying in der Arbeitszeit von Unternehmensangestellten – und dem Honorar externer Berater – begründet ist. Zusätzlicher Mitteleinsatz ergibt sich etwaig, wenn Studien, Gutachten oder Expertisen extern angefertigt werden müssen. Häufig kommt Lobbying als direkte Beeinflussung von Entscheidungen ohne größeren Sachaufwand wie Veranstaltungen, Broschüren oder ähnliche Kommunikationsmaßnahmen aus.

In vielen Unternehmen, in denen Public-Affairs-Abteilungen existieren, sind diese selbstverständlich angehalten, ihre Kosten und Budgets zu rechtfertigen und ihre Beiträge zum Unternehmenserfolg quantifizierbar darzustellen. Aus dieser Unternehmenspraxis entwickelt sich ein zunehmender Bedarf nach differenzierteren Evaluationsmöglichkeiten. Der Bedarf nach verbesserter Erfolgmessung im Lobbying ist zugleich ein weiteres Zeichen der Professionalisierung dieser Disziplin.

Literaturverzeichnis

Althaus, M. (2001). *Kampagne! Neue Marschrouten politischer Strategie für Wahlkampf, PR und Lobbying*. Münster: Lit-Verlag.

Althaus, M. & Cecere, V. (2002). *Kampagne!* Münster: Lit-Verlag.

Althaus, M. & Meier, D. (2004). *Politikberatung. Praxis und Grenzen. Public Affairs und Politikberatung* (Band 2). Münster: Lit-Verlag.

Althaus, M., Geffken, M. & Rawe, S. (2005). *Handlexikon Public Affairs. Public Affairs und Politikberatung. Band 1.* Münster: Lit-Verlag.

Althaus, M. (2005, January). *Public Affairs und Public Relations – Ungleiche Schwestern* (DIPApers 03). Potsdam: DIPA. Gefunden am 25. März 2005 unter http://www.dipa-potsdam.org.

Bender, G. & Reulecke, L. (2003). *Handbuch des deutschen Lobbyisten. Wie ein modernes und transparentes Politikmanagement funktioniert.* Frankfurt am Main: FAZ-Institut.

Berry, J. M. (1977). *Lobbying for the People. The Political Behaviour of Public Interest Groups.* Princeton, NJ: Princeton University Press.

Busch-Janser, F. (2004). *Staat und Lobbyismus.* Berlin: Fachverlag für Politik & Kommunikation.

Beyme, K. von (1980). *Interessengruppen in der Demokratie* (5. Aufl.). München: Piper.

Burkart, R. (1998). *Kommunikationswissenschaft. Grundlagen und Problemfelder* (3. aktualisierte Aufl.). Wien: Böhlau.

CERP (European Public Relations Confederation. (1991). *Public Affairs.* Tampere: CERP

Cigler, A. J., Loomis, B. A. (1991). *Interest Group Politics* (Third Edition). Washington, DC: Congressional Quaterly Press.

Dennis, L. B. (1996). *Practical Public Affairs in an Era of Change. A Cuttingedge Communications Guide for Business, Government, and College.* Lanham: University Press of America.

Francis, E. (1986). Die Rolle der Interessengruppen im Prozess der demokratischen Meinungsbildung. In W. R. Langenbucher (Hrsg.), *Politische Kommunikation. Studienbücher der Publizistik- und Kommunikationswissenschaft* (Band 2) (S. 80-92) Wien: Braumüller.

Gardner, J. N. (1991). *Effective Lobbying in the European Community.* Boston: Kluwer Law and Taxation Publishers.

Grunig, J. E. & Hunt, T. (1984). *Public Relations - Management*. New York: CBS College Publishing.

Harris, P. & Moss, D. (2001). In search of public affairs.: A function in search of an identity. *Journal of Public Affairs, (1)* 2, 102-110

Jonnaert, Erik (2005). Public Affairs and Measurement: Myth or Reality? In T. Spencer (Ed.), *Everything Flows. Essays on Public Affairs and Change* (S. 23). Brussels: Landmarks.

Jordan, G. (1991). *The Commercial Lobbyists: Politics for Profit in Britain*. Aberdeen: Aberdeen University Press.

Köppl, P. (1998). Lobbying als strategisches Interessenmanagement. In Scheff, J. & Gutschelhofer, A. (Hrsg.), *Lobby Management. Chancen und Risiken vernetzter Machtstrukturen im Wirtschaftsgefüge. Management-Perspektiven* Band 4 (S. 1-35). Wien: Linde.

Köppl, P. (1998). Contract Lobbying: Beeinflussung als Dienstleistung. In J. Scheff & A. Gutschelhofer (Hrsg.), *Lobby Management. Chancen und Risiken vernetzter Machtstrukturen im Wirtschaftsgefüge. Management-Perspektiven* (Band 4) (S. 77-89). Wien: Linde.

Köppl, P. & Laird, N. L. (1999). Public Affairs in Zeiten der Globalisierung – Wettbewerbsvorteile durch „Weltbeste" Kommunikation. *Public Relations Forum, (5)* 3, 134.

Köppl, P. (2000). *Public Affairs Management. Strategien und Taktiken erfolgreicher Unternehmenskommunikation*. Wien: Linde.

Köppl, P. & Kovar, A. (2001). Trommeln fürs Business. Public Affairs Management für Unternehmen und Verbände. In M. Althaus (Hrsg.), *Kampagne! Neue Strategien für Wahlkampf, PR und Lobbying*. Münster: Lit-Verlag.

Köppl, P. (2001). The acceptance, relevance and dominance of lobbying the EU Commission – A first-time survey of the EU Commission's civil servants. *Journal of Public Affairs, 1* (1), 69-81.

Köppl, P. (2001). Die Macht der Argumente. Lobbying als strategisches Interessenmanagement. In M. Althaus (Hrsg.), *Kampagne! Neue Strategien für Wahlkampf, PR und Lobbying* (S. 215-225). Münster: Lit-Verlag.

Köppl , P. (2003a, Februar/März) Kein Platz für Amateure. *Politik & Kommunikation*, 28-29.

Köppl, P. (2003b). *Power Lobbying. Das Praxishandbuch der Public Affairs. Wie professionelles Lobbying die Unternehmenserfolge absichert und steigert*. Wien: Linde.

Köppl, P. & Neureiter, M. (2004). *Corporate Social Responsibility. Leitlinien und Konzepte im Management der gesellschaftlichen Verantwortung von Unternehmen*. Wien: Linde.

Leif, T. & Speth, R. (2004). *Die stille Macht*. Wiesbaden: Westdeutscher Verlag.

Liebl, F. (2000). *Der Schock des Neuen. Entstehung und Management von Issues und Trends*. München: Gerling.

Mack, C. S. (1989). *Lobbying and Government Relations. A Guide for Executives*. New York, London: Quorum Books.

Mazey, S. & Richardson, J. (1993). *Lobbying in the European Community* (Nuffield European Studies). Oxford: Oxford University Press.

Merkle, H. (2003). *Lobbying. Das Praxishandbuch für Unternehmen.* Darmstadt: Primus.

Michalowitz, I. (2005). *EU Lobbying - Principals, Agents and Targets. Strategic interest intermediation in EU policy-making. Public Affairs und Politikberatung* (Band 4). Münster: Lit-Verlag.

Milbrath, L. W. (1960). Lobbying as a Communication Process. *Public Opinion Quarterly, 24,* 32-53.

Ökonomisches Lexikon. Band 2 L-Z. (1967). Ost-Berlin: Die Wirtschaft.

Ornstein, N. J. & Elder, S. (1978). *Interest Groups, Lobbying and Policymaking.* Washington, DC: Congressional Quaterly Press.

Post, J. E., Lawrence, A. T. & Weber, J. (1999). *Business and Society. Corporate Strategy, Public Policy, Ethics* (Ninth Edition). New York: McGraw-Hill.

Public Affairs (1991). Tampere: CERP (European Public Relations Confederation).

Simmert, C. & Engels, V. (2002). *Die Lobby regiert das Land.* Berlin: Argon.

Spencer, T. (Hrsg) (2005). *Everything Flows. Essays on Public Affairs and Change.* Brussels: Landmarks.

Stempkowski, R., Jodl, H. G. & Kovar, A. (2003). *Handbuch Projektmarketing im Bauwesen. Strategisches Umfeldmanagement zur Realisierung von Bauprojekten.* Wien: Manz.

Stöhlker, K. J. (2001). *Wer richtig kommuniziert wird reich. PR als Schlüssel zum Erfolg.* Wien, Frankfurt am Main: Ueberreuter.

Strauch, M. (1993). *Lobbying. Wirtschaft und Politik im Wechselspiel.* Wiesbaden: Gabler.

Van Schendelen, R. (1993). *National Public and Private Lobbying.* Aldershot: Dartmouth Publishing.

Van Schendelen, R. (2002). *Machiavelli in Brussels. The Art of Lobbying the EU.* Amsterdam: Amsterdam University Press.

Walker, S. F. & Marr, J. W. (2001). *Erfolgsfaktor Stakeholder. Wie Mitarbeiter, Geschäftspartner und Öffentlichkeit zu dauerhaftem Unternehmenswachstum beitragen.* München: Redline Wirtschaft, Moderne Industrie.

Watkins, M. D. & Bazerman, M. H. (2003, March). *Predictable Surprises. The Disasters You Should Have Seen Coming. Harvard Business Review, 81* (3), 72-80.

Winter, M. & Steger, U. (1998). *Managing Outside Pressure. Strategies for Preventing Corporate Disasters.* Chichester: John Wiley & Sons.

Sabine Einwiller, Franz Klöfer und Ulrich Nies

Mitarbeiterkommunikation

1 Grundlagen der Mitarbeiterkommunikation

1.1 Definition und Erscheinungsformen

Für die innerbetriebliche Kommunikation existieren in der Literatur eine Reihe verschiedener Begriffe: Interne (Unternehmens-)Kommunikation, interne Public Relations, Mitarbeiterinformation oder Mitarbeiterkommunikation, um nur die gängigsten zu nennen. Nicht selten wird die innerbetriebliche Kommunikation im Sinne einer einseitigen Top-Down-Information missverstanden, bei der die Sichtweise des Mitarbeiters und das Prinzip der Wechselseitigkeit im Kommunikationsprozess leicht übersehen werden. Da der Begriff der Mitarbeiterkommunikation sowohl die Involvierung der Mitarbeiter als auch das Prinzip der Wechselseitigkeit am besten ausdrückt, soll hier dieser Begriff Verwendung finden. Die Bezeichnung Interne Kommunikation wird zudem für die organisatorische Einheit im Unternehmen verwendet, die für die Mitarbeiterkommunikation verantwortlich ist.

Der Begriff der Mitarbeiterinformation ist von dem der Mitarbeiterkommunikation abzugrenzen. Die Information ist nur ein Teil im gesamten Kommunikationsgeschehen und hat vor allem die Aufgabe, Aufmerksamkeit zu wecken, den Prozess einzuleiten und „ein für bestimmte Personen zweckorientiertes und/oder neuartiges Wissen" (Hill, Fehlbaum & Ulrich, 1989, S. 137) zu vermitteln. Die Mitarbeiterkommunikation will jedoch mehr als nur informieren. Im Sinne einer wechselseitigen Einflussausübung bezieht die Kommunikation die Sichtweisen und die aktive Teilnahme aller Beteiligten auf allen Hierarchiestufen, in allen Funktionen und an allen Standorten mit ein. Die Mitarbeiterkommunikation umfasst demnach alle kommunikativen und informativen Vorgänge, die zwischen den Mitgliedern eines Unternehmens oder einer Organisation ablaufen.

Die Mitarbeiterkommunikation dient dazu, die Verbindung zwischen den im arbeitsteiligen System agierenden Personen herzustellen und ermöglicht somit deren Interaktion. Sie steuert das Netz ineinander greifender Verhaltensaktivitäten der einzelnen Akteure (Winterstein, 1996, S. 8). Zu den Akteuren oder Zielgruppen der internen Kommunikation gehören neben den aktuellen Mitarbeitern ebenfalls deren Angehörige sowie die ehemaligen Mitarbeiter. Als zentrale Funktionen der Kommunikation in Arbeitsorganisationen nennt Wiswede (1981, S. 227):

1. Orientierung und Information,

2. Anordnung und Anweisung sowie

3. Koordination der verschiedenen Aktivitäten.

Die Kommunikationsflüsse können hierbei verschiedene Richtungen annehmen (vgl. z.B. Katz & Kahn, 1966; Wiswede, 1981, S. 227):

- Abwärtskommunikation: Informationsfluss von oben nach unten (Informationskaskade); beinhaltet Informationen über Aufgaben, Maßnahmen, Praktiken, Bewertung von Leistungen, Übermittlung von Zielvorstellungen, etc.

- Aufwärtskommunikation: Kommunikationsabläufe von Mitarbeitern zu Vorgesetzten, von der Belegschaft zum Management; beinhaltet Informationen über betriebliche Vorgänge, Probleme, Vorschläge, Gefühle, Erfahrungen, etc.

- Horizontalkommunikation: Kommunikation zwischen Personen einer Hierarchieebene im Sinne einer „Gangplank" oder Brücke (vgl. Fayol, 1949) und zwischen Personen auf verschiedenen Ebenen ohne Weisungscharakter; dient vor allem der Koordination von Aufgaben sowie der sozio-emotionalen Unterstützung der Mitglieder

Die Kommunikationsinstrumente der Abwärtskommunikation sind in Unternehmen in der Regel am besten institutionalisiert. Dies spiegelt die häufig noch verbreitete Wahrnehmung der internen Kommunikation als Prozess der Information von Hierarchieniedrigeren durch Hierarchiehöhere und die Unternehmensleitung wider. Der Gedanke des gezielten Flusses von ausgewählter und speziell gefilterter Information, die die Untergebenen absorbieren und möglichst nicht hinterfragen sollen, liegt dem zugrunde. In modernen Unternehmen, in denen die Mitarbeiter als aktiv mitgestaltender Teil des Wertschöpfungsprozesses betrachtet werden, deren Einflussnahme als wertvoll erkannt wird, nehmen die Instrumente zur Unterstützung der Horizontal- und Aufwärtskommunikation eine immer wichtigere Stellung ein. Die Kommunikationsprozesse und -inhalte basieren hier auf Respekt, Würde, Vertrauen und gegenseitiger Einflussnahme (vgl. Harshman & Harshman, 1999, S. 4).

Mitarbeiterkommunikation in erwerbswirtschaftlichen Unternehmen wie auch in Non-Profit-Organisationen ist erfolgsorientiert. Sie ist ein auf Erfolg ausgerichteter gegenseitiger Beeinflussungsprozess, bei dem die Mitarbeiter eine aktive Rolle spielen. Die Mitarbeiterkommunikation ist als Teil eines ganzheitlichen Kommunikationsmanagements zu verstehen, d.h. der strategisch geplanten und organisierten übergeordneten kommunikativen Tätigkeit zwischen Organisationen und ihren internen und externen Zielgruppen (vgl. Bentele & Will, dieser Band). Um ein konsistentes Erscheinungsbild über das Unternehmen zu erzeugen und mit einer Stimme nach innen und außen zu sprechen ist von entscheidender Bedeutung, dass die Mitarbeiterkommunikation mit der externen Kommunikation integriert geplant und durchgeführt wird (vgl. Bruhn, dieser Band).

Mitarbeiterkommunikation umfasst alle kommunikativen und informativen Vorgänge, die zwischen den Mitgliedern eines Unternehmens oder einer Organisation ablaufen. Sie ist als integrativer Teil eines ganzheitlichen Kommunikationsmanagements zielgerichtet und erfolgsorientiert.

1.2 Bedeutung der Mitarbeiterkommunikation

Die Mitarbeiterkommunikation hat an Bedeutung stark zugenommen. Belegt wird dies durch eine Befragung von Booz Allen Hamilton und Peakom, die im Oktober 2003 unter 300 börsenkotierten Unternehmen in Deutschland durchgeführt wurde. Auf die Frage nach der Bedeutungsentwicklung der verschiedenen Kommunikationsbereiche im Unternehmen belegte die Mitarbeiterkommunikation den dritten Rang. Nur dem Internet und der Medienarbeit wurde ein stärkerer Bedeutungsanstieg attestiert. Die Ergebnisse der Befragung sind in Abbildung 1-1 dargestellt.

Abbildung 1-1:   *Bedeutungsentwicklung von Kommunikationsfeldern (vgl. Bernnat &*
                     Groß, 2003, S. 14)

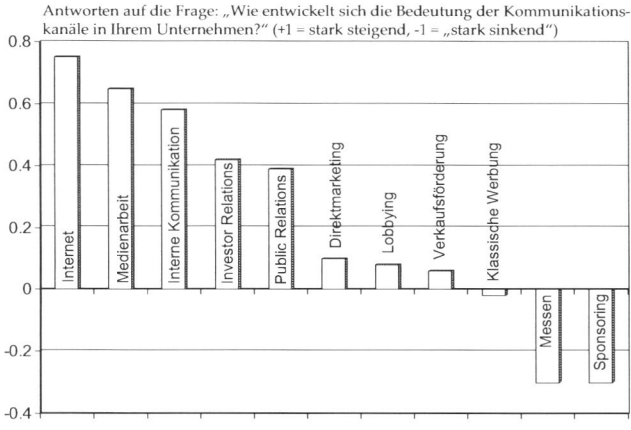

1.2.1 Mitarbeiterkommunikation und Führung

Das Kommunikationsgeschehen ist ein wesentlicher Bestandteil der Mitarbeiterführung und nimmt hierfür eine herausragende Stellung ein. Führungsstil und Kommunikationsstil, als zwei Seiten derselben Medaille, entscheiden gemeinsam über Erfolg oder Misserfolg von Führungsmaßnahmen und somit über den Unternehmenserfolg. Dabei ist das Klima einer kooperativen Führung für den Erfolg der Kommunikation besonders förderlich. Nach Wunderer (1995) ist kooperative Führung die

> *„zielorientierte Einflussnahme zur Erfüllung gemeinsamer Aufgaben in/mit einer strukturierten Arbeitssituation unter wechselseitiger, tendenziell symmetrischer Einflussausübung und konsensfähiger Gestaltung der Arbeits- und Sozialbeziehungen"* (S. 1372).

Die in den Wirtschaftswissenschaften einst übliche Unterteilung des Faktors menschliche Arbeit in leitende und ausführende Tätigkeiten ist heute fließend oder gar aufgehoben worden. Die dem zugrunde liegende Unterteilung in Angestellte und Arbeiter kam inzwischen schon rein rechtlich zu einer Gleichstellung der beiden Gruppen, nachdem im Betriebsalltag der Anteil der Angestellten, denen oft allein leitende Tätigkeiten zugerechnet wurden, stetig gewachsen war.

> *„Populäre Konzepte wie die ‚teilautonomen Arbeitsgruppen' der 70er Jahre oder das ‚Lean Management' der 90er Jahre zeigen, dass steuernde und ausführende Tätigkeiten heute in einem dezentralen, aber ganzheitlichen Aufgabenvollzug verschmelzen, … dass aber im Grundsatz alle Mitarbeiter aufgefordert sind, (selbst)steuernd tätig zu werden"* (Zerfaß, 1996, S. 243f.).

Mitarbeiter, die sich selbst als Teilnehmer im Entscheidungs- und Kommunikationsprozess erkennen, interessieren sich nicht nur für ihren konkreten Arbeitsplatz hier und jetzt. Sie denken auch langfristig an weitere Perspektiven des Unternehmens und ihres Arbeitsplatzes und bringen sich und ihre Ideen in die Entscheidungsfindung der Organisation ein. Sie übernehmen so Mitverantwortung für das Unternehmen. Grundlegend hierfür ist das Wissen über Aufgaben, Ziele und betriebliche Zusammenhänge, welches durch Kommunikation geschaffen wird. Dabei findet die Kommunikation nicht nur auf formale Weise durch die Unternehmensleitung initiiert und gesteuert statt, sondern die Mitarbeiter übernehmen eine aktive Rolle im Kommunikationsprozess. Dies ist entscheidend dafür, dass sich ein Mitarbeiter als selbständig denkende und handelnde Person in die Zielsetzung, die konkrete Aufgabenstellung und in gewissem Umfang auch in die Kontrolle ihrer Arbeit einbringt, dass sie informiert, motiviert und aktiviert ist.

1.2.2 Ziele der Mitarbeiterkommunikation

Die Unternehmensleitung allein schafft es heute nicht mehr, das Unternehmen in einer dynamischen, auf Veränderungen eingestellten Weltwirtschaft lebensfähig zu erhalten. Alle sind aufgefordert aktiv mitzugestalten. Hierfür werden informierte, motivierte und mitdenkende Menschen benötigt, die auch disponierende, gestaltende und kontrollierende Funktionen übernehmen. Um die Mitarbeiter entsprechend zu motivieren und zu aktivieren, spielt die Mitarbeiterkommunikation eine wichtige Rolle.

Die Ziele, die mit der Mitarbeiterkommunikation erreicht werden sollen, leiten sich aus den Zielen der Unternehmenskommunikation ab. Der Auftrag der Unternehmenskommunikation wiederum lautet „einen substanziellen Beitrag zur Umsetzung von Vision, Mission, Zielen und Strategien im Unternehmen zu leisten" (Schick, 2002, S. 11). Im Folgenden werden die zentralen Ziele dargestellt, die mithilfe der Mitarbeiterkommunikation angestrebt werden:

Koordination und Austausch: Die Mitarbeiterkommunikation ist für das Funktionieren der Koordinationsprozesse im Unternehmen von herausragender Bedeutung. Sie verkörpert den Mechanismus, dessen sich Unternehmen bedienen, um Anweisungen zu geben, Abstimmungsprozesse zu lenken, Informationen auszutauschen und somit den reibungslosen betrieblichen Ablauf zu fördern. Der Nutzen effizienter Kommunikationsabläufe besteht dabei vor allem in einer beschleunigten Informationsverarbeitung und Entscheidungsfindung sowie einer schnelleren und reibungsloseren Umsetzung von Projekten.

Unternehmenskultur: Hierunter versteht man „a system of shared values and beliefs that produces norms of behavior and establishes an organizational way of life" (Koberg & Chusmir, 1987, S. 397). Der Mitarbeiterkommunikation kommt eine bedeutende Rolle zu, dieses System geteilter Werte und Ansichten zu schaffen. Unternehmen in denen Werte wie Tradition, Erfahrung, Kreativität, Selbstverwirklichung oder Herausforderung gross geschrieben und gelebt werden, haben eine höhere Wahrscheinlichkeit auf Erfolg, wie eine empirische Untersuchung unter deutschen und schweizerischen Firmen ergab (vgl. Herrmann, Schönborn & Peetz, 2004). Die Unternehmenskultur hat aber nicht nur eine starke Wirkung innerhalb des Unternehmens, indem sie eine gemeinsame Arbeits- und Umgangsbasis schafft und somit den „glue that holds excellent organizations together" (Sriramesh, Grunig & Buffington, 1992, S. 577) bildet. Sie ist ebenfalls wichtig für die Darstellung des Unternehmens nach aussen. Eine starke und distinkte Kultur verleiht dem Unternehmen ein Seele und ein Gesicht.

Identifikation: Die Mitarbeiterkommunikation fördert das Miteinander und kann somit zur Entstehung eines Wir-Gefühls beitragen. Des Weiteren hilft ein hoher Informiertheitsgrad über Ziele, Entwicklungen und Aktivitäten des Unternehmens, den Mitarbeitern, die Charakteristika zu erkennen, die ihr Unternehmen von anderen unterscheidet und es besonders machen (Dutton, Dukerich & Harquail, 1994). Dies führt zu einer Erhöhung der Identifikation mit dem Unternehmen. Identifikation wird definiert als die Wahrnehmung der Einheit mit dem Unternehmen (Ashforth & Mael, 1989). Die emotionale Komponente des Stolzes, ein Teil des Unternehmens zu sein, spielt hierbei ebenfalls eine bedeutende Rolle. Smidts und Kollegen (Smidts, Pruyn & van Riel, 2001) zeigten, dass das Kommunikationsklima einen stärkeren Einfluss auf die Identifikation ausübt als der Kommunikationsinhalt. Dieser Effekt wird dadurch erklärt, dass ein offenes Kommunikationsklima, in dem Partizipation erwünscht und gefördert wird, das Gefühl der Einheit mit dem Unternehmen stärkt.

Motivation und Engagement: Eine offene Kommunikation, die den Mitarbeitern zu spüren gibt, dass sie als aktiver und wichtiger Teil des Wertschöpfungsprozesses wahrgenommen werden, fördert die Motivation und das Engagement, sich für das Unternehmen und die Aufgabenbewältigung besonders zu engagieren. Ein Mangel an Information und Kommunikation auf der anderen Seite bewirkt Demotivation und Frustration. Daneben bietet die Mitarbeiterkommunikation die Chance, in der Belegschaft das Ausbreiten lähmender Einstellungen zur Arbeit allgemein und zum eigenen Arbeitsplatz zu verhindern. Das sind vor allem eine innere Kündigung, eine Interesselosigkeit an der Arbeit und am Unternehmen oder ein Dienst nach Vorschrift.

Loyalität: Ein weiteres Ziel der Mitarbeiterkommunikation liegt darin, die Loyalität der Mitarbeiter zu erhöhen. Mit dem Einwirken der Mitarbeiterkommunikation auf die Unternehmenskultur und Identifikation erhöht sich die Wahrscheinlichkeit, dass ebenfalls die Loyalität zum Unternehmen steigt. Loyale Mitarbeiter stehen zu ihrem Unternehmen auch in schwierigen Zeiten und suchen nicht gleich eine andere Stelle, wenn die Arbeitssituation einmal suboptimal ist. Identifikation als wahrgenommene Einheit mit dem Unternehmen führt dazu, dass sich das Individuum für das Unternehmensgeschehen mitverantwortlich fühlt. Gerät das Unternehmen beispielsweise ins Kreuzfeuer der Kritik, wird das dann beinahe wie ein Angriff auf die eigene Person wahrgenommen.

Reputation: Die Reputation, definiert als „a collective representation of a firm's past actions and results that describes the firm's ability to deliver valued outcomes to multiple stakeholders" (Fombrun & Rindova, 1996, zit. nach Fombrun & van Riel, 1997, S. 10), ist eine Größe, die sowohl bei Mitarbeitern als auch bei externen Anspruchsgruppen mehr oder weniger positiv verankert ist. Wenn das Unternehmen in den Augen der Mitarbeiter eine positive Reputation hat, kann dieser Funke leicht nach außen zu den externen Anspruchsgruppen des Unternehmens überspringen, denn die Mitarbeiter sind die besten und glaubwürdigsten Botschafter des Unternehmens (vgl. Nies, 2002, S. 346). Wenn diese eine positive Wahrnehmung vom Unternehmen haben, sich mit diesem identifizieren, dessen Werte leben und über die Unternehmensstrategie, -ziele und -aktivitäten gut informiert sind, können sie eine beachtliche Außenwirkung entfalten. Der Effekt wirkt aber auch in die andere Richtung. Es konnte gezeigt werden, dass die Reputation, die das Unternehmen bei externen Anspruchsgruppen genießt, einen positiven Einfluss auf die Identifikation der Mitarbeiter mit ihrem Unternehmen ausübt (Smidts et al., 2001).

1.2.3 Kommunikationsgrundsätze und Kommunikationsklima

Grundsätze oder gar ausformulierte *Richtlinien* für die Mitarbeiterkommunikation können die Kommunikationsprozesse und das konkrete Kommunikationsgeschehen wesentlich prägen. Diese Kommunikationsgrundsätze beziehen sich darauf, wie die Prozesse der Kommunikation idealerweise ablaufen. Das folgende Beispiel der Kommunikationsgrundsätze eines europäischen Unternehmens stellt dar, welche Gesichtspunkte ein Unternehmen in seinen Kommunikationsgrundsätzen aufnehmen kann (Klöfer, 2002, S. 40f.):

- Zuhören als Grundvoraussetzung für erfolgreiche Kommunikation

- Offenheit als wesentliches Element echter Kommunikation

- Innovation, Kreativität und Risikobereitschaft als Spiegel unserer Unternehmenskultur

- Dialog als bevorzugte Form der Kommunikation

- Persönliche Verantwortung für Inhalt und Rechtzeitigkeit jeglicher Informationen

- Verschiedene Meinungen suchen und respektieren

- Berücksichtigung kultureller Unterschiede

- Grenzen der Kommunikation erklären, wenn vollständige Berichterstattung nicht möglich ist

- Respekt vor dem Individuum, auch im Falle unterschiedlicher Anschauungen und Standpunkte

- Entscheidungskonflikte ausloten und mit bestmöglichem und zeitgemäßem Kommunikationsverhalten aufzeigen

Kommunikationsgrundsätze und -richtlinien sind keine Allheilmittel, aber sie bieten Anhaltspunkte und Impulse für eine gute Mitarbeiterkommunikation. Sie müssen durch Vorbilder der obersten Führungsebene und durch Schulungen der Beteiligten bewusst gemacht werden bis sie im Betriebsalltag selbstverständlich umgesetzt werden. Das Einhalten oder Nicht-Einhalten derartiger Grundsätze beeinflusst das Kommunikationsklima, das in einem Unternehmen herrscht.

Das *Kommunikationsklima* ist eine Facette des allgemeinen psychologischen Klimas im Unternehmen, d.h. der psychologischen Bedeutung des Arbeitsumfeldes für den Mitarbeiter (vgl. Jones & James, 1979). Gemäß Jones und James bezieht sich das Kommunikationsklima speziell auf die kommunikativen Elemente des Arbeitsumfeldes, wie zum Beispiel die Zugänglichkeit des Managements in der Mitarbeiterkommunikation oder die Glaubwürdigkeit von Informationen, die im Unternehmen kommuniziert werden. Bedeutende Dimensionen des Kommunikationsklimas sind Offenheit und

Aufrichtigkeit in der Kommunikation, wahrgenommene Partizipation im Entscheidungsprozess (das Gefühl, eine Stimme im Unternehmen zu haben) sowie das Gefühl, ernst genommen zu werden (vgl. z.B. Guzley, 1992). Eine Studie von Smidts et al. (2001) belegt, dass ein positives Kommunikationsklima die Identifikation von Mitarbeitern mit dem Unternehmen erhöht. Sie spielt außerdem eine vermittelnde Rolle für die Beziehung zwischen Inhalt und Identifikation. Wenn beispielsweise wichtige Inhalte über Unternehmensziele und betriebliche Prozesse nicht kommuniziert werden, schlägt sich dies auf das Klima nieder, was wiederum einen negativen Einfluss auf die Identifikation hat.

Die Bedeutung der Zweiseitigkeit der Kommunikation, im Rahmen derer sich alle am Kommunikationsprozess Beteiligten einbringen können und ernst genommen werden, wird von Grunig und Kollegen besonders hervorgehoben (z.B. Grunig & Hunt, 1984; Grunig, Grunig & Dozier, 2002). Die Forscher argumentieren, dass diese Art der Kommunikation im Gegensatz zur einseitigen Abwärtskommunikation die Wahrscheinlichkeit erhöht, dass Mitarbeiter mit ihrer Arbeit und dem Unternehmen als Ganzem zufrieden sind. Dies wiederum fördert die Loyalität und Identifikation (vgl. Grunig, Grunig & Dozier, 2002, S. 481). Je höher die persönliche Betroffenheit der Mitarbeiter von einem Thema desto größer ist auch die Notwendigkeit, die Thematik im zweiseitigen und direkten persönlichen Kontakt, bis hin zum Vier-Augen-Gespräch zwischen Vorgesetztem und Mitarbeitern, zu kommunizieren (vgl. Bruhn, 1997, S. 926).

1.3 Organisation der Internen Kommunikation

1.3.1 Organisatorische Eingliederung

Ein Ressort Mitarbeiterkommunikation ist in größeren Unternehmen und Non-Profit-Organisationen allgemein üblich. Dabei ist interne Kommunikation als Aufgabe höher als nur in einer organisatorischen Einheit anzusiedeln. Sie ist integraler Bestandteil der Unternehmensführung und deshalb eine zentrale Funktion, die nicht - wie eine wenig geliebte Aufgabe - einfach nach unten in eine gesonderte Abteilung voll verantwortlich abgeschoben werden kann. Es ist die originäre Aufgabe des Vorstandes zu führen und folglich mit den Mitarbeitern zu kommunizieren. Kommunikationsfachleute und Führungskräfte stehen ihnen dabei zur Seite. Nur mit dieser Prämisse kann hier über eine organisatorische Eingliederung gesprochen werden.

Bei der organisatorischen Zuordnung der Funktion Mitarbeiterkommunikation war einst die Angliederung an das Personal- und Sozialressort üblich, zumal die Mitarbeiterzeitschrift als Kommunikationsmedium oft buchungstechnisch als Sozialmaßnahme betrachtet wurde. Eine Befragung unter Unternehmen in den USA, die Ende der 90er

Jahre durchgeführt wurde, ergab, dass 80% der US-amerikanischen Grossunternehmen die Verantwortung für Mitarbeiterkommunikation in der Abteilung für Unternehmenskommunikation ansiedelten (vgl. Argenti, 1998, S. 201). Es ist zu vermuten, dass dieser Prozentsatz bis heute weiter angestiegen ist. Dies zeigt, dass Unternehmen heute realisieren, dass die internen den externen Zielgruppen in ihren Ansprüchen an eine professionelle Kommunikation in keiner Weise nachstehen.

Für die Sicherstellung einer integrierten Unternehmenskommunikation ist dieser organisatorische Zusammenschluss von externer und interner Kommunikation besonders wichtig. Koordinationsprozesse für die zeitliche und inhaltliche Integration der externen und der Mitarbeiterkommunikation werden hierdurch deutlich erleichtert. Inkonsistenzen im Inhalt, die die Vertrauensbasis stark erschüttern können (vgl. Bentele, 1994), und Fehler im Zeitmanagement, dass die Mitarbeiter wichtige Informationen über die Publikumspresse erfahren, können so eher verhindert werden. Die Mitarbeiterkommunikation ist außerdem eng mit der Personalabteilung zu verlinken, da bestimmte Aufgaben, wie beispielsweise Schulungen zur Kommunikationskompetenz (siehe 1.3.3), besser durch die Personalabteilung organisiert werden. Mithilfe so genannter cross-funktionaler Teams (vgl. auch Bruhn, 6.3.3 in diesem Band) können Projekte, in denen sinnvollerweise beide Kompetenzbereiche involviert sind, bearbeitet werden. Abteilungsübergreifende Teamarbeit ist für ein integriertes Kommunikationsmanagement von großer Bedeutung (vgl. Einwiller & Will, 2002, S. 107).

Eine Einheit Interne Kommunikation als Teil der Unternehmenskommunikation ist zunächst jedoch nur eine Voraussetzung für das Gelingen der Kommunikation. Sie stellt sicher, dass Prozesse implementiert, Instrumente eingeführt, Beratungsstellen installiert und Kommunikationsfachleute angestellt werden. Welche konkreten Stellen oder Instrumente in einem bestimmten Unternehmen oder Betrieb angemessen sind, kann sich von Unternehmen zu Unternehmen unterscheiden. Ein landesweit oder gar weltweit operierendes Unternehmen benötigt andere Strukturen und Einrichtungen als eines, dessen Mitarbeiter alle zentral am Unternehmenssitz arbeiten. Auch die Struktur einer Belegschaft nach Alter, Geschlecht, Bildungsniveau, nationaler oder religiöser Prägung setzt Fakten, die dabei zu berücksichtigen sind.

1.3.2 Kompetenz- und Beratungsfeld Mitarbeiterkommunikation

Schon seit längerer Zeit werden Journalisten als Redakteure der Mitarbeiterzeitschrift in die Unternehmen geholt. Vor allem diese haben nach und nach innerbetriebliche Kommunikationsfunktionen übernommen. Sie brachten bereits gute Kontakte zur Belegschaft mit und waren oft Brückenbauer zwischen der Unternehmensleitung und den Mitarbeitern. Sie konnten deshalb bei Bedarf Aufgaben der Mitarbeiterkommunikation übernehmen. Mittlerweile ist es selbstverständlich, dass die Mitarbeiterkommunikation in den Händen von Fachleuten liegt. Bis heute gibt es allerdings dafür noch kein anerkanntes Berufsbild. Einige Unternehmen helfen sich mit Volontariatsstellen für Redakteure und Absolventen kommunikationswissenschaftlicher Studiengänge. Die Professionalisierung kommt der Mitarbeiterkommunikation in den Unternehmen sehr zugute. Gleichzeitig sind vereinsmäßige Zusammenschlüsse der Fachleute zu beobachten, anfangs als „Werksredakteure", heute in Verbänden der Pressesprecher oder PR-Fachleute. Die Verbände leisten auch wertvolle Dienste in der beruflichen Weiterbildung zum Aufgabenfeld.

In vielen betrieblichen Bereichen werden Berater von außen hinzugezogen. Es sind nicht nur die kleineren Unternehmen, die sich solcher Hilfen von außen bedienen. Auch Großunternehmen ziehen Berater für spezielle oder neue Fragestellungen hinzu. Das gilt besonders dann für die Mitarbeiterkommunikation, wenn es etwa um Aufbau oder Pflege von Instrumenten wie Intranet und Printmedien geht, aber auch zur Gestaltung von internen Veranstaltungen. Die endgültige Entscheidung und die Durchführung bleiben aber grundsätzlich beim Unternehmen. Der Zusatzauftrag, eine konkrete Maßnahme auch durchzuführen, ist eher die Ausnahme. Mitarbeiterkommunikation als Instrument der Führung lässt sich nicht nach außen delegieren, sie muss im Unternehmen stattfinden, wenn auch mit methodischer Unterstützung von außen.

Auch zur Diskussion von Grundsatzfragen sind Externe sehr gefragt. Sie sind nicht betriebsblind und können ohne Rücksichtnahme auf Personen oder alteingeführte Methoden an die Aufgaben herangehen, etwa bei Überlegungen um Stellenwert oder gar Existenzberechtigung von Printmedien im Zeitalter der Elektronik, bei der Schulung der Führungskräfte, bei der Erarbeitung von betrieblichen Kommunikationsrichtlinien oder bei der Aufgabenzuordnung innerhalb der Internen Kommunikation.

1.3.3 Rolle der Führungskräfte

Zunächst sind alle Personen mit Personalverantwortung und/oder mit Führungsfunktionen in der Pflicht Mitarbeiterkommunikation zu betreiben. Führungskräfte haben schon qua Definition ihrer Aufgabe die Pflicht, zu führen und in einem kommunikativen Prozess auf ihre Mitarbeiter Einfluss zu nehmen. Hierzu gehört, die für die tägliche Aufgabenerfüllung erforderlichen Informationen rechtzeitig und vollständig weiterzugeben. Zusätzlich benötigen die Mitarbeiter Hintergrundinformationen und Möglichkeiten des Gedankenaustausches zu diesen Themen. Information wird jedoch nicht selten als Herrschaftswissen betrachtet, das manche Führungskraft ungern mit ihren Mitarbeitern teilt. Auch die Diskussion wird bisweilen als beschwerlich angesehen, und vielen Führungskräften fällt es nicht leicht zu akzeptieren, dass Unterstellte oder Jüngere möglicherweise bessere Ideen einbringen als sie selbst. Dennoch kann das System der Unternehmung nur dann angemessen funktionieren, wenn das Management seine Führungs- und Kommunikationsaufgaben ernst nimmt. Hierüber sollte die oberste Führungsebene wachen und selbst mit gutem Beispiel vorangehen. (Klöfer, 2002, S. 65)

Wenn Kommunikation als ein gegenseitiger Beeinflussungsprozess verstanden wird, kommen neben den Führungskräften zudem alle Mitarbeiter ohne Führungsfunktion als Träger der Kommunikation hinzu. Um die Qualität der Mitarbeiterkommunikation auf der Individual- und Gruppenebene zu sichern, gilt es, bei allen involvierten Personen die kommunikative Kompetenz durch Schulungen zu verbessern. Jablin und Kollegen (Jablin et al., 1994) definieren Kommunikationskompetenz als „the set of abilities … which a communicator has available for use in the communication process" (S. 125). Da Führungskräfte häufig aufgrund ihrer Fachkompetenz eingesetzt werden und nicht zwangsläufig eine entwickelte Führungs- und Kommunikationskompetenz mitbringen, sind Schulungen für Manager wichtig. Des Weiteren ist es die Aufgabe der Mitarbeiterkommunikation, die Führungskräfte bei ihren Kommunikationsaufgaben zu coachen. Grundsätzlich gilt aber, dass bei allen am Kommunikationsprozess Beteiligten die Förderung der Kommunikationskompetenz und Teamfähigkeit sinnvoll ist.

2 Planungsprozess Mitarbeiterkommunikation

Um die in Abschnitt 1.2.2 dargestellten zentralen übergeordneten Ziele der Mitarbeiterkommunikation zu erreichen, ist eine systematische Planung der Kommunikationsstrategie notwendig. Somit kann zum einen sichergestellt werden, dass die Mitarbeiterkommunikation in die Gesamtkommunikation des Unternehmens integriert ist und zum anderen, dass die in diesem Zusammenhang definierten Teilziele überprüft werden können. Denn nur wenn Ziele in messbarer Art und Weise formuliert werden, kann später überprüft werden, ob und inwieweit die Zielerreichung gelungen ist.

Die Verantwortlichen für die Mitarbeiterkommunikation, die idealerweise auch in den Prozess der integrierten Kommunikationsplanung für das Gesamtunternehmen involviert sind (vgl. Bruhn, 4.3 in diesem Band), planen von dieser Gesamtstrategie ausgehend die Kommunikationsstrategie für ihren internen Bereich. Der Planungsprozess der Mitarbeiterkommunikation umfasst die folgenden vier Phasen, wobei die Phasen nicht strikt nacheinander sondern iterativ ablaufen: Situationsanalyse, Differenzierung der Zielgruppen, Festlegen der Ziele und Themen, Planung der Instrumente und Integration. Am Ende des Planungsprozesses schließt sich die Erfolgskontrolle an, deren Ergebnisse wiederum in die Situationsanalyse einfließen.

2.1   Situationsanalyse

In einem ersten Schritt gilt es zu analysieren, wie die Ausgangssituation beschaffen ist, welche Rahmenbedingungen vorherrschen und auf welchen Nährboden die Maßnahmen der Mitarbeiterkommunikation fallen. Wurde noch nie eine Situationsanalyse durchgeführt, muss diese beim ersten Mal entsprechend detailliert ausfallen. Später wird in periodischen Abständen überprüft, ob und wenn ja wie sich die Situation verändert hat. Auch fließen Resultate aus der Erfolgskontrolle der Mitarbeiterkommunikation (siehe 2.7), sobald diese vorliegen, in die Analyse ein. Zu folgenden Bereichen sollten im Rahmen der Situationsanalyse Informationen erhoben werden: Unternehmensinterne Strukturen und Prozesse, zur Verfügung stehende Ressourcen und Budgets, eingesetzte Kommunikationsinstrumente und deren Wirkung, Wahrnehmung des Unternehmens durch die Mitarbeiter sowie deren Informations- und Kommunikationsbedürfnisse, Einflussfaktoren aus der externen Umwelt.

Die Informationen zu Strukturen und Prozessen sowie zu eingesetzten Instrumenten können im Rahmen eines Auditverfahrens gesammelt und aufbereitet werden (vgl. z.B. Greenbaum, 1974). Die unternehmensinternen Strukturen wie die Hierarchiestruktur des Unternehmens, die Rollen und Verantwortlichkeiten der Beteiligten sowie auch die Kommunikationsinhalte können durch Beobachtung, Sekundäranalysen und Befragung erhoben werden. Die Auditierung der Prozesse, welche die Analyse der gelebten Kommunikationsgrundsätze (siehe 1.2.3) und weicher Faktoren wie gegenseitiges Vertrauen umfasst, gestaltet sich in der Regel schwieriger. Die Beobachtung und/oder Befragung der Beteiligten ist hierfür die beste Möglichkeit der Datenerhebung. Daneben gilt es zu erfassen, welche personellen, finanziellen und zeitlichen Ressourcen zur Verfügung stehen. Hierdurch ergeben sich möglicherweise Beschränkungen der Möglichkeiten. Wenn zu erkennen ist, dass die Ressourcen nicht ausreichen, muss frühzeitig damit begonnen werden, eine Erweiterung zu erwirken.

Zur Erfassung der Wahrnehmung des Unternehmens durch die Mitarbeiter und deren Bedürfnisse in Bezug auf die Mitarbeiterkommunikation eignet sich das Instrument der Befragung. Hierbei ist darauf zu achten, dass Fragen, mithilfe derer die Reputation des Unternehmens unter den Mitarbeitern erfasst wird, mit denen der externen Reputationsanalyse abgeglichen werden. Dies stellt sicher, dass ein Vergleich zwischen Selbst- und Fremdwahrnehmung angestellt werden kann, der es ermöglicht, Kluften in der Wahrnehmung aufzudecken.

Zu Einflussfaktoren aus der externen Umwelt können im Rahmen der Mitarbeiterbefragung Informationen gesammelt werden, indem beispielsweise danach gefragt wird, aus welchen externen Quellen die Mitarbeiter Informationen über das Unternehmen beziehen. Außerdem sind durch die Fachleute der Internen Kommunikation kontinuierlich Veränderungen in der rechtlich-politischen, der sozio-kulturellen sowie technologischen Umwelt, die einen Einfluss auf die Mitarbeiterkommunikation ausüben können, zu beobachten und zu registrieren.

2.2   Zielgruppendifferenzierung

Zu den Zielgruppen der Mitarbeiterkommunikation gehören alle Mitarbeiter eines Unternehmens. Bei der Mitarbeiterkommunikation ist es nicht wie bei der externen Kommunikation möglich, einige Anspruchsgruppen nicht zu beachten, die als weniger wichtig für das Unternehmen betrachtet werden. Alle im Arbeitsprozess des Unternehmens Mitarbeitenden sind für den Wertschöpfungsprozess wichtig und als aktiver Teil der Mitarbeiterkommunikation zu betrachten. Schick (2002, S. 44f.) macht darauf aufmerksam, dass in Unternehmen zunehmend auch Personen beschäftigt sind, die in keinem arbeitsvertraglichen Verhältnis zum Unternehmen stehen. Auch diese „Mitarbeiter", wie Beschäftigte von Zeitarbeitsfirmen, von Fremdfirmen (z.B. Zulieferer, IT-Servicefirmen) oder freie Mitarbeiter, sind bei der Mitarbeiterkommunikation zu berücksichtigen.

Die Merkmale, hinsichtlich derer die internen Zielgruppen differenziert werden können, sind (vgl. Mast, 2002, S. 276): Führungsfunktion (Unterteilung nach Managementebene, Geschäftsfeld), fachliche Position (z.B. Aussendienstmitarbeiter, Kommunikationsverantwortliche, Ingenieure), Region/Standort (dies betrifft gegebenenfalls auch die Sprache) oder Spezial-/Interessengruppen (z.B. neu eingestellte Mitarbeiter, Nachwuchsführungskräfte, Angehörige).

Bei der Gestaltung der Kommunikationsinstrumente ist dann darauf zu achten, dass die speziellen Bedürfnisse, Interessen und Kompetenzen der jeweiligen Zielgruppe(n) hinsichtlich Inhalten und Art der Kommunikation berücksichtigt werden. Es wird oft davon ausgegangen, dass alle Mitarbeiter lesen und schreiben können. Aber können sie deshalb beispielsweise mit Printmedien gut umgehen? Verstehen sie einfache Texte und Informationen? Können sie auf Fragestellungen sachgerecht antworten? Getrauen sie sich, von sich aus eine arbeitsbezogene Kommunikation mit Hierarchiehöheren zu beginnen? Wer hat Zugang zu einem PC, kann damit umgehen und hat die Übung, Informationen aufzunehmen und weiterzubearbeiten? Die Antworten zu diesen Fragen bedingen adressatengerechte Entscheidungen, wenn es um die Planung von Instrumenten und die Einrichtung der Kommunikationsinfrastruktur geht.

2.3   Festlegen der Ziele

Wie in der Definition von Mitarbeiterkommunikation festgehalten, ist diese zielgerichtet und erfolgsorientiert. Es gilt also, Ziele zu definieren, die schließlich auf ihre erfolgreiche Umsetzung hin überprüft werden können. Vor dem Hintergrund der Situationsanalyse und auf Basis der Ziele der Gesamtunternehmenskommunikation und der zentralen übergeordneten Ziele der Mitarbeiterkommunikation (siehe 1.2.2) werden spezifische und messbare Teilziele formuliert. Dabei kann vor allem die Situationsanalyse aufzeigen, welche Schwachstellen in der Kommunikation verbessert oder welche

Stärken weiter ausgebaut werden müssen. Die Ziele beschreiben die spezifischen Ergebnisse, die mittels Maßnahmen erreicht werden sollen. Sie beschreiben die Konsequenzen auf operativem Niveau. Ziele müssen derart formuliert sein, dass sie messbar, verpflichtend, erreichbar, relevant und zeitlich definiert sind. Broom und Dozier (1990, S. 42ff.) erläutern die Elemente einer guten Zielformulierung:

- Das *Verb* beschreibt das, was mit dem zu definierenden Ergebnis geschehen soll. Es ist ergebnis- und nicht aktivitätsbezogen.

- Das *Ergebnis*, das bei den Zielgruppen erzielt werden soll, bezieht sich insbesondere auf deren Wissen, Einstellungen und Verhalten. Strukturelle Ergebnisse sind so zu formulieren, dass sie sich auf die Wirkung beziehen, die jene bei den Zielgruppen ausüben.

- Die exakte und messbare Definition des *Ergebnis-Niveaus* gibt an, wie groß die zu erzielende Veränderung ist bzw. auf welchem Niveau das Ergebnis beibehalten werden soll.

- Der *Zeitpunkt* gibt an, wann das Ergebnis erreicht werden soll.

> Beispiel für eine Zielformulierung:
>
> „Bis Ende 2007 soll der Prozentsatz der Führungskräfte, die mit ihren Mitarbeitern mindestens zweimal im Monat im Rahmen eines Meetings über die jüngsten Entwicklungen im Unternehmensbereich diskutieren, von heute 40% auf 80% gesteigert werden."

Dieses Beispiel zeigt, dass ein Kommunikationsziel, wenn es konkret formuliert ist, auch gut evaluiert werden kann. Im Rahmen einer Befragung kann das Verhalten der Führungskräfte zum betreffenden Thema aus ihrer eigenen Sicht sowie aus der der Mitarbeiter ermittelt werden. Voraussetzung zur Bestimmung einer Veränderung (hier von 40% auf 80%) ist jedoch, dass eine frühere Messung vorliegt.

2.4 Bestimmung von Inhalten und Themen

Die Interessen und Bedürfnisse hinsichtlich der *Kommunikationsinhalte* der Mitarbeiterkommunikation divergieren in der Regel in Abhängigkeit von der Position, dem Arbeitsbereich und Standort, der Dauer der Unternehmenszugehörigkeit und dem Ausbildungsstand des einzelnen Mitarbeiters. Insgesamt betrachtet ist das Interesse an Informationen über die Sicherheit des eigenen Arbeitsplatzes, die wirtschaftliche Lage des Unternehmens, die finanzielle Entlohnung, die Beschäftigungslage, die Sozialleistungen sowie die Entwicklungen und Planungen des Unternehmens besonders groß (vgl. Klöfer, 1996; Winterstein, 1996). Bruhn (1997, S. 925) systematisiert die potenziellen Informations- und Kommunikationsinhalte auf einem Themenkontinuum mit den Endpunkten „Makrothemen mit indirekt persönlichem Bezug" und „Mikrothemen, die einen direkten persönlichen Bezug aufweisen" (siehe Abb. 2-1).

Abbildung 2-1: *Bezugsrahmen für Inhalte der Mitarbeiterkommunikation (vgl. Bruhn, 1997, S. 925)*

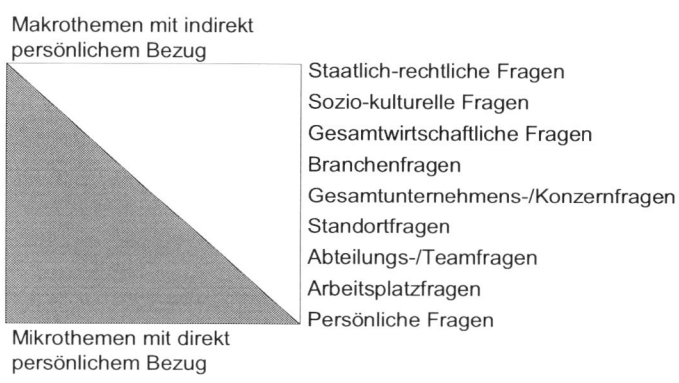

Der Makrokommunikation kommt eine immer größere Bedeutung zu, da externe wie interne Anspruchsgruppen von den Unternehmen zunehmend erwarten, dass sich diese an gesellschaftlich relevanten Diskussionen beteiligen. Die Aufbereitung von Themen der Makroumwelt ist auch dann sinnvoll, wenn die Mitarbeiter von einem Thema betroffen sind oder sein könnten. Dabei handelt es sich zum Beispiel um Themen wie Standortfragen, Flexibilisierung der Arbeit oder Altersvorsorge (Bruhn, 1997, S. 925). Neben diesen Makrothemen sind solche, die das Gesamtunternehmen oder die Branche betreffen von der Mitarbeiterkommunikation in jedem Fall zielgruppengerecht aufzubereiten. Es darf nicht sein, dass die Mitarbeiter hierüber nur durch die Publikumsmedien erfahren. Die frühzeitige Information und Diskussion solcher Themen ist für das Vertrauensverhältnis zwischen Unternehmensleitung und Mitarbeitern entscheidend. Dies gilt vor allem, wenn diese Themen Auswirkungen auf die Arbeitsplatzsituation haben können, was beispielsweise bei Übernahmeverhandlungen oder Standortverlegungen der Fall sein kann. Solche Themen, die die Mitarbeiter persönlich betreffen (Mikrothemen) sind in jedem Fall mit größter Sorgfalt zu behandeln. Wie die Untersuchung von Klöfer (1996) zeigt, interessieren Themen, die Veränderungen der Arbeitsumwelt betreffen, am stärksten.

Die Forderung, ein neues Thema zuerst den Mitarbeitern zu kommunizieren, bevor es nach draußen getragen wird, lässt sich aus rechtlichen Gründen (Insider-Informationen im Aktienrecht) häufig nicht halten. Stattdessen kommt es auf eine

Gleichzeitigkeit an. Die Mitarbeiter sollen in der Lage sein, mit Außenstehenden, Freunden und Bekannten kompetent und überzeugend über angesprochene Veränderungen zu diskutieren. Um dies zu leisten, müssen sie vorher im Unternehmen darüber gesprochen haben. Eine eindirektionale Information reicht daher in der Regel nicht aus.

2.5 Planung der Instrumente

Auf Basis der strategischen Vorarbeiten zur Analyse der Situation, der Definition von Zielgruppen und Zielen sowie der Bestimmung von Themen und Inhalten, kann nun die Ausgestaltung der Instrumente der Mitarbeiterkommunikation in Angriff genommen werden. Dabei ist systematisch und wohlüberlegt zu planen, welche Instrumente für die Zielerreichung und für die Kommunikation bestimmter Themen und Inhalte bei den jeweiligen Zielgruppen am wirkungsvollsten sind. Insbesondere ist auch das Zusammenspiel der verschiedenen Instrumente zu berücksichtigen. Eine gelungene Planung setzt Instrumente so ein, dass sich diese in optimaler Weise ergänzen und ihre gemeinsame Wirkung mehr ergibt als die Summe der jeweiligen Einzelwirkungen (siehe 2.6).

Instrumente können hinsichtlich verschiedener Dimensionen und deren Ausprägungen unterschieden werden (siehe Tab. 2-1).

Tabelle 2-1: *Systematisierung von Instrumenten der Mitarbeiterkommunikation*

Dimension	Ausprägung		
Informationsfluss	abwärts	aufwärts	horizontal
Richtung	einseitig	zweiseitig / dialogisch	
Form	schriftlich (gedruckt)	mündlich	elektronisch
Zielgruppengröße	Einzelperson	Gruppe	Gesamtbelegschaft
Inhalt	Makrothemen-orientiert	Mikrothemen-orientiert	
Formalisierungsgrad	formell	informell	
Zeitlicher Einsatz	einmalig	unregelmäßig	regelmäßig

Die Unterscheidung der Instrumente, die im Folgenden dargestellt werden, erfolgt dahingehend, welche Richtung des Informationsflusses das betreffende Instrument am stärksten unterstützt. Während die Zuordnung bei einigen Instrumenten eindeutig ist (z.B. Mitarbeiterzeitung als Instrument der Abwärtskommunikation) fällt dies bei anderen Instrumenten etwas schwerer (z.B. Intranet unterstützt sowohl Abwärts-Aufwärts- als auch horizontale Kommunikation). Die Zuordnung ist daher als flexibel zu betrachten. Auch ist anzumerken, dass eine vollständige Beschreibung aller möglichen Instrumente der Mitarbeiterkommunikation in diesem Rahmen nicht möglich ist.

2.5.1 Instrumente der Abwärtskommunikation

Typische Instrumente der Abwärtskommunikation sind vor allem die so genannten Verteilmedien. Sie dienen der Distribution von Informationen an ein möglichst grosses Publikum. Die Möglichkeiten zum Feedback sind hier limitiert. In einer Untersuchung von Meier (2002) zum Stand der Mitarbeiterkommunikation in internationalen Grossunternehmen zeigt sich, dass Instrumente der Abwärtskommunikation in den untersuchten Unternehmen am häufigsten eingesetzt werden.

2.5.1.1 Mitarbeiterzeitung

Die Mitarbeiterzeitung oder -zeitschrift mit ihrer mehr als hundertjährigen Geschichte wird oft als das klassische Instrument der Mitarbeiterkommunikation bezeichnet. Meier (2002, S. 87) findet in seiner Untersuchung, dass 37% der befragten Unternehmen keine Mitarbeiterzeitung/-zeitschrift herausgeben oder sie nur in unregelmäßigen Abständen publizieren. Die Mitarbeiterzeitung dient bei ihrer nur periodischen Erscheinungsweise, meist weniger als sechsmal jährlich, vor allem der Information, die aber durchaus ein anschließendes Gespräch anregen kann.

Die in der Mitarbeiterzeitung abgedruckten Beiträge müssen interessant und aussagefähig sein und keine reinen „Schönwetter-Berichte". Ein guter Bericht löst bei seinen Lesern Kommunikationswünsche aus, und dadurch dass alle Mitarbeiter dieselbe Zeitung erhalten, kann über die Inhalte später im Unternehmen diskutiert werden. Erwartet wird nicht nur eine professionelle Gestaltung sondern vor allem auch das Aufzeigen von wichtigen Ereignissen, Zusammenhängen und Veränderungen, die Transparenz schaffen und das Wir-Gefühl fördern. Da die Mitarbeiterzeitung zudem Angehörige und in manchen Fällen auch Anwohner als Zielpublikum hat, muss sie ebenfalls diesen Zielgruppen gerecht werden. Heutzutage haben Mitarbeiterzeitungen häufig auch eine Online-Version im Intranet. Vor dem Hintergrund der Möglichkeiten des Intranets (siehe 2.5.3.1), tagesaktuell zu informieren, kann sich die Mitarbeiterzeitung auf die „Erklärung von Zusammenhängen und Erläuterungen von Hintergrundinformationen sowie bewertende Analysen konzentrieren" (Mast, 2002, S. 267).

2.5.1.2 Druckschriften

Zu den Druckschriften sind alle schriftlichen Informationen wie Broschüren, Rundschreiben, Mitteilungsblätter, Dokumentationen und Handbücher etc. zu zählen. Sie werden fallbezogen oder themenspezifisch eingesetzt, wobei die Inhalte von konkreten arbeitsbezogenen Themen (z.B. Umweltschutz am Arbeitsplatz) über firmenbezogene Ereignisse (z.B. Jubiläum) bis hin zu gesellschaftsrelevanten Fragen (z.B. Altersversorgung) reichen (vgl. Bruhn, 1997, S. 932). Bei periodisch erscheinenden Spezialdiensten ist der Übergang zur Mitarbeiterzeitschrift fließend.

Ergänzend zur Mitarbeiterzeitung, die sich an alle Mitarbeiter, deren Angehörige und Umfeldbewohner richtet, werden bei BASF beispielsweise Druckschriften für einzelne „Communication Communities" herausgegeben. Der „Meisterbrief" informiert zum Beispiel zwischen vier- und fünfmal im Jahr die Meister im Betrieb über verschiedene Querschnittsthemen wie betriebliche Zusammenarbeit, Vorschlagswesen oder Umweltschutz. Betriebsleiter und Betriebsingenieure erhalten ein ähnliches Spezialmedium, welches sich „Blickpunkt Betrieb" nennt (Fey & Nies, 2002, S. 234). Druckschriften können auch zur Unterstützung der Mitarbeiter in der externen Kommunikation eingesetzt werden, wie das Beispiel der Tabakfirma BAT zeigt. So gibt die Interne Kommunikation von BAT eine Mitarbeiterbroschüre heraus, die Antworten auf wichtige Fragen zum Zigarettenkonsum und zur Haltung des Unternehmens hierzu liefert.

2.5.1.3 Schwarzes Brett

Das Schwarze Brett ist wohl das älteste Instrument der internen Information. Es dient der Information der Mitarbeiter über Termine und Ver-/Ankündigungen und kann als Suche-/Verkaufe-Plattform genutzt werden. Es muss jedoch sorgfältig gepflegt und aktualisiert werden und wirklich nur echte Neuigkeiten enthalten. Das Schwarze Brett hat seit Verbreitung des Intranets deutlich an Bedeutung verloren, da derartige Mitteilungen hier gut und leicht kommuniziert werden können. Es ist jedoch nicht anzunehmen, dass das Schwarze Brett völlig verschwinden wird (Hoffmann, 2001, S. 246f.). Vor allem in Betrieben, wo nicht alle Mitarbeiter direkten und leichten Zugang zum Intranet haben, wird das alteingesessene Instrument des Schwarzen Bretts sicher weiter fortbestehen.

2.5.1.4 Business-TV, Business-Radio

Business-TV hat sich bislang nur in großen Unternehmen etabliert, und auch hier haben einige das Projekt B-TV bereits wieder eingestellt. Die Einsatzfelder des Business-TV reichen von der Verbreitung von Unternehmensnachrichten bis hin zu Service- und Vertriebsschulungen mit Interaktionsmöglichkeiten. Der besondere Vorteil dieses Instruments ist, dass es audiovisuell attraktiv aufbereitete Inhalte aktuell und in hoher Qualität an viele Adressaten gleichzeitig vermitteln kann (vgl. Bullinger &

Brossmann, 1997). Die Einrichtung eines Business-TV hängt jedoch sehr stark von Qualitätsanforderungen und Kosten ab. Auf der einen Seite kann ein Unternehmen gegenüber dem offiziellen Fernsehen keine weniger professionell gestalteten Programme liefern, auf der anderen Seite stellt sich die Frage nach dem betrieblichen Erfolg und nach den Kosten je Adressat. Schick (2002, S. 126) merkt jedoch an, dass mit zunehmend besseren Übertragungsleistungen immer mehr Unternehmen kostengünstig Business-TV via Intranet betreiben können.

Das Business-Radio stellt eine kostengünstigere Alternative zum aufwändigen Business-TV dar. In Audiobeiträgen können Mitarbeitern oder auch unternehmensexternen Angestellten unternehmensrelevante Nachrichten übermittelt werden. Beiträge können über das Intranet gesendet und von hier als Audiofiles heruntergeladen werden.

2.5.1.5 Business-Theater

Beim Business-Theater geht es vor allem um die Sensibilisierung der Zuschauer für ein bedeutendes und alle berührendes Thema. Die Chance des Business-Theaters besteht darin, dass es mehr als andere Kommunikationsinstrumente die emotionale Seite der zuschauenden Mitarbeiter anspricht. Für die Theaterinszenierung stellen professionelle Schauspieler meist anlässlich eines Firmenevents Konfliktsituationen im Unternehmen dar und lösen diese mit Humor und dem nötigen Ernst. Dies regt die Zuschauer dazu an, über ein Thema nachzudenken und mit anderen darüber zu diskutieren.

2.5.1.6 Betriebsversammlung, Firmenevent

Bei Betriebsversammlungen, an denen eine große Anzahl Mitarbeitender teilnimmt, ist die Einwegkommunikation meist kaum zu vermeiden. Um die Wirkung einer solchen Veranstaltung zu erhöhen, können den Teilnehmenden bildliche Veranschaulichungen und Arbeitspapiere ausgehändigt werden, welche Ansatzpunkte für ein anschließendes Gespräch liefern. Bei der Vorbereitung solcher Arbeitspapiere ist die Unterstützung durch einen Kommunikationsspezialisten sehr hilfreich.

Betriebsversammlungen, die anlässlich von Veränderungen, Erfolgen oder auch Misserfolgen durchgeführt werden, können das Zusammengehörigkeitsgefühl und die Identifikation mit dem Unternehmen stärken. Ein Beispiel hierfür ist der Firmenevent, der anlässlich des Mergers von Deutscher Bank und Bankers Trust im Jahr 1999 veranstaltet wurde. Bei diesem wurde die Rede des Vorstandsvorsitzenden Rolf Breuer, die dieser in New York hielt, auf einer überdimensionierten Leinwand am Hauptsitz der Deutschen Bank in Frankfurt übertragen. Die „gemeinsame" Festlichkeit anlässlich des Mergers sollte die Integration der beiden Firmen symbolisch demonstrieren und die Identifikation der Mitarbeiter mit dem neu entstandenen Unternehmen fördern.

2.5.1.7 Mitarbeitergespräch

Im Gespräch können verschiedene Richtungen der Kommunikation eingeschlagen werden. Auch wenn wir das Mitarbeitergespräch hier als Form der Abwärtskommunikation aufführen, so sei explizit betont, dass die Aufwärtskommunikation vom Mitarbeiter zum Vorgesetzten hier ebenfalls vorkommt und auch besonders gefördert werden soll. Nur so kann ein gegenseitiger Beeinflussungsprozess stattfinden und sich der Mitarbeiter als aktiver Teil in den Wertschöpfungsprozess einbringen.

Für das Mitarbeitergespräch haben sich in Unternehmen für verschiedene Anlässe wie Personaleinstellung, Entlassung, Beurteilung, Zielvereinbarung, Personalförderung oder Personalentwicklung oft Verfahrensformen entwickelt, an die sich die Beteiligten halten sollen oder gar müssen. Solche Vorgaben betreffen etwa die Pflicht zur vorherigen Angabe von Inhalt und Ziel des Gesprächs, den formalen und zeitlichen Ablauf, die beiderseitige Verbindlichkeit des Ergebnisses, unter Umständen verbunden mit einer schriftlichen Fixierung samt dem Recht jedes Partners, später dazu Stellung nehmen zu dürfen. Besonders der Rangniedrigere soll dadurch die Chance zu einem echten Gespräch mit Auf- und Abwärtskommunikation erhalten. Ein Gespräch auf gleicher Hierarchieebene bedarf dieser Vorgaben grundsätzlich nicht. Hier bestimmen dann vor allem Persönlichkeit, Akzeptanz und Glaubwürdigkeit der Teilnehmer das Geschehen.

Vor allem im Gespräch transportiert die nonverbale Kommunikation über Körperhaltung, Mimik und Gestik oft mehr als das gesprochene Wort. Sie steht offiziell nicht im Dienst betrieblicher Kommunikationsarbeit und ist doch erfolgsbestimmend, weil sie mit ihren Körpersignalen das gesprochene Wort begleitet, es unterstützt, stört oder ins Unverbindliche führt. Flügge (1994, S. 20) argumentiert:

> *„Im Allgemeinen beeindruckt uns die Körpersprache, der man nachsagt, dass sie nicht lüge, gefühlsmäßig unmittelbarer als die Wortsprache. Aussagen, die nicht mit ihr übereinstimmen, laufen daher Gefahr als unecht, unglaubwürdig und wenig überzeugend empfunden zu werden."*

Wer ein Gespräch führt muss wissen, dass die körperliche Zu- oder Abwendung zum Partner, eine sichtbare Ungeduld, Fragehaltung, etc. beim Gesprächspartner etwas bewirkt. Das gilt ebenso vor einem größeren Publikum, bei Versammlungen, Konferenzen und Seminaren.

2.5.2 Instrumente der Aufwärtskommunikation

Die Kommunikationswege, auf denen Informationen über die Hierarchieebenen von unten nach oben fließen, sind in den meisten Unternehmen begrenzt. Auch wenn dies erwünscht ist (siehe 1.2.1) so ist die Umsetzung dieser Form der Kommunikation weit weniger durch Strukturen und Instrumente unterstützt als dies für die Abwärtskommunikation der Fall ist. Außer in Gesprächen, in denen die Aufwärtskommunikation stattfindet und aktiv gefördert werden sollte (siehe 2.5.1.7), dienen die folgenden Instrumente der Förderung des Informationsflusses von unten nach oben:

2.5.2.1 Mitarbeiterbefragung

Die Mitarbeiterbefragung scheint im ersten Moment kein typisches Instrument der Mitarbeiterkommunikation zu sein. Die Befragung von Mitarbeitern kann jedoch wertvolle Einblicke in die Einstellungen, Bedürfnisse und Wünsche der Mitarbeiter gewähren und Hinweise auf Problembereiche innerhalb und außerhalb des Unternehmens liefern. Mittels Befragung können Einstellungen und Bedürfnisse bezüglich der Mitarbeiterkommunikation erfasst werden. Außerdem ist die Mitarbeiterbefragung ein wichtiges Instrument im Rahmen der Erfolgskontrolle (siehe 2.7).

Domsch & Ladwig (2002, S. 5) unterscheiden die folgenden Formen und Gestaltungsvarianten der Mitarbeiterbefragung:

Hinsichtlich der *Form* kann grob unterschieden werden zwischen

- schriftlichen – mündlichen, telefonischen – online Befragungen und

- anonym – offenem Vorgehen.

Hinsichtlich der *Gestaltung* von Fragebögen kann unterschieden werden

- nach der Art der Fragestellung (direkte – indirekte Befragung),

- nach der Art der Fragen (offene – geschlossene Fragen) und

- nach Art und Umfang der Standardisierung des Fragenkatalogs.

Während alle Ausprägungsformen vorkommen, ist die schriftliche, anonym durchgeführte, strukturierte und standardisierte Mitarbeiterbefragung mit geschlossenen und teilweise auch offenen Fragen in der Praxis am häufigsten anzutreffen. Mittlerweile werden viele Befragungen auch Online durchgeführt. Hierbei ist jedoch zu beachten, dass jeder Mitarbeiter die gleiche Chance hat, den Fragebogen zu beantworten.

Neben der standardisierten und anonymen Mitarbeiterbefragung bieten sich als Instrument der Aufwärtskommunikation Gruppendiskussionen an, im Rahmen derer Mitarbeiter der gleichen oder verschiedener Ebenen über spezielle Problembereiche diskutieren. Die Ergebnisse und Verbesserungsvorschläge dieser Gruppendiskussionen, die durch einen externen Moderator geleitet werden können, werden an das Management weitergeleitet. Wichtig ist, dass die Vorschläge auch ernst genommen werden und zu Veränderungen führen.

2.5.2.2 Vorgesetztenbeurteilung

Vorgesetztenbeurteilungen werden empfohlen, um den Führungs- und Kommunikationsstil in Vorgesetzten-Mitarbeiter-Interaktionen zu verbessern (vgl. Ebner & Krell, 1991). Meist finden die Beurteilungen anonym per Umfrage statt. Werden dabei Kommunikationsdefizite aufgedeckt, wird der Führungskraft in der Regel nahe gelegt, an einer Schulung teilzunehmen. Diese Teilnahme geschieht jedoch freiwillig. Der indirekte Druck mittels Vorgesetztenbeurteilung führt demnach nicht unmittelbar zur Verbesserung der Mitarbeiterkommunikation. Hahne (1998, S. 391) weist darauf hin, dass als direkte Wirkung sogar Kommunikationsverzerrungen möglich sind, wenn beide Seiten zum Beispiel versuchen sich gegenseitig anzubiedern.

2.5.2.3 Betriebliches Vorschlagswesen

Auch das betriebliche Vorschlagswesen ist kein klassisches Instrument der Mitarbeiterkommunikation. Dennoch kann es als Teil der Aufwärtskommunikation betrachtet werden, bei der der Kommunikationsfluss von unten nach oben stattfindet. Runge (1994, zit. in Bruhn 1997, S. 935) berichtet, dass die Zahl der Verbesserungsvorschläge in Europa deutlich hinter denen von Japan zurückstehen. In diesem Bereich der Aufwärtskommunikation scheint also noch ein großes Entwicklungspotenzial zu schlummern.

2.5.2.4 Beschwerdemanagement

Um Unzufriedenheiten unter den Mitarbeitern zu erfassen und frühzeitig erkennen zu können, kann ein Beschwerdemanagement, symbolisiert durch den „Beschwerdebriefkasten", wichtige Dienste leisten. Im Sinne eines Issues Management für die Interne Kommunikation können hier frühzeitig kritische Themen aufgespürt werden, die sich intern und möglicherweise auch extern zu einem Issue entwickeln können (siehe Röttger und Ingenhoff, dieser Band). Um eine möglichst umfassende Erhebung der Beschwerden zu erhalten, empfiehlt Bruhn (1997, S. 935f.), dass das Beschwerdemanagement folgenden Anforderungen gerecht wird:

■ Neutralität der Beschwerdeinstanz: Die Beschwerdeinstanz darf keine eigenen Interessen verfolgen, um eventuellen Ängsten, die die Eingabe von Beschwerden hemmen, zu begegnen.

■ Zentralität der Beschwerdeanalyse: Nur wenn die Auswertung der internen Beschwerden zentral erfolgt, ist der erforderliche Überblick zur Identifikation zentraler Problembereiche gewährleistet.

■ Alternative Beschwerdewege: Abhängig vom Anlass der Beschwerde soll die Möglichkeit bestehen, auf verschiedenen Wegen Beschwerden einzureichen (z.B. auch über den Vorgesetzten oder einen Vertrauensbeauftragten).

▧ Angemessene Reaktion: Entscheidend ist, dass die Beschwerden tatsächlich Reaktionen im Sinne von Verbesserungen oder Veränderungen nach sich ziehen.

2.5.3 Instrumente der Horizontalkommunikation

Die Horizontalkommunikation umfasst jene Formen der Kommunikation, die keiner der Kommunikationsformen zwischen den Verantwortungsebenen klar zuzuordnen sind. Zum einen ist das die Kommunikation zwischen Personen derselben Hierarchieebene und zum anderen die Kommunikation zwischen Personen auf verschiedenen Ebenen, die jedoch keinen direkten Weisungscharakter besitzt. Für die Koordination von Aufgaben sowie die sozio-emotionale Unterstützung der Mitarbeiter ist die horizontale Kommunikation von großer Bedeutung.

2.5.3.1 Intranet

Ein Intranet ist ein privates, unternehmensinternes und plattformunabhängiges Netz, das die für das Internet entwickelten Protokolle (z.B. HTML) und Dienste (z.B. Email) nutzt. Durch Verschlüsselungssysteme, so genannte Firewalls, wird das Intranet gegen den Zugriff von außen geschützt (vgl. Heinrich & Roithmayr, 1998, S. 282). Intranets bestehen aus einer Vielzahl von Funktionseinheiten, die gemeinsam Dienste zur Verfügung stellen. Die zentralen Benutzerdienste eines Intranets sind:

▧ Informationsaustausch und -management

▧ Informationssuche

▧ Kommunikation und computergestützte Gruppenarbeit

▧ Zugriff auf Applikationen

Ein Intranet bietet den Mitarbeitern die Möglichkeit, jederzeit und unabhängig von Zeit und Raum auf für sie relevante und interessante Informationen zuzugreifen. Hierdurch werden der Kommunikationsfluss und das Wissensmanagement im Unternehmen wesentlich gefördert. Die Vorteile eines Intranets bestehen neben der weltweiten und zeitnahen Verfügbarkeit insbesondere in seiner Dialogfähigkeit, der Aktualität, der Schnelligkeit der Informationsvermittlung, einer leichten Weiterverarbeitung der hier gespeicherten Daten, der unbegrenzten Möglichkeit der Wissensspeicherung, der Multimedialität sowie der Nutzung als homogene und zentrale Informationsquelle (vgl. Klöfer 2002, S. 50ff.; Szameitat, 2003, S. 62f.).

Hoffmann (2001) zeigt im Rahmen einer empirischen Untersuchung, welche Auswirkungen ein Intranet auf die Mitarbeiterkommunikation haben kann. Er findet, dass Mitarbeiter durch den Einsatz eines Intranets besser als mit herkömmlichen Instrumenten in die Kommunikationsflüsse im Unternehmen eingebunden werden. Er zeigt zudem, dass die Befragten die Kommunikation mit der Geschäftsleitung als intensiver erleben. Verglichen mit den herkömmlichen Instrumenten der Mitarbeiterkommunikation werden Kommunikationsprozesse im Intranet weniger durch Hierarchien beeinflusst; Statusunterschiede werden hierdurch jedoch nicht aufgelöst (ebenda, S. 267). Die Ziele, die die von Hoffmann befragten Unternehmen durch den Einsatz des Intranets verfolgen, sind insbesondere Meinungs- und Imagebildung sowie Integration und Motivation der Mitarbeiter.

Das Intranet bietet als Dialoginstrument interessante Möglichkeiten. So können Personen mittels Online Chats direkt, das heißt zeitgleich, mit anderen unabhängig von Zeit und Raum schriftlich kommunizieren. Live Chats mit Führungskräften oder Vertretern des Top-Managements können die Mitarbeiterkommunikation beleben und den Dialog zwischen Management und Mitarbeitern fördern. Interessant hierbei ist, dass alle Mitarbeiter zeitgleich auf den Chat zugreifen und mitlesen oder auch partizipieren können. Chats können im Anschluss auf dem Intranet für alle zugänglich abgespeichert werden.

Auch für das Issues Management spielt das Intranet eine wichtige Rolle. Intranetbasierte IT-Systeme zur Dokumentation von und zum Austausch über Issues bilden wichtige strukturelle Maßnahmen, um die Identifikation und Selektion von Issues zu unterstützen (siehe Röttger und Ingenhoff, dieser Band).

2.5.3.2 Elektronische Textkommunikation

Das E-Mail ist, neben dem Online Chat und der Kurzmitteilung per Mobiltelefon, die schnellste Art der schriftlichen Kommunikation von Person zu Person. Auf diesem Weg können schnell zwischen allen Ebenen und an viele Adressaten Mitteilungen gesendet werden. Das E-Mail hat gegenüber dem Brief den großen Vorteil, dass der Empfänger einer Mitteilung unmittelbar nachfragen kann, um so weitere Informationen und Begründungen zu erhalten. Vorteilhaft gegenüber dem gesprochenen Wort ist, dass die empfangene Mitteilung nachgelesen und ausgedruckt werden kann, was dieser einen höheren Verbindlichkeitscharakter verleiht. Eine E-Mail-Kommunikation kann an andere Personen weitergeleitet werden oder jene mittels (Blind-)Kopie über eine Kommunikation in Kenntnis setzen.

Das E-Mail kann neben der persönlichen Kommunikation auch für Push-Services der Internen Kommunikation verwendet werden, wie das Beispiel BASF zeigt (vgl. Fey & Martin, 2002). Das Unternehmen bietet den Mitarbeitern weltweit mit dem „Online Reporter" einen Service an, der diese per E-Mail informiert, sobald eine neue Meldung in der Online-Version der Mitarbeiterzeitung aufgeschaltet wird. Mit diesem Instrument ist das Unternehmen in der Lage, alle Mitarbeiter weltweit stets zum gleichen Zeitpunkt über neue Ereignisse zu informieren.

2.5.3.3 Gruppengespräche, Konferenzen

Das Zweiergespräch ist zwar die erste Wahl der Kommunikation, wenn es darum geht, die Ideen, Wünsche, Vorstellungen oder gar Ängste einer Person oder weniger Personen aufzuarbeiten. Es verbietet sich aber meist aus zeitökonomischen Gründen dann, wenn ein Thema mehrere oder gar sehr viele Personen betrifft. Konferenzen lassen, wenn sie gut vorbereitet und gesteuert werden, selbst im größeren Kreis eine erfolgversprechende und dialogische Kommunikation zu. Dabei ist es hilfreich, wenn Arbeitspapiere vorgelegt, Veranschaulichungen in Ton und Bild eingesetzt und anschließend Protokolle erstellt werden (vgl. Klöfer, 2002, S. 43).

Die Kommunikation in einer Arbeitseinheit kann durch das Einrichten eines „Jour Fixe" verbessert werden. Dieser findet regelmäßig, beispielsweise jeden Mittwochvormittag für eine Stunde statt, und dient dem institutionalisierten, dialogischen Austausch in einer Gruppe oder Abteilung. Eine vorher definierte Agenda strukturiert die Sitzung. Im „Jour Fixe" berichten die beteiligten Personen über ihre laufenden Projekte und holen sich Hilfestellungen von Kollegen für etwaige Probleme ein. Ein offenes Kommunikationsklima und gegenseitiges Vertrauensverhältnis ist hierbei die Voraussetzung, dass nicht nur Erfolge sondern auch Misserfolge und Probleme berichtet und diskutiert werden.

2.5.3.4 Management-by-Walking-around

Ein Instrument für Führungskräfte, die Kommunikation mit ihren Mitarbeitern über mehrere Hierarchiestufen hinweg zu fördern und zu beleben, ist das „Management-by-Walking-around". Dies bedeutet, dass Führungskräfte durch die Büros gehen oder in der Betriebskantine zu Mittag essen und hierbei das persönliche Gespräch mit den Mitarbeitern suchen ohne dabei kontrollierend zu wirken. Die Kontaktaufnahme und direkte Anteilnahme an der Arbeitssituation und Person des einzelnen Mitarbeiters fördert Vertrauen und Kooperation.

2.5.3.5 Informelle Gespräche

Was bisher erörtert wurde, betrifft die zielgerichtete, formelle Kommunikation, wie sie im Betrieb auf offiziellen Kanälen abläuft. Daneben gibt es im Betriebsalltag die informelle Kommunikation, fernab von organisatorischen Regelungen so genannter Berichtswege. Informelle Gespräche sind das wichtigste „Instrument" der horizontalen Kommunikation. Sie fördern die Koordination, den sozialen Austausch und die emotionale Befindlichkeit. Schick (2002) bezeichnet die informelle Kommunikation als „ein notwendiges Schmiermittel für das Räderwerk des Unternehmens" (S. 144). Er nennt verschiedene Kommunikationsplattformen, die eingerichtet werden können, um die informelle Kommunikation und die Bildung informeller Netzwerke zu fördern (ebenda, S. 145ff.):

- Informelle Teile am Rande von Tagungen oder Seminaren (z.B. Abendessen)

- Interne Informationsmesse, auf der sich Unternehmensbereiche mit Ständen vorstellen und zum informellen Dialog einladen

- Gemeinsame Freizeitveranstaltungen (z.B. After-Work-Partys, Ausflüge, Sportveranstaltungen)

- Einrichten von Treffpunkten (z.B. Kaffeeecken)

- Online Communities of Interest im Intranet

Die informelle Kommunikation kann dann problematisch werden, wenn sie aufgrund von unterlassener formaler Kommunikation geschieht, insbesondere wenn es um Fragen geht, die für die Arbeitsplatzsicherheit wichtig sind oder sein können. Beispielsweise werden negativ empfundene betriebliche Veränderungen befürchtet, aber (noch) nicht offiziell kommuniziert. Solche Situationen sind ein fruchtbarer Nährboden für Ängste, Befürchtungen und Unterstellungen. Die Mitarbeiter wünschen sich in allen Fragen, die sie direkt oder indirekt an ihrem Arbeitsplatz betreffen, eine rechtzeitige und umfassende Beteiligung. Frühzeitige Information vermindert die Entstehungsgefahr von Gerüchten.

> Ein Gerücht wird von Hartfiel und Hillmann (1982, S. 250f.) definiert als „eine Information, die – ohne Bemühungen um Nachweis des Wahrheitsgehaltes – weitergegeben und im Verlauf der zahlreichen Übermittlungs- und Ausbreitungsprozesse absichtlich oder unabsichtlich (bedingt durch die Interessen und Einstellungen der Beteiligten) verzerrt wird".

Mitarbeiter wünschen sich in allen Fragen, die sie direkt oder indirekt an ihrem Arbeitsplatz betreffen, eine rechtzeitige und umfassende Beteiligung. Tatsächliche betriebliche Zwänge können dem zwar entgegenstehen, es ist aber nicht angemessen, dass Mitarbeiter aus offiziellen betrieblichen Quellen weniger erfahren, als Mitbewerber oder Banken bereits wissen. Zudem recherchieren Journalisten meist schnell und erfolgreich in betrieblichen Vorgängen und veröffentlichen vor allem in lokalen Medien ihre Informationen und Einschätzungen. Wenn dann in diversen Quellen Halbwahrheiten verbreitet werden, so erleidet ein Unternehmen bei seinen Mitarbeitern nicht nur einen Vertrauensverlust, die vielen Gespräche und Ängste kosten auch nicht genutzte Arbeitszeiten.

2.6 Integration

Die effektive und effiziente Gestaltung der Mitarbeiterkommunikation bedarf einer integrierten Sichtweise mit den Zielen und Instrumenten der Gesamtkommunikation auf der einen Seite sowie einer Integration der verschiedenen Instrumente der Mitarbeiterkommunikation auf der anderen Seite. Es gilt, konsistente und synergetisch ausgerichtete Kommunikationsprogramme für den Einsatz der Kommunikationsinstrumente zu konzipieren und zu koordinieren (vgl. Bruhn, 4.3, dieser Band).

Auf Gesamtkommunikationsebene muss sichergestellt sein, dass die Mitarbeiterkommunikation mit den Zielen, Inhalten und Instrumenten der Gesamtkommunikation abgestimmt ist. Für die Abstimmung auf strategischer Ebene sind die Situationsanalyse (siehe 2.1) und die integrierte Zieldefinition (siehe 2.3) von entscheidender Bedeutung. Des Weiteren gilt es, die Mitarbeiterkommunikation operativ in die Gesamtkommunikation zu integrieren. Neben der gestalterischen Integration durch das Einhalten des Corporate Design auch im Rahmen der Mitarbeiterkommunikation muss vor allem die inhaltliche und zeitliche Abstimmung berücksichtigt werden. Auf inhaltlicher Ebene dürfen die Botschaften an die Mitarbeiter denjenigen, die an externe Zielgruppen kommuniziert werden, nicht widersprechen. Die Inhalte sollten sich vielmehr ergänzen und verstärken. Auch dürfen die Mitarbeiter wichtige Inhalte nicht zuerst aus externen Quellen erfahren. Das Prinzip der Früh- oder zumindest Gleichzeitigkeit ist unbedingt einzuhalten.

Innerhalb der Mitarbeiterkommunikation gilt es, die verschiedenen Instrumente so zu integrieren und zu koordinieren, dass das Ganze mehr als die Summe seiner Teile ergibt. Es ist darauf zu achten, dass sich die eingesetzten Instrumente gegenseitig unterstützen und verstärken, so dass die Ziele auf möglichst effiziente Weise erreicht werden. Auch sollten aufwendige Einzelmaßnahmen zugunsten regelmäßiger, kontinuierlicher und inhaltlich wie zeitlich abgestimmter Instrumente eher vermieden werden. Konzertierte Kampagnen, im Rahmen derer verschiedenste Instrumente integriert eingesetzt werden, können zur Erreichung von meist mittelfristigen Zielen eine starke Wirkung entfalten.

Der folgende Kasten beschreibt beispielhaft die interne Kommunikationskampagne von Quest Diagnostics, welche die Mitarbeiter zu Botschaftern machte und somit die Mitarbeiteridentifikation und deren Einsatz stärkte (PRWeek, 2005, S. A19). Diese Kampagne wurde 2005 mit dem Award des Magazins PRWeek ausgezeichnet.

Quest Diagnostics, ein US-amerikanisches Unternehmen für medizinische Diagnostik, suchte nach einem Weg, seinen 37000 Mitarbeitern an mehr als 2000 Standorten Richtung und Zusammenhalt zu geben. Hierfür wurde die „Mitarbeiter als Botschafter"-Initiative ins Leben gerufen, die darauf abzielte, die Mitarbeiter mit den Werten und der Vision des Unternehmens vertraut zu machen und deren Unterstützung hierfür zu fördern. Fokusgruppen mit mehr als 200 Mitarbeitern ergaben zunächst, dass die Mitarbeiter keine klare Vorstellung von der Strategie des Unternehmens und dessen Rolle in der Gesundheitsbranche hatten. Das für die Initiative zusammengestellte Team aus acht Quest Managern und drei externen Beratern entwickelte daraufhin ein einstündiges Trainingsprogramm, das darauf ausgerichtet war, den Mitarbeitern das Unternehmen, dessen Strategie und ihre eigene Rolle für die Erreichung der Unternehmensziele zu vermitteln. Während der Veranstaltung waren die Teilnehmer aufgerufen, ihre persönlichen Geschichten über das Unternehmen zu erzählen und die Gründe vorzubringen, warum sie für Quest arbeiteten. Die Geschichten wurden später auf einer speziellen Intranetseite „Share Your Stories" am Leben erhalten.

Außerdem wurde die Initiative von einer internen Werbekampagne begleitet sowie von einem Wettbewerb, der sich TIPPS (Tops in Patient Satisfaction) nannte. Im Rahmen des Wettbewerbs waren Mitarbeiter dazu aufgerufen, Vorschläge einzureichen, wie Mitarbeiter als Botschafter für das Unternehmen wirken können. Alle Führungskräfte des Unternehmens hielten zusätzliche Meetings ab, in denen über effektive Kommunikationsweisen und die Rolle der Führungsmannschaft für das Training der Mitarbeiter diskutiert wurde. Als die Initiative zum Ende kam, wurde das Feedback der Mitarbeiter zur Initiative eingeholt, der die Mehrheit die Note „gut" oder „hervorragend" gab. Nach Abschluss der Kampagne wurden Elemente aus den Trainings für Orientierungsveranstaltungen für Neueinsteiger verwendet und das Trainingsmaterial für die Entwicklung von Druckschriften herangezogen.

2.7 Erfolgskontrolle der Mitarbeiterkommunikation

Mitarbeiterkommunikation ist ein Werttreiber im Unternehmen und muss sich daher auch bezüglich Effizienz und Effektivität messen lassen. Mit dem Kommunikationscontrolling kann zum einen erreicht werden, dass Stärken und Schwächen in der Mitarbeiterkommunikation aufgedeckt werden, die in der weiteren Umsetzung gestärkt beziehungsweise verhindert werden können. Außerdem dient ein systematisches Kommunikationscontrolling - vor dem Hintergrund immer lauter werdender Forderungen nach Wirkungsnachweisen auch für „weiche" Erfolgsfaktoren wie Kommunikation - der internen Legitimation und Argumentation um Ressourcen. Es können vor allem drei Bereiche der Erfolgskontrolle unterschieden werden (vgl. Bruhn, 1997, S. 946; Schick, 2002, S. 18ff.): das Zielcontrolling, das Durchführungscontrolling und das Ergebniscontrolling.

Zielcontrolling: Die Situationsanalyse (siehe 2.1) gibt Aufschluss über die Rahmenbedingungen und die Prämissen für die Kommunikation. Die Ergebnisse der regelmäßig durchzuführenden Analyse der Situation bilden die Grundlage dafür, auch die Ziele regelmäßig zu überprüfen. Es ist zu klären, ob und inwieweit die definierten Ziele vor dem Hintergrund einer sich ständig verändernden Situation noch Gültigkeit besitzen oder ob sie gegebenenfalls modifiziert werden müssen. Nur sinnvolle Ziele können auch zu sinnvollen Ergebnissen führen.

Durchführungscontrolling: Im Rahmen des Durchführungscontrollings werden die einzelnen Instrumente, Strukturen und Prozesse hinsichtlich ihrer Qualität, Geschwindigkeit und ihres Aufwands untersucht. Zunächst wird die Qualität der Instrumente und Maßnahmen (z.B. Text, Gestaltung, Sprachqualität) überprüft. Interne oder externe Experten können diese Bewertungsaufgabe übernehmen. Die Qualität ist auch dahingehend zu überprüfen, ob durch die Umsetzung die formulierten Ziele und Inhalte in adäquater Weise transportiert werden können. Die Schnelligkeit der Umsetzungsprozesse ist ein nächster Prüfstein im Durchführungscontrolling. Schließlich muss eine differenzierte Erfassung von internen und externen Kosten durchgeführt werden, bei der eine Vollkostenrechnung für jedes Instrument und jeden Prozess erstellt wird. Diese Rechnung erlaubt einen Vergleich mit den Kosten, die zum Beispiel beim Outsourcing entstanden wären, oder der Überprüfung, ob Budgets eingehalten wurden. Die Vollkostenaufstellung wird dann dem Ergebnis gegenübergestellt, das mithilfe eines Instruments erwirkt werden konnte.

„Wir haben kein Geld für gute Fotografen", klagt eine Redaktion dem Kritiker an der doch mäßigen Bildqualität. Später zeigt es sich, dass das Unternehmen seine Zeitung im Umschlag an die Heimadresse der Mitarbeiter versendet. Ist hier möglicherweise die Verteilung teurer als die Redaktion und die Herstellung? Regelmäßig überprüft werden sollten auch die externen Lieferantenbeziehungen. Gute Beziehungen führen teilweise leider auch dazu, dass Marktbewegungen, zum Beispiel beim Druck, nicht unmittelbar an den Kunden weitergegeben werden. Es empfiehlt sich, in regelmäßigen Abständen Ausschreibungen durchzuführen. Generell gilt, dass bei allen Leistungen die Schnittstellen zum Dienstleister exakt zu definieren und regelmäßig zu überprüfen sind.

Ergebniscontrolling: Bei präziser Zieldefinition kann die Effektivität der Mitarbeiterkommunikation nachvollziehbar und nach dem Grad der Zielerreichung kontrollierbar werden. Die Zieldefinition (siehe 2.3) bildet somit einen entscheidenden Ausgangspunkt für das Ergebniscontrolling. Ziele können in quantitative und qualitative Ziele unterschieden werden. Zu den quantitativen Zielen gehören direkt quantifizierbare Erfolge wie die Anzahl durchgeführter Mitarbeitermeetings, die monatlichen Zugriffe auf bestimmte Intranetseiten, die Teilnehmerzahl bei internen Veranstaltungen, die Fluktuationsrate, die Reichweite der Mitarbeiterzeitung, etc. Es ist jedoch zu betonen, dass diese quantitativen Größen häufig nur mögliche Erfolgsindikatoren auf dem Weg zur Erreichung der qualitativen Ziele darstellen. Eine größere Reichweite der Mitarbeiterzeitschrift kann zwar ein notwendiges Teilziel sein, um die Zielgruppen mit bestimmten Inhalten zu konfrontieren. Der eigentliche Erfolg, den es jedoch zu messen gilt, ist, inwieweit das Lesen der Zeitung das Wissen über betriebliche Zusammenhänge, die Identifikation mit und Loyalität zum Unternehmen beeinflusst hat. Diese qualitativen Ziele wie Identifikation, Loyalität, Unternehmenskultur oder Reputation (siehe 1.2.2) sind die eigentlich interessierenden übergeordneten Erfolgsgrößen der Mitarbeiterkommunikation, die mithilfe von Erfolgsindikatoren quantitativer oder qualitativer Art gemessen werden.

Da die meisten Erfolgsindikatoren nicht quantitativ erfassbar sind, oder diese nur einen möglichen Schritt auf dem Weg zum Erfolg darstellen, gilt es zudem, die Kommunikationswirkung mittels qualitativer Indikatoren zu messen. Dies sind vor allem Wissen, Einstellungen und Gefühle, die am besten mittels Befragung erfasst werden. Hierbei werden unterschiedliche Befragungsarten eingesetzt, von der wenig strukturierten Einzel- oder Gruppenbefragung hin zum standardisierten, anonymen Fragebogen. Als kostengünstig und effizient erweisen sich hierfür auch Online-Befragungen. Um Wirkungszusammenhänge zu ermitteln, beispielsweise die Wirkung einer regelmäßigen Teilnahme an informellen Netzwerktreffen auf die Identifikation mit dem Unternehmen, müssen die Informationen im Rahmen einer standardisierten Befragung gemeinsam gemessen werden. Ergibt sich eine positive Korrelation zwischen der regelmäßigen Teilnahme an Netzwerktreffen und der Identifikation mit dem Unternehmen kann abgeleitet werden, dass zwischen diesen Faktoren ein Zusammenhang besteht. Die Richtung des Zusammenhangs, dass die Teilnahme an Netzwerktreffen die Identifikation erhöht, lässt sich in diesem Fall logisch ableiten.

Viele Informationen über die Effektivität der Mitarbeiterkommunikation können im Rahmen der regelmäßigen Mitarbeiterbefragung erfasst werden. Grundsätzlich ist zu bemerken, dass Mitarbeiterbefragungen nur dann wirklich sinnvoll und nützlich sind, wenn sie neben Größen wie Zufriedenheit und Loyalität auch die potenziellen Einflussfaktoren auf diese Größen erfassen, um somit Zusammenhänge und Stellschrauben für Verbesserungen aufzudecken. Die Ergebnisse von Mitarbeiterbefragungen dürfen nicht ungenutzt in den Schubladen des Managements verstauben. Sie müssen vielmehr dazu dienen, Hinweise auf Verbesserungsfelder und deren Stellschrauben (Einflussfaktoren) zu liefern. Die Mitarbeiterkommunikation enthält eine ganze Reihe solcher Stellschrauben, weshalb die Integration der klassischen Mitarbeiterbefragung und einer Befragung zu den Instrumenten der Mitarbeiterkommunikation unbedingt anzuraten ist.

3 Herausforderungen für die Mitarbeiterkommunikation

Die Mitarbeiterkommunikation sieht sich besonderen Herausforderungen gegenüber, die sich in fünf Thesen zusammenfassen lassen:

- Die Ansprüche aller Stakeholder an das Verhalten der Unternehmen wachsen. Dies erfordert eine stärkere Vernetzung der Mitarbeiterkommunikation mit der Gesamtkommunikation des Unternehmens zu einem Reputationsmanagement.

▩ Der Veränderungsdruck in den Unternehmen wächst. Daher muss die Mitarbeiterkommunikation über die klassischen Werkzeuge hinaus auch verwandte Disziplinen – von der Werbung bis zur Psychologie einbinden.

▩ Als Teil der Unternehmenskommunikation werden von der Mitarbeiterkommunikation verstärkt Belege für Effizienz und Effektivität gefordert. Konzepte zur Evaluation von Maßnahmen haben daher Konjunktur.

▩ Die Vielfalt an Kommunikationsinstrumenten wächst und bietet Chancen und Risiken. Die Komplexität stellt hohe Anforderungen an Mitarbeiter und Redaktionen.

▩ Mitarbeiter definieren ihre Informationsbedürfnisse verstärkt selbst. Sie sind immer weniger fassbar als Teil von Organisationen, sondern emanzipieren sich zu Teilnehmern an Informations-Communitys. Die Grenzen zwischen Sender und Empfänger verwischen sich. Das erfordert flexible einheits- und grenzüberschreitende Konzepte.

Diese Herausforderungen sollen zum Abschluss diskutiert werden.

Vernetzung der Kommunikation zu einem Reputationsmanagement

Das Überleben und die Profitabilität eines Unternehmens basieren auf der Fähigkeit, die Unterstützung der Stakeholder zu erlangen (Fombrun & van Riel, 2004, S. 5). Von den Unternehmen fordern Fombrun und van Riel, sich basierend auf der Unternehmensidentität als unverwechselbar einzigartig zu positionieren, die Kommunikation auf wenige Themen zu fokussieren, konsistent gegenüber allen Stakeholdern aufzutreten und für Transparenz zu sorgen. Bei all dem geht es nicht nur um die Kommunikation, sondern auch um das Verhalten – also jede Lebensäußerung des Unternehmens. Der Mitarbeiterkommunikation kommt daher eine zentrale Rolle in der Unternehmenskommunikation zu. Denn wer, wenn nicht Management und Mitarbeiter, sind für die Lebensäußerungen gegenüber Kunden, Behörden, Medien und Kapitalgebern verantwortlich. So hat zum Beispiel die BASF für ihre Mitarbeiter im Vertriebsinnendienst ein eigenes Informationsportal eingerichtet, das sie nicht nur über die aktuellen Unternehmensnachrichten auf dem laufenden hält, sondern sie unter anderem auch mit Zeitungsberichten aus den betreuten Ländern verlinkt.

Einen dramatischen Schub erlebt die Mitarbeiterkommunikation aktuell durch Onlineforen. Hier treffen sich Mitarbeiter und Kunden in einer sehr authentischen Kommunikationssituation. Die Grenzen zwischen Mitarbeitern und Markt verschwimmen. Mitarbeiter, die sich hier zustimmend zum Unternehmen und seinen Produkten äußern, können die externe Kommunikation des Unternehmens glaubwürdig verstärken und somit eine Botschafterfunktion einnehmen. Die Bedeutung der Mitarbeiterinformation und -motivation wird hier offensichtlich; jede Inkonsistenz in Kommunikation und Verhalten schlägt sich unmittelbar nieder. Mitarbeiterkommunikation wird so zum zentralen Bestandteil der Unternehmenskommunikation, wenn nicht sogar in vielen Fällen zum Ausgangspunkt der Konzeptüberlegungen.

Leben mit Veränderungen

Menschen, die sich Veränderungen ausgesetzt sehen, führen quasi einen Selbsttest durch. Geht es um den Beruf, besteht dieser Check im Wesentlichen aus drei Fragen: Bin ich fachlich auf die veränderte Situation vorbereitet? Habe ich die persönliche Kompetenz mich umzustellen, mit unsicheren Situationen umzugehen und kann/will ich Veränderungen mitgestalten? Werden diese Fragen mit ja beantwortet, beginnt der Mitarbeiter für sich die Umsetzung der Veränderung zu planen, beantwortet er sie mit einem nein oder einem vielleicht, so entsteht das Gefühl eines Verlustes. Die bisherige gewohnte Situation geht verloren. Wie bei der klassischen Trauerarbeit, beginnt im Folgenden die Verarbeitung des Verlustes. Auf eine Schockphase folgen aufbrechende Emotionen, Wut, Zorn und die Suche nach Schuldigen.

Für die Kommunikation in Veränderungsprozessen ergeben sich daraus konkrete Handlungsanweisungen. Das Schweigen einer Belegschaft, der soeben eröffnet wurde, dass ihr Betriebsteil geschlossen wird, darf nicht so gedeutet werden, als sei die Veränderung akzeptiert. Vielmehr steht zu vermuten, dass die Menschen geschockt sind. Ihre Emotionen werden erst im Laufe des Tages oder noch später hervorbrechen. Wer unter Schock steht, ist meist auch nicht in der Lage, weitere komplizierte Informationen aufzunehmen oder Fragen zu stellen. Das heißt nicht, dass in dieser Situation darauf verzichtet werden kann, Hintergründe wie Auffanglösungen oder Sozialpläne zu erläutern. Es darf nur nicht erwartet werden, dass die Information auch gelernt wird. Es gilt sie vielmehr denjenigen zur Verfügung zu stellen, die die Mitarbeiter in den nächsten Tagen betreuen und dann auch mit den aufbrechenden Emotionen konfrontiert werden.

Bei der Planung von Veränderungskommunikation sind im Wesentlichen folgende Aufgaben abzuarbeiten (siehe hierzu auch Mast, dieser Band): Zunächst gilt es rechtliche Grundlagen zu klären. Handelt es sich etwa um eine Veränderung im Sinne des Wertpapierhandelsgesetzes? In diesem Fall muss die Informationskaskade immer mit einer Information der Kapitalmärkte starten. Ist dies nicht der Fall, können Zielgruppen und ihre Informationsansprüche auf den Einzelfall bezogen definiert und priorisiert werden. Der Ablauf einer Maßnahme ist unter Einbezug aller logistischen und technischen Einzelheiten mit absoluter Akribie zu planen. Der persönlichen Kommunikation ist bei wichtigen Veränderungen immer der Vorzug zu geben. Sollen Führungskräfte im Sinne einer Kaskadeninformation eingesetzt werden, dann müssen diese mit einem guten zeitlichen Vorsprung sowohl inhaltlich, als bei Bedarf auch kommunikativ, geschult werden. Ihnen sollte zudem ein Feedback über den Verlauf der Informationskaskade abverlangt werden. Live-Übertragungen im Intranet mit Feedback-Möglichkeiten können ersatzweise eingesetzt werden, wo logistische Gegebenheiten die persönliche Anwesenheit unmöglich machen. E-Mail und Intranet eignen sich zur schnellen und breiten Information, werden aber emotional als „kalt" empfunden. Printmedien stehen mit ihrer Haptik für „wertige" Kommunikation. Das heißt sie symbolisieren eine besondere Wertschätzung des Unternehmens gegenüber den Mitarbeitern. Durch den zeitlichen Abstand zum Ereignis können sie dieses reflektieren, den Mitarbeitern verdeutlichen, dass zum Beispiel seine Betroffenheit bis hin zur Wut vom Unternehmen wahr- und ernst genommen wird.

Belege für Nützlichkeit

In der Vergangenheit wurden vor allem Anstrengungen unternommen, die Wirkungen der externen Kommunikation zu messen und somit Belege für deren Nützlichkeit zu erhalten. Durch die gestiegene Rolle der Mitarbeiterkommunikation für den Wertschöpfungsprozess, getrieben durch eine erhöhte Komplexität von Unternehmen, schnelle Wandelprozesse und erhöhte Anforderungen der Mitarbeiter, wächst nun auch der Druck auf die Interne Kommunikation, Nützlichkeitsbelege zu erbringen. Daneben hilft es im internen Verteilungskampf um die Ressourcen für Kommunikation, einen Nachweis der Nützlichkeit von Instrumenten und Kampagnen vorlegen zu können. Die Möglichkeiten der Erfolgskontrolle der Mitarbeiterkommunikation sind unter 2.7 beschrieben.

Komplexität bewältigen

Die Zahl der Instrumente und Themen der Mitarbeiterkommunikation wächst. Und wie auf dem externen Kommunikationsmarkt gilt, dass neue Medien in der Regel keine „alten Medien" ersetzen, sondern sich lediglich deren Funktionen verändern. Die Mitarbeiterzeitung ist nicht durch das Intranet ersetzbar, konzentriert sich jetzt aber stärker auf Nachberichterstattung und Hintergründe, denn wie bisher auf Aktualität und Neuigkeiten. In international tätigen Unternehmen wächst gleichzeitig die Zahl der beteiligten Kommunikatoren und durch internationale Projektarbeit die Menge und Komplexität der Themen. Die Interne Kommunikation muss Themen in einem Netzwerk effektiv und effizient steuern. Die Bedeutung der Themensteuerung Cross-Media und Cross-Zielgruppe steigt.

Steuerung befasst sich zunächst mit der Auswahl der geeigneten Instrumente bzw. des Instrumentenmixes, mithilfe dessen ein Thema kommuniziert werden soll. Ist dies entschieden, gilt es, die Mehrfachrecherche zu begrenzen. Meist sind die Einheiten der Unternehmenskommunikation nach Zielgruppen orientiert. Es gilt zu prüfen, ob eine mehr themenorientierte Organisation oder eine Vernetzung zwischen Themen- und Zielgruppenverantwortlichen die adäquatere Lösung darstellt. Notwendig sind in jedem Fall IT-basierte Planungssysteme, in denen Rechercheergebnisse abgelegt werden und durch die transparent wird, wer an welchem Thema arbeitet und wann Veröffentlichungen geplant sind. Nur so ist eine frühzeitige Einbindung aller Beteiligten dauerhaft gewährleistet. Dies wiederum gewährleistet, dass die Rechercheansprüche aller Zielgruppen rechtzeitig einfließen können. Mit dem Aufkommen neuer Medien stellt sich zudem verstärkt die Frage nach interner und externer Kompetenz. So kann sich der Zeitungs- oder Zeitschriftenredakteur relativ leicht auf die Anforderungen des Intranets einstellen. Eine Kompetenz für die Gestaltung von Bewegtbild-kommunikation (TV-Journalismus) ist jedoch in aller Regel damit nicht verbunden. Gleiches gilt für den Einsatz werblicher Mittel.

Unternehmen wie die Deutsche Bahn AG zeigen, dass es möglich ist, redaktionelle Leistungen sowohl für Printmedien wie auch für Bewegtbildkommunikation weitge-hend zu externalisieren. Die Mitarbeiter der Internen Kommunikation konzentrieren sich auf die Koordination dieser Dienstleister, wobei wichtig ist, dass die Beurtei-lungskompetenz im Unternehmen erhalten bleibt. Für die Mitarbeiter der Unterneh-menskommunikation ist dies ein scharfer Rollenwechsel. Es geht um die Verschiebung des durch operative Kompetenz geprägten Selbstbildes hin zum Themenmanager. Damit verbunden ist einerseits eine Entlastung bzw. Aufwertung der Tätigkeit. Ande-rerseits bedeutet der Verzicht auf eine gelernte Rolle auch den Verlust professioneller Sicherheit.

Mitarbeiter definieren ihre Informationsbedürfnisse

Aus der Funktion und der lokalen Verortung eines Mitarbeiters ergibt sich die Infor-mation, welche das Unternehmen der Person zur Verfügung stellt. Dieser Anspruch verkehrt sich immer mehr ins Gegenteil. Mitarbeiter definieren vielmehr ihre Informa-tionsansprüche selbst. Dies ist speziell dort von Bedeutung, wo sie in Teams über Einheits- und Ländergrenzen hinweg zusammenarbeiten. Wurden Mitarbeiter bisher als Teil einer Organisationseinheit oder eines Standortes angesprochen, so bietet sich heute eher der Begriff einer Informations-Community an. Der Vertriebsmitarbeiter aus Finnland hat möglicherweise mehr Interessen mit seinem Vertriebskollegen aus Sizi-lien gemein, als mit dem IT-Manager aus dem Nachbarbüro. Ideales Medium für ein solches „Informationsbuffet" ist das Intranet. In der BASF-Gruppe erfüllt unter ande-rem der „Online Reporter" diese Anforderung. Ins Leben gerufen als „kleiner Bruder" der Werkzeitung erfüllt er heute die Funktion des globalen Leitmediums. In Deutsch und Englisch können Mitarbeiter aus aller Welt einzelne Rubriken, wie zum Beispiel „Geschäftsentwicklung", abonnieren. Wird ein neuer Beitrag in eine der Rubriken eingestellt, wird der Mitarbeiter per E-Mail informiert.

Noch einen Schritt weiter gehen die in vielen Unternehmen derzeit im Aufbau befind-lichen Corporate Blogs. In diesen internet- oder intranetbasierten Erfahrungsberichten erzählen Führungskräfte über ihre Arbeit und wenden sich gleichzeitig an Mitarbeiter und Kunden. Mit Blogs entsteht eine völlig neue Kategorie der sozialen Kommunikati-on in der jedermann und jede Frau auf einfache Art und Weise Massenkommunikati-on betreiben kann. Des Weiteren ist die Entwicklung von Online-Foren zu nennen, in denen Mitarbeiter Unternehmensthemen in einem geschützten Bereich des Intranets diskutieren. Sende- und Empfängerfunktion werden gleichzeitig von allen Mitarbei-tern wahrgenommen. Den Profis der Internen Kommunikation bleibt die Moderation einer derart emanzipierten Belegschaft.

Literaturverzeichnis

Argenti, P. A. (1998). Strategic employee communications. *Human Resource Management, 37*, 3-4.

Ashforth, B. E. & Mael, F. A. (1989). Social identity and the organization. *Academy of Management Review, 14*, 20-39.

Bentele, G. (1994). Öffentliches Vertrauen - normative und soziale Grundlage für Public Relations. In W. Armbrecht & U. Zabel (Hrsg.), *Normative Aspekte der Public Relations: Grundlegende Fragen und Perspektiven* (S. 131-158). Opladen: Westdeutscher Verlag.

Berg, H.-J. & Kalthoff-Mahnke, M. & Wolf. E. (2008*). Jahrbuch der internen Kommunikation 2008.* Dortmund: INKOM EDITION.

Bernnat, R. & Gross, M. (2003). *Wertkreation mit Kommunikation. Herausforderungen und Perspektiven für Unternehmen, Produkte und Marken.* Booz Allen Hamilton und Peakom, Frankfurt. Gefunden am 10. Oktober 2005 unter http://www.boozallen.de/content/downloads/5h_kommunikation.pdf

Broom, G. M. & Dozier, D. M. (1990). *Using research in public relations.* Englewood Cliffs, NJ: Prentice-Hall.

Bruhn, M. (1997). *Kommunikationspolitik. Systematischer Einsatz der Kommunikation für Unternehmen* (2. Aufl.). München: Vahlen.

Bullinger, H.J. & Brossmann, M. (Hrsg.). (1997). *Business Television: Beginn einer neuen Informationskultur in den Unternehmen.* Stuttgart: Schaeffer-Poeschel.

Domsch, M. E. & Ladwig, D. H. (2002). Mitarbeiterbefragungen. In G. Bentele, M. Piwinger & G. Schönborn, *Kommunikationsmanagement* (Losebl. 2001ff.) (Art.-Nr. 3.21). München: Luchterhand.

Dutton, J. E., Dukerich, J. M. & Harquail, C. V. (1994). Organizational images and member identification. *Administrative Science Quarterly, 39*, 239-263.

Eckardstein, D. & Schnellinger, F. (1978). *Betriebliche Personalpolitik* (3. Aufl.). München: Vahlen.

Ebner, H. G. & Krell, G. (1991). *Vorgesetztenbeurteilung. Eine Analyse individueller und organisationaler Bedingungen.* Oldenburg: Bis.

Einwiller, S. & Will, M. (2002). Towards an integrated approach to corporate branding – Findings from an empirical study. *Corporate Communications: An International Journal, 7* (2), 100-109.

Employee communications campaign of the year 2005 (2005, 7. März). *PRWeek*, Nr. 10, A19.

Fayol, H. (1949). *General and industrial management*. London: Sir Isaac Pitman & Sons.

Fey, J.-G. & Martin, H. (2002). Neue Wege der Mitarbeiterkommunikation über das Intranet. Beispiel: Das BASF Wide Web. In F. Klöfer & U. Nies, *Erfolgreich durch interne Kommunikation. Mitarbeiter besser informieren, motivieren, aktivieren* (3. Aufl.) (S. 257-262). Neuwied, Kriftel: Luchterhand.

Fey, J.-G. & Nies, U. (2002). Medienkonzept für weltweite Aktivitäten. Beispiel: Mitarbeitermedien in der BASF-Gruppe. In F. Klöfer & U. Nies, *Erfolgreich durch interne Kommunikation. Mitarbeiter besser informieren, motivieren, aktivieren* (3. Aufl.) (S. 231-238). Neuwied, Kriftel: Luchterhand.

Flügge, G. (1994). Mitarbeiterführung im Betrieb. In E. Gros (Hrsg.), *Anwendungsbezogene Arbeits-, Betriebs- und Organisationspsychologie* (S. 223-248). Göttingen: Verlag für Angewandte Psychologie.

Fombrun, C. J. & van Riel, C. (1997). The reputational landscape. *Corporate Reputation Review, 1* (1), 5-13.

Fombrun, C. J. & van Riel, C. (2004). *Fame and fortune. How successful companies build winning reputations*. Upper Saddle River, NJ: Prentice Hall.

Greenbaum, H. H. (1974). The audit of organizational communication. *Academy of Management Journal, 17* (4), 739-754.

Grunig, L. A., Grunig, J. E. & Dozier, D. M. (2002). *Excellent public relations and effective organizations: A study of communication management in three countries*. Mahwah, NJ: Lawrence Erlbaum.

Grunig, J. E. & Hunt, T. T. (1984). *Managing public relations*. New York: Holt, Rinehart and Winston.

Guzley, R. M. (1992). Organizational climate and communication climate: Predictors of commitment to the organization. *Management Communication Quarterly, 5*, 379-402.

Hahne, A. (1998). *Kommunikation in der Organisation. Grundlagen und Analyse – Ein kritischer Überblick*. Opladen und Wiesbaden: Westdeutscher Verlag.

Harshman, E. F. & Harshman, C. L. (1999). Communicating with employees: Building on an ethical foundation. *Journal of Business Ethics, 19*, 3-19.

Hartfield, G. & Hillmann, K.-H. (1982). *Wörterbuch der Soziologie* (3. Aufl.). Stuttgart: Kröner.

Heinrich, L. & Roithmayr, F. (1998). *Wirtschaftsinformatik-Lexikon* (6. Aufl.). München, Wien: Oldenbourg.

Herrmann, A., Schönborn, G. & Peetz, S. (2004). Von den Besten lernen: Der Einfluss der Wertekultur auf den Unternehmenserfolg. In G. Bentele, M. Piwinger & G. Schönborn, *Kommunikationsmanagement* (Losebl. 2001ff.) (Art.-Nr. 1.23). München: Luchterhand.

Hill, W., Fehlbaum, R. & Ulrich, P. (1989). *Organisationslehre 1. ,Ziele, Instrumente und Bedingungen der Organisation sozialer Systeme'* (4. Aufl.). Bern, Stuttgart: Haupt.

Hoffmann, C. (2001). *Das Intranet. Ein Medium der Mitarbeiterkommunikation*. Konstanz: UVK.

Jablin, F. M., Cude, R. L., House, A., Lee, J. & Roth, N. L. (1994). Communication competence in organizations: Conceptualization and comparison across multiple levels of analysis. In. L. Thayer & G. Barnett (Hrsg.), *Organization-communication: Emerging perspectives* (Vol. 4) (S. 114-140). Norwood, NJ: Ablex.

Jones, A. P. & James, L. A. (1979). Psychological climate: Dimensions and Relationships of Individual and Aggregated Work Environment Perceptions. *Organizational Behavior and Human Performance, 23*, 201-250.

Katz, D. & Kahn R. L. (1966). *The social psychology of organizations*. New York: Wiley.

Klöfer, F. (1996). *Mitarbeiterkommunikation 1996. Auf der Grundlage einer Erhebung bei Unternehmen mit mehr als 500 Mitarbeitern*. Mainz.

Klöfer, F. (2002). Mitarbeiterführung durch Kommunikation. In F. Klöfer & U. Nies, *Erfolgreich durch interne Kommunikation. Mitarbeiter besser informieren, motivieren, aktivieren* (3. Aufl.) (S. 21-107). Neuwied, Kriftel: Luchterhand.

Koberg, C. S. & Chusmir, L. H. (1987). Organizational culture relationships with creativity and other job-related variables. *Journal of Business Research, 15*, 397-409.

Mast, C. (2002). *Unternehmenskommunikation. Ein Leitfaden*. Stuttgart: Lucius & Lucius.

Meier, P. (2002). *Interne Kommunikation im Unternehmen. Von der Hauszeitung bis zum Intranet*. Orell Füssli.

Michel, A. (1996). *Von der Fabrikzeitung zum Führungsmittel. Werkzeitschriften industrieller Grossunternehmen von 1890 bis 1945*. Dissertation, Universität Tübingen.

Nies, U. (2002). Krisenkommunikation – oft auf einem Auge blind. Beispiel: BASF baut auf Mitarbeiter als Botschafter im Umfeld. In F. Klöfer & U. Nies, *Erfolgreich durch interne Kommunikation. Mitarbeiter besser informieren, motivieren, aktivieren* (3. Aufl.) (S. 346-356). Neuwied, Kriftel: Luchterhand.

Pfannenberg, J. & Zerfass, A. (Hrsg.). 2005. *Wertschöpfung durch Kommunikation. Wie Unternehmen den Erfolg ihrer Kommunikation steuern und bilanzieren*. Frankfurt am Main: F.A.Z.-Institut für Management, Markt- und Medieninformationen.

Schick, S. (2002). *Interne Unternehmenskommunikation. Strategien entwickeln, Strukturen schaffen, Prozesse steuern.* Stuttgart: Schäffer-Poeschel.

Smidts, A., Pruyn, A. T. H. & van Riel, C. B. M. (2001). The impact of employee communication and perceived external prestige on organizational identification. *Academy of Management Journal, 44* (5), 1051-1062.

Sriramesh, K., Grunig, J. E. & Buffington, J. (1992). Corporate culture and public relations. In J. E. Grunig (Hrsg.), *Excellence in public relations and communication management* (S. 577-595). Hillsdale, NJ: Lawrence Erlbaum Associates.

Szameitat, D. (2003). *Public Relations in Unternehmen: Ein Praxis-Leitfaden für die Öffentlichkeitsarbeit.* Berlin u. a.: Springer.

Winterstein, H. (1996). *Mitarbeiterinformation. Informationsmaßnahmen und erlebte Transparenz in Organisationen.* München: Hampp.

Wiswede, G. (1981). Kommunikation. In P. G. von Beckerath, P. Sauermann & G. Wiswede (Hrsg.), *Handwörterbuch der Betriebspsychologie und Betriebssoziologie* (S. 226-231). Stuttgart: Enke.

Wunderer, Rolf (1995). Kooperative Führung. In A. Kieser, G. Reber & R. Wunderer (Hrsg.), *Handwörterbuch der Führung* (S. 1369 – 1386). Stuttgart: Schäffer-Poeschel.

Zerfaß, A. (1996). *Unternehmensführung und Öffentlichkeitsarbeit. Grundlegung einer Theorie der Unternehmenskommunikation und Public Relations.* Opladen: Westdeutscher Verlag.

Ann-Kristin Achleitner, Alexander Bassen und Christian Fieseler[1]

Finanzkommunikation
Die Grundlagen der Investor Relations

---

[1] Wir danken Herrn Dr. Viktor Porák und Herr Dr. Thorsten Groth für die Co-Autorenschaft in der ersten Auflage dieses Beitrags.

1   Einleitung

Obwohl die Investor Relations (IR) aus der generellen Unternehmenskommunikation hervorgegangen sind, haben sich beide Bereiche in der Praxis zu getrennten Disziplinen entwickelt. Die Finanzkommunikation hat dabei eigene Instrumente und Strategien in der Kommunikation mit ihren Zielgruppen herausgebildet. Während die klassische Unternehmenskommunikation die Aufgabe übernimmt, das Bild des Unternehmens langfristig in der breiten Öffentlichkeit und bei mehreren unterschiedlichen Zielgruppen zu positionieren und möglichst positiv zu besetzen, pflegt die Finanzkommunikation die Beziehungen zu den speziellen Zielgruppen der Finanzöffentlichkeit (Financial Community). Die Investor Relations können hierbei einen wertvollen Beitrag zum Unternehmenserfolg leisten.

Definition von Investor Relations

Investor Relations bezeichnet die strategisch geplante und zielgerichtete Gestaltung der Kommunikationsbeziehung zwischen einem (börsennotierten) Unternehmen und der Financial Community.

[In enger Anlehnung an Drill (1995, S. 55) und Achleitner und Bassen (2001, S. 7)]

Der Kapitalmarkt ist dabei auf transparente und möglichst vollständige Finanzinformationen angewiesen, um eine faire, d.h. eine die tatsächliche Performance widerspiegelnde Unternehmensbewertung vornehmen zu können. Die Bewertung des Unternehmens durch den Kapitalmarkt bestimmt wiederum in hohem Mass die strategischen und finanziellen Optionen, die einem Unternehmen offen stehen. Damit der Kapitalmarkt in der Lage ist, eine korrekte Bewertung des Unternehmens vorzunehmen, muss das Unternehmen Finanzinformationen so transparent und offen wie möglich zur Verfügung stellen, jedoch ohne zentrale Betriebsgeheimnisse preiszugeben. Denn je umfangreicher die Informationen über ein Unternehmen ausfallen, desto geringer erweist sich das Risiko der Fehlbewertung und umso eher wird der Anleger bereit sein, die Aktie des Unternehmens zu erwerben. Deshalb sollte in jedem Fall über die gesetzlichen Vorschriften hinaus ein kontinuierlicher Informationsfluss stattfinden.

Bis vor einigen Jahren galt es für Analysten und Investoren noch als ausreichend, die Unternehmenskennzahlen aus Bilanz und Gewinn- und Verlustrechnung zu analysieren, um ein umfassendes Bild von der Geschäftsentwicklung und Performance des jeweiligen Unternehmens zu erhalten. Spätestens seit sich das Shareholder-Value-Konzept auf grosser Breite etabliert hat, sehen sich Unternehmen und ihre Investor Relations veränderten Ansprüchen gegenüber. Heute sind eine klare, stringente Unternehmensstrategie, gezielte Wertsteigerungsbemühungen, die Qualität von Management und Verwaltungsrat, erfolgreiche Kommunikation und nicht zuletzt auch Image und Reputation eines Unternehmens mindestens ebenso bedeutend für eine Beurteilung der Unternehmenssituation wie die rein quantitativen Geschäftszahlen. Analysten und Investoren haben sich in den vergangenen Jahren zu professionellen und anspruchsvollen Informationsnachfragern entwickelt. Investor Relations müssen daher verstärkt eine hohe Kommunikationsqualität anstreben, um den gestiegenen Ansprüchen gerecht zu werden.

Die Kommunikation mit dem Kapitalmarkt und seinen unterschiedlichen Zielgruppen mit jeweils eigenen Erwartungshaltungen und Informationsbedürfnissen verlangt im Detail andere Fähigkeiten und Prozesse, als sie in der Unternehmenskommunikation sonst anzutreffen sind. Ein Investor-Relations-Verantwortlicher wird z.B. als Ansprechpartner für Investoren vor allem dann ernst genommen, wenn er sowohl das Unternehmen, als auch den Kapitalmarkt genau kennt. In der Praxis ergänzen sich Public-Relations- und Investor-Relations-Arbeit in der Kommunikation mit den verschiedenen internen und externen Öffentlichkeiten des Unternehmens. Es sollte nicht vergessen werden, dass jede Äusserung, die ein Unternehmenssprecher tätigt, eine potenzielle Wirkung auf den Unternehmenswert bzw. den Aktienkurs hat. Deshalb müssen die Unternehmens- und die Finanzkommunikation, trotz unterschiedlicher Zielgruppen und Massnahmen, in enger Zusammenarbeit und unter Abstimmung aller Unternehmensaussagen miteinander ein einheitliches Corporate Image nach aussen aufbauen.

2 Forschungsstand zum Thema Investor Relations

Die Forschung zur Investor Relations wird von unterschiedlichen Disziplinen und aus verschiedenen theoretischen Ansätzen heraus unternommen. Innerhalb der betriebswirtschaftlichen Forschungsansätze ergeben sich die für die Investor Relations grössten Anknüpfungspunkte innerhalb der Finanzierungstheorie (Behavioral Finance, Neoinstitutionalismus), der Marketingtheorie (Beziehungsmarketing, Finanz- und Aktienmarketing) sowie des Rechnungswesens. Ausserhalb der Betriebswirtschaftslehre werden die Investor Relations darüber hinaus auch unter kommunikationswissenschaftlicher, sozialpsychologischer und juristischer Perspektive beleuchtet.

Während die Investor Relations in sehr frühen Arbeiten partiell noch als Teil der Public Relations wahrgenommen wurden, hat die IR-Forschung insbesondere in den letzten fünfzehn Jahren stark an eigenem Profil gewonnen. Eine Vielzahl von Forschungsbeiträgen beschäftigt sich dabei mit der Bedeutung, den Zielen und Instrumenten der Investor Relations. Exemplarisch hierfür sei an dieser Stelle auf die frühen Arbeiten zu diesem Thema von Serfling et al. (1998), DB Research (1999) oder Günther/Otterbein (1996) verwiesen. Eine Reihe weiterer Beiträge beschäftigt sich ferner mit den Informationsbedürfnissen der IR-Zielgruppen, der Finanzanalysten sowie der privaten und institutionellen Investoren. So betonen sowohl Schulz (1999) als auch Wichels (2002) die hohe Bedeutung gerade auch nicht-finanzieller Informationen wie der Managementqualität, der Unternehmensstrategie, der Produktentwicklung oder der Marktposition für die professionellen Adressaten. Für Kleinanleger stehen demgegenüber komplexitätsreduzierte, stärker verdichtete Informationen im Vordergrund (Hank, 1999).

Eine gerade auch aus theoretischer Sicht herausgehobene Rolle nehmen darüber hinaus Forschungsbeiträge zur Wirkung der Investor Relations ein. Eine besondere IR-Wirkung ist dabei insbesondere für die Bereiche der Kapitalkosten, der Analystenabdeckung und des Informationsumfeldes zu konstatieren. Hinsichtlich der erstgenannten Kapitalkosten legt die neo-institutionalistische Theorie eine argumentative Basis für die Wirkungsabschätzung. Dabei üben die Investor Relations insbesondere auf den auf Informationsasymmetrien beruhenden Teil der Kapitalkosten einen Einfluss aus. Durch die zusätzliche Informationsbereitstellung im Rahmen der Investor-Relations-Massnahmen wird die Qualitätssicherheit erhöht und damit einhergehend Informationsasymmetrien abgebaut sowie der von Investoren verlangte Misstrauenszuschlag reduziert. Empirisch konnte bereits Arbel (1985) zeigen, dass ein signifikant positiver Zusammenhang zwischen Informationsrisiko und Wertpapierrendite besteht; er gibt damit einen Anhalt für die Vermutung einer Informationsmangelprämie auf die Eigenkapitalkosten bei entsprechend schlechter Informationsversorgung des Marktes.

Die Bedeutung einer qualitativ hochwertigen Investor-Relations-Arbeit für die Analystenabdeckung ergibt sich aus der grossen Informationsabhängigkeit des Research-Prozesses. So ist anzunehmen, dass sich eine ausreichend bereitgestellte Informationsmenge und -qualität auch auf die Prognosegenauigkeit des Analysten positiv auswirkt. Gleichzeitig wird dadurch die Gefahr eines Reputationsverlusts für den Analysten begrenzt. Zudem ist zu vermuten, dass eine erstklassige Investor-Relations-Arbeit auch die Kosten der Informationsbeschaffung begrenzen kann. Die erhöhten Kommunikationsanstrengungen des Unternehmens mögen ferner das Interesse institutioneller Investoren wecken und damit einhergehend auch das Potenzial für Handelskommissionen steigern. Insgesamt sprechen vor dem Hintergrund des Kosten-Nutzen-Kalküls der Analysten viele Argumente für einen positiven Zusammenhang von Investor-Relations-Intensität und Analystenabdeckung. Empirisch wird diese Vermutung durch Pietzsch (2004) bestätigt, die für den deutschen Kapitalmarkt einen statistisch signifikanten Einfluss der Investor Relations auf die Analystenabdeckung feststellt. Hinweise auf den kostensenkenden Einfluss guter Investor Relations liefern darüber hinaus Grant/Rogers (1999). Lang und Lungholm (1996) und Healy,Hutton & Palepu (1999) zeigen ferner, dass Qualitätsänderungen der IR den Änderungen der Analystenabdeckung vorausgehen.

Denkbar ist auch eine Wirkung der Investor Relations auf das Informationsumfeld. So kann die zusätzliche Informationsbereitstellung im Rahmen einer erstklassigen Investor-Relations-Arbeit in der Tendenz zu einem Abbau von Informationsasymmetrien beitragen. Auch mag eine stärker ausgeglichene Informationsverteilung zwischen Investoren und Management zu einer Reduktion der Agency-Kosten führen und darüber hinaus starke Erwartungsrevisionen begrenzen. Ferner trägt die erhöhte Informationsbreite zur verbesserten Visibilität des Unternehmens bei (Merton, 1987).

Aktuell wird auch die indirekte Wirkung der Analystencoverage untersucht. Groth (2006) arbeitet heraus, dass eine sekundär verbreitete Kaufempfehlung (Verkaufsempfehlung) mit einer statistisch signifikant positiven (negativen) abnormalen Kursreaktion assoziiert. Dabei fällt die Höhe der Kursreaktion im Fall von Verkaufsempfehlungen durchschnittlich deutlich stärker aus als im Fall von Kaufempfehlungen. Zu beobachten ist, dass die Preiseffekte einen langfristigen Charakter besitzen, was die so genannte Media-Coverage- und Wertvolle-Information-Hypothese stützt.

Ausgewählte deutsche und internationale Beiträge zur IR-Forschung sind in der nachfolgenden Tabelle zusammengefasst.

Tabelle 2-1:   *Ausgewählte Beiträge der Investor-Relations-Forschung*

Autor (Jahr)	Methodik	Erkenntnis(se)
Allendorf (1996)	Befragung der 30 DAX-Unternehmen und deskriptive Messungen.	Im Vergleich höherer Free Float und geringere Volatilität bei IR-aktiven Unternehmen; keine Unterschiede in der relativen Performance.
Lang & Lundholm (1996)	Multiple Regressionsanalyse.	Positiver Zusammenhang zwischen freiwilliger Offenlegung und hoher Analystenabdeckung, hoher Präzision der Analystenschätzungen sowie geringerer Streuung von Analystenschätzungen.
Francis et al. (1997)	Ereignisstudie/Beobachtungen zu US-Unternehmen mit Präsentationen bei der New York Society of Security Analysts (NYSSA).	Anstieg der Analystenabdeckung im Zuge von zusätzlichen Informationsanstrengungen (im Rahmen der Präsentationen); kein sign. Anstieg des Aktienkurses in der Gesamtgruppe.
Tiemann (1997)	Befragung von 35 DVFA-Finanzanalysten; Wirkungsmodellierung bei 16 MDAX-Unternehmen.	Gesamtrisiko und Qualität der Investor Relations stehen in negativem Zusammenhang (auf Portfolioebene).

Deutsche Bank Research (1999)	Befragung von 50 NEMAX- und 18 SMAX-Werten; Hypothesen.	Signifikant höherer Anteil institutioneller Investoren und Free Float bei IR-aktiven Unternehmen.
Healy et al. (1999)	Ereignisstudie der US-Unternehmen mit signifikanten AIMR-Bewertungs- verbesserungen zur Informationsqualität.	Signifikante Überrenditen (im Ereignis- und Folgejahr), die in Teilen auf IR-Verbesserungen zurückzuführen sind.
Coenenberg & Federspieler (1999)	Ereignisstudie.	Informationsgehalt der Zwischenberichterstattung.
Schulz (1999)	Befragung unter 31 DVFA-Analysten und 31 institutionellen Investoren.	Hohe Bedeutung nicht-finanzieller Informationen.
Wichels (2002)	Befragung von 68 Finanzanalysten der Automobilindustrie.	Hohe Relevanz von Informationen, die zur Multiplikatorbewertung herangezogen werden.
Hong & Huang (2002)	Theoretisches Modell.	IR-Abteilungen werden betrieben, um die Liquidität der Unternehmensaktien zu erhöhen, damit das Management große Aktienpakete verkaufen kann.
Pietzsch (2004)	Multiple Regressionsanalyse mit IR-Qualitäts-Score als einer abhängigen Variable und Analystenabdeckung als unabhängiger Variable.	Statistisch signifikanter positiver Zusammenhang zwischen Qualität der Investor Relations und Analystenabdeckung.
Groth (2006)	Univariate und multivariate Analysen von Analystenzitaten und Fragebogen.	Statistisch signifikanter positiver/negativer Zusammenhang zwischen Analystenzitaten und Kursentwicklung.
Gabbionetta, Ravasi & Mazzola (2007)	Befragung von 75 italienischen Finanzanalysten.	Reputation am Kapitalmarkt ist abhängig von der finanzieller Performance eines Unternehmens, seiner Strategie, seiner Offenlegungs- und Kommunikationspolitik sowie seiner Corporate Governance.
Bushee & Miller (2007)	Befragung und empirische Aus-wertung der Daten zu 184 Unternehmen.	Unternehmen, welche IR Berater beauftragen eine IR Strategie zu entwickeln haben einen signifikanten Anstieg an Informationsoffenlegung, Aufmerksamkeit von der Presse, Handelsaktivitäten, institutioneller Eigentümer, Analystencoverage und Marktbewertung.

3 Organisation der Finanzkommunikation im Unternehmen

Eine Reihe von Personen beschäftigt sich innerhalb eines Unternehmens mit Finanz-marktkommunikation im weitesten Sinne. Dies sind zum einen der CEO und CFO, die Mitarbeiter der Unternehmenskommunikation und eventuell externe IR-Berater. Diese Personen werden meistens durch den IR-Manager und sein Team koordiniert und unterstützt. Seine Aufgabe ist es, Investoren, Analysten und die Wirtschaftsmedien zu unterrichten und langfristig ein Vertrauensverhältnis zwischen dem Unternehmen und den Kapitalmarktteilnehmern herzustellen.

Das Berufsbild des Investor-Relations-Managers ist relativ neu. Das Anforderungspro-fil seines Berufes ist umfassend und teils noch nicht klar definiert, sicher aber sehr anspruchsvoll. Die grundlegenden Anforderungen an alle in Investor Relations tätigen Personen lassen sich leicht zusammenfassen: Sie müssen Generalisten sein und über ausgeprägte kommunikative Fähigkeiten sowie analytisches Denken verfügen. Neben dieser kommunikativen Komponente müssen gute IR-Manager auch die Spielregeln der Finanzmärkte, der Analysten und Investoren gut kennen, also fachlich sehr kom-petent sein. Daher sollte sich ein gutes IR-Team zum einen aus Mitarbeitern, die opera-tiv im Unternehmen Erfahrungen gesammelt haben, und zum anderen aus Mitarbei-tern, die in ihrer bisherigen Berufslaufbahn auf Investorenseite tätig waren, sei es als Analyst oder Portfoliomanager, zusammensetzen.

In der Praxis werden bezüglich der organisatorischen Eingliederung eines IR-Mana-gers oder einer IR-Abteilung unterschiedliche Ansätze verfolgt. In den USA wird nach einer Studie des National Investor Relations Institute (niri) die Investor-Relations-Funktion z.B. im Zuständigkeitsbereich des CEO (19% der Unternehmen, small- und mid-cap), des CFO (66% der Unternehmen, big cap) oder des Treasurers (4% der Un-ternehmen, big cap) bzw. der Unternehmenskommunikation (4% der Unternehmen, mid- und big cap) sowie in seltenen Fällen im Marketing (2% der Unternehmen, small cap) verortet. Im Unterschied dazu sind die Investor Relations in Europa öfter der Unternehmenskommunikation zugeordnet als in den USA, während die Anteile bei CFO und Treasury in etwa gleich sind.

Neben der Zuordnung zu einem bestimmten Bereich stellt sich in diesem Zusammen-hang auch die Frage nach der organisatorischen Ausgestaltung der Investor-Relations-Funktion und danach, inwiefern externe Partner einem Unternehmen bei der Erfül-lung von Investor-Relations-Aufgaben zur Seite stehen können. In der Praxis wird Investor Relations als Stabsstelle, als Corporate-Service-Funktion oder als Linienfunk-tion organisiert. In kleinen und mittleren Unternehmen hingegen wird häufig keine eigenständige Investor-Relations-Abteilung aufgebaut, sondern ein einzelner IR-Manager verpflichtet. In diesem Fall erscheint die Schaffung einer **Stabsstelle** mit Anbindung an die Geschäftsleitung am praktikabelsten. Der IR-Manager übernimmt dann die Aufgabe, die Geschäftsführung zu beraten und bei der Entscheidungsvorbereitung zu unterstützen. Des Weiteren besteht die Möglichkeit, die Investor-Relations-Funktion als zentralen Bereich neben anderen Unternehmensbereichen als so genannte „**Corporate Service Function**" zu etablieren. In der Praxis werden dazu bestimmte, für die Investor Relations relevante Aufgaben ausgegliedert und an zentraler Stelle gebündelt, um so allen Unternehmensbereichen zur Verfügung stehen zu können. Schliesslich können die Investor Relations auch den Platz einer klassischen **Linienfunktion** einnehmen. Meist ist diese der Finanzabteilung untergeordnet und berichtet direkt an den CFO. Bei kleinen und mittleren Unternehmen ist oft auch der CFO direkt in die Investor-Relations-Arbeit eingebunden. Es gibt mithin keine eindeutig „richtige" Zuordnung in der Unternehmensstruktur; vielmehr muss im Einzelfall sichergestellt werden, dass die Investor-Relations-Abteilung ihre Aufgabe effektiv verrichten kann. Dazu gehört immer die kritische Frage, ob die Anbindung an und die Fachkenntnisse der jeweils zuständigen Bereiche ausreichend sind, um eine hohe Qualität der Investor Relations zu gewährleisten. Dies sollte dann die tatsächliche Zuordnung im Unternehmen bestimmen.

4 Management der Investor Relations

Das nachfolgende Kapitel stellt die zentralen Funktionen des IR-Managements anhand eines Regelkreises aus sich gegenseitig bedingenden Aktivitäten vor. Der klassische Managementkreislauf umfasst dabei die folgenden vier Schritte: Ausgehend von einer strategischen **Zielsetzung** sowie der Analyse der aktuellen Situation am Kapitalmarkt und bei den Zielgruppen werden die konkreten **Kommunikationsmassnahmen** geplant und umgesetzt. Schliesslich wird die **Wirkung** der ergriffenen Massnahmen gemessen und **kontrolliert**. Die Phasen laufen kontinuierlich und teilweise parallel ab, wobei ihre zeitliche Umsetzung und ihre Wirkungen sich selbstverständlich überlagern.

Abbildung 4-1:   *Der IR-Management-Zyklus (Porák, 2005)*

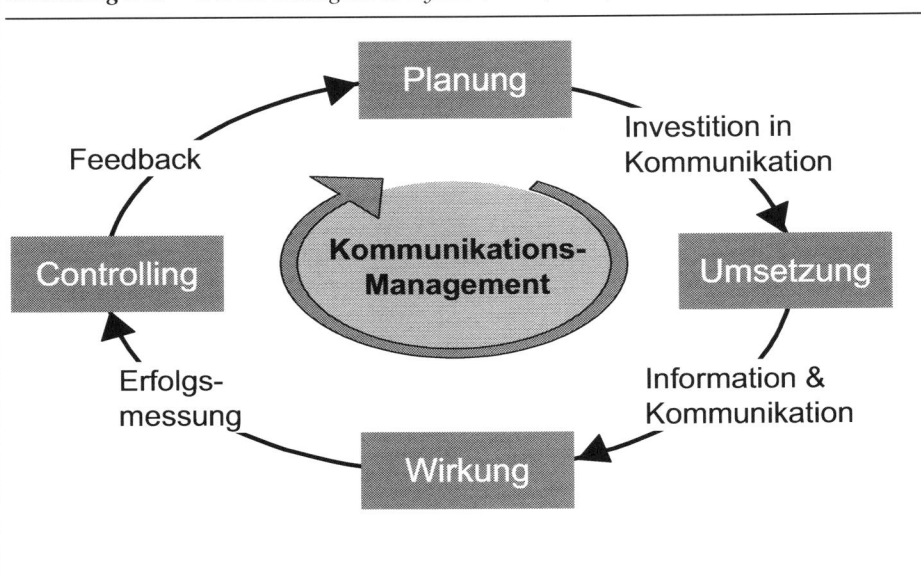

4.1   Planung von Investor Relations

Der erste Schritt der **Planung** von Investor Relations ist die Abgrenzung bedeutender Anspruchs- und Zielgruppen, welche die Entwicklung des Aktienkurses beeinflussen können. Im Folgenden werden die bedeutendsten Gruppierungen im Kapitalmarkt, institutionelle und private Investoren, die Analysten der Sell und Buy Side sowie die Wirtschaftsmedien charakterisiert und ihre genauen Informations- und Kommunikationsbedürfnisse aufgelistet. Auf dieser Grundlage plant ein Unternehmen die Kommunikationsstrategie und entscheidet, welche Inhalte in welcher Form zu welchem Zeitpunkt an die definierten Adressaten vermittelt werden müssen.

Voraussetzung und gleichzeitig strategischer Rahmen für die erfolgreiche Planung und Durchführung der Investor Relations stellt die Beachtung der Grundsätze ordnungsgemässer Kapitalmarktkommunikation dar. Neben einer offenen, transparenten und zielgruppenorientierten, d.h. an den wirklichen Informationsbedürfnissen ausgerichteten Kommunikationspolitik ist dabei auch auf eine angemessene Aktualität der Informationen zu achten. Eine hohe Bedeutung wird darüber hinaus der Kontinuität der Informationsversorgung sowie der Finanzorientierung zugemessen. Kernelement des strategischen Rahmens stellt die so genannte One-Voice-Policy dar. Diese verlangt, dass die Mitglieder der Unternehmensführung einheitliche Aussagen in Bezug auf das Unternehmen kommunizieren. Dass das Unternehmen somit idealerweise „mit einer Stimme" zu den Kapitalmarktteilnehmern spricht, macht eine enge Abstimmung der Vorstandsmitglieder und der IR-Abteilung erforderlich, trägt jedoch wesentlich zur Glaubwürdigkeit der Kommunikation bei.

4.1.1 Identifikation der relevanten Zielgruppen

Investor Relations bilden ein Bindeglied zwischen Unternehmen und dem internationalen Kapitalmarkt mit seinen vielfältigen Zielgruppen. Die primären Zielgruppen der Investor Relations sind die privaten und institutionellen Investoren. Diese können darüber hinaus in aktuelle und potentielle Investoren differenziert werden. Als Mittler zu den primären Zielgruppen und Multiplikatoren der Unternehmensinformationen sind vor allem die Finanzanalysten und auch die Wirtschafts- und Finanzjournalisten von zentraler Bedeutung (Achleitner & Bassen, 2000). Jede dieser Zielgruppen hat bestimmte Informationsbedürfnisse, die bei der Kommunikationsarbeit berücksichtigt werden müssen. Diese Informationsbedürfnisse sollen durch den Auf- und Ausbau einer umfassenden Informationsstrategie befriedigt werden, um Anleger, Analysten und Interessenten mit den neuesten Unternehmensnachrichten und Daten zu versorgen und so eine breite Öffentlichkeit herzustellen (Peters, 2000).

Finanzanalysten

Finanzanalysten - auch **Sell-Side-Analysten** genannt - sind zumeist für Investmentbanken, Universalbanken und Brokerhäuser tätig (Faitz, 2000). Ihre Aufgabe ist vor allem das Verfassen von Studien, in welchen Unternehmen, Märkte und Branchen möglichst unparteiisch analysiert werden (Nix, 2000). Diese Studien münden in der Regel in eine Handlungsempfehlung für Investoren ("buy", "hold" oder "sell") (Achleitner & Bassen, 2001; Drill, 1995). Analysten erhöhen die Transparenz des Kapitalmarktes und nehmen den Investoren die anspruchsvolle und zeitintensive Aufgabe der eingehenden Analyse einzelner Investitionsoptionen ab (Diehl, 2001). Um die Unabhängigkeit der Analystenmeinung sicherzustellen und um eine kursmanipulierende Zusammenarbeit von Analysten und Anlageberatern zu unterbinden, wird daher auch innerhalb von Banken auf eine strikte organisatorische Trennung, so genannte ‚chinese walls', zwischen diesen Bereichen Wert gelegt. Finanzanalysten der Sell Side unterhalten in der Regel ein Universum (Anzahl beobachteter Unternehmen) von bis zu 15 Unternehmen, meist aus derselben Branche. Sie prognostizieren in ihren Studien langfristige Unternehmensentwicklungen und formulieren Kursziele für deren Aktien. Aufgrund der Intensität und Tiefe ihrer Analysen benötigen Finanzanalysten entsprechend detaillierte Informationen. Auch Analysten betrachten dabei seit einigen Jahren vermehrt neben den rein quantitativen Daten auch immaterielle Vermögenswerte und weitere qualitative Unternehmensfaktoren (DIRK, 2007). Analysten-empfehlungen sind ein wesentlicher Einflussfaktor bei der Entwicklung des Marktsen-timents (Gerke, 2000). Kauf- und Verkaufsempfehlungen beeinflussen unmittelbar das Kapitalmarktimage einer Aktiengesellschaft. Auf Äusserungen von so genannten "Staranalysten" der Grossbanken reagiert der Markt dabei mit enormer Geschwindig-keit.

Neben den Finanzdienstleistern stellen heute häufig auch grosse institutionelle Inves-toren eigene Research-Teams – die so genannte **Buy-Side-Analysten**. Diese konzent-rieren ihre Analysetätigkeiten auf die Bedürfnisse des eigenen Hauses und gehen daher gezielt auf die von den eigenen Fonds- und Portfoliomanagern nachgefragten Informationen ein (Faitz, 2000). Entsprechend richtet sich auch die Universumsgrösse der Buy-Side-Analysten nach den hauseigenen Fonds und Portfolios – sie kann teil-weise mehrere hundert Titel umfassen. Aufgrund dieses grösseren Untersuchungs-spektrums verwenden Finanzanalysten der Buy Side, im Vergleich zu ihren Kollegen von der Sell Side, tendenziell wesentlich weniger Analysezeit pro Titel. Für Detailab-klärungen, zusätzliche Standpunkte und als Rückversicherung greifen Buy-Side-Analysten daher auch gerne auf die Analysen der Sell Side zurück. Da ihre Tätigkeit ausschliesslich auf einen institutionellen Investor beschränkt ist, stehen Buy-Side-Analysten kaum im öffentlichen Rampenlicht. Bisweilen können sie dadurch auch kritischer analysieren als ihre Kollegen von der Sell Side.

Institutionelle Investoren

Institutionelle Investoren - auch Buy Side genannt - unterscheiden sich von den Privat-investoren durch deutlich höhere Anlagevolumina und entsprechend gestaltete, spezi-fische gesetzliche Auflagen und Anlagerichtlinien. Institutionelle Investoren fällen ihre Anlageentscheidungen meist in Teams. Grundlage sind dabei rational kalkulierte Be-wertungskriterien (wie z.B. Kurs-Gewinn-Verhältnis, Sum-of-the-parts, EV/EBITDA und Cashflow pro Aktie) sowie eine umfassende Unternehmensanalyse. Zu den wich-tigsten institutionellen Investoren gehören Versicherungen und Investmentfonds (Nix, 2000). Kapitalanlagegesellschaften betreiben Vermögensverwaltung sowohl für institu-tionelle als auch für private Investoren (Publikumsfonds). Vor allem die Fonds aus dem angelsächsischen Raum spielen aufgrund der ihnen zur Verfügung stehenden umfangreichen Mittel eine bedeutende Rolle auf dem Kapitalmarkt.

Institutionelle Investoren streben eine möglichst grosse Unabhängigkeit von Brokern an und verlassen sich daher zunehmend auf ihr eigenes Inhouse-Research (Analysten der Buy Side). Häufig entscheidet im Rahmen der Anlagerichtlinien folglich ein Team aus Buy-Side-Analysten und Portfoliomanagern über die Portfoliogestaltung. Die daraus resultierende Autarkie im Anlageverhalten der institutionellen Investoren lässt die Bedeutung eines direkten Kontaktes von Unternehmen zu diesen Investoren deut-lich ansteigen und hat entsprechende Auswirkung auf die Investor Relations. Grosse Investoren legen Wert auf eine persönliche Kenntnis des Investitionsobjektes. Möglich wird dies vor allem durch Unternehmensbesuche und persönliche Gespräche mit dem Unternehmensmanagement, in denen unter anderem auch die Unternehmensstrategie und langfristige Wachstumschancen besprochen werden. Für Fondsmanager sind bis zu 150 Unternehmensgespräche pro Jahr keine Seltenheit. Sie verfügen über ein hohes Branchen-Know-how und nutzen auch die Möglichkeit, die Einschätzungen der Wettbewerber in Unternehmensbewertungen einfliessen zu lassen. Letztlich basiert der Investmententscheid eines institutionellen Investors also auf in Einzelgesprächen gewonnenen Eindrücken, Meinungen der Sell-Side-Analysten und den Ergebnissen des eigenen Research. Die Transparenz der Unternehmenskommunikation, die Möglichkeit zum offenen und kommunikativen Meinungsaustausch spielt dabei eine erhebliche Rolle. Das Interesse des betroffenen Unternehmens ist es in der Regel, langfristig orientierte und an der Wertsteigerung des Unternehmens interessierte Investoren im In- und Ausland zu finden.

Privatinvestoren

Der Kontakt zu Privatinvestoren ist für Unternehmen besonders arbeits-, zeit- und kostenintensiv. Dabei kann sich ein hoher Streubesitz unter privaten Aktionären durchaus positiv auf die Kursentwicklung einer Unternehmensaktie auswirken. Dies ist vor allem auf die meist langfristige Orientierung und die hohe Loyalität der Privataktionäre zurückzuführen. Sie unterliegen nicht dem starken Performancedruck der institutionellen Anleger. Ihre Anlageentscheidungen basieren in der Regel nicht auf komplexen analytischen Modellen, sondern vielmehr auf einer persönlichen Bindung zum Unternehmen, Sympathien und Antipathien oder der generellen Reputation des Unternehmens. Laufende Käufe und Verkäufe einzelner Privataktionäre schlagen sich im regulären Aktienhandel kaum in der Kursentwicklung nieder. Auch wenn Privataktionäre heute in der Wahrnehmung des Kapitalmarkts nicht die dominierende Rolle spielen, dürfen Unternehmen diese Gruppe in ihrer IR-Arbeit nicht vernachlässigen. Sie bilden sozusagen das gesunde Finanzfundament, auf dem das Unternehmen zu strategischen Entscheidungen befähigt wird. Bei der Kommunikation mit Privataktionären ist zu berücksichtigen, dass ihr Kenntnisstand in der Regel nicht dem der professionellen Kapitalmarktteilnehmer entspricht. Folglich bieten sich hier neben den genannten Instrumenten der Hauptversammlung und des Internets vor allem Finanzanzeigen, TV-Spots, Aktienbroschüren, Aktionärsmessen und die regelmäßige Berichterstattung als Kommunikationsbasis an.

Finanzmedien

Ähnlich den Analysten erfüllen auch Finanzmedien bzw. Finanzjournalisten eine Mittler- und Multiplikatorfunktion zwischen Unternehmen und Anlegern (Drill 1995). Im Unterschied zu den Analysten interessieren sich Journalisten jedoch neben den bloßen Zahlen und Fakten vor allem auch für die Geschichten, die Geschehnisse und Abläufe, die hinter den wirtschaftlichen Aktivitäten eines Unternehmens stehen. Journalisten erzählen Geschichten, die - wenn ihnen die Auflagenentwicklung ihres Mutterblattes am Herzen liegt - vor allem auch die menschliche Seite der Wirtschaft behandeln müssen. Dass die Intentionen der Journalisten durchaus vielschichtig, teilweise auch intransparent sein können, sollte dabei bei der Ausgestaltung der Investor-Relations-Maßnahmen Berücksichtigung finden. Hinzu kommt, dass der Beruf des Journalisten kein geschützter ist – „Journalist" ist somit mehr eine Tätigkeitsbeschreibung, als eine Berufsbezeichnung. Entsprechend sehen sich Unternehmen auf Seiten der Finanzmedien häufig höchst unterschiedlichen Qualifikationsprofilen gegenüber und Missverständnisse und Fehlinterpretationen in der Berichterstattung sind keine Seltenheit.

Finanzmedien bewegen sich in ihrem Aussagegehalt zwischen zwei Polen: Auf der einen Seite stehen diejenigen, die sich der reinen journalistischen Berichterstattung verpflichtet fühlen und prinzipiell keine Investitions-Empfehlungen abgeben. Auf der anderen Seite stehen Medien, die ähnlich den Analysten – und häufig unter Bezugnahme auf diese – eindeutige Anlagetipps abgeben. Da sich Analysten wiederum aus Finanzmedien informieren, entsteht so ein Informationskreislauf zwischen Journalisten und Analysten (Rosen & Gerke, 2001). Im Rahmen ihrer Kommunikationspolitik informieren Unternehmen gleichermassen Journalisten, Analysten und Investoren. Journalisten fragen darüber hinaus aktiv Informationen bei Unternehmen und auch bei Analysten ab (Groth, 2006). Im Rahmen ihrer Berichterstattung informieren sie dann wiederum den gesamten Kapitalmarkt, wozu natürlich auch die gegenwärtigen und potentiellen Investoren eines Unternehmens gerechnet werden müssen. Im Rahmen von empirischen Studien konnte für solche Informationen eine Wirkung am Kapitalmarkt nachgewiesen werden (Groth, 2006).

4.1.2 Inhalte

Die Informationsprofile der dargestellten Anspruchsgruppen lassen bereits erste Schlüsse auf die zentralen Inhalte eines IR-Programms zu. Diese umfassen in der Regel allgemeine Informationen zu Unternehmen und Unternehmensumfeld, Finanzdaten, Kennzahlen und (je nach Branche) Segmentberichterstattung sowie Prognosen und Informationen zu den immateriellen Vermögenswerten eines Unternehmens. IR-Inhalte werden zu verschiedenen Anlässen ermittelt, aufbereitet und kommuniziert. Die umfangreichsten IR-Tätigkeiten fallen im Rahmen der Jahresberichterstattung an. Aber auch die unterjährige Berichterstattung sowie weitere Presse- und Analystenkonferenzen erfordern die kontinuierliche und professionelle Aufbereitung von Unternehmensinformationen. Auf zwei besonders wichtige inhaltliche Aspekte der Finanzkommunikation, den Publizitätszwang sowie die Bedeutung des Ausblicks und der Prognosen, wird im Folgenden eingegangen.

Publizitätszwang

Jedes börsenkotierte Unternehmen untersteht einem Publizitätszwang, den das Börsengesetz und speziell die Kotierungsreglemente dem Emittenten auferlegt, und muss die Finanzmarktteilnehmer, d.h. private und institutionelle Investoren, Analysten und die Presse, gleichberechtigt über potenziell kursrelevante Veränderungen informieren. Ein besonderer Bestandteil dieses Publizitätszwanges ist die Ad-hoc-Publizität. Darunter wird die Verpflichtung verstanden, bei Eintritt eines aussergewöhnlichen, erheblich kursrelevanten Ereignisses die Öffentlichkeit unverzüglich zu informieren. Als kursrelevant gelten neue Tatsachen, die wegen ihrer beträchtlichen Auswirkungen auf die Vermögens- und Finanzlage oder auf den allgemeinen Geschäftsgang des Unternehmens geeignet sind, zu einer erheblichen Änderung der Kurse zu führen. Typische Ereignisse, die eine Ad-hoc-Publizitätspflicht auslösen, sind Gewinnwarnungen und Korrekturen von eigenen Prognosen, Investitionsvorhaben und signifikante Vertragsabschlüsse, grössere Wechsel in der gesellschaftlichen Tätigkeit, der Konzern- bzw. Kapitalstruktur, die Bekanntgabe von Sanierungsmassnahmen sowie andere unerwartete oder erhebliche Vorkommnisse, z.B. Währungsrisiken, Störfälle und Krisen. In diesem Zusammenhang ist es unbedingt erforderlich, die gleichberechtigte Information aller Kapitalmarktteilnehmer sicherzustellen: Für kotierte Unternehmen besteht die Verpflichtung, den Markt gleichzeitig und im gleichen Umfang zu informieren, sobald es von der preissensitiven Tatsache in ihren wesentlichen Punkten Kenntnis hat.

Ausblick und Prognosen

Analysten und Investoren streben eine möglichst zuverlässige Einschätzung der Geschäftsentwicklung eines Unternehmens an. Daher kommt neben der vergangenheitsorientierten Berichterstattung der Angabe von Prognosen und Zukunftserwartungen eine zunehmende Bedeutung zu. So sind beispielsweise Daten zur erwarteten Konjunktur- und Währungsentwicklung auf den relevanten Märkten fundamental für die Berechnung von Ertrags- und Gewinnschätzungen. Analysten erarbeiten anhand dieser Daten und ihrer Implikationen für die Nachfrage- und Wettbewerbsentwicklung Prognosen der wirtschaftlichen Entwicklung eines Unternehmens, die bis zu 15 Jahre in die Zukunft reichen. Offensichtlich hat die Entwicklung und Einführung von neuen Produkten und Dienstleistungen einen entscheidenden Einfluss auf die zukünftige Entwicklung eines Unternehmens. Exemplarisch lässt sich dies an der Pharmabranche verdeutlichen, die sich durch hohe Investitionen in Forschung & Entwicklung und eine Konzentration des Umsatzes auf nur wenige Produkte auszeichnet.

Für Investoren und Analysten ist daher ein Einblick in den Entwicklungsstand beziehungsweise die Pläne für die Markteinführung neuer Produkte von zentraler Bedeutung. In diesen Fällen sollten auch Angaben zur Nachfrage- und Wettbewerbssituation einzelner Produktinnovationen getätigt werden. Ebenso interessieren Angaben zur Fertigungstechnik, dem Rohstoffverbrauch, Fertigungszeiten und -kapazitäten sowie Personalbedarf. Auch ein Ausblick auf die erwartete Entwicklung bei Lieferanten und

Kunden kann – soweit möglich – für Investoren und Analysten von hoher Relevanz sein. Beispielsweise würde ein möglicher Preiskampf auf Seiten der Lieferanten eine positive Kostenentwicklung erwarten lassen. Umgekehrt könnte aber zum Beispiel eine Konzentration von Grosskunden negative Auswirkungen auf Preise und damit Margen implizieren.

Da vor allem Wachstumschancen für die Entwicklung eines Unternehmens entscheidend sind, sind schliesslich auch Angaben zu geplanten Investitionen oder möglichen Akquisitionen von zentraler Bedeutung. Deren Auswirkungen auf den Kapitalbedarf des Unternehmens betreffen vor allem die Investoren unmittelbar. Die Prognosen eines Unternehmens bezüglich der eigenen Umsätze, Ergebnisse und Kennzahlen bieten in der Regel den Abschluss und die Zusammenfassung einer jeden IR-Präsentation. Dennoch sollte sich das Management darüber im Klaren sein, dass die Angabe genauer Prognosen mit hohen Risiken verbunden ist. Denn selbstverständlich werden die Kapitalmarktteilnehmer das Unternehmen in den folgenden Perioden an diesen Aussagen messen. Sollte eine solche Prognose nicht eingehalten werden können, sind häufig gravierende Kursverluste die Folge. Viele Unternehmen sind daher dazu übergegangen, nur noch gewisse Entwicklungsbandbreiten zu veröffentlichen. Manche verzichten gar völlig auf die Herausgabe von Gewinnprognosen.

4.2   Umsetzung der Investor Relations

Ausgehend von der dargestellten strategischen Zielsetzung und den angesprochenen Informations- und Kommunikationsbedürfnissen steht dem Unternehmen eine Reihe von Kommunikationsinstrumenten zur Verfügung, um seiner Verpflichtung zur Versorgung des Kapitalmarkts mit relevanter Information nachzukommen. Ihr Einsatz wird in der Regel weit im Voraus mittels eines Finanzkalenders geplant, so dass die wichtigsten Anlässe, wie z.B. die Generalversammlung oder die Analystenkonferenz, bereits ein Jahr vorher feststehen und publiziert werden können. Einige dieser Instrumente sind gesetzlich vorgeschrieben und vom Kotierungsreglement festgelegt. Die Erwartungen an Investor Relations gehen heute deutlich über die vorgeschriebene Mindestpublizität hinaus. Durch zusätzliche freiwillige Kommunikationsanstrengungen kann ein Unternehmen eine vertrauensvolle Beziehung zur Finanzöffentlichkeit aufbauen.

Abbildung 4-2: Das Investor Relations-Jahr im Überblick (Porák & Fieseler, 2005)

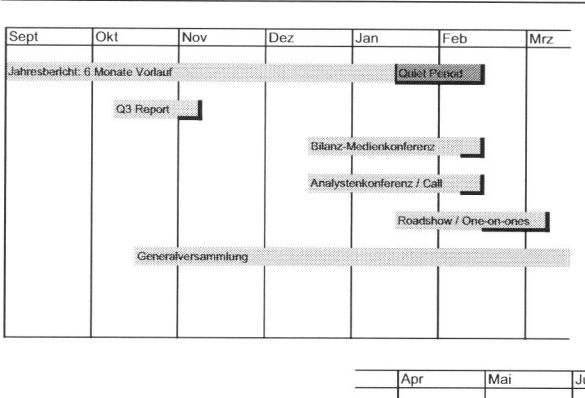

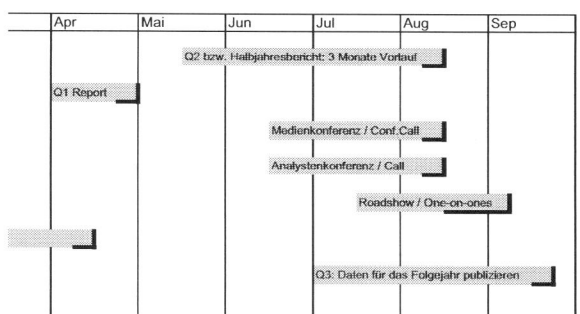

4.2.1 Publikationen

Reports: Jahres- & Zwischenbericht

Jahres- und Halbjahresberichte sind gesetzlich vorgeschriebene und von einer Revisionsstelle zu prüfende Rechenschaftsberichte, die periodisch erscheinen. Jahresberichte stellen die Unternehmensentwicklung umfassend dar. Die **Halbjahres**- und die freiwilligen Quartalszwischenberichte fokussieren hingegen ausschliesslich auf kapitalmarktrelevante Informationen. Der **Jahresbericht** ist die offizielle Informationsquelle für eine Vielzahl von Anspruchsgruppen. Neben der Finanzsituation stellt das Unternehmen darin auch seine Vision, Strategie und Identität dar. Mit den **Zwischenberichten** wendet sich das Unternehmen hingegen hauptsächlich an Analysten und Investoren und konzentriert sich stark auf die zahlenorientierte Darstellung seiner aktuellen finanziellen Entwicklung

Fact Books & Fact Sheets

Ein Fact Book ist ein umfassendes schriftliches Auskunftsinstrument über das Unternehmen; Fact Sheets sind die auf zwei bis vier Seiten zusammengefasste Version des Fact Books. Mit dem **Fact Book** stellt das Unternehmen der Finanzöffentlichkeit ein nicht periodengebundenes Informationsmittel zur Verfügung. In ihm wird die bisherige Unternehmensentwicklung Investoren und Meinungsbildnern gesamthaft und stark zahlenorientiert dargestellt. Ziel ist es, die grundlegenden Unternehmensinformationen zu vermitteln. Das Fact Book wird oftmals anlässlich Roadshows und Konferenzen verteilt. **Fact Sheets** dienen hingegen zur Kommunikation der Kernpunkte eines Unternehmens und werden der Informationsmappe beigelegt.

Pressemitteilung

Eine Pressemitteilung kann schriftlich sowohl in Form einer Ad-hoc-Meldung zu aktienpreissensitiven Unternehmensinformationen als auch in Form eines regelmässigen Informationsinstrumentes erfolgen. Die Ad-hoc-Publizität dient der gesetzlich vorgeschriebenen, gleichberechtigten und gleichzeitigen Bekanntgabe kursrelevanter Informationen an alle Kapitalmarktteilnehmer. Die regelmäßige Informationsarbeit schafft hingegen durch transparente Kommunikation langfristiges Vertrauen bei den Kapitalmarktteilnehmern.

Unternehmenspräsentation

Die Unternehmenspräsentation ist eine kompakte grafische Darstellung der Kernpunkte der Equity Story, welche kompakt erklärt, warum es sich lohnt, in das Unternehmen zu investieren. Sie wird als Foliensatz anlässlich Analysten-, Presse- und Industriekonferenzen, Roadshows sowie weiterer Unternehmensanlässe abgegeben. Unternehmenspräsentationen werden dazu genutzt, den mündlichen Vortrag der Geschäftsführung grafisch zu unterlegen und erleichtern so das Verständnis der Gesprächspartner.

4.2.2 Anlässe

One-on-one-Meetings

One-on-ones sind persönliche Besprechungen eines Mitglieds der Geschäftsleitung (oft zusammen mit dem Investor-Relations-Verantwortlichen) mit einem

Analysten, Fondsmanager und/oder Investor. Analysten/Fondsmanager und/oder Investoren erhalten durch das persönliche Gespräch und gezielte Fragen die Möglichkeit, sich ein umfassendes bzw. vertieftes Bild vom Unternehmen und dessen Aussichten sowie den Fähigkeiten, Einstellungen und den Zielen des Managements zu machen. Ziel des Unternehmens ist dabei, eine Vertrauensbasis bei den Kapitalmarktteilnehmern zu schaffen, die wiederum eine faire Bewertung des Unternehmens sicherstellen soll. One-on-one-Meetings finden in der Regel nach der Publikation kursrelevanter Informationen wie Jahres- oder Quartalsberichte statt.

Roadshow

Unter einer Roadshow wird eine Tournee durch meist mehrere Finanzzentren unter Mitwirkung von Mitgliedern der Geschäftsleitung sowie von Investor Relations verstanden. Es finden jeweils Präsentationen vor geladenen institutionellen Investoren und Finanzanalysten im Rahmen von Gruppenmeetings und Lunchmeetings statt, oft mit anschliessenden One-on-one-Meetings. Roadshows werden in der Regel anlässlich der Veröffentlichung von Unternehmensdaten, im Anschluss an Akquisitionen oder zur Vorbereitung auf bevorstehende Kapitalmarkttransaktionen durchgeführt. Auch bei wesentlichen Veränderungen im Unternehmen bieten sie sich an (z.B. Wechsel in der Geschäftsleitung).

Pressekonferenzen

Pressekonferenzen sind persönliche Präsentationen durch ein Mitglied der Geschäftsleitung und eventuell dem Verwaltungsratspräsidenten vor Medienvertretern. Sie dienen der Bekanntgabe von wichtigen Informationen und Ereignissen. Die ausführliche Präsentation und Diskussion ist eine vertrauensbildende Massnahme und soll eine möglichst wahrheitsgetreue Medienberichterstattung zur Folge haben.

Analystenkonferenzen

Unter einer Analystenkonferenz wird die persönliche Präsentation durch ein oder mehrere Mitglieder der Geschäftsleitung vor Sell- und Buy-Side-Analysten verstanden. Die ausführliche Darstellung und Diskussion der Finanz- und Marktsituation sowie der Unternehmenspotenziale soll eine möglichst faire Bewertung des Unternehmens bewirken. Analystenkonferenzen finden analog zur Bilanzpressekonferenz statt und dienen der Vorstellung des Jahresabschlusses und zur Präsentation des neuen Geschäftsjahres sowie weiterer kapitalmarktrelevanter Ereignisse.

Generalversammlung

Die Generalversammlung ist die rechtlich vorgeschriebene jährliche Zusammenkunft der Anteilseigner eines Unternehmens. Sie stellt das aktienrechtliche Beschlussfassungsorgan des Unternehmens dar. Zudem ist sie Aushängeschild und Visitenkarte eines Unternehmens gegenüber seinen Anteilseignern und ein wichtiges Instrument zur Imagebildung vor allem gegenüber Privatinvestoren.

Investorenkonferenz

Investorenkonferenzen sind Veranstaltungen, bei denen sich mehrere Unternehmen mit ihren Finanz- und Produktpräsentationen potentiellen Investoren vorstellen. Diese Konferenzen werden meist von einem Brokerhaus organisiert. Ein Mitglied der Geschäftsleitung erhält die Möglichkeit, die Equity Story des Unternehmens vor einer grossen Anzahl von ausgewählten und interessierten, meist institutionellen, Anlegern mit relativ geringem Aufwand zu präsentieren. Die Teilnahme ist in der Regel auf Einladung, oft mit Bezug auf eine spezielle Thematik, Branche oder ein bestimmtes Marktsegment.

Conference Calls

Telefonkonferenzen finden zwischen Vertretern des Unternehmens - in der Regel ein Mitglied der Geschäftsleitung sowie ein Vertreter der Investor Relations - sowie Analysten und institutionellen Investoren statt. An Massentelefonkonferenzen nehmen mehrere institutionelle Investoren und Analysten teil. Einzeltelefonkonferenzen richten sich hingegen meist an einzelne Investoren mit spezifischen Fragen an das Unternehmen. Eine gezielte Adressatengruppe kann mittels eines Conference Calls kurzfristig, direkt und vergleichsweise preisgünstig über aktuelle Ereignisse und/oder Ergebnisse informiert werden. Die Gesprächspartner haben die Möglichkeit, direkt Fragen zu stellen. Das Ziel des Unternehmens ist dabei, die Kapitalmarktteilnehmer bestmöglich zu informieren, um eine faire Bewertung des Unternehmens sicherzustellen.

Unternehmensbesuche (Reverse Roadshow, Technology Day etc.)

Hierunter wird ein Unternehmensbesuch bzw. eine Werksbesichtigung von Analysten und Investoren eventuell mit anschliessender Präsentation und Möglichkeit zum Gespräch verstanden. Der Ablauf ist jener einer Unternehmenspräsentation ähnlich. Analysten und Investoren nutzen Unternehmensbesuche, um sich neben den Einstellungen und Zielen des Managements auch vor Ort ein direktes Bild vom Unternehmen machen zu können. Das Ziel aus Sicht des kotierten oder kotierungswilligen Unternehmens ist dabei, durch Transparenz eine Vertrauensbasis und so eine faire Unternehmensbewertung zu schaffen.

4.2.3 Medien / Kanäle

Telefonkontakt

Unternehmen stellen Analysten und Portfoliomanager laufend telefonisch vertiefte Informationen und Hintergründe zur Verfügung und stehen ihnen für Rückfragen offen. Dabei sind jedoch die Regeln der so genannte Fair Disclosure besonders zu beachten. Der Investor-Relations-Verantwortliche bringt ausserdem durch diese Telefonate den Wissensstand und die Einstellung der Financial Community gegenüber dem eigenen Unternehmen in Erfahrung.

Website

Mit einer Investor-Relations-Rubrik auf der Unternehmenswebsite bietet das Unternehmen eine schnelle, aktuelle und jederzeit abrufbare Auskunftsmöglichkeit für Investoren, Analysten, Journalisten und die breite Öffentlichkeit an. Zudem wird die IR- Abteilung durch eine gute Website von vielen Routineanfragen entlastet. Ein Standardisierung kann sich durch den Einsatz von XBRL (eXtensible Business Reporting Language) ergeben, welche die einheitliche Kodierung von Finanzdaten im Internet ermöglicht, wodurch Anlegern die einfache Vergleichbarkeit von Unternehmen ermöglicht wird.

E-Mail

Unternehmen bieten mittels E-Mail der Finanzöffentlichkeit die Möglichkeit, gezielt bestimmte Materialien anzufragen und spezifische Fragen an die Investor-Relations-Abteilung zu stellen. Der IR-Verantwortliche kann auf der Gegenseite mit Hilfe von E-Mail im direkten Kontakt mit Analysten und Portfoliomanagern stehen und nach Bedarf Dokumente ohne Zeitverzögerung versenden.

Informationsintermediäre

Informationsintermediäre beliefern die globalen Finanzmärkte, Nachrichtenmedien und Industrieunternehmen mit Nachrichten und Daten. Mit ihrer Hilfe kann ein Unternehmen andere Informationsinstrumente einer breiten Öffentlichkeit zugänglich machen. Zu den bekanntesten zählen u.a. Bloomberg, Reuters, Multex, Telekurs und hugin. Unternehmen können Informationsintermediäre zur Übermittlung von Information in Form von Press Releases, Video und Audio Webcasts, Conference calls, Massen-E-Mails und Fax an Kapitalmarktteilnehmer und Medienvertreter nutzen. Durch die zeitgleiche Verteilung von Unternehmensinformationen wird die Einhaltung der Grundsätze der Fair Disclosure sichergestellt („to make material nonpublic information public").

4.3 Wirkung und Kontrolle von Investor Relations

Unternehmen wenden jährlich bedeutende Beträge für die Investor Relations auf. Die grosse – und bis heute immer noch weitgehend ungelöste – Frage ist jedoch: welche dieser Investitionen in Kommunikation zahlen sich aus und welche nicht? Und wie kann der Erfolg von IR gemessen werden? Dies impliziert die Frage nach der Zurechnung des Einflusses von Kommunikationsmassnahmen auf möglichst quantitativ messbare Erfolgsmasse.

Bisher gibt es nur unzureichend Ansätze, den Return on Investor Relations, den direkten Nutzen eindeutig zu bestimmen. Zu viele und zum Teil noch nicht berücksichtigte Einflussfaktoren und Erfolgsmasse wie z.B. die Investorenzufriedenheit oder das Vertrauen verhinderten bisher eine eindeutige Zurechnung von Ursache und Wirkung. Eine aktuelle Studie liegt hierzu von Ridder (2006) vor, der vor allem die wahrgenommene Informations- und Interaktionsqualität als Erfolgsindikator herausstellt. Eine Erfolgsmessung im Bereich Investor Relations erfordert zunächst eine klare Vorstellung von dem, was überhaupt gemessen werden soll: Output (z.B. Medienberichterstattung über börsenrelevante Ereignisse), Outgrowth (z.B. Messung, wie viele Personen aus den relevanten Zielgruppen gesendete Botschaften aufgenommen haben, Perception Studies), Outcome (z.B. Messung von Einstellungen und Verhalten, die durch Massnahmen der Investor Relations beeinflusst wurden) oder Outflow (monetäre Auswirkungen des Outcome, z.B. Auswirkung auf die Volatilität). Auf welcher der dargestellten Ebenen die eigentliche Erfolgsmessung stattfinden soll, muss je nach Einsatzzweck bestimmt werden, hängt damit vom jeweiligen Unternehmen ab und bestimmt zudem die Wahl von Zielgrössen bzw. Erfolgsmassen und den Einsatz von geeigneten Messmodellen und -instrumenten. Im IR-Kontext ist ein für den Erfolg der Investor Relations relevanter Einflussfaktor z.B. in der Qualität der kommunizierten Informationen zu sehen. Die Informationsqualität kann dabei durch eine Reihe von Indikatoren wie z.B. der Verständlichkeit gemessen werden. Nur die Erfolgsfaktoren, welche nachweislich von den Investor Relations (zumindest teilweise) beeinflusst werden und eine Auswirkung auf qualitative (z.B. Vertrauen) oder quantitative (z.B. Aktienpreis) Erfolgsmasse haben, können in der Erfolgsmessung berücksichtigt werden. Dabei sollten jene Erfolgsmasse, welche kausal von den identifizierten Erfolgsfaktoren beeinflusst werden, in ein entsprechendes Zielsystem der Investor Relations einfliessen.

4.3.1 Quantitative Methoden

In der Praxis haben sich verschiedene Methoden etabliert, die sich allesamt im Bereich der Output- und Outgrowth-Messung bewegen. Unter den Quantitativen Methoden lassen sich (nicht abschliessend) folgende Methoden unterscheiden:

▓ **Aktienkurs**: Investor-Relations-Maßnahmen beeinflussen indirekt den Aktienkurs von Unternehmen, indem die Informationsasymmetrie zwischen Unternehmen und Finanzgemeinde durch Offenlegung von relevanten Informationen abgebaut wird. Eine erhöhte Transparenz führt zu einem höheren Vertrauen, wodurch der Risikoabschlag geringer ausfällt. Aufgrund der einfachen Verfügbarkeit ist die Aktienkursentwicklung eine einfach anzuwendende Beurteilungsgrösse, die in der Regel im Verhältnis zur Peer Group oder zu einem führenden Index betrachtet wird (Performancevergleich).

▓ **Volatilität**: Die Volatilität einer Aktie misst die Schwankung des Einzeltitels um seinen Durchschnitt. Ein kontinuierliches Erwartungsmanagement (Guidance) soll die Volatilität der Einzelaktie gering halten.

▓ **Aktionärsstruktur**: Die Ermittlung der Aktionärsstruktur gibt Aufschluss über das Verhältnis von institutionellen Investoren, Privatanlegern, ausländischen Investoren, etc. – insoweit die Aktionäre überhaupt identifiziert werden können. Eine breite Streuung ist Voraussetzung für eine geringe Volatilität. Durch den Vergleich der periodisch erhobenen Aktionärsstruktur kann nachvollzogen werden, wie sich IR-Maßnahmen auf einzelne Zielgruppen ausgewirkt haben.

▓ **Kapitalkosten**: Es gibt Anzeichen dafür, dass eine geringe Volatilität/Beta einen senkenden Einfluss auf die Kapitalkosten hat. Bei geringen Kapitalkosten, werden zukünftige Cashflows in der Unternehmensbewertung geringer abgezinst, was sich positiv auf den Shareholder Value auswirkt.

Das Problem bei allen quantitativen Maßen ist, dass die Zielgrössen zwar messbar sind, jedoch eine direkte Kausalität zwischen Investor Relations und diesen Größen bisher nicht schlüssig nachgewiesen werden konnte. Aus diesem Grund behilft sich die Praxis in der Regel mit qualitativen Methoden der Erfolgs- bzw. Leistungsmessung.

4.3.2 Qualitative Methoden

▓ **Feedback von Analysten und Investoren**: Durch Befragung (persönlich, Fragebogen) von Analysten und Investoren können Rückschlüsse auf die Qualität der Investor Relations gezogen werden. Nachteile können dabei einerseits die Repräsentativität der Aussagen (Auswahl der Gesprächspartner – besonders bei Privatinvestoren) und die Wahl des Zeitpunkts der Befragung sein.

▓ **Analyst Coverage**: Die Analyst Coverage wird ebenfalls als Indiz für die Qualität der Investor Relations herangezogen. Analysten werden diejenigen Unternehmen bevorzugt abdecken, welche ihnen möglichst wenig Aufwand bei der Recherche verursachen und vergleichbar gute Informationen zur Verfügung stellen.

- **Inhaltsanalyse von Research-Reports der Sell Side**: Durch Vergleich der Research-Reports verschiedener Analysten der Sell Side lassen sich Abweichungen feststellen. Treten hier bei einem Unternehmen starke Abweichungen auf, kann unter anderem auf Fehler in der Kommunikation geschlossen werden.

- **Perception Studies**: Perception Studies stammen ursprünglich aus der Verhaltens- und Verkaufspsychologie. Mittlerweile ist die Perception Study ein wichtiges Feedback-Instrument geworden: Durch sie wird anhand von Befragungen von Kapitalmarktteilnehmern erhoben, ob die von den Investor Relations kommunizierten Botschaften bei den professionellen Kapitalmarktteilnehmern richtig angekommen sind.

- **Medienmonitoring & Medienresonanzanalyse**: Medien bleiben weiterhin eine wichtige Informationsquelle für Kapitalmarktteilnehmer. Somit ist es für die IR bedeutend, was und wie in den Medien über das Unternehmen berichtet wird. Mit dem Instrument des Medienmonitoring (Clippings) wird die Häufigkeit der Berichterstattung erfasst. Mittels der Medienresonanzanalyse wird die Berichterstattung zudem auch inhaltlich auf Korrektheit und Interpretation analysiert.

- **Nutzung der Investor-Relations-Webseiten**: Die Resonanz im Internet wird meist durch Zugriffsstatistiken (Page Impressions, Sessions, Hits, etc.) gemessen. Werden Feedback- bzw. Anfrage-Möglichkeiten wie Kontaktformulare genutzt? Welche Publikationen werden abgerufen oder über das Web online bestellt? Allerdings ist durch eine reine Zugriffsstatistik nur eine pauschale Aussage über die Nutzung möglich. Eine Differenzierung nach Zielgruppen, wie auch eine Qualitätsbeurteilung, ist – in Abhängigkeit vom dargebotenen Inhalt – meist nicht möglich.

- **Anzahl Teilnehmer an IR-Konferenzen, Conference Calls, Präsentationen und weiteren Events**: Die Anzahl teilnehmender Analysten, Investoren und Medienvertreter an Anlässen wie Präsentationen, Konferenzen oder Technology Days spiegelt das Interesse am Unternehmen wider, kann aber auch Resultat und damit Indikator einer gelungenen Investor-Relations-Arbeit sein.

- **IR-Ratings**: Die Deutsche Vereinigung für Finanzanalyse und Asset (DVFA) veröffentlicht seit 11 Jahren jährlich ein IR-Ranking, welches die Meinungen von Analysten und Fondsmanagern zu Kriterien wie Transparenz, Kontinuität und Track Record widerspiegelt. Dieses wird in der Zeitschrift Capital veröffentlicht.

Sobald valide und auch praktikable Methoden der Erfolgsmessung von Investor Relations zur Verfügung stehen, kann der Management-Kreislauf der Investor Relations (vgl. Abbildung 4-1) durch eine geeignete Kontrolle geschlossen werden (Piwinger & Porák, 2005). Erst dann ist eine erfolgsorientierte Planung und Steuerung der Investor Relations möglich (Porák, 2005).

5   Schlussbemerkungen

Der vorliegende Beitrag kann nur eine grobe Einführung in das komplexe Thema der Finanzkommunikation geben. Zu vielfältig und vielschichtig ist das gesamte Aufgabengebiet, als dass es hier umfassend dargestellt werden könnte. Teilaspekte seien an dieser Stelle nochmals in Kürze genannt:

- Die Aufgabe der Investor Relations ist die Versorgung des Kapitalmarkts mit relevanten Informationen zum Unternehmen, seinem Geschäftsverlauf, seiner Strategie sowie den Zukunftsaussichten. Gleichzeitig beraten die Investor Relations das Management bei kapitalmarktrelevanten Entscheidungen. Somit sind Investor Relations ein „Sprachrohr" zwischen Unternehmen und Kapitalmarkt.

- Investor Relations sind stark interdisziplinär ausgerichtet. Praktiker in diesem Bereich werden bevorzugt Generalisten sein, die Erfahrungen in den Bereichen der Unternehmensfinanzierung (intern) bzw. der Unternehmensbewertung (extern) gesammelt haben.

- Die Informationsansprüche der Financial Community an ein börsennotiertes Unternehmen sind vielfältig und stellen entsprechend hohe Anforderungen an die Investor Relations im Hinblick auf Inhalte, Gleichbehandlung und vor allem Timing.

- Investor Relations sind eine stark beziehungsorientierte Aufgabe. Es gilt, verschiedenste Anspruchsgruppen gleichermassen mit Informationen zu versorgen. Dazu haben die Investor Relations eine ganze Reihe von Instrumenten hervorgebracht, die von Publikationen über persönliche Kommunikation bis zum Einsatz neuer Medien reicht.

- Ein großer Anteil der Arbeit der Investor Relations ist gesetzlich geregelt, woraus ein recht enges Korsett aus Ansprüchen und Auflagen an die Investor Relations resultiert – in inhaltlicher wie in zeitlicher Perspektive. Kommunikationsfehler können schnell eskalieren und führen zu Abstrafungen durch Anleger.

Investor Relations sind eine noch junge Disziplin. Auch wenn sich Aufgabenfelder und bewährte Strukturen bereits herauskristallisiert haben, gibt es - besonders im Feld der Wirkungs- und Erfolgsmessung - reichlich Entwicklungspotential. Dies wird in den nächsten Jahren zu vermehrter Forschung im Bereich der Kommunikations-Kontrolle führen.

Literaturverzeichnis

Achleitner, A. & Bassen, A. (Hrsg.). (2001). *Investor Relations am Neuen Markt. Zielgruppen, Instrumente, rechtliche Rahmenbedingungen und Kommunikationsinhalte.* Stuttgart: Schäffer-Poeschel.

Achleitner, A., Bassen, A. & Pietzsch, L. (2001). *Kapitalmarktkommunikation von Wachstumsunternehmen. Kriterien zur effizienten Ansprache von Finanzanalysten.* Stuttgart: Schäffer-Poeschel.

Achleitner, A., Groth, T. & Pietzsch, L. (2005). Bestimmungsfaktoren der Analystenabdeckung. *Finanzbetrieb, 7* (4), 261-272.

Allendorf, G. (1996). *Investor Relations deutscher Publikumsgesellschaften – eine empirische Wirkungsanalyse.* Dissertation, European Business School Oestrich-Winkel.

Arbel, A. (1985). Generic Stocks: An old product in a new package. *Journal of Portfolio Management, 11,* 4-13.

Bushee, B. & Miller, G. (2007). *Investor Relations, Firm Visibility, and Investor Following.* Online unter: http://ssrn.com/abstract=643223

Coenenberg, A. & Federspieler, C. (1999). Zwischenberichterstattung in Europa – Der Informationsgehalt der Zwischenberichterstattung deutscher, britischer und französischer Unternehmen. In G. Gebhardt & B. Pellens (Hrsg.), *Rechnungswesen und Kapitalmarkt, Beiträge anlässlich des Symposiums zum 70. Geburtstag von Prof. Dr. Dr. h.c. mult. Walther Busse von Colbe, Zfbf-Sonderheft 41,* 167-198.

DB Research (1999). *IphOria – the Millenium Fitness Programme.* Frankfurt am Main: Deutsche Bank Research.

Diehl, U. (2001). Investmentanalysten. In A. Achleitner & A. Bassen (Hrsg.), *Investor Relations am Neuen Markt. Zielgruppen, Instrumente, rechtliche Rahmenbedingungen und Kommunikationsinhalte* (S. 397-420). Stuttgart: Schäffer-Poeschel.

DIRK, (2007). *Corporate Perception on Capital Markets - Qualitative Erfolgsfaktoren der Kapitalmarktkommunikation.* Hamburg: Deutscher Investor Relations Verband.

Drill, M. (1995). *Investor Relations. Funktion, Instrumentarium und Management der Beziehungspflege zwischen schweizerischen Publikums-Aktiengesellschaften und ihren Investoren.* Bern: Haupt.

Faitz, C. (2001). Wer sind Analysten, und wie arbeiten sie? In L. Rolke & V. Wolff (Hrsg.), *Finanzkommunikation. Kurspflege durch Meinungspflege. Die neuen Spielregeln am Aktienmarkt* (S. 171-179). Frankfurt am Main: F.A.Z.-Institut für Management-, Markt- und Medieninformation.

Francis, J., Hanna, D. & Philbrick, D. (1997). Management Communications with Securities Analysts. *Journal of Accounting and Economics, 24*, 363-394.

Gabbioneta, C., Ravasi, D. & Mazzola, P. (2007). Exploring the Drivers of Corporate Reputation: A Study of Italian Securities Analysts. *Corporate Reputation Review*, 10(2), 99–123

Grant, J. & Rogers, R. (1999). *Firm characteristics and level of analyst services: an empirical investigation.* Working Paper, Case Western Reserve University Cleveland.

Gress, F. (2001). Viele Gesichter, eine Stimme: Finanzkommunikation als Erwartungsmanagement. In L. Rolke & V. Wolff (Hrsg.), *Finanzkommunikation. Kurspflege durch Meinungspflege. Die neuen Spielregeln am Aktienmarkt* (S. 59-72). Frankfurt: F.A.Z.-Institut für Management-, Markt- und Medieninformation.

Groth, T. (2005). *Analystenempfehlungen in der Wirtschaftspresse - eine empirische Untersuchung zur Entstehung und Wirkung von Sekundärinformationen.* Dissertation, Technische Universität München.

Günther, T. & Otterbein, S. (1996). Gestaltung der Investor Relations am Beispiel führender deutscher AGs. *Zeitschrift für Betriebswirtschaft, 66*, 389-417.

Healy, P. & Hutton, A. (1999). Stock Performance and Intermediation Changes Surrounding Sustained Increases in Disclosure. *Contemporary Accounting Research, 16*, 485-521.

Lang, M. & Lundholm, R. (1996). Corporate Disclosure Policy and Analyst Behavior. *Accounting Review, 71*, 467-492.

Merton, R. (1987). A simple model of Capital Market Equilibrium with Incomplete Information. *Journal of Finance, 42*, 483-510.

Nix, P. (2000). Die Zielgruppen von Investor Relations. In Deutscher Investor Relations Kreis e.V. (Hrsg.). *Investor Relations. Professionelle Kapitalmarktkommunikation* (S.35-43). Wiesbaden: Deutscher Investor Relations Kreis.

Pietzsch, L. (2004). *Bestimmungsfaktoren der Analysten-Coverage. Eine empirische Analyse für den deutschen Kapitalmarkt.* Bad Soden im Taunus: Uhlenbruch.

Piwinger, M. & Porák, V. (2005). *Kommunikations-Controlling. Kommunikation und Information quantifizieren und finanziell bewerten.* Wiesbaden: Gabler.

Porák, V. & Fieseler, C. (2005). *Investor Relations. Grundlagen der Finanzkommunikation.* Bern: Haupt.

Porák, V. (2002). *Kapitalmarktkommunikation.* Lohmar: Eul.

Porák, V. (2005). Methoden zur Erfolgs- und Wertmessung von Kommunikation. In M. Piwinger. & V. Porák (Hrsg.), *Kommunikations-Controlling. Kommunikation und Information quantifizieren und finanziell bewerten* (S.11-55). Wiesbaden: Gabler.

Ridder, C. (2006). *Investor-Relations-Qualität: Determinanten und Wirkungen.* Wolfratshausen: Going Public Media.

Schulz, M. (1999). *Aktienmarketing: eine empirische Studie zu den Informationsbedürfnissen deutscher institutioneller Investoren und Analysten.* Dissertation, Technische Universität Berlin.

Serfling, K., Großkopff, A. & Röder, M. (1998). Investor Relations in der Unternehmenspraxis. *Die Aktiengesellschaft, 43,* 272-280.

Tiemann, K. (1997). *Investor Relations: Bedeutung für neu am Kapitalmarkt eingeführte Publikumsgesellschaften.* Wiesbaden: Gabler.

Wichels, D. (2002). *Gestaltung der Kapitalmarktkommunikation bei Finanzanalysten. Eine empirische Untersuchung zum Informationsbedarf von Finanzanalysten in der Automobilindustrie.* Wiesbaden: Deutscher Universitätsverlag.

Teil 2

Umsetzung

b) Querschnittsaufgaben

Miriam Meckel und Markus Will

Media Relations
als Teil der Netzwerkkommunikation

1 Einleitung

Der vorliegende Beitrag über Media Relations als Teil der Netzwerkkommunikation ist als Teil der übergeordneten Public Relations (siehe dazu den Beitrag von Bentele & Will in diesem Band) zu verstehen. Während Public Relations beziehungsweise Kommunikationsmanagement die gesamten Kommunikationsbeziehungen des Unternehmens mit seinen Anspruchsgruppen sowie die gesamte Palette der Kommunikationsinhalte und Kommunikationsinstrumente für das Beziehungsmanagement abdeckt, umfasst Media Relations „nur" den Teil der Beziehungen zu den Medien.

Diese Beziehungen machen allerdings einen wesentlichen Teil der Kommunikationsaktivitäten von Unternehmen aus und verdienen daher eine grundlegende Betrachtung: Media Relations (Medienbeziehungen) spielen im Netzwerk der gesamten Beziehungen eines Unternehmens zu seinen Anspruchsgruppen eine herausragende Rolle. Denn Medien bilden die Plattform für ein Beziehungsnetzwerk, das unterschiedliche Kommunikationsarenen umfasst und zum Teil auch miteinander verbindet – den Kapitalmarkt, den Arbeitsmarkt, die Gütermärkte und andere Teilmärkte.

Media Relations konstituieren sich aus Informations- und Kommunikationsbeziehungen zwischen Journalisten (Medienvertretern) auf der einen und PR-Managern (Media Relations Managern) auf der anderen Seite. Journalisten haben ihre eigenen professionellen Selektions- und Thematisierungsprogramme, mit Hilfe derer Medienprodukte entstehen. In diese Programme werden Informationen aus verschiedenen Quellen eingespeist (Nachrichtenagenturen, mediale Konkurrenzbeobachtung, Eigenrecherche, etc.). Eine inzwischen besonders wichtige Quelle sind Informationsangebote der Public Relations, die auf dem Wege der Media Relations im Journalismus Beachtung und damit in die Medienprodukte Eingang finden sollen.

Der Wirtschaftsjournalismus hat dabei wiederum eine herausgehobene Stellung: Zum einen hat er eine gesamtwirtschaftliche Bedeutung als Vermittler von Information im Wirtschaftssystem (Will, 1993) und zum anderen eine spezifische Bedeutung als Vermittler von Information zwischen Unternehmen und Anspruchsgruppen (Will, 2000b). Diese spezifische Betrachtung steht im Fokus dieses Beitrags.

Dabei wird die übergeordnete Funktion der Media Relations auf Basis der gesamten Unternehmenskommunikation im Kontext der anderen Beziehungsformen in diesem Band betrachtet – insbesondere: Finanzkommunikation (Porák, Achleitner, Fieseler & Groth) mit dem Kapitalmarkt, Lobbying (Köppl) im politischen Umfeld und Mitarbeiterkommunikation (Einwiller, Klöfer & Nies) am internen Personalmarkt. Zudem ist die vorliegende Betrachtung in die Konzeption der Integrierten Kommunikation eingebettet (siehe dazu den Beitrag von Bruhn in diesem Band).

Media Relations umfassen die *direkte externe Kommunikation* der Unternehmung mit der Zwischenzielgruppe „Medien" beziehungsweise deren Akteuren, den Journalisten. Sie zielen auf die positive Beeinflussung von Meinungen, Einstellungen, Erwartungen und Verhaltensweisen der Journalisten in Bezug auf die Unternehmung ab. Sie umfassen damit auch die *indirekte externe Kommunikation* mit dem eigentlichen Ziel und den Anspruchsgruppen des Unternehmens (Aktionäre, Kunden, Mitarbeiter etc.), die auch über die Medien erreicht werden. (In Anlehnung an Will, 2000a, S. 56)

2 Forschungskontext der Media Relations

2.1 Systemische Beziehungen zwischen Journalismus und Public Relations

Das Zusammenspiel von Wirtschaftsunternehmen und Medien, von Kommunikationsmanagern und Journalisten und die daraus abgeleitete Funktion der Media Relations werden durch die systemischen Beziehungen zwischen Journalismus und Public Relations bestimmt. Grundlage aller Unterscheidungen ist das „Werkzeug" der Systemtheorie, die dazu beitragen kann, eher einfache Beziehungsmodelle durch die funktionale Analyse aufzuwerten und zu differenzieren (Loosen & Meckel, 1999).

Aus systemtheoretischer Sicht wird dem Journalismus als gesellschaftlichem Teilsystem die Primärfunktion zugewiesen, aktuelle Themen aus den diversen Systemen (der Umwelt) zu sammeln, auszuwählen, zu bearbeiten und dann diesen sozialen Systemen (der Umwelt) als Medienangebote zur Verfügung zu stellen (Scholl & Weischenberg, 1998, S. 78). Beim Journalismus handelt es sich folglich um Prozesse der Fremdbeobachtung, deren Resultate über den Journalismus wieder in das „Beobachtungsobjekt", die gesellschaftliche Umwelt, eingebracht werden.

Für Public Relations ist schon die Beschreibung als System problematisch. Ronneberger und Rühl (1992, S. 252) bejahen die Systemizität und beschreiben PR „als besonderen Systemtypus, der besondere publizistische Themen und Mitteilungen hervorbringt, mit denen er durch sinnhaft informierende Kommunikationen öffentliche Aufmerksamkeit zu wecken versucht".

An dieser Stelle deutet sich allerdings schon die Identifikation der Primärfunktion als Problem an. Wenn diese in der PR ebenso wie im Journalismus in der öffentlichen Thematisierung bestehen soll, dann fehlt es schlicht an Abgrenzung (Scholl & Weischenberg, 1998, S. 132). Vieles spricht daher dafür, PR selbst nicht als System zu entwerfen, sondern eher als operative Ausprägung von Systemen wie Politik oder

Wirtschaft (Löffelholz, 1997, S. 188). PR wären somit die operativen Spezialprogramme sozialer Systeme, mit denen auf dem Wege der Selbstbeobachtung Themen generiert und dann der Öffentlichkeit zur Verfügung gestellt werden, um so langfristig Images zu konstruieren.

Auch wenn der Journalismus als System, Public Relations dagegen als Programm beschrieben wird, stehen beide in einer engen Beziehung zueinander, die in wissenschaftlicher Perspektive inzwischen als strukturelle Kopplung (vgl. Scholl & Weischenberg, 1998, S. 134) oder als Interpenetration bezeichnet werden. Der Vorteil dieser Konzeption liegt darin, dass in diesem Beziehungsverhältnis keine festgelegten Hierarchien existieren, es sich also eher als Zusammenspiel denn als Abhängigkeitsverhältnis interpretieren lässt.

Diese Sichtweise wird durch die Erkenntnis geschärft, dass der Journalismus zu einem hohen Maße auf Angebote der Public Relations angewiesen ist und ohne diese ein weitaus schmaleres, allein auf zeitaufwendig selbst recherchierten Informationen basierendes Themenspektrum abdecken könnte (vgl. Bentele 1995, S. 485). Gemeinsam ist allen Modellen zur Beziehung zwischen Journalismus und Public Relations jeweils eine systemische Sichtweise, die auf ein wechselseitiges funktionales Beziehungsverhältnis hinweist, bei dem Public Relations Thematisierungsleistungen für den Journalismus erbringen und der Journalismus durch seine Berichterstattung Thematisierungsleistungen für das jeweilige System erbringt, dessen operatives Programm die Public Relations darstellen.

Es gibt vor diesem Hintergrund auch keine „gute" oder „schlechte", sondern lediglich funktionale oder dysfunktionale Public Relations. In erster Linie müssen Public Relations als operative Programme sozialer Systeme nämlich **systemreferent funktional** sein. Dies sind sie eigentlich immer nur dann, wenn sie über den Umweg der journalistischen Thematisierung Öffentlichkeit erlangen.

Der „Knackpunkt" für die Media Relations liegt nun im Unterschied zwischen **Selbst- und Fremdbeobachtung sozialer Systeme**. Public Relations sind erfolgreich, wenn sie Selbstbeobachtung als vermeintliche Fremdbeobachtung ihres „Muttersystems" im System Journalismus „unterbringen" können. Dies geschieht vor allem dann mit Erfolg, wenn die Operationen des Journalismus simuliert werden. Die Bedingungen, unter denen Public Relations über die Medien „funktionieren", werden also von den Medien selbst vorgegeben.

Für die **Media Relations** bedeutet dies: Nur wenn Kommunikationsstrategien von Unternehmen die professionellen Selektions- und Thematisierungsmechanismen im Journalismus berücksichtigen und einbeziehen, sind sie systemreferent funktional. Kommunikationsangebote eines Unternehmens haben unter diesen Voraussetzungen gute Chancen, im unternehmenseigenen Sinne über den Journalismus bzw. die Medien an die Öffentlichkeit zu gelangen.

2.2   Medien in der Netzwerkgesellschaft

Um kommunikative Beziehungen zwischen Unternehmen und Medien zu gewährleisten, müssen die Media Relations „operationalisiert" werden. Es müssen also die Beziehungsnetzwerke identifiziert und gestaltet werden, die zum Ziel der im Sinne des Unternehmens gewünschten und angestrebten Informationsvermittlung und Imagegestaltung beitragen. Diese Organisation der (von Ausnahmen abgesehen) externen Media Relations war vor Beginn der Ausdifferenzierung des Mediensystems und vor dem Siegeszug des Internets deutlich weniger komplex als heute. Klare hierarchische Strukturen und organisatorische Zuordnungen prägten die Kommunikation der meisten Unternehmen.

Heutzutage gereicht dies nicht einmal mehr für die grundlegenden Anforderungen an eine professionelle Unternehmenskommunikation. Die zunehmende Ausdifferenzierung von Angebotsstrukturen, Übermittlungsplattformen und Zielgruppen hat dazu geführt, dass im Gegenzug flexible und dynamische Organisations- und Entscheidungszusammenhänge auf Seiten der Unternehmen (und anderer Akteure im gesellschaftlichen Kommunikationsprozess) für ein Gelingen der Kommunikation garantieren sollen.

So wie im **Stakeholderansatz** eine stärkere Verbindung zwischen einzelnen Anspruchsgruppen und eine Moderationsleistung der Unternehmensführung zwischen den unterschiedlichen Interessenslagen vorausgesetzt wird, zeigen sich in unserer Gesellschaft insgesamt Entwicklungen, die auf die zunehmende Bedeutung von Netzwerken und Plattformen sowie ihren „Betrieb" über Kommunikation – auch im Sinne eines Aufmerksamkeitsmanagements – hinweisen (Schmid, 2000 und 2004). Damit einhergehend lassen sich Bedeutungsverluste von klassischen Hierarchien und materiellen Gütern und Werten feststellen.

Drei Trends in Wirtschaft und Gesellschaft sorgen dafür, dass die Leistungsfähigkeit von Unternehmen immer stärker davon abhängt, wie weit sie in ein funktionales Netzwerk eingebunden sind, das Kommunikationsbeziehungen organisiert und seinerseits über Kommunikation gesteuert wird (Meckel, 2002):

1. Neue Märkte und Geschäftsmodelle (beispielsweise virtuelle Marktplätze im Business-to-Business-Sektor) entstehen auf einer primär auf Kommunikation ausgerichteten technischen Plattform; neue Themenfelder der Unternehmensagenda werden über interne Abstimmungsprozesse und entsprechende Außenkommunikation in der Gesellschaft etabliert und durch aufeinander aufbauende Sets von Entscheidungen umgesetzt;

2. Wirtschafts- und Handelsprozesse werden über Kommunikation angestoßen und in den weiteren Schritten über die Logistik und die jeweiligen Produkte „rematerialisiert";

3. Internet-Organisation und -Ablaufprozesse basieren unmittelbar auf Kommunikation und zielen auf die Vermarktung immaterieller Leistungen (Information, Beratung, Service) über Kommunikation.

Das **Internet** kann als Metapher eines veränderten Zugriffs auf Informationen, gewandelter Wissensstrukturen und Kommunikationsstrategien gelten (Meckel, 2001, S. 137). Lineare Strukturen werden durch reflexive ersetzt, Hierarchien weichen Netzwerken. Die Vernetzung ist damit weit mehr als die technische Verbindung zwischen zahlreichen Computern auf der Welt. Sie bezeichnet eine andere Art des Zugriffs und eine andere Form der (Selbst-)Organisation. Das Leben und die Arbeit mit und in Netzwerken weist einen höheren Komplexitätsgrad auf, die Kontingenz nimmt zu, die Rekombinationen werden zahl- und variantenreicher.

Die Vorteile der Vernetzung werden schon mit Blick auf die zugrunde liegende Technik deutlich. Drei Gesetzmäßigkeiten bestimmen die Entwicklungslinien der Netzwerkkommunikation (Meckel, 2001, S. 73):

▨ Gordon Moore, Gründer des Chipherstellers INTEL, prognostizierte schon in den sechziger Jahren zutreffend, dass sich die Halbleiterkapazitäten alle 18 Monate verdoppeln würden (*Moores Gesetz*). Bei gleich bleibenden Kosten verzeichnen die Computerleistungen ein exponentielles Wachstum, das auch den Vernetzungsprozess erheblich beschleunigen kann.

▨ Robert Metcalfe, Gründer von 3COM, entwickelte die These, dass der Nutzen des Netzes parallel zur Zahl seiner Nutzer steigt (*Metcalfes Gesetz*). Anders formuliert: Wenn nur ein Mensch ein Telefon besitzt, dient es höchstens zum Selbstgespräch mit geringem Nutzwert. Je mehr andere Menschen allerdings über ein Telefon verfügen, desto mehr Kommunikationsmöglichkeiten ergeben sich und desto größer wird auch der Nutzwert des eigenen Telefons.

▨ Der dritte Entwicklungsindikator wurde von dem Nobelpreisträger für Ökonomie, Ronald Coase, „entdeckt" – die Transaktionskosten (*Coase Theorem*). Während sie in den analogen Wirtschaftsprozessen häufig – abhängig von der Art des Produkts oder der Dienstleistung – recht hoch ausfallen, operiert die Netzökonomie zum großen Teil mit deutlich geringeren Transaktionskosten.

Manuel Castells (2001, S. 529) definiert diese Veränderungen als so weit reichend, dass gar ein neues Gesellschaftsmodell daraus resultiert – die **Netzwerkgesellschaft**.

> *„Wirtschaftsunternehmen und zunehmend auch Organisationen und Institutionen sind in Netzwerken mit variabler Geometrie organisiert, deren Verflechtung die traditionelle Unterscheidung zwischen Konzern und Kleinunternehmen ersetzt, sich quer durch alle Sektoren erstreckt und sich entlang unterschiedlicher geografischer Konzentrationen ökonomischer Einheiten ausbreitet."*

2.3 Netzwerkkommunikation und Kommunikationsarenen

Solche Netzwerke können als Instrument zur Komplexitätsreduktion gelten, denn sie erlauben es den Teilnehmern, durch im Netzwerk vorhandene flexible Kommunikation und Kooperationen Entscheidungen zu beschleunigen und Kompetenzen zu bündeln (Jansen, 2003). Dazu kommt, dass die gerade im kommunikativen Umfeld eines Unternehmens und seiner relevanten Öffentlichkeiten oft so besonders wichtigen nicht-kodifizierten Informationen eben besonders, manchmal auch nur in Netzwerken erhältlich sind. Durch ihren häufig informellen Charakter, durch die Emergenz (Entwicklung neuer, anderer Qualitätsstufen des Netzwerks durch seine Weiterentwicklung) und durch die „Chains of Opportunity" im Netzwerk ist es gerade für professionelle Kommunikationsanforderungen unentbehrlich. So existieren beispielsweise verschiedene informelle Netzwerke aus Kommunikationschefs/Pressesprechern von Unternehmen, die auch bei der Wettbewerbspositionierung kommunikativ notwendige politische Abstimmungen ermöglichen.

Diese Entwicklungen fordern eine besondere Gestaltungs- und Entwicklungsaufgabe der Media Relations als Teil der Netzwerkkommunikation, des vernetzten Kommunikationsmanagements.

> *„As technology develops new mechanisms to disseminate information and communication professionals develop databases by using sophisticated software, the media-relations function will continue to evolve from the old PR „Flack" into a proactive professional group, delivering a company's message honestly, quickly, an to the right media"* (Argenti, 2002, S. 234).

Online Relations nehmen dabei eine Sonderrolle ein, weil sie die bedeutsamen Vorteile der Netzwerkorganisation auf einer vernetzten Plattform in neue kommunikative Zugänge zu Mitarbeitern, Kunden, Aktionären und Journalisten (**Peer-to-Peer-Kommunikation**) zu verwandeln wissen (Will & Porak, 2001). Auf diesem Wege wurde in gewisser Weise das bestehende Mediensystem mit einer relativ deutlichen Zuordnung von Sendern, Multiplikatoren und Rezipienten aufgebrochen (Schmitt-Walter, 2004 oder Pavlik, 1998).

Für das Feld der Media Relations ergibt sich aus diesen Überlegungen ein Set an Handlungsmöglichkeiten, um kommunikativen Nutzen aus Netzwerken zu ziehen. Dabei gilt: Netzwerke können nicht erschaffen oder verordnet werden. Auch die Zugehörigkeit zu einem Netzwerk obliegt nicht der Entscheidung einer einzelnen Person, eines Kommunikators oder auch Vorstandsvorsitzenden. Erfolgreiche und beständige Netzwerke werden über Jahre aufgebaut und müssen permanent gepflegt werden, sollen sie ihre Vorteile so entfalten können wie oben beschrieben.

Abbildung 2-1:   *Netzwerkstrukturen in den Kommunikationsarenen (Eigene Abbildung)*

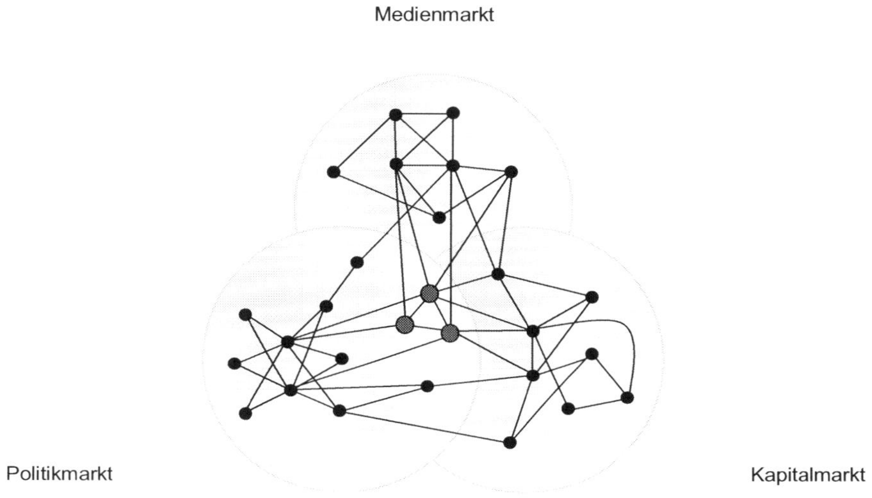

Medienmarkt

Politikmarkt

Kapitalmarkt

Für ein netzwerkbasiertes Media Relations Management müssen die Verantwortlichen folgende **Kriterien** identifizieren:

▒ Wie werden vorhandene Netzwerke identifiziert, die für das kommunikative Aktionsfeld des Unternehmens eine Kernbedeutung haben?

▒ Wie gelingt es strategisch, Teil dieser relevanten Netzwerke zu werden?

▒ Wie stark sind die einzelnen Netzwerke bzw. Teile des Netzwerks zentralisiert? Starke Zentralisierung (Stern) bedeutet: Es gibt einen beziehungsweise wenige Hauptfiguren im Netzwerk, die kommunikativ integriert werden müssen. Schwache Zentralisierung (Kette) bedeutet: Es gibt keine Multiplikatoren und Meinungsführer im Netzwerk, es müssen vielmehr (nahezu) alle Teilnehmer angesprochen und gepflegt werden.

▒ Wer besetzt die Machtpositionen im Netzwerk und hat damit besonders große Chancen, seine Interessen durchzusetzen? Dabei gilt: Zentralität im Netzwerk ist nicht zwangsläufig identisch mit Macht.

▒ Wie sind die „Strong Ties" und die „Weak Ties" verteilt, die in der Regel gemeinsam für die Stabilität eines Netzwerks, aber für unterschiedliche Informations- und Kommunikationsströme stehen?

▨ Wo lassen sich „strukturelle Löcher" identifizieren, die einem Akteur die Möglichkeit geben, Vorteile daraus zu ziehen, dass andere Akteure im Netzwerk nicht miteinander verbunden sind (gegenseitiges Ausspielen)?

Ein Beispielszenario: Die Organisation der Media Relations eines Unternehmens setzt voraus, dass die Verantwortlichen alle Arenen im Blick halten, die für die Unternehmensagenda von Belang sind. Dabei kommen unterschiedliche Zielgruppenkonstellationen zum Tragen, die allesamt für eine professionelle Kommunikationsstrategie bedeutsam sind. Der Kontakt zu den Medien verläuft natürlich in erster Linie über die Journalisten. Im journalistischen Netzwerk (Medienmarkt) gilt es diejenigen zu identifizieren, die eine zentrale Stellung innehaben und damit als Multiplikatoren in ihrem eigenen Mediennetzwerk wirken können.

In der strategischen Unternehmenskommunikation über Netzwerke geht es aber um mehr: Medien vermitteln ja nicht 1:1 die Informationen an die Öffentlichkeit, die sie aus Unternehmenskreisen erhalten. Sie bewerten und gestalten nach ihren eigenen Selektionsmechanismen und Gestaltungsprogrammen ein Medienangebot, das mehr oder weniger die Unternehmensinteressen widerspiegeln kann. Diese Selektionsmechanismen werden wiederum durch Netzwerkstrukturen mit bestimmt, in denen Journalisten mit anderen Akteuren anderer öffentlicher Teilarenen verbunden sind (und die es aus Sicht des Unternehmens also ebenso im Blick zu behalten und kommunikativ zu bedienen gilt).

Besonders wichtig ist es daher, die personellen Schnittstellen zwischen den verschiedenen Netzwerken der einzelnen Teilarenen zu identifizieren. Es sind in der Regel wenige Personen, die eine zentrale Position in verschiedenen Netzwerken einnehmen und damit (mit hoher Wahrscheinlichkeit) auch großen kommunikativen Einfluss haben als Multiplikatoren der verbundenen Netzwerke ebenso wie als Meta-Multiplikatoren für die Multiplikatorengruppe der Journalisten.

> *„Weil es eine Vielzahl von Netzwerken gibt, werden die Codes und Schalter, die zwischen den Netzwerken vermitteln, zu den grundlegenden Quellen, durch die Gesellschaften geformt, geleitet und fehlgeleitet werden" (Castells, 2001, S. 529).*

3 Media Relations als Teil des Kommunikationsmanagements

Für die Media Relations reicht es nicht, den Netzwerkgedanken zur Kenntnis zu nehmen, er muss vielmehr im operativen Prozess konkret umgesetzt werden. Dabei muss nicht verschwiegen werden, dass durch das Netzwerkprinzip das Management der einzelnen Akteursgruppen und Stakeholder über Media Relations komplexer und damit auch anspruchsvoller geworden ist. So wie die Entstehung von Netzwerken nicht nach dem Chaosprinzip, sondern nach beispielsweise über die Netzwerkanalyse (Jansen, 2003) nachzuvollziehenden Kriterien des „sozialen Kapitals", der „Macht" oder auch der „kommunikativen Zentralität" erfolgt, so müssen Media Relations klare Strukturen und Organisationsformen zugrunde legen, um den kommunikativen Anforderungen der Netzwerkgesellschaft und den Anspruchszusammenhängen des jeweiligen Unternehmens als Teil davon gerecht zu werden. Die entscheidende Systematisierung für professionelle und erfolgsorientierte Media Relations liegt in der Identifikation und Differenzierung der einzelnen (Typen von) Zielgruppen. Anders formuliert: Das klare Verständnis davon, wer Empfänger der jeweiligen Botschaften sein soll, ist wesentliche Voraussetzung für ziel- und erfolgsorientierte Media Relations.

3.1 Ziel- und Zwischenzielgruppen

Dazu wird zunächst eine Differenzierung der unterschiedlichen Stakeholder, der einzelnen Anspruchsgruppen in Ziel- und Zwischenzielgruppen vorgenommen, sodann werden die Medien als Zwischenzielgruppe im Kontext des Beziehungsmanagements zu den Anspruchsgruppen von Unternehmen und darauf aufbauend die speziellen Beziehungen der Media Relations zu den anderen relevanten Anspruchsgruppen analysiert.

Die übergeordnete Aufgabe von Public Relations ist in erster Linie das gesamte Beziehungsmanagement mit den jeweiligen Anspruchsgruppen. Eine so verstandene PR setzt werbliche Massnahmen, Kampagnen und/oder markenorientierte Kommunikations- und Positionierungsstrategien des gesamten Unternehmens für das **Beziehungsmanagement** genauso ein, wie die eigentliche Gestaltung der **verschiedenen Austauschbeziehungen** mit den **unterschiedlichen Anspruchsgruppen**.

Letzterer Punkt ist das Beziehungsmanagement in einem engeren Sinne, bei dem es vor allem auf die „intelligente" Gestaltung und Entwicklung solcher Beziehungen ankommt, und zwar zu allen Stakeholder Relations. Media Relations sind Teil der Stakeholder Relations, der Beziehungen zu den Anspruchsgruppen.

Die klassischen Anspruchsgruppenkonzepte lassen sich entweder nach der strategischen Bedeutung einer Anspruchsgruppe oder der normativ-ethischen Bedeutung einer Anspruchsgruppe differenzieren (Wilbers, 2004, S. 331). Eine andere Differenzierung als die der Konzepte ist die Einteilung nach Teil- beziehungsweise Kommunikationsarenen der Gesamtkommunikation.

Abbildung 3-1: *Teilarenen der Gesamtkommunikation (in Anlehnung an Wilbers, 2002)*

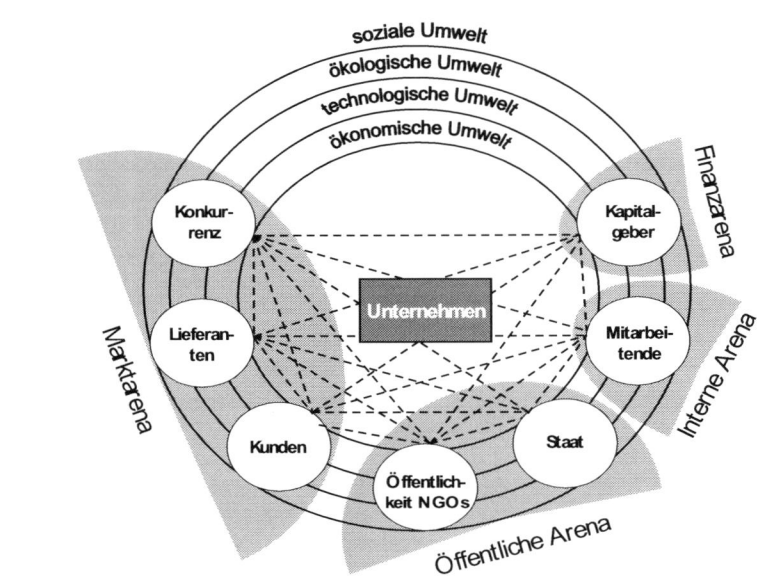

Dabei wird aber für Zielsetzung und Ausgestaltung der Kommunikationsstrategien nicht danach differenziert, ob eine Anspruchsgruppe tatsächlich ein eigenes Ziel mit einem Unternehmen verbindet (bspw. Aktionäre: ein Renditeziel) oder zwischen einer weiteren Anspruchsgruppe und Unternehmen steht (bspw. Analysten als Multiplikatoren zwischen Unternehmen und Aktionären). Aus kommunikationstheoretischer Sicht ist aber genau diese Differenzierung von Anspruchsgruppen nach Gruppen mit eigenen Zielen zum Unternehmen (Zielgruppen) und Gruppen, die zwischen Unternehmen und weiteren Zielgruppen stehen (Zwischenzielgruppen), sinnvoll.

Beide Gruppen (vergleiche die beiden folgenden Abbildungen) sind sehr wichtig für ein Unternehmen, aber in letzter Konsequenz kann kein Unternehmen ohne Zielgruppen (bspw. nicht ohne Kapital) operieren, schon eher aber ohne eine Zwischenzielgruppe (bspw. Analysten). Medien gehören zu den Zwischenzielgruppen, da sie aus Sicht des Unternehmens *zur indirekten Beeinflussung der eigentlichen Zielgruppen* dienen.

Diese Differenzierung der Anspruchsgruppen in Ziel- und Zwischenzielgruppen erleichtert die Gestaltung und Entwicklung von Austauschbeziehungen zwischen Unternehmen und ihrer externen Umwelt sowie in ihren internen Strukturen. Dabei ist es kommunikativ gesehen unwesentlich, ob ein strategisches zielvereinbarungsorientiertes Anspruchsgruppenkonzept oder ein normativ-ethisches legitimationsorientiertes

Anspruchsgruppenkonzept zur Anwendung kommt. Die Unterscheidung der Anspruchsgruppenkonzepte ist allenfalls hilfreich in Bezug auf die Zwischenzielgruppen, die im Falle einer strategischen Ausrichtung eher eine Multiplikatorfunktion und im Falle einer normativen Ausrichtung eher eine Verstärkungs- und Kontrollfunktion haben.

Die wesentlichen **Zielgruppen eines Unternehmens** sind die Kapitaleinsatzfaktoren, folglich Mitarbeiter (Humankapital) und Aktionäre (Finanzkapital), die beiden Enden der Produktionsfunktion (Lieferanten am Beschaffungsmarkt) und Kunden (Absatzmarkt), sowie im Umfeld der Unternehmen einmal die Wettbewerber sowie die Akteure der Politik, die den regulativen Rahmen setzen. Diese Zielgruppen lassen sich im Einzelfall weiter differenzieren: So könnte man für eine Detailanalyse das Humankapital in Führungskräfte, Nachwuchskräfte und Tarifklassen einteilen sowie zusätzlich Betriebsräte und/oder Gewerkschaften hinzuziehen.

Abbildung 3-2: *Zielgruppen des Kommunikationsmanagements (Will, 2000a)*

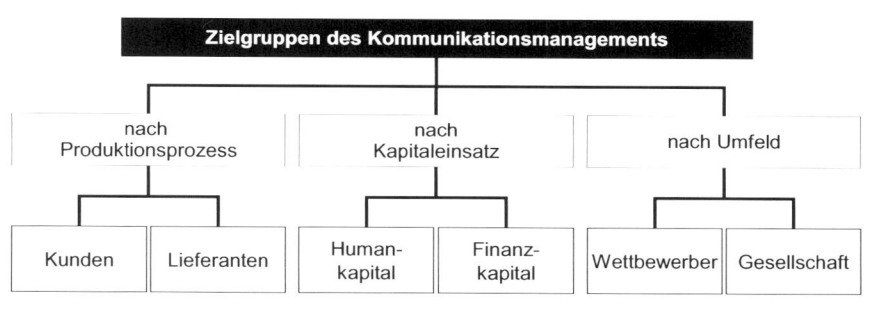

Zu den Zwischenzielgruppen oder auch indirekten Zielgruppen eines Unternehmens gehören dann die wesentlichen Multiplikatoren beziehungsweise Kontrolleure des Kommunikationsmarktes, also die Analysten für den Kapitalmarkt, die Lobbyisten für den politischen Meinungsmarkt sowie die Journalisten für die allgemeine und spezielle Öffentlichkeit.

Abbildung 3-3: *Zwischenzielgruppen des Kommunikationsmanagements (in Anlehnung an Will, 2000a)*

Zu all diesen Ziel- und Zwischenzielgruppen hat ein Unternehmen eigene Beziehungen. Dabei haben Journalisten eine besondere Stellung; denn die Media Relations haben Auswirkungen auf alle anderen Beziehungen zu Ziel- oder Zwischenzielgruppen. Aus Sicht eines Unternehmens liegt das Besondere an den Media Relations darin, dass Journalisten und ihre Produkte über ihr Agenda-Setting, ihre Gatekeeper-Funktionen sowie über ihre professionellen Mechanismen der Nachrichtenselektion über das Mediensystem Einfluss auf die anderen Gruppen haben (können).

Die Media Relations haben aufgrund des besonderen massenkommunikativen Zugangs zu großen Teilen der Öffentlichkeit einerseits und durch das Kommunizieren einzelner Anspruchs- und Akteursgruppen „über die Medien" andererseits eine herausragende Stellung für das gesamte Kommunikationsmanagement eines Unternehmens.

3.2 Zwischenzielgruppe Medien

Medien sind die **Akteure des Mediensystems**. Die Beziehungen zwischen dem Mediensystem und dem Wirtschaftssystem bezeichnet man als Medienbeziehungen oder Media Relations – insbesondere, wenn es sich um die Kommunikationsbeziehungen zwischen Unternehmen und Medien handelt.

3.2.1 Volkswirtschaftliche Bedeutung der Medien

Definitionen von Media Relations gibt es hier kaum, da sich diese Wissenschaftsdisziplin mit den Medien als Akteur im Wirtschaftssystem nicht auseinandergesetzt hat. So haben bereits 1986 Schenk & Hensel in ihrer medienwissenschaftlichen Bibliographie auf das vorhandene Defizit einer medienwissenschaftlichen Fundierung wirtschaftswissenschaftlicher Problemkomplexe hingewiesen (Wirtz, 1994). Abhandlungen zum Wirtschaftsjournalismus bieten beispielsweise Russ-Mohl & Stuckmann (1991), in deren Sammelband vor allem Heinrich (1991) eine kommentierte Bibliographie zum Wirtschaftsjournalismus anbietet (siehe auch Mast, 2003 oder Viehöver, 2003). Karmasin (1998, S. 29) beschreibt die **besondere Rolle der Medien** folgendermassen:

> *„In allen Interpretationen der Informationsgesellschaft kommt den Medien eine zentrale Rolle zu. Diese zentrale Rolle wird in der Auffassung der Informationsgesellschaft als Mediengesellschaft reflektiert (…). In einer Gesellschaft, die solcherart durch eine generelle Zunahme an Kommunikationschancen gekennzeichnet ist und in der Lebenswelten immer mehr medial bestimmt sind, geht es aber nicht mehr um Medien beziehungsweise um Kommunikation beziehungsweise um Mediatisierung per se, sondern um Prozesse der Selektion und damit der angemessenen Reaktion auf den Überschuss an Information."*

Medien kommt somit offensichtlich eine ganz besondere Rolle im Kontext der Netzwerkkommunikation zu (Meckel, 1999, S. 132).

- Medienunternehmen sind einem **doppelten Dualismus im Markt** ausgesetzt. Sie müssen mit ihren Produkten nicht nur in einem zweifachen Wettbewerb bestehen, dem publizistischen Wettbewerb (Qualitätswettbewerb) und dem ökonomischen Wettbewerb (Kostenwettbewerb), sondern sie operieren zum Teil auch auf zwei Märkten. Einerseits setzen sie ihre Angebote (Information, Bildung, Unterhaltung) auf dem Rezipientenmarkt ab, andererseits verkaufen sie Werbeplätze an die werbetreibende Wirtschaft. Die aus diesem Doppelcharakter der Medien resultierenden Probleme haben sich durch die Veränderungen der Mediensysteme und Medienmärkte in den vergangenen Jahren verschärft: Der Konkurrenzdruck in den Medienmärkten ist gestiegen ebenso wie die Erwartungen anderer gesellschaftlicher Teilsysteme (z.B. der Politik) an das Mediensystem.

- Medienunternehmen produzieren **öffentliche bzw. meritorische Güter**. Sie firmieren unter dem Label „öffentlich", weil die Angebote durch eine beliebige Zahl von Nachfragern konsumiert werden können (Kriterium der Nicht-Rivalität) und weil niemand vom Konsum ausgeschlossen werden kann (Kriterium des Nicht-Ausschlusses). Als meritorische Güter gelten die Medienprodukte auch deshalb, weil ihre Nutzung in der Regel nicht in dem Ausmaß erfolgt, wie es unter normativen Gesichtspunkten (z. B. der demokratischen Funktion von Medienangeboten) wünschenswert wäre. Beides bedeutet, dass Medienprodukte nicht generell den für Wirtschaftsgüter üblichen Bedingungen der Marktgesetzlichkeit, also z.B. Regulierungsmaßnahmen (staatliche Regulierung, Strukturpolitik, Subventionen) unterliegen.

▨ Sofern Medien volkswirtschaftlich behandelt werden, stellen sich oft wirtschaftsjournalistische Fragestellungen mit Bezug zur Ordnungspolitik:

> *„Die ‚Interdependenz der Ordnungen' (Eucken) wird in diesem Spannungsfeld von Medienordnung, wirtschaftlicher und politischer Ordnung besonders deutlich. Es sind Zweifel anzumelden, ob sich Wissenschaftler und politische Akteure der weit reichenden ordnungspolitischen Wirkungen ihrer medienpolitischen Entscheidungen und Konzeptionen in jedem Fall bewusst sind."* (Schenk & Hensel, 1986, S. 16)

3.2.2 Betriebswirtschaftliche Bedeutung der Medien

Hier geht es um die Frage der Beziehungen zwischen **dem Unternehmen als Teil des Wirtschaftssystems und Medien als Teil der Umwelt von Unternehmen**. Im Wirtschaftssystem haben sich längst erkennbar Veränderungen vollzogen: Ausdifferenzierung im Güter- und Produktangebot sowie gewandelte Einstellungen und Verhaltensweisen auf Seiten der Konsumenten haben auch die Wettbewerbsbedingungen von Unternehmen verändert. Unternehmen finden sich nicht nur einem verschärften Produkt- und Dienstleistungswettbewerb, sondern auch einem Kommunikationswettbewerb ausgesetzt.

Es gilt, über professionelle Kommunikationsstrategien, die u.a. über die Media Relations umgesetzt werden müssen, die Aufmerksamkeit der Menschen zu gewinnen. Und es gilt, sie auf das zu lenken, was im Wirtschaftssystem als Ziel führend definiert ist: von der Performanz eines Unternehmens am Kapitalmarkt über ein Produkt- oder Dienstleistungsportfolio bis zur Qualität des einzelnen Produkts.

Aufmerksamkeit wird dabei zu einem *zentralen Tauschwert* der Kommunikations- und Mediengesellschaft.

> *„Aufmerksamkeit braucht man für nicht nur fast, sondern restlos alles, was man erleben will. Man kann Aufmerksamkeit auch für restlos alles ausgeben, was es überhaupt zu erleben gibt. Die Aufmerksamkeit übertrifft in dieser Universalität das Geld. Zugleich ist ihre Verfügbarkeit schärfer begrenzt"* (Franck, 1998, S. 51).

Aufmerksamkeit als Tauschwert zahlt sich auch nach den im jeweiligen System gültigen Codierungen aus. Die binäre Codierung des Wirtschaftssystems (Geld/kein Geld) wird letztlich über Aufmerksamkeit mit gesteuert. Wer nicht auf ein Produkt aufmerksam wird, der wird es auch nicht kaufen. Anders formuliert: Aufmerksamkeit ist Geld wert. Und wenn Aufmerksamkeit über das Kommunikationsmanagement des Unternehmens gesteuert werden kann, dann gehört das Kommunikationsmanagement zum

Managementkern des Unternehmens und hat eine entsprechende betriebswirtschaftliche Bedeutung.

Um diesen Herausforderungen mit angemessenen Strategien zu begegnen, müssen die einzelnen Kommunikationsaktivitäten eines Unternehmens zusammengeführt und aufeinander abgestimmt werden. Nur so kann das Unternehmen eine „**Integrierte Kommunikation**" gewährleisten – einen

> *„Prozess der Analyse, Planung, Organisation, Durchführung und Kontrolle, der darauf ausgerichtet ist, aus differenzierten Quellen der internen und externen Kommunikation von Unternehmen eine Einheit herzustellen, um ein für die Zielgruppen der Kommunikation konsistentes Erscheinungsbild über das Unternehmen bzw. ein Bezugsobjekt des Unternehmens zu vermitteln"* (Bruhn, 2003, S. 17 beziehungsweise der Beitrag in diesem Band).

Den Medien kommt in diesem Konzept der **Integrierten Unternehmenskommunikation** eine herausgehobene Rolle zu, die allerdings nicht immer entsprechend gewürdigt wird. „In der Unternehmenskommunikation wird das Teilgebiet, das sich an die Massenmedien als potentielle Multiplikatoren öffentlicher Informationsverbreitung richtet, häufig verkürzt als Pressearbeit, Medienarbeit oder Media Relations bezeichnet" (Mast, 2002, S. 317). Im Wesentlichen obliegt es aber den Media Relations, zu gewährleisten, dass Journalisten möglichst häufig und möglichst positiv über ein Unternehmen berichten. Media Relations bilden also die strukturelle Grundlage für die eigentlichen Wertschöpfungsprozesse des **Reputation Management**, die sich schließlich beispielsweise in der **Brand Equity** manifestieren.

3.3 Zwischenzielgruppe Medien und ihre Beziehungen zu anderen Anspruchsgruppen

3.3.1 Differenzierung der Zwischenzielgruppe Medien

Im Rahmen der Gestaltungs- oder Entwicklungsaufgabe der **Media Relations als Teil des Kommunikationsmanagements** ist es deshalb sinnvoll, eine Unterteilung dahingehend vorzunehmen, ob und gegebenenfalls wie Medien in einer Austauschbeziehung zu den relevanten Ziel- und Zwischenzielgruppen des Unternehmens stehen. Dass dies im Zweifel unterschiedliche Medien sind, ist letztlich nur eine Frage der Komplexität des medialen Beziehungsnetzes, nicht aber eine Frage der Struktur im Sinne von Medienbeziehungen zu einer bestimmten Ziel- oder Zwischenzielgruppe.

Manche Zielgruppen erreicht man je nach Gruppe oder Spezialinteresse innerhalb einer Gruppe eher über **Wirtschaftsmedien** (beispielsweise die Aktionäre eines Automobilkonzerns), manche über **Fachmedien** (beispielsweise Autofahrer einer bestimmten Automarke), manche über **allgemeine Medien** (beispielsweise Autofahrer bei

Benzinpreis- oder Russpartikelfilter-Diskussionen), manche über **Spezialmedien** (beispielsweise Autofahrer und „Life-Style" – das Auto als Zugfahrzeug für den Pferdeanhänger) oder aber über **Online-Medien** (beispielsweise Communities für spezielle Gruppen von Autofahrern wie Off-Roader). Diese fünf verschiedenen Medien-Gruppen sind die wesentlichen Untergliederungen für die Media Relations eines Unternehmens, die zudem selbstverständlich **lokal, regional, national und international** ausgerichtet sein können.

Diese fünf **externen Differenzierungen** der Zwischenzielgruppe der Medien lassen sich aber auch jeweils weiter untergliedern – nicht nach Ausrichtung des Mediums, sondern vielmehr nach Spezialisierung innerhalb eines Mediums.

Diese **interne strukturelle Differenzierung** ist für Unternehmen genauso wichtig wie die **thematische Differenzierung**. In einer normalen Qualitätszeitung mit nationalem und internationalem Korrespondentennetz gibt es:

- Zum ersten die **Chefredaktion** und den Chefredakteur mit der Gesamtverantwortung für die Zeitung. Dieser Teil der Redaktion ist ausserordentlich wichtig für den Gesamtkontakt eines Unternehmens zu einer bestimmten Zeitung, auch wenn hieraus in der Regel keine tägliche Medienarbeit entsteht.

- Zum zweiten ist selbstverständlich auch die **Wirtschaftredaktion** und der Wirtschaftsressortleiter von übergeordneter Bedeutung, da hier letztlich das Ressort betroffen ist, das über ein Unternehmen berichtet und kommentiert.

- Innerhalb der Wirtschaftredaktion gibt es entweder Untergliederungen oder zumindest speziell ausgerichtete **Redakteure für die Unternehmensberichterstattung** (beispielsweise der zuständige Redakteur für einen ganz bestimmten Automobilkonzern, der in der Regel regional vor Ort im Korrespondentenbüro sitzt), **Redakteure für bestimmte Branchen** (beispielsweise der Redakteur für die Automobilindustrie, der in der Regel in der Zentrale der Zeitung sitzt und oftmals den zuständigen Redakteur für die Unternehmensberichterstattung vor Ort zu Terminen bei einem bestimmten Automobilkonzern begleitet), ein **Finanzredakteur**, der alleine oder mit anderen die Verantwortung für den Finanz- und Börsenteil einer Zeitung hat (in dem beispielsweise auch die Aktienentwicklung eines Automobilkonzerns im Vergleich zu seinen deutschen, europäischen oder weltweiten Wettbewerbern oder aber die Aktie eines Automobilkonzerns im Vergleich zu den Aktien anderer Unternehmen in einem Börsensegment beschrieben werden kann) sowie letztendlich ein **Technikredakteur** (der beispielsweise die Spezialseiten zur Automobilindustrie betreut). Abgesehen vom Korrespondenten vor Ort sitzen die meisten dieser Redakteure in der Zentrale der Zeitung oder – in jüngster Zeit – sind als Teams an einem besonderen Ort zusammengezogen.

- Im Wirtschafts- und Finanzkontext dürfen aber auch die **politische Redaktion** sowie das **nationale und internationale Korrespondentennetz** einer Zeitung nicht unterschätzt werden: Um beim Beispiel der Automobilindustrie zu bleiben, so werden auch wichtige Themen im politischen Umfeld entschieden und daher von den politischen Redakteuren „mitbearbeitet". Insofern sollten zumindest die leitenden Redakteure der politischen Redaktion „gepflegt" werden, zumal sie in der Regel nicht über Detailkenntnisse zu Unternehmen oder bestimmten Branchen verfügen, gleichwohl aber bei bestimmten Anlässen (Beispiel: Russpartikelfilter) berichten und/oder kommentieren.

▓ Eine ähnliche Beschreibung gilt für das **Korrespondentennetz**: Insbesondere international ausgerichtete Unternehmen müssen auch die wesentlichen Korrespondenten einer Zeitung an den Plätzen kennen, die für ihr Unternehmen wichtig sind. Ganz offensichtlich ist das mit Bezug auf die Kapitalmarktüberlegungen; denn hier müssen nicht nur Banken und andere Finanzdienstleister besondere Kontakte in New York, Washington (wegen der SEC), Frankfurt, London, Zürich und in anderen europäischen Kapitalmarktplätzen sowie selbstverständlich in den asiatischen Märkten haben.

Insgesamt ergibt sich für Unternehmen ein ausserordentlich **komplexes Tableau der Medienbeziehungen**, wenn man nicht nur die Medien als solche extern differenziert, sondern auch eine interne Differenzierung nach den entsprechenden Kontaktnetzwerken innerhalb eines Mediums vornimmt. Ein solches Beziehungsnetz ist ausserordentlich komplex und erfordert als solches bereits eine wichtige Gestaltungs- und Entwicklungsaufgabe für die Media Relations.

3.3.2 Differenzierung der Medienbeziehungen

Es bietet sich nunmehr an, die Medienbeziehungen zu den vier wesentlichen Zielgruppen des Unternehmens etwas näher zu beleuchten: Aktionäre und Medien, Mitarbeiter und Medien, Kunden und Medien sowie Öffentlichkeit und Unternehmen. Zudem benötigt man die Beziehungen der Zwischenzielgruppen untereinander (Analysten und Lobbyisten zu den Medien), da man ansonsten kommunikativ gar nicht an die eine oder andere Zielgruppe herankommt (beispielsweise Analysten an die Aktionäre).

3.3.2.1 Aktionäre und Medien

Aktionäre sind eine Zielgruppe des Unternehmens, die sich in der Regel aufspalten in private, so genannte Kleinaktionäre und grosse institutionelle Aktionäre wie Kapitalsammelstellen (Fonds). Während die Kommunikationsbeziehung zu den institutionellen Aktionären eine One-to-One oder One-to-Few-Beziehung ist, ist die Kommunikationsbeziehung zu den kleinen privaten Aktionären heute eine One-to-Many-Beziehung ganz im Sinne einer „**Massenaktionärskommunikation**".

Die klassischen Investor Relations in Abgrenzung zu den Media Relations beziehen sich dabei auch heute noch im Wesentlichen auf die Kommunikationsbeziehung zu den institutionellen Investoren und gestalten sich insbesondere über die Analysten bei Banken (Sell-Side-Analysten) und Fondsgesellschaften (Buy-Side-Analysten) (siehe dazu Porák, Achleitner, Fieseler & Groth in diesem Band, sowie den Sammelband Achleitner & Bassen, 2001; Porak, 2002 oder Wolters, 2005). Auch wenn sich diese institutionelle Kommunikationsbeziehung in den letzten Jahren gewandelt hat und „öffentlicher" geworden ist, so braucht man die Medien in diesem Kontext allenfalls als Transporteure von Gerüchten.

Für die Kommunikationsbeziehung zu den kleinen privaten Aktionären bedarf es heute allerdings eines Zusammenspiels zwischen Media und Investor Relations; denn diese Gruppe bezieht einen Grossteil ihrer Information über ein Unternehmen aus den Medien.[1] Besonderen Wert ist dabei auf den Umstand zu legen, dass Medien nicht nur selber über Unternehmen berichten (Nachricht) oder kommentieren (Bewertung), sondern vor allem auch Transporteure von Meinungen der Analysten über bestimmte Unternehmen sind. Dies gilt insbesondere für die Sell-Side-Analysten der Banken, die nicht zuletzt über die Medien eine Öffentlichkeitswirkung für ihre Analysen im Dienste der Verkaufsförderung von Aktien durch Banken erzielen wollen.

Auch wenn die Zusammenarbeit zwischen Analysten und Medien teilweise als „unheilvolle Allianz" bezeichnet wird und auch wenn diese Beziehung im Nachgang des Platzens der „Internetblase" am Neuen Markt an den Börsen erhebliche Risse bekommen hat, bleibt es mediensystemisch Fakt, dass ein Gutteil der Kommunikationsbeziehung zwischen Unternehmen und der Anspruchsgruppe Aktionäre auch über die Media Relations abgewickelt wird.

Diese besondere Beziehung zwischen Aktionären und Medien verdeutlicht sich auch über werbliche Massnahmen, die zwar nicht zu den Media Relations gehören, aber das Medium für bezahlte Kommunikation nutzen. Warum sollten Unternehmen „Aktionärsbriefe" an den privaten Kleinaktionär als Anzeigen veröffentlichen, wenn sie nicht genau diesen Kanal über die Medien als Instrument der Massenaktionärskommunikation einstuften?

---

[1] Vgl. hierzu die 2005 veröffentlichte Studie von Ernst, Gassen & Pellens. Nach einer Befragung von 800.000 Privatanlegern und 2.000 institutionellen Investoren der Deutschen Post AG im Herbst 2003 kommt diese Studie bezüglich des Informationsverhaltens zum Schluss, dass die Presse die zentrale Informationsquelle der Investoren ist. Bei der Bedeutungsbeimessung der verschiedenen konkreten Informationsquellen werden Zeitungen, Zeitschriften und Wirtschaftssendungen im Fernsehen vor dem Geschäfts- und Quartalsbericht genannt.

Abbildung 3-4: *Aktionärsbrief der Mannesmann AG*

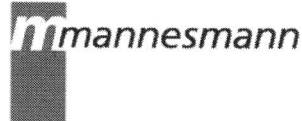

Mannesmann Aktiengesellschaft

Düsseldorf, den 30. Dezember 1999

Liebe Mannesmann-Aktionäre,

Sie werden in Kürze ein Schreiben von Vodafone erhalten, in dem Ihnen das Angebot gemacht wird, Ihre Mannesmann-Aktien gegen Vodafone-Aktien einzutauschen. Da dieses Angebot bis zum 7. Februar 2000 gültig ist, besteht für Sie kein Anlass, eine schnelle Entscheidung zu treffen.

Wie Ihnen sicherlich bekannt ist, haben Vorstand und Aufsichtsrat von Mannesmann die angekündigten Bedingungen des Vodafone-Angebots bereits Ende November 1999 als unangemessen zurückgewiesen. Mannesmann ist fest davon überzeugt, dass das feindliche Übernahmeangebot von Vodafone in keiner Weise dem ausserordentlich dynamischen Wachstumspotenzial Ihrer Mannesmann-Aktie gerecht wird.

Ausserdem bringt Ihnen das Vodafone-Angebot zahlreiche sehr grosse Risiken für die Mannesmann-Aktionäre mit sich, die auf das Vodafone-Angebot eingehen. Lassen Sie sich nicht irreführen. Vodafone gesteht im englischsprachigen Prospekt für die neuen Vodafone-Aktien selbst gravierende Risiken ein. Bemerkenswert stellt Vodafone eine deutsche Fassung dieser wichtigen Informationen nicht zur Verfügung. Bilden Sie sich Ihr eigenes Urteil, warum Vodafone Ihnen die Darstellung der Risiken vorenthält. Ich rate Ihnen: Verlangen Sie von Ihrem Berater bei Ihrer Bank, Volksbank oder Sparkasse, die volle Offenlegung der von Vodafone im englischsprachigen Dokument selbst zugegebenen sehr grossen Risiken für Mannesmann-Aktionäre beim Tausch Ihrer Aktien in Vodafone-Papiere. Diese Risiken gelten auch für Sie als deutscher Aktionär.

Die einzigartige und zielgerichtete Telekommunikationsstrategie hat Mannesmann zur Nummer 1 unter den neuen Anbietern in der integrierten Telekommunikation in Europa gemacht und Ihnen als Aktionär hervorragendes Kurswachstum gebracht. Der Mannesmann-Aktienkurs ist in den letzten drei Jahren um mehr als 500 Prozent und in den letzten 12 Monaten um rund 150 Prozent gestiegen. Ein Blick in Ihr Depot zeigt es Ihnen: Die einzigartige Erfolgsstory Mannesmann hat sich auch in Ihrem Depot ausgewirkt. Ihre Mannesmann-Aktien sind Ihr TOP-Performer. Wie schon 1998 sind wir auch 1999 DAX-Sieger. So kann es weitergehen, denn Mannesmann gehört damit zu den Unternehmen mit den höchsten Kurssteigerungen in der Telekommunikationsbranche.

Wie wir bereits mehrfach betont haben, sind wir nach all dieser Wertsteigerung immer noch am Anfang der Wachstumskurve. Der Telekommunikationsmarkt steht vor einem erneuten Wachstumsschub, insbesondere in den Bereichen Datenverkehr und Internet. Durch unsere integrierte Telekommunikationsstrategie, die diese Wachstumsbereiche im Mobilfunk, im Festnetz und mit Tele-Commerce verbindet, werden wir auch in der Zukunft erheblichen Wertzuwachs für Ihre Mannesmann-Aktie schaffen. Gerade dort, wo das zukünftige Wachstum am grössten ist, liegt Mannesmann vorne.

Das Angebot von Vodafone reicht bei weitem nicht aus, um Sie als Aktionär für den Wachstumsverlust zu entschädigen, der Ihnen bei einem Zusammengehen von Mannesmann mit Vodafone entstehen würde. Wir rechnen im nächsten Jahr mit einem Ergebniswachstum (EBITDA) von 50 Prozent und für die drei darauf folgenden Jahre mit durchschnittlich mindestens 30 Prozent jährlich, im Gegensatz dazu erwarten wir für ein kombiniertes Unternehmen Mannesmann/Vodafone ein Ergebniswachstum (EBITDA), das um rund ein Drittel niedriger ausfallen würde.

Angesichts dieser Wachstumsaussichten und des zusätzlichen Wertes, den wir durch Datendienste, Internet und Tele-Commerce schaffen können, sind wir der festen Überzeugung, dass das Wertpotenzial der Mannesmann-Aktie deutlich über dem Wert des Vodafone-Angebots liegt. Ausserdem sehen wir die Chancen für das Ergebniswachstum, das die Basis für alle Kurssteigerungen ist, bei der Mannesmann-Aktie deutlich besser.

Nur indem Sie das Angebot nicht annehmen, können Sie die hervorragenden Zukunftsperspektiven eines eigenständigen Unternehmens Mannesmann für sich erhalten. Die Zukunft von Mannesmann gehört Ihnen. Die weitere Wertsteigerung der Mannesmann-Aktien gehört Ihnen. Behalten Sie Ihre Mannesmann-Aktien!

Meine Kollegen und ich sind sehr zuversichtlich, Ihnen weiterhin Ihre Erfolgsstory Mannesmann zu liefern. Dazu werden wir Sie in Kürze detailliert informieren.

Auf weiterhin sehr grossen gemeinsamen Erfolg

Ihr Klaus Esser

Wenn Sie weitere Fragen haben: Tel. 0800 / 2000 950 oder www.future.mannesmann.de

---

Abbildung 3-5:   *Aktionärsbrief der Vodafone plc.*

15. Januar 2000

Liebe Mannesmann-Aktionäre,

in diesen Tagen werden Sie einiges über vermeintliche Risiken des Zusammenschlusses von Mannesmann mit Vodafone AirTouch hören. Lassen Sie sich nicht verunsichern. Lassen Sie uns heute über die einmaligen Chancen sprechen, die sich unseren beiden Unternehmen bieten, um gemeinsam die Zukunft der mobilen Multimediagesellschaft entscheidend mitzugestalten.

Unser Angebot basiert auf der festen Überzeugung, dass das Wachstum von Mannesmann und Vodafone AirTouch erheblich beschleunigt wird, wenn sich beide Unternehmen zusammenschliessen und ihre gemeinsame Strategie in 25 Ländern (statt nur in 7 Ländern), mit 48 Millionen anteiligen Mobilfunkteilnehmern (statt nur mit 18 Millionen) und mit einer Netzabdeckung für eine Bevölkerung von 512 Millionen (statt nur 163 Millionen) umsetzen. Insbesondere in dem zukunftsentscheidenden Bereich mobiler Daten- und Internetdienste werden Vodafone AirTouch und Mannesmann aufgrund unserer überlegenen globalen Internetplattform erheblich besser positioniert sein, als dies jedes Unternehmen für sich allein sein konnte. Die Grösse und die Reichweite unseres gemeinsamen Unternehmens sowie die hiermit verbundenen Grössenvorteile geben uns die Möglichkeit, unseren Kunden künftig einen besseren Service innerhalb des weltweiten Vodafone AirTouch/Mannesmann-Netzes zu günstigen Preisen zu bieten.

Zusätzlich zu diesen erhöhten Wachstumschancen bieten wir Ihnen, liebe Mannesmann-Aktionäre, eine Prämie in der Höhe von 68,8%* und damit einen Anteil von 47,2% am gemeinsamen Unternehmen. Somit werden Sie auch weiterhin voll vom zukünftigen Wachstum eines führenden weltweit tätigen Telekommunikationsunternehmens profitieren. Diese Chance sollte man sich nicht entgehen lassen.

Wir wissen, dass der Zusammenschluss zweier erfolgreicher Unternehmen für alle Beteiligten ein hartes Stück Arbeit sein wird. Wir sind jedoch davon überzeugt, dass Aktionäre, Management und Mitarbeiter gemeinsam diese Herausforderungen meistern können. Durch die erfolgreiche Fusion mit AirTouch und die Integration des niederländischen Mobilfunkbetreibers Libertel haben wir unseren Aktionären, Kunden und Mitarbeitern deutlich bewiesen, dass wir den Prozess einer solchen Zusammenführung verantwortungsvoll, erfolgreich und partnerschaftlich managen können.

Ich freue mich darauf, Sie als Aktionär, Kunde und Mitarbeiter des Unternehmens begrüssen zu dürfen.

Ihr Chris Gent

Kostenlos informieren unter:

0800 0 88 77 66

*Siehe auch das Umtauschangebot an die Aktionäre der Mannesmann AG vom 23.12.1999

Ein gutes Beispiel für die Beschreibung dieses Sachverhaltes ist die „Übernahme-schlacht" zwischen Mannesmann und Vodafone von 1999/2000, während der sich beide Unternehmen in offenen Briefen in Form von Anzeigen in den Medien an die Aktionäre der Mannesmann AG gewendet haben.

Die Bedeutung dieses „Briefwechsels" wird noch dadurch unterstrichen, dass die verschiedenen Briefe an die Aktionäre jeweils von den Chefs selbst unterschrieben wurden – Dr. Klaus Esser, damals Vorstandsvorsitzender der Mannesmann AG, und Sir Chris Gent, damals CEO der Vodafone AirTouch plc.

Der letzte Brief nach der Einigung beider Unternehmen wurde dann im Übrigen von Esser und Gent gemeinsam an die Mannesmann-Aktionäre gerichtet und unterschrie-ben. Auch wenn dies bezahlte Kommunikation ist, so verdeutlicht es hier die Verbin-dung der beiden Teilarenen Kapital- und Meinungsmarkt.

3.3.2.2 Mitarbeiter und Medien

Eine ähnliche Beobachtung wie im Falle von Aktionären und Medien ist auch für Mit-arbeiter und Medien zu konstatieren. Unternehmen gestalten ihre Kommunikations-beziehung zu den Mitarbeitern für die faktische Arbeitsbeziehung über die Personal-abteilung und für die Kommunikationsbeziehung über die **Mitarbeiterkommunikati-on** oder Human bzw. Employee Relations (dazu Einwiller, Klöfer & Nies in diesem Band sowie Klöfer, 2003). Mitarbeiter sind in der oben vorgestellten Differenzierung eine Zielgruppe, da kein Unternehmen ohne den Einsatz von „Humankapital" funkti-onieren oder gar erfolgreich sein kann. Dennoch informieren sich viele Mitarbeiter (insbesondere im Umfeld der so genannten Standortkommunikation) nicht nur über die vom Unternehmen angebotenen Inhalte und Instrumente der Mitarbeiterkommu-nikation, sondern vielmehr auch über die Berichterstattung und Kommentierung in den Medien. Externe Kommunikation ist deshalb auch immer interne Kommunikation und interne Kommunikation wird vielfach (insbesondere durch Leaks) auch zur ex-ternen Kommunikation. Mangelhafte Kommunikationsstrategien eines Unternehmens, die ihre Fehler durch die Diskrepanz zwischen interner und externer Kommunikation womöglich offen zu Tage treten lassen, sind in diesem Beziehungsfeld besonders prob-lematisch.

Ein Beispiel: Ein mittelständisches an der Börse notiertes Unternehmen der Medien-branche soll durch einen US-Medienkonzern übernommen werden. Die Mitarbeiter machen sich ab dem Zeitpunkt der Veröffentlichung der Pläne zum bevorstehenden Zusammenschluss Sorgen um ihre Arbeitsplätze am bisherigen Unternehmenssitz. Die öffentliche Zusicherung des Managements lautet: Der Standort bleibt erhalten und mit ihm der Großteil der Arbeitsplätze. Unmittelbar nach dieser Information wird im Unternehmen die fehlgeleitete E-Mail einer beauftragten Unternehmensberatung mit der Betreffzeile „Szenario: Standortschließung" bekannt. Von diesem Zeitpunkt an ist nicht nur das Vertrauen zwischen Mitarbeitern und Management grundlegend gestört.

Diese Störung erschwert erheblich die späteren Verhandlungen zwischen Betriebsrat und Management. Und die öffentliche Kommentierung dieses „Kommunikations-GAUs" fügt dem Unternehmen dauerhaften Schaden zu.

Kein Unternehmen kann es sich heute erlauben, intern und extern unterschiedlich zu kommunizieren. Allenfalls kann eine Nachricht auf die jeweils spezifische Zielgruppe oder Zwischenzielgruppe zugeschnitten werden und damit in Nuancen differenziert ausfallen.

Auch in diesem Kontext wird somit die besondere Bedeutung der Media Relations für die interne Kommunikation mit den Mitarbeitern deutlich. Als Randbemerkung kommt noch hinzu, dass durch die veränderten Vergütungssysteme bis in die Tarif-klassen hinein heute vielfach Mitarbeiter auch Aktionäre ihres eigenen Unternehmens sind, so dass das Beziehungsnetz zwischen Media, Investor und Human Relations im Prinzip gar nicht mehr unabhängig voneinander betrachtet werden kann. Auch dazu gibt es ein sehr gutes werbliches Beispiel. Als Daimler-Chrysler und Mercedes Benz zusammen gingen, veröffentlichten die beiden CEOs, Jürgen Schrempp und Robert J. Eaton, am ersten Jahrestag des Zusammenschlusses 1999 einen gemeinsamen Brief an die „Dear Colleagues". Dieser Brief wurde im Wall Street Journal veröffentlicht, dem „Hausblatt" des amerikanischen und internationalen Kapitalmarktes. Wenn man das „Wording" des Textes studiert, ist das nicht nur eine Botschaft an die Mitarbeiter, sondern auch an die Multiplikatoren des Kapitalmarktes.

3.3.2.3   Kunden und Medien

Die oben gemachten Aussagen gelten im Prinzip auch für die Kommunikationsbeziehungen des Unternehmens zu seinen Kunden. Ganz abgesehen von den werblichen und anderen bezahlten Kommunikationsmassnahmen rund um den Kunden werden auch die so genannten Customer Relations von der Media Relations beeinflusst (siehe hierzu Tomczak & Brexendorf, 2005 oder Bruhn, 2005. Speziell zu Customer Value beispielsweise Belz & Bieger, 2004).

Der Ansatz des Corporate Brand Management bzw. **Corporate Branding** verdeutlicht dies; denn hier wird explizit auf eine Positionierung des gesamten Unternehmens über die gesamte Markenkaskade von Produktmarken und Unternehmensmarke abgestellt und andererseits alle Kommunikationsinstrumente und -inhalte dafür berücksichtigt (Einwiller & Will, 2002). Erfolgreiche Unternehmen legen besonderen Wert auf diese wichtige Schnittstelle zwischen Media Relations und Customer Relations – ein Feld, das nach wie vor insbesondere vom Marketing betreut wird. Auch hier erweitert sich das Beziehungsnetz, wenn man die Überlegungen zu Brand Value und Brand Equity berücksichtigt, bei der es insbesondere auf das Zusammenspiel zwischen einer Bewertung des Unternehmens am Kapitalmarkt und einer Bewertung des Unternehmens am Reputations- und Meinungsmarkt ankommt (Will & Löw, 2003).

Abbildung 3-6: *Mitarbeiterbrief der DaimlerChrysler AG*

Dear colleagues,

almost one year ago, we brought together two great companies with a perfect fit. We committed ourselves on integrating our two organizations so that the whole of the new DaimlerChrysler could become greater than the sum of its parts.

The first step had to be to create one global. integrated company as we had spelled out in our vision statement last year.

We have all been working overtime over the last 10 months –and even before that – to this aim.

We are committed to being a leader in each of the automotive market segments we serve – in terms of style, quality and innovation, market share and profitability. And we also want to lead in our service, aerospace, rail and other businesses.

The merger has been completed successfully. The Chairmen's Integration Council and the Post Merger Integration Process can now be dishanded. So this is the right time for us to start a new chapter by streamlining our structure and our top team to fulfill DaimerChrysler's potential.

The new structure will enable us to shorten the chain of decision making and become even more responsive to the market place. We will become even faster and more competitive.

It will enable us, as never before, to go beyond customers' expectations in defining new concepts and new vehicles to surprise and delight them. And to build greater shareholder value.

In this process we are losing some good people – colleagues whom we personally miss. It is never easy when this happens. We are grateful for their contributions and whish them well.

It is time now for everyone in this company to concentrate their energies on building on the best of the past to create a new future. You are important to the future of this company.

And you are doing a great job. The results prove it:

DaimlerChrysler's profits are up.

DaimlerChrysler's sales are up.

DaimlerChrysler's market shares are growing.

We will achieve double-digit increases in sales and revenues for 1999 – and profits are expected to grow faster than revenues.

Whatever you read or hear in the next few days and weeks, just remember:

There is no other company that can match DaimlerChrysler's record of innovation.

There is no other company that can match DaimlerChrysler's portfolio of brands and products.

There is no other company that has done more to lead and shape the automotive industry.

There is no other company with a heritage like DaimlerChrysler's.

Above all there is no other company with the spirit to match ours – with the passion, with the dedication and sheer love for what we are doing.

Wherever you are, around the world – in Auburn Hills, in Stuttgart, in Singapore, in Brazil, in South Africa – just remember: with our strength and solid foundations, working together we will win.

Thank you.

Jürgen E. Schrempp

Robert J. Eaton

DAIMLERCHRYSLER

Die **Schnittstelle zwischen Unternehmenskommunikation und Marketing** ist im Kontext des Corporate Brand Management instrumental: Es geht zum einen um die geeignete **Strukturierung der Markenkaskade**, bei der die Unternehmensmarke (Corporate Brand) am Ende allen wesentlichen Anspruchsgruppen dienlich sein muss. Zum anderen geht es darum, dass gerade beim Corporate Branding nicht nur auf werbliche Massnahmen, sondern vielmehr auch auf andere Instrumente der Kommunikation, hier insbesondere auf die **allgemeine imagebildende Medienberichterstattung** Wert gelegt werden muss. Das budgetäre Ungleichgewicht zwischen werblichen Massnahmen einerseits und medialen Massnahmen andererseits (einschliesslich Sponsoring) spiegelt nicht die unterschiedliche Bedeutung dieser verschiedenen Kommunikationsinstrumente für ein erfolgreiches Corporate Branding wider.

Abbildung 3-7:   *Anzeige der Porsche AG*

Auch hier dient ein werbliches Beispiel zur Illustration der **Schnittstelle von Kunden und Medien**. Die Anzeige der Porsche AG, die sich gegen eine Vorschrift der Deutschen Börse zur quartalsweisen Veröffentlichung von Unternehmensdaten wendet, ist ganz offensichtlich eindeutig auf die Kunden des Unternehmens ausgerichtet, ohne in erster Linie hier eine Produktkommunikation vorzunehmen. Das „Wording" dieser

Anzeige verdeutlicht, dass es sich offensichtlich nur ein kleiner Nischenanbieter wie Porsche erlauben kann, so „weise" zu sein, nicht quartalsweise zu veröffentlichen.

3.3.2.4 Öffentlichkeit und Medien

Schlussendlich ist das Beziehungsnetz zwischen Unternehmen und der allgemeinen Öffentlichkeit zu betrachten. Hier kommt die Bedeutung der Media Relations sui generis zum Tragen. Der entscheidende Punkt ist jedoch, dass es für professionelle und erfolgreiche Media Relations insbesondere auf die Verknüpfung der oben genannten Kommunikationsprozesse mit Aktionären, Mitarbeitern und Kunden ankommt: **Das Ganze ist mehr als die Summe seiner Teile**.

Diese in der wissenschaftlichen Diskussion insbesondere unter dem Konglomeratsaspekt behandelte Überlegung bedeutet kommunikativ, dass vor allem die Media Relations dazu geeignet sind, die Verknüpfung der verschiedenen Teilarenen zu gestalten und damit eine **Fragmentierung in der Unternehmenskommunikation** zu verhindern oder zu überwinden. In diesem Kontext kommt vor allem zum Tragen, dass Unternehmen insbesondere im europäischen Raum keine Shareholder, sondern vielmehr eine Stakeholderorientierung haben und somit auch in ihrer Kommunikation den Interessenausgleich der verschiedenen Anspruchsgruppen berücksichtigen müssen (dazu Rappaport, 1986 bzw. 1998 und Freeman, 1984). Die einseitige Kommunikation eineindeutiger Erfolgsziele (wie Renditen auf das eingesetzte Kapital) vernachlässigt die gesellschaftliche Verankerung von Unternehmen im Sinne der Legitimation ihres Handelns gegenüber allen Anspruchsgruppen.

Es wurde ja schon einleitend hervorgehoben, dass der gesamte Meinungsmarkt eine Kombination der für die breite Öffentlichkeit interessanten Inhalte der Teilarenen darstellt. Die Medien übernehmen die Verknüpfung der für die allgemeine Öffentlichkeit notwendigen Inhalte. Aktionäre, Mitarbeiter und Kunden sowie alle weiteren Anspruchsgruppen sind Zielgruppen der Öffentlichkeitsarbeit von Unternehmen.

Ein Foto, das in den redaktionellen Teilen der meisten deutschen Tageszeitungen anlässlich der Hauptversammlung der Deutschen Bank im Jahre 2005 erschien, verdeutlicht dies: Das Foto zeigt den Vorstandssprecher der Deutschen Bank, Dr. Josef Ackermann, mit einem Teil des eigentlichen Image-Claims der Deutschen Bank „Leistung aus Leidenschaft" auf der Hauptversammlung des Unternehmens. Das Bild verknüpft einige der hier angesprochenen Teilarenen. Das Wort „Leidenschaft" (nur Teil des Claims der Deutschen Bank) wird mit einem vergleichsweise „leidenschaftslosen" Foto des ansonsten eher freundlich und aufgeschlossen wirkenden Vorstandssprechers verknüpft. Die Plattform, auf der dieses Foto entstand, ist das Aktionärstreffen der Deutschen Bank. Das Beispiel zeigt auch, dass durch Bildersprache besondere Assoziationen hervorgerufen werden können, aus denen sich wiederum die Bedeutung der Medien für die Öffentlichkeit speist.

Abbildung 3-8: *Perfider Schnappschuss vom Deutsche Bank Chef Ackermann vor Beginn der Hauptversammlung der Deutschen Bank am 18. Mai 2005 (Die Welt, 19.5.2005, Seite 1)*

3.3.2.5   Zwischenzielgruppen und Medien untereinander

Die letzte Betrachtung der Medien in Bezug auf eine oder mehrere spezielle Gruppen bezieht sich auf das Beziehungsgeflecht der Zwischenzielgruppen untereinander. Die wesentlichen Zwischenzielgruppen eines Unternehmens sind neben den Medien Analysten und Lobbyisten. Analysten werden über die Investor Relations und Lobbyisten in der Regel über die Governmental oder Political Relations eines Unternehmens betreut. Gemein ist allen drei Zwischenzielgruppen, dass sie – wie eingangs definiert – zwischen dem Unternehmen als Kommunikator und bestimmten Anspruchsgruppen als Rezipienten einer Nachricht stehen. Diese individuellen Beschreibungen beziehen sich für die Analysten und die Investor Relations auf den Kapitalmarkt und für die Lobbyisten und die Political Relations auf den politischen Teilmarkt sowie den allgemeinen Meinungsmarkt.

An dieser Stelle soll mit Bezug auf die Netzwerkkommunikation darauf hingewiesen werden, dass gerade Analysten und/oder auch Lobbyisten die Plattform der Medien nutzen, um öffentlich Positionen bezüglich eines Unternehmens (in der Regel Analysten) oder einer politischen Entscheidung mit Auswirkungen auf Unternehmen (in der Regel Lobbyisten) zu beziehen (dazu auch Will & Geissler, 2000, zum Aspekt des Internets und seinem Einfluss auf die Unternehmenskommunikation). Neben dieser öffentlichen Beziehungsvariante unter den drei Zwischenzielgruppen darf die nicht-öffentliche Variante aber nicht ausser Acht gelassen werden: Vielfach findet der Informationsaustausch zwischen Medien und anderen Multiplikatoren eben gerade nicht öffentlich statt und dient der allgemeinen Meinungsbildung und dem allgemeinen Informationsaustausch.

Die Notwendigkeit der Media Relations als Teil einer Netzwerkkommunikation wird durch die Beschreibung des Zusammenspiels der unterschiedlichen Beziehungsstränge deutlich. Dazu ist es notwendig, für den Kommunikationsprozess die entsprechenden Anspruchsgruppen mit Blick auf ihre kommunikative Bedeutung und Erreichbarkeit zu differenzieren, um das Netzwerk effizient gestalten zu können.

4 Media Relations und Netzwerkkommunikation

Der vorliegende Beitrag setzt sich mit den Veränderungen der Netzwerkwerkgesellschaft und den damit verbundenen gewandelten Herausforderungen für die Beziehung zwischen Medien und Wirtschaft auseinander. Dabei richtet sich das besondere Augenmerk auf die kommunikativen Beziehungen zwischen den Public Relations als Programm des Wirtschaftssystems (in ihrer Umsetzung über Media Relations) und dem System Journalismus in der Netzwerkgesellschaft und ihrer Teilsysteme (Kommunikationsarenen) untereinander. Die besondere Herausforderung im Sinne der Gestaltung und Entwicklung der Kommunikationsstrukturen und -prozesse liegt darin, dass Ziel- und Zwischenzielgruppen im jeweiligen Netzwerk identifiziert werden müssen.

Media Relations als Bindeglied zwischen Mediensystem und Wirtschaftssystem müssen somit den Netzwerkansatz als festen Bestandteil ihres Managements der Austauschbeziehungen berücksichtigen. Denn das Mediensystem hat sich insbesondere durch die Entwicklung des Internets verändert, ebenso wie sich das Wirtschaftssystem durch neu gebildete Schnittmengen zwischen früher klar getrennten Akteuren vernetzt hat (Beispiel: Mitarbeiter als Aktionäre).

Mediensystem und Wirtschaftssystem bestehen somit aus jeweils eigenen Netzwerken, die aber auch untereinander verbunden sind. Diese Verbindungen im Sinne der jeweiligen Unternehmung optimal zu gestalten, obliegt den Media Relations.

Literaturverzeichnis

Achleitner, A.-K. & Bassen, A. (Hrsg.). (2001). *Investor Relations am Neuen Markt. Zielgruppen, Instrumente, rechtliche Rahmenbedingungen und Kommunikationsinhalte.* Stuttgart: Schäffer-Poeschel.

Argenti, P. (2002). *Corporate Communication* (3. Aufl.). Burr Ridge, IR: Richard D. Irwin.

Belz, C. & Bieger, T. (2004). *Customer Value: Kundenvorteile schaffen Unternehmensvorteile: Anleitung für die Praxis und Grundlage für den Master Marketing, Services and Communication an der Universität St. Gallen.* Frankfurt am Main, St. Gallen: Redline Wirtschaft, Thexis.

Bentele, G. (1995). Public Relations und Öffentlichkeit - ein Diskussionsbeitrag - oder: Über einige Fehlinterpretationen von PR. *Publizistik, 4,* 483-486.

Bruhn, M. (2003). *Integrierte Unternehmens- und Markenkommunikation. Strategische Planung und operative Umsetzung* (3. Aufl.). Stuttgart: Schäffer-Poeschel.

Bruhn, M. (2005). *Kommunikationspolitik. Systematischer Einsatz der Kommunikation für Unternehmen* (3. Aufl.). München: Vahlen.

Castells, M. (2001). *Der Aufstieg der Netzwerkgesellschaft.* Opladen: Leske + Budrich.

Cole, B. M. (2004). *The New Investor Relations: Expert Perspectives on the State of the Art.* Princeton, NJ: Bloomberg Press.

Einwiller, S. & Will, M. (2002). Towards an Integrated Approach to Corporate Branding – Findings from an Empirical Study. *Corporate Communications. An international Journal, 7* (2), 100–109.

Ernst, E., Gassen, J. & Pellens, B. (2005). *Verhalten und Präferenzen deutscher Aktionäre: Eine Befragung privater und institutioneller Anleger zu Informationsverhalten, Dividendenpräferenz und Wahrnehmung von Stimmrechten* (Studien des deutschen Aktieninstituts, Heft 29). Frankfurt am Main: Deutsches Aktieninstitut.

Franck, G. (1998). *Ökonomie der Aufmerksamkeit. Ein Entwurf.* München, Wien: Hanser.

Freeman, R. E. (1984). *Strategic Management: A Stakeholder Approach.* Boston: Pitman.

Heinrich, J. (1991). Wirtschaftsjournalismus – eine kommentierte Bibliographie. In S. Russ-Mohl & H. D. Stuckmann (Hrsg.), *Wirtschaftsjournalismus: Ein Handbuch für Ausbildung und Praxis* (S. 277–285). München: List.

Jansen, D. (2003). *Einführung in die Netzwerkanalyse.* Opladen: Leske + Budrich.

Karmasin, M. (1998). *Medienökonomie als Theorie (massen-)medialer Kommunikation. Kommunikationsökonomie und Medientheorie.* Wien: Nausner & Nausner.

Klöfer, F. (Hrsg.). (2003). *Erfolgreich durch interne Kommunikation: Mitarbeiter informieren, motivieren und aktivieren* (3., vollständig überarb. und erw. Aufl.). Neuwied: Luchterhand.

Köppl, P. (Hrsg.). (2004). *Leitlinien und Konzepte im Management der gesellschaftlichen Verantwortung von Unternehmen*. Wien: Linde Verlag.

Löffelholz, M. (1997). Dimensionen struktureller Kopplung von Öffentlichkeitsarbeit und Journalismus. Überlegungen zur Theorie selbstreferentieller Systeme und Ergebnisse einer repräsentativen Studie. In G. Bentele & M. Haller (Hrsg.), *Aktuelle Entstehung von Öffentlichkeit* (S. 187–208). Konstanz: UVK.

Loosen, W. & Meckel, M. (1999). Journalismus in eigener Sache. Veränderungen im Verhältnis von Journalismus und Public Relations am Beispiel Greenpeace TV. *Rundfunk und Fernsehen, 47*, 379-392.

Mast, C. (2002). *Unternehmenskommunikation: ein Leitfaden*. Stuttgart: Lucius & Lucius.

Mast, C. (2003). *Wirtschaftsjournalismus: Grundlagen und neue Konzepte für die Presse.* (2., völlig überarb. u. aktualisierte Auflage). Opladen: Westdeutscher Verlag.

Meckel, M. (1999). *Redaktionsmanagement. Ansätze aus Theorie und Praxis*. Opladen: Westdeutscher Verlag.

Meckel, M. (2001). *Die globale Agenda. Kommunikation und Globalisierung*. Opladen Westdeutscher Verlag.

Meckel, M. (2002). Der feine Unterschied: Was Politiker und Manager unterscheidet. In B. Kirf & L. Rolke (Hrsg.), *Der Stakeholder-Kompass. Navigationsinstrumente für die Unternehmenskommunikation* (S. 223–234). Frankfurt a.M.: F.A.Z. Institut.

Möller, E. (2005). *Die heimliche Medienrevolution: wie Weblogs, Wikis und freie Software die Welt verändern*. Hannover: Heise.

Pavlik, J. V. (1998). *New Media Technology: Cultural and Commercial Perspektives.* (2. Aufl.). Boston, MA: Allyn and Bacon.

Porak, V. (2002). *Kapitalmarktkommunikation: das Informationsverhalten der Financial Community in der Schweiz*. Lohmar: Euler.

Rappaport, A. (1998). *Creating Shareholder Value: A Guide for Managers and Investors*. New York, NY: Free Press.

Ronneberger, F. & Rühl, M. (1992). *Theorie der Public Relations*. Opladen: Westdeutscher Verlag.

Russ-Mohl, S. & Stuckmann, D. (Hrsg.). (1991). *Wirtschaftsjournalismus: Ein Handbuch für Ausbildung und Praxis*. München: List.

Schenk, M. & Hensel, M. (1986). *Medienwirtschaft. Eine kommentierte Auswahlbibliographie*. Baden-Baden: Nomos.

Schmid, B. F. (2000). Was ist neu an der digitalen Ökonomie? In C. Belz & T. Bieger (Hrsg.), *Dienstleistungsentwicklung und innovative Geschäftsmodelle* (S. 178–196). St. Gallen: Thexis.

Schmid, B. F. (2004). Communication- und Community-Ansatz. In C. Belz & T. Bieger (Hrsg.), *Customer Value* (S. 691-719). St. Gallen: Thexis.

Schmitt-Walter, N. (2004). *Online-Medien als funktionale Alternative? Über die Konkurrenz zwischen den Mediengattungen*. München: Fischer.

Scholl, A. & Weischenberg, S. (1998). *Journalismus in der Gesellschaft. Theorie, Methodologie und Empirie*. Opladen: Westdeutscher Verlag.

Tomczak, T. & Brexendorf, T. O. (Hrsg.). (2005). *Markenaufbau und Markenpflege: Grundlagen und Praxis zur erfolgreichen Umsetzung*. Zürich: Jean Frey AG.

Viehöver, U. (2003): *Ressort Wirtschaft*. Konstanz: UVK.

Wilbers, K. (2002). Die Unternehmung und ihr Umgang mit Anspruchsgruppen. In R. Dubs, D. Euler, & J. Rüegg-Stürm (Hrsg.), *Einführung in die Managementlehre* (S. 203-228, Pilotversion). Bern: Haupt.

Wilbers, K. (2004). Die Unternehmung und ihr Umgang mit Anspruchsgruppen. In R. Dubs, D. Euler, J. Rüegg-Stürm & C. E. Wyss (Hrsg.), *Einführung in die Managementlehre* (S. 323–378). Bern: Haupt.

Will, M. (1993). *Wirtschaftspresse im Wirtschaftssystem. Theoretische Untersuchung und praktische Illustration am Beispiel von Leitartikeln zur deutsch-deutschen Wirtschafts-, Währungs- und Sozialunion*. Frankfurt: Medienwissenschaftliche Reihe des IMK.

Will, M. (2000a). *Kommunikationsmanagement und Unternehmenskommunikation in Theorie und Praxis. Strategische Konzepte und operative Anleitungen* (Band 1). St. Gallen: Schriftenreihe =mcm *institute*.

Will, M. (2000b). Why Communications Management? *The International Journal on Media Management, 2* (1), 46–53.

Will, M. & Geissler, U. (2000). Verändert das Internet die Unternehmenskommunikation? *Thexis, 17* (3), 21–25.

Will, M. & Löw, E. (2003). Märkte und Meinung für Kapital und Reputation. *PR-Magazin, 10,* 47–52.

Wirtz, B. W. (1994). *Neue Medien, Unternehmensstrategien und Wettbewerb im Medienmarkt : eine wettbewerbstheoretische und -politische Analyse*. Frankfurt a.M.: Lang.

Wolters, A.-L. (2005). *Investor Relations im Internet: Möglichkeiten der Vertrauensbildung bei Privatanlegern*. Bamberg: Difo-Druck.

Diana Ingenhoff und Ulrike Röttger

Issues Management
Ein zentrales Verfahren der Unternehmenskommunikation.

1 Einführung: Bedeutung des Issues Management

1.1 Rahmenbedingungen

Während früher zumeist politische Akteure den gesellschaftlichen Diskurs prägten, üben heutzutage auch Organisationen, allen voran Wirtschaftsorganisationen, einen starken Einfluss auf die öffentliche Meinungs- und Themenbildung aus. Gleichzeitig wird unternehmerisches Handeln von den Medien beobachtet und interpretiert, wird ihnen öffentliches Vertrauen zugesprochen oder entzogen und ihr Handeln damit legitimiert oder skandalisiert.

Issues Management ist eine Antwort auf den fortschreitenden Wandel der gesellschaftlichen Kommunikationsverhältnisse und die steigende Umweltkomplexität. Es zielt darauf ab, potenzielle und konfliktäre Themen, die Einfluss auf den Handlungsspielraum und die Reputation einer Organisation haben und öffentlich diskutiert werden, frühzeitig durch systematische Beobachtung der relevanten Umweltbereiche zu erkennen und zu bearbeiten. Eine proaktive Auseinandersetzung mit den Erwartungen und Ansprüchen sich immer stärker vernetzender Teilöffentlichkeiten ermöglicht, Chancen zu erkennen und Risiken abzuwenden. Dies wird insbesondere in modernen Mediengesellschaften immer wichtiger, die sich u.a. durch drei wesentliche Merkmale kennzeichnen lassen: *Medialisierung, Digitalisierung* und der wachsende *Legitimierungsdruck* vor allem von grossen, international tätigen Organisationen.

Medialisierung bezeichnet die generelle Bedeutungssteigerung der medienvermittelten Kommunikation, in deren Folge weder politische Organisationen noch Wirtschaftsorganisationen an medienwirksamen Darstellungsformen im Wettbewerb um die mediale Aufmerksamkeit vorbeikommen (Donges & Imhof, 2001, S. 122). Durch die Entkopplung der Medien von den traditionellen Institutionen wie Politik, Kirche und Wirtschaft sowie unterstützt von der Ubiquität der Online-Medien greifen sie Themen selbständig auf und nutzen diese, um sich im Wettbewerb um die Aufmerksamkeit des Publikums durch Skandalisierung gänzlich neue Entfaltungschancen zu schaffen.

Digitalisierung bezieht sich auf die Möglichkeiten des Internets und seine Kommunikationsplattformen, die die Konstitution neuer und etablierter Öffentlichkeiten beeinflussen (Plake, Jansen & Schuhmacher, 2001, S. 49ff.). Organisierte und nicht organisierte Aktivisten sowie Nicht-Regierungs-Organisationen haben es heute einfach, digitale Medien zur Vernetzung, Verbreitung und Veröffentlichung ihrer Meinungen zu nutzen. Sie entwickeln eigene Kommunikationsräume mit neuen Strukturen, Themen, Abläufen und Aufmerksamkeitsregeln und bilden neue (Teil-)Öffentlichkeiten. Prominente Beispiele zur Bildung virtueller Bezugsgruppen finden sich neben den klassischen Newsgroups in den aktuellen Entwicklungen zu sogenannten „Weblogs". Damit werden

> *„…persönliche oder thematische Nachrichtendienste [bezeichnet], die mit Hilfe einfacher Content Management Systeme als Website im Internet publiziert, in regelmäßigen Abständen ähnlich wie ein Tagebuch um neue Einträge ergänzt und in vielfältiger Weise mit anderen Blogs und Websites verlinkt sind" (Zerfaß, 2004, S. 5f.).*

Sie heben die klassische Gaterkeeper-Funktion des Journalismus zum Teil auf und stellen eine neue Herausforderung für das Issues Management von Organisationen dar. Weblogs sind extrem vielfältig: Sie werden von Individuen und Gruppen unterhalten, reichen von professionellen journalistischen Blogs zur Kommentierung und Richtigstellung des aktuellen Tagesgeschehens über Aktivistenblogs mit stündlich aktualisierten Berichten zu laufenden Aktionen bis hin zu Corporate Blogs, in denen Mitarbeiter aus und über ihre Organisationen berichten.

Diese Entwicklungen führen dazu, dass sich vor allem Wirtschaftsorganisationen gegenüber gesellschaftlichen Bezugsgruppen mit konkurrierenden und konfliktären Ansprüchen legitimieren müssen (Röttger, 2001a, S. 15). Der wachsende Legitimierungsdruck spiegelt sich auch in Programmen wie „Corporate Citizenship" und „Corporate Social Responsibility" (Waddock, 2004) wider, mittels derer Wirtschaftorganisationen versuchen, einen Beitrag zur Übernahme gesellschaftlicher Verantwortung zu leisten.

Die skizzierten Faktoren erzeugen eine zunehmende Komplexität der informationalen Umwelt von Organisationen: Reaktionszeiten verkürzen sich, während die Interpretation der verfügbaren Informationen mit einem höheren Aufwand verbunden ist. Organisationen müssen daher Strategien entwickeln, mittels derer sie relevante Umweltbereiche regelmässig und kontinuierlich beobachten und entstehende Themen frühzeitig erkennen und bearbeiten können. Hierzu ist ein systematisches Issues-Management-Verfahren unumgänglich.

1.2 Begriffsklärung: Was sind Issues? Was bedeutet Issues Management?

1.2.1 Issues Management

Sowohl in der betriebswirtschaftlichen als auch in der kommunikationswissenschaftlichen Literatur ist Issues Management zu einem zentralen Verfahren avanciert, das die organisationale Beobachtungs- und Informationsverarbeitungsfähigkeit gewährleistet und die Organisation bei der Bewältigung von Ungewissheit und Risiko unterstützt (Röttger, 2001a, S. 11). Da Issues weder allein von der Kommunikationsabteilung identifiziert werden können noch durch diese allein zu lösen sind, ist eine abteilungsübergreifende Zusammenarbeit sowohl beim Identifizieren als auch bei der Bearbeitung von Issues notwendig. Letztendlich reicht nicht die Formulierung einer Kommunikationsstrategie aus, vielmehr hat ein Issue häufig Auswirkungen auf die Unternehmensstrategie. Ein systematisches Verfahren mit definierten Workflows beschreibt die einzelnen Aufgaben und Rollen vom Entdecken relevanter Issues bis hin zur Umsetzung von Massnahmen und deren Evaluation.

Issues Management lässt sich definieren als ein systematisches Verfahren, das durch koordiniertes Zusammenwirken von strategischen Planungs- und Kommunikationsfunktionen interne und externe Sachverhalte, die eine Begrenzung strategischer Handlungsspielräume erwarten lassen oder ein Reputationsrisiko darstellen, frühzeitig lokalisiert, analysiert, priorisiert und aktiv durch Massnahmen zu beeinflussen versucht sowie diese hinsichtlich ihrer Wirksamkeit evaluiert.

Idealtypisch lassen sich je nach Konzeptualisierung verschiedene Phasen unterscheiden, die den Issues Management-Prozess beschreiben. Im Kern sind dies fünf bis sechs Phasen, die auf frühe Überlegungen von Howard Chase (1977) zurückgehen:

1. *Identifikation*: Um Issues frühzeitig zu identifizieren, werden sämtliche Informationen, die für das Unternehmen relevant werden können, gesammelt und analysiert. Dieses so genannte *Scanning* bezeichnet die (mehr oder weniger) ungerichtete und damit induktive Umfeldbeobachtung, die durch verschiedene Instrumente (wie z.B. Medieninhaltsanalysen, Expertengespräche) unterstützt werden kann. Die so gesammelten Informationen werden in einem nächsten Schritt weiter verdichtet. Diejenigen potenziellen Issues, die für die Organisation relevant werden können, werden dann kontinuierlich und gezielt beobachtet (*Monitoring*).

2. *Analyse und Interpretation*: In der Analysephase geht es vor allem um ein iteratives Interpretieren und Definieren der Issues. Die Issues werden hinsichtlich der Positionen der Teilöffentlichkeiten analysiert und anhand von verschiedenen Dimensionen klassifiziert, um zu einer Einschätzung über deren Relevanz und Dringlichkeit zu gelangen. Weiterhin wird auf der Basis der aktuellen und vergangenen Entwicklung eine Einschätzung über die weitere, zukünftige Entwicklung der Issues mittels Prognosetechniken (z.B. Szenarioanalysen) vorgenommen (*Forecasting*).

3. *Priorisierung*: Aus der Analyse und Interpretation ergibt sich die Selektion derjenigen Issues, für die das Unternehmen unmittelbar Handlungsentscheidungen und Positionen entwickeln muss sowie derjenigen Issues, die das Unternehmen zunächst (nur) weiter beobachten (monitoren) möchte. Die hierbei erzielte permanente Informationsverdichtung ermöglicht eine Anpassung und Verfeinerung des aktuellen Scanning und Monitoring und bildet damit eine Rückkopplungsschlaufe. Da ein Unternehmen nicht alle relevanten Issues gleichzeitig bearbeiten kann, wird

auf der Basis von (subjektiven) Einschätzungen und/oder Bewertungskriterien eine Priorisierung vorgenommen.

4. *Entwicklung von Handlungs- und Kommunikationsstrategie*: Um die Erwartungen und Ansprüche der Teilöffentlichkeiten zu adressieren, werden auf der Basis der erfolgten Analyse die Handlungs- und Kommunikationsstrategien entwickelt. Sie bilden die Voraussetzung dafür, dass das Unternehmen eine kohärente Position entwickeln und eine abgestimmte Botschaft vermitteln kann. In der Regel wird hierzu eine Task Force aus den verschiedenen, durch das Issue betroffenen Bereichen, Abteilungen und Business Units gebildet, die die verschiedenen Aspekte des Issues beleuchtet (siehe Kapitel 4.1).

5. *Umsetzung der Handlungs- und Kommunikationsstrategie*: Auch bei der Umsetzung sind die betroffenen Bereiche, Abteilungen und Business Units beteiligt. Sie werden i.d.R. vom Leiter der Task Force unterstützt und koordiniert. Zur Umsetzung zählen beispielsweise externe Massnahmen wie die Verbreitung von Pressemitteilungen, Kampagnen oder Lobbying. Ebenso bedeutsam und häufig unvermeidlich sind aber auch interne Massnahmen wie die Veränderung des Produkts bzw. der Produktpolitik (z.B. die Entwicklung und der Einbau von Dieselrussfiltern im Automobilbereich auf Druck der Öffentlichkeit und NGOs innerhalb der Feinstaubdebatte).

6. *Evaluation*: Die Evaluation richtet sich einerseits auf die Ergebniskontrolle (summative Evaluation), andererseits auf die Beurteilung des Issues-Management-Prozesses als solchen (formative Evaluation). Die grösste Herausforderung stellt dabei die Ergebniskontrolle dar, da sich die erfolgreiche Issues Management Umsetzung letztendlich gerade darin zeigt, dass ein Issue nicht eskaliert und somit als solches gar nicht erst (messbar) wahrgenommen wird. Und so zeigt sich, dass bislang Indikatoren und Modelle fehlen, die die Ergebnisse des Issues Management valide messen und evaluieren können.

1.2.2 Issues

Ein proaktives Issues Management kann erheblich zur Marktwertsicherung und -steigerung beitragen, indem es Reputationsrisiken identifiziert und vermeiden hilft sowie Chancen zur Positionierung aufzeigt. Gegenstand des Issues Management sind Themen (Issues), die von öffentlichem Interesse sind und kontrovers diskutiert werden. Sie sind meist emotional gefärbt, betreffen das Unternehmen oder einen Unternehmensbereich und können so schnell einen Einfluss auf die Reputation ausüben.

Issues lassen sich daher durch folgende Merkmale kennzeichnen:

▪ *Wahrnehmung und Kommunikation eines potenziellen Anliegens* durch eine Organisation bzw. ihrer Teilöffentlichkeiten, das einer Lösung bedarf.

▓ *Aufweisen eines Konfliktcharakters mit Chancen und/oder Risikopotenzial*, für dessen Einsatz und Verteidigung sich mindestens ein Akteur findet, der das Thema nach aussen vertritt und kommuniziert.

▓ *Öffentliches Interesse* an dem potenziellen Anliegen in einer Teilöffentlichkeit der Organisation.

▓ *Potenzielles bzw. aktuelles Betreffen der organisationalen Handlungsspielräume*, d.h. die Handlungsfähigkeit der Organisation wird eingeschränkt oder zumindest betroffen, Auswirkungen auf die Reputation sind wahrscheinlich, das Thema hat für die Organisation somit hohe *Relevanz*.

Issues können innerhalb oder ausserhalb der Organisation entstehen. Ihre Bedeutung wird von verschiedenen Bezugsgruppen auf der Basis von beobachtbaren Sachverhalten und Ereignissen sowie Äusserungen von Akteuren ausgehandelt, interpretiert und in einen bestimmten Kontext gestellt (Bentele & Rutsch, 2001, S. 143). Zusammenfassend soll folgende Definition zugrunde gelegt werden:

> Als **Issues** werden Themen verstanden, die die Organisation tatsächlich oder potenziell betreffen (Relevanz), mit unterschiedlichen Ansprüchen auf Seiten der Stakeholder und der Organisation belegt sind (Erwartungslücke) und unterschiedlich interpretiert werden können, Konfliktpotenzial aufweisen (Konflikt) und von öffentlichem Interesse (Öffentlichkeit) sind (vgl. Bonfadelli, 1999, S. 223ff.; Ingenhoff, 2004; Liebl, 1996, S. 8; Lütgens, 1998; Röttger, 2001; Wartick & Mahon, 1994).

Auch wenn die Entwicklung und Karriere eines Issues stets kontext- und situationsabhängig ist, lässt sich die zeitliche Dynamik des Issue-Verlaufs idealtypisch anhand eines Lebenszyklus aufzeigen. Ein Issue muss dabei nicht alle Phasen durchlaufen, sondern kann auch zuvor aufgelöst werden, einzelne Phasen überspringen oder auch mehrfach durchlaufen (vgl. Crable & Vibbert, 1986; Lütgens, 1998). Aufgrund der Vielzahl intervenierender Variablen und situationsspezifischer Einflussfaktoren kann eine präzise Analyse eines Issue-Lebenszyklus nur aus der Ex-Post-Perspektive erfolgen. Daher ist das Modell als Vorhersageinstrument wenig geeignet.

Kennzeichnend für den Issue-Lebenszyklus ist insbesondere der Grad der öffentlichen Aufmerksamkeit, die einem Issue im Zeitverlauf entgegengebracht wird. Aus Unternehmenssicht ist dabei entscheidend, dass die Möglichkeiten der Einflussnahme auf den Verlauf des Issues mit zunehmender öffentlicher Aufmerksamkeit und damit auch zunehmender Zahl der involvierten Personen und Organisationen rapide sinkt. Zu Beginn des Lebenszyklus sind die Aufmerksamkeit für das Issue und die Zahl der Betroffenen bzw. interessierten Personen sehr gering – die allgemeine Öffentlichkeit hat von dem latenten bzw. potenziellen Issue noch keine Kenntnis genommen. In den beiden folgenden Emergenz- und Aufschwungphasen konkretisieren sich Erwartungen und es ist eine erste Politisierung erkennbar. Das Thema erhält zunehmend Aufmerksamkeit über den Kreis der direkt Betroffenen hinaus – z.B. im Rahmen einer wissenschaftlichen Fachöffentlichkeit oder durch Einschaltung von einzelnen Experten oder Politikern. Aus diesen Fach- oder Teilöffentlichkeiten diffundieren Issues häufig in die allgemeine Medienöffentlichkeit, gewinnen damit Aufmerksamkeit und Akzeptanz einer größeren Zahl von Rezipienten. Seinen (kritischen) Höhepunkt hat der Issue-Lebenszyklus spätestens erreicht, wenn aktive und aktivistische Anspruchsgruppen sich in die öffentliche Diskussion einschalten und auf Lösung der konfligierenden Positionen drängen. In dieser Phase kann eine betroffene Organisation im Prinzip kaum noch auf den Issue-Verlauf und die Art und Weise der öffentlichen Debatte einwirken. Schließlich endet der idealtypische Lebenszyklus mit der Reife- und der Abschwungphase – beobachtbar anhand von ausgehandelten Regelungen und Sanktionierungen. Beide sind gekennzeichnet durch ein stark abnehmendes Interesse am Thema.

Abbildung 1-1: *Issues Management Lebenszyklus (i.A. a. Köcher & Birchmeier, 1992)*

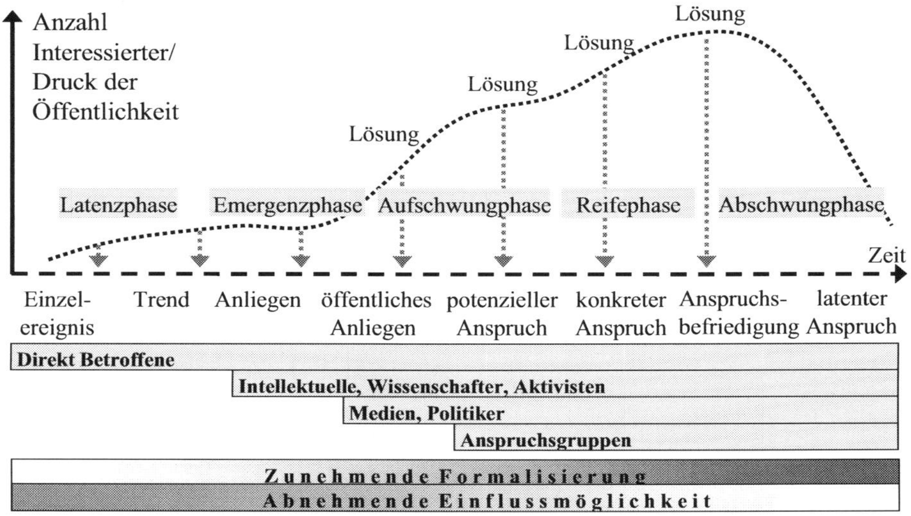

1.3 Ziele des Issues Management und Bedeutung für die Unternehmenskommunikation

Zusammenfassend lassen sich folgende Charakteristika und Ziele des Issues Management festhalten:

1. Issues Management bildet die abteilungsübergreifende Schnittstelle zwischen Innen- und Aussensicht in Bezug auf die informationale Umwelt des Unternehmens.

2. Issues Management ermöglicht die fokussierte Analyse, Bearbeitung, Kommunikation und Koordination aller Aktivitäten in Bezug auf unternehmensrelevante Issues.

3. Issues Management unterstützt das Top Management darin, fundierte Entscheidungen und abgestimmte Positionen zu entwickeln, und informiert über den aktuellen Stand des Prozesses.

4. Issues Management schafft einen transparenten Prozess über alle Issue-relevanten Aktivitäten und dokumentiert Entwicklungen und Entscheidungen.

5. Issues Management ist nicht auf Unternehmenskommunikation beschränkt, sondern eine interdisziplinäre Schnittstelle, die alle von einem Issue betroffenen Unternehmensbereiche einbezieht.

6. Issues Management betont die strategische Dimension der Unternehmenskommunikation und ermöglicht die Einbeziehung des Kommunikationsmanagements in die strategische Unternehmensplanung.

2 Stand der aktuellen Forschung

Issues Management wurde als Konzept der Frühwarnung und zur Entwicklung von Reaktionsstrategien bereits vor über 20 Jahren im angloamerikanischen Raum entwickelt. Grundsätzlich lassen sich drei Perspektiven mit jeweils unterschiedlichen Zielen und Schwerpunkten unterscheiden: die *betriebswirtschaftliche*, die *kommunikationswissenschaftliche*, und die *politikwissenschaftliche* Sichtweise.

Aus **betriebswirtschaftlicher** Sicht steht in der deutschsprachigen Literatur vor allem das Management von *strategischen Issues* im Zentrum, die Auseinandersetzung in der deutschsprachigen Literatur bezieht sich dabei fast ausschließlich auf den Ansatz von Ansoff (Ansoff, 1980) und das Konzept der „schwachen Signale" (Liebl, 1991; Liebl, 1994; Simon, 1986). Die strukturellen Beziehungen von Unternehmen und Gesellschaft und die Dynamik öffentlicher Auseinandersetzungen im Umgang mit gesellschaftlichen Anliegen beleuchtet Dyllick (Dyllick, 1989, S. 461). Im angloamerikanischen Raum dominiert die Untersuchung kognitiver Prozesse wie z.B. der Zusammenhang zwischen der Informationsverarbeitung in der Scanning-Phase und der Bewertung der identifizierten Issues als positiv bzw. kontrollierbar sowie der daraus resultierenden Schnelligkeit der Handlungsumsetzung (Thomas, Clark & Gioia, 1993; Thomas, Gioia

& Ketchen, 1997). Weiterhin stehen auch die strategische Bedeutung von Issues und ihre Integration in die strategische Unternehmensplanung im Zentrum. Eine Vielzahl der in diesem Kontext entstandenen Studien (vgl. z.B Dutton & Duncan, 1987; Dutton & Jackson, 1987; Dutton, 1993; Dutton, Ashford, O`Neill, & Lawrence, 2001; Thomas & McDaniel, 1990; Thomas et al., 1993; Thomas et al., 1997) basiert auf den von Karl Weick formulierten Annahmen zu der Gestaltung des Organisationsprozesses innerhalb des so genannten „Sense-Making"-Prozesses, d.h. dem organisationalen Prozess der Sinnzuschreibung bei der Interpretation organisationaler Unsicherheit (Weick, 2001; Weick, 1985; Weick, 1969). Der Ansatz lässt sich heranziehen zur Analyse der zentralen Phasen des Issues Management (vgl. Kapitel 1.2.1) und wird in Kapitel 3 näher erläutert.

Aus **politikwissenschaftlicher** Perspektive geht es in Policy-Agenda-Setting-Prozessen vor allem um die Beeinflussung der politischen Agenda durch Schaffung von Aufmerksamkeit für gesellschaftliche und politische Issues (vgl. z.B. Kingdon, 1995; Fleisher, Blair & Hawkinson, 1997). Der Fokus liegt damit verstärkt auf Fragen des Lobbying, auch wenn das frühzeitige Erkennen von politischen Anliegen Voraussetzung hierfür ist (Geißler, 2002, S. 99; Windsor, 2002).

Im Bereich der **Kommunikationsforschung** stehen im angloamerikanischen Raum Untersuchungen zur Ausgestaltung des Scanning-Prozesses (Lauzen, 1997) und zur Integration der Issues in die Prozesse der Strategieformulierung (Lauzen, 1995) im Zentrum der empirischen Forschung. Die Entwicklung theoretischer Konzepte finden sich seit Howard Chase (Chase, 1977), bekannt als der „Namensgeber" des Issues Management, in zahlreichen Ausführungen (Ewing, 1979; Ewing, 1997; Heath, 1997; Renfro, 1993; Wartick & Rude, 1986; Wartick & Heugens, 2003). Im deutschsprachigen Raum findet sich abgesehen von zwei theoretischen Arbeiten (Schaufler, 1989; Lütgens, 1998) sowie einem Sammelband (Röttger, 2001) bislang nur wenig Forschungsliteratur zum Thema. Erste empirische Untersuchungen legen den Fokus auf die quantitative Erfassung des tatsächlichen Einsatzes von Issues Management in Deutschland (Bentele & Rutsch, 2001).

Auch wenn die meisten Arbeiten eher disziplinär ausgerichtet sind, existieren auch einige vergleichende Untersuchungen, die strategische, politische und gesellschaftliche Issues mit einbeziehen (Greening & Gray, 1994). Sie zeigen, dass sich diese Erkenntnisse auf die organisatorische Gestaltung des Issues Management in Unternehmen übertragen lassen (Lenz & Engledow, 1986; Wartick et al., 1986; Mahon & Wartick, 2003). Eine interdisziplinäre Untersuchung, die kommunikationswissenschaftliche und betriebswirtschaftliche Aspekte in Theorie und Empirie verknüpft und die interne Kommunikations- und Koordinationsprozesse zur Identifizierung, Selektion und Positionierung von Issues in multinational tätigen Grossunternehmen aus Deutschland, Frankreich, Großbritannien und der Schweiz untersucht, findet sich bei Ingenhoff (2004). Sie bildet die Grundlage für die folgenden Darstellungen der theoretischen

Fundierung und der Darstellung der Konzeption der verschiedenen Issues Management Phasen.

3 Theoretische Grundlagen des Issues Management

Um eine theoretische Grundlage zur Analyse des Prozesses zu schaffen, wie sich Organisationen mit konflikthaften Themen und Ereignissen der Teilöffentlichkeiten auseinandersetzen und was diesen Prozess kennzeichnet, lässt sich der Ansatz von Karl Weick zum Prozess des Organisierens heranziehen.

Weick unterscheidet zunächst grundsätzlich zwischen zwei Arten von Ungewissheit von Situationen und Themen je nachdem, ob sie *unsicher* oder *mehrdeutig* sind (Weick, 1985, 276ff.; Weick, 2001; Theis-Berglmair, Mayer, & Schmidt, 2003, S. 50). Diese Unterscheidung lässt sich auch auf Issues bzw. Themen übertragen: *Unsicher* sind Issues, von denen zwar die sie bedingenden Variablen bekannt sind, für die aber keine oder wenig Daten über die gegenwärtige und zukünftige Ausprägung dieser Variablen vorliegen. Eine weitaus größere Ungewissheit liegt bei *mehrdeutigen* Ereignissen oder Themen vor. Sie kennzeichnen sich durch Ambiguität, d.h. hier ist völlig unklar, welche Variablen überhaupt für die Interpretation relevant sind und welche Bedeutung sie haben. Der Interpretationsaufwand ist dementsprechend grösser.

Beide Arten der Ungewissheit münden letztendlich in einen Organisationsprozess, den Weick als mehrstufigen Interpretationsprozess beschreibt und der auf den Issues-Management-Kernprozess übertragbar ist. Dabei steht die Frage im Zentrum, wie mehrdeutige und damit für die Organisation ungewisse Ereignisse und Sachverhalte durch den Prozess des Organisierens mit Sinn belegt werden.

Abbildung 3-1:   *Organisieren als Evolutionsprozess (Weick, 1985, S. 190)*

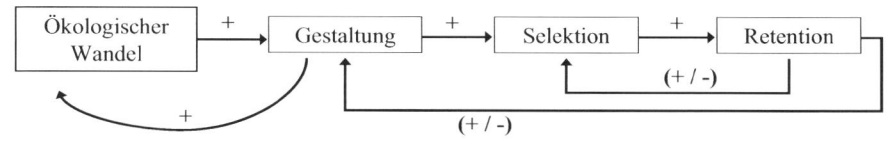

Wie aus Abbildung 3-1 ersichtlich wird, bilden die Organisationsaktivitäten zur Reduktion von Ungewissheit ein zirkuläres Modell aus den vier Elementen *ökologischer Wandel, Gestaltung („Enactment"), Selektion* und *Retention* (vgl. ebenso Milliken, 1990), die im Folgenden erläutert werden.

3.1 Enactment: Identifizieren potenzieller Issues

Ausgangspunkt für die Organisationsaktivitäten bildet zunächst die von Weick als „ökologischer Wandel" bezeichnete Gesamtheit aller Veränderungen in der Unternehmensumwelt, die sich durch Komplexität auszeichnet. Die Umweltveränderungen ziehen die Aufmerksamkeit der Organisationsmitglieder auf sich, sobald bisherige Interpretationsmuster und Handlungen nicht mehr ausreichen, um eine adäquate Erklärung zu finden oder Handlung zu ermöglichen. Sie rufen dann so genannte „Gestaltungsaktivitäten" hervor, um die Mehrdeutigkeit zu reduzieren. Der Anfang des Organisierens liegt damit im *Gestalten* (Enactment), in der Wahrnehmung von Aufmerksamkeit erzeugenden Veränderungen in der ökologischen Umwelt, die nachträglich situations- und präferenzgerecht interpretiert werden.

> *„[...] When people act, they bring events and structures into existence and set them in motion. [Enactment] is the social process by which a material and symbolic record of action [...] is laid down. The process occurs in two steps: 1. Portions of the field of experience are bracketed and singled out for closer attention on the basis of preconceptions. 2. People act within the context of these bracketed elements, under guidance of preconceptions, and often shape these elements in the direction of preconceptions"* (Weick, 1988, S. 307).

Um Mehrdeutigkeit zu reduzieren, werden in sozialen Konstruktionsprozessen Interpretationsregeln geschaffen, die einen Konsens schaffen. Kommunikation nimmt somit in der Interpretation von Ereignissen und der Schaffung von Interpretationskriterien einen zentralen Stellenwert ein.[1]

Das ist eine Voraussetzung dafür, dass die Organisation die Relevanz der Ereignisse beurteilen kann und zu angemessenen Handlungen gelangt. Die Entscheidung, *welche* Sachverhalte für die Organisation ungewiss sind und deshalb in ihrer Mehrdeutigkeit reduziert werden müssen, trifft die Organisation selbst aufgrund ihrer geschaffenen *Regeln, Strukturen* und *bereits verarbeiteter Themen* und Sachverhalte. In diesem Prozess wird den neuen, ungewissen Ereignissen Sinn zugeschrieben. Für das Issues Management bedeutet das, dass zunächst einmal Regeln und Kriterien geschaffen werden sollten, anhand derer die Organisation die Themenauswahl vornehmen möchte.

---

[1] Weick benutzt die Begriffe Kommunikation und Interaktion synonym.

Der Kontext schränkt die Vielzahl der weiteren möglichen Beiträge insofern ein, dadurch dass er den Rahmen bildet, innerhalb dessen das Thema nach Maßgabe von Sinn zu interpretieren ist. Er ist also maßgeblich bei der Interpretation und Analyse des Issue. Diese Entscheidung darüber, in welchen Kontext das potenzielle Issue zu stellen ist, erfolgt in der Organisationspraxis häufig rein intuitiv auf der Basis traditioneller, nicht hinterfragter Muster oder unter Zuhilfenahme von externen Unterstützungsdiensten, die zur Legitimation herangezogen werden. Ähnlich verhält es sich mit der anschließenden Interpretation und Ableitung von Handlungsoptionen, über deren Erfolg zwar die anschließende Umweltreaktion Auskunft gibt, deren Bedingungen und Kontexte jedoch selten expliziert werden. Wird dieser Prozess dem Zufall überlassen und nicht reflektiert, gehen mögliche andere entscheidende Sichtweisen auf das Issue verloren, oder es wird als solches viel zu spät erkannt.

Weick zeigt, dass es eines ausgewogenen Zusammenspiels von Enactment und Selektion bedarf, um langfristig die für die Organisation entscheidenden Themen zu finden und angemessen zu interpretieren. Die Schwierigkeit besteht nun darin, die mehrdeutigen Zeichen des Erlebnisstroms aus der Umwelt auf der Basis der eigenen, bereits ausgebildeten Vorurteile und Ansichten überhaupt zu erkennen und zu etikettieren. Daft und Weick (2001, S. 244) bezeichnen diese Phase später auch als Prozess des *„Scanning"*, den sie als einen bewussten Prozess der Umfeldbeobachtung und Datensammlung beschreiben.[2]

Der Scanning- bzw. Gestaltungsprozess kann demnach auch nicht vollständig ungerichtet sein, sondern bezieht bereits gemachte Erfahrungen, eigene Expertise und Annahmen über das Ausmaß der identifizierten Daten stets bewusst und unbewusst als Vorinterpretationen mit ein. In der Konsequenz des vorgestellten Modells sollte sich die Suche in Abhängigkeit der Vorkenntnisse nach möglichst *vielfältigen Informationen* durch *viele Organisationsmitglieder* richten. In Kommunikationsprozessen können somit die jeweiligen vorinterpretierten Daten in die je verschiedenen Kontexte gesetzt werden und im Verlauf des Sinnzuschreibungsprozesses diejenigen alternativen Erklärungsmuster selektiert und als Wissen bewahrt werden, die als am besten passend erscheinen.[3] Die Möglichkeit des Austauschs und der Integration vieler Beteiligter ist wichtig, weil in diesen Begegnungen erst andere Möglichkeiten der Thematisierung und Kontextualisierung eröffnet werden. Fehlt sie vollkommen, weil z.B. Issues hierarchisch und ausschließlich durch eine einzelne Führungskraft gesucht und bestimmt werden, besteht die große Gefahr, dass die das Issue konstituierenden Variablen einseitig interpretiert werden und wichtige Perspektiven und Kontexte unbeachtet blei-

---

[2] Es wird hier also nicht zwischen den Prozessen des Scanning und des Monitoring unterschieden.

[3] Weick (1985) vergleicht den Gestaltungsprozess mit dem Erstellen und sukzessiven Betrachten von Figur-Hintergrund-Mustern, aus denen dann das jeweils passende im Folgeschritt selektiert wird und in den Retentionsprozess einfließt.

ben. Hinzu kommt, dass kritische Issue-relevante Zeichen bei der hierarchischen Suche leichter verdeckt werden können, um gegebenenfalls die eigene Machtposition zu erhalten.

3.2 Selektion: Relevante Issues auswählen

Selektion bezeichnet die Phase der Sinnzuschreibung, d.h. die Auswahl aus mehreren Möglichkeiten der Interpretation der mehrdeutigen Phänomene (Weick, 1985, S. 191) im Diskussionsprozess. Sie zielt auf die Reduktion der Mehrdeutigkeit durch die Anwendung von Regeln und Kriterien, die den Grad der Unbestimmtheit verringern. Dabei kommt es darauf an, ob die Phänomene als hinreichend *ähnlich* mit schon bekannten und bearbeiteten Issues oder als vollkommen *neu* und unbekannt empfunden werden (vgl. auch Theis-Berglmair et al., 2003, 50f.). Im ersten Fall ist die gegenwärtige bzw. zukünftige Ausprägung der Variablen *unsicher*, im zweiten Fall sind diese oft überhaupt nicht in vollem Umfang bekannt; die Situation ist *mehrdeutig*. Beide Ausgangssituationen erfordern einen unterschiedlichen Umgang mit der ungewissen Situation, je nach dem, ob die eingespeisten Informationen unbestimmt oder einigermassen durchschaubar sind (Scott, 1986, S. 169). Nach Weick lässt sich festhalten, dass im Organisations- bzw. Diskussionsprozess diejenigen spezifischen Interpretationsschemata ausselektiert werden, die sich als sinnvoll bei der Reduktion der Mehrdeutigkeit erwiesen haben, während die nicht hilfreichen Schemata, welche die Mehrdeutigkeit erhöhen, eliminiert werden.

Somit lässt sich aufzeigen, dass sowohl ein aus vergangenen Erfahrungen abgeleitetes *Kriteriensystem* als auch ein strukturierter, möglichst verschiedene Perspektiven und Hierarchien umfassender *Diskussionsprozess* zur adäquaten Interpretation von Phänomenen herangezogen werden muss, um diese zu einem potenziell relevanten Issue zu verdichten. Die erforderliche Vielfalt im Diskussionsprozess kann z.B. durch dezentrale Einbindung der Organisationsmitglieder und dadurch einer hohen Partizipation und einem wechselnden Austausch in Form von organisationsübergreifenden Komitees erreicht werden.

3.3 Retention: Strategieentwicklung und -speicherung

Retention bezeichnet die Speicherung der Produkte erfolgreicher Sinngebung, die so genannten „gestalteten Umwelten", als Ergebnis des oben beschriebenen Anpassungsprozesses (Weick, 1985, S. 182). In Bezug auf das Issues Management geht es in dieser Phase um die (schriftliche und/oder kommunikative) Aufbereitung und Beurteilung der bisherigen gescannten, selektierten und interpretierten Issues z.B. anhand entwickelter Positionspapiere. Die aus den vorangegangenen Prozessroutinen gespeicherten Interpretations- und Selektionsmuster können sich dabei bestätigen oder als unzureichend und änderungswürdig herausstellen. Auch wenn die Einschätzungen des Erfolgs bisheriger (Interpretations-)Prozesse eher subjektiv sind, bilden sie doch die wesentliche Grundlage für den zukünftigen Erfolg des gesamten Prozesses.

Ein funktionierender Gesamtprozess zeichnet sich sowohl durch die Anwendung als auch die flexible Anpassung von geschaffenen Kriterien bzw. Regeln aus. So zeigt z.B. ein positives Feedback auf das Scanning, dass bisherige Suchstrategien erfolgreich sind, daher zunächst beibehalten und weiter verfeinert werden. Eine negative Rückkopplungsschlaufe in Bezug auf die Identifikation deutet hingegen darauf hin, dass sich bisherige Suchstrategien nicht hinreichend zur frühzeitigen Erkennung von Issues eignen, so dass z.B. die Auswahlkriterien oder die Zusammensetzung der Task Force geändert werden müssen. Ein weiterer Grund könnte auf der Ebene der Organisationsmitglieder liegen. Wurden nicht genügend Organisationsmitglieder im Rahmen ihrer täglichen Arbeit mit dem Scanning betraut oder gibt es statt Entscheidungen auf Netzwerkebene lediglich hierarchische Alleinentscheide, können nicht ausreichend Informationen in das System gelangen.

Abbildung 3-2:   *Der Issues Management Prozess (Ingenhoff, 2004, S. 110)*

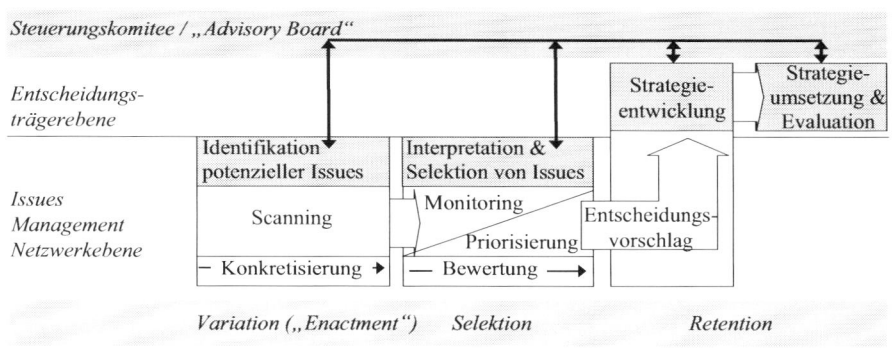

4 Organisation des Issues Management im Unternehmen

Issues Management wird in der Zwischenzeit von einer Vielzahl von Unternehmen umgesetzt. Dabei kann die Bezeichnung durchaus variieren. So bezeichnet etwa die SwissRe die priorisierten Issues in ihrem Issues Management Prozess als „Top Topics", andere Unternehmen reden von „Opportunity Management", „Themenmanagement" oder vom „Public Policy Process". In den folgenden Ausführungen widmen wir uns der Umsetzung von Issues Management in Unternehmen und zeigen einzelne Instrumente und Phasen anhand von Auszügen aus der eingangs erwähnten Untersuchung (Ingenhoff, 2004) sowie aus ausgewählten Beispielen der unternehmerischen Praxis von SwissRe auf.

4.1 Der organisationale Rahmen: Gestaltungsbedingungen und -massnahmen

Für die Umsetzung von Issues Management sind *Gestaltungsbedingungen* und *Gestaltungsmaßnahmen* erfolgsentscheidend. Zu den *Gestaltungsbedingungen* gehören

1. eine partizipative Unternehmenskultur,

2. die Förderung der Motivation der Mitarbeiter und

3. die Unterstützung durch das Top Management.

Gestaltungsbedingungen beziehen sich auf die kulturelle Komponente, die sich häufig nur schwer kurzfristig beeinflussen und ändern lässt. Sie schafft eine wichtige Voraussetzung für ein im Unternehmen akzeptiertes und gelebtes Issues Management, für eine offene Kommunikation von potenziellen Chancen, aber auch von Risiken.

Eine wesentliche Voraussetzung, damit kritische Issues überhaupt im Unternehmen kommuniziert und an die relevanten Stellen weitergeleitet werden, ist die Schaffung von gegenseitigem Vertrauen und einer *partizipativen Unternehmenskultur* (Grunig et al., 2002). Sie zeichnet sich durch kommunikative Offenheit, direkte Kommunikationswege und die Involvierung aller Beteiligten in den Prozess aus. Damit einher geht dann auch häufig eine hohe Identifikation der Mitarbeiter mit dem Unternehmen sowie dem betreffenden Arbeitsprozess.

Durch die Unterstützung des Top Management wird die Einbindung von Issues Management in die Unternehmensstrategie gewährleistet. Das Top Management kann z.B. in Form eines Advisory Board (s.u.) bei der Auswahl und Entscheidung über relevante Issues mitwirken und die Bereitstellung von finanziellen und personellen Ressourcen in Funktion des Sponsors oder Client unterstützen (s.u.).

Die organisatorischen *Gestaltungsmaßnahmen* zielen auf hauptsächlich drei Kernbereiche im Aufbau von Issues Management:

1. den Aufbau von *Rollen und Funktionen* (Aufbauorganisation),

2. der Definition von *Workflows* auf der Prozessebene (Ablauforganisation) und

3. der technologischen Unterstützung des Prozesses durch die modernen Informationstechnologien.

4.1.1 Aufbauorganisation: Zentrale Rollen und Funktionen

Bei der Aufbauorganisation kommt es vor allem darauf an, zentrale Rollen, Funktionen und Verantwortungsbereiche klar zu regeln. Wie aus den bisherigen Ausführungen deutlich wurde, kann die Aufgabenkomplexität von der Identifikation über die Selektion bis hin zur Strategieentwicklung kaum ein einzelner „Issues Manager" wahrnehmen. Vielmehr bedarf es eines Zusammenspiels zwischen verschiedenen Funktionen und Bereichen, um Issues frühzeitig und möglichst umfassend und strukturiert zu identifizieren. Dabei bildet ein gut funktionierendes Netzwerk aus ausgewählten und ausgebildeten Experten in den wichtigsten Unternehmensbereichen und Regionen (sog. „Scanner" oder „Networker") in den meisten Unternehmen den Ausgangspunkt. Issues Management muss sich daher möglichst abteilungs- und funktionsübergreifend aufstellen, um die Belange interner und externer Bezugsgruppen wie z.B. Kunden und NGOs zu berücksichtigen. Eine weitere wichtige Rolle spielen auch Stakeholderdialoge mit ausgewählten Mitgliedern der verschiedenen Bezugsgruppen, die z.B. regelmäßig befragt und kontaktiert werden.

Folgende Rollen und Funktionen konstituieren den Issues Management Prozess. Dabei gilt es zu berücksichtigen, dass die Rollen- und Funktionsbezeichnungen sowohl in der Literatur als auch in der Unternehmenspraxis variieren.

▨ **Scanner bzw. Networker**: beobachten innerhalb ihrer täglichen Arbeit potenziell relevante Themen auf ihren Expertisegebieten und können so für die Früherkennung von Issues eingebunden werden.[4]

---

[4] Diese Funktion findet sich bereits bei Aldrich und Herker (Aldrich & Herker, 1977) unter der Bezeichnung „Boundary Spanner" und beschreibt diejenigen Mitarbeiter, die regelmässig zwischen der Unternehmensumwelt und den Entscheidungsträgern des Unternehmens agieren.

- **Network Manager:** Die Scanner/Networker sollten untereinander vernetzt sein und sich auf ihren Gebieten austauschen können. Dieser Austausch kann durch *Netzwerk-Manager* auf globaler und regionaler Ebene sowie durch eine entsprechende IuK-Technologie (vgl. Kapitel 4.1.3) unterstützt werden, welche das Identifizieren und Antizipieren von Issues koordinieren.

- **Coordination Board:** Die in der Phase der Identifizierung potenzieller Themen gewonnenen Informationen fliessen an einer zentralen Stelle zusammen und werden hier gebündelt, um einen Überblick über die unternehmensrelevanten Issues (sog. Corporate Issues) in den verschiedenen Ländern und Bereichen zu erhalten und zu koordinieren. Das Coordination Board besteht in der Regel aus einem je nach Unternehmen und Branche unterschiedlich grossem Team aus hauptamtlich und langjährig im Unternehmen tätigen Experten der oberen Managementebene. Sie treffen auf der Grundlage weiterer Analysen gemeinsam mit dem Top Management im Advisory Board die Entscheidung darüber, welche Issues Aufnahme in den Prozess finden und z.B. in einer Task Force (siehe unten) weiter analysiert und bearbeitet werden.

- **Advisory Board**: entscheidet über die finale Priorisierung, Verantwortlichkeiten und die finale Positionierung zu den Issues und überwacht und evaluiert den Prozess. Es kann aus einem multifunktionalen und multigeographischen Team aus Senior Managern der Geschäftseinheiten bestehen. Die Mitglieder des Advisory Board haben in den verschiedenen Geschäftseinheiten und Regionen i.d.R. eine Führungsposition inne und arbeiten nur als Teil ihrer Tätigkeit in diesem interdisziplinären Team mit.

- **Task Force**: wird i.d.R. gebildet als multidisziplinäres Team, in der alle durch das Issue betroffenen Bereiche vertreten sind.

- **Task Force Leiter**: Er koordiniert die zur Bearbeitung des Issues etablierte Task Force. Mit seinem Team nimmt er die Folgeanalyse und die Zielbestimmung vor und überprüft diese kontinuierlich. Er ist verantwortlich, weitere involvierte Geschäftseinheiten zu identifizieren sowie Beteiligte zu benennen und einen Kunden (Client bzw. Sponsor, siehe unten) zu finden.

- **Client bzw. Sponsor**: Senior Executive, der die finanziellen und informationalen Ressourcen bereitstellt. Er verabschiedet die finalen Pläne, Aktivitäten und Budgets.

- **Issue Owner**: Führender interner Experte auf dem Gebiet des Issues, der die Generierung, Überwachung und Koordination der Inhalte und Entwicklungen verantwortet sowie im Austausch mit allen weiteren internen und externen Experten steht.

- **Communications Manager**: unterstützt und berät den Issue Owner in kommunikationsbezogenen Aktivitäten und setzt diese um.

- **Process Owners**: Verantwortliche für den Gesamtprozess, z.B. bei der SwissRe der Chief Risk Officer und der Head of Communications and Human Resources.

- **Strategy Unit**: bereitet Entscheidungen vor, beobachtet bzw. beurteilt die strategische Relevanz der Topics und stellt die Einbindung in den Strategieprozess sicher.

- **Corporate Communications Unit**: managed den Gesamtprozess, plant, begleitet und implementiert alle relevanten internen und externen Kommunikationsaktivitäten.

- **Legal Unit**: vertritt die juristischen Aspekte bei der Kommunikation und Umsetzung von Issues.

Abbildung 4-1:   *Zentrale Rollen im Issues Management (Ingenhoff, 2004, S. 208)*

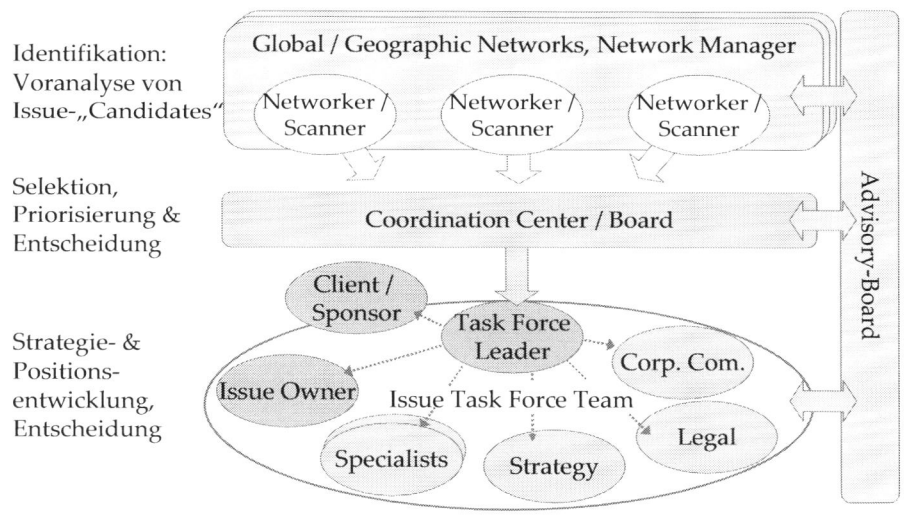

Bei den von den Scannern oder Networkern eingebrachten Informationen ist es sinnvoll, zwischen dem von ihnen als potenzielles Issue definiertem Thema durch die Bezeichnung „**Concern**" oder „**Candidate**" und dem infolge einer umfassenden Analyse und Priorisierung als relevant klassifizierten **Issue** zu unterscheiden. Unter einem Concern werden zunächst alle Veränderungen in der Unternehmensumwelt verstanden, die beobachtet werden und die eine mögliche Chance oder ein Risiko für die Geschäftstätigkeit des Unternehmens bergen, aber in ihren Auswirkungen noch nicht eingestuft werden können. Ein Concern unterscheidet sich von einem Issue somit in seiner Potenzialität, im Grad der Klarheit und der Formalisierung. Um die für die

Einstellung eines Concern in den Issues-Management-Prozess notwendige Relevanz für das Unternehmen zu gewährleisten, kann bereits auf dieser frühen Stufe ein Kriteriensystem entwickelt werden, anhand dessen der Scanner beurteilen kann, ob das Concern tatsächlich unternehmensrelevant und kritisch ist. Wichtig ist zunächst, erste Informationen über das Concern zu sammeln und gebündelt bereit zu stellen. Sie bilden die Grundlage für die weitere Analyse in der Phase der Selektion (vgl. Abb. 4-1).

4.1.2 Ablauforganisation: ein Prozessmodell

Auf der Basis der beschriebenen Funktionen wird in der Folge ein Prozessmodell entwickelt, welches die Ablauforganisation regelt (Workflow). Wichtig ist hierbei, dass sich der Prozess durch *stabilisierende* und *flexibilisierende* Elemente auszeichnet. Wie die Untersuchung (Ingenhoff, 2004) zeigte, wird die Umsetzung von Issues Management als besonders erfolgversprechend wahrgenommen, wenn sowohl die Definition von Basisprozessen einen standardisierten Ablauf ermöglicht als auch Abweichungen vom Prozess eingeplant und möglich sind.

Der definierte Basisprozess bildet den Standardprozess ab, durch den ein Issue identifiziert, analysiert, priorisiert und in der Task Force weiter bearbeitet wird bis hin zur Strategieentscheidung und -umsetzung sowie deren Evaluation. Der idealtypische Prozess endet mit der Evaluation des Gesamtprozesses und zielt auf die Erarbeitung von kontinuierlichen Verbesserungen, deren Erkenntnisse in die Bearbeitung weiterer Issues integriert werden können.

Abbildung 4-2:   *SwissRe: Top Topic Process*

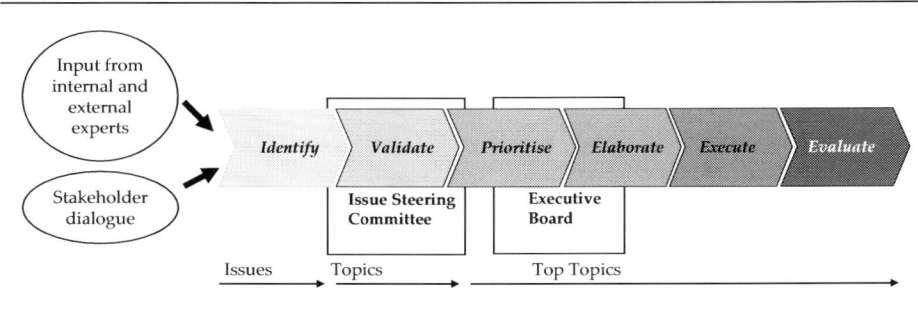

Swiss Re unterscheidet zwischen drei Topic Kategorien:

▨ Konzernübergreifende Topics, die aktiv in der Öffentlichkeit gemanaged werden mit dem Ziel, den öffentlichen Diskurs zu beeinflussen und sich entsprechend zu positionieren (*Top Topics*). Sie werden in einem unternehmensweiten Prozess gemanaged und unterstehen dem Monitoren durch das Executive Board Committee (EBC).

▨ Topics, die hauptsächlich innerhalb spezifischer Bezugsgruppen diskutiert werden (z.B. Kunden oder Versicherungs-Verbände) und bei denen die Positionierung auf Gruppenebene durch das Issue Steering Committee gesteuert wird (*Topics*).

▨ Topics, die hauptsächlich für einzelne Geschäftsbereiche relevant sind und daher nicht gruppenweit gesteuert werden (*Issues*) oder Trends, für die zunächst ein spezifisches Marktszenario erstellt wird (entspricht unserer Bezeichnung der „Vorstufe" eines Issues, d.h., es handelt sich eher um einen „Concern", vgl. Kap. 4.1.1)

Ein Top-Topic zeichnet sich durch unternehmensübergreifende Relevanz für die gesamte SwissRe Gruppe aus und fokussiert auf eine aktive Positionierung mit einem Zeithorizont von ca. 2 bis 3 Jahren. Es kann potenziell Einfluss nehmen auf den (materiellen und/oder immateriellen) Unternehmenswert und erfordert eine aktive Auseinandersetzung mit einer externen Bezugsgruppe durch die Entwicklung und Umsetzung von (kommunikativen) Massnahmen zur Position der SwissRe. Aufgrund der hohen Relevanz wird im Issues Management Prozess sichergestellt, dass die Geschäftsleitung eng in die Priorisierung und Positionierung eingebunden ist (vgl. Abbildung 4.1). Im Issue Steering Committee (entspricht weitgehend dem vorher erwähnten Coordination Board) wird geprüft, wo ein Topic weiter bearbeitet werden soll und welchen Prozess es durchläuft. Dies kann bedeuten, dass es als „Issue" (bzw. Concern) zunächst nur weiter beobachtet wird (Monitoring), dass es auf der Ebene der Geschäftseinheiten weiter bearbeitet wird oder dass es als Top Topic unmittelbar in die Gesamtstrategie eingebunden wird.

4.1.3 Die technologische Unterstützung

Informations- und Kommunikationssysteme unterstützen neben dem direkten Face-to-Face-Kontakt in Unternehmen die Kommunikation und Dokumentation der Issues und ermöglichen somit den zeit- und ortsunabhängigen Informationsaustausch. Je nach Ausgestaltung des Systems kann dieses beim proaktiven Auffinden, Bündeln und Bearbeiten von relevanten Themen, der systematischen Strukturierung des Issues Management Prozesses oder der Hinterlegung von Sprachregelungen und Positionen unterstützen. Vor allem in international tätigen Großunternehmen kann ein solches System helfen, den Issues Management Prozess zu dokumentieren und zu vereinheitlichen. Das Spektrum der eingesetzten Lösungen in den Unternehmen reicht dabei von Issues-Datenbanken auf Basis gängiger Groupware wie Lotus Notes bis hin zu Eigenentwicklungen auf Basis avancierter Webtechnologien, die sowohl das permanente

Abtasten von Informationsströmen im World Wide Web, das Scanning von Mediendatenbanken als auch die Auswertung von Expertenwissen innerhalb und ausserhalb des Unternehmens gewährleisten.

Integrierte vs. dokumentarische Systeme

Prinzipiell lassen sich „einfache" IT-Systeme mit Dokumentationsfunktion von solchen unterscheiden, die auch Tools integrieren, mittels derer potenzielle Issues identifiziert (Scanning) und im Zeitablauf beobachtet werden können (Monitoring). Bereits bei über der Hälfte der in der von Ingenhoff (2004) untersuchten Unternehmen kommt eine eigens auf das Issues Management adaptierte IuK-Technologie zum Einsatz, die in den meisten Fällen in das unternehmenseigene Intranet durch Regelung von Zugriffsrechten integriert ist. Durch die Verknüpfung mit dem Intranet wird häufig auch ein erleichterter, i.d.R. konzernweiter Zugang ermöglicht und durch eine übereinstimmende Oberfläche eine nutzerfreundliche Bedienung geboten. Die beiden Faktoren der leichten und konzernweiten Zugänglichkeit und der nutzerfreundlichen, intuitiven Bedienung werden bei fast allen Unternehmen als wichtigste Ausgangsfaktoren genannt, die für die Einführung und Umsetzung des Issues Management auf technologischer Basis erfolgsentscheidend sind. Umgekehrt wurde bei denjenigen Unternehmen, die nicht über eine abgestimmte konzernweite IuK-Technologie verfügen, sondern Issues lediglich über dezentrale IT-Systeme oder gar individuelle Speichermedien bearbeiten, häufig die fehlende Zugänglichkeit und systematische Speicherung aktueller Positionen und Entwicklungen beklagt.

Mindestanforderungen an die IT-Technologie

Die IT-Technologie sollte folgende Mindestanforderungen erfüllen, um den Issues Management Prozess adäquat unterstützen zu können:

1. Unterstützung und zentrale Steuerung des *Reportings* zwischen dem Corporate Center, einzelnen Geschäftsbereichen, Tochtergesellschaften und Regionen

2. Ein *konzernweit gültigen Standard* und eine *einheitliche Methodik* im Umgang mit Issues entwickeln, umsetzen und gewährleisten

3. Unterstützung des *operativen Umgangs* mit Issues

4. *Systematische Speicherung* bearbeiteter Prozesse und Erfahrungen, um daraus für zukünftige Issues Management Prozesse zu lernen und vergangene Entscheidungen und Sprachregelungen verfügbar zu haben.

4.2 Identifizieren von Issues: Scanning und Monitoring

Potenzielle Issues können auf zwei verschiedene Arten entdeckt werden, die auch miteinander kombinierbar sind (Ingenhoff, 2004, S. 230f.):

1. **Ad Personam**, z.B. über ein Netzwerk von Scannern und Networkern, durch Experten- oder Stakeholderbefragung

2. **Ad Medium**, z.B. durch die technologische Unterstützung im Scanning und Monitoring mittels automatisierter Medienanalysen durch neue IuK-Technologien (vgl. Kapitel 4.1.3) und Systeme der künstlichen Intelligenz

Beide Arten lassen sich noch hinsichtlich ihrer in die Issue-Suche einbezogenen Medien unterscheiden: So können sowohl Print- als auch Online-Medien in die Suche einbezogen werden, um eine möglichst hohe Informationsvielfalt in einem frühen Entwicklungsstadium zu erhalten. Allerdings entscheiden sich viele Unternehmen (z.B. aus Kostengründen) immer noch für die Beschränkung der Identifikation von Issues aus dem Printmedienbereich, zum Teil sogar ausschliesslich auf die Untersuchung der Leitmedien, wodurch die Wahrscheinlichkeit der Früherkennung von Themen deutlich gemindert ist, da die Issues bereits eine fortgeschrittene Phase im Lebenszyklus erreicht haben.

In beiden Fällen besteht nach Weick (vgl. Kapitel 3) die Hauptherausforderung darin, die relevanten Informationen in maximaler Vielfalt in das Unternehmen einzubringen, um eine breite Entscheidungsbasis zu erhalten, wobei gleichzeitig aus der Vielfalt an Daten die wesentlichen herausgefiltert werden müssen. Anhand von drei zentralen Kriterien lässt sich i.d.R. bestimmen, ob ein Issue für ein Unternehmen überhaupt strategische Relevanz besitzt:

1. Das Issue hat einen möglichen signifikanten Einfluss auf das Unternehmen bzw. auf die Unternehmenstätigkeit im weiteren Sinne *und*

2. wird in relevanten Teilöffentlichkeiten kontrovers diskutiert *und*

3. erfordert die Auseinandersetzung mit den relevanten Teilöffentlichkeiten und das Ableiten weiterer Maßnahmen.

Die als potenzielle Issues identifizierten Themen können z.B. zunächst zu „Concerns" zusammengefasst werden, die in der nächsten Phase der Selektion einer weiteren Analyse unterzogen werden. Ein zentrales IT-System kann entscheidend dabei helfen, die Vielfalt an Informationen zu erfassen und zu kanalisieren (vgl. Kap. 4.1.3). Die Scanner bzw. Networker können ebenfalls direkt z.B. durch ein Identifikationsschema, welches ihnen die Auswahl und Voranalyse potenzieller Issues erleichtert, unterstützt werden.

Neben dem Input von internen und externen Experten sowie von Stakeholderdialogen spielt bei der SwissRe z.B. das hausinterne Frühwarnsystem „SONAR" (Systematic Observation of Notions Associated with Risks) eine wichtige Rolle, mittels dessen Risikofrühindikatoren im Hinblick auf Produktgefahren und –chancen erfasst werden, wobei jeder Mitarbeiter die Möglichkeit hat, seine Beobachtungen einzugeben.

4.3 Interpretation: Selektion und Priorisieren von Issues

Abbildung 4-3: *SwissRe: Klassifikation von Issues & Topics (i.A.a. Buchholz, 1989)*

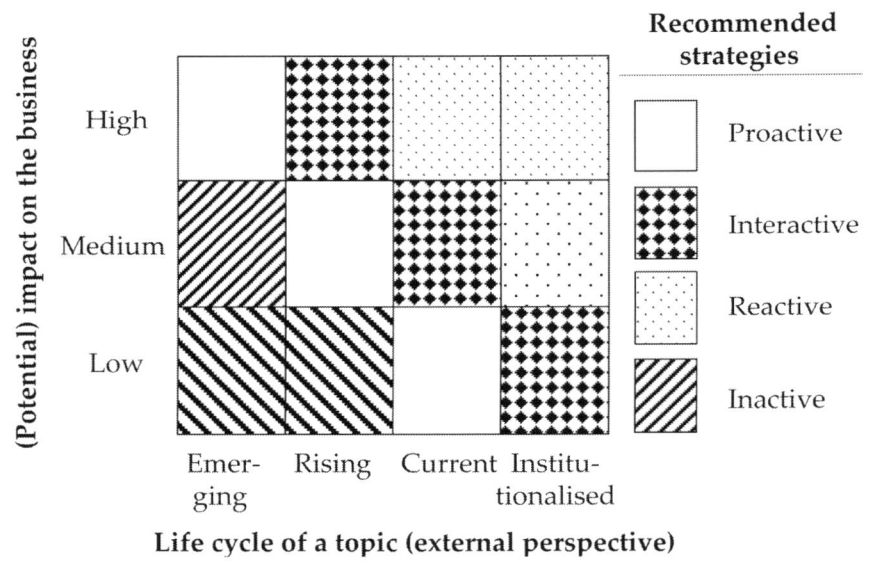

Im Rahmen des Issues Management Prozesses kommt insbesondere der Selektion und Priorisierung von Issues und der damit verbundenen Kriterienentwicklung eine wichtige Rolle zu. Auch wenn Kriterien dem Vorwurf erliegen, selten auf alle aufkommenden Issues gleichzeitig zu passen, zeigt sich doch in der Untersuchung, dass die Entwicklung eines *unternehmensspezifischen* Katalogs von Analysedimensionen die zeitnahe Selektion von Issues entscheidend verbessern und einen unternehmensweiten, transparenten Standard schaffen kann. Weiterhin werden Zeit beanspruchende Diskussionen, anhand welcher Dimensionen ein Issue analysiert werden kann, weitestgehend minimiert und hierdurch wird ein klarer Zeitvorteil geschaffen.

Bei der Bewertung der Issues ist es besonders wichtig, die Verknüpfung zur Unternehmensstrategie sicherzustellen und bereits frühzeitig die **Auswirkungen der potenziellen Issue-Entwicklungen** auf die Unternehmenstätigkeit abzuschätzen. Dies ist nicht nur für die Abstimmung von abzuleitenden Maßnahmen und Positionen unerlässlich, sondern liefert bereits erste Hinweise auf die aufzuwendenden Ressourcen. Die intensive Analyse der Issues ermöglicht im Anschluss daran, die unternehmensinternen Ressourcen nach Maßgabe der Risikobewertung bereitzustellen. Darüber hinaus beeinflusst der Prozess der Bezeichnung und Kategorisierung die Einstellung der Beteiligten zu einem Issue und ihre Entscheidung über mögliche Handlungen. Es werden bedeutende Voraussetzungen für die Kommunikation über Issues geschaffen und ein gemeinsames Verständnis aller Beteiligten über das Issue erzeugt.

Abbildung 4-4:   *Priorisierung nach Stakeholderrelevanz*
                 (i.A.a. Müller-Stewens & Lechner, 2003)

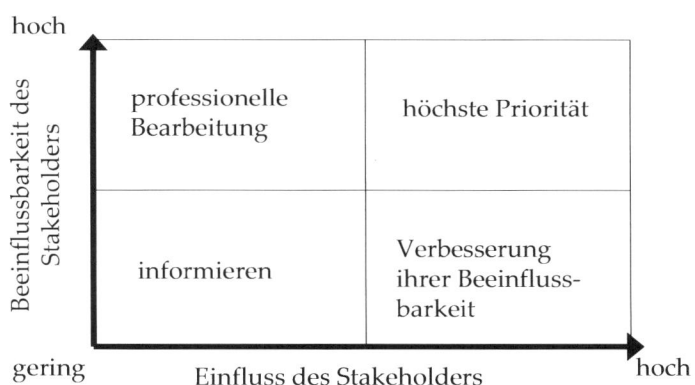

Eine Issue-Analyse sollte auch die **Analyse und Bewertung der Stakeholder-Gruppen** umfassen. Eine Möglichkeit hierzu ist die Stakeholderanalyse auf der Grundlage der Dimensionen *Beeinflussbarkeit* und *Einfluss* des Stakeholders (Müller-Stewens & Lechner, 2003; vgl. Abb. 4-4). Die Beeinflussbarkeit kann sich z.B. zeigen anhand der Abhängigkeit des Stakeholders und der Relevanz seines Anliegens. Der Einfluss des Stakeholders hingegen kann aufgrund der Handlungsmacht (z.B. Marktmacht, politische Macht), dem Organisations- und Aktivitätsgrad (Netzwerke, Koalitionen) und dem Meinungseinfluss aufgrund des Sozialprestiges abgeschätzt werden.

Die Bewertung sollte das Ausmaß und die Anzahl der betroffenen Stakeholder beachten. Zur Abschätzung der Stakeholder-Aktionen können auch Erfahrungswerte aus dem Umgang mit spezifischen Gruppen in der Vergangenheit herangezogen werden.

Anhand der Bewertung können die Erwartungen des Stakeholders an die Unternehmung gegenüber dem potenziellen Nutzen bzw. Schaden, den der Stakeholder der Unternehmung zufügen könnte, abgeschätzt werden. Auf dieser Grundlage lassen sich Überlegungen zu Zielen, Strategien und Massnahmen gegenüber den Stakeholdern ableiten.

4.4   Massnahmen ableiten und evaluieren

Nach Handlungsumsetzung und kommunikativer Positionierung geht es darum, das Erreichte zu evaluieren. Dabei ist bei der Wirkungsmessung zunächst zu überlegen, auf was Issues Management eine Wirkung haben kann und soll. Hierfür ist eine operationalisierte Zieldefinition, die zu Beginn des Prozesses aufgestellt werden sollte, von großer Hilfe.

Letztendlich sollen die Handlungen auf den Unternehmenserfolg wirken. Diesen direkten Wirkungszusammenhang deutlich zu machen, ist jedoch schwer und aufgrund der vielen Wechselwirkungen sehr komplex. Daher bietet es sich an, definierte Teilziele zu messen. Teilziele des Issues Management sind neben der Krisenverhinderung vor allem die Reputation und das Vertrauen, das dem Unternehmen von den Anspruchsgruppen entgegengebracht wird.

In einigen Fällen lässt sich die Verhinderung von Krisen durch Issues Management nachweisen. Dies ist dann vor allem möglich, wenn ein bestimmtes, bereits bekanntes Szenario abgewendet werden konnte (z.B. ein Streik oder eine Gesetzesregelung oder ein Produktrückruf). Die potenziellen Szenarien sowie deren möglichen finanziellen Impact auf das Unternehmen zu kennen ist in diesem Falle hilfreich, oft jedoch nur schwer bestimmbar.

Daneben kommt der Messung der Reputation des Unternehmens, einem der bedeutendsten Ziele des Issues Management, eine wichtige Rolle zu. Die Reputation kann auf zwei Ebenen erfasst werden:

- Ebene der Intermediäre (v.a. Massenmedien) durch Medieninhaltsanalysen

- Ebene der Stakeholder durch Stakeholderbefragungen

Hierfür sind definierte Reputationsdimensionen in standardisierter Weise und in einem regelmäßigen Rhythmus zu erfassen. Neben den konkret interessierenden Reputationsdimensionen müssen ebenfalls Umfeldaspekte (z.B. Branche, Wettbewerber) abgeprüft werden, da Veränderungen in der Reputation neben den Handlungen des Unternehmens auch auf andere Einflüsse zurückgehen können.

In der Zwischenzeit werden von vielen Unternehmen Reputationsanalysen durchgeführt. Meist stehen hierbei entweder Medien- oder Stakeholderanalysen im Vordergrund. Nicht berücksichtigt werden die Möglichkeiten der Integration und Verknüpfung der verschiedenen Analyseinstrumente. Dies liegt oftmals daran, dass die Verantwortlichkeiten hierfür organisatorisch getrennt sind. Um hier einen Mehrwert zu generieren und wertvolle Aussagen über mögliche Lücken zwischen Medienpräsenz und Stakeholderwirkung und -erwartungen aufzeigen zu können, ist weitere Forschung und eine Integration dieser Daten unabdingbar.

5 Ausblick: Chancen und Grenzen des Issues Management

Issues Management stellt die Fähigkeit von Organisationen zur Umweltbeobachtung und Informationsverarbeitung sicher und unterstützt diese bei der Bewältigung von Ungewissheit und Risiko. Die Identifikation von schwachen Signalen und Issues ist allerdings mit zahlreichen Unsicherheiten belegt, und kann als tendenziell paradoxe Situation (Liebl, 1994, S. 365) beschrieben werden: Issues Management soll verlässliche Einschätzungen zur zeitlichen Entwicklung und den Auswirkungen von bislang nicht oder nur ansatzweise bekannten Umweltentwicklungen treffen. Grundlage dieser Bewertung bilden zudem unspezifizierte, inhaltlich wenig strukturierte Hinweise, die wiederum durch zahlreiche intervenierende Variablen beeinflusst werden, die nur zum Teil bekannt sind und deren Wechselwirkungen im Zeitverlauf kaum prognostiziert werden können (Loew, 1999, S. 19).

Das „Weak-Signal-Problem" verweist auf das generelle Beobachtungs- und Erkenntnisproblem des Issues Management, von dem eben nicht nur eine kontinuierliche, gegenwartsbezogene Umweltbeobachtung erwartet wird, sondern vor allem zuverlässige und umfassende Prognosen und Interpretationen zukünftiger Entwicklungen. In der Regel können aber schwache Signale erst im Rückblick – wenn also ein Issue bereits öffentlich kontrovers diskutiert wird – zuverlässig als solche erkannt und beschrieben werden (Loew, 1999, S. 19). Verbesserte Methoden der – elektronischen – Informationssammlung und -bewertung können angesichts dieser Voraussetzungen zwar die Beobachtungs- und Prognosequalität des Issues Managements optimieren, seine generellen Erkenntnisprobleme aber nicht lösen: Es existiert per se eine „Schwelle des Wahrnehmbaren" (Hoffjann, 2001, S. 157).

Weiterhin lassen sich für die unternehmerische Praxis zwei Hauptschwierigkeiten feststellen:

Zum einen stellt es eine grosse Herausforderung dar, die eigenen Mitarbeiter zur Weiterleitung ihnen bekannter, potenziell relevanter Themen zu motivieren. Der Befürchtung, das Issue zu verdecken, weil der Mitarbeiter oder sein Bereich von dem Issue betroffen ist, ist schwer entgegenzuwirken. Gleichzeitig gilt für den positiven Fall ebenso, dass ein interessantes, möglicherweise relevantes Thema nicht weitergeleitet wird, weil der Mitarbeiter das Thema nicht „verlieren" möchte. Beide Aspekte bedürfen einer konzeptionellen Gestaltung, sind aber letztendlich auch stark von der Unternehmenskultur abhängig.

Zum anderen ist es häufig schwierig, ein als „relevant" klassifiziertes Issue wieder von der Issue-Agenda zu entfernen, wenn es seinen Lebenszyklus überschritten hat und nicht mehr die volle Aufmerksamkeit benötigt. Auch unter diesem Gesichtspunkt kann es hilfreich sein, vorab Einigkeit über einige zentrale Kriterien entwickelt zu haben, die ein Issue als relevant oder nicht relevant klassifizieren.

Eine weitere Herausforderung für das Issues Management stellt der Einbezug des Internet bei der Identifikation von Issues da. Neben Internetseiten, Newsgroups und Chat-Foren spielen in jüngster Zeit insbesondere auch Weblogs als Entstehungsfelder potenziell unternehmenskritischer Themen eine wachsende Rolle. Charakteristisch für Blogs sind nicht nur ihre Offenheit, Vielfalt und Vielzahl, sondern insbesondere auch ihr extrem hoher Vernetzungsgrad. Innerhalb der Blogs verbreiten sich Nachrichten aufgrund von gegenseitigen Verweisen, Kommentierungen und Verlinkungen nach dem Schneeballprinzip innerhalb kürzester Zeit. Genau diese Merkmale machen Weblogs für Unternehmen so unkalkulierbar und potenziell riskant. Hinzu kommt, dass heute immer häufiger Themen aus Weblogs ihren Weg in die journalistischen Massenmedien finden und damit innerhalb kürzester Zeit auf der allgemeinen öffentlichen Agenda erscheinen können. Die Kommunikations- und Thematisierungsstrukturen innerhalb des Internets und speziell im Bereich der Weblogs sind bislang aber noch weitgehend unbekannt. Ob eine Information in einem Weblog in den Weiten des Netzes unbeachtet bleibt oder aber weitreichende öffentliche bzw. massenmediale Aufmerksamkeit erhält, ist vorab nur schwer einzuschätzen. Entsprechend schwierig ist es für das Issues Management systematische Online-Suchprozesse auf Basis onlinespezifischer Such- und Bewertungskriterien zu entwickeln. Sowohl aus unternehmenspraktischer wie auch aus wissenschaftlicher Perspektive besteht hier daher grosser Handlungs- und Forschungsbedarf.

Literaturverzeichnis

Aldrich, H. & Herker, D. (1977). Boundary spanning roles and organization structure. *Academy* of *Management Review, 2,* 217-230.

Ansoff, H. I. (1980). Strategic issues management. *Strategic Management Journal, 1,* 131-148.

Bentele, G. & Rutsch, D. (2001). Issues Management in Unternehmen: Innovation oder alter Wein in neuen Schläuchen? In U.Röttger (Ed.), *Issues Management. Theoretische Konzepte und praktische Umsetzung. Eine Bestandsaufnahme* (pp. 141-160). Opladen: *Westdeutscher* Verlag.

Bonfadelli, H. (1999). *Medienwirkungsforschung I: Grundlagen und theoretische Perspektiven.* Konstanz: UTB.

Buchholz, R. A. (1989). *Business Environment and Public Policy. Implications for Management and Public Policy.* Englewood Cliffs, NJ: Prentice Hall.

Chase, W. H. (1977). Public issue management: The new science. *Public Relations Journal, 33,* 25-26.

Crable, R. E. & Vibbert, S. L. (1986). *Public relations as communication management.* Edina, MN: Bellwether.

Daft, R. L. & Weick, K. E. (2001). Toward a model of organizations as interpretation systems. In K. E. Weick (Ed.), *Making sense of the organization.* Malden, Mass: Blackwell.

Donges, P. & Imhof, K. (2001): Öffentlichkeit im Wandel. In: Jarren, O. & Bonfadelli, H. (Ed.): *Einführung in die Publizistikwissenschaft.* Bern, Stuttgart, Wien: UTB, 101-133.

Dutton, J. E. (1993). Interpretations on automatic: A different view of strategic issue diagnosis. *Journal of Management Studies, 30,* 339-358.

Dutton, J. E., Ashford, S. J., O`Neill, R. M., & Lawrence, K. A. (2001). Moves that matter: Issue selling and organizational change. *Academy of Management Journal, 4,* 716-737.

Dutton, J. E. & Duncan, R. (1987). The creation of momentum for change through the process of strategic issue diagnosis. *Strategic Management Review, 8,* 279-295.

Dutton, J. E. & Jackson, S. E. (1987). Categorizing strategic issues: Links to organizational action. *Academy of Management Review, 12,* 76-90.

Dyllick, T. (1989). *Management der Umweltbeziehungen. Öffentliche Auseinandersetzungen als Herausforderung.* Wiesbaden: Gabler.

Ewing, R. P. (1979). The use of futurist techniques in issues management. *Public Relations Quarterly, 3*, 15-18.

Ewing, R. P. (1997). Issues management: Managing trends through the issues life cycle. In C.L.Caywood (Ed.), *The handbook of strategic public relations & integrated communications* (pp. 173-188). New York.

Fleisher, C. S., Blair, N., & Hawkinson, B. (1997). *Assessing, managing and maximizing public affairs performance*. Washington, D.C.: Public Affairs Council.

Geißler, U. (2002). *Lobbying im E-Business*. Lohmar, Köln: Eul.

Greening, D. W. & Gray, B. (1994). Testing a model of organizational response to social and political issues. *Academy of Management Journal, 37*, 467-498.

Grunig, L.A. , Grunig, J. E. & Dozier, D. M. (2002). *Excellence in public relations and effective organizations: A study of communication management in three countries*. Mahwah N. J.: Lawrence Erlbaum.

Heath, R. L. (1997). *Strategic Issues Management. Organizations and public policy challenges*. Thousand Oaks, London, New Delhi: Sage.

Hoffjann, O. (2001). *Journalismus und Public Relations. Ein Theorieentwurf der Intersystembeziehungen in sozialen Konflikten*. Opladen, Wiesbaden: Westdeutscher Verlag.

Ingenhoff, D. (2004). *Corporate Issues Management in multinationalen Unternehmen*. Wiesbaden: VS Verlag für Sozialwissenschaften.

Kingdon, J. W. (1995). *Agendas, alternatives, and public policies* (2nd ed.). New York: Longman.

Lauzen, M. M. (1995). Public relations manager involvement in strategic issue diagnosis. *Public Relations Review, 21*, 287-304.

Lauzen, M. M. (1997). Understanding the relation between public relations and issues management. *Journal of Public Relations Research, 9*, 65-82.

Lenz, R. T. & Engledow, J. L. (1986). Environmental analysis units and strategic decison-making: A field study of selected 'leading-edge' corporations. *Strategic Management Journal, 7*, 69-89.

Liebl, F. (1991). *Schwache Signale und künstliche Intelligenz im strategischen Issues Management*. Frankfurt am Main: Lang.

Liebl, F. (1994). Issue Management. Bestandsaufnahme und Perspektiven. *Zeitschrift für Betriebswirtschaft, 64*, 359-383.

Liebl, F. (1996). *Strategische Frühaufklärung. Trends, Issues, Stakeholders*. München: Gerling Akademie Verlag.

Loew, H.-C. (1999). Frühwarnung, Früherkennung, Frühaufklärung - Entwicklungsge- schichte und theoretische Grundlagen. In M. Henckel von Donnersmarck & R. Schatz (Hrsg.), *Frühwarnsysteme* (S. 19-47). Bonn.

Lütgens, S. (1998). *Issues Management. Analyse und Weiterentwicklung eines Konzeptes zur strategischen Ausrichtung von Public Relations, unter besonderer Berücksichtigung der prakt- ischen Anwendungsmöglichkeiten der Scanning- und Monitoring-Funktion zur Identifizie- rung von Issues.* Universität Salzburg.

Mahon, J. & Wartick, S. L. (2003). Dealing with stakeholders: How reputation, credibi- lity and framing influence the game. *Corporate Reputation Review, 6,* 19-35.

Milliken, F. (1990). Perceiving and interpreting environmental change: An examination of college administrators' interpretation of changing demographics. *Academy of Mana- gement Journal, 33,* 42-63.

Müller-Stewens, G. & Lechner, C. (2003). *Strategisches Management: Wie strategische Initiativen zum Wandel führen.* Stuttgart: Schäffer-Poeschel.

Plake, K., Jansen, D. & Schuhmacher, B. (2001): *Öffentlichkeit und Gegenöffentlichkeit im Internet. Politische Potenziale der Medienentwicklung.* Wiesbaden: VS Verlag für Sozial- wissenschaften.

Renfro, W. L. (1993). *Issues management in strategic planning.* Westport: Quorum Books.

Röttger, U. (2001). *Issues Management. Theoretische Konzepte und praktische Umsetzungen. Eine Bestandsaufnahme.* Opladen: Westdeutscher Verlag.

Röttger, U. (2001a). Issues Management- Mode, Mythos oder Managementfunktion?. Begriffsklärungen und Forschungsfragen - eine Einleitung. In U. Röttger (Ed.), *Issues Management. Theoretische Konzepte und praktische Umsetzung. Eine Bestandesaufnahme* (S. 11-39). Wiesbaden: Westdeutscher Verlag.

Schaufler, G. C. (1989). *Issues management: Placing a new management concept into its proper pr context.* Universität Salzburg.

Scott, W. R. (1986). *Grundlagen der Organisationstheorie.* Frankfurt am Main, New York: Campus.

Simon, D. (1986). *Schwache Signale - Die Früherkennung von strategischen Diskontinuitäten durch Erfassung von"weak signals".* Wien: Service-Fachverlag.

Theis-Berglmair, A.-M., Mayer, F., & Schmidt, J. (2003). Tageszeitungsverlage und das Thema Internet. In A.-M.Theis-Berglmair (Ed.), *Internet und die Zukunft der Printmedien* (2nd ed.) (pp. 49-76). Münster, Hamburg, London: Lit-Verlag.

Thomas, J. B., Clark, S. M., & Gioia, D. A. (1993). Strategic sensemaking and organiza- tional performance: Linkages among scanning, interpretation, action and outcomes. *Academy of Management Journal, 36,* 239-270.

Thomas, J. B., Gioia, D. A., & Ketchen, D. Jr. (1997). Strategic sense-making: Learning through scanning, interpretation, action and performance. *Advances in Strategic Management, 14,* 229-329.

Thomas, J. B. & McDaniel, R. R. Jr. (1990). Interpreting strategic issues: Effects of strategy and the information-processing structure of top-management teams. *Academy of Management Journal, 33,* 286-306.

Waddock, S. (2004). Parallel Universes: Companies, Academics, and the Progress of Corporate Citizenship. *Business and Society Review,* 109:1, 5–42.

Wartick, S. L. & Heugens, P. P. M. A. R. (2003). Future directions for issues management. *Corporate Reputation Review, 6,* 7-18.

Wartick, S. L. & Mahon, J. F. (1994). Toward a substantive definition of the corporate issue construct - a review and synthesis of the literature. *Business and Society, 33,* 293-311.

Wartick, S. L. & Rude, R. E. (1986). Issues management. Corporate fad or corporate function? *California Management Review, 24,* 124-140.

Weick, K. E. (1969). *The social psychology of organizing.* Reading, MA, Menlo Park, CA, London: Addison-Wesley Publishing Company.

Weick, K. E. (1985). *Der Prozess des Organisierens.* Frankfurt am Main: Suhrkamp.

Weick, K. E. (1988). Enacted sensemaking in crisis situations. *Journal of Management Studies, 25,* 305-317.

Weick, K. E. (2001). *Making sense of the organization.* Malden, Mass: Blackwell.

Windsor, D. (2002). Public affairs, issues management, and political strategy: Opportunities, obstacles, and caveats. *Journal of Public Affairs, 1,* 382-415.

Zerfaß, A. (2005). Weblogs als Meinungsmacher. Neue Spielregeln für die Unternehmenskommunikation. In: Bentele, G., Piwinger, M. & Schönborn, G. (Ed.) (2001 ff.). *Kommunikationsmanagement. Strategien, Wissen, Lösungen* (Loseblattwerk). Ergänzungslieferung April 2005, Nr. 5.20, 1-38.

Armin Töpfer

Krisenkommunikation
Anforderungen an den Dialog mit Stakeholdern in Ausnahmesituationen

1 Krisenkommunikation in zwei Arten von Unternehmenskrisen

Nahezu jede Woche kann man in den Medien Berichte über Krisen in Unternehmen oder durch Unternehmen sehen, lesen oder hören (s. Abb. 1). Unternehmerisches Handeln ist immer mit Risiken verbunden. Dies bedeutet, dass die gewünschten Ergebnisse und Erfolge von umgesetzten Strategien und Maßnahmen nicht realisiert werden konnten.

> Eine **Krise** lässt sich also generell als ein eingetretenes Risiko definieren, das vorher bereits erkannt und bewertet oder auch überhaupt nicht wahrgenommen wurde und damit völlig überraschend eintrat.

Der Ursprung des Wortes Krise ist allerdings umstritten: Im Griechischen bedeutet „crisis" den Bruch einer kontinuierlichen Entwicklung; im Lateinischen kennzeichnet der Begriff den Höhe- und Wendepunkt einer Krankheit (vgl. Herbst, 1999, S. 1; Apitz, 1987, S. 15). Im ersten Fall liegt also der Übergang zu einer extrem negativen Situation vor. Im zweiten Fall lässt es sich auch als Übergang von einer negativen Situation zu einer positiveren Entwicklung interpretieren. Diese Definition hebt dann nicht nur auf die Gefahr und das Risiko ab, sondern auch auf sich ergebende Chancen (vgl. Töpfer, 2002, S. 243; Fink, 1986, S. 15).

> Unter einer **(Unternehmens-)Krise** werden in der Literatur „... ungeplante und ungewollte Prozesse von begrenzter Dauer und Beeinflussbarkeit sowie mit ambivalentem Ausgang" (Krystek, 1987, S. 6) verstanden. Eine Krise wird hier in Erweiterung als ein Zustand definiert, der auf einem Ereignis bzw. einer Ereignisfolge basiert und der den Normalzustand eines Unternehmens über ein bestimmtes Maß hinaus übersteigt.

Dabei wird eine Toleranzschwelle überschritten und ein für das Unternehmen außergewöhnlich negatives Niveau erreicht. Dies lässt sich in einer Metapher mit einer Ampel vergleichen: Die Entwicklung verläuft – mehr oder weniger schnell – von „Grün" als Normalzustand über „Gelb" als kritischem Wert zu „Rot" als negativem Ausnahmezustand. (vgl. Töpfer, 1999a, S. 16)

Die Schlagzeilen in Abbildung 1-1 zeigen, dass oftmals die Krisenkommunikation ein erhebliches Defizit im Rahmen eines Krisenmanagements darstellt. Ferner wird deutlich, dass mit der Schwere einer unverhofften Krise, vor allem wenn Menschenleben zu beklagen sind, eine gute Krisenkommunikation sehr viel schwieriger ist, da irreparable Folgen eingetreten sind.

Eine der bekanntesten Krisen der letzten Jahre ist die Krise von **Coca-Cola** aus dem Jahr 1999. Im Zuge dieser Krise wurde der Verkauf sämtlicher Produkte des Unternehmens in Belgien gestoppt, und in Frankreich wurden alle Cola-Dosen vom Markt genommen. Die Presseresonanz war niederschmetternd, Aussagen wie „Coca-Cola reagiert zu spät und dilettantisch" (Bergius 2005, S. 16) bestimmten das Bild in der Presse. Im weiteren Verlauf der Krise mussten drei Fabriken geschlossen werden und am Ende des Jahres 1999 trat Coke-Chef Ivester zurück (vgl. Töpfer, 2002, S. 243). Die gesamten Kosten der Rückrufaktion beliefen sich auf 103 Millionen US-Dollar (Coca-Cola: Rückrufaktion, 1999). Der Imageschaden, gemessen am Kursverfall von Coca-Cola, betrug 20 Prozent für den Zeitraum vom 01.06.1999 bis zum 31.12.1999. Bei der Coca-Cola-Krise bestätigt sich eine klassische Erkenntnis:

> „Es sind nicht so sehr die Tatsachen, die in unserem Sozialleben entscheidend sind, sondern Meinungen der Menschen über die Tatsachen, ja die Meinungen über die Meinungen." (Epiktet, griechischer Philosoph, ca. 100 n. Chr.).

Mit anderen Worten werden Wertvernichtung und Imageschädigung nicht nur durch Fakten verursacht, sondern auch in erheblichem Maße durch die Darstellung von Problemen in der Öffentlichkeit und den daraus resultierenden Meinungen (vgl. Töpfer, 2003, S. 31).

Beim deutschen Hersteller von **Babynahrung Humana** traten Fehler in der Wertschöpfungskette von der Produktentwicklung über das chemische Zentrallabor bis zum Qualitätsmanagement auf. Durch in Israel verkaufte Produkte starben zwei Kleinkinder und weitere erkrankten. Nachdem Humana die Verantwortung für diese Opfer am ersten Tag noch abgestritten hatte, verspricht Vorstandssprecher Albert Große Frie bereits einen Tag später auf der einberufenen Pressekonferenz eine lückenlose, umfassende Aufklärung und Sicherstellung, damit so etwas nie wieder passieren könne. Er betont gleichzeitig, dass nur eine einzige sehr spezielle Rezeptur betroffen sei, so dass die Kunden andere Produkte von Humana beruhigt weiter verwenden können. Bereits auf dieser Pressekonferenz übernimmt Humana die Verantwortung für die falsche Deklaration des Vitamin B1-Gehaltes, welche zur Krankheit der Babys geführt hatte, und kündigt personelle Konsequenzen sowie Korrekturen im Qualitätsmanagement an. Als Konsequenz der Krise wurden vier leitende Mitarbeiter der oben genannten Bereiche entlassen. Die Entschädigungszahlungen betrugen 18 Mio. € an die Familien der gestorbenen oder erkrankten Kleinkinder.

Wie diese Beispiele zeigen, ist eine gute und aussagefähige Kommunikation zur Bewältigung der kritischen Lage und zur Sicherung des Fortbestands des Unternehmens gerade auch in einer Unternehmenskrise außerordentlich wichtig. Dies gilt vor allem dann, wenn sie sich über längere Zeit zugespitzt hat, Mitarbeiter in großer Zahl ihre Arbeitsplätze zu verlieren drohen und Anteilseigner sich hohen Wertverlusten gegenüber sehen.

Abbildung 1-1:   *Schlagzeilen über Krisen*[1]

Beispiel Coca Cola	
15.06.99	„Belgien stoppt Verkauf aller Getränke von Coca Cola" (HNA)
17.06.99	„Coca-Cola reagiert zu spät und dilettantisch" (HB)
23.06.99	„Firma Coca-Cola entschuldigt sich" (HNA)
24.06.99	„...Drei Fabriken mussten schließen, 80 Millionen Flaschen und Dosen wurden vom Markt genommen." (HB)
06.12.99	„Coke-Chef Ivester tritt zurück" (HB)

Beispiel GM/ Opel	
19.10.04	„Krise bei Opel ist warnendes Beispiel für VW" (HNA)
19.10.04	„Die Arbeiter sind verärgert: Sie vermissen Informationen von General Motors und einen Auftritt der Werksleitung" „Wie es weitergeht, weiß niemand von den protestierenden Arbeitern, ihre Verunsicherung ist groß" (HNA)
08.12.04	„Der Mutterkonzern General Motors in Detroit entscheidet über die Zukunft seiner europäischen Fabriken – vorerst geheim" (SZ)
10.12.04	„Beruhigungspille für Belegschaft" (HB)

Beispiel Humana	
11.11.03	„Humana bestreitet Schuld" (Netzzeitung)
11.11.03	„Humana Milchunion gesteht Mitschuld am Tod israelischer Babys" (FTD)
12.11.03	Vorstandssprecher Albert Große Frie: „Wir haben nichts zu verbergen" „Wir stehen hier vor einer einmaligen Verkettung unglücklicher Umstände ..." (FAZ) „Unsere Chemiker und Qualitätsmanager haben versagt" (FTD)
18.11.03	„Humana entlässt vier leitende Mitarbeiter" (Die Welt)

Beispiel Walter Bau	
18.01.03	„Walter Bau weist Gerüchte über Insolvenz zurück" (Berliner Zeitung)
29.08.03	„Anteilseigner warnen auf der Hauptversammlung vor Optimismus" (FAZ)
28.10.04	„Wir sind kein Pleitefall" (SZ)
20.10.04	„Aussagen .., um wie viel die ohnehin schon hohe Verschuldung des Konzerns ... steigen wird, machte der Vorstand nicht" (HB)
04.04.05	„Gericht besiegelt Ende von Walter Bau" (FTD)

Den Mitteilungen in Abb. 1-1 kann entnommen werden, dass es bereits lange vor der akuten Krise bei Walter Bau Gerüchte über eine mögliche Insolvenz gab. Diese wurden vom Unternehmen noch im Oktober 2004, also kurz vor der tatsächlichen Insolvenz, dementiert. Konkrete Angaben zu Risiken in dieser Richtung erhielten weder die Anteilseigner noch die Öffentlichkeit. Erst nach der gescheiterten Übernahme von Züblin wurde der Zusammenbruch des Konzerns öffentlich. Als Konsequenz der ausstehenden Forderungen von rund 450 Mio. Euro (Stand Dezember 2004) fehlte es Walter Bau an Liquidität, so dass am 01. April 2005 das Insolvenzverfahren eröffnet werden muss-

---

[1] Humana räumt Mitschuld an Tod israelischer Babies ein, 2003; Humana Milchunion gesteht Mitschuld, 2003; Staatsanwälte ermitteln, 2003; Rössing & Hönighaus & Liebert, 2003, S. 3; Humana entlässt, 2003, S. 32; Belgien stoppt Verkauf, 1999, S. 22; Bergius 2005, S. 16; Firma Coca-Cola entschuldigt sich, 1999, S. 26; Coke-Chef Ivester, 1999; Herrmann 2005, S. PO4; Warten auf das Urteil, 2004, S. 20; Springer, 2005, S. PO4; Walter Bau übernimmt Züblin, 2004, S. 15; Hegmann 2005, S. 6; Wir sind kein Pleitefall, 2004, S. 23; Walter Bau weist Gerüchte, 2003, S. w01; Aktionäre zweifeln, 2003, S. 23; Beruhigungspille, 2004, S. 2

te (vgl. Walter Bau weist Gerüchte über Insolvenz zurück, 2003, S. w01; Walter Bau sucht noch einen Chef, 2004, S. 27; Walter Bau übernimmt Züblin, 2004, S. 15; Wir sind kein Pleitefall, 2004, S. 23; Heiny, 2005; Hegmann, 2005, S. 6).

Bei Opel liegen die Gründe für die schlechte Situation vor allem bei internen Fehlern des Managements: Während Zuliefererpreise gedrückt, billige Materialien verarbeitet und kein Geld für Modellentwicklung ausgegeben wurde, verloren die Kunden die Lust am Opelkauf. War noch vor zehn Jahren jeder fünfte Neuwagen ein Opel, ist es heute nur jeder zehnte. Sogar Opelmitarbeiter urteilten kritisch:

> *„Auf unseren Oldtimern haben wir den Aufkleber ‚Opel der Zuverlässige' kleben. Ich würde mich nie trauen, diesen Aufkleber in ein modernes Auto reinzumachen."*(Briegmann & Becker, 2004)

Nachdem General Motors allein in Europa von Juli bis August 2004 einen Verlust von über 236 Millionen US-Dollar eingefahren hatte, zog die Geschäftsleitung im Herbst 2004 Konsequenzen. Im Oktober 2004 kündigten General Motors Europa Chairman Fritz Henderson und sein Stellvertreter Carl-Peter Forster radikale Sparpläne des amerikanischen Autokonzerns für Europa an. Diese sahen einen Stellenabbau von 12.000 Stellen bis zum Ende des Jahres 2005 vor, wobei die Hauptlast von den – als am wenigsten wettbewerbsfähig eingestuften – deutschen Werken Rüsselsheim und Bochum getragen werden sollte. Insgesamt sollten so Kosten von jährlich 500 Millionen Euro gespart werden (vgl. Peitsmeier & Appel, 2004). Nach diesen Ankündigungen wurde in den Medien über die genaue Anzahl der in Deutschland einzusparenden Stellen spekuliert, was zu Protestaktionen durch die Belegschaften führte (vgl. Lange, 2004). Diese vermissten konkrete Aussagen über ihre Zukunft sowie den geplanten Stellenabbau und erwarteten einen Auftritt der Werksleitung vergeblich. Weiter verschärfend wirkten Schlagzeilen, wie „Der Mutterkonzern General Motors in Detroit entscheidet über die Zukunft seiner europäischen Fabriken – vorerst geheim". Nach der Einigung mit dem Betriebsrat zum sozialverträglichen Abbau von Arbeitsplätzen titelte beispielsweise das Handelsblatt „Beruhigungspille für Belegschaft" (vgl. Beruhigungspille, 2004, S. 2).

Wie diesen Beispielen entnommen werden kann, verstärkt sich das Medieninteresse an den Unternehmen, sobald aus einer latenten Unternehmenskrise eine akute Krise wird, in der die Markt- und Ertragsprobleme eines Unternehmens offenkundig werden. Dies verschärft gleichzeitig die Krisensituation für die Akteure im Unternehmen.

1.1   Ertragskrisen

Es lassen sich also zwei Arten von Unternehmenskrisen unterscheiden, nämlich die Ertragskrise und die plötzliche Unternehmenskrise (vgl. Töpfer, 1999a, S. 15; Seymour & Moore, 2000, S. 11). Sie sind in Abbildung 1-2 differenziert. Eine **Ertragskrise**, oben der zweite Fall, entwickelt sich in der Regel über einen längeren Zeitraum. Erst aus einer strategischen Krise mit einer falschen Ausrichtung des Unternehmens entsteht eine Erfolgskrise mit Umsatz- und Gewinnproblemen, die dann in eine Liquiditätskrise mit konkreten Cash Flow Problemen mündet (vgl. Bickhoff & Eilenberger, 2004, S. 5). Der Zeitraum für eine Vermeidung der Krise ist also beginnend mit dem strategischen Problem relativ groß. Die Wahrnehmung und Auswirkung steigt mit zunehmendem Ergebnis- und Liquiditätsengpass.

Erfahrungswerte belegen, dass Krisen nicht selten aus einer früheren Erfolgsposition des Unternehmens entstehen nach der Erkenntnis „Success Breeds Failure" (vgl. Tushman & O'Reilly, 1996; Hedberg, 1981). Ursächlich hierfür ist eine **Trägheit des Managements**, beginnend mit dem Erkennen einer strategischen Krise, zumindest aber mit dem konsequenten Handeln zum Beheben der Erfolgskrise. In dieser Situation wird die Kommunikation für das Top-Management besonders schwierig, da der Gegenstand der Kommunikation das Eingestehen von eigenen Fehlern und Versäumnissen wäre. Diese „Managerial Inertia" (vgl. Rajagopalan & Spreitzer, 1996; ebenso Jenner, 1998; Janis, 1982) setzt sich häufig in Fehlverhalten des Managements in der Krise fort, was die Abwärtsspirale des Unternehmens verstärkt. Der Ausweg liegt dann in der Regel nur im Austausch des Top-Managements sowie einer starken Ausrichtung auf die Interessen wichtiger Stakeholder-Gruppen (vgl. Buschmann, 2004, S. 197).

Die Krisenkommunikation hat insbesondere bei einer Ertragskrise über einen längeren Zeitraum zu erfolgen und durchläuft mehrere unterschiedliche Stadien. Bei einer strategischen Krise, die zukünftige Ertragsprobleme aufzeigt, ist die Kommunikation ausschließlich intern gerichtet, und zwar an das Management und gegebenenfalls an die Anteilseigner bzw. den Aufsichtsrat. Bei einer Erfolgskrise, also wenn die Gewinne des Unternehmens schwinden und damit Ertragsprobleme manifest werden, ist die Kommunikation aufzunehmen mit den oben genannten Stakeholdern und – in Abhängigkeit von der Größe und Bedeutung des Unternehmens – mit Investoren bzw. Analysten, den Banken als Gläubigern sowie vor allem auch den Lieferanten, den eigenen Mitarbeitern, den Schlüsselkunden und gegebenenfalls auch mit staatlichen Instanzen und der Öffentlichkeit, in der Regel repräsentiert durch die Medien. Der Stellenwert der Kommunikation nimmt in dem Maße zu, wie das Unternehmen in eine Liquiditätskrise gerät. Durch die aufgetretenen Verluste hat sich die Ertragssituation existenzbedrohend verschlechtert. Alle vorstehend aufgeführten Stakeholdergruppen sind in Abhängigkeit von ihrer Funktion und Bedeutung detailliert zu informieren. Das Ziel ist, eine drohende Insolvenz des Unternehmens abzuwenden. Deshalb sind hier in die Kommunikation auch die Arbeitgeberverbände, die Gewerkschaften sowie gegebenenfalls eigene Wettbewerber aktiv einzubeziehen, die letztere Gruppe unter dem Aspekt einer Beteiligung oder Übernahme des notleidend gewordenen Unternehmens.

Abbildung 1-2: *Zwei Arten von Unternehmenskrisen*

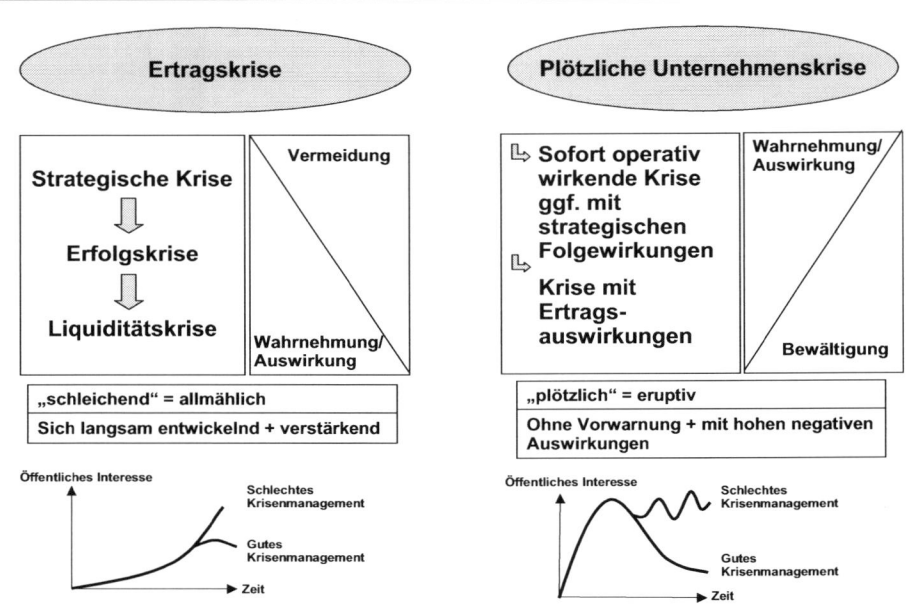

Da diese unterschiedlichen Stadien einer Ertragskrise geraume Zeit in Anspruch nehmen und das Unternehmen sich darauf grundsätzlich gut vorbereiten kann, ist diese Form der Krisenkommunikation generell einfacher, wenn auch aufgrund der aufgetretenen, nicht selten vom Top-Management mitverschuldeten Probleme nicht leichter. Die Frage ist hierbei also nicht, was man in der Krise weiß oder nicht weiß, sondern die Frage ist, was das Unternehmen sagen will und was nicht. Positive Botschaften sind in dieser Situation nur mögliche Beteiligungen oder die Übernahme durch andere Unternehmen sowie der Austausch des Top-Managements durch den Aufsichtsrat; in begrenztem Maße wirkt auch positiv, wenn die Banken als Gläubiger die Kreditlinie erhöhen und/oder einem Moratorium zustimmen.

1.2 Plötzliche Unternehmenskrisen

Im Vergleich hierzu sind **plötzliche Unternehmenskrisen**, wie sie oben als erster Krisentypus angesprochen wurden, eruptiv, also ohne große Vorwarnung und mit hohen negativen Konsequenzen (vgl. Töpfer, 1999a, S. 16). Die Beispiele der Presseinformationen in Abbildung 1-1 belegen dies. Die Krise wirkt sich sofort operativ auf die Kosten und Erträge aus und hat gegebenenfalls noch strategische Folgewirkungen. Die Wahrnehmung der Krise in der Öffentlichkeit ist dabei von Anfang an sehr groß. Die Bewältigung ist erst nach einer ausreichenden Analyse und Steuerung möglich.

Ertragskrisen und plötzliche Unternehmenskrisen sind dann unmittelbar miteinander verbunden, wenn in einer normalen Unternehmenssituation ein Großkunde in die Insolvenz geht und damit die ihn betreffenden Forderungen ausfallen, so dass dem eigenen Unternehmen eine Anschlussinsolvenz droht. In diesem Falle liegen offensichtlich strategische Versäumnisse vor, weil der Umsatzanteil eines Kunden zu groß war und vor allem im Rahmen des operativen Forderungsmanagements nicht besser abgesichert wurde.

Plötzliche Krisen sind entsprechend der Bezeichnung immer überraschend. Dadurch wird häufig ein Lähmungszustand im Unternehmen ausgelöst, der in einer Überforderung und Orientierungslosigkeit auf allen Ebenen begründet ist bzw. diese zur Folge hat. Der Grund liegt darin, dass eine komplexe Problemsituation mit einem hohen Handlungsdruck vorliegt, für die es keine Erfahrungen und Lösungsalgorithmen gibt.

Ursachen hierfür können Fehler der Akteure, Fehler in den Produkten oder der Wertschöpfungskette respektive bei Lieferanten und Partnern, aber auch Anschläge auf das Unternehmen und seine Marktleistungen sowie nicht zuletzt eine Verkettung unglücklicher Umstände sein. Die Auswirkungen können in der Beeinträchtigung von Kunden, der Umwelt, im schlimmsten Fall in der Gefährdung von Menschenleben sowie meistens auch in der Beeinträchtigung des Unternehmens selbst bestehen. In diesem Falle sind die negativen Folgen für das Unternehmensimage noch größer als bei einer Ertragskrise. Sie werden zusätzlich verstärkt durch eine unzureichende und unprofessionelle Kommunikation. Unternehmenskrisen sind also immer auch Imagekrisen und Imagekrisen werden häufig durch Kommunikationskrisen verursacht, zumindest aber verschärft. Die Krisenkommunikation ist demzufolge neben allen physischen Maßnahmen zur Krisenbewältigung und Problembeseitigung ein zentraler Teil des Krisenmanagements.

2 Krisenkommunikation als wichtiger Teil des Krisenmanagements

2.1 Krise als Gefahr und Chance

Eine wichtige Grundeinstellung bei der Krisenkommunikation von Anfang an ist die Erkenntnis, dass die Krise als eingetretenes **Risiko** immer auch **Chancen** in sich birgt. Dies gilt in der Regel eher bei plötzlich eingetretenen Unternehmenskrisen als bei

Ertragskrisen, die sich längerfristig ankündigten und bei denen die Unternehmenslei-tung vorhandene Chancen zum Turn-Around nicht genutzt hat. Die folgenden Aus-führungen konzentrieren sich deshalb stärker auf die Kommunikation in einer plötzli-chen Unternehmenskrise, wobei in geeigneter Weise Querbezüge zu Ertragskrisen hergestellt werden.

Max Frisch hat das Phänomen der Krise vor geraumer Zeit prägnant ausgedrückt: „Krise ist ein produktiver Zustand. Man muss ihr nur den Beigeschmack der Katast-rophe nehmen." Wenn dies gelingt, dann wird eine Krise, die zunächst auf Grund ihrer negativen Auswirkungen Gefahren in sich birgt, zu einer Chance im Sinne posi-tiver Möglichkeiten, um das Unternehmen vor nachhaltigem Schaden und Wertver-nichtung zu bewahren und zugleich einen Lern- und Organisations-entwicklungsprozess in Gang zu setzen. Dies entspricht der Sichtweise der Krise als Ying und Yang im Chinesischen. Dort bedeutet das entsprechende Schriftzeichen Ge-fahr und Chance (vgl. Töpfer, 2002, S. 243).

Dies wird zu Anfang einer Krise oftmals nicht so gesehen bzw. erkannt und wirkt sich dann auf die Art und Inhalte, also die kommunizierten Botschaften, nicht förderlich aus. Im Gegensatz hierzu gewinnt der Vorsitzende der Geschäftsführung des Auto-mobilzulieferers Bosch den Problemen mit fehlerhaften Dieseleinspritzpumpen und Bremskraftverstärkern Anfang des Jahres 2005 auch Positives ab:

> „Wir können das auch intern nutzen, um bei unseren Mitarbeitern das Qualitätsbe-wusstsein erneut zu sensibilisieren und weiter auszubauen. Ich sehe das als Chance, besser zu werden." (Reinking, 2005, S. 3)

Diese Qualitätsmängel bei Bosch führten zu Produktionsstops bzw. Rückrufaktionen mehrerer Automobilhersteller (vgl. Reinking, 2005, S. 3; Ruch, 2005; Blamage, 2005).

Insbesondere in einer Krisensituation ist es wichtig, die beiden Begriffe Information und Kommunikation in ihrem Gehalt und ihrer Notwendigkeit zu differenzieren. **Information** ist zweckorientiertes Wissen, das potenziell oder aktuell vorhanden ist und einen Neuigkeitsgehalt anhand eines bestimmten Musters über materielle und/ oder immaterielle Sachverhalte in Raum und Zeit besitzt (vgl. Information, 2005; Wittmann, 1959). Genau hierin liegt das Problem in einer Krisensituation: Bei einer plötzlichen Unternehmenskrise sind viele Sachverhalte, die sich auf die Ursachen beziehen, zu Beginn der Krise nicht bekannt und nachvollziehbar. Von daher existiert – im Gegensatz zu der Situation in einer Ertragskrise – auch kein klares Muster über das Zusammenwirken von Materie, Energie und immateriellen Sachverhalten, wie Einstellungen und Emotionen.

Kommunikation als Prozess der wechselseitigen Übertragung von Nachrichten zwi-schen einem Sender und einem oder mehreren Empfängern (Gabler, 2000, S. 1765; ebenso Grunig, 2001, S. 11; Signitzer, 1992, S. 139; Kommunikation, 2005) findet in einer Krise in der Weise statt, dass das Unternehmen über die Krise, deren Auswir-kungen sowie nach Möglichkeit auch bereits über deren Ursachen informiert. Die

Stakeholder, und zwar nicht nur Kunden, Gläubiger, Lieferanten und Mitarbeiter, sondern häufig auch die Öffentlichkeit und die Medien reagieren darauf mit Informationen und Bewertungen, die sich auf das durch die Krise entstandene Problem, das Verhalten des Unternehmens und daraus resultierend auf das Image des Unternehmens beziehen. Es geht also nicht um eine technische Kommunikation, sondern um eine soziale Kommunikation bzw. soziale Interaktion. Dies verlangt, dass das Unternehmen angemessen in dieser Weise reagiert. Krisenkommunikation darf also nicht nur Sachverhalte „technisch abspulen", vielmehr muss sie zugleich auch einfühlsam sein, also Einfühlungsvermögen vor allem für die Situation und die Schäden bei den Betroffenen vermitteln.

Eine dialogische Information hat zum Gegenstand, das Handeln durch Botschaften zu ergänzen, die Vertrauen schaffen. Dieses Vertrauen bezieht sich auf die Fähigkeit und den Willen zur Krisenbewältigung und soll über die nachvollziehbaren vertrauensbildenden Maßnahmen die Unterstützung hierfür verstärken. Erforderlich sind hierzu externe und interne Informationen, wie sie in Abbildung 2-1 aufgeführt sind.

Die Schlussfolgerung aus diesen Ausführungen lautet: Das Unternehmen muss in einer Krise sofort kommunizieren, auch wenn die Information mit dem geforderten Gehalt und Niveau noch nicht vorliegt. Der Inhalt der Kommunikation und damit die Botschaften als Information müssen dann anders ausgerichtet und ausgestaltet sein. Wichtig ist die **frühe Kommunikation**, wenn die Krise zu einer hohen Aufmerksamkeit in der Öffentlichkeit geführt hat und die Medien deshalb darüber berichten wollen. Für die Unternehmensleitung ist es in einer derartigen Krise wichtig zu erkennen, was es bewirkt, wenn das Unternehmen zu diesem Zeitpunkt keine Information an die Medien gibt. Dies geschieht oftmals nicht aus einem Gefühl der Lähmung und Überforderung, sondern weil man dann an die Medien gehen will, wenn möglichst viele Detailinformationen zu den Krisenursachen, dem Krisenverlauf und der Krisenbewältigung vorliegen. Hinzu kommt, dass die Situation und Spielregeln der Medien nicht erkannt werden.

Die primäre **Aufgabe der Medien** besteht darin, Sachverhalte aufzuklären und ihre Zielgruppen zu informieren. Dies vollzieht sich auch bei den Medien in einer Wettbewerbssituation. Wer über eine Information früher und besser verfügt, verschafft sich einen Wettbewerbsvorsprung und hat die Chance, sich zu profilieren. Die Medienvertreter haben also die Aufgabe, ein bestimmtes Ausmaß an Zeilen oder Sendeminuten zu füllen. Der Chefredakteur von „Auto Bild" hat diesen Sachverhalt bezogen auf die A-Klassen-Krise von Mercedes-Benz als ein „Filetstück" für die Presse bezeichnet. In der Realität ist auch nicht zu übersehen, dass die Medien eine solche Krisensituation nutzen, um mit ihren Zielgruppen stärker emotional zu kommunizieren, gemäß dem Grundsatz: „only bad news are good news."

Abbildung 2-1: *Verzahnung von Krisenmanagement und Krisenkommunikation*

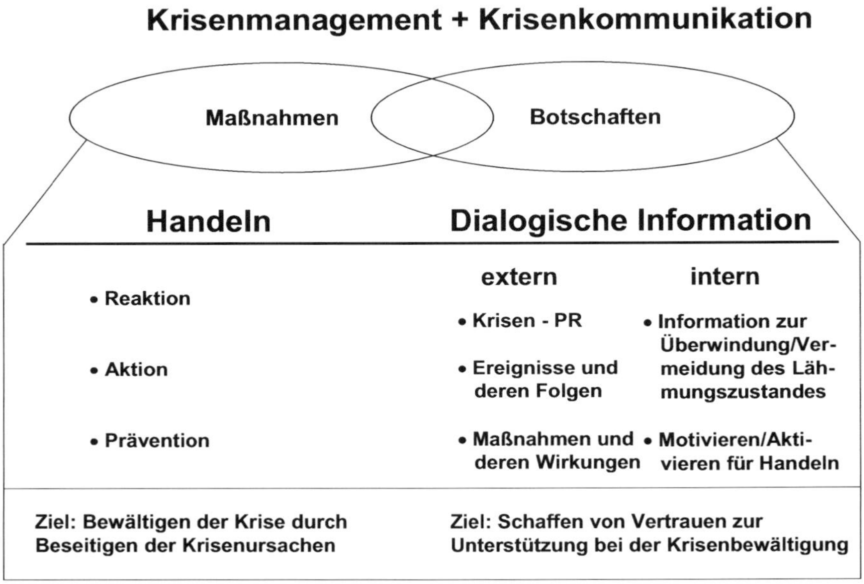

Krisenmanagement + Krisenkommunikation

Maßnahmen		Botschaften

Handeln	**Dialogische Information**	
	extern	**intern**
• Reaktion	• Krisen - PR	• Information zur Überwindung/Vermeidung des Lähmungszustandes
• Aktion	• Ereignisse und deren Folgen	
• Prävention	• Maßnahmen und deren Wirkungen	• Motivieren/Aktivieren für Handeln
Ziel: Bewältigen der Krise durch Beseitigen der Krisenursachen	**Ziel: Schaffen von Vertrauen zur Unterstützung bei der Krisenbewältigung**	

Wenn das Unternehmen nicht zu einer Pressekonferenz bereit ist bzw. keine Informationen zur Verfügung stellt, dann werden die Medienvertreter versuchen, eigenständig Informationen möglichst im Umfeld zu recherchieren. Hierdurch besteht die Gefahr, dass der **Wahrheitsgehalt von kommunizierten Botschaften** leidet und Gerüchte eher vorherrschen, entsprechend dem Satz: „Wo die Informationen fehlen, dominieren die Gerüchte".

Der auf Individuen bezogene Satz von Watzlawick „Man kann nicht nicht kommunizieren"(Watzlawick & Beavin & Jackson, 1985, S. 50) gilt demnach auch für Unternehmen in einer Krise; das Unternehmen kann sich in dieser Situation nicht „nicht verhalten". Dadurch dass das Unternehmen sich unmittelbar nach Kriseneintritt nicht in einer bestimmten Weise verhält, nämlich aktiv kommuniziert, kommuniziert es – zumindest ist dies so interpretierbar – Überforderung, Sprachlosigkeit und ein Schuldgefühl. Hieraus resultiert, dass jede Art von Kausalität in der zeitlichen Konsekution eine Kommunikation darstellt (vgl. Kommunikation, 2005).

2.2 Beispiele zur Krisenkommunikation

Einige Beispiele einer schlechten und guten Kommunikation sollen die vorstehenden Ausführungen illustrieren:

▨ **Beispiel Birkel 1985**: Das für den Unternehmenssitz zuständige Regierungspräsidium in Baden-Württemberg warnte die Verbraucher vor dem Verzehr von mikrobakteriell verseuchten Nudeln von Birkel. Das Unternehmen sollte schlechtes Flüssigei verarbeitet haben. Die Warnung stellt sich später als falsch heraus. Die Nudeln waren verunreinigt, aber es bestand keine Gesundheitsgefahr. Birkel startete eine Rückrufaktion und bezichtigt die Medien und die Behörden der Übertreibung (vgl. Lebensmittelskandale, 2003; Verdächtige Leckereien, 2003). Was war passiert? Die emotionale Betroffenheit der Verbraucher aufgrund des dem Unternehmen unterstellten unappetitlichen Vorgangs war so groß, dass es zu einem Umsatzeinbruch von 50 Prozent kam. Das Unternehmen musste daraufhin ca. 500 Mitarbeiter entlassen. Birkel verklagte das Land Baden-Württemberg und erhielt nach jahrelangem Rechtsstreit 6,5 Millionen Euro Schadenersatz. (vgl. Verdächtige Leckereien, 2003) Doch da der Ruf des traditionsreichen Unternehmens schwer beschädigt war, verkauften die Eigentümer das Familienunternehmen 1990 an die Danone-Gruppe. Doch erst nach dem Management-Buyout durch drei Manager gelang es, den guten Namen Birkel wiederherzustellen und zurück in die Spitze der Branche zu gelangen. (vgl. Baulig, 2005) Das Beispiel zeigt, dass in diesem Fall die psychologische Wirkung einer Krise eindeutig die Information dominierte.

▨ **Beispiel Brent Spar 1995**: Am 30. April 1995 besetzten zwölf Greenpeace-Aktivisten die Ölverladeplattform „Brent Spar". Als Begründung wurde den Medien mitgeteilt, dass 100 Tonnen Ölschlamm und 30 Tonnen Giftmüll, die sich noch in der Plattform befanden, bei der vom Ölkonzern Royal Dutch/Shell geplanten Versenkung der Brent Spar eine Umweltkatastrophe verursachen könnten. Die Vertreter von Shell U.K. lehnten Gesprächs- und Kooperationsangebote von Greenpeace in der Vorphase der Krise ab. Informationen und Bildmaterial für die Medien kommen anschließend hauptsächlich von Greenpeace. Nach der zweiten Besetzung der Brent Spar durch Greenpeace-Akteure hat Shell-Großbritannien Wasserkanonen eingesetzt. Die Photos dieser Aktion gegen Menschen empörten die Öffentlichkeit und führten vor allem in Deutschland zum Boykott von Shell-Tankstellen. Greenpeace hat zusätzlich ein Gutachten vorgelegt, das beweisen sollte, dass eine Entsorgung an Land kaum teurer ist als die Versenkung in der Nordsee. Dies erschütterte die Glaubwürdigkeit von Shell, obwohl Shell 30 wissenschaftliche Gutachten vorab anfertigen ließ, die bestätigten, dass die vorgesehene Entsorgung in der See umweltverträglich ist. Die Shell-Zentrale in Holland hat dies in den Medien aber nicht ausreichend kommuniziert. Bei Beginn des Abschleppens der Plattform zur Entsorgung wurde eine Greenpeace Rettungsinsel vor laufender Kamera beschädigt, Aktivisten gingen dabei über Bord und wurden nach Greenpeace-Angaben leicht verletzt. In wesentlichen Phasen dieser Auseinandersetzung war die Koordination der Medienarbeit und der Maßnahmen zwischen der Shell Konzernleitung sowie den Landesgesellschaften in Großbritannien und Deutschland unzureichend. Bei Shell stand kein Ansprechpartner auf höchster Ebene den Medien zur Verfügung, es gab ebenfalls keine Hotline, um Fragen der Öffentlichkeit zu beantworten. Die unsensible und mehrmals zu späte Kommunikation führte dazu, dass sich die öffentliche Meinung aufgrund der Informationen von Greenpeace bildete und später durch andersartige Informationen von Shell nicht mehr nachhaltig geändert werden konnte. (vgl. Töpfer, 1999a)

Beispiel A-Klasse 1997: Nach einer 18monatigen Einführungskampagne, die zu 600 Vorbestellungen pro Tag im Zeitraum der Markteinführung und damit insgesamt zu ca. 100.000 Vorbestellungen führten, war die A-Klasse bei einem Fahrtest in Schweden am 21. Oktober 1997 – und damit 3 Tage nach der Markteinführung – umgekippt. Bei einer ersten improvisierten Stellungnahme auf der Auto-Show in Tokio bemerkte der damalige Pressesprecher Wolfgang Inhester auf Fragen der Journalisten: „Ein Vorstand kann nicht ein Statement abgeben, nur weil irgendwo auf der Welt ein Auto umgefallen ist." (Engeser & Schäfer, 2003, S. 66) Von den Medien wurde diese Aussage als „Wir haben es nicht nötig" interpretiert. Mercedes-Benz hat danach sofort intern Untersuchungen angestellt, was die Ursachen dieses Problems waren und vor allem wie es behoben werden kann. In den folgenden sieben Tagen nach dem Kriseneintritt gab es jedoch kaum weitere Informationen für die Medien. In den Medienberichten wurden deshalb viele Spekulationen angestellt. Erst am achten Tag (29.10.1997) nach der Krise wurde eine Pressekonferenz abgehalten, bei der die zuständigen Vorstände das Geschehen erläuterten, Ursachen benannten und vor allem Maßnahmen zur Krisenbewältigung vorstellten. (vgl. Töpfer, 1999b)

Beispiel Coppenrath & Wiese 2003: Im Januar 2003 starb ein 11jähriges Mädchen, welches ein Stück Torte der Firma Coppenrath & Wiese verzehrt hatte. Auch weitere Familienangehörige waren erkrankt, so dass zunächst eine Lebensmittelvergiftung mit der Torte als Ursache angenommen wurde (vgl. Fischer & Südhoff, 2003; Mädchen stirbt an Torte, 2003; Mädchen stirbt nach Tortenverzehr, 2003). Coppenrath & Wiese gab daraufhin die Chargennummer und das Haltbarkeitsdatum zusammen mit der genauen Bezeichnung der betreffenden Torte bekannt und rief die entsprechende Produktcharge bundesweit zurück. Kommuniziert wurde, dass der Rückruf erfolge, um der höchstmöglichen Sorgfaltspflicht nachzukommen, und Coppenrath & Wiese die einwandfreie Beschaffenheit der Erzeugnisse im eigenen Verantwortungsbereich garantiere. Nicht auszuschließen sei jedoch, dass die Ware an anderer Stelle durch unsachgemäße Behandlung beeinträchtigt worden ist. Gleichzeitig wurde eine Hotline eingerichtet, über die sich besorgte Verbraucher informieren konnten. Hier gingen in der kurzen Zeit des akuten Krisenverlaufes etwa 1.000 Anrufe ein. Auch über eine von Coppenrath & Wiese im Internet veröffentlichte Seite konnten sich die Verbraucher über den aktuellen Sachstand informieren. Das hessische Sozialministerium ließ die verdächtige Torte untersuchen und teilte bereits vier Tage nach dem Vorfall deren Unbelastetheit mit. Der Tod des Kindes wurde also nicht durch die Torte verursacht (vgl. Fischer & Südhoff, 2003; Mädchen stirbt an Torte, 2003; Mädchen stirbt nach Tortenverzehr, 2003; Engeser & Schäfer, 2003, S. 65). Das Beispiel Coppenrath & Wiese zeigt deutlich, dass in der akuten Krise nicht nur offen informiert werden, sondern auch die Zusammenarbeit mit den Behörden ein wichtiger Bestandteil des Krisenmanagements sein sollte. Positiv wirkten sich auch das Vermeiden eines Rechtfertigungsversuches am Anfang, die beschriebene schnelle und genaue Information der Verbraucher, die Rückrufaktion und die Garantie für die hergestellte hohe Qualität aus. Harald Schmidt verzehrte zwei Tage nach der Feststellung der Unbedenklichkeit der Torte in seiner Sendung genüsslich ein Stück seiner Lieblingstorte von Coppenrath & Wiese. Dies war sicherlich leicht ironisch gemeint, aber von vielen Zuschauern gesehen und am nächsten Tag in einer Reihe von Tageszeitungen aufgegriffen worden. Insgesamt wirkte sich diese Aktion positiv aus und hat den Bekanntheitsgrad von Coppenrath & Wiese sicherlich noch gesteigert. Denn was Harald Schmidt vor laufenden Kameras verzehrt, kann schließlich nicht schädlich sein (vgl. Töpfer, 2003, S. 36; Harald Schmidt, 2003).

Als Zwischenfazit bleibt festzuhalten:

> Unter **Krisenkommunikation** wird also die gezielte Unterrichtung von Adressaten verstanden, nachdem eine Krise eingetreten ist, bestimmte Personengruppen darüber Wissen erlangt haben und das Unternehmen – auf der Basis einer definierten Kommunikationsstrategie – weitere Details der Öffentlichkeit bewusst vermitteln oder auch nicht vermitteln will (vgl. Dougherty, 1992, S. 56; Kunczik & Heintzel & Zipfel, 1995, S. 26).[2]

Im Hinblick auf die Kommunikation mit den wichtigen externen und auch internen Stakeholdern als Anspruchsgruppen gibt es zwei grundsätzliche Strategien, nämlich eine eher defensive oder eine eher offensive Kommunikation (vgl. Caponigro, 1998, S. 154).

Die **defensive** Kommunikationsstrategie ist dadurch gekennzeichnet, dass lediglich eine stückweise Informationsweitergabe und damit Aufklärung des Sachverhalts an die Adressaten sowie die betroffene Öffentlichkeit vorgenommen wird. Im Extremfall werden die in einer frühen Phase nach dem Krisenfall eingetretenen Sachverhalte

---

[2] Ergänzend sollte hierzu angemerkt werden, dass die Offenlegung von Informationen abhängig von der entsprechenden Anspruchsgruppe sein sollte. Die wichtigsten Anspruchsgruppen sollten nach Kriseneintritt erst einmal bestimmt werden, da sie je nach Krise unterschiedlich sein können. Im Anschluss sollten die für die jeweilige Anspruchsgruppe wichtigen Informationen bestimmt werden.

verschwiegen oder sogar abgestritten. Erst in dem Maße, in dem genügend Analyseergebnisse und Detailinformationen vorliegen und die betroffene Öffentlichkeit gegebenenfalls über andere Kanäle bereits Informationen erhalten hat, wird hierüber vom Unternehmen ebenfalls informiert. Die Kommunikationsstrategie ist also eher gekennzeichnet durch eine „Politik des Vertuschens und Abwiegelns".

Die **offensive** Strategie hat genau das Gegenteil zum Ziel: Gegenstand dieser Strategie ist, dass das Unternehmen Informationen umfassend und frühzeitig weitergibt und gegenüber der Öffentlichkeit offen und ehrlich auftritt. Mit dieser Strategie wird die Bildung von Gerüchten unterlaufen und damit das Entstehen von Unsicherheit und Vertrauensverlust bei den Anspruchsgruppen vermieden. Dies ist offensichtlich eine schmale Gratwanderung, wenn das Ziel einer umfassenden Kommunikation besteht, aber die Sachverhalte noch nicht genügend aufgeklärt und damit transparent sind. In diesem Falle hat sich die Information für die Anspruchsgruppen schwerpunktmäßig auf die Bereitschaft, alles lückenlos aufzudecken und auf die Weitergabe von eingeleiteten organisatorischen und inhaltlichen Maßnahmen zu beziehen.

Die Literatur zur Krisenkommunikation ist generell wenig wissenschaftlich fundiert und stärker praxisorientiert mit mehr oder weniger systematisch aufbereiteten, praktischen Erfahrungen, vorwiegend in Form von Ratgebern, Checklisten und Leitfäden (vgl. Hale, Dulek & Hale, 2005; Herbst, 1999; Caponigro, 1998; Caywood, 1997; Lerbinger, 1997; Levitt, 1997; Reineke & Pfeffer, 1997; Albrecht, 1996; Fearn-Banks, 1996; Mitroff & Pearson & Harrington, 1996; Kunczik, Heintzel & Zipfel, 1995; Puchleitner, 1994; Gottschalk, 1993; Klimke & Schott, 1993; Lagadec, 1993; Dougherty, 1992; Apitz, 1987). Dabei dominiert die englischsprachige Literatur eindeutig. Zu berücksichtigen ist, dass es bei diesem Themenbereich keine „Standardkrisen" gibt, so dass eindimensionale Empfehlungen im Sinne eines standardisierten Regelwerkes für Krisen wenig zweckmäßig sind. Möglich ist, Erkenntnisse und Konzepte, die auch für die Unternehmenskommunikation außerhalb der Krise gültig sind, auf die spezielle Situation und Ausgangsbedingungen zu adaptieren.

2.3 Vierstufige Krisenkommunikation

Fearn-Banks unterscheidet hinsichtlich der Krisenkommunikation ein **vierstufiges Modell**, das ebenfalls eher allgemein gültig ist und auf Krisensituationen angepasst wurde. Hierauf wird im Folgenden kurz eingegangen (vgl. Fearn-Banks, 1996, S. 11), Abbildung 2-2 skizziert die wesentlichen Inhalte grafisch. Die vier Stufen sind dabei nicht eindeutig und streng voneinander abtrennbar, sondern überlappen sich teilweise und bauen auf jeden Fall inhaltlich aufeinander auf.

Abbildung 2-2:   *Vier-Stufen-Modell der Krisenkommunikation (vgl. Fearn-Banks, 1996, S. 11)*

Bekanntheit steigern	Medien informieren	Überzeugen	Besser gegenseitig verstehen
• **Inhalt:** Teilweise oder vollständige Information über das Produkt/ Unternehmen • **Ziel:** Bekannt werden • **Kanal:** Einseitige Information mit wenig Wissen über Adressaten	• **Inhalt:** Journalistische Informationsaufbereitung mit hohem Wahrheitsgehalt • **Ziel:** Informieren durch Presseverlautbarungen • **Kanal:** Einseitige Information mit ansatzweiser Analyse der Informationsnutzung beim Adressaten	• **Inhalt:** Information und Überzeugung der Öffentlichkeit über den Standpunkt des Unternehmens ohne Bereitschaft zu Veränderungen • **Ziel:** Wissenschaftlich basiertes Überzeugungsmodell • **Kanal:** Asymmetrische Zwei-Wege-Kommunikation mit Feedback über Umfrageergebnisse	• **Inhalt:** Dialogische Kommunikation als Vermittler zwischen Unternehmen und Öffentlichkeit • **Ziel:** Exzellente Kommunikation auf wissenschaftlich abgesicherter Basis zum besseren gegenseitigen Verständnis • **Kanal:** Symmetrische Zwei-Wege-Kommunikation mit Feedback über Umfrageergebnisse
Stufe 1	**Stufe 2**	**Stufe 3**	**Stufe 4**

Die Stufe 1 hat „Bekanntheit steigern" zum Gegenstand. Dies ist eine Kommunikationsaktivität, die typisch ist für die Zeit vor einer Krise. Inhaltlich werden dabei vom Unternehmen Informationen über Produkte oder das Unternehmen an die Zielgruppe(n) weitergegeben. Die Informationen können vom Umfang und Wahrheitsgehalt her ein unterschiedliches Ausmaß haben. Das Ziel ist, in der Öffentlichkeit bekannt zu werden. Es handelt sich um eine einseitige Information mit wenig Wissen über die Adressaten.

Die zweite Stufe ist mit „Medien informieren" gekennzeichnet. Dies kann z.B. durch Pressemitteilungen und Pressekonferenzen erreicht werden und setzt ein entsprechend hohes journalistisches Niveau, insbesondere bezogen auf den Wahrheitsgehalt, voraus.

Hier trennt sich bereits oft „die Spreu vom Weizen". Entscheidend ist, einen guten „Instrumentenkasten" zu besitzen und richtig einzusetzen. Das damit verbundene Ziel ist, die anvisierten Adressaten über offizielle Presseverlautbarungen zu informieren. Dabei verläuft die Information wiederum einseitig über den gewählten Kanal, verfolgt aber zumindest ansatzweise die Absicht, anschließend die Nutzung und Bewertung von Informationen durch die Adressaten zu analysieren. Dies ermöglicht eine gezieltere und spezifischere Krisenkommunikation. Problematisch ist diese einseitige Form der Kommunikation, wenn der Umgang mit den Medien nicht geübt ist und die über die Medien zu erreichende Anspruchsgruppe nicht klar genug bestimmt ist. Dies kann die Ursache für eine verzerrte – im Sinne einer nicht adressatengerechten – Darstellung der gegebenen Informationen sein, die dann eine negative Wirkung auf die Anspruchsgruppe haben kann, die so vom Unternehmen nicht beabsichtigt war. (vgl. Caponigro, 1998, S. 157, aber auch Dougherty, 1992, S. 61 und Marconi, 1997, S. 23)

Die dritte Stufe hat „Überzeugen" zum Gegenstand. Inhaltlich geht es darum, der Öffentlichkeit den Standpunkt des Unternehmens so zu verdeutlichen, dass die eigene Sichtweise überzeugend ist. Das wissenschaftlich basierte Überzeugungsmodell, das auf Forschungsergebnisse sozialwissenschaftlicher Theorien und gleichzeitig auch auf Ergebnisse von Umfragen zurückgreift, zielt darauf ab, dies zu erreichen. Dabei handelt es sich zwar um eine Zwei-Wege-Kommunikation, sie ist aber immer noch asymmetrisch. Denn die primäre Information erfolgt vom Unternehmen an die Öffentlichkeit überwiegend über Medien wie Zeitungen, Hörfunk, Fernsehen oder Brief. Ein Feedback erstreckt sich lediglich auf die Analyse von Umfrageergebnissen, um diese wiederum als Verstärker bei der erneuten Information der Öffentlichkeit einzusetzen.

Die vierte und höchste Stufe zielt darauf ab, dass sich das Unternehmen und die Öffentlichkeit „Besser gegenseitig verstehen". Dies soll durch eine dialogische Kommunikation mit Hilfe von Medien, wie z.B. Internet, Telefon, öffentliche Meetings, erreicht werden, die eine wichtige Mittlerfunktion einnehmen. Das bessere gegenseitige Verständnis wird auf der Basis wissenschaftlich abgesicherter Kommunikationsmodelle angestrebt. Die Zwei-Wege-Kommunikation erfolgt symmetrisch in der Weise, dass das Unternehmen weiß und versteht, was die Öffentlichkeit wünscht und braucht, und dass die Öffentlichkeit die Anforderungen und Bedürfnisse des Unternehmens versteht. (vgl. hierzu Burkart & Probst, 1991, S. 59) Dieser Dialog ist dann mit exzellenten Kommunikationsprogrammen verbunden.

Worin besteht der Nutzen und die Konsequenz dieses Vier-Stufen-Modells für die Krisenkommunikation? Da diese vier Phasen generell für die Öffentlichkeitsarbeit und die Unternehmenskommunikation Gültigkeit besitzen, ist das Modell auch bei einer Krisenkommunikation grundsätzlich anwendbar. Die Situation ist hierbei jedoch insofern anders, als die Notwendigkeit und Dringlichkeit einer guten Kommunikation umso größer ist. Das Ziel geht dahin, möglichst ohne Verzögerung und ohne Vorstufen gleich die vierte Stufe zu erreichen.

2.4   Involvement im Krisenfall

Die Besonderheit ist vor allem dadurch gegeben, dass die Zielgruppen sowie auch generell die Öffentlichkeit durch den Krisenfall ein höheres **Involvement** bezogen auf das Unternehmen und seine Situation entwickelt hat.

Wenn durch eine plötzliche Krise persönliche, lebenswichtige Werte wie Sicherheit oder wesentliche gesellschaftliche Werte, wie der Schutz der Umwelt, beeinträchtigt werden, dann führt das entstandene hohe Involvement als Ich-Bezogenheit zu einer starken Wahrnehmung und Wirkung in der Öffentlichkeit. Das Krisenverhalten und die Krisenkommunikation des Unternehmens haben dem Rechnung zu tragen.

***Abbildung* 2-3:**   *Bedeutungswandel der beiden Informationsebenen im Krisenverlauf*

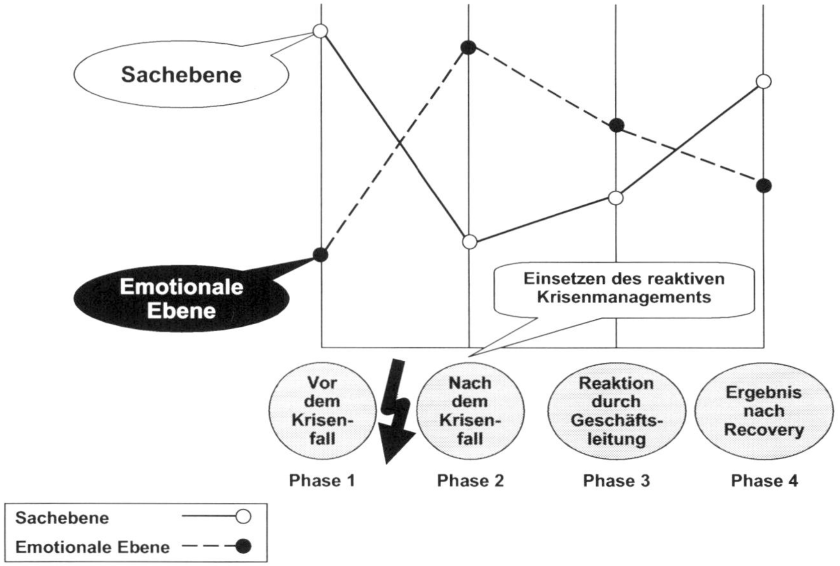

Die Wahrnehmung und die Kommunikation beziehen sich sowohl auf die Sachebene als auch auf die emotionale Ebene. Im Zeitablauf der Krisenentstehung kommt es zwischen diesen beiden Ebenen zu deutlichen Verschiebungen, wie dies in Abbildung 2-3 skizziert ist. Vor der Krise und bei einem relativ geringen Involvement (Töpfer, 2005, S. 852; Kroeber-Riel, 2003, S. 371) dominiert eindeutig die **Sachebene**. Mit dem Kriseneintritt gewinnt durch das gestiegene Involvement die **emotionale Ebene** erheblich an Bedeutung. In dem Maße, in dem es nicht gelingt, die Krise für die Zielgruppen und die Öffentlichkeit zufriedenstellend zu bewältigen respektive zu lösen, werden die Emotionen weiter zunehmen. Im gleichen Maße werden Sachinformationen eher unwichtiger. Die gesamte Kommunikation wird dann sehr viel stärker emotional gesteuert und von den Medien sehr oft auch vorwiegend emotional geführt, weil hierdurch die Adressaten sehr viel besser ansprechbar sind und den Medienberichten eine höhere Aufmerksamkeit schenken.

Abbildung 2-4: *Das Ursachen-Wirkungs-Modell von Ajzen (vgl. Ajzen & Madden, 1986; Nutbeam & Harris, 2001)*

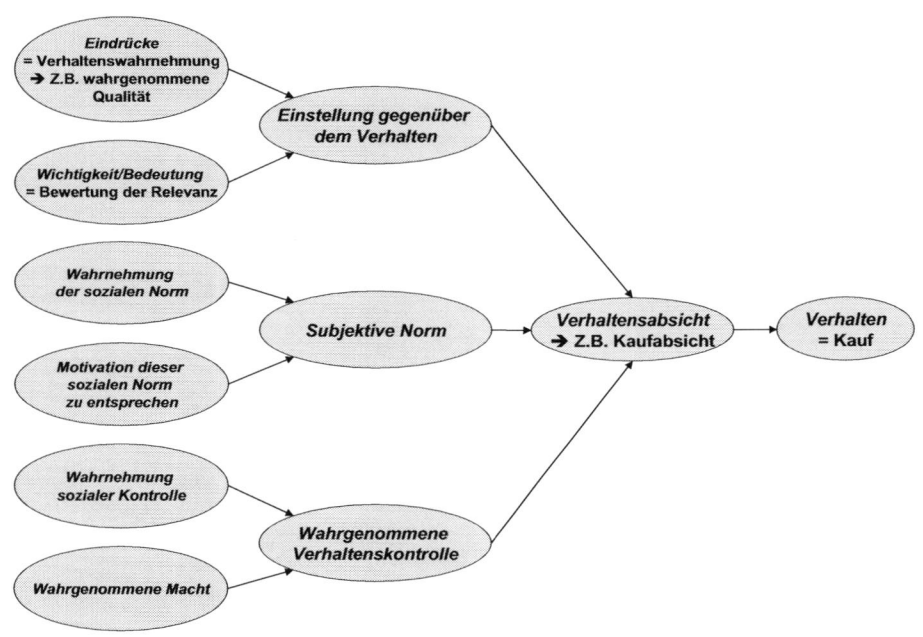

Erst wenn es gelingt, die Probleme im Rahmen eines reaktiven Krisenmanagements in den Griff zu bekommen, nähern sich die beiden Ebenen wieder an und es kommt erneut zu einer Dominanz der Sachebene. Dies wird in dem Maße der Fall sein, wie durch geeignete Maßnahmen zur Krisenbewältigung das Vertrauen der Betroffenen und der Öffentlichkeit zurückgewonnen wurde. Der Bedeutungswandel zwischen Sach- und emotionaler Ebene ist bereits aus den vorstehend angeführten Beispielen von Unternehmenskrisen erkennbar geworden; auf ihn wird bei der Umsetzung der Krisenkommunikation noch einmal eingegangen.

Die oben angesprochenen Phänomene lassen sich an dem **Modell des geplanten Verhaltens** von Ajzen (vgl. Ajzen, 1985) gut nachvollziehen, das ursprünglich auch unter dem Begriff „rationalen Verhaltens" bekannt ist und eine Erweiterung des Modells des bewussten Verhaltens von Ajzen & Fishbein (vgl. Ajzen & Fishbein, 1980) darstellt. Dieses Modell hat einen Ursachen-Wirkungszusammenhang genereller Art zum Gegenstand, der originär vor allem auf das Gesundheitsverhalten von Menschen angewendet wurde, sich aber auch auf Krisensituationen übertragen lässt (s. Abb. 2-4). Eindrücke, beispielsweise aus früher in der Presse oder Realität nachvollzogenen Krisen, führen zu bestimmten Überzeugungen. Sie sind die Grundlage für eine bestimmte Wahrnehmung der Realität, die sich zum Beispiel auf die Qualität von Produkten oder Dienstleistungen bezieht. Hieraus resultiert eine bestimmte Einstellung gegenüber Produkten und/oder Unternehmen. Zusammen mit der subjektiven Norm – die sich aus der Wahrnehmung der sozialen Norm, also den externen Erwartungen an das Verhalten eines Individuums, und seiner Motivation, dieser sozialen Norm zu entsprechen, ergibt – beeinflusst sie dessen Verhaltensabsicht. Hinzu kommt als weitere Einflussgröße auf die individuelle Verhaltensabsicht die vom Individuum wahrgenommene Verhaltenskontrolle durch die Umwelt, also wie soziale Kontrolle wahrgenommen und durch Macht ausgeübt wird. Diese drei Einflussbereiche prägen also die Verhaltensabsicht des Menschen, beispielsweise als Kaufabsicht, und sein konkretes Verhalten. (vgl. Ajzen, 1985)

Wenn in einem Krisenfall die wahrgenommene Qualität als unzureichend bewertet wird, dann führt dies durch den Imageverlust zu einer negativen Kaufabsicht. Je mehr Adressaten bzw. Stakeholder eine negative Einstellung gegenüber dem Produkt und Unternehmen entwickeln, desto mehr prägt dies die subjektive Norm und damit die negative Kaufabsicht. Zusätzlich gilt folgender Wirkungszusammenhang: Wenn entsprechend dem subjektiven Empfinden eine soziale Verhaltenskontrolle wahrgenommen wird, also genau beobachtet und bewertet wird, ob ein Individuum dieses Produkt kauft und nutzt, dann wird hierdurch – da ein Transfer des negativen Produktimages auf diese Person erfolgen kann – seine negative Kaufabsicht eher noch verstärkt. Diese wahrgenommene Verhaltenskontrolle begründet sich in dem Glauben, aufgrund eigener Fähigkeiten, Ressourcen und Verhaltensmöglichkeiten ein bestimmtes Verhalten eher nicht ausüben zu können.

Abschließend wird der Stellenwert der Krisenkommunikation noch einmal an dem Zusammenspiel der **fünf Ebenen eines Krisenmanagements** verdeutlicht. Wenn eine Krise eingetreten ist, kommt es oft zu Wahrnehmungsverzerrungen der objektiven Sachverhalte (Ebene 1). Von zentraler Bedeutung ist deshalb, als Ebene 2 Informationen zu beschaffen. Sie dienen dem Zweck, Defizite an Wissen auszugleichen und dabei vor allem Ursachen für die Krise und den Wahrheitsgehalt von Informationen bestimmen zu können. Hierzu ist in einem Unternehmen ein bestimmtes Maß an Krisenorganisation (Ebene 3) erforderlich. Sie wird nicht nur für die Recherche, sondern auch für die Kommunikation als Ebene 4 benötigt.

Abbildung 2-5: *Die fünf Ebenen des Krisenmanagements*

Ziel: Glaubwürdigkeit

Ebenen	Kernfragen	Hauptprobleme
① 1 Inhalte und Ereignisse	⟹ *Was ist passiert?*	o Wahrnehmungs-verzerrungen/Filter
② 2 Information	⟹ *Was ist Sache?* ⟹ *Kennen wir die Ursachen?*	o Informationsdefizite o Ursachen o Wahrheitsgehalt der (internen) Informationen
③ 3 Organisation	⟹ *Wer übernimmt welche Aufgabe und Rolle?* ⟹ *Wer macht was mit wem bis wann?*	o Kernteam für Krisen-management o Modulare Ergänzung nach Bedarf o Review-Team
④ 4 Kommunikation	⟹ *Wer sagt was, wann, zu wem?*	o Botschaften
⑤ 5 Psychologie	⟹ *Glaubt man uns?*	o Vertrauen

Herrschen Defizite in der Informationsbasis vor, dann kann eine verfehlte Kommunikation durch Multiplikator- und Akzeleratoreffekte noch problemverstärkend und damit negativ wirken. Wenn vorhandene Informationen, die zur gewünschten Meinungsbildung in der Öffentlichkeit wichtig sind, in der Krisenkommunikation nicht weitergegeben werden, kann das in gleicher Weise negativ wirken. Mit anderen Worten kommt es bei der Weitergabe von bestimmten Informationen an die Öffentlichkeit in einer Krisensituation sehr auf das genaue Timing an. Die gleiche Information kann zu verschiedenen Zeitpunkten völlig unterschiedliche Wirkungen auslösen.

Das Ziel des Krisenmanagements und speziell der Krisenkommunikation besteht darin, **Glaubwürdigkeit wiederzugewinnen**. Hierzu sind auf der Ebene 5, der Psychologie, Sach- und emotionale Botschaften in einer Weise erforderlich, dass Vertrauen wieder entsteht. Wie auf der linken Seite von Abbildung 2-5 gekennzeichnet ist, „schnellt" nach dem Krisenfall die psychologische Ebene an die zweite Stelle. Entsprechend den gemachten Ausführungen zur Wahrnehmung, Einstellung, zum Involvement und zur Emotionalität der Situation kommen vertrauensbildenden Maßnahmen in diesem Moment die größte Bedeutung zu. Hierdurch sollen die Motivation und das Verhalten der Betroffenen außerhalb und innerhalb des Unternehmens, also der Kunden, aber auch der eigenen Mitarbeiter, positiv geprägt werden.

Die Aktivierung einzelner Ebenen ist im Verlauf der Krise unterschiedlich. Sie hängt von dem gesamten Zusammenwirken von Krisenmanagement und Krisenkommunikation ab. Sie wird also von der Interaktion zwischen dem Unternehmen und den Anspruchsgruppen in zeitlicher, inhaltlicher und intensitätsmäßiger Hinsicht bestimmt.

3 Management der Krisenkommunikation

3.1 Kommunikationsplanung als Vorbeugung/Vorbereitung auf die Krise

Neben den fünf Ebenen, die bei einer Krise in unterschiedlichem Maße im Zeitablauf aktiviert werden, vollzieht sich jede Krise in zeitlicher Hinsicht über **mehrere Phasen**.

Abbildung 3-1:   *Kommunikation im Krisenprozess*

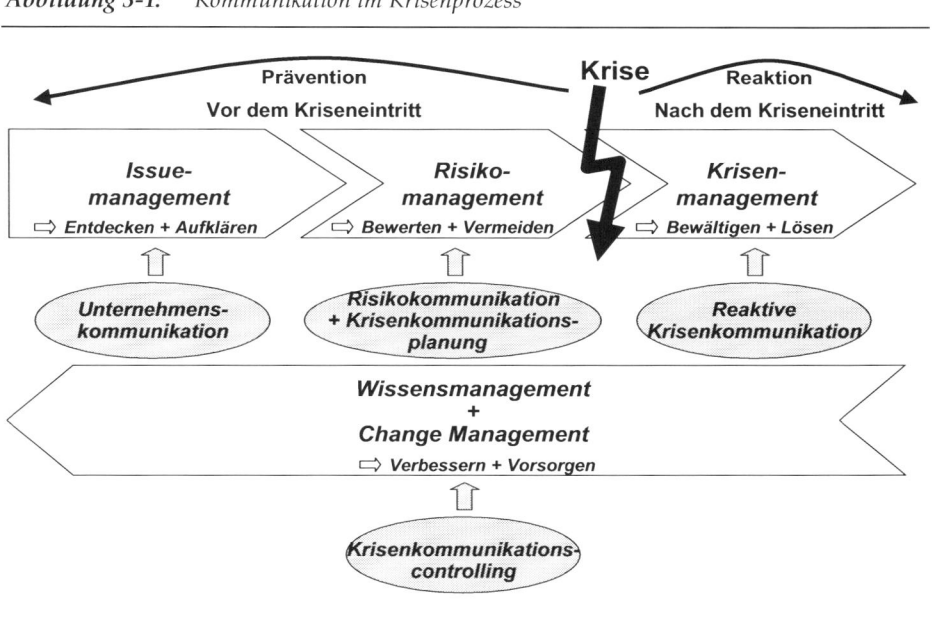

Wie Abbildung 3-1 verdeutlicht, besteht das eigentliche Ziel darin, eine Krise zu vermeiden. Hierzu sind – vor dem Kriseneintritt – die Phasen der Prävention und Frühaufklärung wichtig. Erst wenn sich die Krise nicht vermeiden lässt, setzt – nach dem Kriseneintritt – die Kriseneindämmung ein, gefolgt von der Phase Recovery zur Herstellung mindestens der gleichen früheren Situation. Die fünfte und letzte Phase hat das Lernen aus der Krise zum Gegenstand (vgl. Töpfer, 1999a).

Vor dem Kriseneintritt konzentriert sich die Kommunikation darauf, die Grundlagen zu schaffen, um über ein **Issuemanagement** Problemfelder frühzeitig zu entdecken und aufzuklären sowie über ein **Risikomanagement** aussagefähig zu bewerten und dann zu vermeiden. Gegenstand des Risikomanagements ist zugleich auch die Krisenkommunikationsplanung, also die Vorbereitung über die Art und Weise der Kommunikation im Krisenfall. Parallel zur reaktiven Krisenkommunikation hat bereits ein Krisenkommunikationscontrolling einzusetzen, bei dem der Ablauf und die Wirkung der Krisenkommunikation im Rahmen eines Audits analysiert und bewertet sowie über ein Wissensmanagement als Erfahrungswerte gespeichert werden. Hierauf basierend werden im Rahmen eines Change Managements Verbesserungen einer zukünftig erforderlichen Krisenkommunikation vorsorglich gestaltet. Im Folgenden wird näher auf die Aktivitäten vor dem Kriseneintritt eingegangen. Von zentraler Bedeutung ist in einem Issuemanagement die Bereitschaft aller betroffenen Mitarbeiter, wahrgenommene Problemfelder dem Top-Management bzw. dem von ihm beauftragten Gremium zu melden. Da es sich hierbei um die Weitergabe von schlechten Nachrichten bzw. erkennbaren Risiken handelt, kommt es darauf an, das Vermeiden von Sanktionen für den Absender glaubhaft zu vermitteln. Nur so wird es gelingen, im gesamten Unternehmen eine Kultur für die Wahrnehmung und Weitergabe entdeckter Problemfelder und Risiken zu schaffen. Wie hieraus ersichtlich wird, hat die Kommunikation im Vorfeld einer Krise respektive zur Vermeidung einer Krise ebenfalls einen hohen Stellenwert. Sie dient zur Krisensensibilisierung, zur Steigerung eines Krisenbewusstseins sowie durch die frühzeitige Wahrnehmung von Krisensignalen zur Krisenvorsorge. Neben einer konsequenten Auswertung von Frühwarninformationen (s. Abb. 3-2) geht es vor allem um den kontinuierlichen Dialog mit den Medien. Unterscheiden lassen sich hierbei eine passive und aktive Krisenkommunikation.

Die **Krisenkommunikationsplanung** ist ein wesentlicher Bestandteil des Krisenplans. Er sieht inhaltlich vor, dass mögliche Krisenfelder und Krisenursachen abgegrenzt und damit prophylaktisch analysiert werden. Zugleich legt er aber auch fest, welche organisatorischen Maßnahmen beim Erkennen von latenten Krisenursachen zu treffen sind, sowie insbesondere, wie organisatorisch, inhaltlich und auch bezogen auf die Kommunikation nach einem Kriseneintritt zu verfahren ist.

Abbildung 3-2:   *Quellen für Frühwarninformationen (vgl. Herbst, 1999, S. 48)*

Quelle	Beispiele	Analyseart
Mediapublikationen	Handelsblatt, Financial Times, Manager Magazin	Inhaltsanalyse (Clipping-Service)
Datenbanken	Konjunktur und Branchendaten	Datenbankanalyse
Diverse Organisationen	Wirtschaftsverbände, Verbraucherschutzorganisationen, Greenpeace	Berichtauswertung, Konferenzen
Öffentlichkeit	Bestimmte Bevölkerungssegmente (z.B. Altersgruppe 50+)	Meinungsforschung
Staatliche Instanzen	Landes- oder Kommunalpolitik	Öffentliche Anfragen
Rechtsprechung	Präzedenzfälle	Juristische Trendanalyse
Universitäten	Stiftungslehrstühle, Forschungswettbewerbe	Kooperation
Professionelle Forschungseinrichtungen	Forschungsberichte, Beratungsaufträge	Berichtsauswertung
Interne Berichte	Kundenbeschwerden	Berichtsauswertung
Internet	Foren, Chatrooms	Beobachtung

3.1.1 Organisation und Kommunikation in der Krise

Die Zusammenarbeit zwischen der Organisation und Kommunikation hat folgende Aufgaben zum Gegenstand:

▨ Bereits im Vorfeld einer Krise sind **Verantwortlichkeiten** festzulegen. Denn diese verantwortlichen Personen müssen sich dann eigeninitiativ sehr schnell einen Überblick über die Lage verschaffen und zügig nicht nur allein, sondern vor allem auch im Team mit anderen reagieren. Im Ergebnis sind also Alarm- und Organisationspläne für bestimmte Krisenmuster aufzustellen. Dies gilt beispielsweise für Flugzeugabstürze oder Produkterpressungen. Über die Zeit sind diese Pläne periodisch zu aktualisieren.

▨ Die Rolle der **Unternehmensleitung** in einer Krise festlegen und diese darauf vorbereiten. Dabei stellt sich nicht die Frage, ob sie eingebunden wird, sondern lediglich, wann und wie sie eingebunden wird. Im Detail geht es zum Beispiel darum, dass nach außen, bezogen auf Marktpartner und die Öffentlichkeit, die Aktivitäten der Unternehmensleitung, insbesondere im Rahmen einer frühen Phase der Krise, keinen Imageschaden für die Unternehmensleitung bewirken. Je gravierender die Krise aus Sicht der Betroffenen und der Öffentlichkeit jedoch ist, desto stärker und desto früher sollte die Unternehmensleitung eine aktive Rolle bei der Krisenbewältigung übernehmen. In diesem Falle kommt ihr eine zentrale Rolle im Krisenmanagement, vor allem aber auch in der Krisenkommunikation zu.

▨ Neben diesen Machtpromotoren sind zusätzlich wichtige Fachpromotoren im Unternehmen in ein **Krisenmanagementteam** als **Task Force** einzubinden. Die Hauptakteure der Krisenkommunikation nach außen und nach innen, also der Pressesprecher und leitende Führungskräfte, sind auf jeden Fall Mitglieder dieses Teams. Hierdurch wird sichergestellt, dass von den Kommunikatoren die Inhalte der Krisensituation und -bewältigung genau erfasst und in dem vereinbarten Maße kommuniziert werden können. Für das Krisenteam und die Kommunikatoren ist wichtig, dass sie durch ein Netzwerk gut im Unternehmen verankert sind, um so zu allen wesentlichen Ursachen und Stimmungen Zugang, also bildlich gesprochen „das Ohr am Puls" zu haben.

▨ Zur Krisenprävention und in einer Krisensituation ist insbesondere ein gut funktionierendes **Kommunikationsnetzwerk** des Unternehmens mit maßgeblichen Medien und Presseorganen sehr wichtig. Dies ist lange Zeit vorher bereits aufzubauen und zu pflegen, um es dann in einer derartigen Situation auch effizient nutzen zu können. Dabei folgt die Philosophie nicht nur dem Grundsatz, eine gute interne Kommunikation im Sinne eines „Stay in with the Ins" aufzubauen, sondern zugleich auch dem Grundsatz „Stay in with the Outs", also ein Vertrauensverhältnis zu externen Partnern zu besitzen. Dieses funktionierende Netzwerk stellt ein gutes und wichtiges Polster an Goodwill für eine Krisenkommunikation dar.

▨ Zusätzlich kann es zweckmäßig sein, dass im Krisenfall ein externes Expertengremium installiert wird. Dieses – gegebenenfalls sogar internationale – **Expertengremium** kann als Instrument eingesetzt werden, um die Berichterstattung in den Medien darauf zu fokussieren, dass offensichtlich organisatorisch geeignete Maßnahmen ergriffen werden, um die Krise aufzuklären. Neben der inhaltlichen Ausrichtung und Leistung hat dies zugleich Symbolcharakter. Damit ist es zumindest besser, als dass das Unternehmen vorschnell Maßnahmen ergreift, die inhaltlich nicht abgeklärt sind und letztlich nur Aktionismus bedeuten. Bei dem Einsatz eines derartigen externen Expertengremiums ist aber auch eine mögliche negative Wirkung abzuwägen: In der Presse und in der Öffentlichkeit könnte der Eindruck entstehen, dass die Unternehmensleitung durch die Krisensituation überfordert ist und nicht (mehr) weiß, wie sie konkret agieren soll. Um diese negative Botschaft in einer negativen Situation zu vermeiden, muss eine sowohl vorbereitende als auch begleitende Information an die Medien und damit an die Öffentlichkeit erfolgen, welche Zielsetzung dieses Expertengremium hat. Nicht der inhaltlich-fachliche

Aspekt steht im Vordergrund, sondern das hohe Maß an Neutralität und Transparenz.

Eine weitere Maßnahme, durch welche die Organisation mit der Kommunikation nach einem Kriseneintritt verbunden wird, ist die Ernennung eines **Ombudsmannes** für die Geschädigten einer Krise oder Hinterbliebenen von Krisenopfern. Dadurch, dass ein externer Experte mit einer anerkannten Reputation durch das Unternehmen benannt wird, um die Schadensregulierung zu steuern und zu überwachen, wird das Ziel einer größeren Neutralität und Transparenz bei der Krisenbewältigung realisiert. Zugleich ist dies eine wichtige Botschaft in der Kommunikation mit den Medien. Die Akzeptanz des Unternehmens in der Krisensituation wird dadurch erhöht.

3.1.2 Medientraining für Kommunikatoren

Der Pressesprecher eines Unternehmens hat üblicherweise eine Ausbildung, zumindest aber ein Training in Kommunikation und meistens auch in Krisenkommunikation absolviert. Anders ist es oftmals bezogen auf das Top-Management und auf leitende Führungskräfte der betroffenen Unternehmensbereiche. Sie sind normalerweise exzellente Manager, nicht selten aber in einer Krisensituation unerfahrene und damit überforderte Kommunikatoren. Der Schaden für das Unternehmen kann hierdurch beträchtlich sein. Der Stress, den eine Krisensituation bei diesen Führungskräften per se bereits verursacht, wird noch verstärkt durch die ungewohnte Situation mit der Presse, die häufig als unliebsame Konfrontation empfunden wird. Durch bohrende und in der Regel geschickte Fragenkadenzen der Journalisten werden diese Führungskräfte oftmals zu unüberlegten Äußerungen verleitet, die von der Presse weidlich ausgenutzt, also kommuniziert werden. Die Anforderung besteht also darin, hochrangige Entscheider im Unternehmen von der **Notwendigkeit eines derartigen Kommunikationstrainings** zu überzeugen.

Ein wesentlicher Eckpfeiler einer Krisenprävention und dabei speziell einer aktiven Krisenkommunikation ist deshalb die Schulung der als Kommunikatoren im Krisenfall vorgesehenen oberen Führungskräfte. Im Unternehmen muss der Grundsatz gelten: Keiner geht an die „Front zu Presse/Medien/Öffentlichkeit" ohne entsprechendes fundiertes Medientraining (vgl. Woodcock, 1998, S. 157). Hierzu ist in einer möglichst echt gestellten Studio- und Interviewsituation ein Medientraining mit echten Journalisten durchzuführen. Realitätsnah wird dieses Training dann, wenn mit einem Zeitdruck, wie er bei einer Krisensituation gegeben ist, das gesamte Szenario eines Krisenablaufes durchgespielt und zu entscheidenden Zeitpunkten gegenüber Medienvertretern kommuniziert wird.

Bei einer derartigen **Fallstudie mit Rollenspiel** kommt es darauf an, dass sie bezogen auf die Inhalte und die Akteure möglichst realitätsgetreu nachgestellt wird. Hierzu gehört im Detail auch, dass ein Training von Statements, also Presseerklärungen, erfolgt, zusätzlich aber auch die Beantwortung von spontanen Fragen und Antworten im Interview geübt wird. Dabei ist zum Beispiel speziell zu trainieren, dass Buzzwords vermieden werden, also Begriffe, die aufgrund ihrer Aussagekraft oder Möglichkeit zur Fehlinterpretation oder bewussten Verfälschung durch die Verwendung in Medienberichten zu völlig falschen Aussagen und Schlussfolgerungen durch die Stakeholder führen können. Derartige Trainings sollten immer mit Video-Feedback erfolgen, um anschließend in einer ausführlichen Analysephase die Stärken und Schwächen der Kommunikation analysieren und damit nachvollziehen zu können. Dieser „Mediendrill" steigert die Gewandtheit im Umgang mit Medienvertretern und in der Regel auch die eigene Selbstsicherheit.

3.1.3 Mediale Bausteine

Zusätzlich wichtig als Teil des Krisenplans sind kommunikative Maßnahmen, beispielsweise **Standardbrief-Entwürfe** mit Textbausteinen als Krisenreaktion für Kunden, wenn ein Produkt des Unternehmens den Krisenfall verursacht hat. Um Missverständnissen vorzubeugen: Das Ziel ist nicht, in einer Krisensituation stereotyp mit Standard-Formulierungen zu reagieren. Vielmehr geht die Absicht dahin, bestimmte Argumentationsketten und Argumentationsweisen im Vorfeld bereits zu skizzieren oder auch auszuformulieren. In der Praxis zeigt sich, dass diese Standards, die im Vorfeld ohne Zeitdruck und Stress einer Krisensituation entwickelt werden können, dann schnell und leicht situationsspezifisch angepasst, kombiniert und eingesetzt werden können, da der Anpassungsaufwand im Vergleich zu dem gesamten Entwicklungsaufwand relativ gering ist.

Eine weitere Anforderung an den Krisenkommunikationsplan ist, Inhalte für die Kommunikation via **Internet** in einem Krisenfall vorzubereiten (vgl. Töpfer, 1999a, S. 63; Töpfer & Duchmann, 2003, S. 14). Da die Anzahl der Nutzer des Internets hoch ist und immer noch zunimmt und über diesen Kommunikationskanal sehr schnell und direkt ein Informationsaustausch der von der Krise betroffenen Gruppen stattfinden kann, ist es heute eines der wichtigsten Medien im Krisenfall. Als Vorbereitung für einen Krisenfall sind beispielsweise Darksites als vorbereitete Web-Seiten zu erarbeiten, die bei einer (sich anbahnenden) Krise ins Netz gegeben werden und die Öffentlichkeit mit Informationen zu Sicherheitsstandards, Videosimulationen, Bildern oder Interviews mit Experten versorgen.

Die bisherigen Ausführungen zur Krisenprävention legen es nahe, wie bereits angedeutet, Kosten, die mit einer umfangreichen und erfolgversprechenden **Krisenvorsorge** verbunden sind, **als Investition** zu betrachten. Dies hat grundsätzliche Konsequenzen für die Sichtweise einer Krisenvorsorge und Krisenbewältigung.

In Anlehnung an die fortschrittliche Definition von Qualitätskosten (vgl. Wildemann, 1995, S. 83, aber auch Töpfer & Effenberger, 1996) liegt das Schwergewicht nicht länger auf den bei einem Krisenfall auftretenden Krisenbewältigungskosten. Die Krise ist bei dieser traditionellen Sicht und Vorgehensweise oftmals dadurch eingetreten, dass zu wenig Kosten für die Krisenprävention und die Krisenfrüherkennung eingeplant wurden.

3.2 Umsetzung der Krisenkommunikation

3.2.1 Das Krisen-Steuerrad

Ist eine Krise generell nicht zu vermeiden, hat sich das Unternehmen nicht nur möglichst gut auf ihren Eintritt vorzubereiten, sondern sie dann auch professionell zu bewältigen. Hierbei spielt neben inhaltlichen und organisatorischen Maßnahmen insbesondere die Kommunikation eine große Rolle. Da jede Krise eine Ausnahmesituation ist und völlig anderen Spielregeln folgt, ist alles bekannte und gelernte Wissen für routinemäßige Managemententscheidungen und die übliche Managementkommunikation nur begrenzt nutzbar. Die vier Hauptbereiche einer Krisensituation sind in dem **Krisen-Steuerrad** in Abbildung 3-3 visualisiert. Sie kennzeichnen zugleich den Gesamtzusammenhang eines erfolgreichen Krisenmanagements. Nach dem Kriseneintritt kommt der **Aufklärung** der höchste Stellenwert zu. Da das Unternehmen meistens von der Krise ähnlich überrascht wird wie die Kunden und die Öffentlichkeit, ist hierfür Zeitbedarf erforderlich, der dem Unternehmen aber nicht zugebilligt wird. Entscheidend ist vor allem in dieser Phase, welche **Botschaften** das Unternehmen setzt, wie also bezogen auf die Tonalität und Inhalte kommuniziert wird. Durch den definierten Krisenstab wird im **Projektmanagement** zur Bewältigung der Krise der spezifische Krisenplan entwickelt (vgl. Argenti, 2002, S. 3). Er enthält zeitliche und inhaltliche Details und regelt die organisatorische Verantwortlichkeit. Die **Folgemaßnahmen** sind darauf ausgerichtet, die Probleme und Defizite für die Betroffenen durch die Krise, in der Regel die Kunden, möglichst schnell und nachhaltig zu beseitigen. Zusätzlich wichtig sind Maßnahmen, die ein Wiederauftreten der Krise in der Zukunft verhindern.

Die Krisenkommunikation als wesentlicher Bestandteil eines erfolgreichen Krisenmanagements muss immer im Gesamtzusammenhang aller Aktivitäten zur Krisenbewältigung in dem jeweiligen Zeitpunkt betrachtet und eingeordnet werden. Mit anderen Worten können an die Kommunikation ganz andere Anforderungen im Hinblick auf den Inhalt und die gesendeten Botschaften gestellt werden, wenn nach dem Kriseneintritt ein bestimmter Zeitraum bereits vergangen ist. Die Frage des „Wann" ist also bei der Krisenkommunikation von entscheidender Bedeutung und beeinflusst direkt die Inhalte. Die vorstehenden Ausführungen zu den Ebenen und Phasen des Krisenmanagements haben dies verdeutlicht.

Abbildung 3-3: *Krisen-Steuerrad*

Was ist der Nutzen und Wert der Maßnahmen für den Kunden? Wie können derartige Probleme in Zukunft verhindert werden?

⇨ *Leistungsversprechen für den Kunden*

Was sind die Ursachen? Wie ist die Ausgangssituation?

⇨ *Image des Unternehmens, bisherige Pressebeziehungen*

Folge-maßnahmen   **Aufklärung**

Projekt-management   **Botschaften**

Wer ist verantwortlich und wann treten welche Eskalationsstufen in Aktion?

⇨ *Krisenstab und Krisenplan*

Was und wie wird im Krisenfall kommuniziert?

⇨ *Tonalität + Inhalte*

▷ **Kurs abhängig von spezifischer Krisensituation**

3.2.2 Die zeitliche Abfolge der Krisenkommunikation

In Abbildung 3-4 sind – in vereinfachter Form – die **Zeitschiene** und wesentliche **Maßnahmen einer Krisenkommunikation** aufgeführt, wie sie typischerweise in einem Krisenkommunikationsplan festgelegt werden. Wie bereits mehrfach angesprochen, ist eine unmittelbare Reaktion auf den Krisenfall von zentraler Bedeutung. Dabei sind die genutzten Medien bewusst auszuwählen. Der erste Schritt wird in der Regel eine schriftliche Pressemitteilung sein, und es werden verfügbare Online-Medien bedient. Der erste Halbtag dient dann dazu, sich Klarheit über den Krisenfall und einen ersten Eindruck über die Ursachen für die Krise zu verschaffen. Dies ist dann in einer Pressekonferenz als interaktive Face-to-Face-Kommunikation zu verbreiten. Mit dem größeren Zeitvorlauf von einem Tag können dann gezielt Interviews der Unternehmensleitung bzw. oberer Führungskräfte als Experten sowie Statements externer Experten oder Institutionen platziert werden. Wichtig ist auch nach diesem kurzen Zeitraum eine entsprechende Mitteilung, beispielsweise über das Intranet, in das Unternehmen an alle Mitarbeiter und Führungskräfte.

Es gilt der Grundsatz, dass die externe Reaktion auf eine Krise dringlicher und damit zunächst wichtiger ist als die interne; aber dennoch darf eine Erläuterung und Erklärung gegenüber den Mitarbeitern nicht vernachlässigt werden. Zum einen bewirkt die Krise auch bei ihnen Verunsicherung und viele Fragen, zum anderen werden die **Mitarbeiter** von externen direkt auf das Krisengeschehen angesprochen. Um sicherzustellen, dass die Informationen und Botschaften in die gleiche Richtung gehen, sind die Mitarbeiter also ausreichend und früh genug zu unterrichten, was geschehen ist und wie das Unternehmen darauf reagiert, um in dieser Form als Botschafter des Unternehmens zu fungieren.

Abbildung 3-4: *Zeitschiene und Maßnahmen im Krisenkommunikationsplan (vgl. Grassauer, 2004)*

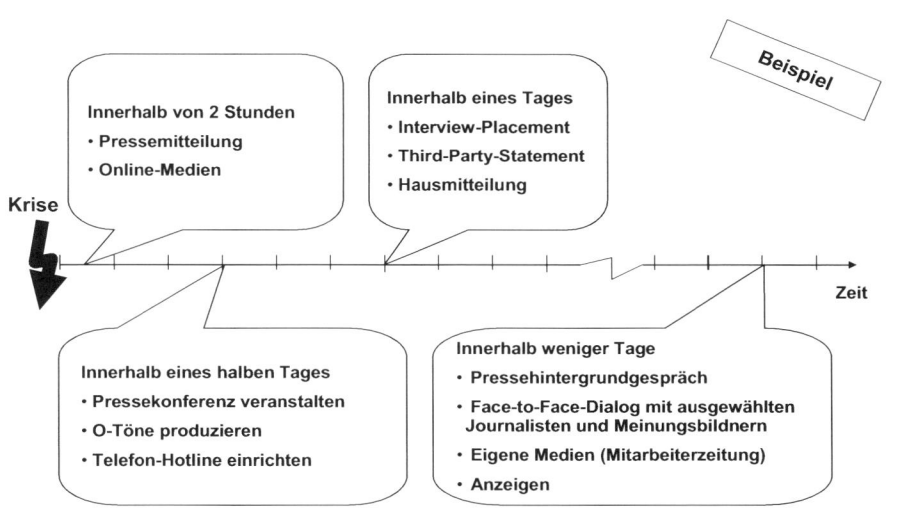

Nach der ersten Aufregung und Reaktion, die auf die Krise folgten, sind dann in der externen Kommunikation mit ausgewählten Journalisten und Medien sowie in der internen Kommunikation mit der Mitarbeiterzeitschrift weitere Erläuterungen und Erklärungen zu geben sowie vor allem die Maßnahmen der Krisenbewältigung aufzuzeigen. Verlautbarungen in Interviewform, die einerseits einen **Dialog** zum Gegenstand haben und andererseits in der Sprache und Ausdrucksform authentischer sind, ist dabei dann eindeutig der Vorzug zu geben vor allgemeinen Presseerklärungen. Wie oben angesprochen, hat eine Pressemitteilung ganz am Anfang einer Krise ihre Berechtigung, danach sollte aber in Dialogform kommuniziert werden. Nach einigen Tagen kann zusätzlich als flankierende Maßnahme das Schalten von Anzeigen zweckmäßig sein, in denen angemessen auf das Krisengeschehen, die Betroffenen im Sinne der Geschädigten und die vorgesehenen Folgemaßnahmen eingegangen wird.

In einer Krise ist dem Umstand Rechnung zu tragen, dass die Krisenkommunikation sich zumindest inhaltlich wesentlich von der „normalen Kommunikation" des Unternehmens unterscheidet. Dies gilt sowohl für die **Öffentlichkeitsarbeit** als Unternehmenskommunikation als auch für die Produkt- bzw. Marktleistungskommunikation als spezielle Marketingkommunikation. Insbesondere bei einer Produktkrise ist eine **integrierte Kommunikation** notwendig, also sowohl zum Unternehmen als auch zum Produkt bzw. der Marktleistung. Beide Kommunikationsarten werden zumindest in einer Krise zu „kommunizierenden Röhren". Dies bedeutet, dass die Defizite in einem Bereich stark auf den anderen Bereich durchschlagen.

Für die **Zusammenarbeit mit den Medien** ist zunächst die gesamte Medien- und Presseberichterstattung zu analysieren. Zusätzlich ist ein Presseverantwortlicher für die Medienarbeit zu benennen. Gerade in dieser Phase ist es wichtig, in der Vergangenheit aufgebaute und gepflegte Netzwerke zu den Medien zu aktivieren. Wesentlich ist im Kontakt mit den Medien, dass direkt nach dem Krisenfall die Botschaft einer lückenlosen Aufklärung „We Care" artikuliert wird.

Im **Gespräch mit Medienvertretern** und damit der Öffentlichkeit sind einige wichtige Grundsätze zu beachten:

- Vor jedem Gespräch ist festzulegen, welche Inhalte mit welchem Ziel für welche Zielgruppe kommuniziert werden.

- Bei einer zielgerichteten Kommunikation sollte weniger über Probleme, sondern mehr über Lösungen kommuniziert werden.

- Vermutungen sollten unterbleiben; gegebenenfalls ist offen zuzugeben, wenn zum gegenwärtigen Zeitpunkt etwas (noch) nicht erklärt werden kann. (vgl. Grassauer, 2004)

In einer Krisensituation ist zunächst der Chronologie der Ereignisse der Vorzug zu geben; die Kausalität der Ursachen und Wirkungen kann erst nach einer Analyse erfolgen.

3.2.3 Der Kommunikationsprozess im Krisenfall

Den folgenden Ausführungen wird der **Kommunikationsprozess im Krisenfall** mit seinen drei Bestandteilen zu Grunde gelegt, wie er in Abbildung 3-5 wiedergegeben ist. Unterschieden wird dabei der Kommunikator, der einen Inhalt sendet, der Kommunikationskanal und der Rezipient.

Bezogen auf den **Kommunikator** ist die Art und Weise der Kommunikation in einer frühen Phase der Krise besonders wichtig. Grundsätzlich ist in einer Krisensituation immer ein **Dreisprung** erforderlich, der bei einem präventiven Krisenmanagement vorab trainiert und bei einem reaktiven Krisenmanagement relativ spontan gemeistert werden muss.

▨ Die Krise ist von Anfang an ernst zu nehmen. Bei einem Schadensfall muss sich das Unternehmen, vertreten durch den Kommunikator, entschuldigen.

▨ Die zweite Botschaft an die Medien und die Öffentlichkeit ist der Wille zur uneingeschränkten Aufklärung. Hierin eingeschlossen ist eine konkrete Ursachenforschung.

▨ Der dritte Schritt ist die Wiedergutmachung, also die Schadensbehebung, auch im juristischen Sinne, sowie die Ursachenbeseitigung aus Unternehmenssicht.

Abbildung 3-5: *Kommunikationsprozess im Krisenfall (vgl. Linxweiler, 1999, S. 137)*

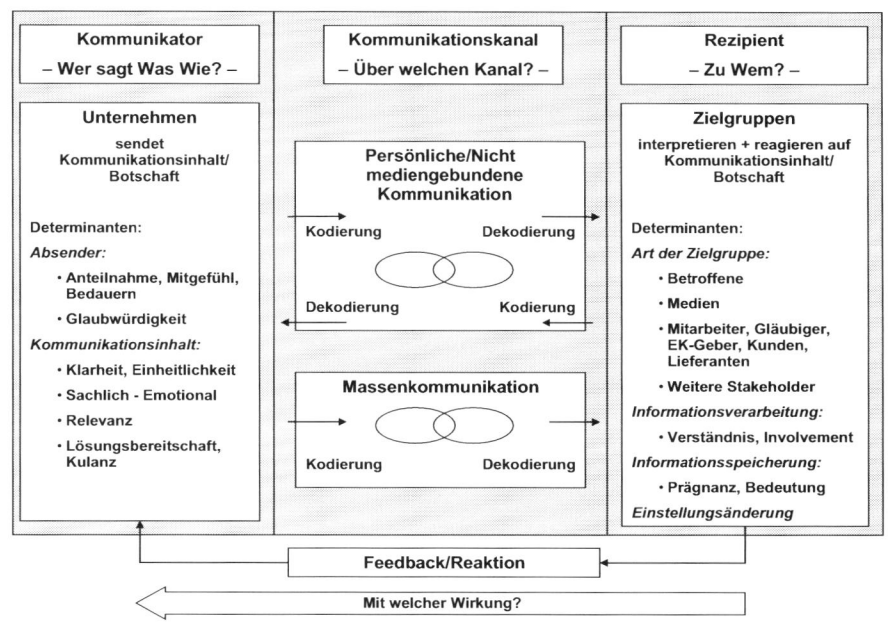

Zu einer guten Kommunikation in der Krise gehört auch, dass das Unternehmen soweit möglich und zweckmäßig den Medien Photos als Bildmaterial zur Verfügung stellt. Dies geschieht mit der Maßgabe, dass Bilder Informationen schneller transportieren und auch emotionale Botschaften vermitteln, ohne dem Risiko zu unterliegen, dass Medienvertreter verbale Botschaften in eine aus ihrer Sicht gewünschte Richtung emotionalisieren können.

Abbildung 3-6:   *Ausgewählte Kanäle der externen Krisenkommunikation (vgl. Herbst, 1999, S. 88)*

Kanäle	Vorteile	Nachteile
Internet	• Schnellstmögliche Information und Aktualisierung möglich • Medienvertreter + Interessierte können jederzeit auf Informationen zugreifen • Große Reichweite – daher viele Menschen erreichbar (auch international) • Neben Text auch Bilder, Videos, Interviews, Statements integrierbar • Interaktive Elemente (z.B. Foren, Chat, Videokonferenz, Newsgroups) enthalten, die auch die Beziehungsebene beeinflussen können	• Teile der Bevölkerung ohne Internetzugang • Informationen müssen aktiv abgerufen werden (Pull-Medium) • Hohe Anforderungen, die zahlreichen Anfragen in einer Krise schnell + aktuell + ausführlich zu beantworten • Kapazitäts- und/oder Leistungsprobleme
Presse-information	• Am häufigsten eingesetztes Instrument – hohe Akzeptanz • Direkte Information der Journalisten • Informationen liegen schriftlich vor – Missverständnisse seltener • Wenig aufwendig	• Ob + wie veröffentlicht wird, entscheidet nicht das Unternehmen • Telefonische Nachfrage bei Unklarheiten notwendig • Nicht geeignet für umfangreiche Hintergrundinformationen + komplizierte Abläufe • Emotionen + Bedauern schwierig zu vermitteln
Presse-konferenz	• Einheitliche Botschaft erreicht Journalisten gleichzeitig • Möglichkeit Fragen zu stellen • Emotionen gut vermittelbar (Abhängig vom Medientraining des Top-Managements) • Bedeutung der Krise für das Unternehmen hervorgehoben	• Sehr aufwendig • Diskussion nur begrenzt steuerbar • Nur bei guter Vorbereitung empfehlenswert

Bezogen auf die Wirkungen der Kommunikation in den Medien über eine Krise ist von deutlichen Unterschieden bei der allgemeinen Öffentlichkeit und dem betroffenen Unternehmen auszugehen. Wie eine Studie (vgl. Kepplinger, 2003, S. 42) belegt, ist die Wahrnehmung und Reaktion der Mitglieder des Unternehmens als Betroffene deutlich stärker als die von Außenstehenden. Dieses hohe Involvement führt also zu einer reziproken Wirkung der Berichterstattung: Die, über die berichtet wird, verfolgen die Medienberichte intensiver, nehmen sie dadurch stärker wahr und schätzen sie als besonders wichtig ein. Die Betroffenen sind also bezogen auf die Inhalte und Botschaften der Krisenkommunikation sehr viel sensibler als Außenstehende (vgl. Kepplinger, 2003; Schmidt, 2003). Sie bilden sich auf der Basis der Berichterstattung ihr Urteil, immer verbunden mit der Frage, was werden die Anderen über uns denken.

Im nächsten Schritt wird auf die Wahl und die damit verbundenen Vor- und Nachteile externer und interner **Kommunikationskanäle** in einer Krisensituation eingegangen (s. Abb. 3-6 und Abb. 3-7). Für die **externe Krisenkommunikation** bietet sich heute, wie bereits angesprochen, aufgrund der Schnelligkeit und breiten Verfügbarkeit bzw. großen Reichweite vor allem von einer frühen Phase an das Internet an. Hinzu kommt, dass die Kommunikation dort – synchron oder asynchron – dialogisch über große Distanzen geführt werden kann. Außerdem können bei Bedarf Bildinformationen eingespielt und genutzt werden. Dies alles erhöht die Aktualität und Originalität der Krisenkommunikation.

Im Vergleich hierzu sind Presseinformationen und Pressekonferenzen klassische Kommunikationsinstrumente, die im Vergleich zum Internet aber nur einmalig sind und nach der Erstellung bzw. Durchführung schnell an Aktualität verlieren. In der oben dargestellten Form ist über den Zeitstrahl eine Kombination dieser Medien im Krisenfall zweckmäßig.

Neben der nach außen gerichteten Kommunikation steht die nach innen gerichtete Mitarbeiter-Kommunikation im Vordergrund. Das Ziel der Maßnahmen zur Eindämmung der Krise und der Schadensbekämpfung geht dahin, dass – nachdem ein möglicher Lähmungszustand sehr schnell überwunden oder Aktionismus in die richtigen Bahnen gelenkt wurde – Imageschäden oder andere negative Folgen der Krise beseitigt werden.

Die **interne Kommunikation** mit den Mitarbeitern im Krisenfall wird ebenfalls über elektronische und Printmedien sowie persönliche Informationsveranstaltungen ablaufen. Die Bewertung ist ähnlich wie bei der extern gerichteten Kommunikation: Am Anfang steht die schnelle Information im Vordergrund; sie ist am besten über ein Intranet zu erreichen. Ein parallel eingesetztes Informationstelefon informiert zusätzlich und hat dann vor allem Vorteile, wenn eine PC-Infrastruktur mit Intranet-Zugang nicht gegeben ist. Die beiden klassischen Instrumente Mitarbeiterzeitung und Mitarbeiterversammlung haben auch im Krisenfall ihre Berechtigung, aber lediglich als ergänzende Medien für erläuternde Hintergrundinformationen. Wie bei einer Pressekonferenz vermittelt auch eine Mitarbeiterversammlung das höchste Maß an Authentizität, und zwar im Hinblick auf Sachinformationen, aber auch bezogen auf emotionale Informationen, also die Betroffenheit des Unternehmens durch den Krisenfall.

Der dritte Baustein der Krisenkommunikation in Abbildung 3-5 bezog sich auf den **Rezipienten**, also die Adressatengruppen der Informationen und Botschaften. Der größte Fehler besteht darin, wenn ein Unternehmen in der Krisensituation alle Zielgruppen mit einer einheitlichen Information und Botschaft und dann möglichst noch über einen einzigen Kommunikationskanal erreichen will. Gerade auch im Krisenfall ist eine zielgruppenspezifische Ansprache und inhaltliche Ausrichtung der übermittelten Informationen wichtig, da es sich um eine Ausnahmesituation für den Adressaten handelt, die zusätzlich oftmals noch mit einer hohen Emotionalität verbunden ist.

In einem positiven Sinne gemeint, ist in der Krisenkommunikation also das Instrumentarium des zielgruppenbezogenen Marketing einzusetzen, und zwar vor allem mit der Philosophie des Customer Relationship Management als **Stakeholder Relationship Management**, also einer möglichst guten Erfüllung der Informationsanforderungen der Adressaten, um die Beziehung zu ihnen positiv zu gestalten und zu stabilisieren. Die Kommunikation hat am Anfang in dem oben erläuterten „Dreisprung" zu erfolgen. In späteren Phasen wird sie durch die Erklärungen auf der Basis der Ursachenanalysen und durch die Erläuterungen zur Problembeseitigung deutlich an Intensität und Niveau zunehmen.

Abbildung 3-7: *Ausgewählte Kanäle der Krisenkommunikation mit Mitarbeitern (vgl. Herbst, 1999, S. 81)*

Kanäle	Vorteile	Nachteile
Intranet	• Schnelle + aktuelle Informationsverbreitung • Informationen müssen aktiv abgerufen werden (Pull-Medium) • Zugriff zeit- und ortsunabhängig • Feedback direkt möglich (Forum/Chat) • Listen mit E-Mail-Adressen ermöglichen Aufbau von Verteilerlisten	• Informationen müssen aktiv abgerufen werden (Pull-Medium) • Kapazitäts- und/oder Leistungsprobleme • Nicht jeder Mitarbeiter hat Computerarbeitsplatz/ Intranetzugang
Mitarbeiter-zeitung	• Weit verbreitet • Ausführliche Informationen + Hintergrundberichte möglich • Jedem Mitarbeiter zugänglich • Nachlesen und Archivieren möglich • Verwendung von Bildern möglich	• Nicht aktuell • Eventuell für komplexe Sachverhalte ungeeignet • Keine Rückfragen möglich • Transport von Emotionen schwierig • Feedbackeinbau aufwendig
Informations-telefon	• Informiert schnell + aktuell • Für alle Mitarbeiter erreichbar • Ermöglicht Verständnisprüfung + Erklärung + Feedback • Organisatorisch + finanziell wenig aufwendig	• Keine ausführliche Hintergrundinformation möglich • Keine Bilder • Missverständnisse + spätere Verwechslungen möglich
Mitarbeiter-versammlung/ sonstige Informations-veranstaltung	• Alle betroffenen Mitarbeiter gleichzeitig informiert • Informationen sofort besprochen + erklärt • Gefühle können authentischer + glaubwürdiger vermittelt werden • Bedeutung des Ereignisses wird unterstrichen	• Aufwendig • Diskussion mitunter schwer zu steuern (insbesondere bei Krisenbewältigungsmaßnahmen, die Entlassungen umfassen)

Entsprechend den Ausführungen zu Abbildung 2-3 werden die Stakeholder nach dem Krisenfall neben sachlichen Informationen vor allem auch emotionale Botschaften erhalten wollen. Wird diese Anforderung erfüllt, dann gewinnt die Sachebene wieder an Wahrnehmungsfähigkeit und Bedeutung. Andernfalls überstrahlt die emotionale Ebene die Sachebene auf Dauer. Wenn die Krise bei einem Produkt beispielsweise zu 70% in einem technischen Problem besteht und nur zu 30% eine kommunikative Aufgabe ist, dann dreht sich bei einer unzureichenden Krisenkommunikation dieses Verhältnis schnell um: 70% der Kommunikation wird dann emotional bestimmt und häufig auch nur emotional geführt.

Am **Beispiel der A-Klasse-Krise** soll dies nochmals kurz illustriert werden. Die Krise ist im Anfangsstadium von Mercedes-Benz eher als ein technisches Problem bewertet worden. Nicht nur die Besetzung der Task Force als Krisenteam spiegelte dies wieder, sondern auch die anfängliche inhaltliche Kommunikation des Unternehmens. Wenn sie geführt wurde, wurde sie eher auf einer sachlich-technischen Ebene vollzogen. Wenn ein Auto der Marke Mercedes nicht fahrstabil ist, oder sogar umfällt, dann tangiert dies unter dem Kriterium Sicherheit das gesamte Image der Marke und auch des Unternehmens. Dies ist genauso auch von den Stakeholdern, also vor allem den Kunden, den Medien und der Öffentlichkeit gesehen und interpretiert worden. Zu relativ wenig Bedauern kommt dann viel Spott und Schadenfreude. In fast allen TV-Kanälen und als Spiegel-Titel ist die fast umkippende A-Klasse gezeigt worden.

In der anschließenden Krisenkommunikation kam es also auch darauf an, genau dieses negative Bild in der Erinnerung der Stakeholder abzubauen bzw. zu beseitigen. Dies ist zum einen durch geeignete Anzeigen versucht worden, zum anderen wurden – nachdem die Krise weitgehend gelöst war – kurze Filme der sicher fahrenden A-Klasse beim **Elchtest** vor den Abendnachrichten verschiedener TV-Sender ausgestrahlt. In Printmedien wurde eine Photosequenz dieser sicher fahrenden A-Klasse ganzseitig abgedruckt. Das Ziel war in allen Fällen das negative Erinnerungsbild durch ein positives Gegenwartsbild zu ersetzen. Zusätzlich ist dann bei der Aufhebung des Auslieferungsstopps eine Anzeigenserie mit Boris Becker geschaltet worden, welche die Botschaft des Lernens-aus-Fehlern enthielt. (vgl. Töpfer, 1999b)

Beim Rezipienten ist manchmal die Situation gegeben, dass die subjektiv wahrgenommenen Sachverhalte nicht im vollen Maße der objektiven Realität entsprechen. Dies bedeutet mit anderen Worten, dass eine **Wahrnehmungsverzerrung** vorliegt. Diese von der tatsächlichen Situation abweichende Wahrnehmung kann z.B. dadurch begründet sein, dass die Situation nicht voll erfasst wird, also ein Informationsdefizit vorliegt, oder dass die realen Ereignisse aufgrund einer persönlichen Einstellung und Meinung – entsprechend dem Modell des bewussten bzw. rationalen Verhaltens in Abbildung 2-4 – sofort in einer bestimmten Weise interpretiert werden, also ein Wahrnehmungsfilter vorliegt. Beide Fälle können das Verhalten und die Reaktionen von Personen in einer Krisensituation maßgeblich bestimmen. Es kommt also darauf an, dass eine derartige Verzerrung frühzeitig erkannt wird und in geeigneter Weise darauf reagiert wird. Die Krisenkommunikation hat deshalb – trotz aller geforderten Subtilität – manchmal auch etwas „holzschnittartig" zu sein, um die gewünschten Botschaften erfolgreich setzen, kommunizieren, rezipieren und vor allem memorieren zu können.

Wichtig ist bei diesem Prozess folgende Erkenntnis: Die Individuen haben durch frühere plötzliche Krisen beispielsweise Vorerfahrungen in der Weise, dass eine Krise zu schlimmen Folgen für die betroffenen Menschen geführt hat. Bei einer erneuten Krise – zunächst unabhängig von dem spezifischen Ereignis und Ausmaß – wird ein derartiges **inneres Bild** abgerufen. Die neue Krise wird also nach diesem Muster im Hinblick auf ihre negativen Folgen subjektiv beurteilt. Dies lässt den Schluss zu, dass jede neue plötzliche Krise schwerer einzudämmen ist, wenn derartige innere Bilder existieren. Das Problem besteht dann also darin, dass ein Unternehmen nicht nur gegen einen Störfall „ankämpft", sondern auch gegen die Erinnerung an frühere Störfälle bei den „vorgeprägten" Betroffenen. Maßnahmen zur Krisenbewältigung haben dies zu berücksichtigen.

Diese **Perzeptionsprobleme** als Wahrnehmungsverzerrungen haben auch Auswirkungen auf die Kommunikation mit den Medien. Das Unternehmen muss relativ schnell von einer Ein-Weg-Kommunikation in Form von Presseverlautbarungen zu einer Zwei-Wege-Kommunikation als Dialog kommen, um eine Vertrauensbasis zu schaffen. Dieser Dialog ermöglicht es frühzeitig, auch **Asymmetrien** zwischen gesendeten Botschaften als Informationen und wahrgenommenen Inhalten als in der Presse kommunizierte Aussagen zu erkennen. Gerade in einer Krise ist nicht selten eine starke Asymmetrie zwischen den vom Unternehmen übermittelten Informationen und den wahrgenommenen Informationen zu verzeichnen. Die kommunizierte Information – als angestrebtes Ergebnis der Soll-Botschaft bezogen auf die vom Unternehmen verfolgte Strategie – und die Perzeption durch die Medien – als dargestelltes Ist-Ergebnis – weichen dann stark voneinander ab.

Im Allgemeinen geht es bei den Medien dann nicht nur um die auf die Sinne bezogene Wahrnehmung von Botschaften des Unternehmens als erste Stufe der Erkenntnis, sondern bereits um ein begrifflich beurteilendes Erfassen, also das, was man Apperzeption nennt. Dies wiegt deshalb umso schwerer, weil die Medien gerade bezogen auf die vorhandenen Informationsdefizite bei einer Krise eine starke Funktion als Meinungsführer haben und dadurch die öffentliche Meinung bilden und prägen. Jedes Defizit des Unternehmens in dieser Kommunikation schlägt also auf das gesamte Krisenmanagement zurück.

3.2.4 Die Ebenen einer Nachricht

Die bekannte Klassifikation der **vier Ebenen einer Nachricht** nach Schulz von Thun (vgl. Schulz von Thun, 1983) besitzt auch für eine Unternehmenskrise Gültigkeit. Wie mehrfach bereits angesprochen wurde, verläuft die Kommunikation auf der Sach- und Beziehungsebene. Zusätzlich werden aber auch Botschaften auf der Selbstoffenbarungsebene und der Appellebene ausgesendet. In Abbildung 3-8 und 3-9 sind diese vier Ebenen einer Nachricht aus Sicht des Senders und dann aus Sicht des Empfängers, also Rezipienten, dargestellt.

Abbildung 3-8:   *Die vier Aspekte einer Sender-Nachricht – im Krisenfall*

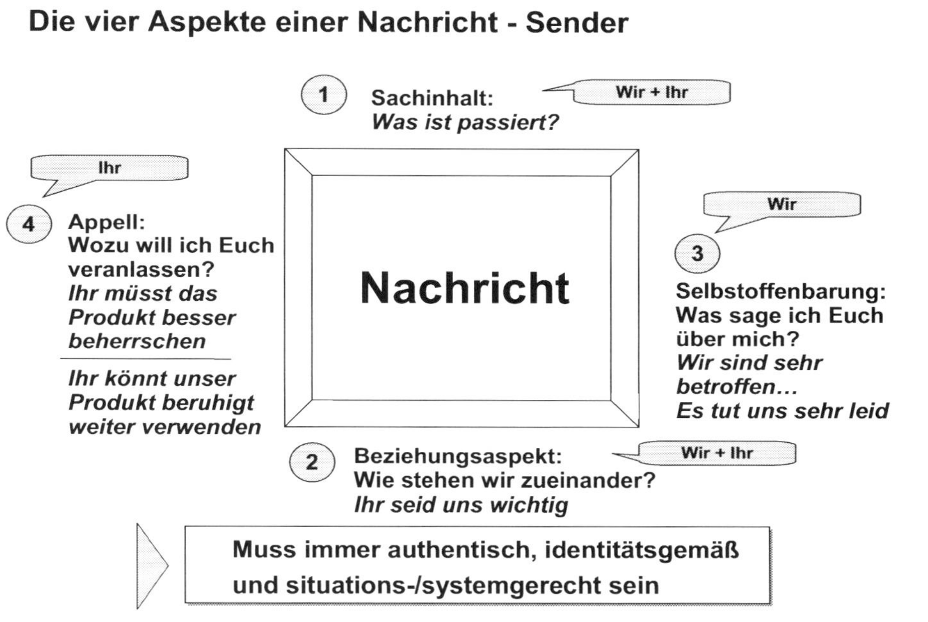

Die vier Aspekte einer Nachricht - Sender

1 Sachinhalt: *Was ist passiert?*   Wir + Ihr

Ihr

4 Appell: Wozu will ich Euch veranlassen? *Ihr müsst das Produkt besser beherrschen*

Ihr könnt unser Produkt beruhigt weiter verwenden

Nachricht

Wir

3 Selbstoffenbarung: Was sage ich Euch über mich? *Wir sind sehr betroffen... Es tut uns sehr leid*

2 Beziehungsaspekt: Wie stehen wir zueinander? *Ihr seid uns wichtig*   Wir + Ihr

Muss immer authentisch, identitätsgemäß und situations-/systemgerecht sein

Auch wenn der Sender immer authentisch, identitätsgemäß und situations-systemgerecht seine Botschaften kommuniziert, ist aufgrund der Wahrnehmungsverzerrungen und der dadurch bewirkten Asymmetrie der Kommunikation nicht gewährleistet, dass die kommunizierten Inhalte so wahrgenommen, verstanden und/oder interpretiert werden, wie der Sender sie gemeint hat. Die **Symmetrie** zwischen Sender- und Empfängerbotschaften ist also gerade in einem Krisenfall konkret vom Unternehmen zu überprüfen. Eine dialogische Kommunikation erlaubt, durch entsprechende Fragen und Rückmeldungen diese Überprüfung vorzunehmen.

In Abbildung 3-8 und 3-9 ist auf der Ebene 4 der **Appellebene** beispielhaft gezeigt, wie eine negative oder positive Nachricht aussieht. Die Botschaft „Ihr müsst das Produkt besser beherrschen" ist eine Abqualifizierung der Käufer als Adressaten. Die zweite positive Botschaft entspricht der, wie sie bei der A-Klasse-Krise nach der Krisenbewältigung, also dem Einbau des ESP sowie einigen Veränderungen am Fahrwerk und in der Bereifung, kommuniziert wurde. Es steht außer Frage, dass die beiden Botschaften eine unterschiedliche Wirkung beim Rezipienten haben.

Abbildung 3-9:   *Die vier Aspekte einer Empfänger-Nachricht – im Krisenfall*

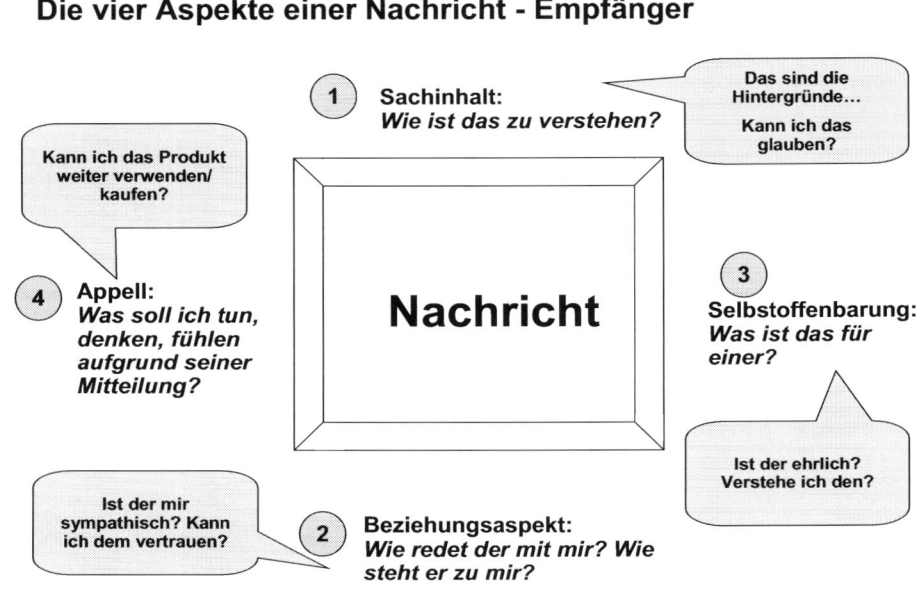

Die vier Aspekte einer Nachricht - Empfänger

---

4 Kontrolle der Krisenkommunikation und Lernen aus der Krise

Nicht erst nach einer durchstandenen Krise, sondern jeweils bereits nach Durchführung und Abschluss einzelner Kommunikationsaktivitäten ist eine **Bewertung ihrer Wirksamkeit** durchzuführen. Dies ist bereits an einigen Stellen angesprochen worden. Im aktuellen Einzelfall geht es darum, aussagefähig zu überprüfen, ob mit der Kommunikationsmaßnahme die gewünschte Adressatengruppe sowie Wirkung erreicht wurden. Ist dies nicht der Fall, dann können kurzfristig der Informationsinhalt, das

Informationsmedium oder der -kanal sowie gegebenenfalls auch der Sender verändert werden. Die Auswertung ist also immer zielgruppenspezifisch vorzunehmen und nach den unterschiedlichen Kriterien aufzufächern.

Die Überprüfung der Wirksamkeit kann nur in der Weise erfolgen, dass die beabsichtigte Wirkung als Sollwert mit dem bei der Adressatengruppe abgefragten Ergebnis als Istwert verglichen wird. Das Problem besteht demnach darin, geeignete Messgrößen festzulegen. Sie sind aus dem jeweiligen **„Kommunikations-Arrangement"** abzuleiten, also bezogen auf das Kommunikationsziel, die angestrebte Reaktion der Adressatengruppe als Ergebnis, die Effizienz des gewählten Kommunikationsmediums und -kanals sowie die Zweckmäßigkeit der gesendeten Information. In der Realität kann es sein, dass die Zweckmäßigkeit der Information positiv bewertet wird, Medium und Kanal ebenfalls stimmig sind und dennoch die angestrebte Reaktion bei der Adressatengruppe nicht erreicht wird. Dies bedeutet, dass nicht alle wesentlichen Einflussfaktoren und Rahmenbedingungen kontrolliert wurden. Hierzu gehört beispielsweise, wie ausgeführt, der Zeitpunkt im Krisenverlauf sowie zusätzlich auch situative Einflüsse durch andere, gegenwärtige oder vergangene Krisen.

Eine indirekte Messung ist zusätzlich möglich durch eine **Medienresonanzanalyse** (vgl. Comdat, 2003). Sie ist quantitativ und qualitativ durchzuführen. Im ersten Falle, dem Clipping, wird auf der Basis der Frage „Wie häufig war die Berichterstattung?" die Anzahl von Artikeln zum Krisenproblem des Unternehmens in Printmedien oder von Berichten in TV- und Hörfunksendern ermittelt. Entscheidender ist jedoch der zweite Fall, die inhaltliche Analyse. Hier geht es auf der Grundlage der Frage „Sind wichtige Details vollständig und richtig wiedergegeben worden?" um die deutlich schwierigere Bewertung, ob die Aussagen dem Kommunikationsziel des Unternehmens entsprachen und keine inhaltlichen Fehler oder emotionale Verzerrungen enthalten waren.

Ergänzend ist es häufig zweckmäßig, nach einem bestimmten Zeitraum der Krise respektive Krisenbewältigung eine **Imagebefragung** bei den wichtigen Adressatengruppen durchzuführen. Im Vordergrund stehen weniger Sachfragen, wie zum Beispiel Produktsicherheit, Handhabbarkeit und Komfort oder Fortschrittlichkeit, sondern Aussagen zur Einstellung gegenüber dem Unternehmen im Hinblick auf Sympathie und Vertrauen als Ergebnis der realisierten und kommunizierten Krisenbewältigung.

Da eine Krise ein – hoffentlich selten auftretender – Ausnahmezustand für das Unternehmen ist, steht es außer Frage, dass die **Lerneffekte** im Laufe einer Krisenbewältigung und danach relativ groß sein können. Je umfassender und genauer das Unternehmen die erreichten positiven Wirkungen und die eingetretenen Defizite bei der Krisenbewältigung im Zeitablauf analysiert, desto eher und nachhaltiger kann es reagieren. Das Ziel ist, möglichst kurzfristig während der Krise nachzustellen und nicht erst nach dem Durchstehen der Krise für eine mögliche zukünftige, aber nicht gewollte Krise zu lernen. Dennoch können nach Abschluss der Krise zusätzliche Kommunikationsmaßnahmen zweckmäßig sein, um die Aufklärung der Öffentlichkeit zu verbessern und die wahrgenommene Position des Unternehmens beispielsweise im Hinblick auf Umweltschutz zu stärken. Hierzu zählen dann Tagungen, Sponsoring, Forschungsprojekte oder Stiftungen.

Insbesondere die kommunikativen Maßnahmen im Krisenverlauf haben zum Ziel, das Vertrauen der Zielgruppen in das Unternehmen wiederzugewinnen sowie das Image des Unternehmens wieder zu verbessern. Wenn es dem Unternehmen gelingt, durch ein effektives Krisenmanagement und eine gute Krisenkommunikation nicht nur das ursprüngliche Niveau an **Vertrauen und positivem Image** zurückzugewinnen, sondern es sogar noch zu steigern, dann ist dies die höchste Anerkennung für eine erfolgreiche Krisenbewältigung.

Literaturverzeichnis

Albrecht, S. (1996). *Crisis management for corporate self-defence: How to protect your organization in a crisis – how to stop a crisis before it starts.* New York: American Management Association.

Ajzen, I. & Fishbein, M. (1980). *Understanding attitudes and predicting social behavior* (7. Aufl.). Englewood Cliffs, NJ: Prentice-Hall.

Ajzen, I. (1985). From intentions to actions: A theory of planned behaviour. In Kuhl, J. & Beckmann, J. (Eds.). *Action control: From cognition to behaviour* (pp. 11-39). New York: Springer.

Ajzen, I. & Madden, T. J. (1986). Prediction of goal directed behaviour: attitudes, intentions, and perceived behavioural control. *Journal of Experimental social psychology, 22,* 453-474.

Aktionäre zweifeln an Walter Bau. (2003, 27. Juni). *Süddeutsche Zeitung,* S. 23.

Apitz, K. (1987). *Konflikte, Krisen, Katastrophen – Präventivmaßnahmen gegen Imageverlust.* Frankfurt am Main: Gabler.

Argenti, P. (2002). Crisis Communication, *Harvard Business Review, 80* (12), 3-8.

Baulig, C. (2005). Enable : Nudel up! *Financial Times Deutschland.* Gefunden am 13. Mai 2005 unter www.ftd.de

Belgien stoppt Verkauf aller Getränke von Coca Cola. (1999, 15. Juni). *Hessische/Niedersächsische Allgemeine,* S. 22.

Bergius, S. (2005, 17. Juni). Coca-Cola reagiert zu spät und dilettantisch, *Handelsblatt,* S. 16.

Beruhigungspille für Belegschaft. (2004, 10. Dezember). *Handelsblatt,* S. 2.

Bickhoff, N. & Eilenberger, G. (2004). Einleitung. In N. Bickhoff, M. Blatz, G. Eilenberger, S. Haghani, K.-J. Kraus (Hrsg.), *Die Unternehmenskrise als Chance – Innovative Ansätze zur Sanierung und Restrukturierung* (S. 3-12). Berlin, Heidelberg, New York: Springer.

Blamage für Benz. (2005). *Spiegel.* Gefunden am 31. März 2005 unter www.spiegel.de/-auto/werkstatt/0,1518,349049,00.html

Briegmann, J. & Becker, T. (2004, 19. Oktober). *Opel-Krise* (Fernsehbeitrag plusminus vom 19. Oktober 2004). Gefunden am 04. Mai 2005 unter www.daserste.de

Burkart, R. & Probst, S. (1991). Verständigungsorientierte Öffentlichkeitarbeit: eine kommunikationstheoretisch begründete Perspektive, *Publizistik*, 36, 56-76.

Buschmann, H. (2004). Stakeholder-Management als notwendige Bedingung für erfolgreiches Turnaround-Management. In N. Bickhoff, M. Blatz, G. Eilenberger, S. Haghani, K.-J. Kraus, K.-J. (Hrsg.), *Die Unternehmenskrise als Chance – Innovative Ansätze zur Sanierung und Restrukturierung* (S. 197-220). Berlin, Heidelberg, New York: Springer.

Caponigro, J. R. (1998). *The Crisis Counselor: The executive´s guide to avoiding, managing and thriving on crises that occur in all businesses.* Michigan: Barker Business Books.

Caywood, C. L. (1997). *The Handbook of Strategic Public Relations & Integrated Communications.* New York: Irwin Professional.

Coca-Cola: Rückrufaktion kostete 103 Millionen Dollar. (1999, 13. Juli). *Spiegel.* Gefunden am 10. März 2003 unter www.spiegel.de/panorama/0,1518,31354,00.html

Coke-Chef Ivester tritt zurück. (1999, 06. Dezember). *Handelsblatt.* Gefunden am 06. Dezember 1999 unter www.handelsblatt.de

Comdat (2003). „*Tod durch Torte?*" *Der Fall Coppenrath&Wiese im Spiegel der Medien – Evaluation einer Kommunikationskrise.* Gefunden am 10. März 2004 unter www.comdat.de/downloads/COMTEXT%202.pdf

Dougherty, D. (1992). *Crisis Communications: What Every Executive Needs to Know.* New York: Walker and Company.

Engeser, M. & Schäfer, A. (2003, 23. Januar). Kalt erwischt. *Wirtschaftswoche*, Nr. 5, 64-67.

Fearn-Banks, K. (1996). *Crisis Communication: A Casebook Approach.* Mahwah: Lawrence Erlbaum Associates.

Fink, S. (1986). *Crisis management – planning for the inevitable.* New York: An authors guild Backinprint.com.

Firma Coca-Cola entschuldigt sich. (1999, 23. Juni). *Hessische/Niedersächsische Allgemeine*, S. 26.

Fischer, O. & Südhoff, R. (2003, 14. Januar). Tortenbäcker Coppenrath & Wiese kämpft gegen Imageschaden. *Financial Times Deutschland.* Gefunden am 28. Februar 2003 unter http://www.ftd.de/ub/di/1042475171249.html.

Gabler (2000). *Gabler Wirtschaftslexikon* (15. Aufl.). Wiesbaden: Gabler.

Gottschalk, J. A. (1993). *Crisis Response – Inside Stories on Managing Image under Siege.* Detroit: Visible Ink.

Grassauer, H. (2004). *Kommunikation und Krise*. Gefunden am 04. Mai 2005 unter www.unipr.ac.at/docs/presentationen/grassauer.pdf

Grunig, J. E. (2001). Two-Way symmetrical public relations – Past, present, future. In R. L. Heath (Ed.), *Handbook of public relations* (pp. 11-30). Thousand Oaks, London, New Delhi: Sage.

Hale, J. E. & Dulek, R. E. & Hale, D. P. (2005). Crisis Response Communication Challenges. *Journal of Business Communication, 42* (2), 112-135.

Harald Schmidt ließ sich „tolle Torte" schmecken. (2003, 16. Januar 2003). *Homepage der Neuen Osnabrücker Zeitung*. Gefunden am 10. März 2003 unter www.neue-oz.de/_archiv/noz_print/tecklenburger_land/2003/01/torte1.html

Hedberg, B. (1981). How Organizations Learn and Unlearn. In P. Nystrom, & W. Starbuck (Eds.), *Handbook of Organizational Design* (pp. 3–27) (Vol. 1). Oxford, England: Oxford University Press.

Hegmann, G. (2005, April 2004.). Gericht besiegelt Ende von Walter Bau. *Financial Times Deutschland*, S. 6.

Heiny, L. (2005, 20. Januar). Die Baustellen der Bauindustrie. *Die Zeit*. Gefunden am 04. Mai 2005 unter http://zeus.zeit.de/text/2005/04/Walter_Bau.

Herbst, D. (1999). *Krisen meistern durch PR*. Neuwied, Kriftel: Luchterhand.

Herrmann, S. (2005, 19. Oktober). Krise bei Opel ist warnendes Beispiel für VW. *Hessische/Niedersächsische Allgemeine*, S. PO4.

Humana entlässt vier leitende Mitarbeiter. (2003, 18. November). *Die Welt*, S. 32.

Humana Milchunion gesteht Mitschuld an Tod israelischer Babys. (2003). *Financial Times Deutschland*. Gefunden am 11. November 2003 unter www.ftd.de/ub/in/-1068298475238.html

Humana räumt Mitschuld an Tod israelischer Babies ein. (2003). *Homepage der netzeitung*. Gefunden am 11. November 2003 unter ww.netzeitung.de/ausland/261347.html

Information. (2005). *Homepage Wikipedia*. Gefunden am 10. Mai 2005 unter www.wikipedia.de

Janis, I. L. (1982). *Groupthink: Psychological studies of policy decisions and fiascos*. Boston: Houghton-Mifflin.

Jenner, R. A. (1998). Dissipative Enterprises, Chaos, and the Principles of the Lean Organization. *Omega: The international journal of management science, 26* (4), 397-407.

Kepplinger, H.M. (2003). Die Kunst der Skandalierung: Die Innensicht ist nicht die Außensicht. In U. Blum, E. Greipl, S. Müller, S. & W. Uhr (Hrsg.), *Krisenkommunikation* (S. 41-54). Wiesbaden: Deutscher Universitätsverlag.

Klimke, R. & Schott, B. (1993). *Die Kunst der Krisen-PR*. Paderborn: Junfermann.

Kommunikation. (2005). *Homepage Wikipedia*. Gefunden am 10. Mai 2005 unter www.wikipedia.de

Kraus, K.-J. & Haghani, S. (2004). Krisenverlauf und Krisenbewältigung – der aktuelle Stand. In N. Bickhoff, M. Blatz, G. Eilenberger, S. Haghani, K.-J. Kraus (Hrsg.), *Die Unternehmenskrise als Chance – Innovative Ansätze zur Sanierung und Restrukturierung* (S. 13-38). Berlin, Heidelberg, New York: Springer.

Kroeber-Riel, W. & Weinberg, P. (2003). *Konsumentenverhalten* (8. Aufl.). München: Vahlen.

Krystek, U. (1987). *Unternehmenskrisen: Beschreibung, Vermeidung und Bewältigung überlebenskritischer Prozesse in Unternehmungen*. Wiesbaden: Gabler.

Kunczik, M., Heintzel, A. & Zipfel, A. (1995). *Krisen-PR – Unternehmensstrategien im umweltsensiblen Bereich* (Reihe: Public Relations Band 2). Köln, Weimar, Wien: Böhlau.

Lagadec, P. (1993). *Preventing Chaos in a crisis – Strategies for Prevention*. London: McGraw-Hill.

Lange, N. (2004, 20. Oktober). Große Wut auf die Chefetage. *Handelsblatt,* S. PO3.

Lebensmittelskandale und Skandälchen. (2002, 10. März). *Homepage t-online*. Gefunden am 22. April 2003 unter http://home.t-online.de/home/torel/lms.htm

Lerbinger, O. (1997). *The Crisis Manager – Facing risk and responsibility*. New Jersey, Mahwah: Lawrence Erlbaum Associates.

Linxweiler, R. (1999). *Marken-Design: Marken entwickeln, Markenstrategien erfolgreich umsetzen*. Wiesbaden: Gabler.

Levitt, A. M. (1997). *Disaster Planning and Recovery – A Guide for Facility Professionals*. New York: John Wiley & Sons.

Mädchen stirbt an Torte. (2003, 12. Januar). *Homepage der Berliner Morgenpost*. Gefunden am 28. Februar 2003 unter http://morgenpost.berlin1.de

Mädchen stirbt nach Tortenverzehr. (2003, 11. Januar 2003). *Gemeinsame Homepage der Tageszeitungen in Schleswig-Holstein*. Gefunden am 28. Februar 2003 unter www.nordclick.de

Marconi, J. (1997). *Crisis Marketing: When Bad Things Happen to Good Companies* (2nd ed.). Chicago: McGraw-Hill.

Mitroff, I. I. & Pearson, C. M. & Harrington, L. K. (1996). *The essential guide to managing corporate crisis – A step by step handbook for surviving major catastrophes*. New York, Oxford: Oxford Univerity Press.

Nutbeam, D. & Harris, E. (2001). *Theorien und Modelle der Gesundheitsförderung.* Gamburg: Verlag für Gesundheitsförderung.

Peitsmeier, H. & Appel, H. (2004, 15. Oktober). Opel-Krise : Deutschland wird die Hauptlast schultern müssen. *Financial Times Deutschland.* Gefunden am 4. Mai 2005 unter www.faz.net

Puchleitner, K. (1994). *Public Relations in Krisenzeiten: Das Handbuch für situationsorientierte Öffentlichkeitsarbeit.* Wien: Signum.

Rajagopalan, N. & Spreitzer, G. M. (1996). Toward a theory of strategic change: A multi-lens perspective and integrated framework. *Academy of management review, 22* (1), 48-79.

Reineke, W. & Pfeffer, G.A. (1997). *Krisenmanagement – Richtiger Umgang mit den Medien in Krisensituationen.* Essen: Stamm.

Reinking, G. (2005, 14. Februar). Bosch-Chef kündigt Qualitätsoffensive an. *Financial Times Deutschland,* S. 3.

Rössing, S. & Hönighaus, R. & Liebert, N. (2003, 12. November). Humana gesteht Mangel bei Babymilch ein. *Financial Times Deutschland,* S. 3.

Ruch, M. (2005, 02. Februar). Fehlerhafte Dieselpumpen von Bosch verursachen Millionenschaden. *Financial Times Deutschland,* S. 6.

Schmidt, O. (2003). *Grundlagen erfolgreicher Mitarbeiterkommunikation im Krisenfall,* Gefunden am 04. Mai 2005 unter www.prportal.de

Schulz von Thun, F. (1983). *Miteinander reden: Störungen und Klärungen – Psychologie der zwischenmenschlichen Kommunikation.* Reinbek bei Hamburg: Rowohlt.

Seymour, M. & Moore, S. (2000). *Effective crisis management – worldwide principles and practice.* London, New York: Cassel.

Signitzer, B. (1992). Theorie der Public Relations. In R. Burkart & W. Hömberg (Hrsg.), *Kommunikationstheorien – Ein Textbuch zur Einführung* (S. 134-152). Wien: Braunmüller.

Springer, K. (2005, 19. Oktober). Alle Bänder stehen still. *Hessische/Niedersächsische Allgemeine,* S. PO4.

Staatsanwälte ermitteln wegen fahrlässiger Tötung. (2003, 12. November). *Frankfurter Allgemeine.* Gefunden am 12. November 2003 unter www.faz.net

Töpfer, A. (1999). *Plötzliche Unternehmenskrisen – Gefahr oder Chance? Grundlagen des Krisenmanagement, Praxisfälle, Grundsätze zur Krisenvorsorge.* Neuwied, Kriftel: Luchterhand.

Töpfer, A. (1999). *Die A-Klasse: Elchtest, Krisenmanagement, Kommunikationsstrategie.* Neuwied, Kriftel: Luchterhand.

Töpfer, A. (2002). Issue-, Risiko- und Krisenmanagement im Dreiklang. In P.M. Pastors & PIKS (Hrsg.), *Risiken des Unternehmens – vorbeugen und meistern* (S. 243-269). München, Mering: Rainer Hampp.

Töpfer, A. (2003). Lebensmittelsicherheit – Eine Aufgabe mit vielen Anforderungen. In T. Tomczak (Hrsg.), *Lebensmittelsicherheit – Existenzbedrohung oder Profilierungschance? Ergebnisse 14. Bestfoods TrendForum* (S. 17-61). Wiesbaden: TrendForum.

Töpfer, A. (2005). *Betriebswirtschaftslehre – Anwendungs- und prozessorientierte Grundlagen*. Berlin, Heidelberg, New York: Springer.

Töpfer, A. & Duchmann, C. (2003). Katastrophenkommunikation über das Internet. *Verwaltung und Management, 9* (1), 13-16.

Töpfer, A. & Effenberger, C. (1996). Verfahren des Gemeinkostenmanagements als Informationsbasis für die Geschäftsprozessoptimierung. In A. Töpfer (Hrsg.), *Geschäftsprozesse: Analysiert und Optimiert* (S. 153-177). Neuwied, Kriftel, Berlin: Luchterhand.

Tushman, M. L. & O'Reilly III, C. A. (1996). Ambidextrous Organizations: Managing Evolutionary and Revolutionary Change. *California Management Review*, 38 (4), 8-30.

Verdächtige Leckereien. (2003, April). *Message*. Gefunden am 23. August 2003 unter http://www.message-online.de/arch2_03/23_wanckel.html

Walter Bau sucht noch einen Chef. (2004, 26. Juni). *Süddeutsche Zeitung*, S. 27.

Walter Bau übernimmt Züblin. (2004, 20. Oktober). *Handelsblatt*, S. 15.

Walter Bau weist Gerüchte über Insolvenz zurück. (2003, 18. Januar). *Berliner Zeitung*, S. w01.

Warten auf das Urteil. (2004, 08. Dezember). *Süddeutsche Zeitung*, S. 20.

Watzlawick, P. & Beavin, J. H. & Jackson, D. D. (1985). *Menschliche Kommunikation* (7. Aufl.). Bern, Stuttgart, Toronto: Hans Huber.

Wildemann, H. (1995). *Kosten- und Leistungsrechnung für präventive Qualitätssicherungssysteme*. München: TCW.

Wir sind kein Pleitefall. (2004, 28. Oktober). *Süddeutsche Zeitung*, S. 23.

Wittmann, W. (1959). *Unternehmung und unvollkommene Information – Unternehmerische Voraussicht, Ungewissheit und Planung*. Köln, Opladen: Westdeutscher Verlag.

Woodcock, C. (1998). Crisis Communications. In K. Merten & R. Zimmermann (Hrsg.), *Handwörterbuch der Unternehmenskommunikation* (S. 150-163). Neuwied, Kriftel: Verlag Deutscher Wirtschaftsdienst, Luchterhand.

Claudia Mast

Change Communication
Balancieren zwischen Emotionen und Kognitionen

1 Change Communication als Kommunikationsaufgabe

1.1 Change als organisatorischer Wandel

Change (meist als Wandel übersetzt) kann sowohl durch Veränderungen der internen als auch der externen Rahmenbedingungen in den Firmen ausgelöst werden. Obwohl die meisten Changeprozesse in Unternehmen stattfinden, haben sie ihre Ursache in deren Umfeld. Allerdings haben diese Prozesse heute Eigenschaften, die das Kommunikationsmanagement erschweren. Die Besonderheiten des Wandels sind seine Diversität, Volatilität und Permanenz (Krüger, 2000, S. 39). Unter Diversität ist die hohe Anzahl von teilweise gegenläufigen Einflüssen zu verstehen, denen sich ein Unternehmen ausgesetzt sieht. Als Volatilität wird die Verkürzung der Geltungs- oder Lebensdauer bezeichnet, in deren Folge langfristig stabile Verhältnisse selten werden. Mit Permanenz ist die Dauerhaftigkeit des Wandels gemeint, die keine Festigung einmal erreichter Verhältnisse erlaubt.

Eine eindeutige Definition für Change existiert aber nicht. Stellvertretend für die vielen Definitionen sieht Deuringer im Wandel eine kontinuierliche Aufgabe der Unternehmensleitung, die in der Schaffung bestimmter Rahmenbedingungen und Voraussetzungen besteht. Diese befähigen das Unternehmen, ökonomischen, politischen, gesellschaftlichen und rechtlichen Veränderungen möglichst proaktiv zu begegnen (Deuringer, 2000, S. 49). Diese Begriffsbestimmung bezieht sich auf Unternehmen im Sinne von Organisationen, weshalb Change auch häufig als organisatorischer Wandel bezeichnet wird (Kling, 2003, S. 12).

Die unterschiedlichen Intensitätsgrade der Veränderung von Unternehmen beleuchtet ein Zwiebelmodell der Transformation (Krüger, 2002, S. 40-42). Die vergleichsweise geringste Intensität des Wandels tritt bei der Restrukturierung auf, die bei Strukturen, Prozessen und Systemen eines Unternehmens ansetzt (vgl. Abb. 1-1). Beispiele sind Veränderungen der Abläufe oder organisatorische Umstrukturierungen. Einen Schritt weiter geht die Reorientierung, die auf die Unternehmensstrategie abzielt, z.B. die Umgestaltung des Geschäftsfeldportfolios oder strategische Allianzen. Noch größere Anstrengungen verlangt die Revitalisierung, die die Mitarbeiterfähigkeiten und Verhaltensänderungen zum Ziel hat. Typisch hierfür sind der Abbau von Führungsebenen oder die Einführung eines neuen Führungsstils. Der gravierendste Wandel besteht im Fall der Remodellierung, bei der das Selbstverständnis des Unternehmens herausgefordert wird, da Werte und Überzeugungen im Fokus stehen, z.B. eine grundlegende Umformulierung der Corporate Identity (Deuringer, 2000, S. 36-37).

Abbildung 1-1:   *Zwiebelmodell der Transformation (Krüger, 2002, S. 42)*

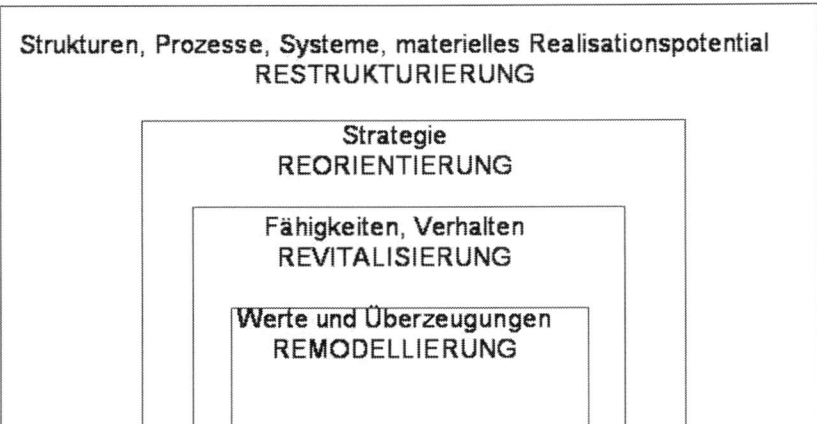

Typische Changeprojekte in Unternehmen sind (Pfannenberg, 2004, S. 1-3):

▪ Die Veränderung von Strukturen und Hierarchieebenen zur Reorganisation bzw. zum Ausbau der Wettbewerbfähigkeit (Restrukturierung)

▪ Der fundamentale Umbau der Unternehmen und ihre konsequente Ausrichtung auf Prozesse, Wertschöpfungsketten und Netzwerke (Reengineering),

▪ Die Ablösung der funktionalen Arbeitsteilung durch auftrags- und prozessorientierte Abläufe sowie die Integration der Qualitätsprüfung in den Produktionsprozess (Total Quality Management)

▪ Die konsequente Ausrichtung aller Prozesse auf die Schnittstelle zum Kunden (Kundenorientierung)

▪ Die Neuausrichtung der Unternehmensstrategie auf Werte (wertorientierte Unternehmensführung)

▪ Die Neukonfiguration von Unternehmen nach Unternehmenskäufen, -verkäufen, -zusammenschlüssen, Kooperationen, gezielten Ausgliederungen von Unternehmensteilen (Spin-offs) u.a.

Wandel in Unternehmen basiert also darauf, dass Menschen Änderungen selbst herbeiführen, sie akzeptieren und ihre Einstellungen und Verhaltensweisen auf neue Voraussetzungen ausrichten. Kognitive wie emotionale Inhalte der Kommunikation ändern sich ebenso wie die Art der Interaktionsprozesse.

1.2 Kommunikation in Changeprozessen

Eine anerkannte Definition von Change Communication existiert ebenfalls nicht. Allerdings betonen viele Autoren die Bedeutung der Kommunikation in Veränderungsprozessen und deren Ziel, die Einstellungen und Verhaltensweisen bei wichtigen Stakeholder-Gruppen zu beeinflussen, um Hindernisse für den Wandel zu beseitigen und Chancen zu ergreifen (Gradwell, 2004, S. 49; Kling, 2003, S. 40). „Jeder Veränderungsprozess ist so gut wie das Konzept zu seiner Kommunikation" (Gergs & Trinczek, 2005, S. 51). Kommunikation ist „Voraussetzung und Schlüssel zur Veränderung" (Brehm, 2002, S. 263). Die meisten Konzepte der Change Communication weisen auf den großen Einfluss von Kommunikationsvorgängen auf das Ergebnis von Changeprozessen hin (Deekeling & Barghop, 2003; Doppler & Lauterburg, 2005; Pfannenberg, 2003). Allerdings liegen nur wenige empirische Studien über die eingesetzten Kommunikationswege vor (Bernecker & Reiß, 2002; Gergs & Trinczek, 2005; Mohr, 1997; Mohr & Woehe, 1998; Schweiger & Denisi, 1991). Außerdem werden in der Forschung vor allem die Mitarbeiter und Führungskräfte als Stakeholder vorrangig beachtet (Mohr, 1997; Mohr & Woehe, 1998). Sie müssen die Veränderungen generieren, akzeptieren und umsetzen. Sie bilden jedoch nur eine der möglichen Stakeholder-Gruppen, auf die sich die Change Communication erstreckt.

Die Bedeutung der Kommunikation wird aus ihren Zielen ersichtlich. Im Vordergrund stehen die Veränderung der Einstellungen und Verhaltensweisen von verschiedenen Stakeholder-Gruppen. Dazu muss die Change Communication zunächst Mitarbeiter sowie Führungskräfte aktivieren und verhindern, dass der Wandel durch die Belegschaft blockiert wird (Pfannenberg, 2003, S. 10). Denn Mitarbeiter, die gegen den Wandel arbeiten, offenen Widerstand zeigen oder auch nur gleichgültig sind, gefährden die Zukunft des Unternehmens.

1.2.1 Verhaltensänderungen als Ziel

Change Communication zielt auf die Förderung neuer Verhaltensweisen und auf die Vermeidung von Verhalten, das den Wandel behindert – also auf das am schwersten zu erreichende Ziel im Kommunikationsmanagement. Da diese Art der Kommunikation meist unter hohem Zeitdruck oder in hoch emotionalisierten Situationen stattfindet, Gewohnheiten außer Kraft setzt und vertraute Orientierungsmarken verändert, stellt sie an Akteure und Stakeholder gleichermaßen hohe Anforderungen mit Blick auf die Bereitschaft zur Kommunikation und zur Respektierung anderer Menschen in ihrer spezifischen Befindlichkeit. Dabei wird das Ziel der Verhaltensänderung über folgende Teilziele anvisiert:

Aktivierung: Change Communication will zunächst Mitarbeiter und Führungskräfte, aber auch andere Stakeholder-Gruppen (z.B. Kunden, Aktionäre) für den beabsichtigten Wandel interessieren und auf jeden Fall verhindern, dass sie den Prozess blockieren.

Akzeptanz: Neue Strukturen, Geschäftsmodelle, Partner u.a. müssen von allen Beteiligten anerkannt und in ihrer neuen Rolle bzw. Ausprägung positiv bewertet werden.

Sichtbare Unterstützung durch Multiplikatoren: Neue Projekte und Vorhaben benötigen Menschen, die aufgrund ihrer Sachkenntnis (z.B. Experten) oder Autorität (z.B. Führungskräfte) den Wandel offen unterstützen, indem sie ihre Meinung sichtbar werden lassen und die Kommunikationsprozesse fördern.

Ritualisierung von Verhaltensweisen: Neue Kommunikationsprozesse werden eingeübt, neue Gewohnheiten bilden sich heraus.

„Alle Kraft der Veränderungskommunikation muss sich deshalb auf die Verhaltensänderung richten. Erst wenn das neue Verhalten tausendmal wiederholt worden ist, sind neue Normen und Wertsetzungen verankert, die dann einen Teil der Verhaltenssteuerung übernehmen können" (Pfannenberg, 2004, S. 5-6; Larkin & Larkin, 1994, S. 216). Schließlich gilt es, die Identität und Kultur eines Unternehmens nach organisatorischen Veränderungen wiederherzustellen.

1.2.2   Stakeholder-Gruppen

Veränderungen verursachen bei Menschen Verunsicherung und Irritationen, wenn Gewohnheiten, eingeübte Abläufe oder praktizierte Kommunikationsroutinen plötzlich außer Kraft gesetzt werden. Daraus können Ängste, Demotivation, Widerstände, Gleichgültigkeit und viele andere Verhaltensweisen entstehen, die dem Unternehmen schaden. Bestenfalls sind die Menschen nur neugierig und wollen wissen, was auf sie zukommt und wie sie es bewältigen können.

Kommunikation stellt die Basis für die Neuorientierung der Stakeholder-Gruppen, deren Verständnis für die veränderte Lage und deren Interpretation der neuen Situation (vgl. Abb. 1-2) dar. Typische Fragen, die den Kommunikationsbedarf inhaltlich umreißen, sind zum Beispiel (Pfannenberg, 2004, S. 8-10):

- Auf der Ebene der *Mitarbeiter* die Konsequenzen der Veränderungen für die berufliche Zukunft (Karrierechancen, Sicherheit des Arbeitsplatzes, Wechsel des Arbeitsortes, andere Aufgaben, neue Kollegen oder Partner u.a.)

- Auf der Ebene des *Managements* darüber hinausgehend die Veränderungen der Risiken, die aus Handlungen, aber auch aus Nicht-Handeln erwachsen sowie die Wahrnehmung echter oder vermeintlicher Konflikte

- Auf der Ebene der *Kunden, Lieferanten und Geschäftspartnern* die Veränderungen der Geschäftsbeziehungen (Qualität, Langlebigkeit, Zuverlässigkeit u.a.)

■ Auf der Ebene der *Kapitaleigner* (Shareholder) die Auswirkungen auf den Unternehmenswert (zukunftsorientierte Strategie, Akzeptanz des Wandels, Reibungsverluste, Widerstände u.a.)

■ Auf der Ebene der *Behörden und Politiker* die Frage der Notwendigkeit politischer Einflussnahme, des rechtlichen Regelungsbedarfs (Standortsicherung, Erhalt von Arbeitsplätzen, Konzentrationskontrolle u.a.)

■ Auf der Ebene der *Kommunen und Bewohner am Standort* die Unsicherheit über die Erhaltung der Standortqualität, des Arbeitsplatzes, bestehende Sponsorentätigkeiten, Steuervolumen u.a.

Diese Zielgruppen stehen in vielfältigen und meist sehr intensiven Kommunikationsbeziehungen. Die Grenzen zwischen internen und externen Kommunikationsprozessen werden zunehmend durchlässig; ebenso nehmen die Austauschprozesse zwischen den Stakeholder-Gruppen sowie den regionalen, nationalen und internationalen Öffentlichkeiten zu.

Abbildung 1-2: *Zielgruppen der Veränderungskommunikation (Pfannenberg, 2004, S. 12)*

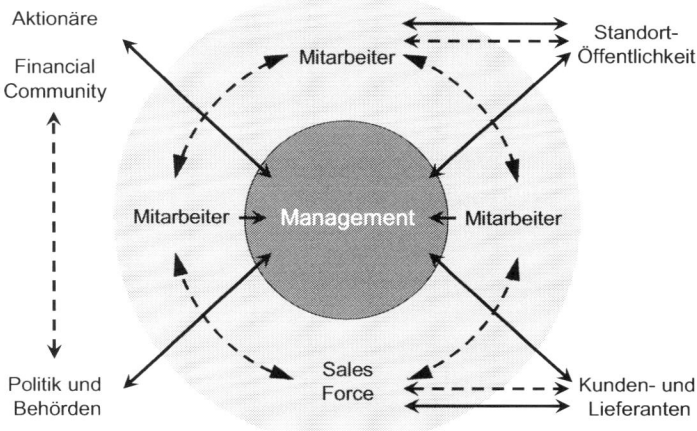

1.2.3 Phasen der Change Communication

Um eine Aktivierung der Mitarbeiter zu verwirklichen, werden verschiedene Zwischenziele der Change Communication verfolgt, die auch als aufeinander folgende Phasen beschrieben werden können. Zunächst informieren die Führungskräfte die Mitarbeiter. Anschließend bemühen sie sich um deren Verständnis. Der nächste Schritt führt vom Verstehen zur Überzeugung für die Notwendigkeit des Wandels und später zu entsprechenden Handlungen der Mitarbeiter (Reichwald & Hensel, 2005, S. 1-2).

Je stärker der gewünschte Wandel ist, desto wichtiger ist die Einbindung der Mitarbeiter, die über deren Aktivierung zu realisieren ist. Für eine erfolgreiche Aktivierung bei einem vergleichsweise einschneidenden Wandel sollte die Intensität der Kommunikationsmaßnahmen über die vier Phasen hinweg zunehmen (vgl. Abb. 1-3).

Abbildung 1-3: *Phasen der Mitarbeiteraktivierung (Reichwald & Hensel, 2005, S. 2)*

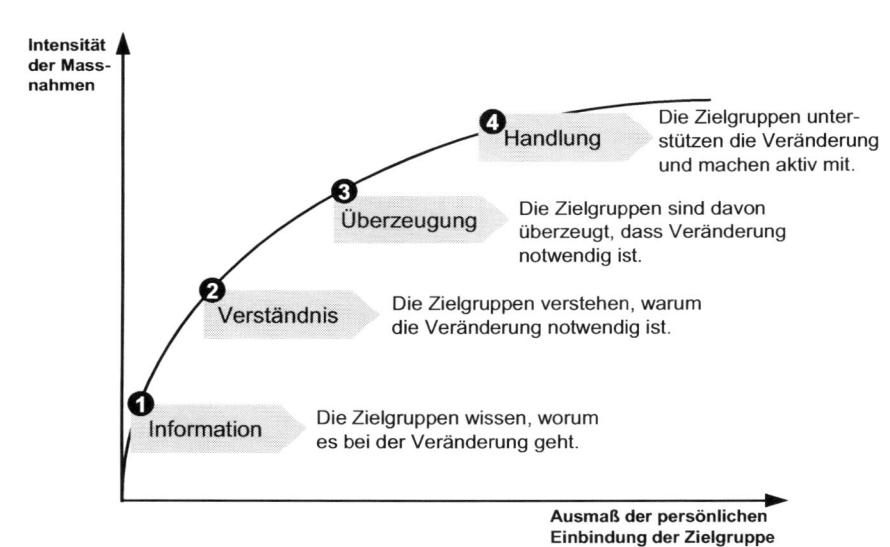

Lewin teilt die Changeprozesse in die Phasen „Unfreeze", „Move" und „Freeze" ein (Lewin, 1958). Die „Unfreeze"-Phase dient der Destabilisierung bestehenden Verhaltens sowie den dahinter liegenden Einstellungen, um eine Bereitschaft für den Wandel unter den Mitarbeitern zu aktivieren. Dazu muss die Change Communication auf Probleme und mögliche Lösungsansätze aufmerksam machen. Aufbauend hierauf ist, das Interesse der Mitarbeiter an den Veränderungen zu wecken (Kling, 2003, S. 107-

108). Wirkungsvoll hierbei ist die Erzeugung von Betroffenheit, aus der die Bereitschaft zur Veränderung erwachsen kann (Jäckel, 2003, S. 648). Da es sich bei der „Unfreeze"-Phase kommunikativ einerseits um die schwierigste Phase – schließlich sind Einstellungsänderungen zu erreichen – und andererseits um die bedeutendste Phase – Erfolg in diesem Stadium nimmt späteren Widerstand vorweg – handelt, besteht ein hoher Kommunikationsbedarf, der sich vor allem in den Informationsbedürfnissen der Mitarbeiter spiegelt (Kling, 2003, S. 107-108).

In der „Move"-Phase steht die Umsetzung des Wandels an, wobei eine zeitlich begrenzte Testphase die Verhaltensänderungen erleichtern kann (Kling, 2003, S. 108). Nur wenn die Bemühungen der „Unfreeze"-Phase erfolgreich waren und die ersten Schritte in die neue Richtung als erfolgreich bzw. erstrebenswert angesehen werden, treten in dieser Phase keine besonderen Probleme auf.

Zur Stabilisierung des geänderten Verhaltens kommt es in der „Freeze"-Phase. Erkennbar wird die Stabilisierung, wenn der Wandel sich in Routinen niederschlägt. Dazu muss der Sinn der Verhaltensänderung in der Kommunikation betont werden. Verstetigend wirkt dabei die offizielle Beendigung der erfolgreichen Implementierung (Kling, 2003, S. 108-109). Zudem ist eine langfristige Nachsorge ratsam (Jäckel, 2003, S. 648).

Rogers differenziert Changeprozesse in fünf Phasen (Rogers, 1995), die sich jedoch mit der Dreiteilung Lewins in Einklang bringen lassen. So sind die beiden Phasen „Knowledge" und „Persuasion" mit der „Unfreeze"-Phase vergleichbar. Die Destabilisierung von Verhalten und Einstellungen wird nach Rogers auch die Schaffung von Wissen über den Wandel unter den Mitarbeitern und deren Überzeugung durch die Darstellung des Nutzens erreicht. Auch die „Move"-Phase unterteilt er in „Decision" (Entscheidung für ein Projekt) und „Implementation" (Umsetzung des Projektes). Rogers „Confirmation"-Phase dient ebenso wie die „Freeze"-Phase der Verstärkung des neuen Verhaltens.

1.2.4 Formalisierungsgrad

Kommunikationsprozesse können in Changeprozessen mehr oder weniger geregelt und vorhersehbar ablaufen. Generell kennzeichnet das Strukturelement der Formalisierung das Ausmaß an Festlegungen, Regeln und Verhaltensweisen, die Kommunikationsprozesse prägen (Mast, 2004, S. 602). Formalisierte Kommunikation in Unternehmen läuft in hohem Maße geplant und spezialisiert (Hahne, 1998, S. 217) ab. Sie hat das Ziel, einer Firma bzw. einem Prozess das Image der Beständigkeit, Gültigkeit, Verlässlichkeit und Seriosität zu verleihen.

Die informelle Kommunikation hingegen ist weit beweglicher sowie flexibler und umfasst all diejenigen Kommunikationsprozesse, die nicht über die vorhandenen

Autoritätshierarchien und Organisationsstrukturen ablaufen, sondern außerhalb dieser formalen Strukturen. Nicht nur im Changemanagement, sondern auch in der Organisationstheorie (Taylor, 1947; Weber, 1947) wurden diese Kommunikationsformen lange Zeit als störend oder schädlich angesehen, da sie sich einer exakten Steuerung durch die Führungskräfte entzieht.

Kennzeichen der informellen Kommunikation ist es, dass sie weder vorher festgelegten Beziehungsstrukturen folgt noch vorhersehbare Inhalte austauscht. Diese Kommunikationsbeziehungen bestehen unabhängig von Organisationsplänen und geregelten Verantwortlichkeiten. Oftmals ergänzen informale die formalen Kommunikationswege (positive Auswirkung) und Mitarbeiter oder Führungskräfte gelangen schneller an die für sie wichtigen Informationen. Andererseits verbreiten sich über diesen Weg schnell Gerüchte (Mast, 2008, S. 233-248; Schick, 2004), die weder plannoch korrigierbar sind und die Aktionen in Changeprozessen empfindlich lähmen können. Diese Kommunikationsform verbreitet sich in Abhängigkeit von der Leistungsfähigkeit der formalen Kommunikationswege. Je defizitärer die formale Kommunikation bei Changeprozessen von den Mitarbeitern und Führungskräften empfunden wird, desto ausgeprägter entwickeln sich informelle Kommunikationsbeziehungen, die sich einer Steuerung durch das Management aber weitgehend entziehen.

Eine Studie unter knapp neunzig Führungskräften, die Change kommunizierten, ergab, dass der gängigste Weg für Feedback die informale Kommunikation darstellt (Lewis, 1999, S. 65). Die Vorteile der informalen Kommunikation liegen vor allem in den kurzen Wegen und im Überspringen von Hierarchien, die kaum Verfälschungen der Information zulassen. Daher ist das Akzeptieren beziehungsweise Fördern von informaler Kommunikation empfehlenswert. Allerdings ist darauf zu achten, dass formale und informale Kommunikation seitens der Unternehmensleitung und der von ihr Beauftragten sich nicht widersprechen, damit keine zusätzlichen Unsicherheiten entstehen (Brehm, 2002, S. 269).

Instrumente, die die informale Kommunikation fördern, sind Betriebsbesuche gemäß dem „Management by wandering around", Telefongespräche, informelle Gesprächsrunden wie Kamingespräche, Sprechstunden, Open Space-Veranstaltungen, Kummerkasten anlässlich des Wandels, Feste und Betriebsausflüge (Brehm, 2002, S. 269 und 289; Jäckel, 2003, S. 645; Kling, 2003, S. 154 -155).

1.2.5 Barrieren als Folgen von defizitärer Kommunikation

Die Reaktionen, die ungenügende Change Communication auslösen kann, wurden in vielen Studien dokumentiert (vgl. Abb. 1-4).

Abbildung 1-4:   *Konsequenzen unzureichender Change Communication*
                   (Kling, 2003, S. 30)

Quelle	Ursachen von Widerstand	
Watson (1975)	Individuelle Ebene • Gewohnheit (Präferenz für Bekanntes) • Übergewichtung von Vorerfahrungen • Selektive Wahrnehmung • Abhängigkeit von Bezugspersonen • Selbstzweifel • Unsicherheit und Regression	Organisationsebene • Konformität mit Normen • Interdependenz Subsysteme • Gefährdung von Privilegien • Tabuisierte Organisationsbereiche • Widerstand gegen Externe
Duncan (1975)	• Unwissenheit, Informationsmangel zu Alternativen • Trägheit oder versäumte Gelegenheiten • Beharren auf Status quo • Soziale Gründe, Angst fehlender sozialer Akzeptanz • Interpersonale Gründe (Gruppenakzeptanz) • Substitution (Ausweichen auf andere Strategie) • Überzeugung, daß man es selbst am besten weiß • Erfahrung mit Wandel macht Nichtmögen sichtbar • Fehlerhafte Annahmen über den Wandel	
Thomson (1990)	• Fear of change itself • Fear of loss of face • Fear of losing job • Fear of failure • Pride • Complacency	
Kanter/Stein/ Jick (1992)	• *Loss of control* – fehlende Mitarbeitereinbindung • *Too much uncertainty* – fehlende Informationen über Vorgehen • *Surprise, surprise!* – Fehlende Vorbereitung/Hintergrundinformationen • *The costs of confusion* – hohe Komplexität des Wandels ohne Priorisierung • *Loss of face* – Angst vor Lächerlichkeit vergangener Handlungen • *Concerns about competence* – Zweifel an den eigenen Fähigkeiten • *More works* – höherer Arbeits-/Lernaufwand • *Ripple effects* – Unterbrechung anderer Vorhaben • *Real threats* – tatsächliche Opfer für die Betroffenen	
Hammer/ Stanton (1995)	Kommunikationshindernisse • Ungläubigkeit • Falsche Vertrautheit • Angst vor Entlassungen • Gerüchteküche • Qualität: Unverständlichkeit, Abstraktion, Komplexität, Klischees	
Doppler/ Lauterburg (2001)	• Fehlendes Verständnis von Veränderungszielen, -hintergrund und -motiven • Verständnis aber fehlende Bereitschaft, den Informationen zu glauben • Verständnis und Glauben der Informationen aber mangelnde Kooperationsbereitschaft, da Vorteile der Veränderung nicht sichtbar sind	

Fehler in der Kommunikation wirken sich auf die Einstellung der Mitarbeiter zum Wandel aus. Kling nennt verschiedene Arten von Barrieren in der Einstellung, die eine mangelhafte Change Communication hervorrufen können (Kling, 2003, S. 31-39). *Kog-*

nitive Barrieren (Wissensbarrieren) bestehen, wenn die Mitarbeiter zu wenig Informationen über die Vorhaben haben. Zu dieser Situation kommt es durch Defizite in der Quantität oder Qualität der Information. Meist ist die Informationsmenge durch die Zeitknappheit, die durch Geheimhaltung in der „Unfreeze"-Phase und dem im Anschluss daraus resultierenden Zeitdruck bei der Mitarbeiterinformation entsteht, unzureichend. In der Folge wissen Mitarbeiter zu wenig über die Hintergründe des Wandels und über die Konsequenzen für ihre Person. Ebenso kontraproduktiv wie die Unterversorgung mit Informationen ist aber auch die Überversorgung, die von Mitarbeitern als Informationsflut empfunden wird. Dabei werden Mitarbeiter undifferenziert, das heißt ohne Rücksicht auf ihre Aufnahme- und Verarbeitungskapazitäten, mit großen Mengen an Information bedacht, was zur Überlastung führt. Aus der Informationsdusche wird ein Wasserfall. Ist die Information nicht ausreichend, wird sie häufig um informelle Kommunikation in Form von Gerüchten, ergänzt. Der Wahrheitsgehalt von Gerüchten ist allerdings stark begrenzt, so dass die Informationsqualität leidet.

Als *konative Barrieren* (die sich auf die Fähigkeiten beziehen) werden fehlende Kompetenzen und Möglichkeiten bezeichnet. Die Ursachen sind Qualifikationsdefizite, die das Umstellen auf neue Verhaltensweisen erschweren, oder Kapazitätsdefizite, die beispielsweise durch Ermüdung oder gar Erschöpfung der Mitarbeiter auftreten. Auf Unternehmensebene können Barrieren auch im Arbeitsumfeld entstehen. Ein Mitarbeiter, der in einer informellen Gruppe mit ablehnender Haltung gegenüber dem Change arbeitet, wird am aktiven Mitmachen eher gehindert. Er würde durch seine demonstrative Wandelbereitschaft die Zugehörigkeit zur Gruppe riskieren. Außerdem können organisatorische Faktoren die Handlungsmöglichkeiten des Einzelnen z.B. durch Personalknappheit beschneiden. Ähnlich wirkt eine Unternehmenskultur, verstanden als System geteilter Werte, Normen und Einstellungen, wenn die für den Wandel nötigen Verhaltensweisen in der Unternehmenskultur negativ besetzt sind.

Affektive Barrieren (die sich auf den Willen beziehen) führen zu einer emotionalen Ablehnung der Veränderung. Sie treten meist in Form von kognitiven Dissonanzen auf, da jede Abweichung vom Status Quo zunächst abgewehrt wird, weil alternative Verhaltensweisen dem natürlichen Streben der Mitarbeiter nach Harmonie und Fortführung von Routinen entgegenstehen. Glaubt der Mitarbeiter sich dem Wandel beugen zu müssen, ohne seine innere Haltung anpassen zu können, kommt es zu solchen kognitiven Dissonanzen. Abgelehnt wird dann der Wandel, weil die Glaubwürdigkeit als Motivationsfaktor nicht vorhanden ist. In diesem Klima der Unsicherheit ist die Wahrscheinlichkeit, dass Mitarbeiter ihre Bedürfnisse nicht berücksichtigt sehen und dass daraus Ängste resultieren, groß.

1.3   Management der Emotionen

Man mag sie in Unternehmen leugnen oder versuchen zu verbergen – dennoch sind sie vorhanden und wirksam. Gemeint sind die Emotionen: die Gefühle der Menschen. Sie entscheiden, wie sie ihre Umwelt einschätzen beziehungsweise bewerten und wie sie auf Veränderungen reagieren. Wenn beispielsweise Firmen fusionieren, müssen in erster Linie die Mitarbeiter gewonnen werden. Das neue Unternehmen muss Identifikationsmöglichkeiten bieten und die Mitarbeiter müssen bereit sein, sich an das neue Gebilde zu binden. Das sind Prozesse, in denen Emotionen letztlich den Ausschlag geben (Blaes, 2000; Feldman & Spratt, 2000; Mast, 2008; Winkler & Dörr, 2001).

Kein Wunder, dass viele Fusionen oder organisatorische Änderungen scheitern beziehungsweise nicht die erhoffte Steigerung der Wettbewerbsfähigkeit bringen. Für das wirtschaftliche Gelingen eines Changeprojektes jedenfalls ist der Aufbau eines funktionierenden Kommunikationssystems unerlässlich. Es muss neben der rein formalen und strukturellen Integration der Menschen vor allem emotionale Verbindungen aufbauen und die Motivation der Mitarbeiter stärken. Woher sollen sie denn Freude an der Arbeit schöpfen, wenn sie ihr neues Unternehmen oder ihre neue Organisationseinheit als unüberschaubaren und unbekannten Koloss erleben? Eine positive Motivation wird dagegen aufgebaut, wenn Mitarbeiter Sinn sehen in der Arbeit in der neuen Organisationsstruktur und deren Einheiten identitätsstiftend wirken. Daher muss es durch ein sensibles Kommunikationsmanagement gelingen, den Mitarbeitern Unsicherheit oder gar Ängste zu nehmen. Diese Emotionen können nicht vermieden werden, aber die Verantwortlichen in der Unternehmenskommunikation und die Führungskräfte müssen mit ihnen umzugehen wissen.

Es ist auffallend, dass Emotionen in der betrieblichen Praxis oft geleugnet werden. Da geben Manager stolz kund: „Was für mich zählt, sind nur Zahlen und Fakten. Emotionen sind nur Gefühlsduselei und interessieren mich überhaupt nicht." Das sollten sie aber, denn Emotionen sind die Antriebssysteme der Menschen. Ohne diese Aktivierungssysteme ist menschliches Verhalten unmöglich. Sie halten Personen in Schwung, öffnen Türen oder verschließen sie wieder. Emotionen entscheiden, ob Mitarbeiter Leistung erbringen und ob sie sich mit einer Firma verbunden fühlen.

Von Emotionen hängt es ab, wem sich Menschen zuwenden und von wem sie sich abkehren, wem sie glauben und vertrauen, wie sie eine Situation interpretieren und wie sie agieren. Ein Sprichwort bringt es auf den Punkt: „Freude und Angst sind Vergrößerungsgläser." Sie bestimmen, welchen Informationen Gewicht beigemessen wird und welche kleinen Details große Wirkung entfalten können. Emotionen sind die menschliche Software, ohne die die Hardware nicht funktioniert. Sie werden auch als „aufrüttelnde Zustände" bezeichnet, die das Verhalten durcheinander bringen können. Sie sind der Gegenpol zu den so genannten Kognitionen, d.h. dem Wissen, der festen Meinung und Überzeugung, die ein Mensch über sich selbst, sein Verhalten und seine Umgebung aufgebaut hat. Emotionen hingegen setzen einen Menschen in Bewegung und haben weitreichende Konsequenzen. Wer sie missachtet, gibt gravierende Einflusschancen aus der Hand und läuft Gefahr, mit seinem Vorhaben zu scheitern. Kommunikationsmanagement in Changeprozessen ist an vorderster Stelle ein Ausbalancieren von Emotionen und Kognitionen.

Kognitionen sind Elemente der Information oder des Wissens. Sie können aufeinander bezogen oder unabhängig voneinander bzw. wichtig oder unwichtig sein. Sofern Kognitionen miteinander vereinbar sind, entstehen Konsonanzen, die bestärkend wirken. Sind solche Elemente der Information jedoch unvereinbar, aber für den Einzelnen bedeutsam, dann entstehen Dissonanzen, die Einstellungen und Verhaltensweisen ändern können.

Ohne Emotionen ist menschliches Verhalten unmöglich. Entscheidend ist das Vorzeichen der Emotion (positiv/angenehm oder negativ/unangenehm). Diese Vorzeichen entscheiden über Zuwendung oder Abwendung als Verhalten, also ob Changeprojekte umgesetzt werden oder misslingen. Zwischen den einzelnen Dimensionen können durchaus Wechselwirkungen stattfinden, z.B. zwischen der Gefühlsstärke und der Richtung. Ein wenig Furcht beim Anhören von Worst-Case-Szenarien kann durchaus positiv wirken, obwohl Furcht generell als negative Emotion verstanden wird.

Man unterscheidet zwischen Ausdrucksformen der Emotionen. Diese sind z.B. Interesse, Erregung, Freude, Vergnügen, Überraschung, Schreck, Kummer, Schmerz, Zorn, Wut, Ekel, Abscheu, Verachtung, Furcht, Geringschätzung, Entsetzen, Angst, Scham, Schüchternheit, Erniedrigung und Schuldgefühl. Solche Arten der Emotionen haben gravierende Auswirkungen auf psychische Prozesse wie Wahrnehmen, Urteilen, Erinnern, Problemlösen und Bewältigen von Aufgaben. Sie befördern oder verhindern Kommunikationsprobleme und beeinflussen ihre individuelle Verarbeitung. Im Unterschied zu Emotionen sind Motive zielgerichtet. Ziel der Change Communication ist es also, Emotionen in Motive zu transformieren. Die Kommunikation von Visionen, Werten oder konkreten Zielen ist daher vorrangig. Erst dann kann über Wege, Lösungen oder Konzepte zur Erreichung dieser Zielmarken gesprochen werden.

Emotionen sind also Aktivierungssysteme und beeinflussen daher soziale Interaktionen. Sie sind Gefühlszustände, hypothetische Konstrukte, die als solche nicht direkt beobachtbar sind, sondern auf die aus einer Anzahl von Indikatoren und ihren Interaktionen zurück geschlossen wird. Ängste sind spezielle Emotionen und im Unternehmen und bei Stakeholdern weiter verbreitet, als man ahnt. Auch wenn über solche Emotionen in der Regel nicht gesprochen wird, heißt das nicht, dass sie nicht existieren. Ängste verkörpern einen Erregungszustand des Menschen, mit dem er auf eine gegenwärtige oder vermutete Gefahr reagiert, von der er glaubt, dass sie sein Leben, seine Leistungsfähigkeit oder seine Persönlichkeit bedroht.

Drei Angstgruppen (Schwarzer, 1981) gilt es zu unterscheiden, die sich gegenseitig beeinflussen: Existenz-, Leistungs- und soziale Ängste. Nach einer repräsentativen Umfrage in der deutschen Wirtschaft haben weit über die Hälfte aller Berufstätigen Angst um ihren Arbeitsplatz, vor Krankheit und einem Unfall (Panse & Stegmann, 1996). Dazu kommt ihre Angst, Fehler zu machen und die Wertschätzung, d.h. das Ansehen an ihrem Arbeitsplatz, zu verlieren. Das sind Ängste um die Existenz. Eng verknüpft mit diesen Ängsten sind die so genannten Leistungs- oder Versagensängste. Je härter der Wettbewerb unter den Mitarbeitern wird und je schneller Veränderungen im Beruf bewältigt werden, desto intensiver werden Sorgen vor Neuerungen, vor Beurteilungen, vor Entscheidungen, der Übernahme von Verantwortung oder der Kooperation mit – häufig ausländischen – Partnern. Neben diesen Existenz- und Leistungsängsten beeinflussen noch andere Arten von Angst die Change Communication. Sie können sich auf den Umgang mit anderen Menschen beziehen, z.B. Angst vor dem Vorgesetzten und vor Kollegen oder die Scheu, offen seine Meinung auszusprechen. Soziale Ängste wirken meist dann besonders massiv, wenn Menschen im Betrieb unvorbereitet eine Aufgabe übernehmen müssen, überraschend eine neue Situation z.B. nach einer Fusion entsteht oder Widerstände bzw. Konflikte sichtbar werden.

Ursache z.B. für das Entstehen von Ängsten bei Changeprojekten sind die als bedrohlich empfundenen Einflüsse der Umwelt. Hinzu kommt die Zunahme der Konkurrenz zwischen den Mitarbeitern und Managern, zwischen Firmen und Branchen, zwischen inländischen Unternehmen und Wettbewerbern aus dem Ausland. Wenn Ängste als natürliche Antwort auf den Wegfall von Sicherheiten, von Grenzen als Orientierungspunkte und Geborgensein interpretiert werden, sind sie ein wichtiger Begleiter der Change Communication geworden. Sie nehmen aus verschiedenen Gründen zu:

- Der *Wegfall der Grenzen im Wirtschaftsleben* führt zu völlig ungewohnten Konkurrenzsituationen. Neue Firmen etablieren sich z.B. im Internet mit atemberaubender Geschwindigkeit. Wettbewerber aus fremden Branchen greifen Firmen z.B. beim E-Commerce an. Kleine und mittlere Betriebe bekommen unerwartete Konkurrenz z.B. in der Baubranche aus Osteuropa.

- Der *Abbau der Hierarchien in den Unternehmen*, der in den letzten Jahren massiv durchgeführt wurde, hat – psychologisch betrachtet – „Sicherheiten" reduziert. Manager, die nun in flachen Strukturen für eine größere Zahl Mitarbeiter verantwortlich sind als früher, fühlen sich oft überfordert, ihre Mitarbeiter hingegen alleingelassen.

- Die anschwellende *Flut an Informationen* suggeriert indirekt, dass etwas verpasst wird, wenn nicht alles wahrgenommen wird. Es gibt auch eine Angst vor Desinformation, d.h. nicht ausreichend informiert zu sein.

- Sachprobleme müssen täglich entschieden werden, ohne dass alle notwendigen Informationen vorliegen. *Entscheidungen* ohne vollständige Vorbereitung erfordern immer mehr Mut und daher wachsen die Zweifel, ob sie wohl richtig waren.

- Das *Verfallsdatum von Wissen* in den einzelnen Berufsdisziplinen wird immer kürzer, ebenso die Zeitabstände, in denen Neuerungen zu bewältigen sind. Es fehlt die Zeit, sich an veränderte Situationen zu gewöhnen, da sie sich dann schon wieder im Umbruch befinden.

2 Besonderheiten der Change Communication

Waren massive Veränderungen früher Ausnahmesituationen für Unternehmen, sind Veränderungen nunmehr zur Normalität geworden. Viele Unternehmen scheitern trotz intensiver Kommunikationsarbeit an den Widerständen wichtiger Stakeholder-Gruppen, die den Wandel nicht akzeptieren und offen (z.B. durch Streik, Ablehnung von Innovationen) oder verdeckt (z.B. durch Nicht-Befolgen von Empfehlungen, Schweigen oder Nichtstun) zeigen, dass sie mit den Innovationen nicht einverstanden sind. Widerständen begegnen heißt, die emotionalen und kognitiven Unsicherheiten in allen Phasen des Kommunikationsmanagements konsequent zu reduzieren beziehungsweise zu vermeiden.

2.1 Reduzierung der emotionalen und kognitiven Unsicherheit

Ob nach einer Umstrukturierung, einem massiven Ertragseinbruch oder einer technologischen Umwälzung – die Situationen nehmen zu, in denen in den Unternehmen die Emotionen der Mitarbeiter aufgerüttelt werden. Hier muss Change Communication, also eine kommunikative Bewältigung des Wandels betrieben werden, die vorhandene Emotionen berücksichtigt und integriert (Mast, 2008, S. 425-446). Mit Emotionen lediglich zu spielen ist riskant, sie zu missachten, erst recht. Denn Emotionen entscheiden über das Gelingen einer Veränderung und sollten behutsam in die angestrebte Richtung kanalisiert werden. Ängste zu provozieren ist keine Kunst, wohl aber, mit ihnen umzugehen und sie zu mindern.

Ziel einer effektiven Change Communication in emotional aufgeladenen Situationen ist es daher, zwei Wege gleichzeitig zu verfolgen: Zum einen müssen schnellstmöglich klare Aussagen über das Ausmaß des Wandels, den Kreis der Betroffenen und die Maßnahmen zum Schutz der betroffenen Personen vorgestellt werden. Dadurch wird Klarheit über die Fakten geschaffen, d.h. die Betroffenen wissen genau, was auf sie zukommt. Zum anderen müssen die auflebenden negativen Emotionen – beispielsweise Ängste, Wut, Schuldgefühle oder Geringschätzung anderer Partner – in Bahnen gelenkt und möglichst gedämpft, positive Gefühle wie Freude, Interesse oder Vergnügen hingegen gestärkt werden.

Abbildung 2-1:   *Ausbalancieren von Emotionen und Kognitionen*

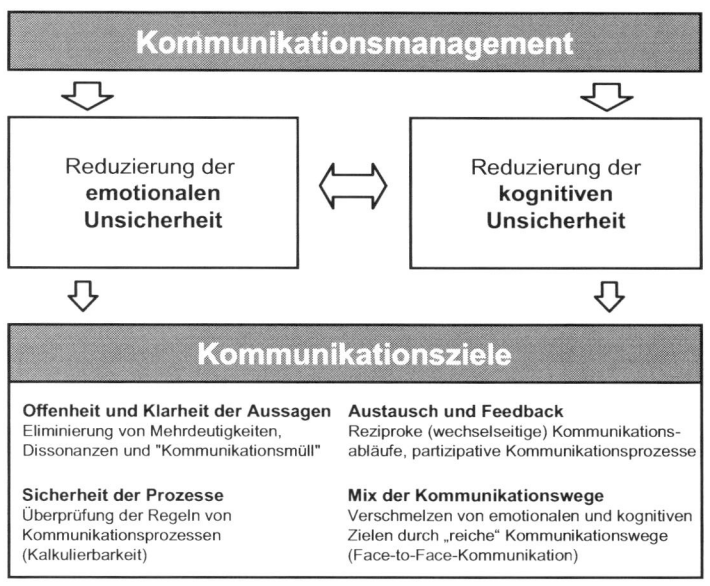

Unwissenheit und mangelnde Informationen über Alternativen sind eine Hauptursache für Probleme beim Management des Wandels. Häufig werden die Menschen nicht auf ein Vorhaben vorbereitet, kennen weder die Hintergründe noch die Notwendigkeit der Veränderungen. In dieser Situation ist es natürlich, dass sie mehr Nach- als Vorteile sehen und daher – emotional – zunächst einmal zurückhaltend bis ablehnend reagieren. Kommunikation ist daher ein unverzichtbares Steuerungsinstrument, das die Ursachen und Ziele des Wandels bewusst machen muss, bevor Akzeptanz erwartet werden kann. Sie hat eine Reduzierung der emotionalen und kognitiven Unsicherheit bei den Stakeholder-Gruppen (vgl. Abb. 2-1) zum Ziel.

Mangelnde Beteiligung der Mitarbeiter ist ein weiterer Grund, der in der Change Communication zu enormen, meist verdeckten Haltungen des Widerstands führt (Comelli & Rosenstiel, 2003, S. 290; Haver, 2003, S. 94). Andere Menschen haben eine Lösung erarbeitet, ohne die Betroffenen zumindest anzuhören. Auch in diesem Fall schnappt eine Psycho-Falle zu, die man hätte umgehen können. Denn wer an der Vorbereitung einer Problemlösung mitarbeitet, wird nachher eine Entscheidung eher akzeptieren. Zumindest fällt die psychologische Entschuldigung des Widerstands weg: „Was die sich da oben wieder ausgedacht haben!" oder „Not invented here!" Daher achtet das Kommunikationsmanagement darauf, Betroffene zu Beteiligten zu machen (Mast, 2008, S. 433). Kommunikationsprozesse müssen in der Unternehmenskommunikation so organisiert werden, dass sie Partizipation zulassen und fördern. Workshops und Tagungen, die Gruppenarbeiten enthalten, sowie Hotlines (Burneckas, 2004, S. 20; Mast, 2008, S. 440) sind geeignete Kommunikationswege, um auch eine größere Anzahl von Mitarbeitern zu beteiligen und Austausch beziehungsweise Feedback zu organisieren. Allerdings bedürfen diese Kommunikationsformen einer professionellen Vorbereitung, Moderation und Nachbereitung.

Divergierende Interessenspositionen und andersdenkende Stakeholder im Unternehmen sollten nicht ausgegrenzt, sondern über Kommunikationsprozesse der Mitbestimmung und Verhandlung integriert werden. Dieses Vorgehen ist in der internen Kommunikation bei Personalfragen, die zwischen der Unternehmensleitung und den Betriebsräten besprochen werden müssen, eine Selbstverständlichkeit. Aber auch andere Entscheidungen wie Produkt- oder Vertriebsstrategien sollten weitgehend mit dem Ziel der Integration vorbereitet und kommuniziert werden. Andernfalls sind die emotionalen Kosten hoch, wenn Stakeholder mit unterschiedlichen Meinungspositionen agieren. In solchen Konstellationen gehen wichtige Synergieeffekte verloren und das Gemeinschaftsgefühl der Belegschaft leidet. Die Situation ist mit einer nicht gelungenen Fusion zweier Firmen vergleichbar. Akteure arbeiten gegeneinander, nicht miteinander. Motivation und Identifikation der Belegschaft gehen zurück.

Akzeptanz bei Stakeholder-Gruppen für Veränderungen im Unternehmen baut auf eine positive Kosten-Nutzen-Bilanz, bei der neben Zahlen und Fakten auch Emotionen zählen. Nicht nur Unternehmen stellen Bilanzen auf, sondern auch Menschen (Mast, 2008, S. 433). Sie wägen Vor- und Nachteile einer Veränderung für ihre Position nüchtern ab. Wenn Arbeitsplätze wegfallen oder neue Aufgaben übernommen werden müssen, treten massive Existenz- und Leistungsängste auf. In solchen Konstellationen ist eine unverzügliche Information über die Entscheidungen, den Zeitplan der Umsetzung und vor allem die Vorsorge- und Schutzmaßnahmen für die Belegschaft unerlässlich. Kommunikationsverbindungen müssen ständig vorhanden sein (z.B. eine

Hotline, über die Mitarbeiter ihre Fragen stellen können). Die Maßnahmen für die Personen, die vom Wandel negativ betroffen sind, sollen möglichst früh kommuniziert werden. Darunter fallen etwa verbindliche Zusagen, ob Entlassungen erfolgen, oder Informationen über Umschulungsprogramme, die aufgelegt werden.

Gruppen oder Personen, die sich besonders für Veränderungen einsetzen, sollten belohnt werden. Sie setzen eine Akzeptanzspirale in Bewegung, da ihre Vorreiterrolle eine positive Sogwirkung auf die übrigen Mitarbeiter entfaltet. Anerkennung für die Unterstützer des Wandels heißt, ihr Verhalten zur zentralen Botschaft in der Unternehmenskommunikation zu machen und zu wiederholen. Anerkennung wird durch wiederholtes Aussprechen in ihrer emotionalen Wirkung verstärkt. Diejenigen, die bereits aufgeschlossen sind, fühlen sich bestätigt; bei den Skeptischen hingegen verstärkt sich das Gefühl, bald in eine Minderheitenposition zu geraten. Generell können die „Change Agents" in „Change Generators", „Change Implementors" und „Change Adopters" (Kling, 2003, S. 96-100) unterschieden werden in Abhängigkeit von der Art und Weise, wie Mitarbeiter in die Wandelprozesse einbezogen werden.

Das Ausbalancieren von Emotionen und Kognitionen (Mast, 2008, S. 437-442) schlägt sich in der strategischen Anlage der Kommunikationskonzepte auf mehreren Ebenen nieder:

- *Offenheit und Klarheit der Aussagen und Inhalte* der Change Communication (Content-Ebene): Klare Informationen, die Mehrdeutigkeiten vermeiden, sind dazu geeignet, vorhandene Emotionen nicht noch weiter anzuheizen. Emotionen werden nämlich wiederum durch Emotionen verstärkt, ein „Gefühl", im Unternehmen werde nicht offen informiert, vergrößert das „Gefühl" der Unsicherheit bis hin zu Empörung. Daher ist es wichtig, Unstimmigkeiten oder dissonante Inhalte ebenso zu vermeiden wie inhaltsleere Formulierungen. Die „Buzz Words" (wie Transparenz, Synergie, Innovation) heizen in unsicheren Zeiten die Gefühlslage der Stakeholder-Gruppen an. In angespannten Situationen ist die Deeskalation oberstes Ziel, also die Eliminierung von Mehrdeutigkeiten (z.B. unterschiedliche Versionen einer Information), von Dissonanzen (z.B. verschiedene Meinungen der Mitglieder von Changeprojekten) und von „Kommunikationsmüll" (z.B. unbearbeitete, ungezielte oder inhaltsleere Informationen).

- *Was* entschieden wurde, ist zunächst wichtiger als das *Warum*: Je angespannter eine Situation ist, desto größer ist das Bedürfnis nach Klärung der Lage. Warum es geschah, interessiert erst in zweiter Linie. Unternehmen machen oft den Fehler, die Ursachen für Veränderungen in den Vordergrund zu rücken. Die Bedürfnislage bei den Bezugsgruppen ist aber genau umgekehrt.

Zur offenen Kommunikation gehört außerdem das rechtzeitige Informieren. Indem keine Zeit für das unkontrollierte Durchsickern von Informationen, die dabei meist verfälscht werden, gegeben wird, nimmt die Wahrscheinlichkeit für die Gerüchtebildung ab. Somit ist rechtzeitige Kommunikation mit möglichst frühzeitig gleich-zusetzen, damit die Information aktuell ist (Comelli & Rosenstiel, 2003, S. 293). In der Praxis entsteht dadurch das Problem, dass vor den Entscheidungen häufig langwierige Prozesse liegen, währenddessen keine eindeutigen Aussagen möglich sind und die Unternehmensleitung phasenweise schweigt. Dies kann vermieden werden, indem der dem Ergebnis vorangegangene Prozess in den Fokus gerückt wird (Comelli & Rosenstiel, 2003, S. 291-292). Denn der Changeprozess in Unter-nehmen besteht naturgemäß aus deutlich mehr Prozessschritten als Ergebnissen. Werden jedoch nur die Entscheidungen in Form von Prozessergebnissen mitgeteilt, kann eine kontinuierliche Information der Mitarbeiter nicht realisiert werden (Zimmermann, 2003, S. 174). Darunter leidet auch die Aktualität der Information, da Zwischenstände eines Prozesses nicht weitergegeben werden. Das vorüberge-hende Informationsvakuum fördert die Entstehung von Gerüchten. Daher muss in Phasen, in denen eine eindeutige Stellung aus sachlichen Gründen nicht bezogen werden kann, dieses auch klar ausgesprochen werden. „Kein Kommentar" als Aussage wird vielmehr als mangelndes Wollen und nicht als Nicht-Können, in manchen Fällen sogar als Schuldeingeständnis gedeutet (Mast, 2008, S. 439).

- *Sicherheit und Kalkulierbarkeit der Kommunikationsabläufe* in der Wahrnehmung der Mitarbeiter fördern positive Emotionen. Von wem nach welchen Regeln über die Changeprojekte informiert wird, ist ebenso wichtig wie der Zeitpunkt von Kom-munikationsabläufen. Verschiebungen von Terminen (auch für die Kommunikati-on) müssen besonders einleuchtend und ausführlich begründet werden. Je aufge-heizter die Situation, desto klarer müssen die Regeln der Kommunikationsprozesse sein. Wer wann über welches Thema informiert wird, muss allen Beteiligten be-kannt sein.

Zögern ist gefährlich, ein Vertrösten auf später ebenfalls: Wenn die Unsicherheit bei Veränderungsprozessen groß ist, wirkt eine Verzögerung in der Information wie ein Nicht-Wollen, nicht aber wie ein Nicht-Können. Daher ist die Bekanntgabe eines klaren Zeitplanes, wann welche Informationen zu erwarten sind, entschei-dend. Abweichungen von diesem Zeitschema müssen ausführlich mit Argumenten begründet werden. Wichtig ist auch zu verkünden, was getan wurde, um den In-formationsstand zu verbessern. Je schneller und präziser die Informationen gege-ben werden können, desto größer ist ihre Wirkung.

Ausweichende Antworten schaffen Misstrauen: Wenn zu einem gegebenen Zeit-punkt noch nichts über ein Ereignis oder eine Entscheidung gesagt werden kann, sollte dies klar ausgesprochen werden. Nichts sagen, ist auch eine Botschaft, diffu-se Antworten sind es ebenfalls. Antworten können zu einem späteren Zeitpunkt avisiert und nachgeliefert werden. Ein Abwiegeln oder gar das Verkünden schlech-ter Nachrichten auf Raten sollte auf jeden Fall vermieden werden.

- *Austausch, Partizipation und Feedback*: Reziproke (wechselseitige) Kommunikations-abläufe eignen sich eher zur Integration von Emotionen als einseitige Medienkommunikation (z.B. Mitarbeiterzeitschriften). „Reiche" Kommunikationsformen (Daft & Lengel, 1986; Mast, 2008, S. 440) im Sinne der Media-Richness-Theorie zeichnen sich durch die Art des Feedbackpotenzials (ein „reiches" Medium ermöglicht sofortiges Feedback), die Vermittlung vielfältiger Kommunikationsdimensionen (z.B. nonverbale und verbale Kommunikation) und die soziale Präsenz der Partner aus. In der Change Communication erleichtern partizipative, eher „reiche" Kommunikationsformen das Management der Emotionen.

▪ Das *Zusammenspiel der Kommunikationswege* entscheidet letztlich zusammen mit den Inhalten, der Kalkulierbarkeit und Verlässlichkeit der Kommunikationsabläufe und den Partizipationsmöglichkeiten über den Erfolg der Change Communication im konkreten Fall. Je größer die Gefahr ist, dass sich in einer Zielgruppe Emotionen aufbauen, desto kleiner sollte der Teilnehmerkreis für Kommunikationsmaßnahmen sein: Ängste können nur abgebaut werden, wenn die Betroffenen Möglichkeiten haben, Fragen zu stellen und Meinungen auszutauschen. Partizipative Kommunikationsprozesse (wie Gespräche und Diskussionen in kleinen Gruppen) eignen sich dazu besser als einseitige Abläufe z.B. in Versammlungen und Vorträgen. Persönliche Gespräche eignen sich besonders gut, emotionale Stresssituationen abzubauen, und sie vermitteln Wissen und Eindrücke. Damit sprechen sie die rationale und emotionale Seite des Menschen gleichermaßen an.

Der Mix aus „reichen" und weniger leistungsfähigen Kommunikationswegen wird in Abhängigkeit von den Phasen der Changeprojekte und der Reichweite gewählt. Reichwald und Hensel (2005, S. 2) unterscheiden die Einsatzfähigkeit der verschiedenen Kommunikationswege nach den Kommunikationszielen (die sie Wirkungstiefe nennen) und der Größe der Zielgruppen (vgl. Abb. 2-2).

Kling teilt die Instrumente nach deren Effizienz und Effektivität ein (Kling, 2003, S. 128-129). Effizienz, worunter zunächst die Kosten-Nutzen-Relation zu verstehen ist, beinhaltet kostengünstige Kommunikationsinstrumente mit hoher Reichweite. Dagegen bedeutet Effektivität, die grundsätzlich die Eignung zur Zielerreichung bezeichnet, dass die Instrumente wegen ihrer Personalintensität vergleichsweise teuer sind, dafür jedoch über eine große Wirkungstiefe verfügen. Für die Partizipation spielt die Effektivität eine bedeutendere Rolle, da Personalintensität auch die Feedbackmöglichkeit beinhaltet, wodurch eine stärkere Einbindung der Mitarbeiter realisierbar ist.

> Die besonderen Anforderungen der Change Communication liegen also in der Kombination von Aussageninhalten, die die Balance zwischen Emotionen und Kognitionen im Auge behalten, und von Kommunikationswegen, deren Funktionalität in beiden Dimensionen geprüft wird (Mast, 2008, S. 177-207). Allerdings haben Medien darüber hinaus auch eine symbolische Bedeutung. „The medium is the message" (Marshall McLuhan). Effiziente und effektive Kommunikationsinstrumente können in emotional angespannten Perioden von Changeprozessen wirkungslos oder gar kontraproduktiv werden, wenn z.B. der CEO schweigt und andere sprechen lässt.

Abbildung 2-2: *Matrix von Kommunikationsinstrumenten (Reichwald & Hensel, 2005, S. 2)*

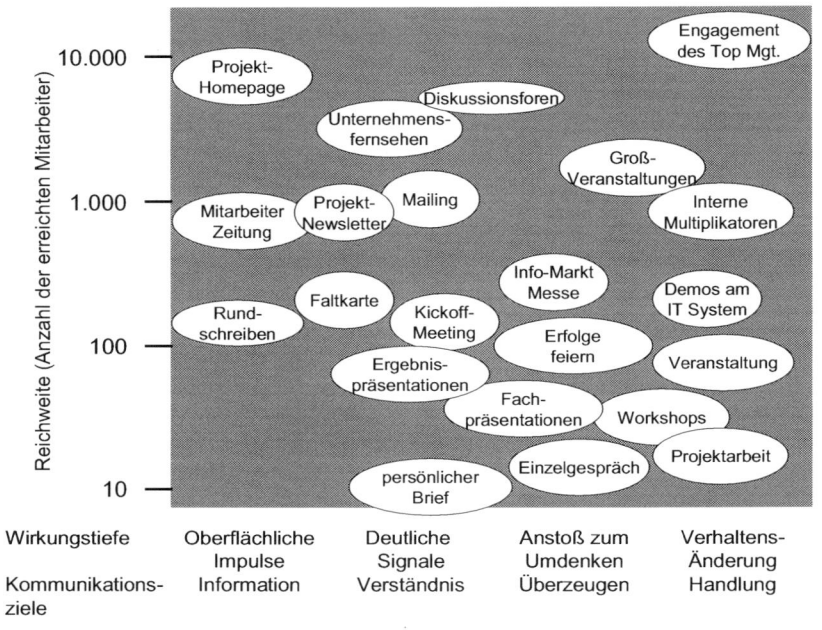

Kommunikationsstrategien ohne Erfolg

Da Emotionen immer in zwei Richtungen wirken können, ist es wichtig zu wissen, was in der Kommunikation zu beachten und zu unterlassen ist. Das generelle Motto lautet: Unsicherheiten schnellstmöglich zu reduzieren und Unstimmigkeiten auf jeden Fall zu vermeiden. Auch sie wirken wie ein Vergrößerungsglas und bauen emotionale Barrieren auf, die nur mühsam wieder überwunden werden können. Einige aus Unwissen und Unsicherheit ergriffene Vorgehensweisen sind deshalb „mega-out" und kontraproduktiv.

■ *„Auf Tauchstation gehen"* mit dem Ziel, keine schlafenden Hunde zu wecken, ist ein großer Fehler bei bevorstehenden Changeprojekten. Denn auf Kommunikation zu verzichten, heißt nicht nur, anderen Akteuren das Feld zu überlassen, sondern ermöglicht auch eine unkontrollierte Entfaltung von emotionalen Haltungen aller Art. Die Gerüchte überschlagen sich ebenso wie die Ängste oder Vermutungen der

Mitarbeiter. Solche Stimmungslagen in Unternehmen wieder einzufangen, ist ausgesprochen schwierig und oft unmöglich. Vertrauen und Glaubwürdigkeit sind geschädigt. Die Mitarbeiter haben sich emotional abgewandt.

▨ *„Rhetorische Nebelwerfer"* einzuschalten in der Absicht, mit vielen Worten wenig zu sagen, missachtet das Bedürfnis der Mitarbeiter nach Reduzierung von Unsicherheiten und nach mehr Klarheit. Wer mit einem Schwall inhaltsarmer Äußerungen glaubt, unsichere Menschen beruhigen zu können, der irrt und erreicht das Gegenteil.

▨ *„Heile Welt"-Beschwörungen* mit der Illusion, auch Fehler noch in Zucker zu gießen: Wer sichtbare Probleme, aufgetretene Fehler oder gar falsche Entscheidungen im Nachhinein versucht, als „nicht ganz falsch" oder sogar „richtig" darzustellen, verspielt das Vertrauen der Mitarbeiter. Sie erkennen, dass sie getäuscht oder als Sachkundige nicht ernst genommen werden. Beides führt dazu, dass sie sich anderen und glaubwürdigeren Informationsquellen zuwenden. Auch bei organisatorischen Änderungen sollten die weniger angenehmen Folgen ausgesprochen werden. Wer nur die Vorteile erwähnt, wenn doch jeder weiß, dass die Integration eines Geschäftsbereichs Probleme bereitet, macht sich selbst unglaubwürdig.

▨ *„Aktionitis"* mit dem Zwang, ständig Informationen zu verkünden, ist gefährlich. Wer zu viel informiert, verliert. Die Mitarbeiter sehen den Wald vor lauter Bäumen nicht mehr. Dieser Fehler wird häufig nach Fusionen oder Ausgliederungen von Unternehmensteilen begangen, wenn der Bedarf an Informationen überschätzt wird. Außerdem ist zu bedenken, dass zwar die Kommunikationsverantwortlichen der Unternehmen in einer solchen Situation rund um die Uhr mit Informationspolitik beschäftigt sind, die Adressaten jedoch noch ihr Alltagsgeschäft erledigen und Kunden überzeugen müssen.

▨ *„Eintagsfliege"* – damit ist die vergebliche Hoffnung gemeint, dass ein Thema nach einem kommunikativen Großereignis erledigt sei. Eine große Strategie-Tagung, ein feierlicher Akt beim Zusammenschluss zweier Firmen oder eine gelungene Show anlässlich einer neuen Produktlinie können als einmalige Kommunikationsakte zwar Akzente setzen, zur Bewältigung schwieriger Situationen reichen sie jedoch nicht aus. Nur kontinuierliche Kommunikationsarbeit (z.B. Hotlines, Benennung von Ansprechpartnern, regelmäßige Meetings) kann Ängste reduzieren. Dabei steht das persönliche Gespräch an oberster Stelle.

2.2 Gerüchte - die mächtigen Gegenspieler des Managements

Je unklarer die Changeprojekte sind, desto heftiger kocht die Gerüchteküche. Wer weiß was? Was ist geplant? Gibt es schon Entscheidungen? Unsicherheiten, vielerorts auch Ängste prägen das Kommunikationsklima in den Betrieben und bilden einen idealen Nährboden für Gerüchte (Bruhn & Wunderlich, 2004; DiFonzo & Bordia, 2007; Kimmel 2004). Sie sind der größte Feind aller geordneten Kommunikation bei Changeprojekten. Was macht die informelle Kommunikation so einflussreich und gefährlich zugleich?

Der „Flurfunk" als Kommunikationsweg arbeitet extrem schnell. Beobachter sind immer wieder beeindruckt von der erstaunlichen Geschwindigkeit, mit der sich Gerüchte am Arbeitsplatz verbreiten. Die Schnelligkeit dieses Kommunikationsweges erklärt sich aus der Bauweise dieses Kommunikationsnetzes, dessen Mitglieder nur dann etwas gelten, wenn sie Botschaften verbreiten. Diese Informationen sind ein leicht verderbliches Gut. Zögert man bei der Weitergabe, so kann die Botschaft ihren Wert verlieren, entweder weil sie veraltet und dadurch an Reiz verliert, oder weil mittlerweile die potenziellen Abnehmer dieses Gerücht schon kennen. Kurz: Alle Mitglieder in der Kommunikationskette sind daran interessiert, die Botschaft schnell weiterzugeben. Nur so erhalten sie ihren Status als angesehene Informationslieferanten, die Bescheid wissen. Gerüchte haben einen Nutzwert eigener Art: Wer über Botschaften verfügt, glänzt in der Rolle des Informierten, des Mehr- und Besserwissenden.

Bei Veränderungsprozessen kommt es daher auf Seiten des Managements vor allem darauf an, schnell zu reagieren. Dadurch ändert sich die Hierarchie der eingesetzten Kommunikationsinstrumente. Schnelle und interaktive Medien wie Intranet und E-Mail gewinnen an Bedeutung, die klassischen Printmedien verlieren an Terrain. Die Stärken des Intranets kommen durch aktuelle Nachrichten zur vollen Entfaltung. Entscheidend wird der Faktor Zeit, um dem schnellen Medium Flurfunk den Wind aus den Segeln zu nehmen. Damit treten die Mitarbeiterzeitschriften z.B. gegenüber den Online-Informationen klar in den Hintergrund. Sie sind schnell, direkt und benötigen keine aufwändige Produktion. Außerdem übernimmt die Intranetkommunikation eine Ventilfunktion, wenn Foren und Chats organisiert werden. Die langsamen, gedruckten Medien eignen sich aber weiterhin, um Zusammenhänge aufzuzeigen und Probleme nachzuarbeiten.

Gerüchte im Betrieb wuchern besonders dann, wenn die offiziellen Kommunikationswege, allen voran die Manager, Fragen über bevorstehende Änderungen oder Ursachen von Entscheidungen, die den Mitarbeitern wichtig erscheinen, unvollständig oder überhaupt nicht beantworten. Das Gegengewicht gegen aufkommende Gerüchte bildet also – neben den schnellen elektronischen Medien – die dialogische Kommunikation, also die Face-to-Face-Kommunikation der Führungskräfte mit ihren Mitarbeitern.

Schnelligkeit und Offenheit der internen Kommunikation z.B. beim Stellenabbau entscheidet über das Ausmaß und die Glaubwürdigkeit von Gerüchten in der Belegschaft und die Rolle der offiziellen Kommunikationswege im Unternehmen. Bestehende Kommunikationswege durchlaufen in Zeiten des Wandels einen erbarmungslosen Qualitätstest. Ängste und Sorgen der Belegschaft wirken wie Vergrößerungsgläser. Defizite, Auffälligkeiten oder Unstimmigkeiten der offiziellen Kommunikation lassen Gerüchte wuchern. Gerüchte, die ignoriert oder in ihrer Bedeutung verkannt werden, können eine gefährliche Eigendynamik entwickeln und das Management in die Defensive drängen. Das Gesetz des Handelns übernehmen dann andere Kräfte im Unternehmen.

2.3   Konkrete Orientierungsmarken mit Anschluss

Wandel bedeutet, dass bisherige Orientierungspunkte an Gültigkeit verlieren und neue hinzukommen. Aus der Perspektive der Stakeholder-Gruppen, vor allem der Mitarbeiter, müssen neue Orientierungsmarken sichtbar werden, die neue „Kristallisationspunkte für neue Routinen und Wissensbestände" (Gergs & Trinczek, 2005, S. 51) werden können. Hierbei ist es wichtig, die „Anschlussfähigkeit des Neuen an das Alte" (ebd.) konsequent zu betonen, auf stimmige Argumentationen („Übergänge") und kalkulierbare Kommunikationsprozesse („Regeln") zu achten. Der häufig zitierte Satz, „man muss die Mitarbeiter dort abholen, wo sie stehen", heißt auch, dass man in sorgfältig geplanten Kommunikationsmaßnahmen den Austausch und das Feedback akzentuiert und Kommunikationswege wählt, die die emotionale Ansprache der Stakeholder-Gruppen erleichtern, im Sinne der Media-Richness-Theorie (Daft & Lengel, 1986; Mast, 2008, S. 177-207), also zu „reichen" Kommunikationsformen greift. Schließlich sollen die Mitarbeiter ja nicht einfach überrollt oder „überfahren", sondern über verstehbare Wege von den alten in die neuen Kommunikationsbeziehungen begleitet werden. Diese neuen Orientierungspunkte mit Anschluss an das Vorherige sind vor allem eine Herausforderung an die Konkretisierung von Inhalten, d.h. eine Verlagerung der Managementperspektive von den Instrumenten hin zu den Inhalten. Deekeling und Barghop plädieren sogar für eine Verschiebung „weg vom Management der Instrumente hin zur Organisation, ja Formulierung von Inhalten" (Deekeling & Barghop, 2003, S. 41).

Eine Möglichkeit, den Wandel zu konkretisieren, bilden tragfähige Visionen (Comelli & Rosenstiel, 2003, S. 293). Der Nutzen einer Vision liegt in ihrer Orientierungsleistung, da sie den Mitarbeitern die Richtung gibt, in die die Veränderungen zielen (Grote, 2001, S. 57; Mast, 2008, S. 441). Um die Vision zu vermitteln, bietet sich das Erzählen einer Geschichte an. Denn in Wandelsituationen, die aufgrund der ihnen innewohnenden Unsicherheit die Informationsaufnahme und -verarbeitung seitens der Mitarbeiter beeinträchtigen, muss auf die Verständlichkeit bei der Kommunikation der Vision Wert gelegt werden. Hierfür eignet sich eine anschauliche Geschichte, die im Gegensatz zum Change wenig Abstraktheit enthält (Deekeling & Barghop, 2003, S. 40). Beispielsweise basieren Fakten zum Wandel häufig auf Zahlen, aus denen sich jedoch keine Geschichte ergibt (Deekeling & Barghop, 2003, S. 43). Für eine Geschichte müssen die Zahlen in eine lebendige Sprache überführt werden (Comelli & Rosenstiel, 2003, S. 293; Haver, 2003, S. 100). Jack Welch, der schlüssige und spannende Geschichten benutzte, bezeichnete sich selbst als einen derartigen Geschichtenerzähler (Haver, 2003, S. 96).

Eine Geschichte zu erzählen, bedeutet eine Transformation der Wandelproblematik in die Vorstellungs- und Verstehenswelt der Mitarbeiter. Dafür bieten sich Analogien aus der Lebens- und Alltagswelt der Mitarbeiter an (Deekeling & Barghop, 2003, S. 43). Diese Analogien können über Bilder und Metaphern hergestellt werden. Zorn, Page und Cheney schlagen zum Beispiel die Metaphern von Teams oder Familien vor (Zorn, Page & Cheney, 2000). Die Metapher des Teams fördert die Vorstellung von gemeinsamen Zielen und Werten im Wandel. Teammitglieder, die sich dem Change entgegensetzen, müssen mit negativen Sanktionen rechnen, da sie gemeinsame Ziele gefährden können (Zorn, Page & Cheney, 2000, S. 536-537). In ähnlicher Weise wirkt die Metapher der Familie, wobei hier die Verantwortung für andere Familienmitglieder hinzukommt. So werden Mitarbeiter zur gegenseitigen Unterstützung in den schwierigen Zeiten des Wandels ermuntert (Zorn, Page & Cheney, 2000, S. 541).

Um den Bedarf an Veränderungen greifbar zu machen, können nicht nur die Vorteile kommuniziert werden, sondern es muss auch über die Entwicklung gesprochen werden, die ohne den Wandel wahrscheinlich wäre. Dabei können die Probleme, die sich durch den Verzicht auf das Projekt ergäben, aufmerksam gemacht werden (Grote, 2001, S. 58). Insbesondere die äußeren Zwänge, die scheinbar selbstredend sind, sollten genauer dargestellt werden. So können beispielsweise die Folgen des zunehmenden Wettbewerbsdrucks im Fall von Passivität seitens des Unternehmens veranschaulicht werden. Diesen negativen Folgen werden anschließend die Chancen eines Veränderungsprojektes gegenübergestellt, um dessen positives Potenzial aufzuzeigen (Haver, 2003, S. 100-101). Im Idealfall erfolgt die Beschreibung der Vorteile zielgruppengerecht, insofern dass Mitarbeiter den eigenen Nutzen im Wandel erkennen (Grote, 2001, S. 58).

Eine Kommunikationsform, die auch über Emotionen erfahrbar Bedeutung und damit Orientierung sowie Sicherheit vermittelt, sind Rituale. Rituale wirken durch ihre Symbolhaftigkeit (Peakom GmbH [Peakom], 2005, S.17; Rüegg-Stürm & Gritsch, 2003, S. 50, 55 und 63). Schließlich beinhalten Rituale oftmals an sich unbedeutende Handlungen, die aber durch eine symbolische Aufladung an Wichtigkeit gewinnen. Indem

Mitarbeiter in Zeiten der Veränderung und der damit einhergehenden Unsicherheit erkennen, was wichtig ist, erleben sie auf emotionale Weise Sicherheit.

Die Kommunikationslandschaft eines Unternehmens besteht aus Medien- und Kommunikationsformen mit unterschiedlichen Leistungen. Das Zusammenspiel dieser Kommunikationswege und die Einbindung von Einzelnen oder Stakeholder-Gruppen bewusst zu gestalten, ist eine Herausforderung für die Change Communication. Das Ausbalancieren von Pull- und Push-Medien (Abruf- und Verteilmedien), von Medien- und Face-to-Face-Kommunikation, die klare und offene Kommunikation von (neuen) Werten, Zielen und Botschaften als Orientierungsmarken sowie die Reduzierung von Unsicherheiten bei allen Stakeholder-Gruppen der Unternehmenskommunikation stellen die zentralen Herausforderungen dar.

3 Fallbeispiel: Change Communication aufgrund eines Spin-off

Beispiel für ein Changeprojekt ist die Ausgliederung eines Unternehmensbereiches, wie sie die Bayer AG im Jahr 2004 durchführte. Aus dem ehemaligen Chemie- und Polymergeschäft des Konzerns ging die Neugründung Lanxess hervor, wovon circa 20.000 der insgesamt 115.000 Mitarbeiter direkt betroffen waren (Vesper, 2005, S. 15-16). Oberstes Ziel der Change Communication war es, die „Informations- und Interpretationshoheit" in allen Phasen zu erhalten, damit nicht durch Indiskretionen Gerüchte oder gar öffentliche Auseinandersetzungen über die Zukunft des Konzerns entstünden. Außerdem sollte Mitarbeitern Orientierung in der Zeit des Umbruchs und nach der Restrukturierung gegeben werden. Es wurde ein Kommunikationskonzept unter strenger Geheimhaltung entwickelt, das am „Day One" – dem Tag der Aufsichtsratssitzung – umgesetzt wurde.

Am 7. November 2003 gab die Bayer AG bekannt, dass sie ihre Chemiesparte an der Börse verkaufe. Das neue Unternehmen werde Lanxess AG heißen. Wenige Minuten nach dem Beschluss begann eine flächendeckende Informationskampagne. Um 13.00 Uhr kam der Beschluss aus dem Aufsichtsrat. Dann trat die vorbereitete Informationskaskade in Kraft: Ad-hoc-Information (13.15 Uhr), Pressemitteilung (13.50 Uhr), E-Mail an alle Betriebsratsvorsitzenden und „News Flash" an die Mitarbeiter (13.55 Uhr).

Ab 14.00 Uhr wurden per Fax des CEO wichtige Landes- und Bundespolitiker sowie Oberbürgermeister der deutschen Standorte informiert, ein Brief des CEO an die Mitarbeiter mit einer Broschüre verschickt, die die Entscheidung ausführlich begründete. Im Intranet erschien ein Katalog mit 120 Fragen und Antworten. Eine Telefon-Hotline für die Mitarbeiter wurde frei geschaltet. Der CEO erklärte im unternehmensinternen TV persönlich in deutscher, englischer und spanischer Sprache die Gründe für die Ausgliederung des Geschäftsbereichs Chemie. Die Vollversammlung in Leverkusen wurde live in allen deutschen Standorten übertragen. Direkt betroffene Mitarbeiter wurden von ihren Vorgesetzten persönlich über die Veränderungen informiert. Die Kommunikation der Ausgliederung verlief präzise, vorbereitet, schnell und umfassend.

Die Reaktion der Belegschaft auf diesen Beschluss reichte von Betroffenheit, Trauer bis hin zu verletzten Gefühlen. Es kam aber zu keinerlei Protesten der Mitarbeiter (Vesper, 2005, S. 15). Von der Lokalpresse bis zur Wirtschaftspresse lautete der Tenor der Kommentierung: „Bayer trennt sich von einem Teil seiner Geschichte." „Leverkusen – eine Region im Trauma." „Der Konzern kappt seine Wurzeln. Er stürzt eine ganze Region in eine Sinnkrise." Die anfangs skeptische bis negative Berichterstattung wich einem vorwiegend positiven Echo. Die Ausgliederung wurde vollzogen.

Ein mehrfaches Indiz für das Gelingen dieser Change Communication sind Auszeichnungen des Kommunikationskonzeptes durch die Fachzeitschrift PR Report für die interne Change Communication sowie für die Kommunikation, die die Neuausrichtung des Bayer-Konzerns und des neu gegründeten Unternehmens Lanxess den Partnern, Kunden und dem Kapitalmarkt präsentierten.

Literaturverzeichnis

Bernecker, T. & Reiß, M. (2002). Kommunikation im Wandel. Kommunikation als Instrument des Change Managements im Urteil von Change Agents. *Zeitschrift Führung + Organisation, 71* (6), S. 352-359.

Blaes, M. (2000). Fusionen – den Mitarbeitern erklären. In C. Mast (Hrsg.), *Effektive Kommunikation für Manager. Informieren, Diskutieren, Überzeugen* (S. 240-252). Landsberg: Verlag Moderne Industrie.

Brehm, C. (2002). Kommunikation im Wandel. In W. Krüger (Hrsg.), *Excellence in Change. Wege zur strategischen Erneuerung* (2. Aufl.) (S. 261-291). Wiesbaden: Gabler.

Bruhn, M. & Wunderlich, W. (Hrsg.) (2004). Medium Gerücht: Studien zu Theorie und Praxis einer kollektiven Kommunikationsform. Bern/Stuttgart/Wien: Haupt.

Burneckas, J. (2004). Change Management bei der is:energy GmbH. Aus über 1000 Mitarbeitern ein Team machen. *Kommunikationsmanager. Das Magazin der Entscheider!, II*, S. 18-21.

Comelli, G. & Rosenstiel, L., von (2003). *Führung durch Motivation. Mitarbeiter für Organisationsziele gewinnen*. München: Vahlen.

Daft, R. L. & Lengel, R. H. (1986). Organizational Information Requirements, Media Richness and Structural Design. *Management Science, 32* (5), pp. 554-571.

Deekeling, E. & Barghop, D. (2003). "Stop! Start making sense!". Die Organisation von Inhalten als neue Kernkompetenz der internen Kommunikation. In E. Deekeling & D. Barghop (Hrsg.), *Kommunikation im Corporate Change. Maßstäbe für eine neue Managementpraxis* (S. 38-47). Wiesbaden: Gabler.

Deekeling, E. & Fiebig, N. (1999). *Interne Kommunikation. Erfolgsfaktor im Corporate Change*. Wiesbaden: Gabler.

Deuringer, C. (2000). *Organisation und Change Management. Ein ganzheitlicher Strukturansatz zur Förderung organisatorischer Flexibilität*. Wiesbaden: Gabler.

DiFonzo, N., & Bordia, P. (2007). Rumor Psychology: Social & organizational approaches. Washington DC: American Psychological Association.

Doppler, K. & Lauterburg, C. (2005). *Change Management. Den Unternehmenswandel gestalten* (10. Aufl.). Frankfurt, New York: Campus-Verlag.

Feldman, M. L. & Spratt, M. F. (2000). *Speedmanagement für Fusionen. Schnell entscheiden, handeln, integrieren. Über Frösche, Hasenfüße und Hasardeure*. Wiesbaden: Gabler.

Gergs, H.-J. & Trinczek, R. (2005). Kommunikation als Schlüsselfaktor des Change-Managements. Eine soziologisch inspirierte Analyse. *PR Magazin, 36* (3), S. 49-56.

Gradwell, S. (2004). *Communicating planned Change: A case study of Leadership Credibility.* Gefunden am 20. April 2005 unter: http://dspace.library.drexel.edu/handle/1860/324

Grote, M. (2001). *Change-Management. Organisations- und Personalentwicklung in Banken.* Frankfurt: Bankakademie-Verlag.

Hahne, A. (1998). *Kommunikation in der Organisation. Grundlagen und Analyse – ein kritischer Überblick.* Opladen: Westdeutscher Verlag.

Haver, S. (2003). Führungskommunikation im Corporate Change. In E. Deekeling & D. Barghop (Hrsg.), *Kommunikation im Corporate Change. Maßstäbe für eine neue Managementpraxis* (S. 94-108). Wiesbaden: Gabler.

Jäckel, H. (2003). Organisationsentwicklung für Führungskräfte. In L. von Rosenstiel, E. Regnet & M. Domsch (Hrsg.), *Führung von Mitarbeitern. Handbuch für erfolgreiches Personalmanagement* (5. Aufl.) (S. 639-649). Stuttgart: Schäffer-Poeschel.

Kimmel, A. J. (2004). Rumors and Rumor Control: A Manager's Guide to Understanding and Combatting Rumors. Mahwah/London: Erlbaum.

Kling, L. (2003). *Change Marketing. Marketingbasierte interne Kommunikation im Change Marketing.* Dissertation, Universität Mannheim. Aachen: Shaker.

Krüger, W. (2000). Strategische Erneuerung: Probleme, Programme und Prozesse. In W. Krüger (Hrsg.), *Excellence in Change. Wege zur strategischen Erneuerung* (S. 31-98). Wiesbaden: Gabler.

Krüger, W. (2002). Strategische Erneuerung: Programme, Prozesse und Probleme. In W. Krüger (Hrsg.), *Excellence in Change. Wege zur strategischen Erneuerung* (2. Aufl.) (S. 35-96). Wiesbaden: Gabler.

Larkin, T. J. & Larkin, S. (1994). *Communicating Change: How to Win Employee Support for New Business Directions.* New York: McGraw-Hill.

Lewin, K. (1958). Group Decision and Social Change. In E.E. Maccobi, T. M. Newcombe & E. C. Hartley (Eds.), *Readings in Social Psychology* (pp. 197-211). New York: Rhinehart & Winston.

Lewis, L. (1999) Disseminating Information and Soliciting Input during Planned Organizational Change. Implementers' Targets, Sources, and Channels for Communicating. *Management Communication Quarterly. An International Journal, 13* (1), pp. 43-75.

Maletzke, G. (2002). Kommunikationsform Gerücht. In C. Mast (Hrsg.), *Unternehmenskommunikation: ein Leitfaden (S. 225-240).* Stuttgart: Lucius & Lucius.

Mast, C. (2008). *Unternehmenskommunikation: ein Leitfaden* (3. Aufl.). Stuttgart: Lucius & Lucius.

Mast, C. (2004). Kommunikation. In G. Schreyögg & A. Werder (Hrsg.), *Handwörterbuch Unternehmensführung und Organisation* (4. Aufl.) (S. 596-606). Stuttgart: Schäffer-Poeschel.

Mohr, N. (1997). *Kommunikation und organisatorischer Wandel. Ein Ansatz für effizientes Kommunikationsmanagement im Veränderungsprozess.* Wiesbaden: Gabler.

Mohr, N. und Woehe, J. (1998). *Widerstand erfolgreich managen. Professionelle Kommunikation in Veränderungsprojekten.* Frankfurt: Campus-Verlag.

Nieschlag, R., Dichtl, E. & Hörschgen, H. (1997). *Marketing* (18. Aufl.). Berlin: Duncker & Homblot.

Panse, W. & Stegmann, W. (1996). *Kostenfaktor Angst.* Landsberg: Verlag Moderne Industrie.

Peakom GmbH [Peakom]. (2005). *Erfolgreicher Wandel durch Kommunikation. Herausforderungen und Perspektiven für die Transformation von Unternehmen.* Gefunden am 18. April 2005 unter: www.peakom.com

Pfannenberg, J. (2003). *Veränderungskommunikation. Den Change-Prozess wirkungsvoll unterstützen. Grundlagen, Projekte, Praxisbeispiele.* Frankfurt: Frankfurter Allgemeine Buch.

Pfannenberg, J. (2004). Veränderungskommunikation – unverzichtbare Funktion im Change-Prozess. In G. Bentele, M. Piwinger & G. Schönborn (Hrsg.), *Kommunikationsmanagement. Strategien, Wissen, Lösungen* (S. 1-37). Neuwied, Kriftel: Luchterhand.

Reichwald, R. & Hensel, J. (2005). *Kommunikationsmanagement in Veränderungsprojekten. Die Führungskraft als Kommunikationsträger – eine kritische Reflexion.* Gefunden am 21. April 2005 unter: www.communicate-program.de/fileadmin/user_upload/downloads/communicate_Newsletter_Artikel_01_2005.pdf

Rogers, E. M. (1995). *Diffusion of innovations* (4. Aufl.). New York: Free Press.

Rüegg-Stürm, J. & Gritsch, L. (2003). Die Bedeutung von Ritualen in Prozessen organisationalen Wandels. In E. Nagel (Hrsg.), *Welchen Wandel wollen wir? Ansätze und Perspektiven für die Gestaltung organisationaler Veränderungsprozesse* (S. 49-76). Chur: Rüegger.

Schick, S. (2004). Gerüchte in der internen Kommunikation. Die informelle Kommunikation von Mitarbeitern für Mitarbeiter in der Praxis. In M. Bruhn & W. Wunderlich (Hrsg.), *Medium Gerücht. Studien zu Theorie und Praxis einer kollektiven Kommunikationsform* (S. 223-247). Bern, Stuttgart, Wien: Haupt.

Schwarzer, R. (1981). *Streß, Angst und Hilflosigkeit. Die Bedeutung von Kognition und Emotion bei der Regulation von Belastungssituationen.* Stuttgart: Kohlhammer.

Schweiger, D. & Denisi, A. (1991). Communication with employees following a merger. A longitudinal field experiment. *Academy of Management Journal, 34* (1), pp. 110-135.

Taylor, F. (1947). *The Principles of Scientific Management.* New York: Harper & Row.

Vesper, S. (2005). PR Report Awards 2005. *Beilage des PR Report, 5.*

Weber, M. (1947). *The Theory of Social and Economic Organization.* New York: Free Press.

Winkler, B. & Dörr, S (2001). *Fusionen überleben. Strategien für Manager.* München, Wien: Hanser.

Zimmermann, L. (2003). Das Ende des Betriebsjournalismus. In E. Deekeling & D. Barghop (Hrsg.), *Kommunikation im Corporate Change. Maßstäbe für eine neue Managementpraxis* (S. 171-188). Wiesbaden: Gabler.

Zorn, T., Page, D. & Cheney, G. (2000). Nuts About Change. Multiple Perspectives on Change-Oriented Communication in a Public Sector Organization. *Management Communication Quarterly. An International Journal, 13* (4), pp. 515-566.

Ansgar Zerfaß

Kommunikations-Controlling
Methoden zur Steuerung und Kontrolle der Unternehmenskommunikation

1 Stakeholder-Kommunikation im Spannungsfeld von Kreativität und Rationalität

Der unverkennbare Bedeutungszuwachs der Kommunikation mit internen und externen Bezugsgruppen (Stakeholdern) trifft in vielen Unternehmen und Agenturen auf ein zwiespältiges Echo. Einerseits rücken die kreativen Köpfe in das Zentrum der Macht und werden frühzeitig an Entscheidungen beteiligt, beispielsweise im Rahmen der Innovationspolitik (Zerfaß, 2005a; Zerfaß & Möslein, 2009), Kundenorientierung (Mast, Huck & Güller, 2005) und gesellschaftlichen Legitimation (Bentele & Andres, 2005; Karmasin, 2006). Insbesondere in Großunternehmen sind Kommunikationsverantwortliche heute gefragte Ratgeber auf allen Managementebenen. Dies kommt darin zum Ausdruck, dass die Budgets für Public Relations und Mitarbeiterkommunikation im deutschsprachigen Raum ungeachtet konjunktureller Schwankungen seit Mitte der 1990er Jahre kontinuierlich steigen. Umfragen zufolge wird hier auch in Zukunft europaweit ein wesentlicher Beitrag zur Wertsteigerung erwartet (Zerfaß et al., 2007).

Andererseits führen ein erhöhter Einfluss und größere Budgets dazu, dass der Status der Kommunikationsprofis als kreative Exoten in der Welt der Wirtschaft in Frage gestellt wird. Das betrifft vor allem jene, die – beispielsweise als gelernte Journalisten – ihr Handwerk als Mischform aus Begabung, guten Beziehungen und jahrelangen Erfahrungen mit den Medien verstehen. Sie fürchten den Einfluss von Controllingabteilungen, die nun auch in ihrem Arbeitsumfeld Prozesse normieren wollen und ökonomische Erfolgskennzahlen einfordern. Das widerstrebt vielen Praktikern, die sich als Spezialisten für Inhalte, nicht für Abläufe, verstehen und das viel beschworene „kreative Chaos" im Kommunikationsbereich als unverzichtbar ansehen. Das Rationalitätsdenken gelernter Betriebswirte und Ingenieure wird als Bedrohung der eigenen schöpferischen Kräfte betrachtet. Dementsprechend spielt die systematische Planung und vor allem die Evaluation und Bewertung bis heute auch bei erfolgreichen Kommunikationskampagnen nur eine untergeordnete Rolle (Raupp, 2008).

Dies ist aus Sicht der Unternehmensführung nicht akzeptabel. Im Wettstreit um Ressourcen und Kompetenzen müssen die Kommunikationsverantwortlichen ebenso wie alle anderen Funktionsträger nachweisen, dass sie einen Beitrag zum ökonomischen Erfolg und zur gesellschaftlichen Positionierung leisten. Hierzu bedarf es nachvollziehbarer und allgemein anerkannter Vorgehensweisen (Sass & Zerfaß, 2008). Die Forschung hat dies erkannt und zwischenzeitlich eine Reihe interessanter Ansätze zum Kommunikations-Controlling vorgelegt (vgl. die Beiträge in Pfannenberg & Zerfaß, 2005a; Piwinger & Porák, 2005; Piwinger & Zerfaß, 2007; Van Ruler et al., 2008). In der Unternehmenspraxis befassen sich sowohl von der Branche getragene Transfereinrichtungen wie das amerikanische Institute for Public Relations (www.instituteforpr.com) und das britische Chartered Institute for Public Relations (www.ipr.org.uk) als auch Branchenverbände wie die Deutsche Public Relations Gesellschaft (www.dprg.de) und der Internationale Controller-Verein (www.controllerverein.com) in speziellen Arbeitsgruppen und Internetangeboten (www.communicationcontrolling.de) mit dem Thema. Zahlreiche Unternehmen überprüfen ihre Planungs- und Reportingstrukturen im Hinblick auf die neuen Anforderungen an Transparenz und Prozessqualität. Vielfach werden Methoden der strategischen Steuerung und Kontrolle eingeführt, beispielsweise von Großunternehmen wie Daimler, Henkel, Münchner Rück und SwissRe, aber auch von innovativen Organisationen mittlerer Größe wie Festo, Hoerbiger, Cognis und Vivesco. Zunehmend wird wie bei Siemens, der Deutschen Telekom, ABB oder der GTZ auch eine eigene Position des Kommunikationscontrollers etabliert, die als Stabsstelle oder Abteilung an die Leitung der Unternehmenskommunikation berichtet. Darüber hinaus erleben auch die bereits seit längerem diskutierten, operativen Instrumente der Kommunikationsevaluation (Broom & Dozier, 1990; Baerns, 1995) wie die Medienresonanzanalyse und Publikumsbefragungen eine Renaissance (Stacks, 2002; Watson & Noble, 2005; Paine, 2008). Hier sorgen insbesondere die technologische Entwicklung beim Online-Research (Welker, Werner & Scholz, 2005) und neue Dienstleister für die notwendige Dynamik.

Trotz der unstrittigen Relevanz des Themas wird der Begriff des **Kommunikations-Controlling** noch sehr unterschiedlich verwendet und in den seltensten Fällen exakt definiert. Häufig wird Controlling schlicht mit Kontrolle gleichgesetzt, und dies dann auch noch auf einen einfachen Ex-post-Vergleich von Zielvorstellungen und tatsächlichen Ergebnissen reduziert. Ebenso oft beschränkt man sich in Theorie und Praxis auf die Betrachtung der Kommunikationsprozesse und blendet die Frage aus, ob und wie (gelungene) Kommunikation überhaupt einen Beitrag zum Unternehmenserfolg leistet. Ersichtlich reicht dies aus der Perspektive eines Kommunikationsmanagements, das sich der Koordination und Interessenklärung mit zentralen Bezugsgruppen (Zerfaß, 2004) und dem Aufbau von kommunikativem Kapital (Will, 2007) widmet, nicht aus. Es ist notwendig, zunächst ein Verständnis des Kommunikations-Controlling einzuführen, das in Betriebswirtschaftslehre und Kommunikationswissenschaft anschlussfähig ist. Dies mündet in einen Bezugsrahmen, der die Vielzahl vorhandener Fragestellungen und Methoden systematisiert (Abschnitt 2). Anschließend werden die konkreten Einsatzmöglichkeiten und Organisationsformen des Kommunikations-Controlling sowie die schrittweise Einführung diskutiert (Abschnitt 3). Die Durchführung in der Praxis wird anhand ausgewählter Methoden der Steuerung und Erfolgsprognose sowie der auf Medien, Publikum bzw. Unternehmensimage bezogenen Evaluation dargestellt (Abschnitt 4). Einige Hinweise zu den Perspektiven des Kommunikations-Controlling in Forschung und Praxis runden den Beitrag ab (Abschnitt 5).

2 Grundlagen des Kommunikations-Controlling

2.1 Einordnung aus Sicht der Unternehmens-führung und -kommunikation

Im Rahmen der Unternehmensführung obliegt dem **Kommunikationsmanagement** die Planung, Organisation und Kontrolle aller Kommunikationsaktivitäten, also von symbolischen Handlungen, mit denen das Unternehmen bzw. seine Repräsentanten versuchen, anderen etwas mitzuteilen oder sich bemühen, entsprechende Ausdrucksformen zu verstehen (vgl. zum Kommunikationsbegriff Burkart, 2002, S. 20-66). In der PR-Forschung finden sich zahlreiche Prozessmodelle des Kommunikationsmanagements und seiner idealtypischen Phasen (Cutlip, Center & Broom, 2005; Zerfaß, 2004, S. 320-384; Mast, 2006, S. 123-178). Sie weisen darauf hin, dass mit Hilfe verschiedener **Planungsmethoden** auf der Basis einer Situationsanalyse (Bezugsgruppen/Stakeholder, Themen/Issues, Images/Meinungen, eigene Potenziale) konkrete Kommunikationsstrategien, Programme/Kampagnen sowie Einzelmaßnahmen zu konzipieren und umzusetzen sind. Der Managementzyklus mündet in einer **(summativen) Ergebnis-kontrolle**, die die Zielerreichung im Sinne eines Soll-Ist-Vergleichs im Nachhinein überprüft. Darüber hinaus ist eine begleitende **(formative) Prozesskontrolle** vorzusehen. Sie behält insbesondere die erfolgskritischen Meilensteine im Auge und ermöglicht es, im Verlauf der operativen Umsetzung rechtzeitig umzusteuern. In strategischer Hinsicht ist es notwendig, geänderte Rahmenbedingungen zu erkennen und bei Bedarf die eigenen Kommunikationsziele anzupassen. Die Prozesskontrolle erstreckt sich hier auf die Prämissen des Planungsprozesses, die im Laufe der Durchführung möglicherweise auftretenden Änderungen von Stakeholderinteressen und Themen, sowie auf strategierelevante Informationen, die im Zuge einer ungerichteten Überwachung des Umfelds erkennbar sind (vgl. ausführlicher Zerfaß, 2004, S. 374-382; zur strategischen Kontrolle grundlegend Steinmann & Schreyögg, 2005, S. 274-286).

Der Gegenstand und Ausfluss dieser Bemühungen ist die **Unternehmenskommunikation**. Sie umfasst alle Kommunikationsprozesse zur internen und externen Handlungskoordination sowie Interessenklärung zwischen Unternehmen und ihren Bezugsgruppen einschließlich des Aufbaus von Reputationskapital (Zerfaß, 2004, S. 287-318). Kommunikation kann nur gelingen, wenn Mitteilungs- und Verstehenshandlungen zusammentreffen, wenn sich also die Beteiligten mit ihren Handlungen gegenseitig aneinander orientieren. Die Bedeutungsvermittlung ist dabei kein Selbstzweck. Sie dient vielmehr sowohl beim Kommunikator als auch beim Rezipienten übergeordneten Interessen. Beispielsweise will ein Unternehmen mit der Publikation eines Nachbarschaftsmagazins bestimmte Themen ansprechen und sein Ansehen fördern, während die Leser mit dem Blatt ihr Bedürfnis nach lokalen Informationen und Unterhaltung befriedigen. Im Kern geht es allen Beteiligten darum, die eigenen Situationsdeutungen oder Absichten bzw. diejenigen des Kommunikationspartners zu verändern.

Dieses Grundverständnis weist bereits darauf hin, dass **Kommunikation** ein vielschichtiger Vorgang ist, der seine Wirkung in mehreren Dimensionen entfaltet und daher auch in verschiedener Weise scheitern oder erfolgreich sein kann. Dies kommt in den Wirkungsdimensionen Output, Outcome und Outflow zum Ausdruck (Pfannenberg & Zerfaß, 2005b, S. 192-193; Lindenmann, 2003, S. 5-8; DPRG, 2001, S. 7-8):

- **Output (Verfügbarkeit und Reichweite der Botschaften)**: Zugänglichkeit der Kommunikationsangebote für die Bezugsgruppen im Sinne von Veröffentlichungen in der Presse, Verbreitung von Drucksachen, Reichweite von Online-Angeboten, Teilnehmerzahl bei Veranstaltungen usw.

- **Outcome (Wirkung bei den Stakeholdern)**: Nutzung, Wahrnehmung und Verstehen der verfügbaren Kommunikationsangebote durch die relevanten Bezugsgruppen (Outtakes/Outgrowth) sowie Beeinflussung von Wissen, Meinungen, Einstellungen und Handlungsweisen.

- **Outflow (Betriebswirtschaftliche Wirkung)**: Beitrag der Kommunikation zur Wertschöpfung des Unternehmens durch Unterstützung der laufenden Leistungserstellung als „Enabling Function" (marktorientiert) und/oder durch den Aufbau immaterieller Werte wie Reputation, Marken und Unternehmenskultur (ressourcenorientiert).

Die Wirkung der Kommunikation kann jeweils quantitativ und qualitativ bestimmt werden.

Die verschiedenen, aufeinander aufbauenden Wirkungsstufen können an einem Beispiel erklärt werden. Ein mittelständisches, vor allem im Business-to-Business-Bereich erfolgreiches Industrieunternehmen eröffnet an seinem Stammsitz einen Betriebskindergarten und möchte dies publik machen. Die PR-Verantwortlichen des Unternehmens müssen zunächst dafür Sorge tragen, dass die Botschaft die avisierten Bezugsgruppen (z.B. Mitarbeiter, potenzielle Arbeitnehmer, regionale Politiker, Behörden und Multiplikatoren) erreicht. Deshalb wird eine Pressemitteilung an Journalisten verschickt, die darüber möglicherweise in reichweitenstarken Massenmedien berichten. Man wird aber auch eine Reportage in der Mitarbeiterzeitschrift vorsehen, das Internet- und Intranetportal des Unternehmens nutzen sowie wichtige Meinungsführer mit einem persönlichen Schreiben zur Eröffnung der Einrichtung einladen. Der **Output** bemisst sich dementsprechend im Umfang und Qualität der redaktionellen Berichterstattung, der Auflagenhöhe bzw. Reichweite von Eigenpublikationen sowie der Zahl von Teilnehmern, die bei einer Veranstaltung präsent sind. Erst in einer zweiten Phase entscheidet sich jedoch, ob die Adressaten das Kommunikationsangebot auch wahrnehmen, d.h. ob die entsprechenden Zeitungsberichte gelesen werden und ob die Teilnehmer der Eröffnungsveranstaltung die vom Unternehmen intendierte Kernbotschaft verstehen. Von einer gelungenen Kommunikation kann freilich erst gesprochen werden, wenn über die Bedeutungsvermittlung hinaus auch eine Beeinflussung stattfindet, d.h. wenn Wissen, Meinungen, Einstellungen und künftige Handlungen verändert werden. Ein solcher **Outcome** wäre etwa ein familienfreundliches Image des Unternehmens, infolgedessen die Firma von der Kommune als Aushängeschild betrachtet und von besonders vielen hochqualifizierten, weiblichen Nachwuchskräften als möglicher Arbeitgeber in Betracht gezogen wird. Doch das Gelingen der Kommunikation besagt noch lange nicht, dass sich die Investitionen und Anstrengungen für die Beteiligten gelohnt haben. Entscheidend ist vielmehr, ob damit auch die jeweiligen Ziele erreicht bzw. Bedürfnisse befriedigt werden. Für Unternehmen geht es im Sinne eines strategischen Stakeholder-Managements immer darum, ökonomische Erfolgspotenziale aufzubauen und zugleich dafür zu sorgen, dass die notwendige „License to Operate" im Sinne gesetzlicher Freiräume und gesellschaftlicher Akzeptanz erhalten bleibt (Müller-Stewens & Lechner, 2005, S. 171-185; Rolke, 2002; Zerfaß, 1996, S. 34-40). Zudem muss die laufende Leistungserstellung durch vielfältige Kommunikationsprozesse unterstützt und ermöglicht werden. Der **Outflow** bzw. die betriebswirtschaftliche Wirkung bemisst sich in dem genannten Beispiel daran, ob die Imageänderung und das erhöhte Bewerberpotenzial im konkreten Einzelfall Erfolgsfaktoren darstellen und dem Unternehmen einen Wettbewerbsvorteil verschaffen. Dies lässt sich nur im Licht der übergeordneten Unternehmensstrategie beurteilen. Damit wird zugleich deutlich, dass die Kommunikationspolitik eine Gestaltungsaufgabe ist, die eng mit dem Top-Management abgestimmt werden sollte.

Weder mit den Prozessmodellen des Kommunikationsmanagements noch mit den Wirkungsdimensionen der Kommunikation kann der in der Praxis so wichtig gewordene Begriff des Kommunikations-Controlling konzeptionell gefasst werden. Daher ist an dieser Stelle eine Neuorientierung erforderlich. Es bietet sich an, das in der Betriebswirtschaftslehre dargelegte Verhältnis von Controlling, Managementprozess und Leistungserstellungsprozess aufzugreifen und in Analogie dazu das Zusammenspiel von Kommunikations-Controlling, Kommunikationsmanagement und Unternehmenskommunikation zu bestimmen.

2.2 Kommunikations-Controlling als Unterstützungsfunktion

Der Controlling-Begriff (Weber, 2004; Horváth, 2003) ist in den letzten Jahren immer populärer geworden. Er wurde dabei so nachhaltig erweitert, dass viele ihn inzwischen als Synonym für sämtliche Aufgaben des Managements verwenden. Andererseits ist insbesondere in der PR-Literatur immer wieder festzustellen, dass das angelsächsische „Controlling" schlicht mit der Managementfunktion „Kontrolle" gleichgesetzt wird. Beide Interpretationen helfen ersichtlich nicht weiter, da damit nur andere

Worte für bereits bekannte Sachverhalte eingeführt werden. Zusätzliche Verwirrung entsteht dadurch, dass die Funktion des Controllings häufig nicht von der Institution des Controllers bzw. der Controllingabteilung getrennt wird.

Die Betriebswirtschaftslehre schlägt deshalb präzisierend vor, das **Controlling als Prozesssteuerungsfunktion** zu verstehen, d.h. als (Meta-) Steuerungsaufgabe, „bei der es um die Steuerung des (arbeitsteiligen) Managementprozesses geht" (Scherer, 2002, S. 8; vgl. auch Steinmann & Scherer, 1996). Der Managementprozess umfasst die Funktionen Planung, Organisation, Personaleinsatz, Mitarbeiterführung und Kontrolle und dient der Steuerung der eigentlichen Leistungserstellung im Rahmen von Beschaffung, Produktion/Dienstleistung, Vertrieb und Service (Steinmann & Schreyögg, 2005). Die Notwendigkeit, die Steuerung des Managementprozesses selbst nochmals zu thematisieren und im Rahmen der Controlling-Funktion zu optimieren, erwächst aus der zunehmenden Komplexität von Unternehmen. Ein einzelner Manager wäre – wenn man von kleineren Einheiten absieht – mit der Bewältigung der anstehenden Aufgaben schlicht überfordert. In diesem Verständnis stellt das Controlling eine wichtige Funktion zur Ermöglichung erfolgversprechender arbeitsteiliger Steuerung und Kontrolle dar, übernimmt aber selbst keine Rolle beim Management oder bei der Leistungserstellung (Steinmann & Scherer, 1996, S. 143). Diese Funktion ist grundsätzlich von allen Verantwortlichen im Unternehmen wahrzunehmen. Über eine Bündelung entsprechender Aufgaben bei der Institution eines Controllers oder einer Controlling-Abteilung ist dann nachzudenken, wenn sich dadurch Effizienzvorteile (Standardisierung, bessere Verfügbarkeit von Know-how und Methoden) realisieren lassen.

Diese Erkenntnisse lassen sich nahtlos auf die Unternehmenskommunikation übertragen (vgl. auch Arnaout, 2005). Das Kommunikations-Controlling ist eine Prozesssteuerungsfunktion, die auf die Steuerung des Kommunikationsmanagement-Prozesses abzielt, welcher wiederum die Unternehmenskommunikation plant, organisiert und kontrolliert. Eine entsprechende Definition lautet:

> **Kommunikations-Controlling** steuert und unterstützt den arbeitsteiligen Prozess des Kommunikationsmanagements, indem Strategie-, Prozess-, Ergebnis- und Finanz-Transparenz geschaffen sowie geeignete Methoden und Strukturen für die Planung, Umsetzung und Kontrolle der Unternehmenskommunikation bereitgestellt werden.

Damit werden einerseits die Qualität des Kommunikationsmanagements, der Programme und Kampagnen sichergestellt und zudem die kommunikative Wirkung und der betriebswirtschaftliche Erfolg der Maßnahmen gefördert (vgl. Abb. 2-1). Die Funktion des Kommunikations-Controlling ist also – im Gegensatz zu dem häufig auch in der Fachliteratur anzutreffenden Sprachgebrauch – begrifflich klar zu unterscheiden von der Ergebnis- und Prozesskontrolle als Teilbereich des Kommunikationsmanagements, bei dem es um die rückblickende, mitlaufende oder vorausschauende Erfassung und Bewertung von Prozessen und Ergebnissen geht. Die Bereitstellung solcher Kontrollansätze ist eine originäre Aufgabe des Controllings – die praktische

Umsetzung jedoch Teil des routinemäßig durchzuführenden Managementprozesses der Kommunikation.

Abbildung 2-1: *Kommunikations-Controlling als Prozesssteuerungsfunktion*

Kommunikationsmanagement-Prozess

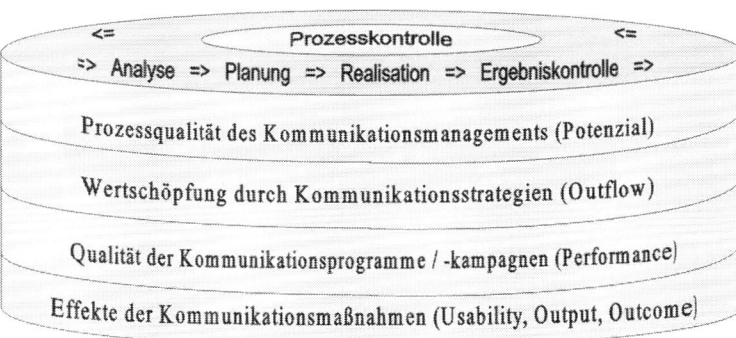

Kommunikations-Controlling als Unterstützungsfunktion

Im Sinne einer umfassenden Prozessunterstützung ist es auch Aufgabe des Kommunikations-Controlling, die bereitgestellten Methoden und Prozesse, beispielsweise Kennzahlensysteme, bei Bedarf durch unabhängige Instanzen im Rahmen eines (Kommunikations-) Audits überprüfen, begutachten und zertifizieren zu lassen. Damit wird ein kontinuierlicher Verbesserungsprozess in Gang gesetzt, mit dem das Kommunikationsmanagement den einleitend skizzierten Erwartungen der Unternehmensführung gerecht wird.

2.3   Ebenen, Methoden und Kennzahlen

Das Kommunikations-Controlling als Unterstützungsfunktion ist ebenso vielschichtig wie das Kommunikationsmanagement selbst. Es geht um eine Vielzahl von Teilprozessen und Fragekomplexen, die zudem organisations- und situationsspezifisch in unterschiedlicher Weise auftreten. Daher kann es aus systematischen Gründen niemals einen „one best way" des Kommunikations-Controlling oder einen umfassenden Controllingansatz geben. Notwendig ist vielmehr ein Portfolio von Methoden und Kennziffern, die den jeweiligen Problemstellungen gerecht werden. Hierzu dient der in Abb. 2-2 skizzierte **Bezugsrahmen des Mehrdimensionalen Kommunikations-**

Controlling (MKC) (Zerfaß, 2005c, S. 204-207). Er systematisiert die Vielzahl vorliegender und gegebenenfalls künftig noch zu entwickelnden Methoden und Kennziffern. Die in der Abbildung genannten Ansätze sind selbstverständlich nur als Beispiele zu verstehen – in der Praxis finden sich zahlreiche weitere Vorgehensweisen.

Abbildung 2-2: *Mehrdimensionales Kommunikations-Controlling als Bezugsrahmen*

	Problemebene	Perspektive	Methoden	Kennziffern
Strategisches Kommunikations-Controlling	Steuerung und Kontrolle des Kommunikations-managements	Prozessqualität der UK aus Sicht der Unternehmensführung (Potenzial)	Prozessanalysen, z.B. > Communication Audit > Integration Audit	> Rating > Akzeptanzquote
	Steuerung und Kontrolle der Kommunikations-strategie	Beitrag der UK zur Wertschöpfung aus Sicht der Unternehmensführung (Outflow)	Bewertungsansätze, z.B. > Com. Due Diligence > Markenbewertung Steuerungstools, z.B. > Corp. Com. Scorecard	> Goodwill > Bilanzwert > Erfüllungsgrad
Operatives Kommunikations-Controlling	Steuerung und Kontrolle der Kommunikations-programme	Programmqualität der UK aus Sicht des Kommunikations-managements (Performance)	Programmanalysen, z.B. > Konzeptionsevaluation > Mittelallokation	> Rating > Kommunikationseffiz.
	Steuerung und Kontrolle der Kommunikations-maßnahmen	Usability der UK aus Sicht der Rezipienten (Usability)	Erfolgsprognosen, z.B. > Anzeigen-Pretest > Web-Usability-Test Fortschrittskontrollen, z.B. > Kampagnen-Milestones	> Sympathiewert > Lösungsquote > Erfüllungsgrad
UK = Unternehmens-kommunikation		Effekte der UK aus Sicht des Kommunikations-management (Output, Outcome)	Ergebnismessungen, z.B. > Aufmerksamkeits-Tests > Medienresonanzanalys > Image-Umfragen > Präferenzerhebungen	> Recall-Wert > Akzeptanzquotient > Reputation Quotient > Ranking

2.3.1   Strategisches Kommunikations-Controlling

Aufgabe des strategischen Kommunikations-Controlling ist die Schaffung und Erhaltung von Erfolgspotenzialen für das Kommunikationsmanagement. Der Maßstab ist die Effektivität der Kommunikationspolitik und ihrer Infrastruktur („Are we doing the right things?").

Diese Aufgabe umfasst erstens die Schaffung von Transparenz und die Bereitstellung von **Methoden und Strukturen für das Kommunikationsmanagement** selbst. Es geht hier um die Prozesse, mit denen Unternehmens- bzw. Organisationskommunikation gesteuert und kontrolliert wird. Mit Prozessanalysen (z.B. Integrations-Audits; vgl. Bruhn, 2005, S. 186-200) kann man die organisatorische und personelle Ausgestaltung von Kommunikationsabteilungen, Kompetenzen, Verantwortlichkeiten, den internen Workflow und Schnittstellen zu Dienstleistern evaluieren und optimieren. Mit diesen Methoden will die Führungsebene sicherstellen, dass das notwendige Potenzial für die

Umsetzung einer sinnvollen und wertschöpfenden Kommunikationspolitik vorhanden ist.

Das strategische Kommunikations-Controlling unterstützt zweitens die **Steuerung und Kontrolle der Kommunikationsstrategie**. Dieser Aspekt steht im Mittelpunkt der neueren Diskussion zur „Wertschöpfung durch Kommunikation" (Pfannenberg & Zerfaß, 2005a). Hier geht es um den Beitrag, den die Kommunikation zur Erreichung der strategischen Ziele der Gesamtorganisation leistet (Outflow). Im Mittelpunkt stehen Vorgehensweisen, die eine Bestimmung kommunikativ geschaffener Werte ermöglichen (beispielsweise Markenbewertung und Communication Due Diligence; vgl. Bentele, Buchele, Hoepfner & Liebert, 2005; Pfannenberg, 2004), sowie Ansätze, mit denen die Bedeutung der Kommunikation als Werttreiber für den Erfolg des Unternehmens bzw. der Organisation nachgewiesen werden kann. Besonders geeignet hierfür sind Adaptionen der Balanced Scorecard (vgl. unten Abschnitt 4.1.2).

2.3.2 Operatives Kommunikations-Controlling

Beim operativen Kommunikations-Controlling geht es um die Bereitstellung von Methoden und Strukturen, die eine optimale Ausschöpfung der durch Kommunikationsmanagement und -strategie geschaffenen Erfolgspotenziale ermöglichen. Als Messlatte dient die Effizienz der Kommunikationspolitik („Are we doing the things right?").

Damit sind auf einer dritten Ebene zunächst die **Kommunikationsprogramme** angesprochen. Bei PR-Konzeptionen, Kampagnen usw. muss beispielsweise sichergestellt werden, dass sie stringent und widerspruchsfrei aufgebaut sind und dass die Finanzmittel optimal verteilt werden. Mit Hilfe von Programmanalysen (z.B. einer Konzeptionsevaluation; vgl. Besson, 2003, S. 110-117) können die Kommunikationsverantwortlichen die Performance einzelner Programme steuern und kontrollieren.

Der vierte Aspekt ist das operative Kommunikations-Controlling auf der Ebene der **Kommunikations-Maßnahmen**. Hier geht es um Transparenz und Methoden für die Steuerung und Kontrolle einzelner Aktivitäten, beispielsweise für die Pressearbeit, das Corporate Publishing (Mitarbeiter- und Kundenzeitschriften), die Durchführung von Veranstaltungen oder den Betrieb von Kommunikationsplattformen im Internet. Dies ist der klassische Bereich empirischer Forschungsmethoden im Zuge der Maßnahmenplanung sowie der Wirkungskontrolle (Watson & Noble, 2005, S. 49-133; Merten, 2004; Besson, 2003, S. 129-140; Stacks, 2002, S. 51-238; Mast, 2006, S. 153-178; DPRG, 2001). Hier wird aus Sicht der Kommunikationsverantwortlichen gefragt, welche Effekte die Maßnahmen bei den avisierten Stakeholdern haben (werden). Dabei ist zu unterscheiden zwischen der Messung des Output, der das Kommunikationsangebot an die Rezipienten erfasst (z.B. Informationsbereitstellung im Internet), und der Bestimmung des Outcome im Sinne der Annahme des Kommunikationsangebots durch die Rezipienten. Für die Ergebnismessung – die immer im Nachhinein ansetzt – steht eine Vielzahl erprobter Methoden bereit, von Befragungen über die Medienresonanzanalyse bis zur Imagemessung, z.B. durch den international etablierten Reputation Quotient (vgl. unten Abschnitt 4.5.2). Darüber hinaus sollte künftig auch vermehrt an Erfolgsprognosen gedacht werden, die „ex ante" und „in between" einzusetzen sind. Zudem kann die herkömmliche Messung der Effekte durch eine systematische Berücksichtigung der Usability ergänzt werden (vgl. unten Abschnitt 4.2.2).

3 Einsatzmöglichkeiten und Umsetzung

In dem sich dynamisch entwickelnden Bereich des Kommunikations-Controlling besteht die zentrale Herausforderung in der Unternehmenspraxis darin, den Bedarf an methodischer Unterstützung zu identifizieren und die jeweils passenden Ansätze bereitzustellen. Dies setzt eine systematische und regelmäßige Auseinandersetzung mit dem Themenfeld sowie eine zielführende organisatorische Verankerung – einschließlich der Einschaltung geeigneter Dienstleister – voraus.

3.1 Voraussetzungen

Kommunikations-Controlling ist keine statische oder einmalige Angelegenheit, sondern ein **iterativer Prozess**, bei dem die Verantwortlichen in der Praxis sukzessive

- den richtigen Bezugspunkt bzw. die richtige Problemebene für ihre situativ auftretenden Fragen identifizieren;

- den dabei jeweils im Mittelpunkt stehenden Management- oder Kommunikationsprozess verstehen;

- diesen Prozess in der Folge mit Hilfe von Methoden, Strukturen und Kennzahlen steuerbar und kontrollierbar machen sowie

- alle Teilprozesse und Kennzahlen im Zuge der Anwendung kontinuierlich optimieren und so insgesamt die Performance erhöhen.

Zur **Identifikation der Problemebene** (geht es z. B. um den Wertbeitrag der Unternehmenskommunikation oder um die Evaluation der Pressearbeit?) liegt mit dem oben skizzierten Konzept des Mehrdimensionalen Kommunikations-Controlling (MKC) ein praxistaugliches Hilfsmittel vor. Der Bezugsrahmen verdeutlicht, dass für alle Ebenen und Methoden konkrete Kennziffern bereitgestellt, getestet und im Laufe der Zeit weiterentwickelt werden müssen. Dies müssen nicht zwangsläufige ökonomische Werte (Geldeinheiten) sein. In jedem Fall ist aber anzustreben, auch qualitative Aussagen in quantitative Größen zu überführen, wie dies beispielsweise bei der Einstellungsmessung durch den Reputation Quotient oder in Ratings geschieht. Damit wird die Anschlussfähigkeit der Kommunikation an den Steuerungs- und Kontrollzyklus des Unternehmens sichergestellt.

Weitere Voraussetzungen für die Umsetzung des Kommunikations-Controlling sind **Prozessmodelle**, die den Zusammenhang zwischen steuerbaren (von der Organisation beeinflussbaren) Handlungen und erwünschten Ergebnissen einschließlich der dabei relevanten Parameter (Einflussfaktoren, Werttreiber, usw.) beschreiben. Auf der strategischen Ebene sind dies Modelle des Kommunikationsmanagement-Prozesses (vgl. oben Abschnitt 2.1) und Modelle zum Wirkungszusammenhang von Kommunikation und Unternehmenserfolg, die derzeit erst in Ansätzen vorliegen (Pfannenberg & Zerfaß, 2005b, S. 187-192) und weiter entwickelt werden müssen. Auf der operativen Ebene sind Prozessmodelle für Kommunikationsprogramme und -kampagnen (Cutlip et al., 2005; Röttger, 2005) ebenso notwendig wie tragfähige Modelle des eigentlichen Kommunikationsprozesses zwischen Unternehmen und ihren Bezugsgruppen bzw. Rezipienten (Zerfaß, 2004, S. 141-233). Der letztgenannte Punkt ist keineswegs trivial – allzu häufig werden Evaluationsmethoden auf der Grundlage mechanistischer Stimulus-Response-Modelle entwickelt, die der Komplexität von Kommunikationsprozessen nicht gerecht werden.

Eine andere Voraussetzung ist im Hinblick auf die Steuerung und Messung einzelner Prozesse die **Definition von messbaren Zielen und Kennzahlen**, die mit vertretbarem zeitlichen und finanziellen Aufwand empirisch erfassbar sind, sowie die systematische **Erfassung aller internen und externen Aufwendungen** für Kommunikationsmaßnahmen (Piwinger & Porák, 2005). Schließlich müssen die ausgewählten Methoden im Zuge ihrer Anwendung kontinuierlich hinterfragt und im Sinne eines firmenübergreifenden Benchmarking und **kontinuierlichen Qualitätsmanagements** verbessert werden, um so sowohl das Prozessverständnis als auch die Kennzahlen laufend an neue Entwicklungen anzupassen.

3.2 Organisation des Kommunikations-Controlling

Die Steuerung des Kommunikationsmanagement-Prozesses ist eine Aufgabe von höchster Relevanz. Die Controlling-Funktion in dem hier skizzierten Sinn muss deshalb prinzipiell von dem oder den **Kommunikationsverantwortlichen** im Unternehmen selbst wahrgenommen werden. Denn mit der firmenspezifischen Definition von Strukturen, Methoden und Kennziffern für die Planung, Umsetzung und Kontrolle der Unternehmenskommunikation wird ein Rahmen gesetzt, der die Performance in der Praxis maßgeblich beeinflusst. Wer die Weichen an dieser Stelle richtig stellt, kann das kreative Potenzial optimal nutzen – wer dagegen keine oder ungeeignete Leitplanken aufstellt, wird von der richtigen Route abweichen und möglicherweise die kommunikativen und betriebswirtschaftlichen Ziele verfehlen.

Mit zunehmender Bedeutung und Komplexität der entsprechenden Aufgaben bietet es sich allerdings an, die Unterstützungsfunktion intern zu institutionalisieren. **Kommunikations-Controllern** als Institution obliegt es dann, die Funktion professionell auszufüllen, weiterzuentwickeln und als unternehmensweiten Service anzubieten. Entsprechende Stellen können sowohl in Kommunikations- als auch in Controllingabteilungen angesiedelt werden. Die entsprechenden Mitarbeiter müssen betriebswirtschaftliche Planungs- und Kontrollprozesse beherrschen und zugleich ein Gespür für die Besonderheiten kreativer Abläufe haben. Die notwendigen Qualifikationen im Schnittfeld von Kommunikationswissenschaft und Betriebswirtschaftslehre sind derzeit noch Mangelware (Sievert, Thomann & Westermann, 2005). Unternehmen, die in entsprechendes Know-how investieren, können sich einen Vorsprung im Wettbewerb sichern.

Obwohl jedes Unternehmen sein Controllingsystem in eigener Verantwortung betreiben sollte, kann es durchaus sinnvoll sein, bei der **Implementation und Weiterentwicklung** vorhandenes Know-how aus Beratung und Wissenschaft in Anspruch zu nehmen. Dabei wird es aber eher um ein Coaching und Hilfestellungen bei der Entwicklung eines passenden Methodenmix gehen – die immer wieder propagierten, standardisierten Tools und Kennzahlensysteme können der skizzierten Problemlage aus systematischen Gründen nicht gerecht werden: Wer in der Marktwirtschaft erfolgreich sein will, muss sich anders positionieren als seine Wettbewerber, und demzufolge sind auch jeweils andere Kommunikationsstrategien sowie andere Strukturen, Methoden und Kennzahlen zur Sicherstellung des Kommunikationserfolgs notwendig.

Demgegenüber können operative Aufgaben, insbesondere die **Durchführung von Evaluationsaufgaben und die Erhebung von Kennzahlen**, an leistungsfähige Dienstleister delegiert werden. Dies ist den meisten Fällen effizienter und kostengünstiger als die Bereitstellung eigener Ressourcen im Unternehmen. Eine komfortable und daher in der Praxis häufig bevorzugte Lösung ist die Durchführung von Prozess- und Ergebniskontrollen durch die mit der jeweiligen Kampagne etc. beauftragte PR-Agentur. Damit lassen sich Erfolgsnachweise in Form umfangreicher Abdruckbelege produzieren; eine kritische Reflektion und Beurteilung des eigenen Handelns ist von den Umsetzungsverantwortlichen aber naturgemäß nicht zu erwarten. Deshalb führt letztlich kein Weg daran vorbei, spezielle Dienstleister zu beauftragen und die Ergebnisse selbst zu interpretieren. Je nach Aufgabenstellung und Methode bieten sich hierfür verschiedene Dienstleister an. Die großen Meinungs- und Marktforschungsinstitute wie TNS Infratest, GFK usw. bieten neben Bevölkerungsumfragen auch firmenspezifische Stakeholder-Befragungen sowie spezielle Methoden der integrierten Reputationsmessung an. Stärker auf die Unternehmenskommunikation und ihre Fragestellungen spezialisiert sind Anbieter wie PRIME Research, Com.X, Brand Control, A & B.

Framework und andere, die ebenfalls eine Vielzahl verschiedener Tools anbieten. Schließlich gibt es eine Reihe von Dienstleistern, die in mehr oder minder großen Segmenten des Kommunikations-Controlling aktiv sind. Usability-Tests von Websites sowie Pretests von eigenen Medien werden beispielsweise von technologisch versierten Internetberatern und Hochschulen mit eigenen Testlabors angeboten. Kostengünstige Umfragen im Internet oder Intranet lassen sich mit Hilfe von Spezialdienstleistern für Online-Research realisieren. Andere Anbieter bieten eine automatisierte, inhaltliche Beobachtung von Websites, Newsgroups und Weblogs im Internet an und können so Indikatoren und Kennzahlen für das Themen- und Krisenmanagement generieren. Die wichtigste Rolle kommt in der Praxis jedoch zweifelsohne den Medienmonitoring- und Medienanalyse-Dienstleistern wie Observer Argus Media, Ausschnitt Medienbeobachtung, Landau Media, Medien Tenor und Comdat zu. Sie werten tagesaktuell die Berichterstattung in Presse und Rundfunk aus und liefern mit Abdruck- bzw. Sendebelegen (Clippings) oder weitergehenden inhaltlichen Resonanzanalysen und Benchmarks zahlreiche operative Auswertungen, die im Kommunikations-Controlling verwendet werden können.

3.3 Vorgehensweise und Implementationsstufen

Angesichts der Vielschichtigkeit des Kommunikationsmanagements ist es sinnvoll, die Bereitstellung, Anwendung und Verbesserung von Controlling-Methoden in eine übergeordnete **Entwicklungsstrategie** einzubetten. Auf diese Weise entsteht mit pragmatischen und überschaubaren Schritten ein umfassendes Kommunikations-Controlling, das der Praxis nicht als künstliches Kennzahlensystem übergestülpt wird, sondern in direktem Bezug zu den täglichen Bedürfnissen und Erfahrungen steht. In Abwandlung anderer Vorschläge (vgl. insbes. Rolke & Koss, 2005, S. 67-81) bietet sich hierzu eine mehrstufige Vorgehensweise an (vgl. Abb. 3-1). An welchem Punkt man beginnt, muss unternehmensspezifisch und in Abhängigkeit von der jeweiligen Ausgangssituation festgelegt werden. Beispielsweise kann man sich bei begrenzten Ressourcen zunächst auf die Optimierung der vorhandenen Methoden konzentrieren; für einen neu engagierten Kommunikationschef mag es dagegen hilfreich sein, sein Aufgabengebiet von vornherein mit Hilfe von Scorecards zu strukturieren.

▓ Ein erstes Augenmerk sollte auf die **Optimierung der vorhandenen, partiellen Steuerungs- und Evaluationsmethoden** geworfen werden. In den meisten Unternehmen, auch im Mittelstand, werden heute Kommunikationskampagnen anhand von Checklisten geplant, Budgets und Zeitpläne sind vorhanden, die Presseresonanz wird durch eine regelmäßige Medienbeobachtung (Clippings bzw. Zeitungsausschnitte) erhoben, von Zeit zu Zeit finden darüber hinaus Befragungen von Mitarbeitern, Veranstaltungsteilnehmern oder Lesern der eigenen Publikationen statt. Diese Ansätze gilt es laufend zu verbessern, zum Beispiel durch den Einsatz neuer

Technologien wie Online-Umfragen im Intranet, die schnellere Ergebnisse bei geringeren Kosten versprechen. Darüber hinaus können Methoden eingeführt werden, die einzelne Phasen des Kommunikationsmanagements besser steuerbar machen. Dies betrifft etwa den Einsatz von Pretests im Rahmen größerer Kampagnen. Auf diese Weise werden das Bewusstsein für die Notwendigkeit von Controllingmethoden und vor allem der Blick für neue Methoden und Dienstleister in diesem Bereich geschärft.

Abbildung 3-1: *Implementationsstufen des Kommunikations-Controlling*

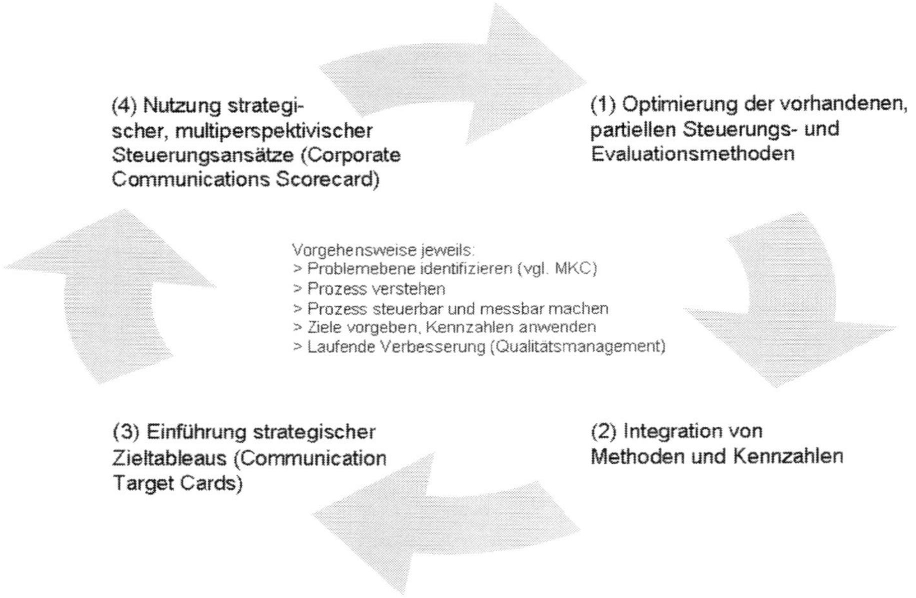

(4) Nutzung strategischer, multiperspektivischer Steuerungsansätze (Corporate Communications Scorecard)

(1) Optimierung der vorhandenen, partiellen Steuerungs- und Evaluationsmethoden

Vorgehensweise jeweils:
> Problemebene identifizieren (vgl. MKC)
> Prozess verstehen
> Prozess steuerbar und messbar machen
> Ziele vorgeben, Kennzahlen anwenden
> Laufende Verbesserung (Qualitätsmanagement)

(3) Einführung strategischer Zieltableaus (Communication Target Cards)

(2) Integration von Methoden und Kennzahlen

Ein weiterer pragmatischer Schritt ist die systematische **Integration von Methoden und Kennzahlen** bei der Planung, Umsetzung und Kontrolle von Kampagnen und Kommunikationsmaßnahmen. Beispielsweise kann die Auswertung der Presseberichterstattung mittels einer Medienresonanzanalyse durch gezielte Image-Befragungen bei wichtigen Stakeholdern (z.B. Kunden, Analysten, Mitarbeitern) ergänzt werden. Dies entspricht dem „State of the Art" bei fortschrittlichen Großunternehmen. Mit Hilfe **integrierter Evaluationsmodelle**, die von verschiedenen Dienstleistern angeboten werden, können die Einzelergebnisse sogar zu übergreifenden Kennzahlen aggregiert und somit für unternehmensinterne oder firmenübergreifende Vergleiche (Benchmarks) herangezogen werden (vgl. die Beispiele in Pfannenberg & Zerfaß, 2005a, Kapitel II).

- Der Aufbau eines Controllingsystems im eigentlichen Sinn beginnt mit der Einführung von **strategischen Zieltableaus**, die sich am Beitrag der Kommunikation zur Wertschöpfung des Unternehmens orientieren. Diese Ziele können in einer **Communication Target Card (CTC)** für das Kommunikationsmanagement bzw. den hierfür verantwortlichen Kommunikations-Leiter festgehalten werden. Die CTC enthält die wichtigsten 15 bis 20 Ziele für eine bestimmte Periode (beispielsweise das Quartal oder Geschäftsjahr) und betrifft alle oben skizzierten Ebenen des Kommunikationscontrolling: die Infrastruktur für das Kommunikationsmanagement selbst sowie Strategien, Programme und Maßnahmen der Unternehmenskommunikation. Dabei müssen die Ziele direkt aus der übergeordneten Unternehmensstrategie abgeleitet werden (etwa: Innovationskraft stärken, Marktführerschaft in Asien erreichen, Bonitätsbewertung verbessern). Dies ist der entscheidende Unterschied zu den vorher genannten und derzeit in der Praxis vorherrschenden Ansätzen: Die Planung und damit auch die Evaluation orientieren sich nicht an dem, was bislang im Bereich von Public Relations, Mitarbeiter- und Marktkommunikation üblich und erfolgreich war, sondern konsequent an den Zielen der Gesamtorganisation. Wenn die Kommunikationsaufgaben von mehreren Mitarbeitern wahrgenommen wird, können für alle Abteilungen bzw. Stellen spezifische Communication Target Cards abgeleitet und aufgabenspezifisch ausdifferenziert werden. Jedes Ziel sollte mit einer oder mehreren Kennzahlen unterlegt werden. Die einzelnen Ziele stehen allerdings ungewichtet nebeneinander; im Zuge der Umsetzung kommen die bekannten und häufig bereits vorhandenen Methoden der Planung und Kontrolle zur Anwendung.

- Ein vollständiges Controllingsystem muss darüber hinaus die Vielschichtigkeit der Stakeholderbeziehungen abbilden und gleichzeitig die Wechselwirkungen zwischen Unternehmenszielen, strategischen Kommunikationsprogrammen und operativen Maßnahmen im Medienmix aufzeigen. Hierfür sind **multiperspektivische, strategische Steuerungsansätze** notwendig. In der Praxis haben sich insbesondere Adaptionen des Value Based Management und der **Corporate Communications Scorecard** bewährt (vgl. unten Abschnitt 4.1.2). Sie stellen ebenso wie die Communication Target Card einen Zusammenhang zwischen Unternehmenszielen und Kommunikationszielen her; unterscheiden aber mehrere Einflussgrößen des Erfolgs (Kunden- und Marktbeziehungen, Finanzierung, interne Prozesse, Potenziale, gesellschaftspolitische Akzeptanz und Legitimation). Darüber hinaus wird der Wirkungszusammenhang zwischen Erfolgsfaktoren, Werttreibern, Kennzahlen und Handlungsprogrammen deutlicher differenziert erfasst, so dass eine gezielte Steuerung und Kontrolle möglich ist. Die Methodenvielfalt wird auf dieser Ebene nicht zwangsläufig erweitert. Ganz im Gegenteil kann es sich herausstellen, dass aufwendige Evaluationsprozesse z.B. im Bereich der Pressearbeit in keinem Verhältnis zur strategischen Bedeutung des entsprechenden Handlungsfelds stehen und daher zurückgefahren werden können. Dementsprechend müssen die einzelnen Steuerungs- und Evaluationsmethoden angepasst werden – im Zuge der Anwendung ergeben sich immer wieder Impulse für eine Qualitätssteigerung auf allen Implementationsstufen.

Diese Überlegungen verdeutlichen, dass ein erfolgreiches Kommunikations-Controlling nicht am grünen Tisch entwickelt werden kann. Vielmehr sollten die verantwortlichen Führungskräfte alle Mitarbeiter, Dienstleister und anderen betroffenen Stellen einbeziehen und die Strukturen sukzessive aufbauen. Dies ist auch deshalb sinnvoll, weil normierte und transparente Prozesse zwar die Performance des Gesamtunternehmens steigern, aber für viele auch unbequem sind, weil sie Unzulänglichkeiten aufdecken und Leistung belohnen. Die Etablierung eines strategischen Kommunikations-Controlling wird dann besonders gut gelingen, wenn im Unternehmen – zum Beispiel durch frühere Zertifizierungs- und Leitbildprozesse – eine ausgeprägte **Innovationsbereitschaft, Prozessorientierung und Kritikfähigkeit** vorhanden ist. Insofern muss stets die jeweilige Organisationskultur (Steinmann & Schreyögg, 2005, S. 707-751) als Rahmenbedingung mit bedacht werden.

4 Durchführung des Kommunikations-Controlling: Ausgewählte Beispiele

Eine eindeutige Zuordnung der heute in den Unternehmen verwendeten Praxisansätze zu den systematischen Ebenen des Kommunikations-Controlling ist nicht immer möglich. Dies liegt vor allem daran, dass die intern Verantwortlichen ebenso wie externe Anbieter ihre Dienstleistungen bislang weniger vom Verwendungszweck her als vielmehr ausgehend von der jeweiligen Methodik definieren und dann geeignete Anwendungsmöglichkeiten suchen. Dementsprechend orientiert sich die folgende Darstellung an den wichtigsten Methodenkomplexen; neben einem allgemeinen Überblick wird jeweils ein Anwendungsbeispiel näher vorgestellt.

4.1 Steuerungsmethoden

4.1.1 Zielsetzung und Überblick

Die Entwicklung und der systematische Einsatz von betriebswirtschaftlich fundierten Methoden zur Steuerung der Unternehmenskommunikation werden erst seit kurzem diskutiert (vgl. insbesondere die Beiträge in Pfannenberg & Zerfaß, 2005a). Es geht darum, den **Zusammenhang zwischen Kommunikationsaktivitäten und übergeord-**

neten Unternehmenszielen nachvollziehbar und so für die Steuerung (Zielvorgaben) und Evaluation (Messung der Zielerreichung) zugänglich zu machen, also den **Outflow** der Unternehmenskommunikation zu bestimmen. Hierbei sind zwei wesentliche Ansätze zu unterscheiden:

▓ **Kennzahlensysteme** wie das Communication Control Cockpit (Rolke & Koss, 2005, S. 52-58) versuchen, den Erfolg von Kommunikationsmaßnahmen in mehreren Dimensionen (z.B. bezogen auf verschiedene Stakeholder bzw. auf Medienresonanz, Publikumswirkung usw.) quantitativ zu erfassen und mit ökonomischen Größen wie insbesondere den Kommunikationsaufwendungen (Kosten) sowie der Steigerung des Unternehmenswerts (Economic Value Added = EVA) zu korrelieren. Dies ermöglicht die Berechnung von Spitzenkennzahlen wie beispielsweise dem Return of Communications (RoCom), der als EVA/Summe der Kommunikationsetats definiert wird. Die Validität dieser und anderer Kennziffern ist jedoch zu hinterfragen, da der unstrittige Zusammenhang von Kommunikation und Unternehmenserfolg hier als „Black Box" betrachtet und Wechselwirkungen mit anderen Einflussfaktoren des Unternehmenserfolgs wie z.B. Produktqualität, Lieferbereitschaft und Mitarbeitermotivation ausgeblendet werden (vgl. ausführlicher Zerfaß, 2005, S. 192-195).

▓ Adaptionen der **Balanced Scorecard** und des **Value Based Management** richten dagegen ein besonderes Augenmerk darauf, die Wirkungszusammenhänge von Kommunikation in mehreren Perspektiven im Detail zu beschreiben, hierfür geeignete Kennzahlen bzw. Key Performance Indicators (KPIs) zu definieren und darauf aufbauend einen firmenspezifischen Bezugsrahmen für die ganzheitliche Steuerung und Evaluation der Unternehmenskommunikation zu entwickeln. Dabei können zwangsläufig nicht alle denkbaren Einflussgrößen abgebildet werden, sondern es erfolgt eine Konzentration auf die im Hinblick auf die für die jeweilige Unternehmensstrategie wesentlichen Werttreiber und Parameter. Scorecards und Ansätze des Value Based Management sind daher stets unternehmensspezifisch zu entwickeln und – sofern sie intelligent konstruiert werden – genuine Quellen von Wettbewerbsvorteilen.

4.1.2   Beispiel: Die Corporate Communications Scorecard

Die Corporate Communications Scorecard (Zerfaß, 2005b) ist ein Steuerungs- und Evaluationsinstrument, das eine Brücke zwischen der übergeordneten Unternehmensstrategie und einzelnen Kommunikationsprogrammen herstellt. Dazu wird – in Anlehnung und **Erweiterung der klassischen Balanced Scorecard** (Kaplan & Norton, 1996; Müller-Stewens & Lechner, 2005, S. 708-711) – die Gesamtorganisation gleichzeitig aus mehreren Perspektiven (Finanzen, Kunden, Prozesse, Potenziale, Gesellschaftspolitik) betrachtet. Abb. 4-1 zeigt ein entsprechendes Beispiel, wobei hier aus

Darstellungsgründen nur zwei Perspektiven abgebildet sind. Die grau unterlegten Elemente betreffen die Kommunikation. Für jede Sicht werden ausgehend von der (1) Unternehmensstrategie zunächst (2) konkrete Ziele bzw. Erfolgsfaktoren festgelegt, anschließend (3) auf Basis sinnvoller Wirkungsmodelle die zugrunde liegenden (kommunikativen) Werttreiber identifiziert und (4) messbare Leistungskennzahlen und Zielvorgaben definiert. Daraus lassen sich dann (5) strategische Handlungsprogramme, u. a. auch für die Kommunikationspolitik, ableiten. Im Zuge der Umsetzung werden die Kennzahlen in regelmäßigen Abständen (alle drei oder sechs Monate) evaluiert. Hierbei kann vielfach auf die bereits vorhandenen operativen Controllingtools wie Umfragen, Medienresonanz etc. zurückgegriffen werden. Im Sinne einer laufenden Verbesserung werden anschließend die Prozesse und Maßnahmen verbessert oder auch die Zielvorgaben angepaßt.

Die Corporate Communications Scorecard steht dabei nicht isoliert neben anderen funktionalen Strategien, sondern sie ist ein auf den Verantwortungsbereich des Kommunikationsmanagements bezogener Auszug aus der gesamten, um die gesellschaftspolitische Dimension erweiterten Scorecard des Unternehmens. Dadurch wird das Zusammenspiel verschiedener Kommunikationsbereiche (Pressearbeit, Werbung, Investor Relations,…) ebenso sichtbar wie die Wechselwirkung mit anderen Unternehmensfunktionen. Beispielsweise kann eine operativ erfolgreiche Community-Relationship-Kampagne durch Störfälle in der Produktion oder durch eine Streichung von Arbeitsplätzen für Auszubildende konterkariert werden. Dementsprechend muss der Beitrag der Kommunikation zur Akzeptanz in Standortkommunen differenziert analysiert werden. Dies wird durch Scorecards ermöglicht – im Unterschied zu reinen Kennzahlensystemen stellen sie nicht einfach Input (Kampagne) und Resultat (Akzeptanz) gegenüber, sondern sie befördern eine argumentative, auf quantitative Werte gestützte Beurteilung der Situation und damit eine kontinuierliche Verbesserung des eigenen Handelns.

Die Corporate Communications Scorecard kann über die **Makroebene** der strategischen Wertschöpfung hinaus auch auf der **Mikroebene** zur operativen Steuerung einzelner Kommunikationsprogramme eingesetzt werden. Sie stößt in der Praxis auf breite Akzeptanz, weil sie auf einem weit verbreiteten und auch bei Controlling-Verantwortlichen etablierten Managementtool beruht. Scorecards sind deshalb heute die am weitesten verbreitete Methode zur strategischen Steuerung der Unternehmenskommunikation – zu den Anwendern gehören bekannte Firmen wie Bosch, Daimler Chrysler, Heidelberger Druckmaschinen und die SwissRe.

Abbildung 4-1:   *Beispiel einer Corporate Communications Scorecard (Auszug)*

Unternehmens- strategie (1) ↓Ableiten	Finanz-Perspektive *Welche Ziele leiten sich aus den Erwartungen der Kapitalgeber ab?*		Gesellschaftspolitische Perspektive *Welche Ziele leiten sich aus den Erwartungen von Bürgern, Anwohnern, Politikern ... ab?*	
Strategische Erfolgsfaktoren (2) ↓↑	Kostenstruktur optimieren	Aktienkurs steigern	Corporate Citizenship ausbauen	Akzeptanz in Standort- kommunen sicherstellen
Werttreiber (3)	a) Effizienz der Verwaltung	a) Image bei Kauf- entscheidern für Aktien	a) Bekanntheit bei NGOs und Politikern	a) Bedeutung als Arbeitgeber
			b) Übernahme von Verantwortung für die Umwelt	b) Produktion ohne Störfälle
↓↑	b) Kreditkosten			c) Politik der offenen Tür
Leistungskenn- zahlen und Zielvorgaben (4)	a1) Verwaltungskosten vom Umsatz Ziel: < 6%	a1) Imageprofil bei Analysten Ziel: besser als XY AG	a1) Bekanntheitsgrad Ziel: 60% ungestützt	a1) Arbeitsplätze Ziel: > 850 Vollzeitstellen und > 40 Azubis
	b2) Fremdkapitalzinsen Ziel: < 9%	a2) Berichterstattung in der Finanzpresse Ziel: monatlich 10 Abdrucke	b1) Öko-Audit Ziel: erfolgreiche EU- Zertifikation	b1) Anzahl der Störfälle Ziel: 0
↓↑				c1) Zielgruppenkontakte Ziel: > 4 pro Bürger
Strategische Kommunikations- programme (5) messen ↑		a11) Ausbau des Analysten-Netzwerks a21) Inv. Relations- Pressekampagne	a11) Neuausrichtung von Lobbyismus und Dialogkommunikation	c11) Community Relationship-Konzept (Sponsoring, Events)

4.2   Erfolgsprognosen

4.2.1   Zielsetzung und Überblick

Erfolgsprognosen zielen auf eine **empirisch begründete Voraussage über die Wirksamkeit bzw. Nützlichkeit von Kommunikationsmaßnahmen** ab. Im Unterschied zum Marketing sind sie in der Unternehmenskommunikation und speziell in der PR bislang wenig verbreitet. Dies dürfte sich mit den steigenden Etats in diesem Bereich jedoch ändern. Denn eine auf die Erfolgsmessung verkürzte Wirkungskontrolle kann immer nur erst im Nachhinein ansetzen und kommt – insbesondere bei komplexen Kommunikationskampagnen und dynamischen Öffentlichkeiten – möglicherweise zu spät. Die Grundidee von Erfolgsprognosen, die den **Outcome** der Kommunikation ins Visier nehmen, ist einfach und aus der Marketingforschung bekannt (Trommsdorff, 2003): Im Zuge der Konzeptumsetzung werden zunächst konkrete Botschaften und

Medien (Anzeigen, Infobroschüren, Pressemappen, E-Mail-Newsletter, Websites) entwickelt und diese dann im Vorfeld der Streuung bzw. Zielgruppenansprache mit ausgewählten Probanden getestet. Dabei können Varianten diskutiert und mit wenig Aufwand konkrete Optimierungsvorschläge ermittelt werden. Hierfür gibt es eine Reihe etablierter Methoden, die sich relativ einfach für Aufgabenstellungen der Unternehmenskommunikation adaptieren lassen. Beispiele sind Anzeigen-Pretests, Fokusgruppen-Befragungen für „Nullnummern" von Mitarbeiterzeitschriften sowie Usability-Tests für Websites, die man bereits im Entwicklungsstadium durchführen kann. Von einer solchen Evaluation „ex ante" oder „in between" kann man selbstverständlich keine exakte Ergebnisprojektion erwarten. Denn der Kommunikationsverlauf hängt letztlich immer vom Handeln der jeweiligen Rezipienten und damit vom realen Kontext ab. Aber Pretests entfalten eine so große prognostische Kraft, dass sie stets als Ergänzung zur klassischen „Ex-post-Messung" in Betracht gezogen werden sollten.

4.2.2 Beispiel: Pretests mit Usability-Konzepten

Der Ansatz der PR-Usability (Zerfaß, 2004, S. 415-416) lenkt den Blick darauf, dass die Bezugsgruppen in der heutigen Informationsgesellschaft weitgehend selbst entscheiden, welche Kommunikationsangebote sie nutzen wollen. Dies gilt insbesondere für interaktive Medienangebote wie das Internet, die ohne aktive Zuwendung erfolglos bleiben, aber auch für die Vielzahl jederzeit verfügbarer Hörfunk- und TV-Sender, Printpublikationen und Direktmailings. Deshalb ist es für die operative Steuerung und Kontrolle der Kommunikation von entscheidender Bedeutung, welchen Nutzen PR-Maßnahmen für die Rezipienten stiften. **PR-Usability** bezeichnet das Ausmaß, in dem ein Kommunikationsangebot oder Medium der Öffentlichkeitsarbeit von einem Benutzer verwendet werden kann, um kontextbezogene Ziele effizient und effektiv zu erreichen. Dies lässt sich mit Hilfe verschiedener Kriterien und Methoden (Befragungen, Experimente) empirisch erheben – und zwar nicht nur im Nachhinein, sondern bereits in Pretests der entsprechenden Kommunikationsmaßnahmen. Beispielsweise haben sich im Bereich der Online-Kommunikation Web-Usability-Tests mit der **Methode des Lauten Denkens** bewährt (Zerfaß & Hartmann, 2005). Hierbei werden fünf bis zehn Probanden in einer Laborsituation gebeten, die Nutzbarkeit von Internetauftritten zu beurteilen. Jeder Beteiligte erhält mehrere Aufgaben (z.B. Informationsrecherche, Bestellung eines Geschäftsberichts) und muss seine jeweiligen Wahrnehmungen und Handlungen kommentieren. Durch die Auswertung der entsprechenden Protokolle werden grundlegende Nutzungsmuster und Missverständnisse schnell deutlich. Die Kommunikationsverantwortlichen können ihre Angebote optimieren und so eine erhöhte Kontaktwahrscheinlichkeit und Wirkung sicherstellen.

Alternativ können Websites auch mit Hilfe **inhaltsanalytischer Messverfahren** getestet werden. Hierbei untersuchen geschulte Codierer den Internetauftritt anhand standardisierter, gegebenenfalls auf spezifische Anwendungsfelder (Finanzkommunikation, Pressearbeit) oder Branchen zugeschnittener Kriterienkataloge mit über 150 Einzelfaktoren (Šonje, 2001). Dies zielt weniger auf einen Erkenntnisgewinn zur Akzeptanz bei einzelnen Adressaten als vielmehr auf die Sicherstellung einer konsistenten Informationsarchitektur ab. Zudem werden ein Benchmarking mit Wettbewerbern und eine bessere Allokation der Ressourcen möglich. Beispielsweise macht es keinen Sinn, weiter in diejenigen Aspekte einer Website zu investieren, bei denen man ohnehin schon „Best of the Class" ist. Stattdessen sollten gezielt Schwachstellen ausgemerzt oder neue Möglichkeiten der Ansprache getestet werden. Dies verdeutlicht die Grundidee von Erfolgsprognosen: Die (potenzielle) Wirkung von Kommunikation wird bereits frühzeitig getestet; die dadurch erzeugte Transparenz ermöglicht eine verbesserte Steuerung und steigert die Chance, dass die kommunikativen und betriebswirtschaftlichen Ziele am Ende des Tages erreicht werden.

4.3   Medienbezogene Evaluationsmethoden

4.3.1   Zielsetzung und Überblick

Medienbezogene Evaluationsmethoden verfolgen das Ziel, die **veröffentlichte Meinung im Sinne der Informationsangebote, Interpretationen und Wertungen der Massenmedien zu analysieren und Rückschlüsse auf die Qualität und künftige Ausrichtung der Kommunikationsarbeit** vorzunehmen. Diese Ansätze sind heute in der Praxis weit verbreitet und Ausfluss der historischen Verankerung von Public Relations im – inzwischen allerdings an Bedeutung verlierenden – Teilsegment der Pressearbeit. Die grundsätzliche Problematik dieser Methoden besteht darin, dass sie erstens nur den **Output** von Kommunikation bestimmen, d.h. die Zugänglichkeit bestimmter Botschaften für die Bezugsgruppen nachgewiesen wird, und dass zweitens keine Aussage darüber getroffen werden kann, ob und inwiefern die veröffentlichte Meinung von den Betroffenen überhaupt wahrgenommen, für glaubwürdig erachtet, erinnert und in handlungsleitende Orientierungen transferiert wird. Anwendungsformen der Medien-Evaluation finden sich im Bereich der Online-Medien (Auswertung der Berichterstattung in Internet-Magazinen, Online-Portalen und Weblogs), im Hörfunk und Fernsehen (Mitschnitte und Analysen von Einzelbeiträgen und Sendungen) sowie vor allem bei Zeitungen und Zeitschriften (Pressebeobachtung). Entsprechende Dienstleistungen der Medienbeobachtung und -analyse werden von zahlreichen Anbietern offeriert.

4.3.2   Von Clippings zur Medienresonanzanalyse

Bei der Auswertung der Presseresonanz sind folgende, aufeinander aufbauende Stufen zu unterscheiden:

- Das **Sammeln und Auszählen von Clippings** (Abdruckbelegen) wird im Allgemeinen durch Dienstleister vorgenommen. Geschulte Medienauswerter und spezielle Softwareprogramme durchsuchen täglich hunderte von Presseorganen und Online-Publikationen nach vorgegebenen Begriffen (Firmennamen, Marken, Gattungsbegriffen) und stellen die gefundenen Belege für den Auftraggeber bereit. Auf diese Weise erhalten die Kommunikationsverantwortlichen einen **Pressespiegel**, der die aktuelle Berichterstattung über das Unternehmen zusammenfasst und der Geschäftsleitung oder anderen Interessenten präsentiert werden kann. Unkundige Entscheider lassen sich häufig bereits durch diese rein quantitativen Darstellungen beeindrucken und schließen daraus fälschlicherweise auf die Qualität der Unternehmenskommunikation („umfangreiche Pressespiegel = gute PR").

- Mit **Auswertungen und Äquivalenzanalysen** rücken qualitative Aspekte in den Mittelpunkt der Betrachtung. Über die reine Dokumentation hinaus findet hier eine Gewichtung und Bewertung statt. Anhand der häufig schon auf den Clippings vermerkten Auflagenhöhe der Medien kann man die **potenzielle Reichweite** (Leserkontakte) einer Nachricht berechnen. Die Äquivalenzanalyse als pragmatischer, aber wegen der unterschiedlichen Zwecksetzung von Werbung und Pressearbeit zu Recht umstrittener Bewertungsansatz geht davon aus, dass ein redaktioneller Beitrag mindestens die gleiche Wirkung entfaltet wie eine Anzeige gleichen Umfangs. Dementsprechend werden die Kosten für eine entsprechende Anzeigenschaltung in dem jeweiligen Medium als **Anzeigenäquivalenzwert** berechnet und als ökonomischer Erfolg ausgewiesen („ersparte Werbekosten"). Weitere relativ einfach erhebare Indikatoren sind die **Abdruckquote** (wie viele der angeschriebenen Redaktionen haben eine Pressemeldung des Unternehmens veröffentlicht) und die Zahl der **Neukontakte** (wie viele bislang intern nicht erfasste Redaktionen oder Journalisten haben eine Meldung, z.B. über allgemeine Pressedatenbanken, aufgegriffen, und sollten dementsprechend künftig als Multiplikatoren kontaktiert werden).

- Als „State of the Art" der Presseauswertung gilt die **Medienresonanzanalyse**, bei der die Clippings inhaltlich codiert und im Hinblick auf verschiedene Fragestellungen ausgewertet werden (vgl. Merten, 2004, S. 233-238; Lindenmann, 2003, S. 9-11; Stacks, 2002, S. 107-122; DPRG, 2001, S. 16-23; sowie grundlegend Femers & Klewes, 1995). Methodisch handelt es sich um eine **Inhaltsanalyse**, also einen etablierten und computergestützten Ansatz der empirischen Sozialforschung (Brosius & Koschel, 2005, S. 136-175), bei dem geschulte Codierer auf Basis eines vorab definierten Codebuchs mit klar geregelten Begriffen und Kriterien analysieren, was, wie und wo über ein Unternehmen, dessen Produkte oder strategierelevante Themen berichtet wurde und wer der jeweilige Urheber ist. Die Ergebnisse der Inhaltsanalyse werden zu den Aktivitäten des Unternehmens in Bezug gesetzt (z.B. veröffentlichte Pressemeldungen, Interviews des Vorstands, bekannt gewordene Störfälle,...). Auf diese Weise können zahlreiche Fragen beantwortet werden, die dem Kommunikationsmanagement möglicherweise Hinweise auf notwendige

Umsteuerungen geben. Beispielsweise können dominante Themen und deren Konjunktur identifiziert werden (Themenanalysen) und man kann die Meinungstendenz (Bewertungsanalysen) ebenso wie grundlegende Entwicklungen, etwa die überragende Bedeutung negativer Ereignisse auf die Berichterstattung, erfassen (Trendanalysen) (Merten, 2004, S. 234-235). Einige Vorgehensweisen und damit verbundene **Kennziffern der Medienresonanz** sind in der PR-Praxis weit verbreitet, beispielsweise der Initiativquotient (Verhältnis der vom Unternehmen durch Pressearbeit angestoßenen zu den fremd initiierten Berichten).

4.4 Publikumsbezogene Evaluationsmethoden

4.4.1 Zielsetzung und Überblick

Bei publikumsbezogenen Evaluationsmethoden geht es darum, **Nutzung, Wahrnehmung und Verstehen von Kommunikationsmaßnahmen sowie die Veränderung von Wissen, Einstellungen, Images und Handlungsweisen bei den relevanten Stakeholdern** zu erheben. Damit rückt die direkte Zielgruppenwirkung, also der **Outcome** der Unternehmenskommunikation, in den Mittelpunkt der Betrachtung. Die Gegenüberstellung eigener Maßnahmen und deren Kosten mit dem, was davon bei den Adressaten angekommen ist und aufgenommen wurde, ermöglicht eine Beurteilung und gegebenenfalls eine Neujustierung der Kommunikationspolitik. Entsprechende Vorgehensweisen werden in der Praxis – zumindest sporadisch und bei wichtigen Kampagnen, Anlässen oder Bezugsgruppen – häufig eingesetzt. Als spezielle und von einzelnen Kommunikationsmaßnahmen bzw. Publikumsgruppen abstrahierende Evaluationsform haben sich übergreifende Image- und Reputationsanalysen etabliert (vgl. unten Abschnitt 4.5). Bei der publikumsbezogenen Evaluation sind grundsätzlich zwei Erkenntnisziele zu unterscheiden, für die jeweils eine Vielzahl unterschiedlicher Indikatoren definiert und erhoben werden können (DPRG, 2001, S. 24-33; Lindenmann, 2003, S. 13-17; Merten, 2004, S. 228-232):

▓ Die **direkte Wirkung der Kommunikationsangebote** belegt, inwiefern einzelne Botschaften des Unternehmens (in Mitarbeiterzeitschriften, beim Tag der offenen Tür für Werksanrainer, bei einem Parlamentarischen Abend) oder die veröffentlichte Meinung (im Zuge der Medienbeobachtung identifizierte Zeitungsberichte) von den als relevant erachteten Bezugsgruppen überhaupt wahrgenommen, inhaltlich verstanden, als glaubwürdig erachtet und erinnert werden. Die entsprechenden Wirkungen werden auch als Outtakes bzw. Outgrowth bezeichnet. Als Indikatoren und Parameter eignen sich beispielsweise die Zahl der aktiven Zuhörer bei Veranstaltungen (im Unterschied zu den nur anwesenden „Zaungästen"), die Leser von Firmenzeitschriften (im Unterschied zum breiteren Abonnenten- bzw. Adressatenkreis), Erinnerungswerte für bestimmte Botschaften, sowie die Übereinstimmung der von den Bezugsgruppen geäußerten inhaltlichen Vorstellungen zu einem Thema mit den in Unternehmenspublikationen formulierten Aussagen.

▨ Die **indirekte Wirkung, im Sinne von Veränderungen bei den Bezugsgruppen,** zeigt dagegen, ob die Situationsdeutungen, Realitätskonstruktionen, Prädispositionen oder Handlungen der Stakeholder durch die wahrgenommenen Botschaften beeinflusst werden. Indikatoren sind Veränderungen im Wissen über bestimmte Produkte und Leistungen des Unternehmens, in den Einstellungen zu kommunizierten Themen (z.B. pro/contra Besteuerung von Lebensversicherungserträgen) oder bei den einem Unternehmen zugeschriebenen Attributen (Imageprofil). In Einzelfällen können auch veränderte Handlungsweisen erhoben werden, wenn beispielsweise ein neues Produkt ausschließlich durch virale Kommunikation im Internet und in Weblogs angekündigt wird und dies zu einer messbaren Kundennachfrage im Handel führt (vgl. mit Beispielen Zerfaß & Boelter, 2005, S. 101-104). Da es um Veränderungen geht, sind immer mindestens zwei Erhebungen (Nullmessung und Ergebnismessung bzw. periodische Erhebungen) notwendig.

Die direkte und indirekte Wirkung der Kommunikation bei den Stakeholdern muss konzeptionell klar unterschieden werden. Es bietet sich jedoch an, beide Aspekte in einem Schritt zu erheben. Dazu eignen sich verschiedene **Methoden der empirischen Sozialforschung,** die entweder unternehmensintern oder von speziellen Dienstleistern, z.B. Markt- und Meinungsforschungsinstituten, implementiert werden. Von Bedeutung sind insbesondere **quantitative Befragungen** (Brosius & Koschel, 2005, S. 91-123), die persönlich (Leitfaden-Interviews), schriftlich (Teilnehmer- und Leserbefragungen), telefonisch (CATI = Computer Aided Telephone Interviews) oder per Online-Fragebogen (Welker et al., 2005, S. 73-98) umgesetzt werden können. Je nach Fragestellung bietet es sich aus Kostengründen an, keine eigenen Umfragen durchzuführen, sondern einzelne Fragen in Mehrthemenumfragen (Omnibus) von Marktforschungsinstituten einzuspeisen. **Qualitative Befragungen** in Form von Tiefeninterviews und Fokusgruppen (Stacks, 2002, S. 84-102; Broom & Dozier, 1990, S. 325-330) ermöglichen eine differenzierte Erhebung von Motiven, Emotionen und Einstellungen, liefern im Allgemeinen allerdings keine statistisch vergleichbaren Werte. Die einfachsten Erhebungsinstrumente sind **Beobachtungen** (Mast, 2006, S. 168-169), bei denen sich die Bezugsgruppen nicht äußern müssen, sondern nur ihre Handlungen ausgewertet werden. Dies betrifft beispielsweise die systematische Erhebung von Anmelde- und Teilnehmerzahlen bei Veranstaltungen, die Anforderungen von bereitgestelltem Informationsmaterial sowie die Zugriffszahlen und Verweildauer auf Websites. Aufwendiger und anfälliger für Verzerrungen sind Testverfahren, bei denen die Wirkung auf einzelne Untersuchungspersonen in einer Laborsituation erhoben wird. Dies betrifft z.B. Recognition- und Recall-Tests für Unternehmenspublikationen und Anzeigen oder die bereits beschriebenen Web-Usability-Tests mit der Methode des Lauten Denkens (vgl. oben Abschnitt 4.2.2), die nicht nur im Vorfeld, sondern auch nach der Implementierung einer entsprechenden Kommunikationsmaßnahme zur Anwendung kommen können.

4.4.2 Beispiel: Mitarbeiterbefragungen

Eines der am häufigsten eingesetzten Instrumente der Kommunikations-Evaluation sind Mitarbeiterbefragungen (Borg, 2006; Domsch & Ladwig, 2000). Sie sollen das Wissen, die Einstellungen und die Meinungen der Mitarbeiter aller Hierarchieebenen zu unternehmensbezogenen Themen erfassen und auf diese Weise unter anderem die Wirkung interner Kommunikationsmaßnahmen überprüfen. Beispielsweise kann die Nutzungshäufigkeit der Werkszeitschrift oder die Kenntnis der aktuellen Unternehmensziele erhoben werden. Die auf diese Weise generierten, quantitativen Kennzahlen können zudem in Steuerungsinstrumente wie die Corporate Communications Scorecard (vgl. oben Abschnitt 4.1.2) einfließen. Dies ermöglicht eine kontinuierliche Verbesserung der Kommunikationspolitik.

Mitarbeiterbefragungen werden im Allgemeinen von der Geschäftsleitung verantwortet und unter Einbeziehung der Kommunikations- und Personalabteilungen von externen Spezialisten umgesetzt. Dies ist wichtig, damit die notwendige Anonymität sichergestellt wird und die Befragten sich darauf verlassen können. Entscheidend für die Akzeptanz und den Erfolg der Umfrage ist – neben entsprechenden Informationsmaßnahmen im Vorfeld – insbesondere die Wahl geeigneter Themen und die zielgruppengerechte Aufbereitung des Fragebogens. Die Befragung selbst wird aus Kostengründen heute zumeist online im Intranet durchgeführt. Statt der lange Zeit üblichen Standardfragebögen sollte ein **firmenspezifisches Themenspektrum** definiert werden (Borg, 2006) – dies erzeugt Betroffenheit und verdeutlicht die Handlungsrelevanz für Mitarbeiter und Führungskräfte. Die einzelnen Fragen werden zu thematischen Blöcken zusammengefasst und üblicherweise mit Hilfe von Skalen erfasst (vgl. zu alternativen Skalierungsverfahren Brosius & Koschel, 2005, S. 59-62). Bewährt haben sich **Likert-Skalen**, bei denen die Items als Feststellung formuliert werden und die Befragten ihre Zustimmung bzw. Ablehnung durch eine mindestens fünfstufige Skala ausdrücken können (z.B. „Die Werkszeitschrift sollte nur noch online erscheinen" – stimme voll zu/stimme zu/unentschieden/lehne ich ab/lehne ich vollkommen ab). Die Antworten können bei der Auswertung leicht addiert und so Mittelwerte etc. für alle Mitarbeiter und für abgrenzbare Gruppen gebildet werden. **Semantische Differentiale** bieten sich an, wenn man die von den Mitarbeitern verinnerlichten Bedeutungsgehalte und Einstellungen erheben will. Dabei wird ein Begriff zusammen mit bis zu zehn Attributen vorgegeben, die als Gegensatzpaare formuliert sind. Der Untersuchungsgegenstand „Werkszeitschrift" könnte beispielsweise mit den Attributpaaren monoton/abwechslungsreich, übersichtlich/verwirrend, umfassend/selektiv usw. und mit jeweils fünf Abstufungen bzw. Wahlmöglichkeiten beschrieben werden. Die Befragten weisen dann jedem Attribut einen Wert zwischen den beiden Polen zu. Auf diese Weise entsteht ein Polaritätenprofil, mit dem verschiedene Bedeutungszuweisungen im Zeitverlauf oder durch unterschiedliche Gruppen (z.B. Führungskräfte und Projektleiter/Sachbearbeiter) plastisch dargestellt werden können. Außerdem können mehrere Untersuchungsgegenstände nebeneinander gestellt und miteinander verglichen werden, beispielsweise die Wahrnehmung der Werkszeitschrift im Unterschied zum Intranet (vgl. Abb. 4-2).

Abbildung 4-2: *Beispiel für die Auswertung einer Mitarbeiterumfrage (Sem. Differential)*

Mitarbeiterzeitschrift ———— Intranet - - - - - - - -						
	1	2	3	4	5	
Monoton						Abwechslungsreich
Übersichtlich						Verwirrend
Umfassend						Selektiv
Einflussreich						Unbedeutend
...						...

4.5 Imagebezogene Evaluationsmethoden

4.5.1 Zielsetzung und Überblick

Image- und reputationsbezogene Evaluationsmethoden befassen sich mit den **Vorstellungsbildern und Unterstützungspotenzialen, die als kumuliertes Ergebnis der Unternehmenskommunikation und anderer Einflussfaktoren bei den relevanten Stakeholdern** vorhanden sind. Ähnlich wie bei den publikumsorientierten Ansätzen wird hier der **Outcome** der Kommunikation gemessen und die operative Steuerung unterstützt. Allerdings fragt man nicht nach der Wirkung einzelner Aktivitäten, sondern es geht um die Erhebung eines Gesamteindrucks, der vor allem im Zeitvergleich und im Benchmarking mit Wettbewerbern aussagekräftig ist. Zudem kann das Image bzw. die Reputation als immaterieller Wert und somit als Indikator für den **Outflow** der Kommunikation betrachtet werden.

Als **Image** bezeichnet man einen Gesamtkomplex von Strukturen, die in ihrer Summe ein vereinfachtes, aber handlungsleitendes Vorstellungsbild von Unternehmen, Marken, Produkten, Leistungen oder Menschen vermitteln (Zerfaß, 2004, S. 127-131). Images sind vor allem dann relevant, wenn Bezugsgruppen ihre Entscheidungen – wie dies in ausdifferenzierten Gesellschaften üblich ist – nicht oder nur teilweise auf persönliche Erfahrungen stützen können. **Reputation** entsteht, wenn diese Vorstellungsbilder durch Unterstützungspotenziale ergänzt werden (Fombrun, 1996; Zerfaß, 2004, S. 396-397). Aufgrund seiner Reputation kann ein Unternehmen oder eine Führungskraft kommunikativen Einfluss ausüben und damit auch jenseits ökonomischer und hierarchischer Stellgrößen (Geld, formale Macht) etwas bewegen. Die verschiedenen **Methoden zur Erhebung von Image bzw. Reputation** unterscheiden sich im Hinblick auf das Untersuchungsobjekt (z.B. Unternehmen, Produkte, Top-Manager) und bezüglich der befragten Bezugsgruppen (Image eines Unternehmens bei der Bevölkerung, bei Fachjournalisten, Führungskräften der Wirtschaft,…). Neben unternehmensspezifischen Erhebungen gibt es vergleichende Umfragen von Zeitschriften (Manager Magazin „Imageprofile") und Beratern (Burson Marsteller-Studien zur CEO-Reputation). Neuere Konzepte konzentrieren sich auf Frühwarnindikatoren für Reputationsverluste; ein Beispiel hierfür ist der Corporate Trust Index von Universität Leipzig, PMG und Manager Magazin Online. International bedeutsam in der Unternehmenspraxis ist das mehrdimensionale Konzept des Reputation Quotient. Die empirische Grundlage bilden Befragungen in den bereits skizzierten Ausprägungsformen, insbesondere unter Einbeziehung von Likert-Skalen und semantischen Differentialen (vgl. oben Abschnitt 4.4.2).

4.5.2   Benchmarking mit dem Reputation Quotient

Der Reputation Quotient (RQ) ist ein mehrdimensionales Konzept zur Messung der Unternehmensreputation, das seit 1999 weltweit eingesetzt wird (Wiedmann, Fombrun & van Riel, 2005). Es wurde vom Reputation Institute des Wissenschaftlers Charles J. Fombrun mit der Marktforschungsfirma Harris Interactive entwickelt und wird von diesen gemeinsam mit einem globalen Expertennetzwerk implementiert.

Kennzeichnend für den RQ ist, dass die **Reputation als Summe der Images und Unterstützungspotenziale bei mehreren Stakeholdern** verstanden wird (Fombrun, 1996) und dass sie anhand eines standardisierten Messkonzepts mit sechs Dimensionen und 20 Einzelindikatoren erhoben wird (vgl. Abb. 4-3). Neben der Berechnung des RQ als Spitzenkennzahl kann vor allem ein **Benchmarking** innerhalb der Branche, in einem Land und im internationalen Vergleich vorgenommen werden. Dies ist zugleich der größte Vorteil des Verfahrens. Denn der RQ hat per se nur eine begrenzte Aussagekraft, da unterschiedliche Rahmenbedingungen und Unternehmensstrategien zwangsläufig auch in verschiedene (wünschenswerte) Imageprofile münden. Für die Reputation eines öffentlich-rechtlichen Geldinstituts gelten andere Maßstäbe als für diejenige eines börsennotierten Touristikkonzerns. Aufschlussreich ist daher insbesondere der Vergleich einzelner Dimensionen, z.B. der „Emotional Appeal" unterschiedlicher Automobilhersteller oder die Wahrnehmung von „Social Responsibility" bei jenen Unternehmen, die sich ausdrücklich zur Wahrnehmung von Corporate Citizenship (Matten & Crane, 2005) bekennen. Auf diese Weise können Schwachstellen identifiziert und Ansatzpunkte für eine verbesserte Steuerung der Unternehmenskommunikation definiert werden. Für Wissenschaft und Praxis gleichermaßen interessant ist die Tatsache, dass die Ergebnisse der in einzelnen Ländern durchgeführten RQ-Studien nach Abschluss der kommerziellen Verwertung durch die Auftraggeber und Marktforscher in den Datenpool des Reputation Institute einfließen und dort für Forschungszwecke zur Verfügung stehen.

Abbildung 4-3: *Grundkonzept des Reputation Quotient (RQ)*

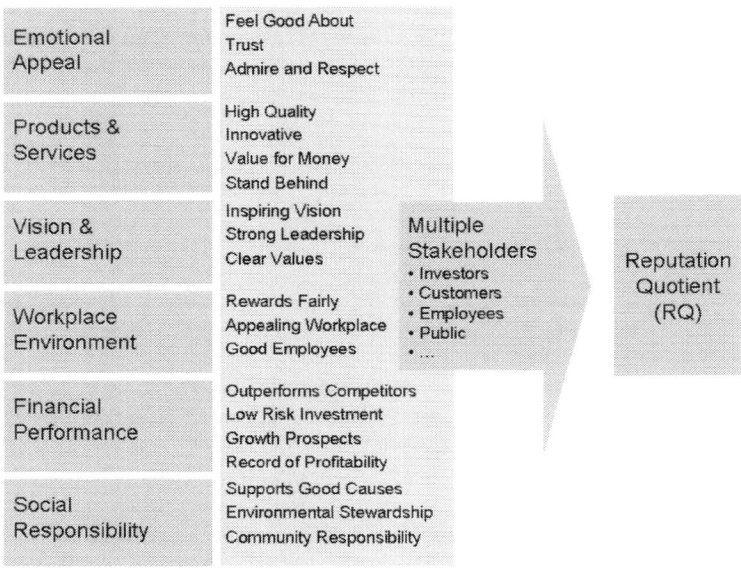

---

5   Perspektiven des Kommunikations-Controlling in Forschung und Praxis

Die seit vielen Jahren eher oberflächlich und – durch die missverständliche Gleichsetzung von Controlling und Kontrolle – häufig verkürzt geführte Debatte um die Steuerung und Evaluation der Unternehmenskommunikation hat eine neue Qualität erhalten. Dazu hat der inzwischen verstärkte Dialog zwischen Betriebswirtschaftslehre und Kommunikationswissenschaft ebenso beigetragen wie der intensive Austausch von PR-Theorie und Unternehmenspraxis. Über die hier skizzierten Methoden hinaus bleibt die finanzielle **Bewertung und Bilanzierung der durch Kommunikation auf-**

gebauten immateriellen Werte eine wesentliche Herausforderung, die es im Dialog mit Wirtschaftsprüfern und Analysten zu bearbeiten gilt (Piwinger & Porák, 2005; Pfannenberg & Zerfaß, 2005a; Will, 2007). Hier sind eine Reihe rechtlicher Rahmenbedingungen, beispielsweise das Verbot zur Aktivierung selbst geschaffener Vermögenswerte in der Bilanz, aber auch die Tendenz zur freiwilligen Berichterstattung in Form von „Intellectual Capital Statements" einschließlich Wissensbilanzen zu berücksichtigen (Maul, 2005). In diesem Bereich sind dynamische Entwicklungen zu erwarten, die es sich im Sinne einer vorausschauenden Unternehmensführung zu beobachten lohnt.

Bei der Etablierung eines systematischen Kommunikations-Controlling in dem hier beschriebenen Sinn spielt das **Selbstverständnis und die Ausbildung der verantwortlichen Mitarbeiter** eine große Rolle. In den Kommunikationsberufen ist es an der Zeit, die journalistisch-praktische Prägung und die diffuse Größe „Kreativität" als Kern der Berufsidentität in Frage zu stellen und sich auf ein professionelles Verständnis von Management (Steinmann & Schreyögg, 2005) und Unternehmenskommunikation (Zerfaß, 2004) einzulassen. Die ökonomisch geprägten Verantwortungsträger z.B. in Controllingabteilungen müssen dagegen ein Gespür für die Bedeutung der Kommunikation als „Enabling Function" der Leistungserstellung und als Quelle immaterieller Werte entwickeln. Das beinhaltet auch die Einsicht, dass Kommunikation zwar gesteuert und gemessen werden kann, sich aber als soziales Phänomen weder in naturwissenschaftliche Wirkungsketten pressen noch in jedem Fall in Geldeinheiten ausdrücken lässt. Im Zusammenwirken über die engen Funktionsgrenzen hinweg eröffnen sich für die jüngere und akademisch ausgebildete Generation vielfache Gestaltungschancen. Für die **Forschung** ist von besonderem Interesse, dass die kontinentaleuropäische und insbesondere die deutschsprachige Diskussion zum Kommunikations-Controlling der angloamerikanischen Debatte derzeit weit voraus ist. Als Gemeinschaftsprojekt von Wissenschaft und Branche bündelt das Internetportal *www.communicationcontrolling.de* kompakte Methodenbeschreibungen, Kennzahlenpapiere und Fallstudien in deutscher und englischer Sprache. Von diesen und weiteren Initiativen sind auch künftig Impulse zu erwarten, die das Kommunikationsmanagement weiter voranbringen werden.

Literaturverzeichnis

Arnaout, A. (2005). Controlling – auch für die Kommunikationspraxis? In M. Piwinger & V. Porák (Hrsg.). *Kommunikations-Controlling* (S. 121-132). Wiesbaden: Gabler.

Baerns, B. (Hrsg.). (1995). *PR-Erfolgskontrolle*. Frankfurt a. M.: Institut für Medienentwicklung und Kommunikation.

Bentele, G. & Andres, S. (2005). Ethische Herausforderungen an die Unternehmensführung. Unternehmensethik, Unternehmenskultur, Unternehmenskommunikation und Corporate Governance. *zfo Zeitschrift Führung & Organisation, 74,* 147-151.

Bentele, G., Buchele, M.-S., Hoepfner, J. & Liebert, T. (2005). *Markenwert und Markenwertermittlung* (2. Aufl.). Wiesbaden: Deutscher Universitäts-Verlag.

Besson, N. A. (2003). *Strategische PR-Evaluation*. Wiesbaden: Westdeutscher Verlag.

Borg, I. (2007). Mitarbeiterbefragungen als Führungsinstrument. In M. Piwinger & A. Zerfaß (Hrsg.), *Handbuch Unternehmenskommunikation* (S. 349-354). Wiesbaden: Gabler.

Broom, G. M. & Dozier, D. M. (1990). *Using Research in Public Relations*. Englewood Cliffs (NJ): Prentice Hall.

Brosius, H.-B. & Koschel, F. (2005). *Methoden der empirischen Kommunikationsforschung* (3. Aufl.). Wiesbaden: VS Verlag für Sozialwissenschaften.

Bruhn, M. (2005). *Unternehmens- und Marketingkommunikation*. München: Vahlen.

Burkart, R. (2002). *Kommunikationswissenschaft* (4. Aufl.). Wien, Köln, Weimar: Böhlau.

Cutlip, S. M., Center, A. H. & Broom, G. M. (2005). *Effective Public Relations* (9. Aufl.). New York: Prentice Hall.

Domsch, M. E. & Ladwig, D. H. (Hrsg.) (2000). *Handbuch Mitarbeiterbefragung*. Berlin, Heidelberg, New York: Springer.

DPRG Deutsche Public Relations Gesellschaft (2001). *PR-Evaluation*. Bonn: DPRG.

Femers, S. & Klewes, J. (1995). Medienresonanzanalysen als Evaluationsinstrument der Öffentlichkeitsarbeit. In B. Baerns (Hrsg.), *PR-Erfolgskontrolle* (S. 115-134). Frankfurt a. M.: Institut für Medienentwicklung und Kommunikation.

Fombrun, C. J. (1996). *Reputation. Realizing Value from the Corporate Image*. Boston: Harvard Business School Press.

Horvath, P. (2003). *Controlling* (9. Aufl.). München, Wien: Vahlen.

Kaplan, R. S. & Norton, S. P. (1996). *Balanced Scorecard*. Boston: Harvard Business School Press.

Karmasin, M. (2006). Stakeholder Management als Grundlage der Unternehmenskommunikation. In M. Piwinger & A. Zerfaß (Hrsg.). *Handbuch Unternehmenskommunikation* (S. 71-87). Wiesbaden: Gabler.

Lindenmann, W. (2003). *Guidelines for Measuring the Effectiveness of PR Programs and Activities*. Gainesville: The Institute for Public Relations.

Mast, C. (2006). *Unternehmenskommunikation* (2. Aufl.). Stuttgart: Lucius & Lucius.

Mast, C., Huck, S. & Güller, K. (2005). *Kundenkommunikation*. Stuttgart: Lucius & Lucius.

Matten, D. & Crane, A. (2005). Corporate Citizenship: Toward an Extended Theoretical Conceptualization. *Academy of Management Review, 30,* 166-179.

Maul, K.-H. (2005). Kommunikation und Information im Jahresabschluss. In M. Piwinger & V. Porák (Hrsg.), *Kommunikations-Controlling* (S. 103-120). Wiesbaden: Gabler.

Merten, K. (2004). Möglichkeiten des Effect Controlling. In T. Köhler & A. Schaffranietz (Hrsg.), *Public Relations – Potenziale und Perspektiven im 21. Jahrhundert*. Wiesbaden: VS Verlag für Sozialwissenschaften.

Müller-Stewens, G. & Lechner, C. (2005). *Strategisches Management* (3. Aufl.). Stuttgart: Schäffer-Poeschel.

Paine, K. D. (2008). *Measuring Public Relationships – The Data-Driven Communicator's Guide to Success*. Berlin (NH): KD Paine.

Pfannenberg, J. (2004). Due Diligence – Ansatzpunkt für die Bewertung von Kommunikationsleistungen. In G. Bentele, M. Piwinger & G. Schönborn (Hrsg.), *Kommunikationsmanagement* (Ergänzungslieferung Nr. 4.11, S. 1-19). Neuwied: Luchterhand.

Pfannenberg, J. & Zerfaß, A. (Hrsg.) (2005a). *Wertschöpfung durch Kommunikation*. Frankfurt a. M.: Frankfurter Allgemeine Buch.

Pfannenberg, J. & Zerfaß, A. (2005b). Wertschöpfung durch Kommunikation. Thesenpapier der DPRG zum strategischen Kommunikations-Controlling in Unternehmen und Institutionen. In J. Pfannenberg & A. Zerfaß (Hrsg.), *Wertschöpfung durch Kommunikation* (S. 184-198). Frankfurt a. M.: Frankfurter Allgemeine Buch.

Piwinger, M. & Porák, V. (Hrsg.). (2005). *Kommunikations-Controlling*. Wiesbaden: Gabler.

Piwinger, M. & Zerfaß, A. (Hrsg.) (2007): *Handbuch Unternehmenskommunikation*. Wiesbaden: Gabler.

Raupp, J. (2008). Evaluating Strategic Communication: Theoretical and Methodological Requirements. In A. Zerfass, B. van Ruler, K. Sriramesh (Eds.): *Public Relations Research. European and International Perspectives and Innovations* (S. 179-192). Wiesbaden: VS Verlag für Sozialwissenschaften.

Rolke, L. (2002). Kommunizieren nach dem Stakeholder-Kompass. In B. Kirf & L. Rolke (Hrsg.), *Der Stakeholder-Kompass* (S. 16-33). Frankfurt a. M.: Frankfurter Allgemeine Buch.

Rolke, L. & Koss, F. (2005). *Value Corporate Communications: Wie sich Unternehmenskommunikation wertorientiert managen lässt*. Norderstedt: Books on Demand.

Röttger, U. (Hrsg.). (2005). *PR-Kampagnen* (3. Aufl.). Wiesbaden: VS Verlag für Sozialwissenschaften.

Sass, J. E. & Zerfaß, A. (2008): *Kommunikationscontrolling – Bedeutung, Handlungsfelder, Implementierungsschritte*. Berlin: Bundesverband deutscher Pressesprecher.

Scherer, A. G. (2002). Strategische Steuerung in öffentlichen Institutionen. In A. G. Scherer & J. M. Alt (Hrsg.), *Balanced Scorecard in Verwaltung und Non-Profit-Organisationen* (S. 3-25). Stuttgart: Schäffer-Poeschel.

Sievert, H., Thomann, M. & Westermann, A. (2005). Qualifizierung für wertorientiertes Kommunikationsmanagement: Ausbildungsrealitäten und Weiterbildungswünsche in Deutschland. In J. Pfannenberg & A. Zerfaß (Hrsg.), *Wertschöpfung durch Kommunikation* (S. 212-218). Frankfurt a. M.: Frankfurter Allgemeine Buch.

Šonje, D. (2001). Quality.com – Qualitätsmanagement von Internetangeboten. In E. K. Geffroy (Hrsg.), *Zukunft Kunde.com* (S. 109-125). Landsberg am Lech: Verlag Moderne Industrie.

Stacks, D. W. (2002). *Primer of Public Relations Research*. New York, London: Guilford Press.

Steinmann, H. & Scherer, A. G. (1996). Controlling und Unternehmensführung. In C. Schulte (Hrsg.), *Lexikon des Controlling* (S. 139-144). München, Wien: Oldenbourg.

Steinmann, H. & Schreyögg, G. (2005). *Management* (6. Aufl.). Wiesbaden: Gabler.

Trommsdorff, V. (2003). *Werbe-Pretests*. Hamburg: Stern.

Van Ruler, B., Tkalac Vercic, A. & Vercic, D. (Eds.). *Public Relations Metrics: Research and Evaluation*. Mahwah (NJ): Lawrence Erlbaum Associates.

Watson, T. & Noble, P. (2005). *Evaluating Public Relations*. London, Sterling: Kogan Page.

Weber, J. (2004). *Einführung in das Controlling* (10. Aufl.). Stuttgart: Schäffer-Poeschel.

Welker, M., Werner, A. & Scholz, J. (2005). *Online-Research. Markt- und Sozialforschung mit dem Internet.* Heidelberg: dpunkt.

Wiedmann, K.-P., Fombrun, C. J. & van Riel, C. B. M. (2005). Reputation messen und vergleichen: Der Reputation Quotient deutscher Unternehmen im internationalen Vergleich. In J. Pfannenberg & A. Zerfaß (Hrsg.), *Wertschöpfung durch Kommunikation* (S. 48-59). Frankfurt a. M.: Frankfurter Allgemeine Buch.

Will, M. (2007). *Wertorientiertes Kommunikationsmanagement,* Stuttgart.

Zerfaß, A. (1996). Dialogkommunikation und strategische Unternehmensführung. In G. Bentele, H. Steinmann & A. Zerfaß (Hrsg.), *Dialogorientierte Unternehmenskommunikation* (S. 23-58). Berlin: Vistas.

Zerfaß, A. (2004). *Unternehmensführung und Öffentlichkeitsarbeit. Grundlegung einer Theorie der Unternehmenskommunikation und Public Relations* (2., erg. Aufl.). Wiesbaden: VS Verlag für Sozialwissenschaften.

Zerfaß, A. (2005a). Innovationsmanagement und Innovationskommunikation. In C. Mast & A. Zerfaß (Hrsg.), *Neue Ideen erfolgreich durchsetzen. Das Handbuch der Innovationskommunikation* (S. 16-42). Frankfurt a. M.: Frankfurter Allgemeine Buch.

Zerfaß, A. (2005b). Integration von Unternehmenszielen und Kommunikation: Die Corporate Communications Scorecard. In J. Pfannenberg & A. Zerfaß (Hrsg.), *Wertschöpfung durch Kommunikation* (S. 102-112). Frankfurt a. M.: Frankfurter Allgemeine Buch.

Zerfaß, A. (2005c). Rituale der Verifikation? Grundlagen und Grenzen des Kommunikations-Controlling. In L. Rademacher (Hrsg.), *Distinktion und Deutungsmacht. Studien zu Theorie und Pragmatik der Public Relations* (S. 181-220). Wiesbaden: VS Verlag für Sozialwissenschaften.

Zerfaß, A. & Boelter, D. (2005). *Die neuen Meinungsmacher. Weblogs als Herausforderung für Kampagnen, Marketing, PR und Medien.* Graz: Nausner & Nausner.

Zerfaß, A. & Hartmann, B. (2005). The Usability Factor. Improving the Quality of E-Content. In P. A. Bruck, A. Buchholz, Z. Karssen & A. Zerfaß (Eds.), *E-Content – Technologies and Perspectives for the European Market* (S. 163-180). Berlin, Heidelberg, New York: Springer.

Zerfaß, A. & Möslein, K. M. (Hrsg.) (2009). *Kommunikation als Erfolgsfaktor im Innovationsmanagement – Strategien im Zeitalter der Open Innovation.* Wiesbaden: Gabler (i. V.).

Zerfass, A., Van Ruler, B., Rogojinaru, A., Vercic, D. & Hamrefors, S. (2007): *European Communication Monitor 2007. Trends in Communication Management and Public Relations – Results and Implications.* Leipzig: University of Leipzig/Euprera.

Miriam Meckel

Unternehmenskommunikation 2.0

1 Unternehmenskommunikation 2.0 – ein Paradigmenwechsel?

In Zeiten gravierender Veränderungen lohnt es sich, einmal innezuhalten und die Definitionen zu reflektieren, die bislang gültig waren zur Beschreibung des Themenfeldes, das sich nun verändert. Unternehmenskommunikation verstehen wir immer noch als „the management of communication between an organisation and its publics" (Grunig/Hunt, 1984, S. 6). Wie viele Definitionen bleibt auch diese allgemein und benennt nur die wesentlichen Faktoren im Feld der Kommunikationsbeziehungen (auch deshalb ist sie eben dauerhaft brauchbar). Schon immer ließen sich einzelne Bestandteile der Definition herausgreifen und ausdifferenzieren bzw. auf veränderte Rahmenbedingungen abklopfen.

Nehmen wir diesen Versuch mit Blick auf die Veränderungen des neuen Internets („Web 2.0") vor, so wird deutlich, dass alle Konstituenten der Unternehmenskommunikation von dem Wandel der Kommunikationsbeziehungen im Web und ihren Auswirkungen auf das Kommunikationsmanagement betroffen sind. Von tief greifenden Veränderungen zu sprechen, ist daher gerechtfertigt. Aber handelt es sich geradezu um einen Paradigmenwechsel?

In Übertragung an das „Web 2.0"-Framework von futureexploration.net (siehe Abbildung 1) auf die Kommunikationsbeziehungen zwischen dem Unternehmen und seinen Umwelten sind es vor allem folgende Kriterien, die auch Unternehmenskommunikation verändern:

- *Die Rahmenbedingungen der Kommunikation*: Sie werden flexibilisiert im Sinne der Offenheit, Partizipation und Dezentralisierung. Modulare Konstruktionen lösen feste Systeme ab und entwickeln neue Kommunikationsstandards. Nutzer übernehmen teilweise die Kontrolle über die Kommunikationsprozesse und verändern damit die (Kommunikations-) Identität des Unternehmens.

- *Die Inputs*: Alle Formen des User Generated Content finden sich auch in den Kommunikationsprozessen, die durch Unternehmen angestoßen werden oder auf sie abzielen. Botschaften wandeln sich zu eher meinungsorientierten Kommunikationsangeboten und sind in ein Netzwerk von sozialen Verbindungen eingebettet, die über die Bewertung und Bedeutung der Botschaften befinden.

- *Die Mechanismen*: Kommunikationsprozesse sind im Wesentlichen technologiegetrieben und basieren auf der Kollaboration einer unendlichen Zahl von Beteiligten. In diesen Kollaborationsprozessen werden Informations- und Kommunikationsangebote beliebig rekombiniert, durch eine beliebige Zahl und Gruppe von Nutzern taxiert (Folksonomy) und syndiziert.

▦ *Die emergenten Resultate*: Das Ergebnis eines Kommunikationsprozesses wird durch das Zusammenspiel von Nutzern in seiner Nützlichkeit und Relevanz bewertet und bestimmt („Weisheit der Vielen"). Es entfaltet als personalisiertes Angebot erst seine ganze Strahlkraft.

Abbildung 1-1: Das Web 2.0 Framework (Quelle: www.futureexploration.net)

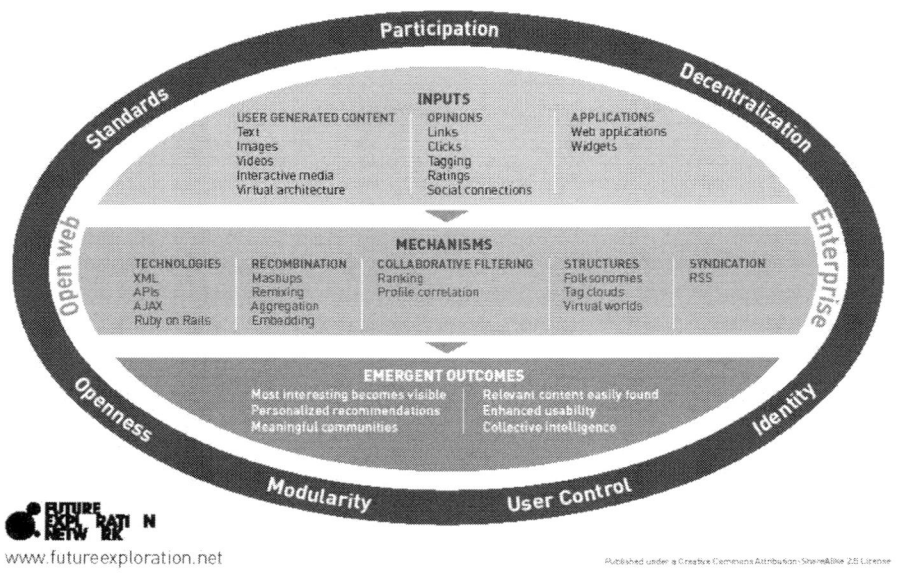

www.futureexploration.net

Published under a Creative Commons Attribution-ShareAlike 2.5 License

---

Das Web 2.0 tangiert und verändert folglich alle Funktionen und Formen der Unternehmenskommunikation, die sich somit definieren lässt als Management der Kommunikation in Netzwerken von denen die Organisation ein Teil ist.

2 Das neue Internet – Konstituenten der Netzwerkgesellschaft

2.1 Kommunikation in der vernetzten Gesellschaft

Die neuen Kommunikationsformen des Internets induzieren Veränderungen in der Kommunikation der vernetzten Gesellschaft und all ihren Teilsystemen, Wirtschaft, Politik, Kultur. Die Entwicklung hin zur Netzwerkgesellschaft steht für einen veränderten Zugriff auf Informationen, veränderte Wissensstrukturen und neue Kommunikationsstrategien: Lineare Strukturen werden durch reflexive ersetzt, Hierarchien weichen Netzwerken. Die Vernetzung ist damit weit mehr als eine technische Verbindung zwischen zahlreichen Computern überall auf unserer Welt. Sie bezeichnet vielmehr eine andere Form der kommunikativen Selbstorganisation. Die Kommunikation in Netzwerken weist einen höheren Komplexitätsgrad auf als in Hierarchien. Verbindungen und Kombinationen werden zahlreicher und variantenreicher, kurzum: Für die Netzwerkgesellschaft gilt ganz besonders: Kommunikation ist komplex und kontingent.

Manuel Castells (Castells, 2001) macht die Leistungen eines Netzwerks von zwei fundamentalen Eigenschaften abhängig: Zum einen von seinem *Verknüpfungsstatus*, d.h. seiner Fähigkeit, störungsfreie Kommunikation zwischen seinen einzelnen Komponenten zu ermöglichen; zum zweiten von seiner *Konsistenz*, also von dem Ausmaß, in dem es eine Gemeinsamkeit von Interessen zwischen den Zielen des Netzwerks und den Zielen seiner Komponenten gibt.

> *„Wirtschaftsunternehmen und zunehmend auch Organisationen und Institutionen sind in Netzwerken mit variabler Geometrie organisiert, deren Verflechtung die traditionelle Unterscheidung zwischen Konzern und Kleinunternehmen ersetzt, sich quer durch alle Sektoren erstreckt und sich entlang unterschiedlicher geografischer Konzentrationen ökonomischer Einheiten ausbreitet." (Castells, 2001, S. 529)*

In diesem Sinne ändert sich nicht nur unser Wirtschaftssystem, sondern unsere ganze Gesellschaft. Die treibende Kraft ist dabei die technologische Entwicklung, die uns diese Vernetzung ermöglicht (Meckel, 2001, S. 73):

▪ Gordon Moore, Gründer des Chipherstellers Intel, prognostizierte schon in den sechziger Jahren zutreffend, dass sich die Halbleiterkapazitäten alle 18 Monate verdoppeln würden (Moores Gesetz). Bei gleich bleibenden Kosten verzeichnen die Computerleistungen ein exponentielles Wachstum, das auch den Vernetzungsprozess erheblich beschleunigen kann.

■ Robert Metcalfe, Gründer von 3Com, entwickelte die These, dass der Nutzen des Netzes parallel zur Zahl seiner Nutzer steigt (Metcalfes Gesetz). Anders formuliert: Wenn nur ein Mensch ein Telefon besitzt, dient es höchstens zum Selbstgespräch mit geringem Nutzwert. Je mehr andere Menschen allerdings über ein Telefon verfügen, desto mehr Kommunikationsmöglichkeiten ergeben sich und desto größer wird auch der Nutzwert des eigenen Telefons.

■ Der dritte Entwicklungsindikator wurde von dem Nobelpreisträger für Ökonomie, Ronald Coase, „entdeckt" – die Transaktionskosten (Coase Theorem). Während sie in den analogen Wirtschaftsprozessen häufig – abhängig von der Art des Produkts oder der Dienstleistung – recht hoch ausfallen, operiert die Netzökonomie zum großen Teil mit deutlich geringeren Transaktionskosten.

Diese drei Gesetzmäßigkeiten sorgen dafür, dass die Vernetzungsprozesse den Wandel unserer Wirtschaft und Gesellschaft immer schneller vorantreiben.

In der Wirtschaft unterscheiden wir bislang grundsätzlich zwei Organisationsmodi: Das Unternehmen und den Markt. Beide wirken zusammen, wenn auch über unterschiedliche Koordinationsansätze. Unternehmen koordinieren Ressourcen (wie z.B. Mitarbeiter, Kapital), in der Regel durch eine hierarchische Ausgestaltung des Managements. Märkte koordinieren Angebot und Nachfrage über den Preis. Web 2.0 bringt nun einen neuen Koordinationsmechanismus in Spiel: Communities koordinieren die Herstellung informations- und kommunikationsbasierter Güter in einem selbstorganisierenden und emergenten Prozess. Diese Güter sind nutzerbasiert und folgen dem Open-Source-Prinzip. Yochay Benkler (Benkler, 2006) beschreibt die Netzwerkökonomie als

> *"the rise of nonmarket production to much greater importance", in der "every [...] effort is available to anyone connected to the network, from anywhere, [which] has led to the emergence of coordinate effects, where the aggregate effect of individual action [...] produces the coordinate effect of a new and rich information environment" (Benkler, 2006, S. 4 f.).*

Die neueren Entwicklungen der Netzwerkgesellschaft reichen folglich über die Frage der Teilhabe an Märkten durch technische Anschlussfähigkeit weit hinaus: Es geht um die Teilnahme am Herstellungsprozess dieser Informations- und Kommunikationsgüter in einer „culture of participation" (Schonfeld, 2005).

2.2 Die Ökonomie der Peer Production

Diese Koordinationsmechanismen sind nicht auf Märkte und Unternehmen beschränkt, sie charakterisieren auch die veränderten Kommunikationsverhältnisse in der Netzwerkgesellschaft. Der Netzphilosoph David Weinberger (Weinberger, 2002) beschreibt, wie das Web in seiner Grundstruktur auch unsere Kommunikationsstrukturen prägt und verändert. Indem die zentralen Kontrollpunkte für die Verwaltung von Inhalten entfernt wurden, entsteht im Web eine locker verbundene Sammlung von Inhalten und Verbindungen (Links) in einem Ausmaß, das bislang einmalig ist. In diesem Web finden sich unzählige Einzeldokumente („small pieces loosely joined"), die beliebig verbunden und zusammengesetzt werden können. Was das Web mit den Inhalten gemacht hat, das macht es nun auch mit unseren Institutionen und Strukturen – und mit uns selbst:

> *"We are the true «small pieces» of the Web, and we are loosely joining ourselves in ways that we're still inventing." (Weinberger, 2002, S. X)*

Beispiel Wikipedia: Die Internet-Enzyklopädie entsteht durch die gemeinschaftliche Produktion von Einträgen zu allen vorstellbaren Themen und Fragen dieser Welt. Eine beliebige Zahl von Autoren schreibt an den einzelnen Einträgen mit und überprüft sie permanent. Das geht schneller, ist flexibler und viel aktueller als es beispielsweise die Ausgabe der Encyclopædia Britannica jemals sein könnte. Und die Qualität der Ergebnisse ist – kürzlich belegt durch eine Studie der Wissenschaftszeitschrift Nature – interessanterweise nahezu gleichwertig (Giles, 2006). Diesen Prozess bezeichnen wir als die Ökonomie der Peer Production. Sie ist durch drei Kernkriterien gekennzeichnet:

- Partizipation: Jeder kann sich an allen Kommunikationsprozessen beteiligen - unabhängig von Hierarchien oder institutionellen Anbindungen. Für viele Macher und Nutzer des Netzes bedeutet das die Demokratisierung der Informations- und Medienwelt;

- Emergente Vernetzung: Jeder verändert mit seinem Beitrag Inhalt und Qualität des gesamten Angebots. Nach dem Motto: Meine Produktivität wächst, wenn du ins Netz gehst. Deine Produktivität wächst, wenn ich ins Netz gehe;

- Transparenz: All diese Prozesse der Herstellung und Bereitstellung von Informationen und Meinungen im Netz sind absolut transparent, also nachvollziehbar. Jeder Beitrag kann diskutiert werden, in seinen Einzelteilen überprüft, bestätigt oder in Frage gestellt werden.

Neu an dieser informationellen Veränderung der Netzwerkgesellschaft ist die Kombination individueller Informationen, Bewertungen und Vorlieben zu einem Gesamten, das die Apologeten des neuen Internets als "Die Weisheit der Vielen" (Surowiecki,

2005) bezeichnen. Sie erwarten aus der kollaborativen Informationsherstellung und - verarbeitung durch ein vernetztes Kollektiv im Ergebnis eben nicht den kleinsten gemeinsamen Nenner, sondern Exzellenz, die der Einzelne alleine in der Regel nicht herstellen und gewährleisten kann.

> *„Für gewöhnlich bedeutet Durchschnitt Mittelmaß, bei Entscheidungsfindungen dagegen oft Leistungen von herausragender Qualität. Allem Anschein nach sind wir Menschen also programmiert, kollektiv klug und weise zu sein." (Surowiecki, 2005, S. 33)*

Dieser Wandel in den Kommunikationsverhältnissen und -hierarchien birgt erhebliches Innovationspotential, aber auch Probleme. Es sind vor allem drei Trends, die professionelle Kommunikatoren in Unternehmen und Institutionen herausfordern und Anpassungen in Kommunikationsstrategie und -instrumenten verlangen.

1. Kommunikationsprozesse beschleunigen sich: Ein einzelnes Posting in einem Weblog kann ausreichend sein, um eine Resonanzwelle auszulösen, die betroffene Unternehmen oder Personen vor die Herausforderung stellt, schnell und adäquat zu reagieren. Diese Beschleunigung lässt sich allerdings auch positiv nutzen. In der viralen Kommunikation (Langner, 2005) bietet die beschleunigte Informationsverbreitung im Netz auch die Möglichkeit, eine wichtige Information, eine Produktlancierung durch einen Werbespot u.v.m. über die Plattformen des Social Networking (z.B. YouTube, Sevenload etc.) in wenigen Stunden mehreren Millionen Menschen zugänglich zu machen.

2. Bekannte Ordnungen und Hierarchien werden aufgebrochen: In der Welt des Web 2.0 gehört – wiederum nach Ansicht des Internetphilosophen Weinberger (Weinberger, 2007) – jede Information und jedes digitale Etwas zur Kategorie „Verschiedenes". Dadurch entsteht für den an die zweidimensionalen Ordnungen der analogen Welt gewöhnten Menschen zunächst einmal Chaos, das es neu zu strukturieren gilt. Wer eine CD kauft, wird sie vermutlich an eine bestimmte Stelle in seinem Musikregal stellen. Die CD hat also einen Platz, der geografisch (in Verbindung mit einer thematischen Zuordnung, z. B. der Musikrichtung) bestimmt ist. In der digitalen Welt kann jedes Musikstück verschiedenen Klassifikationen zugehören: dem MP3-Musikarchiv ebenso wie den iTunes, der Partyplaylist ebenso wie dem Musikordner, in dem die Stücke verwaltet werden, die man beruflich für den Schnitt von Fernsehbeiträgen braucht. Das Netz offeriert also zunächst einmal Chaos, aus dem wiederum Kreativität und Innovationspotential erwachsen kann, so Weinberger. Voraussetzung dafür ist es, die neue Ordnung des Webs zu verstehen und produktiv zu nutzen.

3. Information wird zum kollektiven und kollaborativen Gut: Das setzt voraus, dass unser Denken über und unser Umgang mit Informationen sich verändert. Während Information gerade im Unternehmenszusammenhang bislang als Asset begriffen wurde, das es zu nutzen, aber auch zu schützen, womöglich gegen unbefugte Nutzer außerhalb des Unternehmens abzuschirmen galt, unterliegt Information als Peer Product im Web 2.0 dem Open-Source-Prinzip. Ein Unternehmen muss seine Informationen (mit wenigen Ausnahmen) begreifen als dynamisches, emergentes Gut, das nützlicher und produktiver wird, je offener es gehandhabt wird und je mehr Menschen darauf zugreifen können. Kreativität und Innovation entstehen nur dort, wo Informationen mit anderen Informationen verbunden werden können (Mash ups), um etwas Neues, Unbekanntes hervorzubringen.

> *„Ein Unternehmen, das schlau ist, überträgt das Recht, seine Bestände zu organisieren und zu kommentieren, an seine Kunden", (Heuer, 2007, S. 88)*

sagt David Weinberger. Angesichts der tradierten Vorstellungen von Eigentums- und Urheberrechten ist dieser Paradigmenwechsel im Umgang mit Informationen sicher eine der größten Herausforderungen für die Unternehmenspraxis.

Alle drei Entwicklungstrends, die Kommunikationsstrukturen und -prozesse im Web verändern, stellen die Unternehmenskommunikation vor neue Herausforderungen. Dabei geht es nicht allein um die graduelle Anpassung der Kommunikationskonzepte an das neue Internet. Es geht auch nicht allein darum, das klassische Kommunikationsportfolio des Unternehmens durch Online-Angebote zu erweitern. Vielmehr verändert Social Networking die Rolle und Bedeutung von Informationen im Kommunikationsprozess und räumt endgültig mit den Vorstellungen einer „Sender-Empfänger-Beziehung" zwischen Kommunikator und Rezipient, im konkreten Fall zwischen Unternehmen und Kunden sowie anderen Stakeholdern, auf. Unter den neuen Regeln der Peer Production ist das Unternehmen ein Kommunikator unter vielen möglichen. Es macht Informationsangebote, deren Nutzung im Prozess der sozialen Vernetzung kaum vorhersagbar ist. Es sendet nicht einmalig eine Botschaft, sondern wird zum dauerhaften Kommunikations- und Interaktionspartner mit seinen Stakeholdern und einer undefinierten, kaum abgrenzbaren Öffentlichkeit. Es unterwirft sich der Beobachtung, Kontrolle und Kommentierung durch eine beliebige Anzahl von Menschen, die sich im Netz äußern können und wollen. Und es verliert dadurch einen vermeintlichen Vorteil, der in der analogen Kommunikationswelt auch nicht immer, aber doch zuweilen gewährt war. Das ist die Chance des AgendaSetting: ein Thema zu setzen und den „interpretativen Spin" gleich mit der ersten Information mitzuliefern. „Peer production in some cases threatens to decimate the information advantage of companies and markets" (Schonfelder, 2005). Vor allem bedroht sie die Interpretationshoheit von Unternehmensinformationen.

2.3   Plattformen des Social Networking

Kommunikationsplattformen der 'Netzwerkgesellschaft' sind vor allem Weblogs, deren Anzahl laut Technorati (www.technorati.com) im Frühjahr 2007 auf weltweit 70 Millionen Blogs gewachsen ist. Obwohl die zugrunde liegende Technologie schon früher verfügbar war, wurde deren Bedeutung für die Unternehmenskommunikation sowie für andere Bereiche und Anwendungsgebiete erst nach den Ereignissen des 11. September 2001 erkannt, als Blogs neben den konventionellen Medien eine große Bedeutung bei der Berichterstattung erreichten. Viele Veröffentlichungen aus den letzten Jahren konzentrieren sich auf die Beschreibung des Phänomens (Baoill, 2004) sowie dessen Klassifizierung (Zerfaß/Boelter, 2005). Die Klassifikationen führten zu differenzierten Untersuchungen von spezifischen Blogs für die Unternehmenskommunikation, z.B. Mitarbeiterblogs (Hannegan/Fisher, 2006) oder CEO Blogs (Zerfaß/Sandhu, 2005).

Weblogs gelten als eigenständiges Format in der neuen Kommunikationsmatrix der Netzwerkgesellschaft, weil ihre Inhalte in chronologischer Form geordnet und in dialogorientierter Weise auf einer Website dargestellt werden und die Teilnehmer (Blogger) in ihrem eigenen Kommunikationsstil über persönliche Einstellungen, Bewertungen und Erfahrungen schreiben können. Blogs sind damit hochgradig subjektiv, können sich aber durch ihre quantitativen Wachstumspotentiale ebenso wie durch ihre neuen qualitativen Möglichkeiten transparenter, partizipativer und nicht-hierarchischer Kommunikation zu einer nachhaltigen kommunikativen (und ökonomischen) Einflussgröße entwickeln (Zerfaß/Boelter, 2005). Die kommunikative Vernetzung der Teilnehmer macht die „Mundpropaganda" zu einem wichtigen Multiplikations- und Verstärkungsinstrument für das Agenda Setting im Netz (Kimmel, 2004; Rosen, 2000) und ermöglicht neue Formen des Viralen Marketings (Langner, 2005; Ozcan, 2004).

Ergänzt werden Weblogs durch weitere Netzwerkplattformen, die auch für Unternehmen neue Informations- und Kommunikationsmöglichkeiten bieten. Besonders wichtig sind die Videoportale (z.B. YouTube), auf denen jeder Netznutzer eigene oder fremd produzierte Videos hochladen und einstellen kann. Auch Unternehmen nutzen das virale Marketing um ihre Kampagnen über die Netzwerke im Web 2.0 schnell und effektiv bekannt zu machen und zu verbreiten. Gelegentlich lassen sich auch echte Unternehmensbotschaften auf den Videoplattformen verbreiten. So stellt Apple ganze Produktpräsentationen von CEO Steve Jobs (die in der Regel recht unterhaltsam sind) auf die Plattformen, damit möglichst viele Apple-Fans sie sehen können. Schließlich bieten auch die 3D-Welten im Internet, z.B. Second Life (vgl. dazu den Beitrag von Thomas Schildhauer in diesem Band), neue Möglichkeiten der Kommunikation für Unternehmen.

3   Fallbeispiele

3.1   „Dell Hell"

Im Juni 2005 beschwerte sich der professionelle US-Blogger Jeff Jarvis in seinem Blog 'buzzmachine' über seinen neuen Dell-Computer. Er hatte beim Kauf seines Computers zusätzlich für einen Service bezahlt, der garantieren sollte, dass der PC durch einen Techniker im Falle eines Problems bei ihm zu Hause repariert wird. Die Firma Dell war allerdings nicht in der Lage, diesen so genannten Customer-at-Home-Service zur Verfügung zu stellen. Umstrukturierungen im Unternehmen hatten eine entsprechende Dienstleistung vorübergehend unmöglich gemacht. Nach einigen Auseinandersetzungen mit Dell begann Jeff Jarvis in seinem Blog über das Problem zu berichten. In seinem zweiten Posting über die „Hölle des mangelhaften Kundenservices" von Dell kreierte Jeff Jarvis den Begriff „Dell Hell". Eine Abfrage bei Google ergab vier Wochen nach Beginn der Blog-Debatte über die Servicequalität von Dell 3.5 Mio. Treffer. Inzwischen hatten sich unzählige weitere unzufriedene Kunden der Diskussion im Blog von Jeff Jarvis, aber auch auf weiteren Kommunikationsplattformen angeschlossen.

Die Konsequenzen: Das Unternehmen Dell reagierte zunächst überhaupt nicht auf die im Sommer 2005 entstehende Kommunikationskampagne frustrierter Dell -Kunden. Schon wenige Wochen, nachdem Jeff Jarvis seinen ersten Eintrag gepostet hatte, musste Dell sein bislang populäres Kunden-Service-Forum im Internet schließen wegen Überlastung und aufgrund zahlreicher wütender Einträge von Kunden. Im zweiten Quartal 2005 stufte der American-Customer-Satisfaction-Index das Unternehmen Dell in seinen Ratings herunter. Zur gleichen Zeit begannen die Computerverkäufe von Dell zu stagnieren. Im Oktober 2005 gab Dell eine Gewinnwarnung heraus. Natürlich lassen sich keine linearen und kausalen Beziehungen zwischen der im Blog „buzzmachine" entstandenen Debatte um die Servicequalität von Dell und den beschriebenen Folgen empirisch beweisen. Allerdings lassen sich für die Kommunikationsarbeit eines Unternehmens im Internet einige relevante Schlussfolgerungen ziehen.

Lessons learned: Eine Diffusionsanalyse der Kommunikationsbeziehungen in der Netz-Community zum Thema „Servicequalität von Dell" zeigt (Market sentinel, onalytica & immediate future, 2005):

1. Blogs dominieren die Kommunikationsstrukturen rund um das Issue Kundenzufriedenheit bei den Produkten und Services des Unternehmens Dell;

2. Jeff Jarvis dominiert als einzelner Blogger 37 Prozent aller Verlinkungen der Informationsströme rund um dieses Issue. Er wird damit zum einflussreichsten Faktor im Agenda-Setting-Prozess einer Debatte um die Kundenzufriedenheit mit Dell -Produkten und -Services. In anderen Worten: Der Blog eines einzelnen Kritikers ist in dieser Phase des Agenda Settings einflussreicher als die gesamte Kommunikation des kritisierten Unternehmens. Die beschriebenen Besonderheiten der informations- und kommunikationsbasierten Güter, hergestellt in einem Prozess der Peer Production, ermöglicht es einem einzelnen Kommunikator, die Kommunikationsbemühungen eines Unternehmens zeitweilig außer Kraft zu setzen. Weil der Computerkonzern Dell zunächst gar nicht, also erheblich verspätet, auf die Beschwerden des Bloggers Jarvis reagiert hat, trug das Unternehmen selbst erheblich dazu bei, den beschriebenen Agenda Setting-Prozess zu ermöglichen und hat somit den Raum für eine Kritikwelle gegenüber dem eigenen Service und den eigenen Produkten mit eröffnet.

3.2   „www.walmartingacrossamerica.com"

Im Herbst 2006 verschwand ein Blog nahezu spurlos aus dem Internet, der zuvor für viel Aufregung gesorgt hatte. Zwei junge Amerikaner, Jim und Laura, hatten in dem Blog www.walmartingaccrossamerica.com darüber berichtet, wie sie eine gemeinsame Caravan-Reise durch die USA unternahmen und dabei jede Nacht kostenlos mit ihrem Van auf einem Parkplatz der US-Warenhauskette Walmart übernachten durften. In dem Blog berichteten die beiden nicht nur über ihre Reise, sondern vorallem über die freundlichen Walmart-Mitarbeiter, mit denen sie morgendlich Gespräche führten, die ihnen Kaffee ans Auto brachten und erheblich zum Wohlbefinden auf dieser Reise beitrugen. Wenige Wochen nach Aufsetzen des Blogs wurde zunächst in der Blogosphäre, dann auch in den traditionellen Medien aufgedeckt und diskutiert, dass es sich offenbar um einen „Flog" („FakeBlog") handelte. Die reisende Laura entpuppte sich als bezahlte freie Journalistin, Jim wurde als Mitglied des festangestellten Fotografenteams der Washington Post enttarnt.

Die Konsequenzen: In der Blogosphäre ebenso wie in den traditionellen Medien entstand daraufhin eine lebhafte Diskussion über initiierte Graswurzelkampagnen im Internet - genannt „Astroturfing". Mit einhelliger Bewertung: Der „Flog" geriet nicht nur für das Unternehmen Walmart zum Public Relations-Desaster, sondern auch für die Dienstleistungsagentur Edelman PR, die das Fake-Forum im Netz aufgesetzt und betrieben hatte (BusinessWeek vom 17.10.06).

Der Begriff „Astroturfing" ist im Amerikanischen von „Astroturf" (Kunstrasen) abgeleitet und beschreibt künstliche, durch PR-Maßnahmen initiierte „Grassroot Campaigns" gegen Unternehmen oder Institutionen bzw. Einzelpersonen. Während die eigentliche „Grassroot Campaign" durch die Selbstorganisation von Bürgerinnen und Bürgern entsteht, die ihrer Position zu einem relevanten Thema öffentlich Ausdruck verleihen wollen, wird eine solche Kampagne beim „Astroturfing" mit Hilfe von Kommunikationsagenturen inszeniert.

Das PR-Desaster kulminierte am 16. Oktober 2006 mit einer öffentlichen Entschuldigung von CEO Richard Edelman in seinem eigenen Blog:

> *"for the past several days, I have been listening to the blogging community discuss at the cross - country tour that Edelman designed for working families for wal-mart. I want to acknowledge our area in failing to be transparent about the identity of the two bloggers from the outside. This is 100% our responsibility and our area; not the clients. [...] Our commitment is to openness and engagement because trust is not negotiable and we are working to be sure that commitment is delivered in all our programs"* (www.edelman.com).

Lessons learned: Im Internet kann über kurz oder lang jeder Fake nachvollzogen und aufgedeckt werden. Die technische Identifikationsmöglichkeit von IP-Adressen, die Transparenz in den Kommunikationsprozessen der Netz-Communities und die Kontrollfunktion von Spezialforen zu Gunsten von Transparenz und Wahrhaftigkeit im Netz (z.B. www.prwatch.org) sorgen dafür, dass Fakes nicht unentdeckt bleiben. Für die professionelle Kommunikationsarbeit bedeutet das: ein Fake (z.B. ein „Flog") bringt nicht nur keinen Nutzen für das involvierte Unternehmen und die verantwortlichen Kommunikationsagenturen. Er lässt vielmehr erheblichen Schaden entstehen. Ein Unternehmen, das versucht, die eigene Reputation mit Hilfe von Fakes aufzupolieren, muss damit rechnen, sie auf diesem Wege vielmehr nachhaltig zu schädigen.

3.3 „An Inconvenient Spoof"

Im Sommer 2006 wurde ein kleiner Film auf YouTube eingestellt, der sich, nach Amateurart produziert, über den US-Demokraten Al Gore und seine Klimaschutz-Initiative lustig machte. Der Film mit dem Titel „An Inconvenient Spoof" verballhornte den von Al Gore produzierten und präsentierten Dokumentarfilm zum Klimawandel („An Inconvenient Truth"), der international Aufmerksamkeit gefunden und mehrere bedeutsame Film- und Fernsehpreise (Goldene Palme, Oscar, Emmy Award) gewonnen hatte. In dem kleinen auf YouTube eingestellten Film zum Film doziert Al Gore als Comicfigur über die Gefahren des Klimawandels, und langweilt damit eine Gruppe kleiner Pinguine, die über den Vortrag von Gore mit der Zeit einschlafen. Gore führt dabei die Nahostkrise und die Magersucht von Lindsey Lohan auf den Klimawandel zurück. Ebenso absurd wie die vorgestellten Zusammenhänge sind die vorgeschlagenen Gegenmaßnahmen („Stop exhaling", „Become vegetarian", „Walk everywhere, no matter the distance", „take cold showers").

Die Konsequenzen: Der Film, angeblich von einem 29-jährigen Studenten gemacht, erregte Aufmerksamkeit. Das Wallstreet Journal versuchte den Urheber zu recherchieren und stieß auf eine bemerkenswerte Erkenntnis: Kein 29-jähriger Amateur hatte den Film produziert. Vielmehr konnte - wiederum durch die Identifikation von IP-Adressen – nachgewiesen werden, dass der Film von den Computern einer PR-Agentur in Washington namens DCI ins Netz gestellt wurde. Weitere Recherchen ergaben, dass einer der Hauptkunden von DCI offenbar der Ölgigant Exxon ist. Das Unternehmen Exxon ließ gegenüber dem Wallstreet Journal durch seinen Sprecher mitteilen, es habe mit dem Video nichts zu tun. Die Kommunikationsagentur DCI ließ lediglich feststellen, sie gebe grundsätzlich keine Auskunft über Kunden und deren Aufträge.

Lessons learned: Auch in diesem Fall gilt, dass die Urheberschaft eines Text- oder Videobeitrags im Web 2.0 in der Regel nach einiger Zeit offen gelegt wird. Das Wallstreet Journal hat mit seiner unnachgiebigen Recherche dazu beigetragen, die Macher von „An Inconvenient Spoof" zu enttarnen, und wurde dabei als traditionelles Medium von der Web-Community unterstützt. Die Kreativität und das Engagement der Kommunikationsprofis in der Nutzung des Social Networking zum Zwecke der Imageaufbesserung ihrer Kunden respektive der Glaubwürdigkeitserschütterung bei Kritikern ihrer Kunden scheinen ungebrochen. Jedoch formiert sich im Web inzwischen vernehmbar Widerstand gegen diese Praxis. Diese Form der „Kommunikationsarbeit" wird vehement diskutiert und weitgehend als unethisch abgelehnt. So hat sich inzwischen auch eine „Anti Astroturfing"-Kampagne im Netz entzündet (www.thenewpr.com), die z.B. einen „Code of Ethics" propagiert.

Anhand der drei Beispiele lassen sich vier Schlussfolgerungen ziehen:

- Kommunikationsarbeit und Kommunikationsprozesse werden schneller und dynamischer;

- Ein Einzelner kann als Initiator oder Meinungsführer eine ganze Themenkarriere bestimmen;

- Am wirkungsvollsten gelingt das Agenda Setting, wenn die Kommunikationsprozesse in der Netzcommunity und den traditionellen Medien zusammenwirken;

- Die Kommunikationsmöglichkeiten und -prozesse im Netz bieten einen bislang nicht bekannten Variantenreichtum, der viele Möglichkeiten öffnet, auch die des falschen Umgangs. Dabei werden Fakes in der Regel entdeckt und richten sich gegen den Initiator oder seine Auftraggeber.

4 Implikationen für die Unternehmenskommunikation

Aus den Eingangsüberlegungen zu den veränderten Kommunikationsformen der Netzwerkgesellschaft in Verbindung mit den praktischen Beispielen aus der Unternehmenskommunikation lassen sich einige Schlussfolgerungen ziehen für die Anforderungen an professionelles Kommunikationsmanagement unter Bedingungen der Peer Production.

- *Interaktivität*: Die Zielgruppe einer Kommunikationsaktivität ist im Web 2.0 unterschiedlich und unabsehbar groß. Die minimale Zielgruppeneinheit ist n=1. Sie ist nicht mehr statisch, sondern ein dynamisches Konstrukt aus wechselnden Community-Zugehörigkeiten, die aus den momentanen aktuellen und individuellen Interessen und Bedürfnissen der einzelnen Kommunikatoren entstehen. Unternehmensrelevante Informationen werden nicht mehr als Regelfall vom Unternehmen angeboten und von Rezipienten oder Nutzern aufgenommen und gegebenenfalls weiterverarbeitet. Solche Informationen entstehen immer häufiger auch in den Netzcommunities, z.B. aus der Blogosphäre ("User Generated Content"). Das Unternehmen agiert dann nicht, sondern reagiert auf diese Informationen, in der Regel als erster Schritt in einer längerfristigen dialogischen Kommunikationsbeziehung zwischen ihm und spezifischen Netzcommunities.

- *Schnelligkeit*: Unternehmensinformationen verbreiten sich im Netz innerhalb weniger Stunden. Kommunikationsmanager müssen daher durch systematisches Monitoring der Social Networks und der Blogosphäre (beispielsweise mit Hilfe von Technorati oder auch unter Einbindung von auf das Monitoring spezialisierter Dienstleister) dafür Sorge tragen, dass unternehmensrelevante Informationen innerhalb kürzestmöglicher Zeitspanne entdeckt, analysiert, bewertet und eingeordnet werden. Nur so ist es möglich, die Reaktionszeiten auf Seiten des Unternehmens auf die beschleunigten Kommunikationsprozesse im Web abzustimmen. Lässt sich ein Unternehmen viel Zeit, bis es eigene Informationen und Stellungsnahmen anbietet bzw. sich mit den entsprechenden Meinungsführern in einem Kommunikationsprozess in Verbindung setzt, läuft es Gefahr, dauerhaft in die Defensive zu geraten und die Chance zu vergeben, durch dialogische Kommunikationsarbeit aufzuklären und mögliche Probleme zu lösen bzw. einzudämmen.

- *Wahrhaftigkeit*: Wenn Informations- und Kommunikationsprozesse im Web transparent sind, dann sind auch die Informationen nachvollziehbar in Inhalt, Herkunft, Entstehung und Verlauf. Das Kommunikationsmanagement eines Unternehmens muss vor diesem Hintergrund sehr sorgfältig abwägen, welche Informationen es im Netz verfügbar macht und welche nicht. Wer sich entschließt im Web zu kommunizieren (und es wird künftig immer weniger Unternehmen und Institutionen geben, die es sich leisten wollen und können, das nicht zu tun), der muss nach den Regeln des Web kommunizieren: 1) Informationen sind nicht mehr proprietär, 2) Informationen verändern sich in dem Moment, in dem sie den Weg ins Web finden, 3) Informationen müssen der Bewertung durch eine Kommentatorencommunity unbekannter Größe standhalten, 4) Fakes und Fehler werden entdeckt und gnadenlos aufgedeckt. Unter den Voraussetzungen der sozialen Vernetzung wird ein Begriff der Habermasschen Diskurstheorie (Habermas, 1981) mit neuem Glanz und neuer Relevanz in die Unternehmenskommunikation eingeführt: die Wahrhaftigkeit. Für ein Unternehmen in seinen sozialen Netzwerkbeziehungen ist es kommunikativ rational, seine Informationen nach dem Gebot der „Wahrhaftigkeit" zu behandeln und zu übermitteln.

In Rücksicht auf diese drei Handlungsanleitungen lässt sich die Kommunikation einer Unternehmung nicht nur an die grundlegenden Veränderungen seiner kommunikativen Umwelt anpassen. Es kann auch nur auf diesem Wege gelingen, Aufmerksamkeit für die Informationen und Botschaften des Unternehmens in den Kommunikationsnetzwerken des Web 2.0 zu erzielen.

5   Reputationsevangelisten und Reputationsterroristen

Für die Unternehmenskommunikation bedeutet dies: Wer die Kraft der Quervernetzung und des Agenda Settings durch Weblogs, Videoplattformen, Social Networking Sites (z.B. Myspace.com) oder im Second Life unterschätzt, gerät schnell in die Gefahr hoher Reputationsrisiken. Wird ein Unternehmen einmal als Lügner, als unwahrhaftig im Web wahrgenommen, verbreitet sich auch diese Einschätzung durch die Internetcommunities in rasender Geschwindigkeit. Dann verspielt das Unternehmen sein kommunikatives Kapital, das sich über den Aufbau der Unternehmensreputation als Teil des immateriellen und materiellen unternehmerischen Wertschöpfungsprozesses interpretieren lässt.

Verstehen wir Reputation als die Gesamtheit aller über ein Unternehmen in der Öffentlichkeit und bei seinen unterschiedlichen Stakeholdern vorhandenen Images, so handelt es sich hierbei um ein komplexes und fragiles Konstrukt, das durch die neuen Informations- und Kommunikationsformen im Web 2.0 besonders herausgefordert wird. Insbesondere die kontingenten Konstruktionsmomente der Reputation als „subjective, collective assessment of an organisation's trustworthiness and reliability" (Fombrun/van Riel, 1997, S. 10) erfordern besondere Aufmerksamkeit innerhalb eines Kommunikationsmanagements, das die Möglichkeiten des Social Networking nutzen will. Denn der Entstehungsprozess von Reputation wird durch das Social Networking zuweilen auf den Kopf gestellt bzw. in seiner bislang bekannten Form durch neue Entstehungsformen ergänzt.

Nach dem Lehrbuch gehen wir davon aus, dass ein Unternehmen sich zunächst selbst definiert, die eigene Identität analysiert und beschreibt, um daraus eine Corporate Identity und ein Unternehmensleitbild (Corporate Vision) abzuleiten. Beide Komponenten resultieren in ein Selbstbild des Unternehmens, das als Grundlage aller Kommunikationen des Unternehmens (und der Anlage und Umsetzung von Kommunikationsstrategie, -konzept- und -plan) dienen sollte. Diese über ein Soll-Image operationalisierte Selbstdarstellung des Unternehmens wird kommunikativ an die einzelnen Stakeholder vermittelt. Bei einer weitreichenden Übereinstimmung (Identität) von Unternehmenskultur   und   abgeleiteten   Kommunikationen   über   das

Unternehmensselbstbild besteht eine gute Chance, dass zumindest Teile dieses Selbstbildes auch in der Imagekonstruktion einzelner Stakeholder über das Unternehmen eine entsprechende Rolle spielen. Aus der Gesamtheit dieser Images als Fremdbilder, die die Stakeholder vom Unternehmen haben und gewinnen, entsteht über einen langfristigen Zeitverlauf schließlich die Unternehmensreputation. In gewisser Hinsicht können wir diesen Entstehungsprozess in seiner idealen Form als reflexiven Top-Down-Prozess beschreiben. Dabei gilt allerdings: Die Imagekonstruktionen auf Seiten der Stakeholder unterliegen natürlich nicht der Steuerung durch das Unternehmen, sondern müssen als Prozesse der Wirklichkeitskonstruktion begriffen werden, abhängig von vielen kognitiven, sozialen und kulturellen Variablen, die zum großen Teil außerhalb der Einflusssphäre des Unternehmens liegen. Dennoch hat das Unternehmen Einfluss in diesem Prozess. Gute und professionelle Kommunikation kann in die sozialen Konstruktionsprozesse bei den Stakeholdern und in der Öffentlichkeit einzahlen.

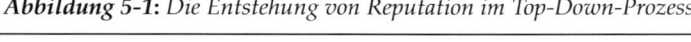

Abbildung 5-1: *Die Entstehung von Reputation im Top-Down-Prozess*

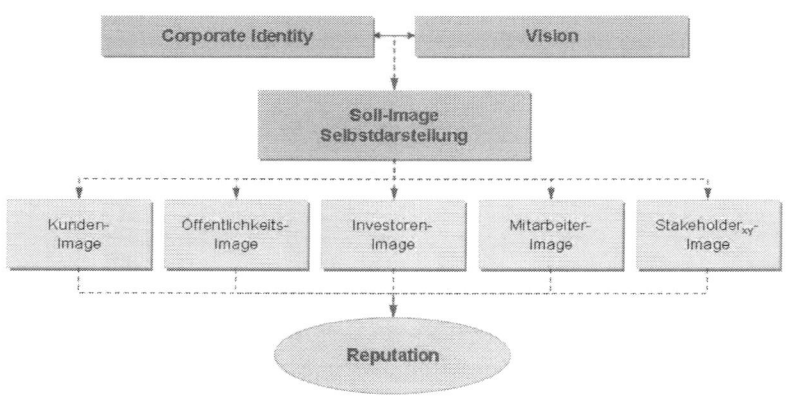

In Zeiten der Peer Production beginnen und verlaufen diese Konstruktionsprozesse zur Generierung von Reputation zuweilen anders. Hier haben die einzelnen Stakeholder (als Individuen oder Communities) die Möglichkeit, aus Interessen, Motiven, Zielsetzungen zu kommunizieren, die allesamt nichts mit dem Unternehmen und seinen Informationsangeboten zu tun haben müssen. So können Bausteine eines Unternehmensimage entstehen und durch das Social Networking dynamisch prozessiert werden, die außerhalb des Einflussbereichs eines Unternehmens liegen. Auch diese Bausteine und Images fügen sich zu einem Reputationskonstrukt. Im günstigen Falle entsteht dabei Unternehmensreputation, die eine innere und inhaltliche Verbindung zum Selbstbild des Unternehmens aufweist. Im negativen Falle können solche Imagebausteine die Reputationskonstruktion für ein Unternehmens zu einem steinigen Pfad machen, auf dem immer wieder Hindernis beiseite geräumt, Gräben gefüllt und alternative Wege gefunden werden müssen.

Abbildung 5-2: Die Entstehung von Reputation im Bottom-Up-Prozess

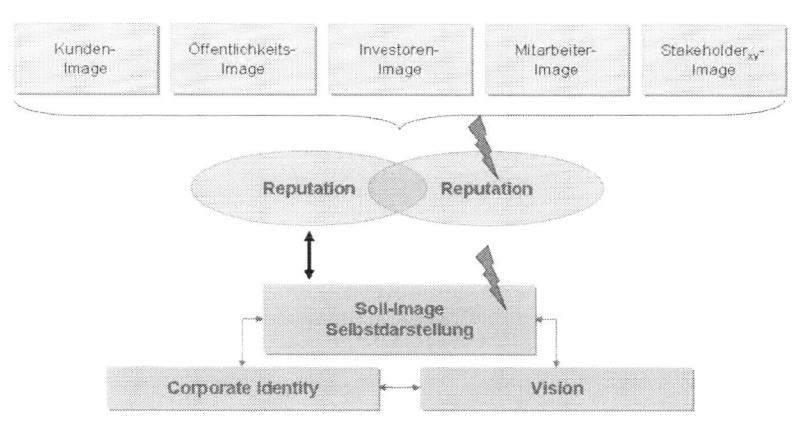

Wie die Fallbeispiele gezeigt haben, sind damit erhebliche Probleme für ein Unternehmen verbunden, die in den Netzcommunities in der Regel auch eine lange Lebensdauer haben. Dabei hängen Tiefe und Schärfe einer möglichen Reputationskrise wesentlich davon ab, dass das Unternehmen die Typologie der Kommunikatoren im Netz identifizieren und richtig mit ihnen umgehen kann.

Der *Information-Provider* ist vor allem daran interessiert, wichtige und relevante Informationen über ein Unternehmen zur Verfügung zu stellen. Er ist ein faktenorientierter Diskussionspartner und einem sachlichen Dialog mit dem Unternehmen zugänglich.

Der *konstruktive Kritiker* will Fehler und Missstände aufdecken und lässt solange nicht locker, wie sie nicht aufgeklärt und behoben sind. Er ist hartnäckig, aber in der Regel fair. Auf Seiten der Unternehmenskommunikation beansprucht er im Problemfall Zeit und Aufmerksamkeit, deren Investition sich auszahlt, wenn man den konstruktiven Kritiker davon überzeugen kann, dass Fehler behoben sind und aus Missständen eine Lehre gezogen wurde.

Der *Reputationsterrorist* hat es von Beginn an darauf abgesehen, dem Unternehmen zu schaden und seine Reputation zu (zer)stören. Er ist häufig stark emotional und ideologisch motiviert und vor diesem Hintergrund auch einem fakten- und sachorientierten Dialog nur begrenzt zugänglich. Insbesondere Unternehmen aus Branchen, die einer verstärkten gesellschaftlichen Beobachtung und Debatte unterliegen (Pharma, Gentechnik, Kernenergie), müssen mit Angriffen von Reputationsterroristen rechnen und sich mit ihnen auseinandersetzen. Um den Dialog mit dem jeweiligen Kommunikator (oder seiner Gruppe) kommt das Unternehmen keinesfalls herum. Dabei müssen verschiedenen Eskalationsstufen möglich sein: beginnend mit dem sachbezogenen Dialog bis hin zu juristischen Maßnahmen. Grundsätzlich gilt in solchen Problemfällen:

- Je weniger Eskalation nötig ist, desto weniger läuft das Unternehmen Gefahr, dass die Auseinandersetzung sich ausweitet und immer mehr öffentliche Aufmerksamkeit – auch außerhalb des Internets – bekommt;

- Je schneller und direkter das Unternehmen reagiert, desto bessere Chancen hat es, die Probleme zügig einzudämmen bzw. ihre Ausweitung im Netzwerk zu verhindern;

- Je früher das Unternehmen begonnen hat, sich kommunikativ im Web 2.0 zu etablieren (proaktive Kommunikationsarbeit), desto glaubwürdiger und professioneller kann es in Kommunikationskrisen agieren.

Gute und professionelle Kommunikation kann also auch in Zeiten des Social Networking und der Peer Production in die sozialen Konstruktionsprozesse bei den Stakeholdern und in der Öffentlichkeit einzahlen. Sie verlangt allerdings strategisch, konzeptionell und operativ mehr und andere Ansätze als sie aus der klassischen Unternehmenskommunikation bekannt und bewährt sind.

Literaturverzeichnis

Benkler, Y. (2006). *The Wealth of Networks. How Social Production Transforms Markets and Freedom.* New Haven: Yale University Press.

Baoill, A.O. (2004). Conceptualizing The Weblog: Understanding What It Is In Order To Imagine What It Can Be. In *Journal of Contemporary Media Studies*, February 2004.

Castells, M. (2001). *Das Informationszeitalter*, Band 1. Der Aufstieg der Netzwerkgesellschaft. Opladen: Leske + Budrich.

Fombrun, C./Van Riel/C.B.M. (1997). The reputational landscape. *Corporate Reputation Review,* 1 (1/2), 5-13.

Giles, J. (2006). *Internet encyclopaedias go head to head.* Jimmy Wales' Wikipedia comes close to Britannica in terms of the accuracy of its science entries, a Nature investigation finds. Retrieved August 27, 2007, from http://www.nature.com/news/2005/051212/full/438900a.html.

Grunig, J.E./Hunt, T.T. (1984). *Managing Public Relations.* London: Thomson Learning.

Habermas, J. (1981). *Theorie des kommunikativen Handelns.* 2 Bd. Frankfurt/Main. Suhrkamp.

Hannegan Ch. /Fisher S. (2006). Employee Bloggers - Turning a Potential Liability into Your Best Weapon. In *Journal of Integrated Marketing Communication*, 2006.

Heuer, S. (2007). Ordnung durch Unordnung. Interview mit David Weinberger. In *Brand Eins* 7, 88-91.

Kimmel, J. (2004). *Rumors and Rumor Control: A Manager's Guide to Understanding and Combatting Rumors.* Mahway/ NJ. Lawrence Erlbaum Associates.

Langner, S. (2005). *Viral Marketing.* Wiesbaden. Gabler.

Market sentinel, onalytica & immediate future (2005). *Measuring the influence of bloggers on corporate reputation.* Retrieved May 2, 2006 from http://www.marketsentinel.com/files/MeasuringBloggerInfluence61205.pdf.

Meckel, M. (2001). *Die globale Agenda. Kommunikation und Globalisierung.* Opladen: West-deutscher Verlag.

Ozcan, K. (2004). *Consumer-to-Consumer Interactions in a Networked Society: Word-of-Mouth Theory, Consumer Experiences, and Network Dynamics.* Ph. D. Dissertation. University of Michigan. Michigan.

Rosen, E. (2000). *The Anatomy of Buzz: How to Create Word-of-Mouth Marketing.* New York. Doubleday.

Schonfeld, E. (2005). *The Economics of Peer Production. Could the Culture of participation threaten the existence of the firm?* Retrieved October 31, 2005, from http://business2.blogs.com.

Surowiecki, J. (2005). *Die Weisheit der Vielen. Warum Gruppen klüger sind als Einzelne und wie wir das kollektive Wissen für unser wirtschaftliches, soziales und politisches Handeln nützen können.* München. Carl Bertelsmann.

Weinberger, D. (2002). *Small Pieces Loosely Joined. A Unified Theory of the Web.* New York. Basic Books.

Weinberger, D. (2007). *Everything is Miscellaneous. The Power of the New Digital Disorder.* New York. Times Books.

Zerfaß, A./Boelter, D. (2005). *Die neuen Meinungsmacher. Weblogs als Herausforderung für Kampagnen, Marketing, PR und Medien.* Graz. Nausner & Nausner.

Zerfaß, A./Sandhu, S. (2005). CEO-Blogs: Personalisierung der Online-Kommunikation als Herausforderung für die Unternehmensführung. In Picot, A./ Fischer, T. (Hrsg.). *Social Software - Der Einsatz von Wikis, Weblog und RSS im unternehmerischen Umfeld.* Hannover. Heise Verlag. 113-129.

Teil 2

Umsetzung

c) Zielkonzepte

Peter Nobel

Unternehmenskommunikation aus rechtlicher Sicht

1   Einführung

Fragt man einen Juristen, was ihm spontan zur Unternehmenskommunikation aus rechtlicher Sicht einfalle, so wird er mit einiger Wahrscheinlichkeit sagen, dass diese wahrheitsgetreu und korrekt sein müsse und nicht irreführend sein dürfe. Damit wird bereits der Kern der Sache getroffen. Beim weiteren Überlegen wird er wohl darauf hinweisen, welche grosse Bedeutung das Recht der Publizität und der Transparenz einräumt. So wird oft an das berühmte Wort des amerikanischen Richters Brandeis erinnert:

> *„Sunlight is said to be the best of disinfectants; electric light the most efficient police- man" (Brandeis, 1913, S. 92).*

Im Aktienrecht war Publizität lange das grosse Thema, das dann auch in die besonderen Transparenzanforderungen der Börsengesetzgebung eingebettet wurde (vgl. Art. 1 BEHG[1]). Der Wille zur Beseitigung von Informationsasymmetrien stellt geradezu die Legitimation für besondere Eingriffe dar. Durch die Diskussion um die Corporate Governance wurde das Publizitätsthema nicht nur überholt, sondern vor allem ergänzt. „Accountability" ist schliesslich nicht denkbar, ohne gleichzeitig die Offenlegung zu regeln. Hier kommen neben den Zahlen auch verschiedene Offenlegungsanforderungen qualitativer und struktureller Natur rund um das Unternehmen hinzu. Begleitet wurde all dies von einem Streben nach Standardisierung, um die Informationen vergleichbar zu machen. Diese Tendenz findet sich in ausgeprägter Form auch im Bereich der Rechnungslegung, wo die internationalen Rechnungslegungsstandards entwickelt wurden (IAS/IFRS, US- GAAP, Swiss GAAP-FER).

Es darf vorweg genommen werden, dass sich ein bedeutender Teil des Gesellschafts- und Börsenrechtes um Belange der Unternehmenskommunikation in einem weiteren Sinne dreht. Dringt man tiefer in das Gebiet ein, ist man über die Fülle erstaunt.

2   „Unternehmen" und „Kommunikation"

A.

Spricht man von „Unternehmen" und „Kommunikation", so muss sich der Jurist zuerst einmal mit diesen Begriffen beschäftigen. Das wirtschaftliche Unternehmen ist rechtlich gesehen ein schillernder Begriff. Zwar kann man sagen, dass das kaufmänni-

---

[1] Bundesgesetz vom 24. März 1995 über die Börsen und den Effektenhandel, BEHG (SR 954.1).

sche Unternehmen (oder Gewerbe) den Klammerbegriff hinter dem Handelsrecht darstellt. An einem eigentlichen Unternehmensrecht fehlt es aber, denn das Handels-gesellschaftsrecht regelt in allererster Linie die Träger- und Entscheidungsorganisation eines Unternehmens. Der Mitbestimmungsgedanke hat in der Schweiz keinen Fuss gefasst. So ist die Aktiengesellschaft die Organisation der Aktionärseigentümer, denen die Leitungsanwartschaft über das Unternehmen zukommt (Generalversammlung, Verwaltungsrat, Geschäftsleitung). Das Kapitalmarktrecht geht weiter und erfasst neben den Aktionären sogar die wirtschaftlich Berechtigten mit Offenlegungspflichten (Art. 9 BEHV-EBK[2]). Gerade das Offenlegungsrecht stellt das alte Dogma des Verbotes der Nebenleistungspflichten für Aktionäre (Art. 620 Abs. 2, Art. 680 Abs. 1 OR) ins Museum.

Unternehmen sind nur noch selten Einzelgesellschaften, sondern Konzerne bzw. (sog. polykorporative) Verbände aus Mutter- (Holding) und Tochtergesellschaften. Das Recht ist, trotz vielen konzernrechtlichen Anstrengungen, mit der Erfassung dieser Verbände nicht weit gekommen.

Jedenfalls steht auch hier ein Publizitäts- oder Kommunikationsmittel im Vorder-grund: Die Konzernrechnung, welche die Rechnungen der verschiedenen Konzernge-sellschaften zur Einheitsrechnung konsolidiert (Art. 663e Abs. 1 OR). So kann man sagen, dass die Konzernrechnung Unternehmenskommunikation im eigentlichen Sinne ist, weil sie trotz rechtlicher Verschiedenheit der Konzernglieder die unterneh-merische Einheit zeigt. Neben der Pflicht zur Erstellung der Konzernrechnung obliegt aber den einzelnen Konzerngliedern, der Mutter und den Töchtern, eine ganze Palette von weiteren Publizitätspflichten.

Die unternehmerische Einheit, die über die Trägergesellschaft hinausgeht, zeigt dann auch die Corporate Governance Diskussion. Dort ist die Principal - Agent Problematik (das Verhältnis zwischen Aktionären und den mit der Geschäftsführung betrauten Personen) nur ein Diskussionsaspekt; ebenso prominent wird die Erkenntnis vorget-ragen, dass ein Unternehmen nicht nur aus Shareholdern besteht, sondern auch aus den Stakeholdern. So sagt der OECD- Kodex zur Corporate Governance:

> *„Corporate-Governance-Praktiken gehören zu den zentralen Voraussetzungen für die Verbesserung von wirtschaftlicher Effizienz und Wachstum wie auch für die Stärkung des Anlegervertrauens. Sie betreffen das ganze Geflecht der Beziehungen zwischen dem Management eines Unternehmens, dem Aufsichtsorgan, den Aktionären und anderen Unternehmensbeteiligten (Stakeholders)" (OECD, 2004, S. 11).*

Daraus ergeben sich auch zusätzliche interne und externe Kommunikationsbedürfnis-se, wie Mitteilungs- und Aufklärungsrechte der Arbeitnehmer und Gläubigerrechte

---

[2] Verordnung der Eidgenössischen Bankenkommission vom 25. Juni 1997 über die Börsen und den Effektenhandel, BEHV-EBK (SR 954.193).

auf Kommunikation und Schutz.[3] Unternehmenskommunikation geht damit über das Gesellschafts- und Börsenrecht hinaus und erfasst das Unternehmen als produktive soziale Organisation (Ulrich, 1970).

B.

Für „Kommunikation" wird der Jurist mit seiner unausrottbaren Latein-Affinität den Wortsinn zuerst dort suchen. Es ist die Unterhaltung mit denen, vor denen man spricht und gehört zum Lehrfach der Rhetorik.[4] Man versucht ein positiv-rezeptives Klima zu schaffen und denkt bereits hier unwillkürlich an „Reputation". Der theoretisch orientierte Jurist wird beim Begriff der Kommunikation in Zusammenhang mit dem Recht aber allenfalls leicht erstaunt sein, denn in neuerer Zeit werden ganze Rechtstheorien auch als Kommunikationstheorien präsentiert (Habermas: Soziale Integration durch rationalen Diskurs; Luhmann: Rechtlich orientierte Kommunikation als Vollzug der Gesellschaft). Das Recht ist damit selbst ein Kommunikationsmittel und die Unternehmenskommunikation zu einem Teil auch die rechtlich-kommunikative Herstellung der sozialen Realität „Unternehmen".

Dann steht Kommunikationsrecht aber auch im weiteren Umfeld des Informationsrechtes, das heute im Rahmen der beschleunigten Entwicklung erst zur notwendigen Bedeutung auswächst (Druey, 1995). Hier ist lediglich festzuhalten, dass Kommunikation immer den zwischenmenschlichen Bereich betrifft; kommuniziert wird (rechtlich) zwischen Menschen und nicht mit, oder zwischen Maschinen (BGE 105 Ib 389 E.2b).

Kommunikation ist für den Juristen dann aber auch die ganze Domäne des „free speech" und das ganze daraus entspringende Rechtsgebiet des Äusserungsrechtes. Auch wenn das hier nicht das Thema ist, spielen die äusserungsrechtlichen Standards, von Persönlichkeits- und Ehrenschutz bis hin zum UWG[5] im Hintergrund natürlich stets eine Rolle.

Hier geht es vor allem um die positiven Vorschriften rund um die Unternehmenskommunikation. Diese kennen auch Schranken, so etwa im Umgang mit Wirtschaftsjournalisten (keine Abgabe von privilegierenden, kurssensitiven Informationen) (Nobel & Weber, 2007). Wir werden in der Folge versuchen, eine diesbezügliche Systematisierung vorzunehmen.

---

[3] vgl. dazu das Bundesgesetz vom 3. Oktober 2003 über Fusion, Spaltung, Umwandlung, und Vermögensübertragung, FusG (SR 221.301).
[4] Cicero, De oratore, Liber III; Quintilian, institutio oratoria, 9, 2.
[5] Bundesgesetz vom 19. Dezember 1986 gegen den unlauteren Wettbewerb, UWG (SR 241).

3   Theorie der Reputation

A.

Spricht man heute von Unternehmenskommunikation, so gelangt man schnell zum Anliegen von Reputation, deren Förderung und Sicherung.

Dies war schon bei Shakespeares Othello (II, 3) ein prekäres Anliegen:

> „CASSIO: *Reputation, reputation, reputation! O, I have lost my reputation! I have lost the immortal part of myself, and what remains is bestial. My reputation Iago, my reputation!*
>
> IAGO: *As I am an honest man, I thought you had received some bodily wound; there is more sense in that than in reputation. Reputation is an ideal and most false imposition: often got without merit, and lost without deserving [...]*"

Juristen können über das Bemühen hinaus, dass die vorgeschriebene Information korrekt und zuverlässig ist, nur einen geringen zusätzlichen Beitrag leisten. Reputation heisst aber, dass man in einem guten Licht erscheint und da ist auch das äusserungsrechtliche Verbot einschlägig, niemanden ohne Rechtfertigung in einem negativen Licht erscheinen zu lassen. Damit ist bereits der allgemeine Persönlichkeitsschutz, der (in der Schweiz) auch für juristische Personen gilt, auch Reputationsschutz. Dies gilt auch für das UWG, das es ebenfalls verpönt, über jemanden in unlauterer und herabsetzender Weise zu kommunizieren.

B.

Es sind hier auch die neueren Bemühungen zu erwähnen, aus der Reputation eine Theorie der Unternehmenskommunikation zu entwickeln.

Grundlage für die Entwicklung einer Theorie der Reputation bzw. Unternehmenskommunikation ist die Feststellung, dass in einer arbeitsteilig organisierten Gesellschaft ein Nachfrager (Principal) auf die spezialisierte Leistung eines Anbieters (Agent) angewiesen ist, diese jedoch aufgrund des fehlenden Fachwissens nicht überprüfen kann. Diese auf den Märkten vorhandene Informationsasymmetrie führt dazu, dass die Marktteilnehmer gute und schlechte Leistung nicht ausreichend unterscheiden können. Hier spielt die Reputation eine zentrale Rolle, da sie als Informationsersatz dient. Sie signalisiert, trotz fehlender direkter Information, glaubhaft Qualität.

Die tragende Rolle, welche die Reputation spielt, ist rechtlich zu sichern. Dies vor allem im Hinblick darauf, dass das Renommée bzw. die soziale Akzeptanz der kommunizierenden Unternehmen geschützt und die Reputation anderer nicht für egoistische Zwecke schamlos ausgebeutet wird. Dieser Schutz wird durch reputationsbezogene Normenkomplexe[6] (Reputationsschutz, Informationshaftung und Transparenz) gewährleistet.

Das Recht garantiert den Unternehmen als Reputationsträger ein Kontrollmonopol über die eigene Reputation und stabilisiert diese als Medium der Unternehmenskommunikation. Darüber hinaus geniessen Unternehmen, welche unter einer starken, offenheitsbezogenen Rechtsordnung kommunizieren, ein grösseres Vertrauen bei den Adressaten (Dédayen, 2007).

4 Unternehmenskommunikation von der Wiege bis zur Bahre

Unternehmenskommunikation aus rechtlicher Sicht zu systematisieren, ist kein leichtes Unterfangen. Naheliegend ist es aber, ein Unternehmen (eine Gesellschaft von der Wiege bis zur Bahre) im Lichte der dabei aufkommenden „lebenszyklischen" Kommunikationspflichten anzusehen. So kann zu folgendem „Inhaltsverzeichnis" gelangt werden:

1. Grundpublizität
2. Werbende Publizität
3. Regelpublizität
4. Sonderpublizität
5. Auskunftsrecht
6. Ad hoc Publizität
7. Kommunikationsschranken
8. Krisenpublizität

Im Folgenden werden die einzelnen Fragekomplexe kurz skizziert.

---

[6] Dazu gehören namentlich der Persönlichkeitsschutz, das Markenrecht, das Lauterkeitsrecht, das Vertrags- und Deliktshaftungsrecht und das Handelsregisterrecht.

4.1   Grundpublizität

Hier steht als (konstitutiver) Geburtsakt die Eintragung ins Handelsregister, sein Inhalt, seine Publikation im Vordergrund. Das Handelsregister samt den Belegen ist öffentlich (Art. 930 OR, Art. 10 HRegV[7]). Es ist neu auch elektronisch zugänglich (Art. 929a OR, Art. 12 HRegV).

Es dient der Information und Identifikation, aber auch der Zuverlässigkeit der eingetragenen Tatsachen und damit der Rechtssicherheit. Denn die Eintragungen in das Handelsregister müssen klar und wahr sein und dürfen nicht zu Täuschungen Anlass geben (Art. 26 HRegV). Jede Rechtseinheit, welche ins Handelsregister eingetragen wird, erhält eine dauerhafte und unveränderliche Identifikationsnummer. Selbst bei der allfälligen Löschung einer Rechtseinheit aus dem Handelsregister, darf die Identifikationsnummer nicht neu vergeben werden (Art. 116 HRegV). Was im Handelsregister eingetragen ist, wird als bekannt vorausgesetzt (Art. 933 OR). Der Handelsregisterführer hat die Pflicht zu prüfen, ob alle Eintragungsvoraussetzungen gegeben sind. Somit wahrt er in Bezug auf eingetragene Tatsachen die öffentlichen Interessen (Art. 940 OR, Art. 28 HRegV).

4.2   Werbende Publizität

Unter dieser Überschrift kann man Firmenbildung, Marken und Werbung zusammenfassen. Wobei die Firma und die Marke die wesentlichen Bestandteile der Corporate Identity einer Unternehmung bilden, durch welche sie in der Öffentlichkeit auch als Unternehmung erkannt wird.

Die Firma ist der Name mit dem ein Unternehmen im Rechtsverkehr auftritt – entgegen dem täglichen Sprachgebrauch, wo die Firma immer mit der Unternehmung an sich assoziiert wird. Erst durch die geschützte Firma kann eine Unternehmung individualisiert im Markt auftreten und ihre persönliche Reputation schaffen und vertreten. Die Firma hat die vom Gesetz vorgeschriebenen, wesentlichen Inhalte zu berücksichtigen, der Wahrheit zu entsprechen, darf weder Anlass zu einer Täuschung geben, noch dem öffentlichen Interesse widersprechen (Art. 944 OR i.V.m. Art. 26 HRegV). Ferner muss die Rechtsform aus der Firma ersichtlich sein (Art. 950 OR).

Neben diesen Vorgaben bestehen grosse Freiheiten in der Wahl der Firma: Personennamen, Sach- und Fantasiebezeichnungen, wie auch deren Kombination mit Zahlen stehen zur Disposition. Bei der Bildung von Gesellschaftsfirmen für Kollektiv-, Kom-

---

[7] Handelsregisterverordnung vom 17. Oktober 2007, HRegV (SR 221.411).

manditaktiengesellschaften und Gesellschaften mit beschränkter Haftung sind die vom Gesetz vorgeschriebenen „Zusätze" zu beachten (Art. 947 ff. OR).

Die im Handelsregister eingetragene und im schweizerischen Handelsamtsblatt (SHAB) veröffentlichte Firma stehen dem Berechtigten zum ausschliesslichen Gebrauch zu (Art. 956 Abs. 1 OR). Wer in der Ausübung dieses Rechtes von einem Dritten beinträchtig wird, kann auf Unterlassung klagen, oder eine Schadenersatzklage anstreben, insofern seitens des Dritten ein Verschulden vorliegt (Art. 956 Abs. 2 OR).

Marken sind grundsätzlich Herkunftsbezeichnungen für Produkte und Dienstleistungen und dienen ferner auch dazu, die Unterscheidbarkeit von Waren oder Dienstleistungen eines Unternehmens von solchen anderer Unternehmen zu sichern (von Büren & Marbach, 2002).

Marken können insbesondere Wörter, Buchstaben, Zahlen, bildliche Darstellungen, dreidimensionale Formen oder Verbindungen solcher Elemente untereinander oder mit Farbe sein (Art. 1 Abs. 2 MSchG[8]). Bei der Bildung von Marken ist jedoch die Schranke der graphischen Darstellbarkeit zu beachten (Art. 10 Abs. 1 MSchV[9]). Ferner bestehen absolute und relative Ausschlussgründe, welche einen Markenschutz verunmöglichen (Art. 2 ff. MSchG). Insbesondere sind Sachbezeichnungen und Beschaffenheitsangaben vom Markenschutz ausgeschlossen (von Büren & Marbach, 2002).

Der Markenschutz ist zweistufig ausgestaltet. Einerseits kann der Inhaber einer älteren Marke, sofern relative Ausschlussgründe gemäss Art. 3 MSchG gegeben sind, innerhalb von drei Monaten gegen die erfolgte Eintragung einer Marke Widerspruch erheben (Art. 31 MSchG). Andererseits hat der Markeninhaber nach Art. 13 MSchG aufgrund seiner eigentumsähnlichen Verfügungsmacht über die Marke eine Sperrkompetenz gegenüber Dritten, wobei auch hier Schranken zu beachten sind (Weiterbenützungsrecht, Erschöpfung, sachlicher Mitgebrauch) (von Büren & Marbach, 2002).

Werbung hat aus rechtlicher Sicht vor allem – abgesehen davon, dass sie auch dem Verbot des besonders aggressiven Verkaufs untersteht (Art. 3 lit. h UWG) - lauter zu sein. Das UWG verbietet jedes täuschende oder in anderer Weise gegen den Grundsatz von Treu und Glauben verstossende Verhalten oder Geschäftsgebaren, welches das Verhältnis zwischen Mitbewerbern oder zwischen Anbietern und Abnehmern beeinflusst (Art. 2 UWG).

Dann sind „kommunikativ" auch die Werbeverbote zu beachten. So ist Fernseh- und Radiowerbung für Tabakwaren, alkoholische Getränke, politische Parteien und religiöse Bekenntnisse untersagt. Unzulässig sind auch Schleichwerbung und unterschwelli-

---

[8] Bundesgesetz vom 28. August 1992 über den Schutz von Marken und Herkunftsangaben, MSchG (SR 232.11).
[9] Markenschutzverordnung vom 23. Dezember 1992, MSchV (SR 232.111).

ge Werbung, Verkaufsangebote für sämtliche Heilmittel und medizinische Behandlung, sowie Werbung für Heilmittel nach Massgabe des Heilmittelgesetzes. Ferner darf Werbung keine religiöse oder politische Überzeugung herabmindern, irreführend oder unlauter sein, oder zu einem Verhalten anregen, welches die Gesundheit, die Umwelt oder die persönliche Sicherheit gefährdet (Art. 10 RTVG[10]).

4.3 Regelpublizität

A.

Als Regelpublizität wird die jährliche Rechenschaftsablegung mittels des Geschäftsberichtes verstanden. Dazu gehören Jahresbericht, Bilanz, deren Anhang, Erfolgsrechnung und Konzernrechnung. Alle Angaben werden vor der Veröffentlichung von einer unabhängigen Revisionsstelle auf ihre Korrektheit überprüft, was aus der gesetzlich vorgeschriebenen Revisionspflicht hervorgeht (Art. 727 OR).

Börsenkotierte Unternehmen legen öffentlich Rechnung (mit der Pflicht zur Publikation im Schweizerischen Handelsamtsblatt), während andere dies nur gegenüber den Aktionären bzw. gegenüber den Gläubigern bloss bei Bedarfsnachweis tun (Art. 697h OR). Bei börsenkotierten Unternehmen kommen die Halbjahresabschlüsse und z.T. Quartalsberichte hinzu.

Im Rechnungslegungsrecht wurden (vor allem in der Schweiz) - trotz dem anerkannten Grundsatz der Bilanzwahrheit und -klarheit (Art. 959 OR) - lange Diskussionen über die sog. stillen Reserven geführt (unterbewertete Aktiven, stille Reservenauflösung). Mit dem Börsenrecht und dem Kotierungsreglement hielt dann aber das Prinzip des „true and fair view" Einzug, was gleichzeitig zum Prinzip der „fair presentation" führte (Art. 66 KR[11]).

Die Corporate Governance Diskussion hat den Umfang der börsenrelevanten Information erhöht. Niederschlag hat dies u.a. in den Bestimmungen zum Anhang der Rechnungslegung gefunden. Dort sind jetzt auch alle Entschädigungen an Organe offen zu legen (Art. 663b[bis] OR).

Offen zu legen sind nach börsenrechtlichen Normen, neben einer detaillierten Offenlegung der Corporate Governance Strukturen[12], auch bedeutende Handelstransaktionen der Organe (Art. 74a KR und Richtlinie). Neben diesen Regelungen können noch „soft law" Anforderungen greifen, z.B. diejenigen des Swiss Code of Best Practice

---

[10] Bundesgesetz vom 24. März 2006 über Radio und Fernsehen, RTVG (SR 784.40).
[11] Kotierungsreglement der Swiss Exchange, KR.
[12] vgl. SWX Richtlinie betreffend Information zur Corporate Governance (RLCG), N 2 ff.

(Economiesuisse, 2002). Im Rechnungslegungsrecht war der Marktdruck nach internationaler Harmonisierung am grössten und es kam zur Herausbildung eigentlicher internationaler Standards (IAS/IFRS; US-GAAP). Sowohl die EU[13] als auch die Schweiz[14] verpflichten börsenkotierte Unternehmen Rechnung nach diesen Standards zu legen. Ein einheitlicher Weltstandard ist das Ziel von aktuellen zunehmend rechtsformunabhängigen Bestrebungen (Botschaft zur Änderung des Obligationenrechts, BBl 2008 1589 ff.).[15]

B.

Zur Regelpublizität kann man heute auch ganz neue Aspekte zählen, so die Offenlegung bedeutender Aktionäre und sogar der wirtschaftlich Berechtigten (Art. 20 BEHG, Art. 9 BEHV-EBK).

Art. 20 BEHG besagt folgendes:

> [1] Wer direkt, indirekt oder in gemeinsamer Absprache mit Dritten Aktien oder Erwerbs- oder Veräusserungsrechte bezüglich Aktien einer Gesellschaft mit Sitz in der Schweiz, deren Beteiligungspapiere mindestens teilweise in der Schweiz kotiert sind, für eigene Rechnung erwirbt oder veräussert und dadurch den Grenzwert von 3, 5, 10, 15, 20, 25, 33⅓, 50 oder 66⅔ Prozent der Stimmrechte, ob ausübbar oder nicht, erreicht, unter- oder überschreitet, muss dies der Gesellschaft und den Börsen, an denen die Beteiligungspapiere kotiert sind, melden.
>
> [2] Die Umwandlung von Partizipations- oder Genussscheinen in Aktien und die Ausübung von Wandel- oder Erwerbsrechten sind einem Erwerb gleichgestellt. Die Ausübung von Veräusserungsrechten ist einer Veräusserung gleichgestellt.
>
> [2bis] Als indirekter Erwerb gelten namentlich auch Geschäfte mit Finanzinstrumenten, die es wirtschaftlich ermöglichen, Beteiligungspapiere im Hinblick auf ein öffentliches Kaufangebot zu erwerben.
>
> [3] Eine vertraglich oder auf eine andere Weise organisierte Gruppe muss die Meldepflicht nach Absatz 1 als Gruppe erfüllen und Meldung erstatten über:
>
> a. die Gesamtbeteiligung;
>
> b. die Identität der einzelnen Mitglieder;

---

[13] Verordnung (EG) Nr. 1606/2002 vom 19. Juli 2002 betreffend die Anwendung von internationaler Rechnungslegungsstandards, ABl. Nr. 243, S. 1 ff.

[14] vgl. SWX Richtlinie betreffend Anforderungen an die Finanzberichterstattung (RLFB), N 10 ff.

[15] vgl. Memorandum of Understanding between the FASB and the IASB vom 27. Februar 2007 und aktueller Stand der Arbeiten auf dem den IASB Work Plan unter http://www.iasb.org/Current+Projects/IASB+Projects/IASB+Work+Plan.htm

c. die Art der Absprache;

d. die Vertretung.

(…)

4.4   Sonderpublizität

Wie allgemein in der Werbung spielt auch in der Werbung für Kapital der Prospekt eine grosse Rolle. Er ist Informationsmittel, Werbedokument, aber auch Garantiedokument zugleich. Unter „Werbung" darf man kapitalbezogen auch die Investors Relations verstehen, denen eine zunehmende Bedeutung zukommt, da sie zur Erhöhung des Bekanntheitsgrads, sowie der Wertsteigerung neben der Verkaufsförderung der Unternehmung führt. Drei verschiedene Arten von Prospekten sind vorgesehen und gesetzlich geregelt: der aktienrechtliche Kapitalerhöhungsprospekt (Art. 652a OR), welcher (noch) bloss rudimentär geordnet ist, der börsenrechtliche Kotierungsprospekt, welcher ziemlich umfang- und auskunftsreich ist (Art. 8 BEHG i.V.m. Art. 32 ff. KR) und der Prospekt in Übernahmesituationen (Art. 24 BEHG). Die Prospekterstellung ist mit einer strengen Haftung versehen. Die Norm zur Prospekthaftung lautet wie folgt:

Art. 752 OR

> Sind bei der Gründung einer Gesellschaft oder bei der Ausgabe von Aktien, Obligationen oder anderen Titeln in Emissionsprospekten oder ähnlichen Mitteilungen unrichtige, irreführende oder den gesetzlichen Anforderungen nicht entsprechende Angaben gemacht oder verbreitet worden, so haftet jeder, der absichtlich oder fahrlässig dabei mitgewirkt hat, den Erwerbern der Titel für den dadurch verursachten Schaden.

4.5   Auskunftsrecht

A.

Den Aktionären kommt in der Generalversammlung zusätzlich zur Information im Geschäftsbericht ein Auskunftsrecht zu.

Die Norm lautet wie folgt:

Art. 697 OR

¹ Jeder Aktionär ist berechtigt, an der Generalversammlung vom Verwaltungsrat Auskunft über die Angelegenheiten der Gesellschaft und von der Revisionsstelle über Durchführung und Ergebnis ihrer Prüfung zu verlangen.

² Die Auskunft ist insoweit zu erteilen, als sie für die Ausübung der Aktionärsrechte erforderlich ist. Sie kann verweigert werden, wenn durch sie Geschäftsgeheimnisse oder andere schutzwürdige Interessen der Gesellschaft gefährdet werden.

³ Die Geschäftsbücher und Korrespondenzen können nur mit ausdrücklicher Ermächtigung der Generalversammlung oder durch Beschluss des Verwaltungsrates und unter Wahrung der Geschäftsgeheimnisse eingesehen werden.

⁴ Wird die Auskunft oder die Einsicht ungerechtfertigterweise verweigert, so ordnet sie der Richter am Sitz der Gesellschaft auf Antrag an.

Aus der Norm ergeben sich jedoch auch Grenzen.

Im Anschluss an die (aus seiner Sicht ungenügenden erfolgreiche) Ausübung des Auskunftsrechtes kann der Aktionär eine Sonderprüfung verlangen. Dies ist ein beschwerliches, schwer zu handhabendes und darum bisher wenig erfolgreiches Instrument (Art. 697a ff. OR).

Die Idee war, die erhaltene Information allenfalls einer Verantwortlichkeitsklage wegen unsorgfältiger Geschäftsführung zu Grunde legen zu können. Neu soll das Auskunftsrecht nicht nur in der GV, sondern (schriftlich) jederzeit ausgeübt werden können (Art. 697 Abs. 2 E OR[16]).

Von derselben Idee ist das Auskunftsrecht über das Organisationsreglement getragen (Art. 716b Abs. 2 OR); es sollen die „richtigen" Personen identifiziert werden können.

B.

Die Verantwortlichkeit eines Verwaltungsrates ist heute hoch; es kommt den Mitgliedern desselben daher ein umfassendes Auskunftsrecht zu.

Art. 715a OR lautet wie folgt:

¹ Jedes Mitglied des Verwaltungsrates kann Auskunft über alle Angelegenheiten der Gesellschaft verlangen.

² In den Sitzungen sind alle Mitglieder des Verwaltungsrates sowie die mit der Geschäftsführung betrauten Personen zur Auskunft verpflichtet.

---

[16] Entwurf zur Revision des Aktien- und Rechnungslegungsrecht im Obligationenrecht vom 21. Dezember 2007 (BBl 2008 1751).

³ Ausserhalb der Sitzungen kann jedes Mitglied von den mit der Geschäftsführung betrauten Personen Auskunft über den Geschäftsgang und, mit Ermächtigung des Präsidenten, auch über einzelne Geschäfte verlangen.

⁴ Soweit es für die Erfüllung einer Aufgabe erforderlich ist, kann jedes Mitglied dem Präsidenten beantragen, dass ihm Bücher und Akten vorgelegt werden.

⁵ Weist der Präsident ein Gesuch auf Auskunft, Anhörung oder Einsicht ab, so entscheidet der Verwaltungsrat.

⁶ Regelungen oder Beschlüsse des Verwaltungsrates, die das Recht auf Auskunft und Einsichtnahme der Verwaltungsräte erweitern, bleiben vorbehalten.

C.

Auch zwischen den Organen einer Gesellschaft ist zu kommunizieren. Bildet der Verwaltungsrat Ausschüsse (was er heute tun muss), so sorgt er auch für eine angemessene Berichterstattung (Art. 716a Abs. 2 OR). Das gleiche gilt für die Beziehung zwischen Verwaltungsrat und Geschäftsleitung (Art. 716b Abs. 2 OR).

D.

Der Revisionsstelle sind alle erforderlichen Unterlagen zu Verfügung zu stellen und Auskünfte zu erteilen, auf Verlangen auch in schriftlicher Form; sie ist aber zur Geheimniswahrung verpflichtet, soweit ihr nicht Berichterstattungspflichten entgegenstehen (Art. 730b OR). In der Generalversammlung ist aber auch sie auskunftspflichtig (Art. 697 Abs. 1 OR).

4.6   Ad hoc Publizität

Die ad hoc Publizität ist ein marktbezogenes, börsenrechtliches Instrument.

Art. 72 KR (Kotierungsreglement) lautet wie folgt:

Der Emittent informiert den Markt über kursrelevante Tatsachen, welche in seinem Tätigkeitsbereich eingetreten und nicht öffentlich bekannt sind. Als kursrelevant gelten Tatsachen, die geeignet sind, zu einer erheblichen Änderung der Kurse zu führen.

Der Emittent informiert, sobald er von der Tatsache in ihren wesentlichen Punkten Kenntnis hat. Er kann jedoch die Bekanntgabe einer kursrelevanten Tatsache hinausschieben, wenn

a. die Tatsache auf einem Plan oder Entschluss des Emittenten beruht und

b. deren Verbreitung geeignet ist, die berechtigten Interessen des Emittenten zu beeinträchtigen.

Im Falle des Bekanntgabeaufschubes muss der Emittent die umfassende Vertraulichkeit dieser Tatsache gewährleisten, ansonsten entfällt die Berechtigung für den Aufschub sofort.

Die Bekanntmachung ist so vorzunehmen, dass die Gleichbehandlung der Marktteilnehmer gewährleistet ist.

Die Zulassungsstelle kann im Rahmen einer Richtlinie Ausführungsbestimmungen erlassen.

Danach sind kursrelevante, nicht öffentlich bekannte Tatsachen - nicht blosse Gerüchte, Ideen o.ä. - welche den Markt beeinflussen, sofort der breiten Öffentlichkeit bekannt zu geben. Diese Pflicht entsteht bereits dann, wenn einem Unternehmen Einzelheiten, welche sich zu einer kursrelevanten Tatsache verdichten können, bekannt werden. Ziel der ad hoc Publizität ist die Transparenz und die Verbesserung der Markteffizienz, wobei es gleichzeitig um die Prävention von Insiderdelikten geht. Welche Tatsachen veröffentlicht werden, haben die Unternehmen eigenverantwortlich im Einzelfall zu bestimmen.

Die Börse hat zur ad hoc Publizität einen Kommentar publiziert, der zeigt, dass das Instrument nicht leicht zu handhaben ist.[17] Nach wie vor umstritten ist die Frage, ob für unterlassene oder falsche ad hoc Publizität gehaftet werden muss.

4.7   Kommunikationsschranken

A.

Unter Kommunikationsschranken kann man Verschiedenes verstehen. Einerseits formelle Kommunikationsverbote und andererseits inhaltliche Schranken.

Damit ist einmal der Geheimnisschutz betroffen. Geschäftsgeheimnisse dürfen nicht offen gelegt werden (Art. 162 StGB); auch die Ausnutzung von deren Verrat ist verpönt (Art. 162 Abs. 2 StGB), wobei dies z.B. auch für Journalisten gilt.

Auch Bankgeheimnisse bzw. die Kundengeheimnisse sind zu wahren (Art. 47 BankG[18], Art. 43 BEHG).

B.

---

[17] Kommentar zur Ad hoc- Publizitäts- Richtlinie, Kommentar RLAhP.
[18] Bundesgesetz vom 8. November 1934 über die Banken und Sparkassen, BankG (SR 952.0).

Wesentlich ist das Recht des sog. Marktmissbrauchs: Insider sollen unternehmens-internes, kurssensitive Informationen auch nicht „vertraulich" weitergeben, weil das Ausnutzen dieser Information auch durch einen Tippee strafbar ist (Art. 161 StGB).

Das Verbot der Kursmanipulation verpönt vor allem das Verbreiten von falscher, kurs-relevanter Information, was unter Strafandrohung verboten ist (Art. 161bis StGB).

4.8 Krisenkommunikation

Rechtlich stehen hier die Pflichten bei Kapitalverlust gemäss Art. 725 OR im Vorder-grund:

Art. 725 OR lautet wie folgt.

> [1] Zeigt die letzte Jahresbilanz, dass die Hälfte des Aktienkapitals und der ge-setzlichen Reserven nicht mehr gedeckt ist, so beruft der Verwaltungsrat un-verzüglich eine Generalversammlung ein und beantragt ihr Sanierungsmass-nahmen.

> [2] Wenn begründete Besorgnis einer Überschuldung besteht, muss eine Zwi-schenbilanz erstellt und diese einem zugelassenen Revisor zur Prüfung vorge-legt werden. Ergibt sich aus der Zwischenbilanz, dass die Forderungen der Ge-sellschaftsgläubiger weder zu Fortführungs- noch zu Veräusserungswerten ge-deckt sind, so hat der Verwaltungsrat den Richter zu benachrichtigen, sofern nicht Gesellschaftsgläubiger im Ausmass dieser Unterdeckung im Rang hinter alle anderen Gesellschaftsgläubiger zurücktreten.

> [3] Verfügt die Gesellschaft über keine Revisionsstelle, so obliegen dem zugelas-senen Revisor die Anzeigepflichten der eingeschränkt prüfenden Revisionsstel-le.

Auf die „Benachrichtigung" hin eröffnet der Richter den Konkurs; er kann ihn auch aufschieben, wenn Aussicht auf Sanierung besteht (Art. 725a Abs. 1 OR). Diesbezüg-lich ist aber auch das Unternehmen vor Kommunikation geschützt: „Der Konkursauf-schub muss nur veröffentlicht werden, wenn dies zum Schutze Dritter erforderlich ist" (Art. 725a Abs. 3 OR).

Mit der Konkurseröffnung endet die Herrschaft der Organe und an ihre Stelle treten (nach den Regeln des SchKG[19]) Konkursverwaltung und Gläubiger (bzw. deren Aus-schuss).

---

[19] Bundesgesetz vom 11. April 1889 über die Schuldbetreibung und Konkurs, SchKG (SR 281.1).

5. Fazit

Das Unternehmen ist von der Wiege bis zur Bahre auch ein kommunikatives Unternehmen oder ein Unternehmen der Kommunikation.

Literaturverzeichnis

Brandeis, L. D. (1913). Other People's Money and How the Bankers Use It. New York.

Dédeyan, D. (2007). Die rechtliche Konstruktion der Reputation auf dem Weg einem Recht der Unternehmenskommunikation. In Festschrift Hans Caspar von der Crone, *Vertrauen – Vertrag – Verantwortung* (S. 3-21). Zürich: Schulthess.

Druey, J. N. (1995). *Informationsrecht als Gegenstand des Rechts: Entwurf einer Grundlegung*. Zürich: Schulthess.

Economiesuisse (2002). *Swiss Code of Best Practice (SCBP)*. Gefunden am 09. Mai 2008 unter http://www2.eycom.ch/corporate-governance/reference/pdfs/10/de.pdf

Eidgenössisches Justiz- und Polizeidepartement. [EJPD]. (2007). *Entwurf zur Revision des Aktien- und Rechnungslegungsrecht im Obligationenrecht* (BBl 2008 1751 ff.). Gefunden am 09. Mai 2008 unter http://www.admin.ch/ch/d/ff/2008/1751.pdf

Eidgenössisches Justiz- und Polizeidepartement. [EJPD]. (2007). *Botschaft zur Änderung des Obligationenrechts* (BBl 2008 1589 ff.). Gefunden am 09. Mai 2008 unter http://www.admin.ch/ch/d/ff/2008/1589.pdf

Nobel, P. & Weber, R. H. (2007). *Medienrecht* (3. Aufl.). Bern: Stämpfli.

Organisation für wirtschaftliche Entwicklung und Zusammenarbeit. [OECD]. (2004). OECD-*Grundsätze der Corporate Governance*. Gefunden am 09. Mai 2008 unter http://www.oecd.org//dataoecd/57/19/32159487.pdf

Swiss Exchange. [SWX]. (2002). *Richtlinie betreffend Informationen zur Corporate Governance (RLGC)*. Gefunden am 09. Mai 2008 unter http://www.swx.com

Swiss Exchange. [SWX]. (2005). *Richtlinie betreffend Anforderungen an die Finanzberichterstattung (RLFB)*. Gefunden am 09. Mai 2008 unter http://www.swx.com

Swiss Exchange. [SWX]. (2005). *Kommentar zur Ad hoc- Publizitäts- Richtlinie*. Gefunden am 09. Mai 2008 unter http://www.swx.com

Swiss Exchange. [SWX]. (2008). *Kotierungsreglement*. Gefunden am 09. Mai 2008 unter http://www.swx.com

Ulrich, H. (1970). *Die Unternehmung als produktives soziales System* (2. Aufl.). Bern: Haupt.

Von Büren, R. & Marbach, E. (2002). *Immaterialgüter- und Wettbewerbsrecht* (2. Aufl.). Bern: Stämpfli.

Manfred Bruhn

Integrierte Kommunikation

1 Bedeutung der Integrierten Kommunikation

1.1 Rahmenbedingungen und Notwendigkeit einer Integrierten Kommunikation

Die seit Jahren fortschreitende Sättigung der Märkte und Vervielfältigung der Marken in den unterschiedlichen Produktbereichen hat bewirkt, dass Unternehmen heute weniger in einem Produkt- als vielmehr in einem Kommunikationswettbewerb stehen. Die Kommunikationspolitik von Unternehmen hat sich in der Folge als ein zentrales Element der Unternehmens- und Marketingführung etabliert. Diese Entwicklung ist in Verbindung mit einer Vielzahl angebots- und nachfrageseitiger Strukturveränderungen zu sehen, die zu verschärften Wettbewerbsbedingungen geführt haben (ausführlich Bruhn, 2006a, S. 1ff.). Auf Seite des **Kommunikationsangebotes** ist hier insbesondere die dynamische Entwicklung auf den Medienmärkten von Bedeutung, in deren Verlauf sich seit 1990 die Werbeinvestitionen in Deutschland um etwa ein Drittel erhöhten (ZAW, 2007, S. 9). Gleichzeitig haben sich die Medienangebote sowie die eingesetzten Kommunikationsinstrumente und -mittel in einer Art und Weise vervielfältigt, dass von einer Atomisierung der Medien gesprochen werden kann.

Allerdings steht dieser Vervielfältigung des Kommunikationsangebotes keine entsprechende Zunahme der **Kommunikationsnachfrage** gegenüber, so dass als Konsequenz eine Informationsüberlastung der Konsumenten resultiert. Diese lag bereits zum Ende der 1980er Jahre zwischen 95 und 98 Prozent bei den Medien Zeitungen, Zeitschriften, Fernsehen und Rundfunk (Kroeber-Riel, 1987) und dürfte heute noch deutlich höher sein. In der Folge entwickeln Konsumenten oftmals Reaktanzen gegenüber der Informations- sowie Werbeflut und reagieren mit unterschiedlichen Formen der Werbevermeidung, beispielsweise dem „Zapping". Reaktanzeffekte verstärken sich darüber hinaus durch Widersprüche in der Kommunikation von Unternehmen, wenn die Aussagen in unterschiedlichen Medien nicht übereinstimmen. Diese Gefahr erhöht sich dadurch, dass die Zielpersonen der Kommunikationsmaßnahmen heute in der Regel unterschiedliche Rollen wahrnehmen, d.h., eine Person beispielsweise gleichzeitig als Mitarbeitender, als Aktionär oder Kunde ein und desselben Unternehmens auftritt (multifunktionale Botschaftsempfänger).

Die skizzierten Entwicklungen in den Kommunikations- und Medienmärkten verdeutlichen ansatzweise die neuen Herausforderungen, denen sich die kommunikationstreibenden Unternehmen seit einigen Jahren gegenüber sehen.

Vor diesem Hintergrund wird seit Jahren verstärkt die Forderung nach einer **Integrierten Kommunikation** gestellt und in der konzeptionellen Forschung (z.B. Kroeber-Riel, 1993; Schultz, Tannnenbaum & Lauterborn, 1995; Thorson & Moore, 1996; Duncan &

Moriarty, 1997; Sirgy, 1998; Fill, 2001; Belch & Belch, 2003; Szyszka, 2003; Cornelissen, 2003; Schultz & Kitchen, 2004; Bruhn, 2006a; Esch, 2006) und empirischen Wissenschaft (z.B. Duncan & Everett, 1993; Rose, 1996; Davidson & Ewing, 1997; Schultz & Kitchen, 1997; Bruhn & Boenigk, 1999; Gould, Lerman & Grein, 1999; Schultz & Kitchen, 1999; Low, 2000; Angerer & Essinger 2001; Kirchner, 2001; Serviceplan, 2001) sowie in der Praxis intensiv diskutiert. Damit verbindet sich die Überlegung, dass durch eine intensivere Koordination innerhalb der gesamten Kommunikation die Darstellung des Unternehmens in der Öffentlichkeit, bei den Kunden, Mitarbeitenden und anderen Zielgruppen effektiver und effizienter gestaltet wird (Bruhn, 2006a, S. 4f.).

Grundsätzlich lässt sich feststellen, dass die Integration der Kommunikation umso mehr an Bedeutung gewinnt, je stärker die Differenzierungstendenzen im Umfeld des Unternehmens, seiner Leistungen bzw. Marken sind. So ist davon auszugehen, dass Koordinationsmaßnahmen umso intensiver zu integrieren sind,

- je vielfältiger die Zielgruppen sind,

- je heterogener das Leistungsprogramm ist,

- je internationaler ein Unternehmen bzw. eine Marke ausgerichtet ist,

- je stärker das Konkurrenzumfeld ist,

- je mehr Abteilungen sich an der Kommunikation beteiligen und insbesondere

- je vielfältiger die intern und extern eingesetzten Kommunikationsinstrumente sind.

1.2 Begriff der Integrierten Kommunikation

Trotz der grundsätzlichen Anerkennung der Bedeutung einer Integrierten Kommunikation und den intensiven Auseinandersetzungen mit dem Konzept haben sich weder Wissenschaft noch Praxis bislang auf eine Definition für Integrierte Kommunikation einigen können. Hier wird folgende **Begriffsdefinition** zugrunde gelegt:

> **Integrierte Kommunikation** ist ein Prozess der Analyse, Planung, Organisation, Durchführung und Kontrolle, der darauf ausgerichtet ist, aus den differenzierten Quellen der internen und externen Kommunikation von Unternehmen eine Einheit herzustellen, um ein für die Zielgruppen der Kommunikation konsistentes Erscheinungsbild über das Unternehmen bzw. ein Bezugsobjekt des Unternehmens zu vermitteln (Bruhn, 2006a, S. 17).

Mit diesem Begriffsverständnis der Integrierten Kommunikation sind verschiedene **Merkmale** verbunden. Sieben Aspekte können besonders hervorgehoben werden:

1. Integrierte Kommunikation ist ein Ziel der Kommunikation. Es wird angestrebt, die Kommunikationsarbeit so auszurichten, dass eine strategische Positionierung des Unternehmens im Kommunikationswettbewerb möglich wird und die Kommunikation als Wettbewerbsfaktor und integraler Bestandteil der Marketingstrategie genutzt werden kann.

2. Integrierte Kommunikation ist ein Managementprozess, bei dem die Kommunikationsaktivitäten in eine bestimmte Richtung hin zu analysieren, zu planen, zu organisieren und zu kontrollieren sind. Notwendig dafür sind spezielle Instrumente der Analyse, Planung, Organisation, Durchführung und Kontrolle, die die Integration ermöglichen.

3. Integrierte Kommunikation ist in Abhängigkeit von der Markenstrategie eines Unternehmens zu gestalten. Die Markenstrategie eines Unternehmens ist eine vorgelagerte strategische Marketingentscheidung, der die Kommunikationsplanung zu folgen hat. In Abhängigkeit von der Markenstrategie definiert sich auch das Bezugsobjekt der Integrierten Kommunikation. Neben Einzelmarken können Produktgruppen, aber auch Geschäftsbereiche oder das Unternehmen als Ganzes kommunikativ im Markt profiliert werden und somit Gegenstand der Integrierten Kommunikation sein.

4. Integrierte Kommunikation umfasst sämtliche internen und externen Kommunikationsinstrumente. Um die unterschiedlichen Instrumente sinnvoll zu integrieren, sind deren spezifische Funktionen, Zielgruppen, Aufgaben und ihre Beziehungen untereinander genau zu erfassen und zu analysieren.

5. Integrierte Kommunikation ist darauf ausgerichtet, eine Einheit in der Kommunikation zu schaffen. Diese Einheit stellt die gemeinsame übergeordnete Zielrichtung und den Orientierungsrahmen für die Integration sämtlicher Kommunikationsinstrumente dar.

6. Integrierte Kommunikation steigert die Effizienz der Kommunikation. Die Wirksamkeit der integrierten Kommunikationsarbeit ist daran zu messen, ob durch den gemeinsamen Auftritt Synergiewirkungen erzielt werden und damit ein effektiverer sowie effizienterer Einsatz des Kommunikationsbudgets erfolgt.

7. Integrierte Kommunikation ist im Ergebnis darauf bezogen, ein inhaltlich, formal und zeitlich einheitliches Erscheinungsbild bei den Zielgruppen zu erzeugen. Durch prägnante, in sich widerspruchsfreie und damit glaubwürdige Kommunikation kann das Entscheidungsverhalten von Konsumenten positiv beeinflusst werden.

1.3   Ziele der Integrierten Kommunikation

Integrationsanstrengungen werden von Unternehmen nicht zum Selbstzweck vorgenommen, sondern dienen der Realisierung spezifischer Ziele. Als Ergebnis einer empirischen Studie zum Stand der Integrierten Kommunikation vermittelt Abbildung 1-1 einen Überblick über die **Ziele der Integrierten Kommunikation** und eine Einschätzung der Praxis, inwiefern diese erreicht werden können (Bruhn, 2006b, S. 352):

Abbildung 1-1:   *Ziele der Integrierten Kommunikation in Deutschland, Österreich und der Schweiz (Bruhn, 2006b, S. 352)*

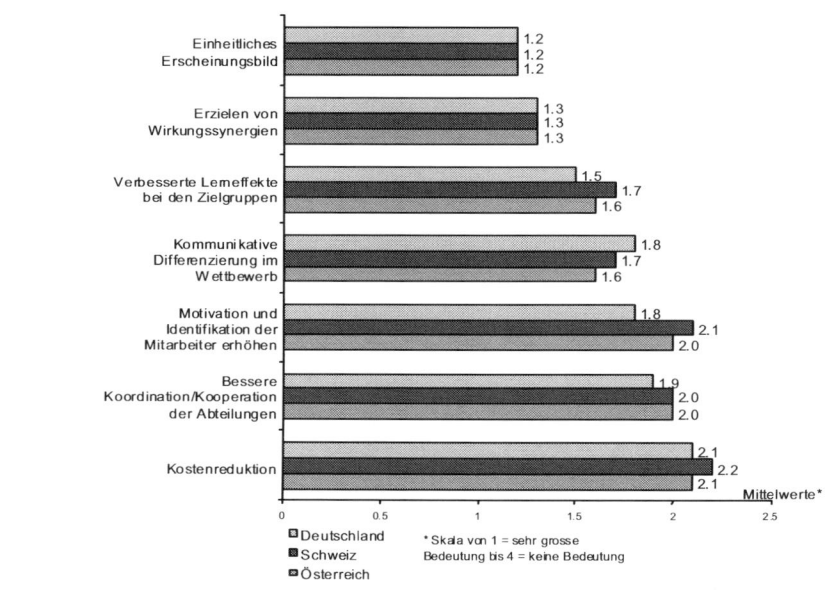

Im Vordergrund stehen bei der Integrierten Kommunikation eindeutig **psychologische Zielsetzungen**. Die Chancen zur Realisierung **ökonomischer Zielsetzungen** werden von der Praxis als geringer eingeschätzt. Dies darf nicht verwundern, da ein unmittelbarer Zusammenhang zwischen den Kommunikationsaktivitäten von Unternehmen und ökonomischen Auswirkungen nur schwer nachweisbar ist.

Durch eine Integrierte Kommunikation erhoffen sich Unternehmen in erster Linie die Erzielung kommunikativer Synergiewirkungen, indem durch das Zusammenwirken verschiedener Kommunikationsmaßnahmen in additiver oder sich potenzierender

Weise eine höhere Kommunikationswirkung für das Unternehmen erreicht wird als durch einen isolierten Einsatz der Maßnahmen. Ein ebenfalls sehr wichtiges Ziel ist ein einheitliches Erscheinungsbild und in Verbindung damit eine höhere Akzeptanz des kommunikativen Auftritts bei den Kunden. Hierin wird der Versuch verdeutlicht, verbesserte Lerneffekte bei den Zielgruppen zu erreichen sowie die kommunikative Differenzierung im Wettbewerb zu fördern. Auf diese Weise lässt sich durch Integrierte Kommunikation auch der Markenwert erhöhen, indem die Markenbeziehungen zwischen dem Unternehmen und seinen Zielgruppen intensiviert werden, so dass mit Wiederholungskäufen und gesteigerten Gewinnen pro Kunde zu rechnen ist (Duncan & Moriarty, 1997, S. 15ff.).

Eine relativ hohe Bedeutung messen die Unternehmen auch **intern gerichteten Zielen** bei, wie der Erhöhung der Motivation und Identifikation der Mitarbeitenden. Dieses Ziel lässt sich allerdings nur erreichen, wenn auch die Interne Kommunikation konsequent in den Kommunikationsmix integriert wird. Als weitere Ziele werden eine Verbesserung der Koordination bzw. Kooperation der Abteilungen sowie Kostenreduktion genannt.

2 Formen der Integrierten Kommunikation

Was die begriffliche Abgrenzung der Integrierten Kommunikation von anderen Leitkonzepten der Kommunikation (z.B. Corporate Identity, Corporate Communications) betrifft, so zeigt sich deutlich, dass sich die Integrationsbemühungen hierbei nicht auf eine rein formale Abstimmung des Unternehmensauftritts beschränken. Vielmehr sind die einzelnen Kommunikationsinstrumente umfassend, d.h. sowohl bezüglich des formalen Auftritts, der Aussagenkompatibilität als auch hinsichtlich der Abfolge in ihrem Einsatz aufeinander abzustimmen. Im Folgenden wird daher zwischen drei **Formen der Integration** unterschieden, die in Abbildung 2-1 gezeigt sind (Bruhn 2006a, S. 66ff.):

1. Inhaltliche Integration

2. Formale Integration

3. Zeitliche Integration

Abbildung 2-1:   *Formen der Integrierten Kommunikation*

Integrationsformen		Gegenstand	Ziele	Hilfsmittel	Zeithorizont
Inhaltliche Integration	Richtungen der Integration	Thematische Abstimmung durch Verbindungslinien	• Konsistenz • Eigenständigkeit • Kongruenz	Einheitliche • Botschaften • Argumente • Bilder	Langfristig
Formale Integration	Ebenen der Integration	Einhaltung formaler Gestaltungsprinzipien	• Präsenz • Prägnanz • Klarheit	Einheitliche Zeichen/Logos nach • Schrifttyp • Größe • Farbe	Mittel- bis langfristig
Zeitliche Integration		Abstimmung innerhalb und zwischen Planungsperioden	• Konsistenz • Kontinuität	Ereignisplanung („Timing")	Kurz- bis mittelfristig

2.1   Inhaltliche Integration

Die größte Herausforderung stellt für die Kommunikationspraxis die inhaltliche Integration dar, deren Umsetzung den Unternehmen auch die größten Schwierigkeiten bereitet (Bruhn & Boenigk, 1999). Sie dient dazu, die Kommunikationsmittel thematisch durch Verbindungslinien aufeinander abzustimmen und im Hinblick auf die zentralen Ziele der Kommunikation ein einheitliches Erscheinungsbild zu vermitteln. Als Verbindungslinien können einheitliche Slogans, Kernbotschaften, Kernargumente, Schlüsselbilder (zur Bildkommunikation Kroeber-Riel, 1986, 1990, 1991, 1993) u.a. genutzt werden.

Unter den herrschenden Bedingungen des „Information Overload" bei den Zielgruppen stellt die inhaltliche Integration eine der zentralen Aufgaben im Rahmen der Integrierten Kommunikation dar. Die Schwierigkeiten bei ihrer Umsetzung lassen sich in der Kommunikationspraxis vor allem darauf zurückführen, dass sich die Verantwortlichen zu wenig mit den Inhalten der mittel- bis langfristig angestrebten zentralen Ziele und Botschaften der gesamten Kommunikation beschäftigen. Ressortegoismen, die Überbetonung der eigenen kreativen Leistungsfähigkeit sowie Angst vor Kreativitätsverlust und Monotonie in der Aussagengestaltung sind weitere Hemmfaktoren der inhaltlichen Integration.

2.2   Formale Integration

Im Vergleich zur inhaltlichen Integration ist eine formale Integration leichter zu realisieren und in den meisten Unternehmen – wenn auch mit unterschiedlichem Verbindlichkeitsgrad – vorzufinden. Bei der formalen Integration werden sämtliche Kommunikationsinstrumente und -mittel durch Gestaltungsprinzipien so miteinander verbunden, dass ein formal einheitliches und dadurch leicht wiedererkennbares visuelles Erscheinungsbild sichergestellt werden kann.

Als Gestaltungsprinzipien kommen beispielsweise die Verwendung einheitlicher Unternehmens- sowie Markenzeichen oder Logos nach vorgegebenen formalen Richtlinien (insbesondere Schrifttyp, Größe, Farbe) in Frage. In der Kommunikationspraxis liegen in diesem Zusammenhang entsprechende schriftlich formulierte Richtlinien im Rahmen von Corporate-Identity- bzw. Corporate-Design-Programmen vor, deren Einhaltung leicht „verordnet" und kontrolliert werden kann. Im Rahmen der klassischen Kommunikationsinstrumente, z.B. Mediawerbung oder Verkaufsförderung, bereitet die Einhaltung der formalen Gestaltungsrichtlinien wenig Probleme; die formale Abstimmung neuer Instrumente, wie beispielsweise des Sponsoring oder Event Marketing, ist häufig schwieriger zu realisieren.

2.3   Zeitliche Integration

Schließlich sind die Kommunikationsinstrumente auch zeitlich aufeinander abzustimmen. Die zeitliche Integration bezieht sich auf eine kurz- bis mittelfristige Abstimmung unterschiedlicher Kommunikationsmaßnahmen. Sie umfasst sämtliche Aktivitäten, die den Einsatz der Kommunikationsinstrumente und -mittel innerhalb sowie zwischen verschiedenen Planungsperioden aufeinander abstimmen und damit im Hinblick auf die zentralen Kommunikationsziele die Wahrnehmung eines einheitlichen Erscheinungsbildes verstärken. Durch eine kurz- bis mittelfristige Einsatzplanung wird versucht, sowohl eine zeitliche Abstimmung zwischen verschiedenen Instrumenten (z.B. Anzeigenwerbung und Verkaufsförderungsaktionen) als auch die zeitliche Kontinuität innerhalb eines Kommunikationsinstrumentes zu gewährleisten, um Lerneffekte bei den Rezipienten sicherzustellen. Insbesondere die Notwendigkeit der zeitlichen Kontinuität von Unternehmensaussagen ist an dieser Stelle zu betonen, denn zu häufig wechselnde Kommunikationsbotschaften, die oftmals durch einen personellen Wechsel in den entsprechenden Positionen provoziert werden, verhindern ein kontinuierliches Lernen auf Seiten der Konsumenten und können – bei stark abweichenden Aussagen im Zeitablauf – auch zu nachhaltigen Glaubwürdigkeitsverlusten führen.

2.4 Richtung der Integration

Die inhaltliche, formale und zeitliche Abstimmung von Kommunikationsmaßnahmen sind jeweils sowohl in horizontaler Richtung (bei verschiedenen Zielgruppen) als auch in vertikaler Richtung (über verschiedene Marktstufen hinweg) vorzunehmen.

2.4.1 Horizontale Integration

Eine horizontale Integration der Kommunikation verbindet die Kommunikationsmaß-nahmen auf einer Marktstufe. Normalerweise werden auf den einzelnen Marktstufen für die verschiedenen Zielgruppen (z.B. Konsumenten, industrielle Abnehmer, Händler, Zulieferer, Mitarbeitende, Öffentlichkeit) unterschiedliche Botschaften verwendet und verschiedene Kommunikationsinstrumente und -mittel eingesetzt. Dementsprechend ist es notwendig, innerhalb der einzelnen Marktstufen Gemeinsamkeiten in der Ansprache der Zielgruppen zu finden. Werden z.B. Händler eines Unternehmens mittels der handelsorientierten Verkaufsförderung, Direct Mailings und Einladungen zu Sponsoringveranstaltungen angesprochen, so ist hier auf die Vermittlung widerspruchsfreier und sich ergänzender Botschaften durch die drei Kommunikationskanäle zu achten.

2.4.2 Vertikale Integration

Die vertikale Integration bezieht sich auf die Mehrstufigkeit von Märkten. Sie hat zum Ziel, eine Durchgängigkeit der kommunikativen Ansprache auf den verschiedenen Ebenen des Marktes (z.B. Zulieferbetriebe, Herstellerzentrale, Tochterunternehmen, Verkaufsniederlassungen, Handelsvertreter, Groß- und Einzelhandel, Konsument) zu realisieren. Eine vertikale Integration versucht sicherzustellen, dass auf den verschiedenen Stufen inhaltlich abgestimmte Maßnahmen eingesetzt werden. Kritisch für die vertikale Integration gestaltet sich vor allem die Tatsache, dass beispielsweise die Kommunikation zwischen den Mitarbeitenden einer Verkaufsniederlassung und dem Kunden durch das Unternehmen nur mittelbar gesteuert werden kann.

2.5   Ebenen der Integration

Um einen effizienten und effektiven Einsatz aller Kommunikationsinstrumente und -mittel im Sinne einer Integrierten Kommunikation zu gewährleisten, ist die inhaltliche, formale und zeitliche Integration auf zwei Ebenen zu vollziehen:

1.   Interinstrumentelle Ebene

2.   Intrainstrumentelle Ebene

2.5.1   Interinstrumentelle Integration

Auf **interinstrumenteller Ebene** hat eine Vernetzung aller kommunikationspolitischen Aktivitäten mit den Maßnahmen anderer Kommunikationsinstrumente zu erfolgen. Die interinstrumentelle Integration ist damit Bestandteil des ganzheitlich vernetzten Planungsprozesses, der die Voraussetzung für eine Integrierte Kommunikation darstellt (vgl. Kapitel 0).

Um einen zielorientierten und effizienten Einsatz aller Kommunikationsinstrumente sicherzustellen, der gleichzeitig in das Konzept der Integrierten Kommunikation passt, ist es sinnvoll, im Rahmen der interinstrumentellen Integration ein **schrittweises Vorgehen** zugrunde zu legen. In diesem Zusammenhang bieten sich drei Schritte an (ausführlich Bruhn, 2007, S. 493):

1.   Ermittlung der Bedeutung aller Kommunikationsinstrumente, d.h. Einordnung der Kommunikationsinstrumente in strategische und taktische Instrumente

2.   Prüfung der funktionalen und zeitlichen Beziehungen unter den einzusetzenden Kommunikationsinstrumenten

3.   Integration der Kommunikationsinstrumente in den Kommunikationsmix

Von besonderer Bedeutung ist in diesem Kontext die Analyse der **funktionalen Beziehungen**, d.h. des gemeinsamen Beitrages, den die einzelnen Kommunikationsinstrumente im Hinblick auf die Realisierung der Kommunikationsziele leisten können. Erfüllen Kommunikationsinstrumente gemeinsam bestimmte Funktionen (z.B. Informations- oder Dialogfunktionen), dann können sie in diesen Funktionen bzw. in gemeinsam zu erfüllenden Aufgaben inhaltlich aufeinander abgestimmt werden und synergetisch zum Einsatz kommen.

Im Rahmen der interinstrumentellen Integration liegt eine besondere Herausforderung darin, Instrumente der **Unternehmens-, Marketing- und Dialogkommunikation** miteinander zu verbinden. Instrumente der Unternehmenskommunikation, beispielsweise Corporate-PR, Social Communication, Issue Management und Krisenkommunikation, dienen primär zur Kommunikation von Themen, die das gesamte Unternehmen betreffen, weniger jedoch einzelne Leistungen oder Marken. Als Zielgruppen sind unter anderem die Gesellschaft, Aktionäre, Bürgerinitiativen und Politiker anzusehen, Kunden indessen nur peripher. Aktuelle und potenzielle Kunden sind primäre Zielgruppen der Marketingkommunikation, die letztlich den Verkauf von Produkten und Dienstleistungen zum Ziel hat. Zum Einsatz kommen dabei beispielsweise Mediawerbung, Verkaufsförderung, Event Marketing und Sponsoring. Instrumente der Dialogkommunikation (z.B. Persönlicher Verkauf, Messen und Ausstellungen) sind durch einen zunehmenden Anteil der zweiseitigen Kommunikation mit einzelnen Individuen gekennzeichnet. Sie dienen dem Aufbau und der Intensivierung des Dialogs mit den aktuellen und potenziellen Kunden des Unternehmens.

Im Rahmen der Integrierten Kommunikation ist es das Ziel, eine widerspruchsfreie Kombination von Instrumenten der Unternehmens-, Marketing- und Dialogkommunikation zu realisieren. Zwar unterscheiden sich die Inhalte der Kommunikationsinstrumente dieser Bereiche oftmals voneinander. Dennoch ist darauf zu achten, dass instrumenteübergreifend „mit einer Sprache" kommuniziert wird, indem sich die Werte des Unternehmens in den einzelnen Kommunikationsinstrumenten wiederfinden. Wird beispielsweise in der Werbung speziell der Teamgeist eines Unternehmens herausgestellt und in der Presse wird gleichzeitig von „Grabenkämpfen" zwischen Vorstandsmitgliedern berichtet, macht ein Unternehmen sich unglaubwürdig. Ebenso sind die Instrumente zeitlich aufeinander abzustimmen. Befindet sich z.B. ein Arzneimittelhersteller in einer kritischen Situation, weil negative Nebenwirkungen bei einem seiner Medikamente festgestellt wurden und er versucht mit gezielten Maßnahmen der Krisenkommunikation den Schaden für das Unternehmen zu begrenzen, so ist in dieser Situation die Ausrichtung eines aufmerksamkeitsstarken Marketingevents zu überdenken und auch die Werbung zur Einführung eines neuen Produktes ist mit Sensibilität vorzunehmen.

Die Notwendigkeit einer konsequenten Integration von Kommunikationsinstrumenten macht somit nicht vor unterschiedlichen Instrumentekategorien halt. Was letztlich zählt, ist die Wirkung bei den Zielgruppen und diese nehmen Kommunikation nicht in einzelnen Instrumenten, sondern als Ganzes wahr.

2.5.2 Intrainstrumentelle Integration

Auf **intrainstrumenteller Ebene** ist eine Vernetzung innerhalb der einzelnen Kommunikationsinstrumente vorzunehmen, d.h. die Kommunikationsmittel und die kommunikativen Einzelmaßnahmen sind aufeinander abzustimmen. Dies bedeutet nicht, dass jede Kommunikationsaktivität in identischer Weise zu erfolgen hat; vielmehr sind die Besonderheiten der jeweiligen Maßnahme und die verschiedenen Erwartungshaltungen sowie Informations- und Kommunikationsbedürfnisse der jeweiligen Zielgruppen zu berücksichtigen.

Hierbei ist für einen einheitlichen kommunikativen Auftritt z.B. im Rahmen der Mediawerbung die Abstimmung von TV-Spots mit Radiowerbung von Bedeutung, die Integration von Maßnahmen der handelsgerichteten mit denen der konsumentengerichteten Verkaufsförderung oder im Sponsoring die Vernetzung der unterschiedlichen Sponsoringaktivitäten eines Unternehmens durch ein übergreifendes „Dachthema".

3   Forschungsstand zum Thema Integrierte Kommunikation

3.1   Klassische Koordinationskonzepte

Obwohl die Notwendigkeit einer Integrierten Kommunikation aus vielfältiger Perspektive begründet ist und auch von Wissenschaft und Praxis erkannt wurde, liegen Integrationskonzepte für die Kommunikation erst seit Anfang der 1990er Jahre vor. Vorschläge, die zu früheren Zeitpunkten entworfen wurden, lassen sich allenfalls als Koordinationskonzepte bezeichnen, die eine Abstimmung zwischen den verschiedenen Kommunikationsmaßnahmen fordern. Während noch in den 1970er Jahren die Kommunikationsinstrumente und die Gestaltung der Marktkommunikation relativ isoliert geplant wurden (vgl. beispielsweise den Überblick bei Köhler, 1976), entstand die Forderung nach einer intensiveren Abstimmung erst Ende der 1970er Jahre (Planung des Kommunikationsmix). In den 1980er Jahren wurden schließlich Konzepte entwickelt, vor allem Corporate Identity und Corporate Communications, um Lösungsansätze für die Koordination zwischen den Instrumenten aufzuzeigen.

Während Corporate Communications als Koordinationskonzept die Koordination von Unternehmensidentität, Unternehmenskultur, Erscheinungsbild und Kommunikationsinstrumenten anstrebt (Demuth, 1989, S. 439), wird Corporate Identity als Orientierungskonzept – bestehend aus den Elementen Corporate Communications, Corporate Design und Corporate Behaviour – verstanden, das auf die Herstellung eines schlüssigen Zusammenhangs von Erscheinung, Worten und Taten eines Unternehmens mit seinem spezifischen Wesen ausgerichtet ist (Wiedmann, 1987, 1988; Birkigt & Stadler, 2002, S. 18ff.).

Insbesondere die **Corporate-Identity-Diskussion**, die seit Jahrzehnten international geführt wird, hat das Bewusstsein für die Notwendigkeit einer Integration von Kommunikationsaktivitäten und unternehmerischem Verhalten geschärft sowie wertvolle Beiträge für die Reflektion über „Unternehmenskulturen" geleistet. Für die konkrete inhaltliche und planerische Ausgestaltung einer Integration der Kommunikationsarbeit gibt sie jedoch nur bedingt Hilfestellung, da sie die Problemstellung der Integration häufig auf die formale Integration (Corporate Design) reduziert (ausführlich Bruhn, 2006a, S. 52ff.). An dieser Schwachstelle setzt das Konzept der Integrierten Kommunikation an, indem versucht wird, eine ganzheitliche Integration der Kommunikation in formaler, zeitlicher und insbesondere auch inhaltlicher Hinsicht vorzunehmen.

Dem Anliegen einer Integrierten Kommunikation kommt das **Corporate-Communications-Konzept** am nahesten. Die Ansprüche an die beiden Konzepte sind sehr ähnlich. Sie unterscheiden sich jedoch im Konkretisierungsgrad und in den Auswirkungen im Hinblick auf die Struktur der Kommunikationsarbeit in den Unternehmen. Bei dem Corporate-Communications-Konzept ist von besonderer Bedeutung, dass alle Zielgruppen des Unternehmens betrachtet sowie konsequenterweise sämtliche Kommunikationsbereiche in eine Gesamtbetrachtung eingebunden werden. Ziel ist die Schaffung einer gemeinsamen Basis für alle Kommunikationsmaßnahmen, die in irgendeiner Form zu „verzahnen" sind. Über die konkrete Umsetzung dieser Verzahnung werden jedoch nur selten genaue Angaben gemacht, während die Integrierte Kommunikation konkrete Hinweise für die Planung und Umsetzung der Integrierten Kommunikation gibt.

3.2 Konzepte der Integrierten Kommunikation

Konzepte, die über die reine Koordination von Kommunikationsmaßnahmen hinausgehen und sich konsequent mit der Integration der Kommunikation auseinandersetzen, wurden erst seit Anfang der 1990er Jahre entwickelt. Sie entstanden zu unterschiedlichen Zeitpunkten sowie in verschiedenen Ländern und sind von Wissenschaftlern mit unterschiedlichem fachlichem Hintergrund geprägt. So erstaunt es nicht, dass die Konzepte ganz spezifische Betrachtungsperspektiven zugrunde legen. Die Mehrzahl anerkannter Konzepte der Integrierten Kommunikation lassen sich als **managementorientierte Ansätze** kategorisieren. Hierzu zählen beispielsweise die Konzepte von Caywood, Schultz & Wang (1991), Duncan & Caywood (1996), Schultz, Tannenbaum & Lauterborn (1995) und Thorson & Moore (1996) sowie – mit einer auf Wirkungsaspekte fokussierten Sichtweise – Kroeber-Riel (1993) und Esch (2006). Für eine andere Strömung, die einen primär **gesellschafts- bzw. anspruchsgruppenorientierten Ansatz** verfolgt, steht als bedeutender Vertreter Gronstedt (1996). Eine Differenzierung der unterschiedlichen Konzepte der Integrierten Kommunikation kann über diese grundsätzliche Kategorisierung hinaus anhand weiterer Kriterien erfolgen, unter denen vor allem die Folgenden von Bedeutung sind:

- Theoretische Grundlagen des Konzeptes der Integrierten Kommunikation (z.B. Organisationstheorie, Kommunikationswissenschaft, Sozialwissenschaft, Betriebswirtschaft).

- Sichtweise, die bei der Entwicklung des Konzeptes eingenommen wird (Sendersicht oder Empfängersicht).

▨ Aspekte, die in den Vordergrund des Konzeptes der Integrierten Kommunikation gestellt werden (z.B. Wirkungs- und Gestaltungsaspekte, Managementaspekte wie organisatorische, prozessuale und planerische Fragestellungen).

▨ Betrachtete Kommunikationsinstrumente (externe und bzw. oder interne Kommunikationsinstrumente).

▨ Betrachtete Zielgruppen der Kommunikation (aktuelle und potenzielle Kunden, weitere Anspruchsgruppen).

▨ Bezugsgrößen der Integrierten Kommunikation (z.B. das Unternehmen, einzelne Marken).

▨ Stellenwert der einzelnen Abteilungen oder Fachdisziplinen im hierarchischen Gefüge der Kommunikation (insbesondere Über- bzw. Unterordnung von Marketing und Public Relations).

▨ Bedeutung des Beziehungsmanagements im Rahmen der Integrierten Kommunikation.

Die wesentlichen Inhalte und Merkmale einiger bedeutender Konzepte für die Integrierte Kommunikation gibt Tabelle 3.1 wieder.

Tabelle 3-1: *Konzepte der Integrierten Kommunikation*

	Caywood/Schultz/Wang (1991)	Bruhn (1992)	Kroeber-Riel (1993)	Schultz/Tannenbaum/ Lauterborn (1995)
Theoretische Fundierung	Marketingtheoretische Perspektive	• Wirkungssatz der Gestalt-psychologie • Betriebswirtschaftliche Sicht der Unternehmens-kommunikation • Primär Management-aspekte und Aspekte der Organisationsstruktur • Marketingtheoretischer Ansatz	Gestaltungs- und wirkungstheoretischer Ansatz	Betriebswirtschaftliche Sicht der Unternehmens-kommunikation
Kommunikations-instrumente	• Kurzfristig geschäftsbildende Kommunikationsmaßnahmen • Langfristig markenbildende Kommunikationsmaßnahmen	Sämtliche internen und externen Kommuni-kationsinstrumente	Primär externe Kommunikations-instrumente	Fokussierung auf konsumentengerichtete Kommunikations-instrumente
Strategisch/ Operativ	Strategisch und operativ	Strategisch und operativ	Primär operativ	Strategisch und operativ
Planungsprozess	Entwicklung eines 8-stufigen Managementprozesses	Integration der Planungs-prozesse auf Unterneh-mens- und Instrumente-ebene durch • die Strategie • das Konzeptpapier der Integrierten Kommunikation	Keine Aussagen	Entwicklung eines 7-stufigen Management-prozesses
Organisation/ Personal	Aufhebung der verschiedenen Kommunikationsabteilungen	• Projektorganisation mit interdisziplinären Teams und Lenkungsgremium • Einsatz eines Kommuni-kationsmanagers	Keine Aussagen	Keine Aussagen
Beziehungs-orientierung	Ja	Ja	Nein	Ja

	Grunig/Grunig/Dozier (1995)	Gronstedt (1996)	Zerfaß (1996)	Thorson/Moore (1996)
Theoretische Fundierung	• Organisationstheoretisch • Perspektive des Bezugs-gruppenmanagements • Primär kommunikations-wissenschaftlicher Ansatz • Marketingtheoretische Aspekte eingeschränkt	• Ansatz des Bezugs-gruppenmanagements/ Stakeholder-Relations-Modell • Integration von Marketing und PR	• Organisationstheore-tischer Ansatz • Perspektive der betriebs-wirtschaftlichen Unternehmensführung	Betriebswirtschaftliche Sicht der Marken-kommunikation
Kommunikations-instrumente	• Werbung und Public Relations	• Sendeinstrumente • Empfangende Instrumente • Interaktive Instrumente	• Organisations-kommunikation • Public Relations • (Einseitige) Markt-kommunikation	Werbung, PR, Promotions, Direct Marketing, Verpackungsdesign
Strategisch/ Operativ	Strategisch	Strategisch und operativ	Strategisch und operativ	Strategisch und operativ
Planungsprozess	Keine Aussagen	Drei Planungsschritte: Auswahl der Bezugs-gruppen, Auswahl des optimalen Mix von Sende-instrumenten für jede Bezugsgruppe, Integration der Instrumente	Prozess mit den Phasen Planung, Umsetzung und Kontrolle	Entwicklung eines 5-stufigen Managementprozesses
Organisation/ Personal	Aussagen über Organisation der Public Relations: Horizontale Organisation, Matrixorganisation zu anderen Abteilungen	Kritik an der Aufspaltung der Kommunikationsverant-wortung auf unterschied-liche Disziplinen	Überfunktionale Planungs-teams, Personal-management	Keine Aussagen
Beziehungs-orientierung	Ja	Teilweise	Teilweise	Nein

	Duncan/Caywood (1996)	Duncan/Moriarty (1997)	Schultz/Schultz (1998)	Sirgy (1998)	Esch (1999)
Theoretische Fundierung	Betriebswirtschaftliche Sicht der Unterneh-menskommunikation	• Betriebswirtschaft-liche Sicht der Markenkommuni-kation • Markenmanagement	Betriebswirtschaftliche Sicht der Marken-kommunikation	Systemtheorie	• Verhaltenswissen-schaftliche Marketing-perspektive • Involvement-Theorie • Imagery-Theorie
Kommunikations-instrumente	Keine Aussagen	• Massen-kommunikation • Individual-kommunikation • Interaktive Kommunikation	Keine Aussagen	Keine Aussagen	Konzentration auf die externe Kommunika-tion, primär Werbung
Strategisch/ Operativ	Strategisch und operativ	Strategisch und operativ	Strategisch und operativ	Strategisch und operativ	Strategisch und operativ
Planungsprozess	Identifikation von sieben „evolutionären" Stufen der Integrierten Kommunikation	Prozess mit den Phasen Analyse, Planung, Kontrolle (IM-Audit)	Entwicklung eines 4-stufigen Management-prozesses	Entwicklung eines 7-stufigen Manage-mentprozesses	Keine Aussagen
Organisation/ Personal	Ziel: Ausdehnung der Zusammenarbeit auf kommunikationsfremde Abteilungen	Interdisziplinäres Brand Equity Team	Keine Aussagen	Keine Aussagen	Keine Aussagen
Beziehungs-orientierung	Nein	Ja	Ja	Nein	Nein

4 Planungskonzept der Integrierten Kommunikation

4.1 Ebenen der Kommunikationsplanung

Die Planungsaufgaben der Kommunikationspolitik sind auf zwei unterschiedlichen Unternehmensebenen zu vollziehen und bedingen daher auch unterschiedliche Planungsverfahren, d.h. auf der Ebene des Gesamtunternehmens und auf der Ebene der Kommunikationsinstrumente bzw. der Kommunikationsfachabteilungen. Aus dieser Unterscheidung folgt, dass es für ein erfolgreiches Kommunikationsmanagement notwendig ist, die **strategische Planung der Kommunikationspolitik** auf zwei Ebenen gleichzeitig vorzunehmen (vgl. Abbildung 4-1):

▨ Strategische Planung der Gesamtkommunikation (Integrierte Kommunikation)

▨ Strategische Planung einzelner Kommunikationsinstrumente

Diese beiden strategischen Ausrichtungen sind zusammenzuführen und zu integrieren. Dies stellt das eigentliche Problem der Integrierten Kommunikation dar.

Die **taktische Kommunikationsplanung** hingegen erfolgt auf Ebene der einzelnen Kommunikationsfachabteilungen durch eine konkrete Umsetzung der festgelegten Strategie in Kommunikationsaktivitäten.

4.2 Träger der Kommunikationsplanung

Die **Verantwortung für die Gesamtkommunikation** liegt bei den zuständigen Führungsebenen, wie z.B. der Unternehmensleitung (Geschäftsführung, Vorstand), den Marken- bzw. Marketingmanagern oder der Corporate Communication. In Unternehmen, die einen Kommunikationsmanager etabliert haben, wird auch diesem oftmals Verantwortung für die Planung der Gesamtkommunikation übertragen (Bruhn, 2006b, S. 30ff.). Nur diese Stellen verfügen letztlich über die Kompetenz und Durchsetzungskraft, alle an der Kommunikation Beteiligten zu einer gemeinsamen strategischen Kommunikationspolitik zu verpflichten. Bei einer externen Lösung können zudem spezielle Kommunikationsagenturen für die Kommunikationsplanung verantwortlich sein.

Abbildung 4-1: *Kommunikationsstrategien auf unterschiedlichen Ebenen*
(Bruhn, 2007, S. 66)

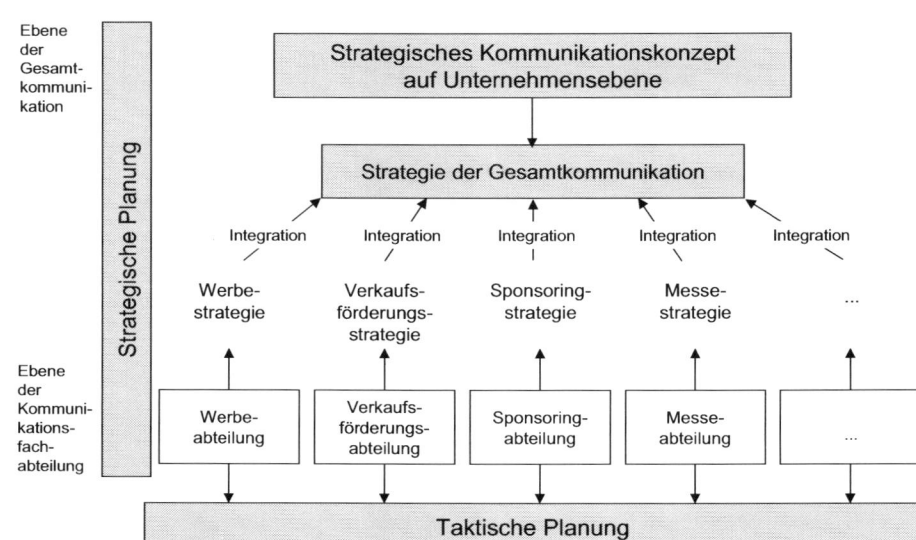

Die **Verantwortung für den Einsatz einzelner Kommunikationsinstrumente** liegt demgegenüber bei den Leitern sämtlicher Fachabteilungen mit Planungsaufgaben im Rahmen der Kommunikationspolitik. Dies sind nicht nur die Leiter der einzelnen Kommunikationsfachabteilungen wie die Werbe-, Verkaufsförderungs- oder PR-Leitung. Vielmehr zählen dazu auch die Vertriebs- und Personalleitung, da auch sie durch die persönliche und die Mitarbeiterkommunikation spezielle Kommunikationsaufgaben erfüllen. Die jeweiligen Leiter der Kommunikationsfachabteilungen haben ihren „eigenen" Prozess der Einsatzplanung auszuführen und die Einzelentscheidungen an dem von der Führungsebene vorgegebenen Rahmen zu orientieren. Dabei obliegt ihnen die systematische Planung des Einsatzes „ihres" Kommunikationsinstrumentes (strategische Aufgabe) sowie die Umsetzung der Strategie durch einzelne Maßnahmen für das jeweilige Instrument (taktische Aufgabe). Bei der Entwicklung eigener Maßnahmen haben die Leiter der Fachabteilungen zur Integration des Instrumentes in die „Einheit der Kommunikation" einen Beitrag zu leisten.

4.3 Planungsprozesse der Integrierten Kommunikation

Die unterschiedlichen Ebenen der Kommunikationsplanung implizieren, dass auch zwischen zwei unterschiedlichen Planungsprozessen zu unterscheiden ist. Dabei erfolgt auf Ebene der **Gesamtkommunikation** eine **Top-down-Planung**, bei der durch die Unternehmensleitung bzw. den Markenmanager unter Einbezug aller relevanten Kommunikationsabteilungen die Integrierte Kommunikation für das Gesamtunternehmen geplant wird; mit dem Ziel, sämtliche Kommunikationsmaßnahmen einheitlich für die Gesamtheit des Unternehmens auszurichten. Abbildung 4-2 stellt den gesamten Managementprozess der Integrierten Kommunikation mit seinen Teilprozessen und einzelnen Phasen schematisch dar.

Abbildung 4-2: *Planungsprozess der Gesamtkommunikation (Top-down-Planung) (Bruhn, 2006a, S. 149)*

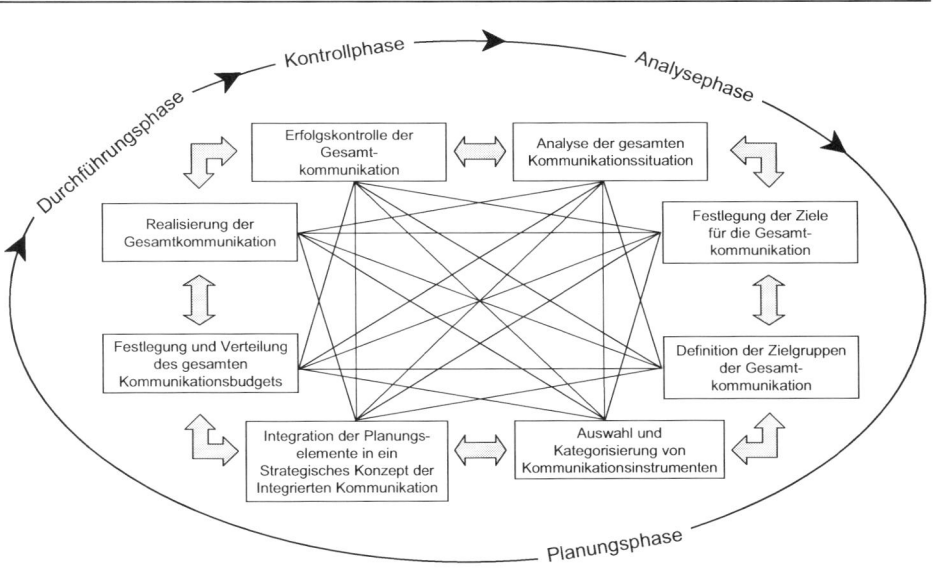

Auf Ebene der **einzelnen Kommunikationsinstrumente** kommt indessen eine **Bottom-up-Planung** seitens einzelner Kommunikationsabteilungen zum Einsatz, in der relativ isoliert der Einsatz der verschiedenen Kommunikationsinstrumente planerisch festgelegt wird, die sich aber in den verschiedenen Phasen in den Top-down-

Planungsprozess zu integrieren hat. Abbildung 4-3 stellt diesen Managementprozess idealtypisch dar.

Die Planungsprozesse der Integrierten Kommunikation ähneln sich auf der Ebene von Gesamtkommunikation und Kommunikationsinstrumenten in vielen Planungsschritten, sie sind aber durch einige bedeutende Unterschiede gekennzeichnet. Grundsätzlich nimmt die Kommunikationsplanung ihren Ausgangspunkt in einer **Analyse der Kommunikationssituation**. Dies betrifft entweder die Kommunikationssituation für das gesamte Unternehmen oder aber für einzelne Kommunikationsinstrumente, die sich auf die Einflussgrößen des Einsatzes des jeweiligen Instrumentes konzentriert. Auf Basis der Situationsanalyse werden die **Ziele** und **Zielgruppen** festgelegt, zum einen für die Gesamtkommunikation, zum anderen wiederum für die Kommunikationsinstrumente.

Abbildung 4-3:   *Planungsprozess für den Einsatz einzelner Kommunikationsinstrumente (Bottom-up-Planung) (Bruhn, 2006a, S. 150)*

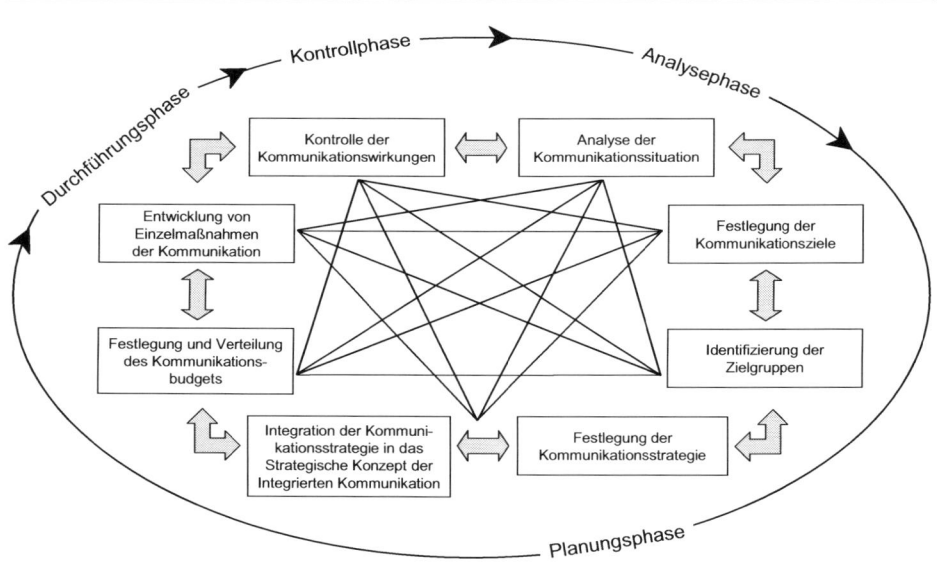

Für die Gesamtkommunikation geht es im weiteren Vorgehen um die Auswahl und Kategorisierung der im Rahmen einer Kommunikationskampagne einzusetzenden **Kommunikationsinstrumente**. Wie in Kapitel 5 gezeigt wird, ist in diesem Kontext eine zentrale Fragestellung, welche Kommunikationsinstrumente sich eignen, die Rolle eines Leitinstrumentes zu übernehmen, welche Instrumente speziell für bestimmte

Zielgruppen geeignet sind und welchen Instrumenten eher eine unterstützende Rolle zukommt. Auf Ebene der Kommunikationsfachabteilungen geht es zu diesem Zeitpunkt des Planungsprozesses darum, die **Kommunikationsstrategie** für das jeweilige Kommunikationsinstrument festzulegen, d.h. die mittel- bis langfristige Ausrichtung der Kommunikationsaktivitäten zu bestimmen. Beispielsweise könnte mit dem Instrument Sponsoring eine Bekanntmachungs-, eine Zielgruppenerschließungs- oder eine Imageverbesserungsstrategie verfolgt werden. Von besonderer Bedeutung ist hierbei, dass sich die Kommunikationsstrategie der einzelnen Instrumente in das **strategische Konzept der Gesamtkommunikation** bzw. Integrierten Kommunikation einzuordnen hat. Dieses wird im nächsten Planungsschritt auf Ebene der Gesamtkommunikation entwickelt und stellt das wichtigste und gleichfalls problematischste Planungselement der Integrierten Kommunikation dar, indem es langfristig konsistente, glaubwürdige und synergetisch ausgerichtete Kommunikationspro-gramme für den Einsatz der Kommunikationsinstrumente festlegt und koordiniert (vgl. Kapitel 5).

Abbildung 4-4: *Zusammenführung der Managementprozesse im Sinne einer Down-up-Planung (Bruhn, 2006a, S. 151)*

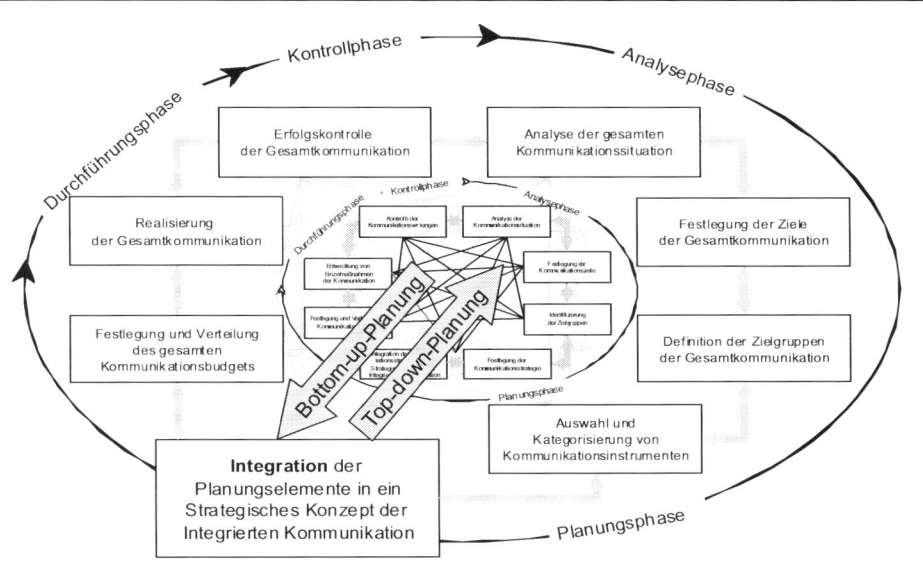

Im weiteren Planungsverlauf hat die Festlegung und Verteilung des **Kommunikationsbudgets** zu erfolgen; dies geschieht gleichermaßen hinsichtlich des für die Gesamtkommunikation zur Verfügung stehenden Budgets, das auf einzelne Kommunikationsinstrumente verteilt wird sowie hinsichtlich des Budgets, das im Rahmen einzelner Kommunikationsinstrumente für konkrete Kommunikationsmaßnahmen und -mittel zu veranschlagen ist.

Nach der Budgetplanung sind schließlich konkrete **Kommunikationsmaßnahmen** durch die Kommunikationsfachabteilungen zu entwickeln. Diese einzelnen Maßnahmen fügen sich in der Gesamtkommunikation des Unternehmens zusammen und ergänzen sich zu dem Bild, das interne und externe Zielgruppen von der Kommunikation des Unternehmens gewinnen. Der Planungsprozess schließt mit der **Erfolgskontrolle** der Kommunikation ab. Dies beinhaltet zum einen die Erfolgskontrolle für einzelne Kommunikationsinstrumente, d.h., welche Wirkungen beispielsweise eine bestimmte Werbekampagne erzeugen konnte und ob sich diese „gelohnt" hat. Zum anderen ist auf Ebene der Gesamtkommunikation eine Kontrolle vorzunehmen, die sich auf den kombinierten Einsatz der unterschiedlichen Instrumente bezieht.

Die in der Praxis vorherrschende Vorgehensweise der isolierten Planung einzelner Kommunikationsinstrumente, in der eine gemeinsame Ausrichtung und Abstimmung innerhalb der Kommunikationsarbeit in der Regel nicht vorgesehen ist, wird der Forderung nach Integration in keiner Weise gerecht. Um die Basis für die Integration bereits in der Planungsphase zu schaffen, ist sicherzustellen, dass die Planungsverfahren nicht unabhängig voneinander ablaufen. Stattdessen ist die Bottom-up-Planung mit der Top-down-Planung zu kombinieren, damit die Integrationsbemühungen „von oben" mit den Integrationsbemühungen „von unten" zusammenfließen und eine Integration der Einzelpläne erfolgen kann (vgl. Abbildung 4-4). Diese Synthese der beiden Planungsverfahren wird in der Literatur auch als **Down-up-Planung** oder **iteratives Gegenstromverfahren** bezeichnet (Staehle, 1999, S. 543). Dieser Down-up-Planungsprozess betrifft im Prinzip sämtliche Entscheidungstatbestände, aber in besonderem Maße die Phasen der Planung eines Strategischen Planungskonzeptes sowie die Integration der Kommunikationsaktivitäten.

5 Gestaltung der Integrierten Kommunikation

5.1 Strategie der Integrierten Kommunikation

Wie bereits erläutert, bildet die Formulierung einer Strategie der Integrierten Kommunikation das Kernstück des Planungsprozesses, da sie den für alle Kommunikationsinstrumente gemeinsamen Bezugsrahmen für die Integration darstellt. Mit ihr wird versucht, eine **„Einheit in der Kommunikation"** herzustellen. Diese Einheit ist ein gedankliches Konstrukt, das die Gesamtheit der unternehmensdarstellenden

Maßnahmen sowie die gemeinsame Ausrichtung aller Kommunikationsmaßnahmen wiedergibt und in die alle Kommunikationsaktivitäten zu integrieren sind. Die Einheit der Kommunikation nimmt dabei gleichzeitig eine Integrations-, Orientierungs- und eine Koordinationsfunktion wahr: Sie dient der Sicherstellung der Integration einzelner Kommunikationsmaßnahmen in einen gemeinsamen gedanklichen Rahmen sowie der inhaltlichen und formalen Spezifizierung der Kommunikation eines Unternehmens. Weiterhin erlaubt sie die Ableitung von Kommunikationsstrategien für einzelne Kommunikationsinstrumente und dient als Grundlage für die Aufstellung und Verteilung des Kommunikationsbudgets.

Das Vorgehen bei der Entwicklung eines strategischen Konzeptes bestimmt sich durch die Zusammenfügung der ersten drei Phasen des Planungsprozesses der Integrierten Kommunikation. Als Ergebnis kann die **Strategie der Integrierten Kommunikation** festgelegt werden, die durch die folgenden drei **Kernelemente** determiniert wird:

1. **Strategische Positionierung des Unternehmens**

Die strategische Positionierung stellt das Soll-Bild dar, das das Unternehmen bzw. ein Bezugsobjekt des Unternehmens (z.B. Marke) von sich im Bewusstsein der Nachfrager verankern will und beinhaltet somit die Hauptziele der Kommunikation. Dabei ist eine Formulierung zu finden, die die Inhalte auf einem hohen Aggregationsgrad möglichst unabhängig von bestimmten Zielgruppen festlegt. Die relevanten Eigenschaften der Positionierung sind für alle Zielgruppen „auf einen Nenner" zu bringen.

2. **Definition der kommunikativen Leitidee**

Die im Positionierungspapier festgeschriebene strategische Positionierung hat sich in den Inhalten der Kommunikationsbotschaften wiederzufinden. Die erste inhaltliche Konkretisierung der strategischen Positionierung wird in Form einer Grundaussage vorgenommen, in der die wesentlichen Merkmale der Positionierung enthalten sind (z.B. in Form eines Slogans o.Ä.).

3. Spezifizierung der Leitinstrumente

Die strategische Ausrichtung der Gesamtkommunikation verlangt eine klare Zuordnung von Funktionen und Aufgaben der einzelnen Kommunikationsinstrumente. Dazu ist es notwendig, die Bedeutung der einzelnen Kommunikationsinstrumente für die Gesamtkommunikation zu analysieren. So können jene Instrumente, die Führungsfunktionen in der Kommunikation übernehmen, identifiziert werden. Diese „Leitinstrumente" sind am ehesten geeignet, die strategischen Ziele der Kommunikation zu erreichen.

Aus den Kernelementen einer Strategie der Integrierten Kommunikation – dargestellt in Abbildung 5-1 – werden in einem nächsten Schritt die Regeln bzw. Richtlinien für die Umsetzung der Kommunikation abgeleitet. Diese Regeln sind in einem Konzeptpapier der Integrierten Kommunikation zusammenzufassen und haben die Aufgabe, die Zusammenhänge zwischen den strategischen Zielen, Kernbotschaften und Leitinstrumenten zu konkretisieren und umzusetzen.

Abbildung 5-1:   *Kernelemente einer Strategie der Integrierten Kommunikation (Bruhn, 2006a, S. 172)*

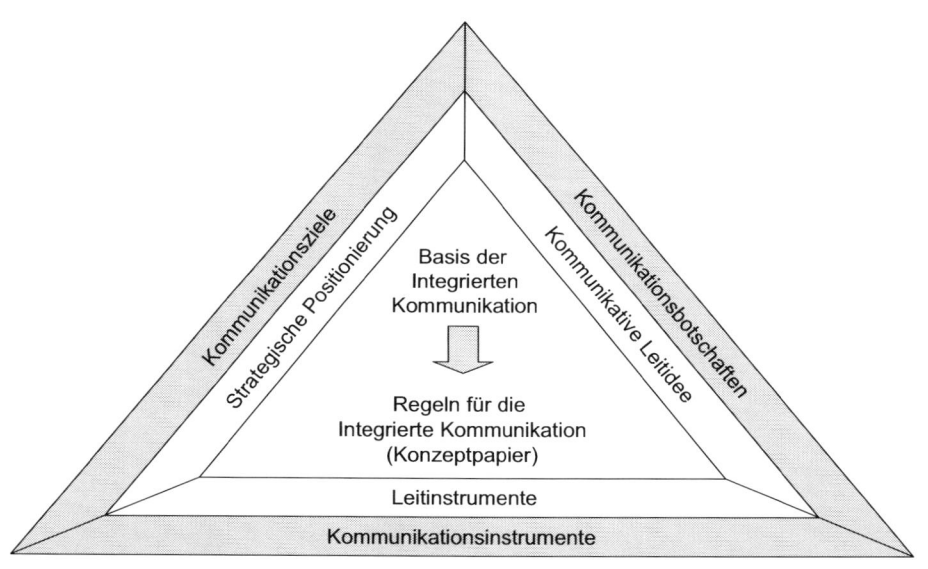

5.2 Konzeptpapier der Integrierten Kommunikation

Das Strategische Konzept der Integrierten Kommunikation ist dahingehend zu konkretisieren und inhaltlich auszugestalten, dass es in der täglichen und praktischen Kommunikationsarbeit Verwendung finden kann. Hier empfiehlt es sich, die wesentlichen inhaltlichen Vorgaben in Form eines **„Konzeptpapiers"** zu dokumentieren. Dieses ist für alle Beteiligten verbindlich und maßgebend für die eigene Arbeit. Da es sich um inhaltliche und formale Vorgaben handelt, hat das Konzeptpapier den Charakter von Richtlinien bzw. Regeln, die das Thema der Integrierten Kommunikation zu einem „greifbaren" Gegenstand für alle an der Kommunikationsarbeit Beteiligten macht.

Ein Konzeptpapier für die Integrierte Kommunikationsarbeit umfasst dabei im Wesentlichen drei Teilelemente, die in Abbildung 5-2 wiedergegeben sind.

Abbildung 5-2:   *Elemente eines Konzeptpapiers der Integrierten Kommunikation (Bruhn, 2006a, S. 182)*

I. STRATEGIEPAPIER

1. Strategie der Integrierten Kommunikation

Formulierung der strategischen Positionierung, kommunikativen Leitidee und Leitinstrumente für die Gesamtkommunikation

II. KOMMUNIKATIONSREGELN

2. Positionierungspapier

Formulierung der strategischen Positionierung, der Zwischen- und Einzelziele der Kommunikation

3. Kommunikationsplattform

Formulierung der kommunikativen Leitidee, Kern- und Einzelaussagen für die Kommunikation (Aussagen- und Argumentationssystem)

4. Regeln zum Instrumenteeinsatz

Festlegung der Leitinstrumente und Gestaltungsprinzipien der Kommunikation, der weiteren Kommunikationsinstrumente und -mittel

III. ORGANISATIONSREGELN

5. Regeln der Zusammenarbeit

Formulierung der aufbau- und ablauforganisatorischen Prozesse für die Zusammenarbeit zwischen zentralen und dezentralen Kommunikationsabteilungen

---

5.2.1 Strategiepapier

Im Rahmen des **Strategiepapiers** sind die Ergebnisse der strategischen Überlegungen für die Gesamtkommunikation wiedergegeben. Hier ist das strategische Konzept der Integrierten Kommunikation in Form von „Strategiegrundsätzen der Kommunikation" zu konkretisieren. Dazu zählen genaue inhaltliche Aussagen über die strategische Positionierung, die kommunikative Leitidee und die Bedeutung von Leitinstrumenten der Kommunikation.

5.2.2 Kommunikationsregeln

Die **Kommunikationsregeln** werden auf der Grundlage des Strategiepapiers entwickelt, sind aber im Vergleich wesentlich umfangreicher und konkreter zu gestalten. Mittels der Kommunikationsregeln werden die Vorgaben des Strategiepapiers in Richtlinien für die tägliche Kommunikationsarbeit der Kommunikationsfachabteilungen übertragen. Sie enthalten genaue Aussagen über die kommunikative Positionierung und die Kommunikationsziele des Unternehmens (Positionierungspapier), die Formulierung der zentralen Kommunikationsbotschaften (Kommunikationsplattform) sowie Vorgaben für den Einsatz der verschiedenen Kommunikationsinstrumente und -mittel (Regeln zum Instrumenteeinsatz).

5.2.2.1 Positionierungspapier

Im **Positionierungspapier** sind die strategische Positionierung sowie die Zwischen- und Einzelziele zu formulieren.

> Die **strategische Positionierung** stellt die übergeordnete und zentrale Zielsetzung der gesamten Kommunikation dar und bildet den Ausgangspunkt für die Formulierung und die Integration sämtlicher Kommunikationsziele.

Die strategische Positionierung orientiert sich an der Unternehmens- bzw. Markenstrategie, insbesondere an der Art der Marktbearbeitung. Aus ihr ist abzuleiten, wie das Unternehmen aufgrund seiner Marktstellung von seinen zentralen Zielgruppen mittel- bis langfristig im Konkurrenzvergleich gesehen werden möchte. Die strategische Positionierung ist somit markt- und zukunftsgerichtet (z.B. Positionierung als Qualitätsführer, als international erfolgreicher Konzern, als Nischenanbieter) und unabhängig von einzelnen Zielgruppen zu formulieren, damit sie Gültigkeit für die gesamte Kommunikation haben kann. In ihrer Funktion als integrative Klammer für die Gesamtkommunikation ist die strategische Positionierung bei allen nachgelagerten Kommunikationsentscheidungen zu beachten und einzuhalten (zum Vorgehen der Entwicklung einer Positionierung vgl. Bruhn, 2006a, S. 183ff.).

Die strategische Positionierung stellt das Oberziel der Kommunikation für Einzel-, Familien- und Dachmarken sowie Unternehmen (-sgruppen) dar und dient als Ausgangspunkt für die Entwicklung eines Systems von Kommunikationszielen, die die strategische Positionierung konkretisieren. Die Vorgehensweise ist im Wesentlichen dadurch gekennzeichnet, dass versucht wird, eine **Hierarchisierung von Kommunikationszielen** vorzunehmen. In einem ersten Schritt sind aus der strategischen Positionierung (als Oberziel) die Zwischenziele der Kommunikation zu formulieren. Zwischenziele haben primär taktischen Charakter, sie sind nach den Zielgruppen differenziert und haben einen Zeitbezug von drei bis fünf Jahren, während sich die strategische Positionierung auf etwa fünf bis acht Jahre bezieht. In einer weiteren Konkretisierungsphase können Einzelziele der Kommunikation formuliert werden, die den einzelnen Kommunikationsinstrumenten und -mitteln zurechenbar sind. Zusammenfassend ist in Abbildung 5-3 die Hierarchie von Kommunikationszielen auf den unterschiedlichen Ebenen wiedergegeben.

Abbildung 5-3: *Hierarchie von Kommunikationszielen im Positionierungspapier*
  (Bruhn, 2006a, S. 190)

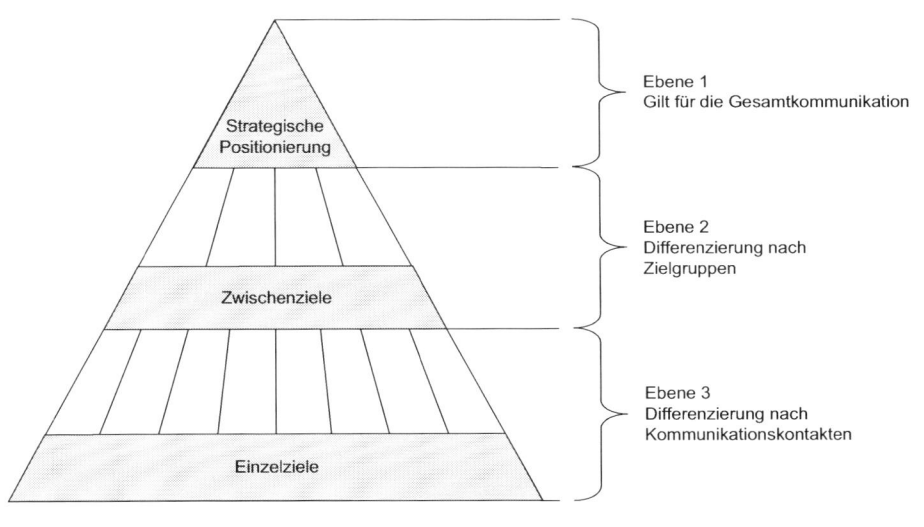

5.2.2.2 Kommunikationsplattform

Die Integration der Kommunikationsbotschaften erfolgt in den Kommunikationsregeln durch die Entwicklung einer **Kommunikationsplattform**. Hierbei empfiehlt es sich, eine so genannte **kommunikative Leitidee** zu formulieren, die die Grundlage für sämtliche Inhalte der Kommunikation bildet.

> Eine **kommunikative Leitidee** ist die Formulierung einer Grundaussage über das Unternehmen bzw. einer Marke, in der die wesentlichen Merkmale der Positionierung enthalten sind (Bruhn, 2006a, S. 193).

Eine kommunikative Leitidee erhebt den Anspruch auf eine Fähigkeit des Unternehmens in Form eines leicht kommunizierbaren Leitmotivs. Sie dient als inhaltliches Schlüsselsignal für die Gesamtkommunikation und stellt einen „kommunikativen Besitzstand" dar (Michael, 1991, S. 219). Folglich ist die kommunikative Leitidee zielgruppenunabhängig zu formulieren und ist von allen Kommunikationsinstrumenten – Mediawerbung, Sponsoring, Direct Marketing usw. – immer wieder aufzugreifen. Im Allgemeinen ist die Leitidee auf einem relativ hohen Abstraktionsniveau und leicht verständlich zu formulieren (z.B. „*Nike* – Just do it", „*Dresdner Bank* – die Beraterbank"; „*Saturn* – Geiz ist geil"), um sie instrumente- und mittelübergreifend und für alle internen und externen Zielgruppen einsetzen zu können.

Abbildung 5-4:   *Hierarchie von Kommunikationsbotschaften im Rahmen der Kommunikationsplattform (Bruhn, 2006a, S. 193)*

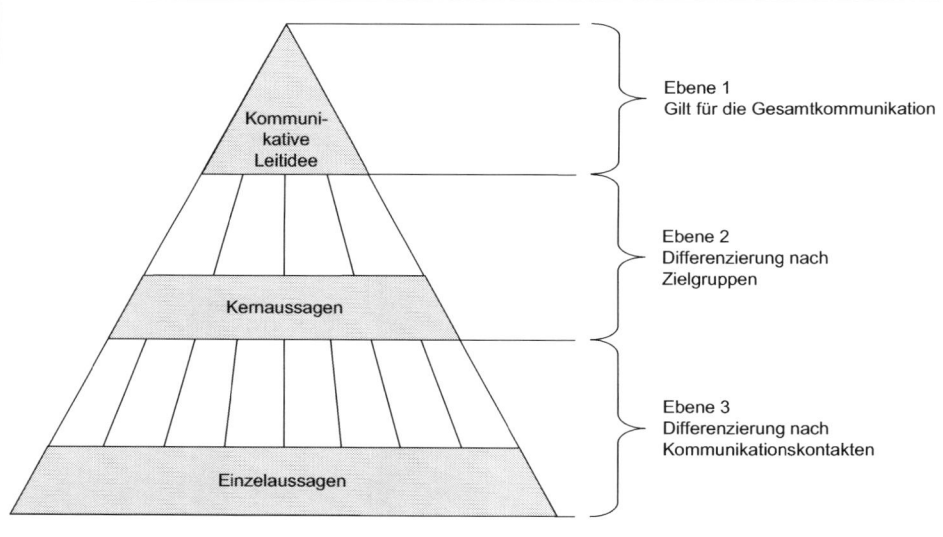

Auf Grundlage der kommunikativen Leitidee werden die Kern- und Einzelaussagen als Botschaftsinhalte formuliert. Auch hier wird nach dem Prinzip der **Hierarchisie-**

rung von Botschaften vorgegangen. Dieser Zusammenhang ist in Abbildung 5-4 dargestellt. **Kernaussagen** konkretisieren die kommunikative Leitidee des Unternehmens, sie sind weniger abstrakt und nach den Hauptzielgruppen strukturiert (z.B. Kunden, Aktionäre, Öffentlichkeit, Mitarbeitende). Bei der Formulierung von Kernaussagen wird den unternehmensindividuellen bzw. markenspezifischen Besonderheiten Rechnung getragen („Wir haben Mitarbeiter, die eine qualifizierte Beratungsleistung für die individuellen Anlageprobleme unserer Kunden anbieten.", „Wir haben Verpackungen, die wiederverwendbar sind und somit die Umwelt nicht belasten."). In der Praxis ist zu beobachten, dass immer noch wenige Unternehmen zwischen der kommunikativen Leitidee und den Kernaussagen unterscheiden. Häufig „verschwimmen" diese beiden Bereiche oder die Kernaussagen sind nicht konkret genug, so dass sie eigentlich als kommunikative Leitidee einzustufen sind.

Der höchste Grad der Konkretisierung in der hierarchischen Anordnung der Kommunikationsbotschaften wird durch die Formulierung von **Einzelaussagen** erreicht. Diese sind „Beweise" für die Kernaussagen des Unternehmens. Damit wird ein zentrales Argumentationsmuster – strukturiert nach den Hauptzielgruppen – aufgebaut. Die Einzelaussagen sind durch Zahlen, Statistiken, Beispiele, Geschichten, Ereignisse oder ähnliche Formen zu belegen (beispielsweise bezogen auf die oben formulierte erste Kernaussage „Unsere Mitarbeiter werden in regelmäßigen Schulungen über neue Anlagestrategien und -instrumente weitergebildet", „Unsere Mitarbeiter nehmen sich für jeden Kunden Zeit und versetzen sich in seine Lebens- und Finanzsituation hinein"). Aufgrund des Beweischarakters werden die Einzelaussagen in möglichst verschiedenen Formen durch die Mitarbeitenden oder den Einsatz von Kommunikationsmitteln genutzt.

5.2.2.3   Regeln zum Instrumenteeinsatz

Zum dritten Bereich der Kommunikationsregeln zählt die Integration der Kommunikationsinstrumente und -mittel, indem **Regeln für den Instrumenteneinsatz** aufgestellt werden.

> Die Regeln zum Instrumenteeinsatz klären das Zusammenspiel zwischen unterschiedlichen Kommunikationsinstrumenten und -maßnahmen unter Beachtung der Wirkungsinterdependenzen.

Um eine Integration in die Gesamtkommunikation zu erreichen, empfiehlt sich auch hierbei eine Hierarchisierung der Kommunikationsinstrumente, wie sie in Abbildung 5-5 dargestellt ist.

Ausgangspunkt bildet die Identifizierung von **Leitinstrumenten**. Diese stellen die zentralen Instrumente der Kommunikation dar, die von überragender strategischer Bedeutung für die Gesamtkommunikation sind. Die kommunikative Leitidee des Unternehmens bzw. der Marke wird in erster Linie durch die Leitinstrumente realisiert.

Außerdem verfügen die Leitinstrumente über ein großes Beeinflussungspotenzial im Hinblick auf die anderen Kommunikationsinstrumente. Neben den Leitinstrumenten sind auf der Ebene der Gesamtkommunikation außerdem die **formalen Gestaltungsprinzipien** (z.B. Corporate Design) festzulegen.

Abbildung 5-5: *Hierarchie für den Einsatz kommunikativer Maßnahmen innerhalb der Regeln zum Instrumenteeinsatz (Bruhn, 2006a, S. 201)*

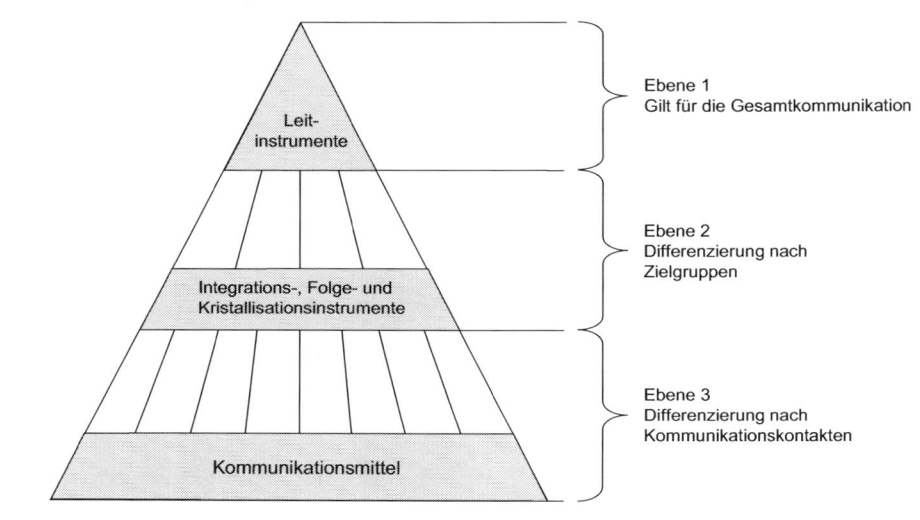

Nach Festlegung der Leitinstrumente gilt es in einem nächsten Schritt, so genannte Kristallisations-, Integrations- und Folgeinstrumente zu identifizieren. Als **Kristallisationsinstrumente** sind jene zu kennzeichnen, die einen hohen Einfluss auf andere Instrumente ausüben und gleichzeitig stark beeinflusst werden, beispielsweise der Persönliche Verkauf zur Förderung des direkten Dialogs mit den Konsumenten. **Integrationsinstrumente** sind Kommunikationsinstrumente, die über ein hohes Integrationspotenzial verfügen und gemeinsam mit anderen Kommunikationsmaßnahmen einzusetzen sind. Dies kann beispielsweise Sponsoring oder Event Marketing sein, wenn vor allem junge Zielgruppen anvisiert werden, Messen und Ausstellungen zur Gewinnung neuer Kunden im Business-to-Business-Bereich Zu den **Folgeinstrumenten** zählen Kommunikationsinstrumente, die von anderen Instrumenten sehr stark beeinflusst werden und bei ihrem Einsatz entsprechend nach diesen auszurichten sind. Anhaltspunkte über die Beziehungen (Einflussnahme und Beeinflussbarkeit) der Kommunikationsinstrumente aus Sicht der **Praxis** lassen sich auf Basis der Ergebnisse einer Unternehmensbefragung aus Abbildung 5-6 entnehmen. Welchen Charakter die einzelnen Kommunikationsinstrumente aufweisen, ist aber letztendlich unternehmens-individuell sowie in Abhängigkeit von der Markt- und Konkurrenzsituation zu bestimmen.

Auf der letzten Konkretisierungsstufe sind **Regeln für einzelne Kommunikationsmittel** festzulegen. Um eine bessere Integration auch dieser Kommunikationsmittel und -einzelmaßnahmen zu erreichen, empfiehlt sich die Auflistung in Form eines **Kataloges**. Mit Hilfe dieses Kataloges kann sich jeder Beteiligte informieren, welche Kommunikationsmittel zur Verfügung stehen und wie diese im Einzelnen einzusetzen sind. Der Kommunikationsmittelkatalog hat entsprechend umfassend darüber zu informieren, wer für die Entwicklung eines Kommunikationsmittels zuständig ist bzw. war, wo das Mittel zu finden ist, in welchen Versionen bzw. Sprachen es vorliegt, wann und durch wen es bereits genutzt wurde usw.

Abbildung 5-6: *Kategorisierung von Kommunikationsinstrumenten nach Beeinflussbarkeit und Einflussnahme in Deutschland, Österreich und der Schweiz (in Anlehnung an Bruhn, 2006b, S. 376)*

Einflussnahme / Beeinflussbarkeit	Hohe Einflussnahme			Niedrige Einflussnahme		
	Leitinstrumente			Integrationsinstrumente		
	Deutschland	Schweiz	Österreich	Deutschland	Schweiz	Österreich
Niedrige Beeinflussbarkeit	• PR/Öffentlich-keitsarbeit • Mediawerbung • Multimedia-kommunikation	• Mediawerbung • Kundenbindung	• Mediawerbung	• Messen/Ausstellungen • Event Marketing • Sponsoring • Verpackung	• Multimedia-kommunikation • Sponsoring • Event Marketing • Messen/Ausstellungen • Verpackung	• Messen/Ausstellungen • Event Marketing • Sponsoring • Verpackung • Multimedia-kommunikation
	Kristallisationsinstrumente			Folgeinstrumente		
	Deutschland	Schweiz	Österreich	Deutschland	Schweiz	Österreich
Hohe Beeinflussbarkeit	• Mitarbeiter-kommunikation • Persönlicher Verkauf/Vertrieb • Kundenbindung • Verkaufs-förderung	• PR/Öffentlich-keitsarbeit • Mitarbeiter-kommunikation • Persönlicher Verkauf/Vertrieb • Direct Marketing	• PR/Öffentlich-keitsarbeit • Verkaufs-förderung • Persönlicher Verkauf/Vertrieb • Mitarbeiter-kommunikation • Kundenbindung	• Direct Marketing	• Verkaufs-förderung	• Direct Marketing

5.2.2.4 Vertikale und horizontale Ordnung der Inhalte der Integrierten Kommunikation

Die hier diskutierte Entwicklung eines Konzeptpapiers stellt eine zentrale Voraussetzung für die Realisierung der inhaltlichen Integration der Gesamtkommunikation dar. Wie gezeigt, sind die im Konzeptpapier enthaltenen zentralen Elemente der Integrierten Kommunikation (Kommunikationsziele, -botschaften und -instrumente) nach dem **Prinzip der Hierarchisierung** aufzubauen. Durch dieses Vorgehen kann Ordnung in das komplexe System der Kommunikation gebracht werden. Die Beziehungen zwischen der vertikalen und horizontalen Ordnung des Konzeptpapiers der Integrierten Kommunikation zeigt zusammenfassend Abbildung 5-7.

Abbildung 5-7: *Vertikale und horizontale Ordnung der Inhalte der Integrierten Kommunikation (Bruhn, 2006a, S. 207)*

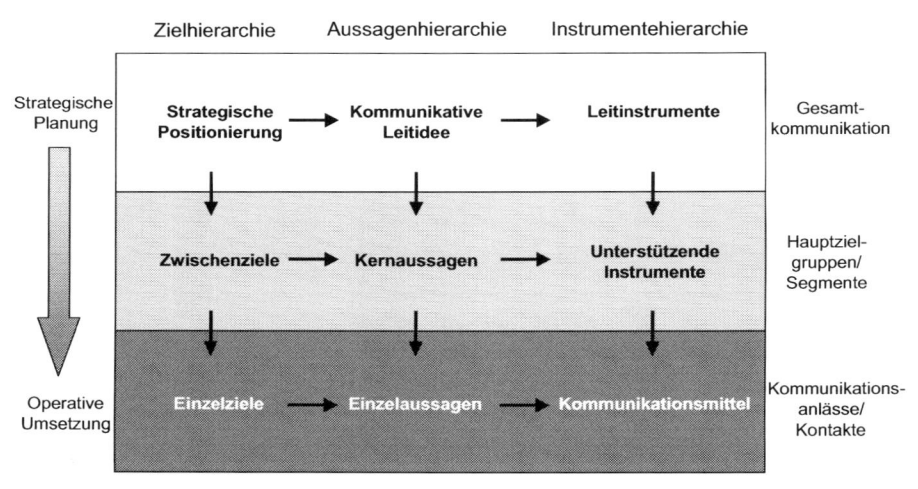

Die hier dargestellten Richtlinien bzw. Regeln sind schließlich in bestimmter Form zu dokumentieren, damit sie für die Mitarbeitenden in den Kommunikationsabteilungen nachvollziehbar und operativ handhabbar sind. Bei der **Dokumentation des Konzeptpapiers** ist sicherzustellen, dass die einzelnen Richtlinien mit allen Beteiligten abgestimmt und schriftlich festgehalten werden sowie über einen hohen Verbindlichkeitsgrad für alle Kommunikationsabteilungen verfügen. Weiterhin ist bei der Bestimmung des Verbindlichkeitsgrades zu berücksichtigen, dass eine zu starke Formalisierung der Kommunikationsaktivitäten den flexiblen und offenen Abstimmungsprozess zwischen den Kommunikationsabteilungen eher behindert als fördert. Es ist daher die Aufgabe, in Abhängigkeit der bestehenden Kommunikationskultur den optimalen Grad an Verbindlichkeit und Formalisierung der Kommunikationsregeln zu definieren.

5.2.3 Organisationsregeln

Die **Organisationsregeln** dienen dazu, die genauen Ablaufprozesse in der Kommunikation zu strukturieren und zu formalisieren. Neben der Verantwortungszuweisung für die Integrierte Kommunikation sind hier insbesondere die Informationsprozesse sowie die Zusammenarbeit und die Austauschbeziehungen zwischen Kommunikationsfachabteilungen zu regeln. Die Organisationsregeln haben dabei auf die jeweilig bestehende Organisationsstruktur eines Unternehmens Rücksicht zu nehmen.

6 Organisatorische Umsetzung der Integrierten Kommunikation

In den bisherigen Ausführungen wurde die Integrierte Kommunikation vornehmlich unter planerischen und inhaltlichen Aspekten betrachtet. Das Thema der Integrierten Kommunikation ist allerdings ebenso als Organisationsproblem zu sehen, da es für eine erfolgreiche Integration der Kommunikation zwingend erforderlich ist, eine „optimale" Organisationsstruktur der Kommunikation im Unternehmen zu finden (vgl. hierzu ausführlich Ahlers, 2006).

Diese Notwendigkeit ergibt sich unmittelbar aus **organisatorisch-strukturellen Barrieren**, die heute oftmals in Unternehmen vorzufinden sind. Hierzu zählen vor allem das Fehlen von Abstimmungs- und Entscheidungsregeln sowie divisionale und überregionale Organisationsstrukturen (vgl. die Ergebnisse von Unternehmensbefragungen bei Eagle & Kitchen, 1999, S. 680f.; Hartley & Pickton, 1999, S. 98f.; Kitchen & Schultz, 1999; Angerer & Essinger, 2001; Bruhn, 2006b, 420f.). Diese Barrieren üben eine stark hemmende Wirkung auf die Entwicklung integrierter Kommunikationsprogramme aus und beeinträchtigen die Integrationsarbeit. Es gilt daher, durch die Gestaltung geeigneter Organisationsformen diese Widerstände zu überwinden.

In diesem Kontext interessiert zunächst die Fragestellung, wo im Unternehmen die Integrierte Kommunikation idealerweise zu verankern ist, damit sich das Konzept unternehmensweit durchsetzen kann. Darüber hinaus ist von Interesse, wie die Abläufe im Rahmen der Integrierten Kommunikation am besten zu organisieren sind, um die Effizienz und Effektivität der Kommunikationsarbeit zu optimieren.

6.1 Unternehmensinterne Verankerung der Integrierten Kommunikation

Eine so umfassende Koordinationsaufgabe wie die der Integrierten Kommunikation bedarf einer speziellen Stelle, die sich – ab einer bestimmten Unternehmensgröße – professionell um die Koordination und Integration der Kommunikationsaktivitäten kümmert. Die Schaffung einer derartigen „Koordinationsstelle" bzw. Stelle eines „Integrationsmanagers" als Verbindungseinheit im Rahmen der Organisationsentwicklung (Schanz, 1982, S. 163ff.) hat fachübergreifend die Planung, Durchführung und Kontrolle der Integrierten Kommunikation zu realisieren.

Diese zentrale Koordinationsstelle für die Integrierte Kommunikation kann unterschiedliche Bezeichnungen haben. Hier wird durchgängig und einheitlich der Begriff des **Kommunikationsmanagers** verwendet. Diese, aber auch andere, Bezeichnungen finden sich inzwischen auch in der unternehmerischen Praxis wieder. Der Kommunikationsmanager als zentrale Koordinationsstelle trägt die Gesamtverantwortung für die Kommunikation. Bei der Heterogenität der betroffenen Fachabteilungen im Unternehmen können ihm jedoch nicht umfassende Kompetenzen gegeben werden. In dieser Beziehung ist der Kommunikationsmanager in einer ähnlichen Situation wie der Produktmanager.

In Abhängigkeit von der Organisation der Kommunikation ist die Stelle des Kommunikationsmanagers institutionell zu verankern (zu den verschiedenen Organisationsformen vgl. ausführlich Ahlers, 2006, S.196ff., 249ff., 313ff.). Aufgrund der Aufgabenstruktur bietet es sich zunächst an, ihn als **Stabsstelle** einzugliedern. Somit hätte der Kommunikationsmanager keine Weisungsbefugnisse gegenüber den Kommunikationsfachabteilungen. Damit unter dieser Voraussetzung die notwendige hierarchische Unterstützung gegeben ist, empfiehlt es sich, die Stabsstelle bei der Unternehmensleitung anzusiedeln. Die fehlenden formalen Weisungsbefugnisse schwächen aber dennoch notwendigerweise die Stellung des Kommunikationsmanagers gegenüber den Leitern der Fachabteilungen. Dieses Problem kann durch eine aktive Unterstützung der Unternehmensleitung zwar abgebaut werden, bleibt jedoch im Prinzip in der konkreten Umsetzung der Integrierten Kommunikation bestehen. Deshalb ist bei der organisatorischen Lösung als Stabsorganisation zu bedenken, dem Kommunikationsmanager zur Stärkung seiner Stellung zumindest in einigen Fachfragen eigene Weisungsbefugnisse zu geben (z.B. Freigabe von Kommunikationsmitteln).

Neben der Stabsorganisation sind auch organisatorische Lösungen denkbar, die eine Einbindung in die **Linienorganisation** vorsehen. So kann der Kommunikationsmanager beispielsweise für die gesamte Kommunikation des Unternehmens verantwortlich gemacht werden. Alle anderen Fachabteilungen wären hierbei dem Kommunikationsmanager hierarchisch untergeordnet. In seiner Position hätte er umfassende Weisungsbefugnisse zur Durchsetzung der Integrierten Kommunikation. Die Ausstattung des Kommunikationsmanagers mit starken Weisungsbefugnissen eignet sich vor allem für funktional organisierte Unternehmen, die eine starke Spezialisierung ihrer Aufgaben vorsehen. Die organisatorische Verankerung des Kommunikationsmanagers in der Linienorganisation wirft aber Probleme bei wachsender Unternehmensgröße und insbesondere bei einer hohen Produktvielfalt und breiter Diversifikation des Unternehmens auf. Hierbei wird man die Verantwortung für die Marktkommunikation den einzelnen Sparten- bzw. Produktmanagern geben. Bei zunehmender Markenvielfalt ist der Kommunikationsmanager wiederum stärker in Form einer Stabsorganisation oder in andere Formen der Koordination (z.B. Ausschüsse) einzugliedern.

Damit ist eine dritte Möglichkeit der organisatorischen Institutionalisierung des Kommunikationsmanagers angesprochen, die **Projektorganisation**. In Variation der Stabsorganisation wäre beispielsweise daran zu denken, dass die Unternehmensleitung ein dauerhaftes Projekt definiert, bei dem sich der Projektausschuss im Zeitablauf aus wechselnden Personen zusammensetzt. Hier eignet sich eine organisatorische Lösung in Form einer „Projektorganisation mit interdisziplinären Teams und Lenkungsgremium" (ausführlich Bruhn, 2006a, S. 245ff.; Bruhn & Ahlers, 2008a). Der Kommunikationsmanager wäre bei dieser organisatorischen Lösung als Kommunikationsverantwortlicher der Leiter des Lenkungsgremiums. Damit hätte er fachliche Weisungsbefugnisse bei der Festlegung der Planung, der Definition von Einzelprojekten der Integration, der Zusammensetzung der interdisziplinären Teams usw. Bei der organisatorischen Eingliederung des Kommunikationsmanagers in eine Projektorganisation könnte er in größeren Unternehmen sowie in Unternehmen mit einer breiten Produktpalette am ehesten die Planung, Durchführung und Kontrolle der Integrierten Kommunikation realisieren. Das Lenkungsgremium sorgt für die Verbindlichkeit der Konzepte der Integrierten Kommunikation, während die interdisziplinären Teams die Flexibilität in der Einbeziehung der heterogenen Fachabteilungen sowie das Management der Kontaktstellen mit den Zielgruppen sicherstellen.

6.2 Organisatorischer Koordinationsbedarf in der Integrierten Kommunikation

Bei organisatorischen Fragestellungen hinsichtlich Integrierter Kommunikation ist stets zu berücksichtigen, dass die Organisationsstrukturen für die Kommunikationsarbeit nicht „auf der grünen Wiese" geschaffen werden, sondern in Unternehmen Formen der **Aufbauorganisation** existieren, an denen sich die Organisation der Integrierten Kommunikation zu orientieren hat. In der Regel sind dies Formen einer funktionalen oder divisionalen Organisation, z.B. Ein- oder Mehrliniensysteme, oder eine Form der Matrixorganisation. Diese traditionellen Organisationssysteme sind notwendigerweise hierarchisch aufgebaut. Für die Kommunikation kann damit erreicht werden, dass die unterschiedlichen Kommunikationsaufgaben auf jener hierarchischen Ebene erfüllt werden, die über die nötige Sachkompetenz verfügt und die durch die ihr übertragenen Weisungsbefugnisse sicherstellt, dass die Integrationsmaßnahmen bei den nachgeordneten Abteilungen und Stellen durchgesetzt werden. Jedoch ist die Hierarchisierung im Sinne der Integrationsbemühungen nicht nur mit Vorteilen verbunden, sondern weist auch Nachteile auf, die sich als Barrieren der Integration auswirken können. Je stärker die **hierarchische Strukturierung der Organisation** der Kommunikation ausgeprägt ist, desto

- größer sind die Informationsverluste zwischen den Kommunikationsabteilungen durch die Filterung auf den unterschiedlichen Hierarchieebenen,

- geringer ist der direkte Kontakt zwischen den oft heterogenen Kommunikationsabteilungen und Mitarbeitenden auf verschiedenen Ebenen,

- klarer sind zwar die Zuständigkeiten für die Entscheidungsprozesse der Kommunikation geregelt, aber speziell für die übergeordnete und alle Abteilungen und Stellen betreffende Aufgabe der Integrierten Kommunikation werden sich viele Stellen nicht zuständig fühlen („Not-invented-here-Syndrom"),

- größer sind die Zeitverluste durch die langen und häufig formalisierten Kommunikationswege, durch die die Integrationsaufgaben „verschleppt" oder nicht erfüllt werden,

- schwieriger sind die übergeordneten Planungsaufgaben der Integrierten Kommunikation aufgrund des hohen Formalisierungsgrades zu steuern,

- eher kommt es durch eine zu starke Formalisierung der Informations- und Kommunikationsprozesse zu Kreativitätsverlust und Demotivation bei den Mitarbeitenden.

Diese Integrationsbarrieren wirken sich dysfunktional auf die Planung und Umsetzung der Integrierten Kommunikation aus. Sie verdeutlichen die Notwendigkeit eines erhöhten Kommunikations- und Koordinationsaufwands zwischen den verschiedenen Abteilungen und Stellen der Kommunikation, um die Integrationsaufgaben zu erfüllen. Deshalb ist für jede Organisationsform nach **Koordinationsinstrumenten** zu suchen, die die Integrationsaufgaben der Kommunikationsarbeit erleichtern. Mit anderen Worten: Die funktionale oder divisionale Sichtweise ist mit einer prozessualen Ausrichtung zu verbinden, wobei die **Prozessorientierung** der Ausgangspunkt ist (vgl. ausführlich Ahlers, 2006, S. 99ff.).

548

6.3 Prozessorientierung in der Integrierten Kommunikation

6.3.1 Ausgangspunkt der Prozessorientierung in der Integrierten Kommunikation

Die Idee einer verstärkten Prozessorientierung in der Integrierten Kommunikation liegt darin, dass die Integrationsarbeit nicht einfach durch die Zusammenlegung unterschiedlicher Kommunikationsfunktionen in *eine* Abteilung realisiert werden kann (vgl. Bruhn & Ahlers, 2007). Vielmehr geht es darum, jene Kommunikationsaufgaben und -aktivitäten, die zur Realisierung einer Integrierten Kommunikation erforderlich sind und in der Regel durch unterschiedliche Stellen und Abteilungen wahrgenommen werden, im Sinne eines **Prozessmanagements** zu koordinieren.

Im Rahmen einer prozessorientierten Betrachtung erfolgt eine Zerlegung des klassischen Planungsprozesses der Kommunikation (Analyse, Planung, Umsetzung und Kontrolle) in instrumenteneutrale kommunikative Teilprozesse (vgl. Abbildung 6-1; ähnlich Ahlers, 2006, S. 136ff.). Den Ausgangspunkt bilden die Kommunikationsziele und -botschaften, die auf Basis der Situationsanalyse und Ableitung der kommunikativen Problemstellung formuliert werden. Vor dem Hintergrund der Kommunikationsziele und -botschaften sowie der Kommunikationsbedürfnisse der Zielgruppen werden aus einem großen „Werkzeugkasten" situationsbezogen solche Instrumente ausgewählt, die am Besten zur Realisierung des Kommunikationserfolges geeignet erscheinen.

Abbildung 6-1: *Prozessbetrachtung der Integrierten Kommunikation (Bruhn & Ahlers, 2008b)*

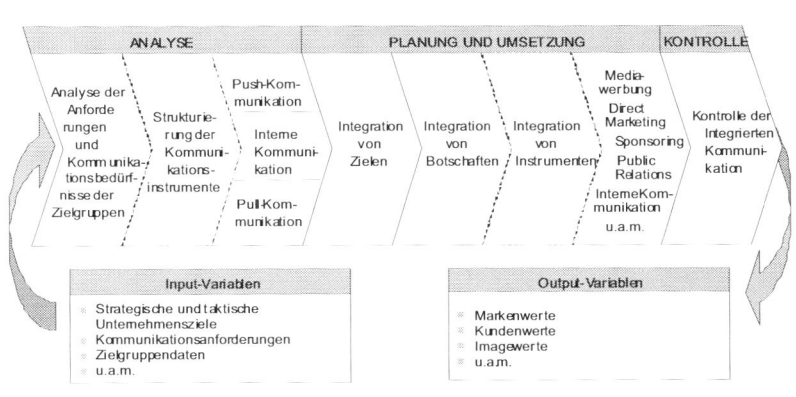

6.3.2 Prozessanalyse in der Integrierten Kommunikation

In der organisatorischen Umsetzung impliziert dieses Vorgehen, dass der Fokus nicht mehr auf der Planung und Umsetzung einzelner Kommunikationsinstrumente liegt, sondern dass stattdessen sämtliche Arbeitsabläufe in den Mittelpunkt treten, die Teil des Kommunikationsprozesses der Gesamtkommunikation sind. Um diese Arbeitsabläufe effizient zu steuern und zu organisieren, ist zunächst im Rahmen einer Prozessanalyse zu ermitteln, bei welchen Aktivitäten es sich um zentrale **„Kernprozesse"** handelt, die entscheidend für den Kommunikationserfolg sind, sich zur Abgrenzung gegenüber der Konkurrenz eignen und wesentlich zur Realisierung der Kommunikationsziele beitragen (z.B. Festlegung der Positionierung, Entwicklung der Kommunikationsstrategie) und welche Aktivitäten als **„Supportprozesse"** einzustufen sind, die den Ablauf der Kernprozesse unterstützen (vgl. zur Abgrenzung von Kern- und Supportprozessen Ahlers, 2006, S. 132ff.; Bruhn & Ahlers, 2007). Darüber hinaus sind erforderliche Führungs-, Steuerungs-, Koordinations- und Kontrollprozesse im Rahmen der Kommunikationsarbeit zu identifizieren.

Die einzelnen Prozesse sind detailliert zu beschreiben, indem unter anderem Prozessinput und -output, die Prozessbeteiligten und die Prozessziele festgelegt werden. Auf dieser Basis ist es möglich, Leistungsbeziehungen sowie inhaltlich-fachliche Beziehungen zwischen einzelnen Prozessen zu identifizieren und deren Koordination zu optimieren. Aber auch innerhalb einzelner Prozesse werden die verschiedenen Arbeitsschritte transparent und können gegebenenfalls neu angeordnet werden. Durch die Prozessanalyse lassen sich ebenfalls ineffiziente Arbeitsabläufe der Kommunikationsplanung identifizieren und daraufhin neu gestalten oder eliminieren.

6.3.3 Einsatz cross-funktionaler Teams

Im Kontext der Koordination von Arbeitsabläufen stehen Unternehmen unterschiedliche **Koordinationsmechanismen** zur Verfügung, wobei insbesondere die Arbeit in cross-funktionalen Teams von Bedeutung ist, wie sie beispielsweise in der Neuproduktplanung oder im Total Quality Management bereits eine längere Tradition hat (vgl. Bruhn & Ahlers, 2008b). Im Kern geht es dabei um die Aufhebung der Starrheit der Aufbauorganisation von Unternehmen und die Steigerung der Effektivität und Effizienz einzelner Prozesse der Kommunikationsplanung. Cross-funktionale Teams bewirken eine Verbesserung der Kooperation und Koordination verantwortlicher Abteilungen sowie eine bessere Ausnutzung von Synergieeffekten. Darüber hinaus können sie dazu dienen, Konflikte zwischen Abteilungen, die mit einer funktionalen Sichtweise verbunden sind (z.B. Ressortdenken, „Grabenkämpfe"), zu lösen und das Spezialwissen von Abteilungen in die Prozesse einfließen zu lassen. In der Folge können Entscheidungen im Unternehmen auch glaubwürdiger kommuniziert werden und mit mehr Unterstützung in allen Abteilungen sowie auf allen Hierarchieebenen rechnen.

Bei dem Einsatz cross-funktionaler Teams sowie sämtlicher anderer Koordinationsinstrumente haben Unternehmen grundsätzlich zwischen Autonomie- und Koordinationskosten abzuwägen. **Autonomiekosten** entstehen, wenn an der Integrierten Kommunikation beteiligte Abteilungen unabhängig voneinander arbeiten und dies beispielsweise zu Parallelarbeiten führt, die intern Effizienzverluste erzeugen und extern Widersprüche in der Kommunikation produzieren. **Koordinationskosten** sind indessen die Folge des Einsatzes unterschiedlicher Koordinationsmaßnahmen (z.B. cross-funktionale Teams, Einsatz moderner Kommunikationstechnologien), sei es in Form von zeitlichem oder finanziellem Aufwand. Letztlich ist es von den Zielen des Unternehmens und vor allem vom Stellenwert der Integrierten Kommunikation abhängig, welche Kosten durch das Unternehmen als gravierender bewertet werden (vgl. ausführlich zu den Autonomie- und Koordinationskosten Ahlers, 2006, S. 71ff.).

Abschließend ist festzuhalten, dass sich die Auseinandersetzung mit organisatorischen Fragestellungen im Rahmen der Integrierten Kommunikation nach wie vor in den Anfängen befindet. Die Koordination sämtlicher am Kommunikationsprozess beteiligter Mitarbeitenden stellt weiterhin eine große Herausforderung für Unternehmen dar. Neben den klassischen Kommunikationsabteilungen zählen hierzu auch „kommunikationsfremde" Abteilungen (z.B. Database Management, Kundendienst), die spezielle kommunikationsbezogene Aufgaben übernehmen. Darüber hinaus ist an unternehmensexterne Agenturen zu denken, die an der Entwicklung und Umsetzung von Kommunikationsprogrammen beteiligt werden und ebenfalls in den Kommunikationsprozess zu integrieren sind.

7 Zentrale Erfolgsfaktoren der Integrierten Kommunikation

Dieser Beitrag hat die Grundlagen der Integrierten Kommunikation erläutert sowie planerische, gestalterische und organisatorische Aspekte einer integrierten Kommunikationsarbeit aufgezeigt. Verständlicherweise kann kein „Patentrezept" für eine erfolgreiche Integrierte Kommunikation angeboten werden, da stets situations- und unternehmensspezifische Rahmenbedingungen zu berücksichtigen sind. Abschließend können aber dennoch fünf zentrale **Erfolgsfaktoren der Integrierten Kommunikation** hervorgehoben werden:

1. Integrierte Kommunikation ist durch die Unternehmensleitung als Ziel der gesamten Kommunikation von Unternehmen zu definieren, um ihr den notwendigen

Stellenwert auf allen Hierarchieebenen zu verschaffen und die Bereitschaft der Mitarbeitenden zur integrationsfördernden Zusammenarbeit zu stärken.

2. Die planerische Fundierung der Integrierten Kommunikation im Unternehmen ist sicherzustellen und es sind spezielle Analyse- und Entscheidungskalküle in die Kommunikationsplanung einzubeziehen.

3. Es ist ein inhaltlich klar umrissenes, eindeutiges und strategisches Konzept der Integrierten Kommunikation zu entwickeln, das als verbindlich anzusehen ist und als Orientierungsrahmen für die praktische Arbeit aller Ebenen und Abteilungen des Unternehmens dient.

4. Im Unternehmen ist die Stelle eines Kommunikationsmanagers zu institutionalisieren, der die innerbetriebliche Koordination fördert und den Prozess der Integrierten Kommunikation weiterentwickelt.

5. Es sind spezielle integrationsfördernde, ablauforganisatorische Maßnahmen zur Steuerung der Integrierten Kommunikation zu entwickeln, die sämtliche Arbeitsabläufe, die die integrierte Kommunikationsplanung betreffen, aufeinander abstimmen und die Koordination der beteiligten Stellen und Abteilungen sicherstellen. Vor diesem Hintergrund sind eine stärkere Prozessorientierung und ein professioneller Einsatz cross-funktionaler Teams in der Kommunikation im Unternehmen zu fördern.

Die Erfolgsfaktoren, die sich auf eine Vielzahl unterschiedlicher Aspekte beziehen, verdeutlichen, dass die Integrierte Kommunikation nach wie vor vielfältige Herausforderungen für Unternehmen und Kommunikationsmanager bereithält. Um diesen Herausforderungen zu begegnen und gerade auch die offenen Fragestellungen zu lösen, sind unterschiedliche Fachdisziplinen gefragt. Integrierte Kommunikation betrifft nicht nur einzelne Kommunikationsbereiche wie Marketing- oder Unternehmenskommunikation. Sie lässt sich auch nicht auf den Kommunikationsbereich insgesamt beschränken, sondern betrifft ebenfalls Fragen des Controlling, der Marktforschung, der Organisations- und Personalentwicklung u.v.m. Hier sind somit sämtliche Fachdisziplinen gefordert, denn vor dem Hintergrund der fortschreitenden Entwicklungen in den Kommunikations- und Medienmärkten ist davon auszugehen, dass sich die Notwendigkeit einer professionellen Integrierten Kommunikation in den nächsten Jahren weiter verschärfen wird.

Dies bedeutet auch, dass die Integrierte Kommunikation zukünftig noch bewusster als dauerhafte Aufgabe im Rahmen des Strategischen Managements zu verstehen ist – mit den entsprechenden Konsequenzen für den Planungs- und Umsetzungsprozess der Integrierten Kommunikation, die Erfolgskontrolle sowie die Organisation und das Personalmanagement. Nur wenn sich diese Perspektive durchsetzt, wird die Integrierte Kommunikation als strategischer Wettbewerbsvorteil im Kommunikationswettbewerb genutzt werden können. Hierin liegt nach wie vor ihr großes Potenzial.

Literaturverzeichnis

Ahlers, G. M. (2006). *Organisation der Integrierten Kommunikation. Entwicklung eines prozessorientierten Organisationsansatzes*. Wiesbaden: Gabler.

Angerer, T. & Essinger, G. (2001). *Integrierte Kommunikation in österreichischen Unternehmen. Empirische Untersuchung über den Entwicklungsstand Integrierter Kommunikation in österreichischen Unternehmen*. Graz.

Belch, G. E. & Belch, M. A. (2003). *Advertising and Promotion. An Integrated Marketing Communications Perspective* (6. Aufl.). Boston u.a.: McGraw-Hill.

Birkigt, K. & Stadler, M. M. (2002). Corporate Identity – Grundlagen. In K. Birkigt, M. M. Stadler & H. J. Funk (Hrsg.), *Corporate Identity* (11. Aufl.) (S. 13-24). Landsberg am Lech: Moderne Industrie.

Bruhn, M. (1992). *Integrierte Unternehmenskommunikation. Ansatzpunkte für eine strategische und operative Umsetzung integrierter Kommunikationsarbeit* (1. Aufl.). Stuttgart: Schäffer-Poeschel.

Bruhn, M. (2006a). *Integrierte Unternehmens- und Markenkommunikation. Strategische Planung und operative Umsetzung* (4. Aufl.). Stuttgart: Schäffer-Poeschel.

Bruhn, M. (2006b). *Integrierte Kommunikation in den deutschsprachigen Ländern. Bestandsaufnahme in Deutschland, Österreich und der Schweiz*. Wiesbaden: Gabler.

Bruhn, M. (2007). *Kommunikationspolitik. Systematischer Einsatz der Kommunikation für Unternehmen* (4. Aufl.). München: Vahlen.

Bruhn, M., Ahlers, G. M. (2007). Prozessorientierte Organisationsgestaltung für die Integrierte Kommunikation von Unternehmen. *Studies in Communication Sciences – Journal of the Swiss Association of Communication and Media Research, 7* (2), 199-226.

Bruhn, M., Ahlers, G. M. (2008a). Ansätze zur Teamarbeit in der Integrierten Kommunikation. In: M. Bruhn, F.-R. Esch, T. Langner (Hrsg.), Handbuch Kommunikation. Grundlagen, innovative Ansätze, praktische Umsetzungen (S. 1241-1260). Wiesbaden: Gabler.

Bruhn, M., Ahlers, G. M. (2008b). Zur Rolle von Marketing und Public Relations in der Unternehmenskommunikation. Bestandsaufnahme und Ansatzpunkte zur verstärkten Zusammenarbeit. In: K. Röttger (Hrsg.), *Theorien der Public Relations. Grundlagen und Perspektiven der PR-Forschung* (2. Aufl.) (im Druck). Wiesbaden: Gabler.

Bruhn, M. & Boenigk, M. (1999). *Integrierte Kommunikation. Entwicklungsstand in Unternehmen.* Wiesbaden: Gabler.

Caywood, C., Schultz, D. & Wang, P. (1991). *Integrated Marketing Communications. A Survey of National Consumer Goods Advertisers.* Unveröffentlichter Forschungsbericht, S. 1-42.

Cornelissen, J. P. (2003): Change, Continuity and Progress: The Concept of Integrated Marketing Communication and Marketing Communication Practice. *Journal of Strategic Marketing, 11* (4), 217-234.

Davidson, S. & Ewing, M. T. (1997). *Integrated Marketing Communications: An Exploratory Investigation of Industry Practices and Perceptions in Australia.* Working Paper Series, No. 9701. Curtin University of Technology Perth.

Demuth, A. (1989). Corporate Communications. In M. Bruhn (Hrsg.), *Handbuch des Marketing. Anforderungen an Marketingkonzeptionen aus Wissenschaft und Praxis* (S. 433-451). München: C.H. Beck.

Duncan, T. R. & Caywood, C. (1996). The Concept, Process, and Evolution of Integrated Marketing Communication. In E. Thorson & J. Moore (Hrsg.), *Integrated Communication. Synergy of Persuasive Voices* (S. 13-34). Mahwah, New Jersey: Lawrence Erlbaum Associates.

Duncan, T. R. & Everett, S. E. (1993). Client Perceptions of Integrated Marketing Communications. *Journal of Advertising Research, 33* (3), 30-40.

Duncan, T. R. & Moriarty, S. (1997). *Driving Brand Value. Using Integrated Marketing to Manage Profitable Stakeholder Relationships.* New York u.a.: McGraw-Hill.

Eagle, L. & Kitchen, Ph. J. (1999). IMC, Brand Communications, and Corporate Cultures. Client/Advertising Agency Co-Ordination and Cohesion. *European Journal of Marketing, 34* (5/6), 667-686.

Esch, F.-R. (1999). *Wirkung integrierter Kommunikation. Ein verhaltenswissenschaftlicher Ansatz für die Werbung* (2. Aufl.). Wiesbaden: Gabler.

Esch, F.-R. (2006). *Wirkung integrierter Kommunikation. Ein verhaltenswissenschaftlicher Ansatz für die Werbung* (4. Aufl.). Wiesbaden: Gabler.

Fill, Ch. (2001). Essentially a Matter of Consistency: Integrated Marketing Communications. *The Marketing Review, 1,* 409-425.

Gould, S. J., Lerman, D. B. & Grein, A. F. (1999). Agency Perceptions and Practices on Global IMC. *Journal of Advertising Research, 39* (1), 7-20.

Gronstedt, A. (1996). Integrating Marketing Communication and Public Relations: A Stakeholder Relations Model. In E. Thorson & J. Moore (Hrsg.), *Integrated Communication. Synergy of Persuasive Voices* (S. 287-304). Mahwah, New Jersey: Lawrence Erlbaum Associates.

Grunig, J. E., Grunig L. A. & Dozier, D. M. (1995). *Manager's Guide to Excellence in Communication Management*. Mahwah, NJ: Lawrence Erlbaum Associates.

Hartley, B. & Pickton, D. (1999). Integrated Marketing Communications Requires a New Way of Thinking. *Journal of Marketing Communications, o. Jg.* (5), 97-106.

Kirchner, K. (2001). *Integrierte Unternehmenskommunikation. Theoretische und empirische Bestandsaufnahme und eine Analyse amerikanischer Großunternehmen*. Wiesbaden: Westdeutscher Verlag.

Kitchen, P. J.; Schultz, D. E. (1999). A Multi-Country Comparison of the Drive for IMC. *Journal of Advertising Research*, 39 (1), 21-38.

Köhler, R. (1976). Marktkommunikation. *Wirtschaftswissenschaftliches Studium, 5* (4), 164-173.

Kroeber-Riel, W. (1986). Die inneren Bilder der Konsumenten. *Marketing ZFP, 8* (2), 81-96.

Kroeber-Riel, W. (1987). Informationsüberlastung durch Massenmedien und Werbung in Deutschland. *Die Betriebswirtschaft, 47* (3), 257-264.

Kroeber-Riel, W. (1990). Neue Strategien der Werbung. *Werbeforschung und Praxis, 35* (3), 84-89.

Kroeber-Riel, W. (1991). Kommunikationspolitik. Forschungsgegenstand und Forschungsperspektive. *Marketing ZFP, 13* (3), 164-171.

Kroeber-Riel, W. (1993). *Bildkommunikation. Imagerystrategien für die Werbung*. München: Vahlen.

Low, G. S. (2000). Correlates of Integrated Marketing Communications. *Journal of Advertising Research, 40* (1), 27-39.

Michael, B. M. (1991). „Kuck mal, wer da spricht". *Absatzwirtschaft, 34* (Sonderheft), 218-220.

Rose, P. B. (1996). Practitioner Opinions and Interests Regarding Integrated Marketing Communications in Selected Latin American Countries. *Journal of Marketing Communications, 2* (2), 125-139.

Schanz, G. (1982): *Organisationsgestaltung. Struktur und Verhalten*, München: Vahlen.

Schultz, D. E. & Kitchen, P. J. (1997). Integrated Marketing Communications in U.S. Advertising Agencies: An Exploratory Study. *Journal of Advertising Research, 37* (5), 7-18.

Schultz, D. E. & Kitchen, P. J. (1999). A Multi-Country Comparison of the Drive for IMC. *Journal of Advertising Research, 39* (1), 21-38.

Schultz, D. E. & Kitchen, P. J. (2004). Managing the Changes in Corporate Branding and Communication: Closing and Re-opening the Corporate Umbrella. *Corporate Reputation Review, 6* (4), 347-366.

Schultz, D. E. & Schultz, H. F. (1998). Transitioning Marketing Communications into the Twenty-First Century. *Journal of Marketing Communications, 4* (5), 9-26.

Schultz, D. E., Tannenbaum, S. I. & Lauterborn, R. F. (1995). *Integrated Marketing Communications. Pulling it Together & Making it Work.* Lincolnwood, IL: NTS Business Books.

Serviceplan Agenturgruppe für innovative Kommunikation (2001). *Integrierte Kommunikation – Vision oder Wirklichkeit. Eine praxisbezogene Sichtweise*, München.

Sirgy, M. J. (1998). *Integrated Marketing Communications: A Systems Approach.* Upper Saddle River, NJ: Prentice Hall.

Staehle, W. H. (1999). *Management: Eine verhaltenswissenschaftliche Perspektive*, (8. Aufl.). München: Vahlen.

Szyszka, P. (2003): Integrierte Kommunikation als Kommunikationsmanagement. *PR-Magazin, 34* (12), 45-52.

Thorson, E. & Moore, J. (1996). *Introduction.* In E. Thorson & J. Moore (Hrsg.), *Integrated Communication. Synergy of Persuasive Voices* (S. 1-10). Mahwah, NJ: Lawrence Erlbaum Associates.

Wiedmann, K.-P. (1987). *Corporate Identity als strategisches Orientierungskonzept. Skizze eines erweiterten Bezugsrahmens als Grundlage einer erfolgreichen Identitätspolitik.* Arbeitspapier Nr. 53, Institut für Marketing an der Universität Mannheim.

Wiedmann, K.-P. (1988). Corporate Identity als Unternehmensstrategie. *Wirtschaftswissenschaftliches Studium, 17* (5), 236-242.

Zentralverband der deutschen Werbewirtschaft (ZAW) (2007). *Werbung in Deutschland 2007.* Berlin: Verlag edition ZAW.

Zerfaß, A. (1996). *Unternehmensführung und Öffentlichkeitsarbeit. Grundlegung einer Theorie der Unternehmenskommunikation und Public Relations.* Opladen: VS Verlag für Sozialwissenschaften.

Mehr wissen – weiter kommen

Forschungsstand
10 Jahre ⁼mcminstitute

Repräsentative Forschungsarbeiten der ehemaligen und derzeitigen Professoren und Projektleiter des ⁼mcminstitute aus Anlass des 10-jährigen Bestehens des Instituts für Medien- und Kommunikationsmanagement der Universität St. Gallen.

Das Buch erläutert eingangs die Gründungsmission des Instituts. Es wurde als Joint Venture zwischen der Bertelsmann Stiftung, der Heinz Nixdorf-Stiftung und der Universität St. Gallen gegründet, um die transformierende Wirkung der digitalen Medien auf die Medienwirtschaft und die Kommunikation zu erforschen. Die in den 1990er Jahren immer deutlicher sichtbar gewordenen Auswirkungen dieser Konvergenz riefen nach neuen Managementstrategien. Die Mission des ⁼mcminstitute war die Schaffung eines auf diese Bedürfnisse abgestimmten Angebotes. Entsprechend sind die Beiträge in folgende Schwerpunkte gegliedert: das digitale Medium, Medienwirtschaft, Kommunikationsmanagement sowie Medien für die Kommunikation.

Miriam Meckel | Beat F. Schmid (Hrsg.)
Kommunikationsmanagement im Wandel
Beiträge aus 10 Jahren ⁼mcminstitute
2008. 498 S., Geb.
EUR 59,90
ISBN 978-3-8349-0913-8

Änderungen vorbehalten. Stand: Juli 2008.
Erhältlich im Buchhandel oder beim Verlag.

Gabler Verlag . Abraham-Lincoln-Str. 46 . 65189 Wiesbaden . www.gabler.de

Printed in Germany
by Amazon Distribution
GmbH, Leipzig